中国国家标准汇编

2006年修订-9

中国标准出版社　编

中国标准出版社
北京

图书在版编目（CIP）数据

中国国家标准汇编：2006 年修订．9/中国标准出版社编．—北京：中国标准出版社，2007

ISBN 978-7-5066-4582-9

Ⅰ．中…　Ⅱ．中…　Ⅲ．国家标准-汇编-中国-2006　Ⅳ．T-652.1

中国版本图书馆 CIP 数据核字（2007）第 102626 号

中 国 标 准 出 版 社 出 版 发 行
北京复兴门外三里河北街 16 号
邮政编码：100045
网址 www.spc.net.cn
电话：68523946　68517548
中国标准出版社秦皇岛印刷厂印刷
各地新华书店经销

*

开本 880×1230　1/16　印张 38.25　插页 2　字数 1 142 千字
2007 年 8 月第一版　2007 年 8 月第一次印刷

*

定价 180.00 元

ISBN 978-7-5066-4582-9

出 版 说 明

1.《中国国家标准汇编》是一部大型综合性国家标准全集，自1983年起，按国家标准顺序号以精装本、平装本两种装帧形式陆续分册汇编出版。《汇编》在一定程度上反映了我国建国以来标准化事业发展的基本情况和主要成就，是各级标准化管理机构，工矿企事业单位，农林牧副渔系统，科研、设计、教学等部门必不可少的工具书。

2. 由于标准的动态性，每年有相当数量的国家标准被修订，这些国家标准的修订信息无法在已出版的《汇编》中得到反映。为此，自1995年起，新增出版在上一年度被修订的国家标准的汇编本。

3. 修订的国家标准汇编本的正书名、版本形式、装帧形式与《中国国家标准汇编》相同，视篇幅分设若干册，但不占总的分册号，仅在封面和书脊上注明“2006年修订-1，-2，-3，……”等字样，作为对《中国国家标准汇编》的补充。读者配套购买则可收齐前一年新制定和修订的全部国家标准。

4. 修订的国家标准汇编本的各分册中的标准，仍按顺序号由小到大排列(不连续)；如有遗漏的，均在当年最后一分册中补齐。

5. 2006年度发布的修订国家标准分27册出版。本分册为“2006年修订-9”，收入新修订的国家标准42项。

中国标准出版社

2007年6月

目　录

ICS 13.220.20
C 84

中华人民共和国国家标准

GB 6245—2006
代替 GB 6245—1998

消 防 泵

Fire pumps

2006-04-07 发布 2006-12-01 实施

中华人民共和国国家质量监督检验检疫总局
中国国家标准化管理委员会 发布

前　言

本标准的5.1、5.2、5.4.2～5.4.6、5.5～5.8、6.1、6.2、6.4.2、6.4.3、6.5、6.6、7、8、9.1、9.2、9.4、9.5、9.6.1、9.6.2、9.7.2、9.7.4～9.7.7、9.7.9～9.7.14、9.8.1、9.9～9.11为强制性条文，其余为推荐性条文。

本标准与NFPA 20—2003《固定消防泵的安装》、UL 448—1994《消防泵标准》、UL 1247—1995《驱动离心消防泵的柴油发动机标准》以及主题448A(1994.11草案)《连接离心消防泵和原动机的柔性联轴器的研究要点》的一致性程度为非等效。

本标准代替GB 6245—1998《消防泵性能要求和试验方法》。

本标准与GB 6245—1998相比，主要变化如下：

——增加了对材质以及原动机、联轴器、控制柜、蓄电池等部件的要求；

——增加了供泡沫液消防泵、船用消防泵、深井消防泵、潜水消防泵的要求；

——增加了手抬机动消防泵组的要求；

——增加了仲裁试验方法。

本标准附录A为资料性附录。

请注意本标准的某些内容有可能涉及专利。本标准的发布机构不应承担识别这些专利的责任。

本标准自生效之日起，GA 108—1995《手抬机动消防泵》同时废止。

本标准由中华人民共和国公安部提出。

本标准由全国消防标准化委员会第四分技术委员会归口。

本标准由公安部上海消防研究所起草。

本标准主要起草人：田骅、范桦、史兴堂、万明、韩翔、杨志军。

本标准于1986年首次发布，1998年第一次修订。

消 防 泵

1 范围

本标准规定了消防泵,包括无动力消防泵、消防泵组的术语和定义、分类与型号、性能要求、试验方法、检验规则、标志等。

本标准适用于输送介质以清水、泡沫灭火剂或泡沫溶液为主要灭火剂的消防泵。

2 规范性引用文件

下列文件中的条款通过本标准的引用而成为本标准的条款。凡是注日期的引用文件,其随后所有的修改单(不包括勘误的内容)或修订版均不适用于本标准,然而,鼓励根据本标准达成协议的各方研究是否可使用这些文件的最新版本。凡是不注日期的引用文件,其最新版本适用于本标准。

GB/T 2818—2002 井用潜水异步电动机

GB/T 3181—1995 漆膜颜色标准

GB/T 3216—2005 回转动力泵 水力性能验收试验 1级和2级

GB/T 4025—2003 人-机界面标志标识的基本和安全规则 指示器和操作器的编码规则(IEC 60073:1996,IDT)

GB 4208—1993 外壳防护等级(IP代码)(eqv IEC 529:1989)

GB 5013.4—1997 额定电压450/750及以下橡皮绝缘电缆 第4部分:软线和软电缆(idt IEC 245-4:1994)

GB 7251.1—1997 低压成套开关设备和控制设备 第一部分:型式试验和部分型式试验成套设备(idt IEC 439-1:1992)

GB 7947—1997 导体的颜色或数字标识(idt IEC 446:1989)

GB/T 9112—2000 钢制管法兰 类型与参数

GB/T 9124—2000 钢制管法兰 技术条件

GB/T 10832—1989 船用离心泵、旋涡泵通用技术条件

GB 16806—1997 消防联动控制设备通用技术条件

JB/T 8097—1999 泵的振动测量与评价方法

QC/T 484—1999 汽车 油漆涂层

3 术语和定义

下列术语和定义适用于本标准。

3.1

消防泵 fire pump

安装在消防车、固定灭火系统或其他消防设施上,用作输送水或泡沫溶液等液体灭火剂的专用泵。

3.2

无动力消防泵 motorless fire pump

依靠叶轮旋转,将能量传给液体的不带动力源的消防泵。

3.3

车用消防泵 vehicle fire pump

安装在消防车底盘上的无动力消防泵。

3.4

船用消防泵 marine fire pump

安装在船舶、海上工作平台等水上工作环境的无动力消防泵。

3.5

工程用消防泵 engineering-oriented fire pump

用于消火栓系统、水喷淋灭火系统、泡沫灭火系统等工程场所的消防泵。

3.6

其他用消防泵 other fire pump

除车用消防泵、船用消防泵、手抬机动消防泵组、工程用消防泵以外的其他消防泵。

3.7

低压消防泵 normal pressure fire pump

额定压力不大于1.6 MPa的消防泵。

3.8

中压消防泵 middle pressure fire pump

额定压力在1.8 MPa～3.0 MPa之间的消防泵。

3.9

高压消防泵 high pressure fire pump

额定压力不小于4.0 MPa的消防泵。

3.10

中低压消防泵 middle and normal pressure fire pump

既能提供中压又能同时提供低压的消防泵。

3.11

高低压消防泵 high and normal pressure fire pump

既能提供高压又能同时提供低压的消防泵。

3.12

供水消防泵 supplying fire pump

用于消防供水的工程用消防泵。

3.13

稳压消防泵 pressure maintaining fire pump

用于稳定管网压力的工程用消防泵。

3.14

供泡沫液消防泵 foam concentrate fire pump

用以输送泡沫灭火剂的工程用消防泵。如在平衡压力式泡沫比例混合装置中，输送泡沫灭火剂的供泡沫液泵。

3.15

深井消防泵 deep well fire pump

采用立式深井泵的工程用消防泵。

3.16

潜水消防泵 submersible fire pump

采用潜水泵的工程用消防泵。

3.17

普通消防泵 general fire pump

除深井、潜水消防泵以外的工程用消防泵。

3.18

消防泵组 fire pump set

带有动力源的消防泵。一般由一组消防泵、动力源、控制柜以及辅助装置组成。

3.19

供水消防泵组 supplying fire pump set

采用供水消防泵的消防泵组。

3.20

稳压消防泵组 pressure maintaining fire pump set

采用稳压消防泵的消防泵组。

3.21

深井消防泵组 deep well fire pump set

采用深井消防泵的消防泵组。

3.22

潜水消防泵组 submersible fire pump set

采用潜水消防泵的消防泵组。

3.23

普通消防泵组 general fire pump set

采用普通消防泵的消防泵组。

3.24

手抬机动消防泵组 portable fire pump set

原习惯称为手抬机动消防泵，是可用人力搬运并与轻型发动机组装的消防泵组。

3.25

引水时间 time of drawing water

自引水装置开始工作至消防泵的出口压力表开始显示压力的时间。

3.26

吸深 suction height

泵基准面和吸入液面之间的高度差。

3.27

高低压联用工况 high and normal pressure combinable status

泵能同时提供高压和低压的工作状况。

3.28

中低压联用工况 middle and normal pressure combinable status

泵能同时提供中压和低压的工作状况。

3.29

最大工作压力 maximum working pressure

泵在零流量时的出口压力。

3.30

系列消防泵 fire pumps series

同时具有结构形式相似，零、部件材料相同且按相同工艺加工制造以及型号按同一方法编制(包括企业自定义部分)的一组消防泵。

4 分类与型号

4.1 分类

4.1.1 按是否有动力源可分为：

a） 无动力消防泵（简称泵）；

b） 消防泵组（简称泵组）。

4.1.2 无动力消防泵可按以下规则分类：

4.1.2.1 按使用场合可分为：

a） 车用消防泵；

b） 船用消防泵；

c） 工程用消防泵；

d） 其他用消防泵。

4.1.2.2 按出口压力等级可分为：

a） 低压消防泵；

b） 中压消防泵；

c） 中低压消防泵；

d） 高压消防泵；

e） 高低压消防泵。

4.1.2.3 按用途可分为：

a） 供水消防泵；

b） 稳压消防泵；

c） 供泡沫液消防泵。

4.1.2.4 按辅助特征可分为：

a） 普通消防泵；

b） 深井消防泵；

c） 潜水消防泵。

4.1.3 消防泵组可按以下规则分类：

4.1.3.1 按动力源形式可分为：

a） 柴油机消防泵组；

b） 电动机消防泵组；

c） 燃气轮机消防泵组；

d） 汽油机消防泵组。

4.1.3.2 按用途可分为：

a） 供水消防泵组；

b） 稳压消防泵组；

c） 手抬机动消防泵组。

4.1.3.3 按泵组的辅助特征可分为：

a） 普通消防泵组；

b） 深井消防泵组；

c） 潜水消防泵组。

4.1.4 以上为基本分类，但各类之间可相互结合，如中低压消防泵，高低压车用消防泵，普通消防泵组，电动潜水消防泵组等。

4.2 型号

4.2.1 无动力消防泵型号由泵特征代号、主参数、用途特征代号、辅助特征代号及企业自定义代号等5个部分组成。其组成形式如下：

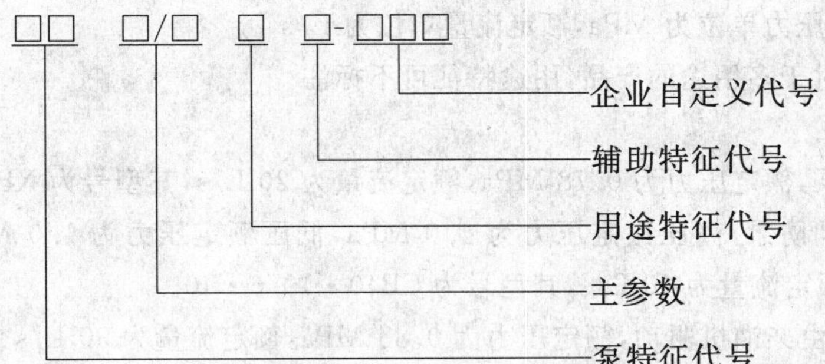

4.2.2 消防泵组型号由泵特征、泵组特征代号、主参数、用途特征代号、辅助特征代号及企业自定义代号等六个部分组成。其组成形式如下：

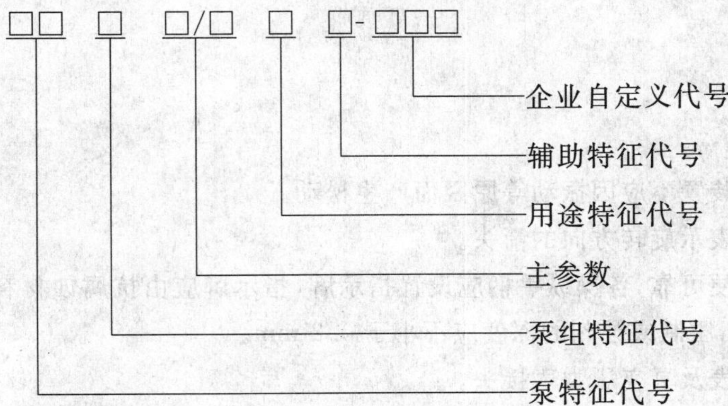

4.2.3 各特征代号的表示法见表1。

表 1

特征		代号
泵特征	车用消防泵	CB
	船用消防泵	HB
	手抬机动消防泵组	JB
	工程用消防泵	XB
	其他用消防泵	TB
泵组特征	柴油机	C
	电动机	D
	燃气轮机	R
	汽油机	Q
主参数	压力/流量	10×额定压力/额定流量
用途特征	稳压	W
	供水	G
	供泡沫液	P
辅助特征	深井泵	J
	潜水泵	Q
	普通泵	省略

4.2.4 主参数中额定压力单位为 MPa,额定流量单位为 L/s。

4.2.5 型号编制中,对于多用途的产品,用途特征可不标注。

4.2.6 型号示例如下:

a) 工程用消防泵,额定压力为 0.78 MPa,额定流量为 20 L/s,其型号为 XB7.8/20。

b) 高低压车用消防泵,高压额定压力为 4.0 MPa,低压额定压力为 1.0 MPa,高压额定流量为 6 L/s,低压额定流量为 40 L/s,其型号为 CB40・10/6・40。

c) 供水用途的,由柴油机驱动,额定压力为 0.85 MPa,额定流量为 30 L/s 的深井消防泵组,其型号为 XBC8.5/30GJ。

d) 汽油机驱动,额定压力为 0.80 MPa,额定流量为 10 L/s 的手抬机动消防泵组,其型号为 JBQ8.0/10。

5 车用消防泵

5.1 结构要求

5.1.1 紧固件及自锁装置不应因振动等原因而产生松动。

5.1.2 泵体上应铸出表示旋转方向的箭头。

5.1.3 操纵机构应轻便可靠,各操纵手柄应设置指示牌,指示牌应由抗腐蚀材料制成。指示牌上文字的高度应不小于 3 mm,压制或蚀刻的深度应不小于 0.2 mm。

5.1.4 泵应带有压力表及真空压力表接头。

5.1.5 泵吸入口处应设置便于拆卸的抗腐蚀性滤网,滤网的过流面积应不影响泵的性能。滤网上的孔不得通过:

a) 对于泵额定流量不大于 30 L/s 的,为大于或等于 8 mm 的颗粒;

b) 对于泵额定流量大于 30 L/s 的,为大于或等于 13 mm 的颗粒。

5.1.6 泵的进口应能承受 0.4 MPa 的正压。

5.1.7 泵出水阀应标注开、关指示标记,指示标记应位于明显易见部位且其面积不小于 6 mm^2。

5.1.8 泵应设置放水旋塞,放水旋塞应处于泵的最低位置以便排尽泵内的余水。放水旋塞的通径应不小于 19 mm。

5.1.9 泵的出口处应安装止回阀。

5.1.10 泵应设置取压孔,取压孔的直径应为 3 mm~6 mm 或等于管路直径的 1/10,两者取小值。取压孔的深度应不小于 2.5 倍的取压孔直径。出口压力取压孔应位于止回阀之后。

5.2 材料要求

5.2.1 泵壳应采用铸铁、铸钢、铸铝或铸铜等其他铸造合金。轴应采用至少为 2Cr13 的不锈钢或相当的抗腐蚀性材料;或者轴使用碳钢材料,但在填料盒及泵体过流流道处须采用抗腐蚀性材料的轴套。

5.2.2 叶轮、叶轮密封环、壳体密封环、套环、填料环、水封环、填料压盖、机械密封盖、填料轴套、水轴承套、挡套、中间衬套、减压衬套、密封压盖、压盖螺母、轴套螺母、叶轮螺母和放水旋塞应采用抗腐蚀性材料制成。

5.3 外观质量

5.3.1 所有铸件外表面不应有明显的结疤、气泡、砂眼等缺陷。

5.3.2 泵体以及各种外露的罩壳、箱体均应喷涂 GB/T 3181—1995 中表 2 给出的 R03 大红漆。涂层质量应符合 QC/T 484—1999 表 1 的 TQ1 甲级的规定。

5.4 主要技术参数

5.4.1 应按 10.4 进行性能试验,试验结果应符合表 2 中的相应规定。

表 2

名称		单位	代号	额定工况
低压	额定流量	L/s	Q_n	20,25,30,35,40,45,50,55,60,70,80,90,100
	额定压力	MPa	P_n	≤1.6
中压	额定流量	L/s	Q_{nz}	10,15,20,25,30,35,40,45,50,55,60,65,70,75,80
	额定压力	MPa	P_{nz}	1.8～3.0
高压	额定流量	L/s	Q_{ng}	4,5,6,7,8,9,10
	额定压力	MPa	P_{ng}	≥4.0
吸深		m	H'_{SZ}	3.0
注：上述流量系列为建议系列。				

5.4.2 低压车用消防泵应符合 5.4.2.1～5.4.2.3 的规定。

5.4.2.1 工况 1:在吸深 3 m 时,应满足额定流量(Q_n)和额定压力(P_n)的要求。

5.4.2.2 工况 2:在吸深 3 m 时,流量为 $0.7Q_n$,出口压力应不小于 $1.3P_n$。

5.4.2.3 工况 3:在吸深 7 m 时,流量为 $0.5Q_n$,出口压力应不小于 $1.0P_n$。

5.4.3 中压车用消防泵应符合 5.4.3.1～5.4.3.2 的规定。

5.4.3.1 工况 1:在吸深 3 m 时,应满足额定流量(Q_{nz})和额定压力(P_{nz})的要求。

5.4.3.2 工况 2:在吸深 7 m 时,流量为 $0.5Q_{nz}$,出口压力应不小于 $1.0P_{nz}$。

5.4.4 高压车用消防泵应符合 5.4.4.1～5.4.4.2 的规定。

5.4.4.1 工况 1:在吸深 3 m 时,应满足额定流量(Q_{ng})和额定压力(P_{ng})的要求。

5.4.4.2 工况 2:在吸深 7 m 时,流量为 $0.5Q_{ng}$,出口压力应不小于 $1.0P_{ng}$。

5.4.5 中低压车用消防泵应符合 5.4.5.1～5.4.5.4 的规定。

5.4.5.1 工况 1:在吸深 3 m 时,应满足低压额定流量(Q_n)和低压额定压力(P_n)的要求。

5.4.5.2 工况 2:在吸深 3 m 时,应满足中压额定流量(Q_{nz})和中压额定压力(P_{nz})的要求。

5.4.5.3 工况 3:在吸深 7 m 时,流量为 $0.5Q_n$,出口压力应不小于 $1.0P_n$。

5.4.5.4 中低压车用消防泵应有中低压联用工况,中低压联用工况参数由企业自定。联用工况中,中压的最低联用压力不得小于中压泵的最低额定压力。具有中压功能的高低压车用消防泵除外。

5.4.6 高低压车用消防泵应符合 5.4.6.1～5.4.6.4 的规定。

5.4.6.1 工况 1:在吸深 3 m 时,应满足低压额定流量(Q_n)和低压额定压力(P_n)的要求。

5.4.6.2 工况 2:在吸深 3 m 时,应满足高压额定流量(Q_{ng})和高压额定压力(P_{ng})的要求。

5.4.6.3 工况 3:在吸深 7 m 时,流量为 $0.5Q_n$,出口压力应不小于 $1.0P_n$。

5.4.6.4 高低压车用消防泵应有高低压联用工况,高低压联用工况参数由企业自定。联用工况中,高压的最低联用压力不得小于高压泵的最低额定压力。

5.5 机械性能

5.5.1 泵应按 10.5 进行密封试验,试验过程中泵体及部件不应有渗漏、冒汗等缺陷。

5.5.2 泵应按 10.6 进行静水压强度试验,试验过程中泵壳不应有影响性能的变形和裂纹等缺陷。

5.6 真空密封性能

泵应有良好的真空密封性能。按 10.7 进行试验时,1 min 内的真空降落值不应大于 2.6 kPa。

5.7 引水装置性能

5.7.1 泵应设置引水装置,引水装置产生的最大真空度不应小于 85 kPa。

5.7.2 泵应按 10.8 进行引水时间试验,引水时间应符合表 3 的规定。

表 3

额定流量/(L/s)	Q_n<50	50≤Q_n<80	Q_n≥80
引水时间/s	≤35	≤50	≤80
吸深/m	7.0		

5.7.3 引水装置应按 10.9 进行引水可靠性试验,经连续 500 次引水后,应仍能满足 5.7.1、5.7.2 的规定。具有自动脱离装置的引水装置,其自动脱离装置经引水可靠性试验,应工作正常。

5.7.4 需用润滑液的引水装置,其润滑液贮量应能满足连续 5 次引水的需要。

5.7.5 用水环泵引水时,水环泵应有防冻措施。

5.8 连续运转性能

泵应按 10.10 进行相应的连续运转试验,试验结果应满足下列的条件和规定。

a) 泵的出口压力不应低于规定压力,流量应符合规定流量的要求。

b) 轴承座外表面温度不应超过 75℃,温升不应超过 35℃。具有变速机构的泵,当变速机构与泵采用同一轴承时,其轴承座外表面温度不应超过 100℃。

c) 轴封处应密封良好,无线状泄漏现象。对于填料密封允许调整。

6 工程用消防泵

6.1 结构要求

6.1.1 泵的结构形式应保证易于现场维修和更换零件。紧固件及自锁装置不应因振动等原因而产生松动。

6.1.2 消防泵体上应铸出表示旋转方向的箭头。

6.1.3 操纵机构应轻便可靠,各操纵手柄应设置指示牌,指示牌应由抗腐蚀材料制成。指示牌上文字的高度应不小于 3 mm,压制或蚀刻的深度应不小于 0.2 mm。

6.1.4 应有压力表,真空压力表(潜水泵、深井泵除外),表的精度应不低于 2.5 级,表前均需安装阀门,阀门的操纵应轻便可靠。阀门的工作压力应不低于泵的最大工作压力。

6.1.5 泵应设置放水旋塞,放水旋塞应处于泵的最低位置以便排尽泵内余水。

6.1.6 泵出口法兰的公称压力应能满足泵最大工作压力的要求,泵进口法兰的公称压力应不小于 1 MPa。法兰的连接尺寸应符合 GB/T 9112—2000 及 GB/T 9124—2000 的规定。

6.1.7 泵的进、出口法兰上应设置取压孔,取压孔的直径应为 3 mm~6 mm 或等于管路直径的 1/10,两者取小值。取压孔的深度应不小于 2.5 倍的取压孔直径。

6.1.8 泵的进口应能承受 0.4 MPa 的正压。

6.2 材料要求

6.2.1 泵的材料须符合 5.2 的规定。

6.2.2 泵的轴向力平衡装置须采用抗腐蚀性材料制成。

6.3 外观质量

泵的外观质量须符合 5.3 的规定。

6.4 主要技术参数

6.4.1 应按 10.4 进行性能试验,试验结果应符合表 4 的规定。

表 4

主参数	单位	代号	额定工况
额定流量	L/s	Q_n	5,10,15,20,25,30,35,40,45,50,55,60,65,70,75,80,85,90,95,100,105,110,115,120,125,130,140,150,160,180,200

表 4(续)

主参数	单位	代号	额定工况
额定压力	MPa	P_n	0.3～3.0
吸深	m	H'_{sz}	除深井、潜水泵吸深为 0 m 外,其余为 1.0 m
注 1:对稳压泵,其额定流量可小于 5 L/s。 注 2:上述流量系列为建议系列。 注 3:此处额定压力是指额定转速下进、出口压力的代数差。			

6.4.2 普通消防泵应符合 6.4.2.1～6.4.2.3 的规定。

6.4.2.1 工况 1:在吸深 1 m 时,应满足额定流量(Q_n)和额定压力(P_n)的要求。同时工作压力不应超过额定压力的 1.05 倍。

6.4.2.2 工况 2:在吸深 1 m 时,流量为 $1.5Q_n$,工作压力不应小于 $0.65P_n$。

6.4.2.3 最大工作压力不得超过 $1.4P_n$。

6.4.3 深井、潜水消防泵应符合 6.4.3.1～6.4.3.3 的规定。

6.4.3.1 工况 1:吸深 0 m 时,应满足额定流量(Q_n)和额定压力(P_n)的要求。同时工作压力不得超过额定压力的 1.05 倍。

6.4.3.2 工况 2:吸深 0 m 时,流量为 $1.5Q_n$,工作压力应不小于 $0.65P_n$。

6.4.3.3 最大工作压力不得超过 $1.4P_n$。

6.5 机械性能

泵的机械性能应符合 5.5 的规定。

6.6 连续运转性能

应按 10.10 进行连续运转试验,试验结果应满足下列的条件和规定。

a) 泵的工作压力不应低于规定压力,流量应符合规定流量的要求。

b) 轴承座外表面温度不应超过 75℃,温升不应超过 35℃。

c) 轴封处密封良好,无线状泄漏现象。对于填料密封允许调整。

d) 泵的振动应符合 JB/T 8097 的规定(潜水泵除外)。

7 供泡沫液消防泵

7.1 供泡沫液消防泵应采用机械密封或唇形密封。

7.2 供泡沫液消防泵应采用能够满足抽送泡沫原液运行环境使用条件的抗腐蚀性材料,应采用至少为 2Cr13 的不锈钢或相当的抗腐蚀性材料。

7.3 供泡沫液消防泵应保证至少空运转 10 min,而不出现任何损坏。

7.4 供泡沫液消防泵的主要技术参数应符合 6.4.3.1 的规定。

7.5 供泡沫液消防泵应在额定流量和额定压力下,连续运转试验 1 h,结果应满足 6.6 的条件和规定。

7.6 供泡沫液消防泵出口处应安装安全阀。

7.7 供泡沫液消防泵吸入口处应设置滤器,滤器的过流面积应不影响泵的性能。滤器应采用抗腐蚀性材料制成。

7.8 供泡沫液消防泵的机械性能应符合 5.5 的规定。

8 船用消防泵

8.1 基本性能

船用消防泵的基本性能应符合本标准第 6 章的规定。

8.2 其他性能

船用消防泵的倾摇、振动和平衡性能应符合 GB/T 10832—1989 的相关要求。

9 消防泵组

9.1 总则

9.1.1 泵组所选用的泵均应经过型式检验,并符合本标准的规定。

9.1.2 泵组所选用的原动机均应经过定型鉴定并符合相关标准的规定。

9.2 结构要求

9.2.1 紧固件和自锁装置不应因振动等原因而产生松动。

9.2.2 操纵机构应轻便可靠,各操纵手柄应设置指示牌,指示牌应由抗腐蚀性材料制成,指示牌上文字的高度不应小于 3 mm,压制或蚀刻的深度不应小于 0.2 mm。

9.3 外观质量

泵组的外观质量应符合 5.3 的规定。

9.4 主要技术参数

泵组按 10.4 进行性能试验,其结果应符合 6.4 的规定。

9.5 连续运转性能

泵组按 10.10 进行连续运转试验,除应符合 6.6 外,原动机和功率输出装置应符合下列要求:

a) 工作正常,无漏水、漏油现象;

b) 发动机出水温度和机油温度应符合规定要求;

c) 功率输出装置的润滑油温度应低于润滑油的最高允许工作温度;

d) 功率输出装置输出端轴承座温度不应超过 100℃;

e) 电动机的工作电压、工作电流及轴承座温度应在允许的工作范围内。

9.6 联轴器

9.6.1 联轴器应能承受 20 次起动循环试验,性能试验前、后各 10 次。联轴器应:

a) 维持安装位置;

b) 维持轴的完整性;

c) 没有出现明显的磨损或改变而无法使用,引发对人员伤害,或造成对联轴器或轴的损坏,以致影响连接效率,削弱预期的使用目的。

9.6.2 应有联轴器防护装置。

9.6.3 联轴器应采用铸钢或不锈钢材料。

9.6.4 联轴器宜采用梅花形弹性联轴器,联轴器弹性件宜采用聚氨酯橡胶材料。

9.7 控制柜

9.7.1 外观质量

9.7.1.1 控制柜柜体应端正,无明显的歪斜翘曲等现象。控制柜表面应平整,涂层颜色应均匀一致。

9.7.1.2 控制柜上的指示灯和操作器的颜色编码应符合 GB/T 4025—2003 的规定,控制柜中所用导体的颜色或数字标识应符合 GB 7947—1997 的规定。

9.7.2 防护等级

控制柜的防护等级应不低于 IP2X 级。

9.7.3 显示功能

9.7.3.1 控制柜面板上应设有:

a) 电压、电流显示;

b) 水泵启、停状态显示;

c) 火警及故障声、光报警显示。

9.7.3.2　控制柜面板上的按钮、开关及仪表应易于操作且有功能标志。

9.7.4　**接地**

9.7.4.1　控制柜的金属构体上必须有接地点，并有明显标识，与接地点相连接的保护导线的截面积应符合表5的规定。

表5

相导线截面积 S/mm²	相应保护导体的最小截面积 S_P/mm²
≤16	S
16＜S≤35	16
＞35	$S/2$

9.7.4.2　主接地点与任何有关的、因绝缘损坏可能带电的金属部件之间的电阻应不大于0.1 Ω。

9.7.5　**介电强度**

控制柜中所有有绝缘要求的外部带电端子与机壳之间及电源接线端子与机壳之间都应能承受表6所规定的介电试验电压，试验期间，控制柜不应发生表面飞弧、扫掠放电、电晕和击穿现象。

表6

额定电压/V	介电试验电压(有效值)/V
≤50	500
＞50	1 500

9.7.6　**绝缘电阻**

控制柜中有绝缘要求的外部带电端子与机壳之间的绝缘电阻应大于20 MΩ，电源接线端子与地之间的绝缘电阻应大于50 MΩ。

9.7.7　**双电源**

9.7.7.1　控制柜应具有双路电源入口(柴油机消防泵组除外)，双路电源应具有自动及手动切换功能，也可配有单独的双电源互投柜，应能自动及手动切换，切换时间不大于2 s。

9.7.7.2　双路电源切换装置(柴油机消防泵组除外)应按10.12.7.2进行可靠性试验，装置应能工作正常。

9.7.8　**元件**

9.7.8.1　元件的额定电压、额定电流、使用寿命、接通和分断能力、短路强度等参数应符合装置额定参数的要求。

9.7.8.2　元件应符合有关标准。

9.7.8.3　元件的接线端子应在柜体基础面上方不低于0.2 m处，并应便于维护检修。

9.7.9　**过流保护装置**

控制柜正常操作所需的电路内不得含有过流保护装置。

9.7.10　**耐高温性能**

控制柜连续进行不通电状态14 h、正常监视状态2 h(共计16 h)、环境温度为40℃的高温试验，试验后不应产生影响正常工作的故障。

9.7.11　**耐低温性能**

控制柜连续进行不通电状态14 h、正常监视状态2 h(共计16 h)、环境温度为0℃的低温试验，试验后不应产生影响正常工作的故障。

9.7.12　**抗湿热性能**

控制柜处于正常监视状态，连续进行96 h、环境温度为40℃、相对湿度为92%的恒定湿热试验，试验后不应产生影响正常工作的故障。

9.7.13 **抗振动性能**

控制柜处于不通电状态,进行频率为5 Hz~60 Hz、振幅为0.19 mm、扫频速率为1倍频程/min、持续时间为10 min的振动试验,试验后不应产生影响正常工作的故障。

9.7.14 **温升**

控制柜温升限值应符合GB/T 7251.1—1997的规定。

9.8 电动机消防泵组的其他要求

9.8.1 电动机消防泵组应在6.4.3.2要求的工况下,运转30 min,泵组应工作正常,电动机无过度发热等的异常现象,电动机的轴承座温度应在允许的工作范围内。

9.8.2 电动机消防泵组在6.4.3.2要求的工况下,电动机的输出功率宜不超过5%的额定功率。

9.9 柴油机消防泵组的其他要求

9.9.1 蓄电池及充电

9.9.1.1 应配备两套蓄电池组,并能实现自动切换。

9.9.1.2 蓄电池应架设在地面上,加以固定以防止滑移,并定位于不会受高温、振动、机械损伤或水浸的位置,应便于维护。

9.9.1.3 宜采用免维护性的蓄电池。

9.9.1.4 按10.13.1.2的试验方法,蓄电池组的容量应能满足6次启动循环的要求。

9.9.1.5 蓄电池须有两种充电方式。一种通过柴油机上的发电机;另一种通过自动控制且从交流电源处获取能量的充电设备。

9.9.1.6 充电设备在额定电压下,应能利用不损坏蓄电池的方式把电能输入彻底用完的蓄电池,24h内将蓄电池重新蓄存到100%的蓄电池额定容量值。

9.9.1.7 充电设备应标明其能进行充电的最大容量蓄电池的容量或安培小时数。

9.9.1.8 应安装一个精度为正常充电速度5%的电流表以显示充电设备的工作情况。

9.9.1.9 充电设备的设计应保证在柴油机自动或手动启动点火时不会被损坏或烧断保险丝。

9.9.1.10 在无论何时蓄电池要求充电的情况下,充电设备都应按最大的速率进行充电。

9.9.1.11 在控制线路故障时,为蓄电池供电的主蓄电池接触器应能人工机械合上。

9.9.2 燃油箱

9.9.2.1 燃油箱上的出油管路应保证5%燃油箱的沉淀容积不会被柴油机吸进。

9.9.2.2 燃油箱不应被灌满,应保证有5%燃油箱的空余。

9.9.2.3 燃油箱容积在满足9.9.2.1及9.9.2.2的前提下,应能保证泵组在额定工况下,连续运转4 h。

9.9.2.4 出油管路应位于燃油箱一边的5%沉淀容积的高度。

9.9.2.5 燃油箱至出油管路的接口不得低于柴油机输油泵的高度。

9.9.2.6 燃油箱内油位在最高位置时,不应超过柴油机制造商油泵的最大静压力。

9.9.2.7 回油管路的安装应遵照柴油机制造商的推荐。

9.9.2.8 除位标管外还应有措施显示燃油箱内燃油的容量。每个油箱均应有合适的加油、排油、排气等接口。

9.9.2.9 在连接油箱的回油管上不得有切断阀。

9.9.2.10 当用电磁阀来控制柴油机的供油管路时,当控制回路出现故障时该阀必须能手动操作或能旁通掉。

9.9.2.11 所有暴露的供油管应有防护板或保护管。

9.9.3 超速断路装置

应配有超速断路装置,当柴油机转速超过其额定转速15%~20%时,该装置能使柴油机停车,并且只能人工复位。

9.9.4 调速器

9.9.4.1 柴油机的调速器应保证泵在零流量与最大负荷之间可在10%的范围内调整转速。

9.9.4.2 调速器应是现场可调的，并设置、锁定在最大负荷时转速为泵的额定转速。

9.9.5 加热装置

9.9.5.1 应具有柴油机水温预加热装置。该水温预加热装置应能使柴油机水温维持在49℃的温度。

9.9.5.2 在柴油机制造商推荐时，还需安装燃油加热器。

9.9.6 柴油机冷却系统

9.9.6.1 应采用热交换器型或散热器型的系统。

9.9.6.2 冷却循环系统必须有一个开口以便加入冷却液、检查冷却液以及在需要时补充冷却液。冷却液应符合柴油机制造商的要求。

9.9.6.3 热交换器的冷却水应来自在出口止回阀前的消防泵出口。该连接应是刚性的螺纹连接。在沿冷却水流向方向，管路上应有一个带指示的手动切断阀。

9.9.6.4 当柴油机工作时，自动阀应允许冷却水流向柴油机。

9.9.6.5 热交换器的出口管管径应大于进口管管径。出口管应尽可能短并且与一可见的接头连接，在该段管路中，不应安装阀门。

9.9.6.6 散热器的设计应保证在空气滤清器处进气温度为49℃时仍能保证柴油机不超过其最大允许操作温度。散热器应包含至柴油机的管路及排气侧的法兰盘，挠性管路可通过从该法兰盘将风扇排气侧与排气通风口/设备连接起来。

9.9.7 柴油机排气口及排气管路

在柴油机排气口及排气管路间应用无缝或焊接的波纹挠性管连接。排气管尺寸不得小于柴油机排气口且应尽可能短。排气管应采用耐高温的隔热材料包裹。

9.9.8 柴油机功率

柴油机12小时功率不宜小于6.4规定的工况1泵轴功率的1.1倍；柴油机1小时功率不宜小于6.4规定的工况2泵轴功率的1.1倍。

9.9.9 柴油机与泵的连接

9.9.9.1 柴油机与泵的连接不宜采用离合器。

9.9.9.2 柴油机应通过圆锥直角齿轮箱及挠性传动轴与深井泵连接。传动轴应避免不必要的应力作用在柴油机或齿轮箱上。

9.9.9.3 当采用实心轴而不使用圆锥直角齿轮箱与深井泵连接时，应带有防逆转盘。

9.9.10 启动与停机

9.9.10.1 应具有自动及手动启动功能。手动启动应包括在柴油机旁及控制柜上手动启动。

9.9.10.2 应具有良好的常温起动性能，应保证5 s内顺利起动，引上水后20 s内使消防泵达到额定工况。

9.9.10.3 除超速断路装置动作使柴油机停车外，柴油机消防泵组不得自动停机，只能手动操作停机。

9.9.11 超负荷

应按10.13.11进行10 min超负荷试验，试验过程中，泵组应工作正常，无异常振动、漏油、漏水等现象。

9.9.12 操作程序及警示

9.9.12.1 在柴油机消防泵组上应具有包含紧急操作详细步骤的操作程序。

9.9.12.2 在柴油机消防泵组上对操作人员人身安全构成伤害的位置应具有明显的警告及警示标志。

9.9.13 手动操作功能

柴油机消防泵组在自动控制功能发生故障的情况下，应仍能手动操作，保证柴油机消防泵组正常工作。

9.9.14 **监视仪表**

柴油机消防泵组应配备以下监视仪表：

a) 消防泵转速表(累计计数式)；

b) 柴油机油压表；

c) 柴油机水温表；

d) 燃油油位表；

e) 电流表；

f) 蓄电池电压表。

9.9.15 **柴油机消防泵组控制柜的其他要求**

9.9.15.1 **接线**

9.9.15.1.1 所有至控制柜的连接线都应栓在或附在或安装在发动机上，且接至一柴油机接线盒的端子上，这些端子的编号应与控制柜上相应端子的编号一致。

9.9.15.1.2 控制柜与柴油机接线盒之间的接线应采用标准尺寸的能连续工作的电缆。

9.9.15.1.3 柴油消防泵组控制柜不能作为其他设备供电的接线盒。

9.9.15.1.4 控制柜的现场接线图应永久地附着在柜体上。

9.9.15.2 **开关及指示**

9.9.15.2.1 使控制柜处于自动状态的所有开关应在一个带易碎玻璃的锁住的柜体内。

9.9.15.2.2 应具有显示柴油机的运行状态及启动成功的信号指示。该信号指示的电源不应来自于柴油机的发电机或充电器。

9.9.15.2.3 须具有柴油机油温高、水温高及润滑油油压低的报警指示。

9.9.15.2.4 超速故障信号应送至控制柜，该控制柜不能复位直到超速停机装置被手动复位至正常位置。

9.9.15.2.5 应有可见指示来指明控制柜处于自动状态。若该指示器为一指示灯，它应便于更换。

9.9.15.2.6 控制柜内的每个组件应清楚地标明其对应于电气原理图上的代号。

9.9.15.3 **远距离启动**

控制柜应具有远距离启动柴油机的端子。

9.9.15.4 **操作指导书**

应提供包含控制柜操作的完整的操作指导书并放置于控制柜的显著位置。

9.10 **潜水消防泵组的其他要求**

9.10.1 潜水消防泵组所采用的电动机应符合 GB/T 2818—2002 的规定。

9.10.2 引出电缆应采用 GB 5013.4—1997 中规定的 YZW 中橡胶套电缆或性能相当的电缆。

9.11 **手抬机动消防泵组的其他要求**

9.11.1 **结构要求**

9.11.1.1 泵体上应铸出表示旋转方向的箭头。

9.11.1.2 泵应带有压力表及真空压力表，表的精度应不低于 2.5 级，表前均需安装阀门，阀门的操纵应轻便可靠。阀门的工作压力应不低于泵的最大工作压力。

9.11.1.3 泵吸入口处应设置便于拆卸的抗腐蚀性滤网，滤网的过流面积应不影响泵的性能。滤网上的孔须不得通过大于 8 mm 的颗粒。

9.11.1.4 泵出水阀应标注开、关指示标记，指示标记应位于明显易见部位且面积不小于 6 mm^2。

9.11.1.5 泵应设置放水旋塞，放水旋塞应处于泵的最低位置以便排尽泵内余水。

9.11.1.6 泵的出口处应安装止回阀。

9.11.1.7 泵应设取压孔，取压孔的直径应为 3 mm～6 mm 或等于管路直径的 1/10，两者取小值。取压孔的深度应不小于 2.5 倍取压孔直径。出口压力取压孔应位于止回阀之后。

9.11.1.8　手抬机动消防泵组的整机重量(按规定加注好润滑油、燃油,不包括吸水管、水带及开关水枪等附件)不得超过 100 kg。

9.11.1.9　手抬机动消防泵组的燃油箱容积应能保证在 5.4.2.1 要求的工况下,连续运转 1 h。应具有燃油油位表用以显示燃油箱容积。

9.11.1.10　手抬机动消防泵组在任何工况下,都不得发生整机自行移动现象。

9.11.1.11　手抬机动消防泵组应配有功率不小于 50 W 的小型移动照明设备,另外还须配备水带、吸水管、开关水枪、充电设备(可从交流电源处获取能量的蓄电池充电设备)等附件。

9.11.1.12　对于采用电启动方式启动的手抬机动消防泵组,其额定功率不大于 35 kW 时,应具有手动启动功能。

9.11.2　材料要求

泵的材料须符合 5.2 的规定。

9.11.3　主要技术参数

9.11.3.1　应按 10.4 进行性能试验,试验结果应符合企业技术文件的规定。

9.11.3.2　手抬机动消防泵组应符合 5.4.2.1、5.4.2.3 的规定。

9.11.4　机械性能

泵的机械性能应符合 5.5 的规定。

9.11.5　真空密封性能

泵的真空密封性能应符合 5.6 的规定。

9.11.6　引水装置性能

泵的引水装置性能应符合 5.7 的规定

9.11.7　连续运转性能

应按 10.10.3 方法进行连续运转试验,试验结果应满足 5.8 的条件和规定。原动机和功率输出装置应符合 9.5 中 a)～d)的规定。

9.11.8　启动性能

按 10.14.2 方法进行启动试验,手抬机动消防泵组应能在 30 s 内顺利启动。

9.11.9　横、纵向倾斜性能

手抬机动消防泵组应在横向、纵向倾斜 25°的条件下,在 5.4.2.1 要求的工况下,各连续运转 1 h,泵应工作正常。

10　试验方法

10.1　结构检查

检查紧固件、自锁装置、结构形式的情况,应分别符合 5.1.1、6.1.1、9.2.1 的规定;检查泵旋转方向的情况,结果应相应符合 5.1.2、6.1.2、9.11.1.1 的规定;检查各操纵机构动作的情况,采用量具测量文字高度和压制或蚀刻的深度,结果应相应符合 5.1.3、6.1.3、9.2.2 的规定;检查压力、真空压力表及接头、滤网、滤器、阀门、指示标志、放水旋塞、取压孔直径及深度、进、出口法兰的连接尺寸及公称压力等,结果应相应符合 5.1.4、5.1.5、5.1.7、5.1.8、5.1.9、5.1.10、6.1.4、6.1.5、6.1.6、6.1.7、7.6、7.7、9.11.1.2、9.11.1.3、9.11.1.4、9.11.1.5、9.11.1.6、9.11.1.7 的规定。检查供泡沫液消防泵密封的情况,结果应符合 7.1 的规定。

10.2　材料检查

仔细检查泵壳、叶轮、轴、叶轮密封环、壳体密封环、套环、填料环、水封环、填料压盖、机械密封盖、填料轴套、水轴承套、挡套、中间衬套、减压衬套、密封压盖、压盖螺母、轴套螺母、叶轮螺母、放水旋塞、平衡鼓、平衡衬套、平衡板、平衡环和平衡盘的材料,结果应相应符合 5.2、6.2 及 7.2 的规定。

10.3 **外观质量检查**

目测其外观质量，结果应相应符合 5.3、6.3、9.3 的规定。

10.4 **性能试验**

10.4.1 **试验环境条件**

试验应在标准大气压和水温 20℃条件下进行。当大气压偏离标准大气压和水温不为 20℃时，应对吸深进行修正。

a) 吸深修正公式如下：

$$H_{SZ} = H'_{SZ} - 10.09 + (P_b - P_v)/\rho g$$

式中：

H_{SZ}——修正后的吸深，单位为米(m)；

H'_{SZ}——本标准规定的试验吸深，单位为米(m)；

P_b——试验地点的大气压，单位为帕(Pa)；

P_v——实际水温下水的汽化压力，单位为帕(Pa)；

ρ——输送液体的密度，单位为千克每立方米(kg/m^3)；

g——重力加速度，单位为米每二次方秒(m/s^2)。

b) 引水装置真空度修正公式如下：

$$P_Z = P'_Z - P_b + 101$$

式中：

P_Z——修正后的真空度，单位为千帕(kPa)；

P'_Z——试验时实测的真空度，单位为千帕(kPa)。

10.4.2 **试验用液体**

试验用的液体应符合 GB/T 3216—2005 中 11.2.3 的规定。

10.4.3 **试验设备**

试验设备应符合 GB/T 3216—2005 中 5.2.7 的规定。

10.4.4 **试验装置**

10.4.4.1 泵应与以下配件一起做试验：

a) 在现场实际最终安装的有关配件，车用泵应带有止回阀；

b) 或与 a)完全一致的复制件。

10.4.4.2 测量应按 GB/T 3216—2005 中 5.4.2 进行。

10.4.4.3 试验时带有过滤器的吸水管的长度应符合表 7 的规定。

表 7

吸　深/m	吸水管长度/m
3	≥5
7	≥9

10.4.5 **测量不确定度**

测量不确定度应符合 GB/T 3216—2005 中 6.2 的规定。

10.4.6 **流量、压力和转速的测量方法**

流量测量应按 GB/T 3216—2005 中第 7 章的规定进行。压力的测量应按 GB/T 3216—2005 中 8.4 的规定进行。转速的测量应按 GB/T 3216—2005 中第 9 章的规定。车用泵出口压力测压点应在止回阀的外端。

10.4.7 **试验方法**

通过试验确定泵的压力、转速与流量之间的关系。试验应从功率最小的工况开始顺次进行。试验应有足够的持续时间，以获得一致的结果和达到预期的试验精度。每测一个流量点应有一定的时间间隔，并应同时测量流量、压力、转速。

10.4.8 试验结果

试验结果应相应符合 5.4、6.4、7.4、9.4、9.11.3 的规定。

10.5 密封试验

堵塞泵的进口，关闭出口阀逐步对泵加压至最大工作压力与进口最大允许正压的压力之和的 1.1 倍，在此压力下保持 5 min±0.2 min。试验结果应符合 5.5.1 的规定。

10.6 静水压强度试验

堵塞泵的过流部件的所有开口，逐步对泵壳加压至最大工作压力与进口最大允许正压的压力之和的 2 倍或 2.0 MPa，两者取大者，在此压力下持续 1 min±0.2 min，试验结果应符合 5.5.2 的规定。

10.7 最大真空度和真空密封试验

10.7.1 试验时，泵接上吸水管。吸水管长度应为 10.4.4.3 表 7 中 7 m 吸深时的吸水管长度。

10.7.2 放尽泵和吸水管中的余水，封闭吸水管进口，使其不漏气；关闭出水阀，用引水装置排除泵和吸水管内的空气至最大真空度，立即关闭引水装置，记录此时的最大真空度，结果应符合 5.7.1 的规定；同时，开始计时并测定 1 min 内真空度降落值，结果应符合 5.6 的规定。

10.8 引水时间试验

泵在开式试验台上进行引水时间试验时，应接上带有过滤器的标准吸水管，其长度应符合 10.4.4.3 表 7 的规定。吸深为 7 m，试验次数不应少于 3 次。试验结果均应符合 5.7.2 中表 3 的规定。

10.9 引水可靠性试验

泵在开式试验台上进行引水，应接上带有过滤器的标准吸水管，其长度应符合 10.4.4.3 表 7 的规定，吸深为 3 m，引上水后，放尽泵的余水。重复上述引水过程，共 500 次。试验后，按 10.7 的方法进行最大真空度试验；并按 10.8 的方法进行引水时间试验，检查引水装置及自动脱离装置的情况，结果应符合 5.7.3 的规定。检查引水装置润滑液贮量，应符合 5.7.4 的规定。

10.10 连续运转试验

10.10.1 低压车用消防泵在工况 1 下运转 2 h；在工况 2 下运转 2 h，整个运转不应间断。

10.10.2 中低压、高低压车用消防泵，在工况 1 下运转 2 h；在工况 2 下运转 1 h；在联用工况下运转 1 h，整个运转不应间断。

10.10.3 手抬机动消防泵组在工况 1 下运转 8 h，整个运转不应间断。

10.10.4 供泡沫液消防泵在额定工况下运转 1 h，整个运转不应间断。

10.10.5 除上述以外的泵及泵组在工况 1 下运转 4 h，整个运转不应间断。

10.10.6 泵进行连续运转试验时，应检查轴承温升。从泵达到工况 1 起，每隔 15 min 测量一次轴承座的温度（深井、潜水泵除外），泵组还应测量发动机出水温度、机油温度、功率输出装置输出端轴承座温度、润滑油油温、电动机轴承座温度（深井、潜水泵除外），直至连续 3 次测得的值相同为止；同时还应测量流量、出口压力、进口压力（深井、潜水泵除外）及转速。试验结果应相应符合 5.8、6.6、7.5、9.5、9.11.7 的规定。

10.10.7 将电动机泵组调整到 6.4.3.2 规定的工况下，开始计时，每隔 10 min 测量一次电动机轴承座的温度（深井、潜水泵除外），同时还应测量流量、出口压力、进口压力（深井、潜水泵除外）及转速，直到 30 min，检查电动机，结果应相应符合 9.8.1 的规定。

10.10.8 供泡沫液消防泵在封闭进出口的状态下，连续运转 10 min，结果应符合 7.3 的规定。

10.11 联轴器起动循环试验

启动泵组，调整至额定工况，运行 30 s，然后停机。共重复 20 次，性能试验前后各 10 次，试验结果应符合 9.6.1 的规定；检查联轴器防护装置的配备，结果应符合 9.6.2 的规定；检查联轴器采用的材料，结果应符合 9.6.3 的规定。

10.12 控制柜试验

10.12.1 外观检查

10.12.1.1 目测检查控制柜柜体及涂层颜色,其结果应符合 9.7.1.1 的规定。

10.12.1.2 检查控制柜选用的指示灯和操作器的颜色编码、导体的颜色或数字标识,其结果应符合 9.7.1.2的规定。

10.12.2 防护等级试验

按照 GB 4208—1993 的规定,对控制柜进行防护等级试验,其结果应符合 9.7.2 的规定。

10.12.3 显示功能检查

对照设计文件检查控制柜柜面的功能显示,结果应符合 9.7.3 的规定。

10.12.4 接地性能试验

10.12.4.1 使用通用量器具测量主接地线尺寸,结果应符合 9.7.4.1 的规定。

10.12.4.2 用接地电阻测试仪测量接地点与任何有关的、因绝缘损坏可能带电的金属部件之间的电阻。结果应符合 9.7.4.2 的规定。

10.12.5 介电强度试验

按 GB 16806—1997 中 5.9 规定的方法对控制柜进行介电强度试验,结果应符合 9.7.5 的规定。

10.12.6 绝缘电阻试验

按 GB 16806—1997 中 5.8 规定的方法对控制柜进行绝缘电阻试验,结果应符合 9.7.6 的规定。

10.12.7 双电源试验

10.12.7.1 送入两路电源,检查切换情况并记录自动及手动切换时间。结果应符合 9.7.7.1 的规定。

10.12.7.2 两路电源切换装置进行手动切换 100 次和自动切换 400 次的可靠性试验,结果应符合 9.7.7.2的规定。

10.12.8 元件检查

10.12.8.1 检查元件各参数是否符合控制柜额定参数的规定,结果应符合 9.7.8.1 的规定。

10.12.8.2 检查元件是否符合标准要求,结果应符合 9.7.8.2 的规定。

10.12.8.3 测量元件接线端子与柜体基础面的距离,检查维修方便性的情况,结果应符合 9.7.8.3 的规定。

10.12.9 过流保护装置检查

检查控制柜正常操作所需的电路,结果应符合 9.7.9 的规定。

10.12.10 耐高温性能试验

按 GB 16806—1997 中 5.12 规定的方法对控制柜进行耐高温试验,结果应符合 9.7.10 的规定。

10.12.11 耐低温性能试验

按 GB 16806—1997 中 5.13 规定的方法对控制柜进行耐低温试验,结果应符合 9.7.11 的规定。

10.12.12 抗湿热性能试验

按 GB 16806—1997 中 5.15 规定的方法对控制柜进行抗湿热性能试验,结果应符合 9.7.12 的规定。

10.12.13 抗振动性能试验

按 GB 16806—1997 中 5.14 规定的方法对控制柜进行抗振动性能试验,结果应符合 9.7.13 的规定。

10.12.14 温升试验

按照 GB 7251.1—1997 中的温升验证方法进行试验,结果应符合 9.7.14 的规定。

10.13 柴油机消防泵组试验

10.13.1 蓄电池及充电检查

10.13.1.1 检查蓄电池及充电的情况,结果应符合 9.9.1.1、9.9.1.2、9.9.1.3、9.9.1.5 的规定。

10.13.1.2 在4.5℃下，每组蓄电池进行连续3 min的启动循环试验，将柴油机驱动至额定转速，该启动循环是启动15 s后，休息15 s的连续6次循环，结果应符合9.9.1.4的规定。

10.13.1.3 检查充电设备，其结果应符合9.9.1.6、9.9.1.7、9.9.1.8、9.9.1.9、9.9.1.10的规定。

10.13.1.4 检查蓄电池接触器，其结果应符合9.9.1.11的规定。

10.13.2 燃油箱检查

10.13.2.1 采用容积法，测量燃油箱的容积及沉淀容积，结果应符合9.9.2.1的规定。

10.13.2.2 连续运转试验后，检查燃油箱的容积，结果应符合9.9.2.2、9.9.2.3的规定。

10.13.2.3 采用通用量具测量出油管路及燃油箱的5%沉淀容积的位置高度，结果应符合9.9.2.4的规定。

10.13.2.4 采用通用量具测量燃油箱至出油管路接头及柴油机输油泵分别对应地面的高度，结果应符合9.9.2.5的规定。

10.13.2.5 采用通用量具测量燃油箱内油位最高位置及柴油机输油泵分别对应地面的高度，对照柴油机制造商规定的要求，结果应符合9.9.2.6的规定。

10.13.2.6 对照柴油机制造商规定的要求，检查回油管路的安装，结果应符合9.9.2.7的规定。

10.13.2.7 检查燃油箱内燃油容量的显示，结果应符合9.9.2.8的规定。

10.13.2.8 检查回油管及供油管路上阀门，结果应相应符合9.9.2.9及9.9.2.10的规定。

10.13.2.9 检查供油管的防护板或保护管，结果应符合9.9.2.11的规定。

10.13.3 超速断路装置试验

增加发动机转速，使其转速达到额定转速的15%，然后逐渐增加转速并同时测量转速，直至超速断路装置动作，使发动机停车，记录此时的转速，检查复位情况，结果应符合9.9.3的规定。

10.13.4 调速器试验

使泵组处于正常工作状态，关闭出水阀，测量此时柴油机的转速；然后缓慢开启出水阀，使泵达到最大负荷，测量此过程中的转速，并检查调速器工作情况，结果应符合9.9.4.1及9.9.4.2的规定。

10.13.5 加热装置检查

10.13.5.1 检查水温预加热装置，测量柴油机水温，结果应符合9.9.5.1的规定。

10.13.5.2 对照柴油机制造商推荐的要求，检查燃油加热器，结果应符合9.9.5.2的规定。

10.13.6 柴油机冷却系统检查

10.13.6.1 检查柴油机冷却系统类型，结果应符合9.9.6.1的规定。

10.13.6.2 检查冷却循环系统，结果应符合9.9.6.2的规定。

10.13.6.3 检查热交换器的冷却水来源、连接、手动切断阀，结果应符合9.9.6.3的规定。

10.13.6.4 检查自动阀，结果应符合9.9.6.4的规定。

10.13.6.5 检查热交换器进、出口管管径、出口管至接头的长度及管路中阀门的使用情况，结果应符合9.9.6.5的规定。

10.13.6.6 检查散热器，结果应符合9.9.6.6的规定。

10.13.7 柴油机排气口及排气管路检查

检查柴油机排气口及排气管路，结果应符合9.9.7的规定。

10.13.8 柴油机功率检查

检查柴油机功率，比较性能试验中测得的泵轴功率，结果应符合9.9.8的规定。

10.13.9 柴油机与泵的连接检查

10.13.9.1 检查柴油机与泵的连接，结果应符合9.9.9.1的规定。

10.13.9.2 检查柴油机与深井泵的连接，结果应相应符合9.9.9.2和9.9.9.3的规定。

10.13.10 启动与停机试验

10.13.10.1 检查自动及手动启动的功能，结果应符合9.9.10.1的规定。

10.13.10.2 启动试验的环境温度在常温(5℃~35℃)状态下，按发动机的操作规程进行，启动时间从按下启动按钮始，至发动机保持怠速时释放按钮止，记录此时间。待发动机转速稳定后，迅速调节油门和泵的出口阀，使泵尽快达到额定工况，记录下发动机增速起，至泵达到额定工况止的时间。试验完成后停机，间隔 2 min 后，再进行第二次启动，重复 6 次，试验结果应符合 9.9.10.2 的规定。

10.13.10.3 检查停机的情况，结果应符合 9.9.10.3 的规定。

10.13.11 超负荷试验

泵组在吸深 1 m 时，调节柴油机的油门和泵的出口阀，使泵的流量满足额定流量，压力为额定压力的 1.1 倍，连续运转 10 min。试验结果应符合 9.9.11 的规定。

10.13.12 操作程序及警示检查

10.13.12.1 检查操作程序，结果应符合 9.9.12.1 的规定。

10.13.12.2 检查警告及警示标志，结果应符合 9.9.12.2 的规定。

10.13.13 手动操作功能试验

人为模拟自动或智能化功能的故障，检查手动操作情况，结果应符合 9.9.13 的规定。

10.13.14 监视仪表检查

检查监视仪表，结果应符合 9.9.14 的规定。

10.13.15 柴油机消防泵组控制柜试验

10.13.15.1 接线检查

10.13.15.1.1 检查至控制柜的连接线、接线盒的端子及编号，结果应符合 9.9.15.1.1 及 9.9.15.1.2 的规定。

10.13.15.1.2 检查控制柜的供电情况，结果应符合 9.9.15.1.3 的规定。

10.13.15.1.3 检查控制柜的接线图，结果应符合 9.9.15.1.4 的规定。

10.13.15.2 开关及指示检查

10.13.15.2.1 检查控制柜处于自动状态的开关，结果应符合 9.9.15.2.1 的规定。

10.13.15.2.2 启动柴油机，检查信号指示及信号指示的电源，结果应符合 9.9.15.2.2 的规定。

10.13.15.2.3 模拟柴油机油温高、水温高及润滑油油压低，检查相应的报警指示，结果应符合 9.9.15.2.3 的规定。

10.13.15.2.4 按 10.13.3 进行超速断路装置试验后，检查超速故障信号及复位情况，结果应符合 9.9.15.2.4 的规定。

10.13.15.2.5 检查指示控制柜处于自动状态的指示器，结果应符合 9.9.15.2.5 的规定。

10.13.15.2.6 检查控制柜内的组件，结果应符合 9.9.15.2.6 的规定。

10.13.15.3 远距离启动试验

通过控制柜上的端子，远距离启动柴油机，结果应符合 9.9.15.3 的规定。

10.13.15.4 操作指导书检查

检查操作指导书，结果应符合 9.9.15.4 的规定。

10.14 手抬机动消防泵组试验

10.14.1 结构检查

10.14.1.1 用磅秤测量手抬机动消防泵组的整机重量，结果应符合 9.11.1.8 的规定。

10.14.1.2 按 10.10.3 方法进行连续运转试验，检查燃油箱容积及燃油油位表，结果应符合 9.11.1.9 的规定。

10.14.1.3 检查照明设备及附件的情况，结果应符合 9.11.1.11 的规定。

10.14.1.4 检查启动方式，结果应符合 9.11.1.12 的规定。

10.14.2 启动性能试验

将手抬机动消防泵组置于−5℃的试验环境中，放置 24 h，取出后，立即进行启动试验，记录启动时间，结果应符合 9.11.8 的规定。

10.14.3 横、纵向倾斜试验

按 10.10.3 方法，将手抬机动消防泵组分别置于横向及纵向倾斜 25°的条件下，在 5.4.2.1 要求的工况下，各自连续运转 1 h，结果应符合 9.11.9 的规定。

10.15 仲裁试验方法

10.15.1 流量测量应采用涡轮流量计。

10.15.2 压力测量应采用弹簧式压力表。

10.15.3 轴功率测量应采用转矩转速仪。当泵与电动机直接连接时，轴功率测量可采用电参数测量仪。

10.15.4 转速测量应采用非接触式数字转速表。对于无法直接采用非接触式数字转速表测量时，可采用感应线圈法测量转差率的方法。

11 检验规则

11.1 检验类别

产品检验分型式检验和出厂检验两类。

11.2 型式检验

11.2.1 凡下列情况之一，应进行型式检验：

a) 新产品鉴定或老产品转型时；

b) 正式生产后，原材料、工艺、设计有较大改动时。

11.2.2 型式检验的样机为 1 台。

11.2.3 型式检验的项目为本标准规定的与各类消防泵产品相关的全部项目。

11.2.4 所检项目全部符合本标准的规定，方为合格。

11.2.5 当出现不符合本标准要求时，应加倍抽样，全部符合方为合格。

11.3 出厂检验

11.3.1 出厂检验应经过企业检验部门逐台检验。

11.3.2 车用消防泵出厂检验按 5.1、5.2、5.3、5.4、5.5、5.6、5.7.1、5.7.2 的规定进行；工程用消防泵和船用消防泵按 6.1、6.2、6.3、6.4、6.5、6.6d)的规定进行；供泡沫液消防泵按 7.1、7.2、7.4、7.6、7.7、7.8 的规定进行；消防泵组按 9.1、9.2、9.3、9.4、9.6.2、9.6.3、9.7.1、9.7.3、9.7.4、9.7.5、9.7.6、9.7.7.1、9.7.8、9.7.9、9.9.1、9.9.2、9.9.3、9.9.4、9.9.5、9.9.6、9.9.7、9.9.8、9.9.9、9.9.10、9.9.12、9.9.13、9.9.14、9.9.15、9.10、9.11.1、9.11.2、9.11.3、9.11.4、9.11.5、5.7.1、5.7.2 的规定进行。

11.3.3 所检项目全部符合本标准的规定，方为合格。

11.3.4 当出现不符合本标准要求时，应加倍抽样，全部符合方为合格。

11.4 检验顺序

11.4.1 车用消防泵引水装置可靠性试验应在真空密封试验、引水时间试验之后进行。

11.4.2 泵的机械性能试验应在所有其他试验之后进行。

11.4.3 柴油机泵组超速断路装置试验应在柴油机泵组试验中最后进行。

11.4.4 上述试验中，一旦出现影响其他试验进行的状况时，应补充抽样以满足试验的要求。

11.5 系列消防泵的抽样与判定

参见附录 A。

12 标志

12.1 每台消防泵具有固定安置的铭牌，铭牌应由抗腐蚀材料制成并置于易见位置。

12.2 铭牌的表面积应不小于 80 cm^2，铭牌上文字的高度不小于 3 mm，压制或蚀刻的深度应不小于

0.2 mm。

12.3 车用消防泵、手抬机动消防泵组和供泡沫液消防泵的铭牌上须标明：

a) 产品名称；

b) 产品型号；

c) 工况参数(满足 5.4 的内容)；

d) 最大工作压力，MPa；

e) 最大允许进口压力，MPa；(手抬机动消防泵组除外)

f) 企业名称；

g) 生产日期；

h) 所符合的标准。

12.4 工程用消防泵铭牌上须标明：

a) 产品名称；

b) 产品型号；

c) 工况参数(满足 6.4 的内容)；

d) 最大工作压力，MPa；

e) 最大允许进口压力，MPa；

f) 150%额定流量下的出口压力，MPa；

g) 企业名称；

h) 生产日期；

i) 所符合的标准。

12.5 消防泵组铭牌上须标明：

a) 产品名称；

b) 产品型号；

c) 工况参数(满足 6.4 的内容)；

d) 原动机功率；

e) 企业名称；

f) 生产日期；

g) 所符合的标准。

附　录　A
（资料性附录）
系列消防泵的抽样与判定

A.1　系列消防泵的确定

系列消防泵须同时具有如下特点：

a)　结构形式相似；

b)　零、部件材料相同且按相同工艺加工制造；

c)　型号按同一方法编制（包括企业自定义部分）。

A.2　系列消防泵的抽样样本

A.2.1　符合上述要求的系列消防泵，如系列内消防泵的规格少于或等于 10 种，则抽取 3 个规格。采用小流量、中流量和大流量来抽取，规格应包括最大的出口压力和最大的轴功率。

A.2.2　符合上述要求的系列消防泵，如系列内消防泵的规格大于 10 种，但少于或等于 20 种，则抽取 4 个规格。此时，中流量抽取 2 个规格。

A.2.3　符合上述要求的系列消防泵，如系列内消防泵的规格大于 20 种，在 A.2.2 的基础上，每增加 10 种规格，中流量增加抽取 1 个规格。

A.3　适用范围

系列消防泵的适用范围为所抽取规格中最大与最小出口压力，最大与最小流量，最大与最小轴功率所覆盖的所有规格的该系列的消防泵。

A.4　检验判定

A.4.1　对抽取的规格按本标准的规定检验，如全部符合本标准要求时，则判定整个系列合格。

A.4.2　对抽取的规格按本标准的规定检验，如任一规格出现不符合本标准要求时，则判定整个系列不合格。

ICS 71.040.40
G 10

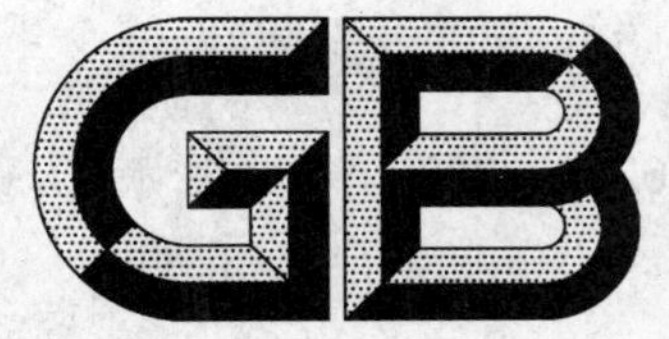

中华人民共和国国家标准

GB/T 6284—2006
代替 GB/T 6284—1986

化工产品中水分测定的通用方法 干燥减量法

Chemical products for industrial use—General method for determination of water content—The loss of mass on drying method

2006-12-29 发布　　　　2007-06-01 实施

中华人民共和国国家质量监督检验检疫总局
中国国家标准化管理委员会　发布

前　言

本标准修改采用日本标准 JIS K 0068:2001《化学制品的水分测定方法　干燥减量法》(日文版)。

本标准根据日本标准 JIS K 0068:2001《化学制品的水分测定方法　干燥减量法》重新起草。

在采用 JIS K 0068:2001 时,本标准做了一些修改,有关技术性差异编入正文中,以下给出了这些技术性差异。附录 A 中给出了结构性差异的一览表以供参考。

——规定了所使用的电热恒温干燥箱的性能(本标准的 3.2.2);

——增加了对干燥器的要求(本标准的 3.2.3);

——规定称量瓶应放在温度计水银球的周围(本标准的 3.4);

——对特殊性质的产品测定水分进行了规定(本标准的 3.4)。

本标准代替 GB/T 6284—1986。

本标准与 GB/T 6284—1986 的主要技术差异如下:

——标准名称的修改;

——范围中取消了“湿存水”,适用范围叙述改为“加热稳定的固体化工产品”(1986 年版第 1 章,本版第 1 章);

——增加了术语和定义(本版第 2 章);

——规定了称量瓶的容量(本版 3.2.1);

——增加了试样处理(本版 3.3);

——干燥温度改为(105±2)℃(1986 年版第 5 章,本版 3.4);

——对特殊性质的产品测定水分进行了完善(1986 年版第 5 章,本版 3.4);

——修改了根据水分确定称样量的条款,规定了称样量为 10 g(1986 年版 5.1,本版 3.4);

——修改了干燥时间及冷却时间(1986 年版 5.2,本版 3.4);

——对恒重概念重新定义(1986 年版 5.2,本版 2.3)。

本标准的附录 A 为资料性附录。

本标准由中国石油和化学工业协会提出。

本标准由全国化学标准化技术委员会无机化工分会(SAC/TC 63/SC 1)归口。

本标准主要起草单位:天津出入境检验检疫局、山东出入境检验检疫局、天津化工研究设计院。

本标准主要起草人:赵祖亮、刘绍从、孙书军、陆思伟。

本标准所代替的标准的历次发布情况:GB/T 6284—1986。

化工产品中水分测定的通用方法 干燥减量法

1 范围

本标准规定了固体化工产品中水分测定的通用方法——干燥减量法。

本方法适用于加热稳定的固体化工产品中水分的测定。

2 术语和定义

下列术语和定义适用于本标准。

2.1

干燥减量法 the loss of mass on drying method

通过加热使固体产品中包括水分在内的挥发性物质挥发尽从而使固体物质的质量减少的方法。

注：采用干燥减量法测定产品中真实的水分时，应满足如下三个条件：

① 挥发的只是水分；

② 不发生化学变化，或虽然发生了化学变化，但不伴随有质量变化；

③ 水分可以完全除去。

实际上，完全满足上述三个条件在多数情况下是很困难的，所以干燥减量法测定水分时，同时也将水分以外的挥发性物质或在加热过程的化学变化中产生的挥发性物质视为了水分。

2.2

加热稳定 heating to stabilization

样品在加热过程中，水分以外的挥发性物质或发生化学变化所产生的挥发性物质在允许的范围之内，也就是说产生的挥发性物质不影响水分测定结果的准确性。

2.3

恒重 constant weight

进行重复干燥后，直到两次称量值的质量差大于 0.000 3 g 时，视为恒重。

3 试验方法

3.1 方法提要

将试料在(105±2)℃下加热烘干至恒重，计算干燥后试料减少的质量。

3.2 仪器、设备

3.2.1 称量瓶：扁形带盖，容量为加入试样后，试样厚度小于 5 mm；

3.2.2 电热恒温干燥箱：温度能控制在 105℃，精度±1℃；

3.2.3 干燥器：内盛适当的干燥剂(如变色硅胶、五氧化二磷等)；

3.2.4 天平：光电分析天平或电子天平，分度值为 0.1 mg。

3.3 试样处理

如试样为块状或大的结晶，应粉碎至粒径小于 2 mm 以下，充分混匀。操作中应避免试样中水分损失或从空气中吸收水分。

3.4 分析步骤

将电热恒温干燥箱调节至(105±2)℃，然后将称量瓶置于电热恒温干燥箱中干燥，取出后在干燥器中冷却[冷却时间一般为(20～40) min，重复操作的冷却时间一定要相同]，称量，精确至 0.1 mg。反复操作至恒重。

用已恒重的称量瓶，称取约 10 g 试料，精确至 0.1 mg。试料表面轻轻压平，放入已调节至(105±2)℃的电热恒温干燥箱中(称量瓶应放在温度计水银球的周围)。称量瓶盖子稍微错开或取下与试样同时干燥。

烘干(2～4) h 后，将称量瓶和盖子迅速移至干燥器中冷却。冷却后盖好盖子，称量，精确至 0.1 mg。重复操作至恒重，重复干燥时间约 1 h。

除另有规定外，试料的烘干温度一般规定为(105±2)℃。对于特殊性质的产品，当试料在约 105℃的温度下熔化时，可在比熔化温度低 10℃的温度下加热(1～2) h 后，再在(105±2)℃下加热干燥。也可根据产品性质确定烘干温度。

3.5 结果计算

水分以质量分数 w 计，数值以%表示，按下式计算：

$$w = \frac{m_1 - m_2}{m_1 - m_0} \times 100$$

式中：

m_0——称量瓶的质量的数值，单位为克(g)；

m_1——称量瓶和干燥前试样质量的数值，单位为克(g)；

m_2——称量瓶和干燥后试样质量的数值，单位为克(g)。

取平行测定结果的算术平均值为测定结果，两次平行测定结果的绝对差值符合产品规定。

附 录 A
（资料性附录）
本标准与日本标准结构性差异

表 A.1 给出了本标准与日本标准 JIS K 0068:2001《化学制品的水分测定方法　干燥减量法》（日文版）结构性差异的一览表。

表 A.1　本标准与日本标准 JIS K 0068:2001 结构性差异

本标准		日本标准 JIS K 0068:2001	
章节	内容	章节	内容
前言	前言	—	—
1	范围	7.1	要点
2	术语和定义	—	—
2.1	干燥减量法	—	—
2.2	加热稳定	—	—
2.3	恒重	—	—
3	试验方法	—	—
3.1	方法提要	—	—
3.2	仪器、设备	7.2	仪器、设备
3.2.1	称量瓶	a)	称量瓶
3.2.2	电热恒温干燥箱	b)	干燥箱
3.2.3	干燥器	—	—
3.2.4	天平	d)	天平
3.3	试样处理	7.3	试料
3.4	分析步骤	7.4	操作
3.5	结果计算	7.5	计算

ICS 71.100.40
G 72

中华人民共和国国家标准

GB/T 6365—2006/ISO 4314:1977
代替 GB/T 6365—1986

表面活性剂 游离碱度或游离酸度的测定 滴定法

Surface active agents—Determination of free alkalinity or free acidity—Titrimetric method

(ISO 4314:1977,IDT)

2006-09-14 发布　　2007-02-01 实施

中华人民共和国国家质量监督检验检疫总局
中国国家标准化管理委员会　发布

前　言

本标准等同采用 ISO 4314:1977《表面活性剂　游离碱度或游离酸度的测定　滴定法》(英文版)。

本标准代替 GB/T 6365—1986《表面活性剂　游离碱度或游离酸度的测定　滴定法》。

本标准与 GB/T 6365—1986 的主要差异为：

——增加了规范性引用文件一章；

——增列原理/采样章节；

——增加了术语和定义一章；

——增加试验报告一章。

本标准由中国石油和化学工业协会提出。

本标准由化学工业表面活性剂标准化技术委员会归口。

本标准起草单位:上海染料研究所有限公司。

本标准起草人:庄永斌、沈洁。

本标准于 1986 年首次发布。

表面活性剂
游离碱度或游离酸度的测定 滴定法

1 范围

本标准规定了用滴定法测定表面活性剂中游离碱度或游离酸度的方法。

本方法只有当每种产品的特定标准中指明时方可适用。

2 规范性引用文件

下列文件中的条款通过本标准的引用而成为本标准的条款。凡是注日期的引用文件,其随后所有的修改单(不包括勘误的内容)或修订版本均不适用本标准,然而,鼓励根据本标准达成协议的各方研究是否可使用这些文件的最新版本。凡是不注日期的引用文件,其最新版本适用于本标准。

GB/T 6372 表面活性剂和洗涤剂 样品分样法(GB/T 6372—2004,idt ISO 607:1980)

3 术语和定义

3.1

游离碱度或游离酸度 free alkalinity or free acidity

用酚酞作指示剂测定的碱度或酸度,也可用碱值或酸值表示,即存在于1 g产品中的氢氧化钾毫克数或中和1 g产品所需的氢氧化钾毫克数。

4 原理

以酚酞作指示剂,采用氢氧化钾标准溶液或盐酸或硫酸标准溶液来滴定样品的乙醇或异丙醇溶液。

5 试剂

分析过程中只使用分析纯试剂和蒸馏水或纯度相当的水。

5.1 体积分数为95%乙醇或体积分数为50%异丙醇的中性溶液配制:

缓慢回流所选择的溶液5 min,以除去二氧化碳,冷却至室温,以酚酞溶液为指示剂(每200 mL溶液加4滴),用氢氧化钾标准溶液(5.2)中和至指示剂刚变成粉红色。

5.2 氢氧化钾标准溶液:0.1 mol/L。

5.3 盐酸或硫酸标准溶液:0.1 mol/L。

5.4 酚酞指示剂:10 g/L体积分数为95%乙醇溶液。

6 仪器

普通实验室仪器和下列仪器。

6.1 锥形瓶:容量250 mL。

6.2 滴定管:容量25 mL。

7 采样

按GB/T 6372规定进行制备和贮存表面活性剂实验室样品。

8 测定

8.1 称样

称取实验室样品 10 g(称准至 0.001 g),置于锥形瓶(6.1)中。

8.2 测定

在上述锥形瓶中加入 100 mL 乙醇或异丙醇(5.1),晃动锥形瓶使样品完全溶解,并加入 4~5 滴酚酞指示剂(5.4)。

若溶液无色,用氢氧化钾(5.2)标准溶液滴定。若溶液为粉红色,采用盐酸或硫酸标准溶液(5.3)以同样方式滴定。

9 结果的表示

碱值(IB)或酸值(IA),以每克产品中氢氧化钾毫克数表示,由下式给出:

$$\frac{V \times c \times 56.1}{m}$$

式中:

V——耗用(5.2)或(5.3)标准溶液的体积,单位为毫升(mL);

c——所用标准溶液的浓度,单位为摩尔每升(mol/L);

m——试样的质量,单位为克(g);

56.1——1 摩尔氢氧化钾的质量。

10 试验报告

试验报告应包含以下各项:

a) 完成鉴别样品所需的所有资料;

b) 所用的参考方法;

c) 所得结果和表示方法;

d) 试验条件;

e) 本标准未规定的或任选的任何操作,以及会影响结果的任何情况。

ICS 71.100.40
G 72

中华人民共和国国家标准

GB/T 6372—2006/ISO 607:1980
代替 GB/T 6372—1986

表面活性剂和洗涤剂　样品分样法

Surface active agents and detergents —Methods of sample division

(ISO 607:1977,IDT)

2006-09-14 发布　　2007-02-01 实施

中华人民共和国国家质量监督检验检疫总局
中国国家标准化管理委员会　发布

前　言

本标准等同采用ISO 607:1980《表面活性剂和洗涤剂　样品分样方法》(英文版)。

本标准代替GB/T 6372—1986《表面活性剂和洗涤剂　粉状样品分样法》。

本标准与GB/T 6372—1986的主要差异为:

——增加了样品的保存和试验报告两章内容。

——增加了浆状和液状样品的分样方法。

——在仪器与设备一章中增加了浆状、液状样品分样所需的仪器设备的表述。

——增加了粉状样品用锥形分样器分样的方法。

本标准由中国石油和化学工业协会提出。

本标准由化学工业表面活性剂标准化技术委员会归口。

本标准起草单位:上海染料研究所有限公司。

本标准起草人:庄永斌、徐苏梅。

本标准于1986年首次发布。

表面活性剂和洗涤剂　样品分样法

1　范围

本标准规定了适用于表面活性剂或洗涤剂的单一或混合粉状、浆状或液状产品的样品分样方法。

由于下列原因需对样品进行分样：

a)　由500 g以上的大批混合样品中制备250 g以上的最终样品或实验室样品；

b)　由最终样品制备若干份相等的实验室样品，参考样品和保存样品，每份样品质量都在250 g以上；

c)　由实验室样品制备试验样品。

2　规范性引用文件

下列文件中的条款通过本标准的引用而成为标准的条款。凡是注日期的引用文件，其随后所有的修改单(不包括勘误的内容)或修订版本均不适用于本标准，然而，鼓励根据本标准达成协议的各方研究是否可使用这些文件的最新版本。凡是不注日期的引用文件，其最新版本适用于本标准。

GB/T 4650　工业用化学产品采样词汇(GB/T 4650—1998,idt ISO 6206:1979)。

3　术语和定义

3.1

大批样品　bulk sample

不保持其个别特性所收集的样品。

3.2

混合的大批样品　blended bulk sample

采集的批样混合一起得到均一的样品。

3.3

分样　reduced sample

在不改变组成的条件下，通过减少样品的量而得到的样品。

注：在减少样品量的同时，也可能需减小样品颗粒。

3.4

最终样品　final sample

按取样方法得到或制备的样品，可以再分成试验，参考或保存用的完全相同份样。

3.5

实验室样品　laboratory sample

为了送至实验室检验或试验用而制备的样品。

3.6

参考样品　reference sample

与实验室样品同时制备，并与之等同的样品，此样品可被有关各方面接受，为在有异议时，保留用作实验室样品。

3.7

保存样品　storage sample

与实验室样品同时制备，并与之等同的样品，此样可供将来用作实验室样品。

3.8

试验样品　test sample

由实验室样品制得,从中可直接取试验份。

4　原理

用机械方法将大批样品分样,直到获得小批样品。

5　试验方法

5.1　粉状样品

以下推荐使用的两种类型适用于粉状样品分样,包括喷雾干燥粉,特别适用于干燥过程后再加入添加剂的产品。

注1:粉体中含有干燥后加入的添加剂时,所得到的物理混合物有分离倾向。

注2:如遇洗衣粉时,建议在通风橱内取样,需要时应戴上面罩。将加料斗的阀门关闭。

5.1.1　装置

可以用任何符合要求的装置,但推荐使用以下类型。

5.1.1.1　锥形分样器(见图1和图2)

装置应具有这样的构造,使每次分样操作所得的两份样品,在数量上相近,在性质上能代表原样。

锥形分样器(图1和图2)能很好地满足这些条件。该装置包括一个加料斗A,欲分样品经加料斗流过锥体B表面,锥体的顶部正好位于加料斗下开口的中间。流过锥体的样品转入放在转换料斗C周围一系列的受器中,该转换料斗位于锥体B的底部。各受器交替地与转换斗底部两个出口之一连接,以给出两组类似的份样。

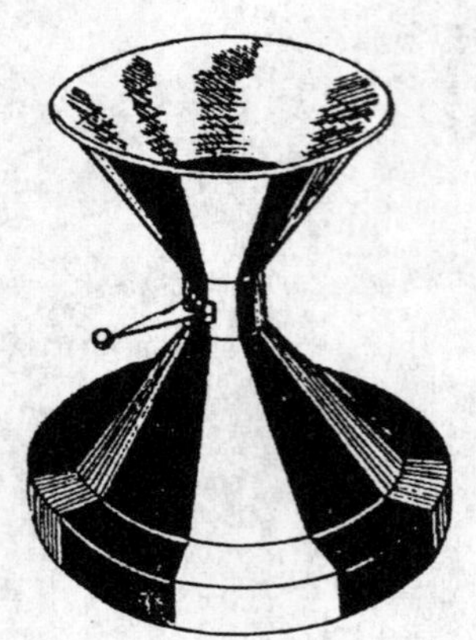

A　加料斗

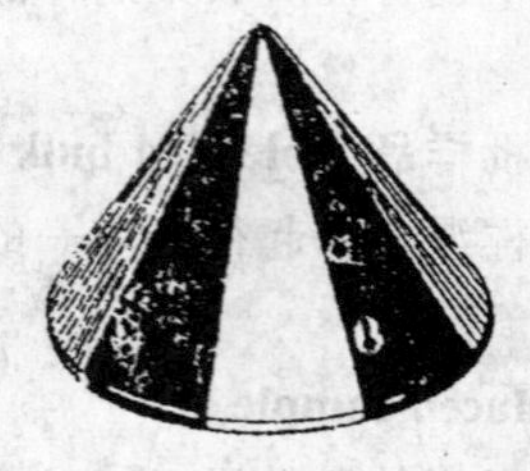

B　锥体

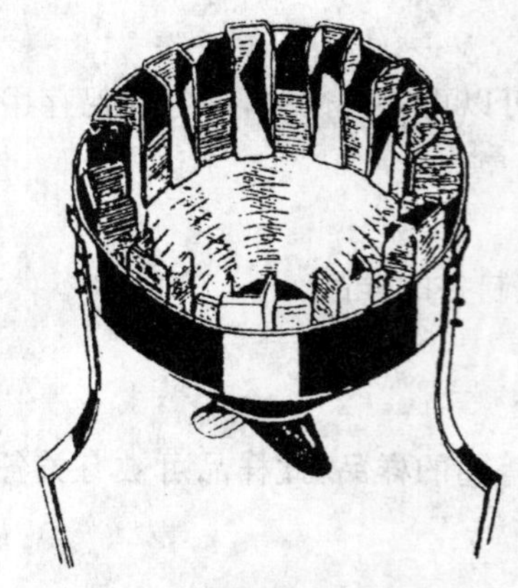

C　转换加料器

图1　典型锥形分样器的剖视图

单位为毫米

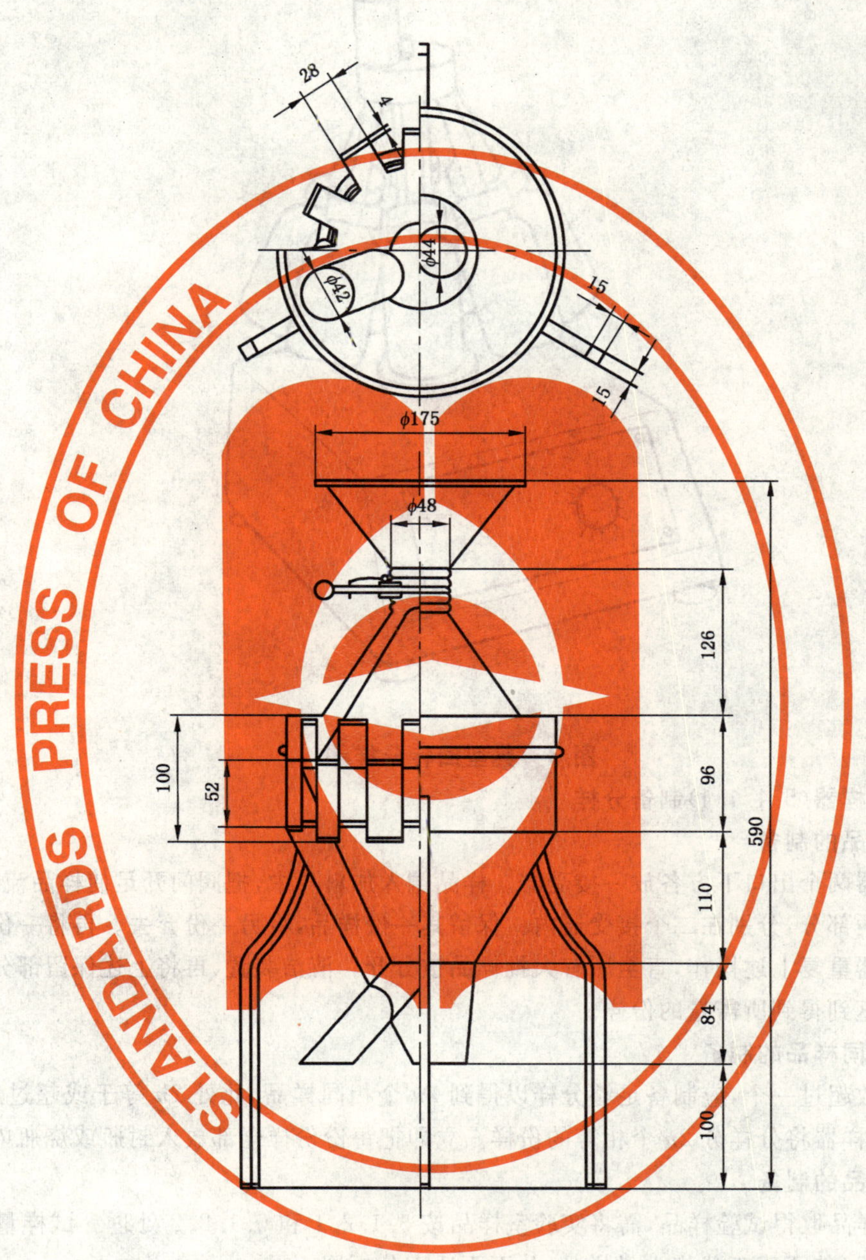

图 2　典型锥形分样器图

5.1.1.2　回转分样器(图 3)

包括一个加料斗,样品经加料斗,送样槽、漏斗以细流状流入装有 6 只接受器的转动圆盘,每个接受器沿转动竖轴对称排布,以便收集全部落下的样品。转动频率大于 40 min^{-1}。

注:若存有细粉时应注意圆盘的转动频率不能太高。

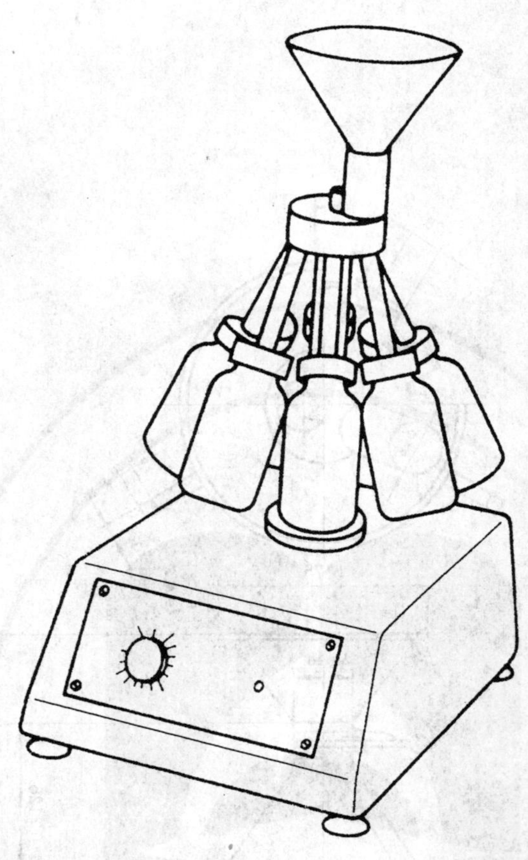

图3 典型回转分样器

5.1.2 用锥形分样器(5.1.1.1)制备分样

5.1.2.1 最终样品的制备

在锥形分样器两个出口下方各放一接受器。样品倒入加料斗中,把阀门开足使样品流入锥体,这样大批样品被分成两部分,分别在二个接受器内。保留其一份样品,将另一份弃去。再将一份新的大批样品通过锥形分样器重复上述操作,直至所有大批样品被分开。清洁装置,再将上述保留部分通过锥形分样器,重复操作,直到得到所需量的份样。

5.1.2.2 几个相同样品的制备

若所需样品数超过一个,应制备足够分样以得到 $2n$ 个相同样品,此处 $2n$ 等于或超过所需样品数。然后,采用锥形分样器将分样分 $2n$ 个相等的份样。立即把每份份样全部放入封瓶或烧瓶内。

5.1.2.3 试验样品的制备

若从实验室样品取得试验样品,需将实验室样品按5.1.2.1和5.1.2.2处理。试样量最少不应小于10 g,否则试样可能不真正代表大批样品,从而不适于分析用。

5.1.3 用回转分样器(5.1.1.2)制备分样

5.1.3.1 最终样品的制备

将整套共八只接受器固定在转盘下的管道上,其中的一个或多个应是干净的和空的,并应标以明显的标记。将样品加入放料斗,然后开动转盘和振动器,使样品以均匀速度落至接受器。时间至少2 min。保留收集在有标记的接受器(一个或多个)内的样品,余者弃去。

若大批样品量大于分样器的容量,则需要进行几次分样操作。每次操作后,取出标记的接受器内的样品合并于一个较大的容器内。随后还用同样标记的接受器再分样,直到全部样品被分开。

将标记接受器中收集的样品,再加入加料斗,重复此操作直到得到所需量的样品。

5.1.3.2 几个相同样品制备

若需要样品数超过一个,应制备足够分样以得到 n 个相等样品,此处 n 等于或超过所需样品数。

选择适当的标记接受器 n 个,并使全部分样通过回转分样器,应立即把每份样全部放入密闭瓶或烧瓶内。

5.1.3.3 试样制备

若从实验室样品取试样,应将实验室样品按 5.1.3.1 和 5.1.3.2 处理。

试样量最少不应少于 10 g,否则试样可能不真正代表大批样品。若大批样品不能通过一次分样得到所需量,则可将逐级分开的份样合并。

例:采用 6 个接受器,将 280 g 样品减少到 10 g。第一次分样用两个标记接受器,得到 2×47 g 样品。其中一份份样再分样。得到的两份样品并入余留另一份 47 g 样品,得到 47+(2/6×47)≌63 g 样品。将此样品第三次通过装置即得约 10 g 的分样。

5.2 浆状样品

5.2.1 装置

5.2.1.1 取样用勺或刮勺。

5.2.1.2 家用混合器,装有混合用打浆器。

不可能规定一种适合所有要求的混合器,但可用任何一种适用的混合器。通常,应有足够的功率,这样,当用设计合理的打浆器时,大批样品被全部混合并在 5 min 内达到奶油状。混合过程中应尽量避免大量的气泡混入。

5.2.2 浆状样品分样

在原容器中将产品(大批样品或实验室样品)温热到 35℃~40℃,采用家用混合器(5.2.1.2)立即混合 2 min~3 min,直到获得均匀物。

在混合前不得从原容器中取出浆状物,因为这样会得到没有代表性的样品,因此大批样品必须放在不取出物料就可以混合的容器内。

加热和混合时间应尽可能短,以使产品变化降到最小。使用勺或刮勺,立即取出所需量的样品,并转入适当的已预称量并配有玻璃塞的容器内。使容器中的内容物冷却到室温,再称量以得到份样的质量。

注:浆状物与玻璃容器接触容易分离出碱液,因此,一旦样品被放入容器内,就不允许为调节称样量而取出一部分样品。

在混合和称量时会损失微量水分,但实际经验表明,其量在可接受的范围内。

5.3 液状样品

5.3.1 仪器

5.3.1.1 玻璃烧杯或称量移液管。

5.3.1.2 人工搅拌器(例如玻璃棒)。

5.3.1.3 机械搅拌器。

5.3.2 液体样品分样

5.3.2.1 若产品(大批样品或实验室样品)清澈和明显均匀,则用人工搅拌器(5.3.1.2)混合之,然后用烧瓶或称量移液管立即取出所需量的分样。在搅拌过程中尽量避免形成泡沫,同时尽量避免由于蒸发引起的损失。

5.3.2.2 若产品(大批样品或实验室样品)混浊或有沉淀,则用机械搅拌器(5.3.1.3)混合之,然后立即取出所需量的样品。

5.3.2.3 若产品(大批样品或实验室样品)含有固体沉淀,应小心将原容器温热到 30℃,直到通过搅拌使沉淀全部分散或直到所有结晶消失。立即取出所需量的样品。

6 分样样品保存

最好是采样后尽可能快地进行分析或试验，但如果不能马上进行，可按照分样的意图，把它立即放入密闭的玻璃塑料容器内（不要使用金属容器）。并测定和记录其质量。注意直到进行分析和试验以前，份样应尽可能保存在其原先条件下。

7 报告

报告应包括以下内容：

a) 所用的参考方法；

b) 制备的样品类型数以及取样时它们的质量；

c) 在分样程序中观察到的任何异常特征；

d) 所用的装置名称、类型；

e) 在本标准中未包括的或任选的任何操作细节。

ICS 03.120.30
A 41

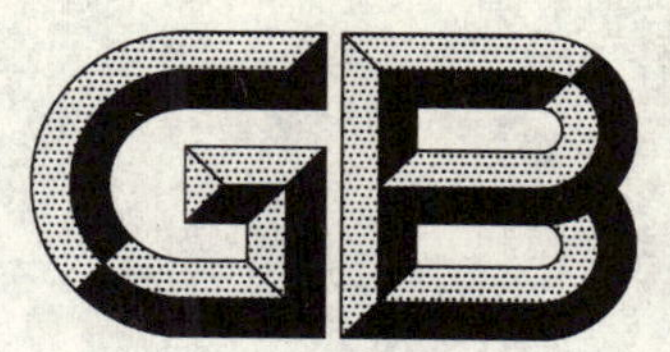

中华人民共和国国家标准

GB/T 6379.4—2006/ISO 5725-4：1994
部分代替 GB/T 6379—1986
GB/T 11792—1989

测量方法与结果的准确度（正确度与精密度） 第4部分：确定标准测量方法正确度的基本方法

Accuracy (trueness and precision) of measurement methods and results—Part 4: Basic methods for the determination of the trueness of a standard measurement method

(ISO 5725-4：1994，IDT)

2006-11-13 发布　　　　2007-04-01 实施

中华人民共和国国家质量监督检验检疫总局
中国国家标准化管理委员会　发布

前　言

GB/T 6379《测量方法与结果的准确度(正确度与精密度)》分为以下部分,其结构及对应的国际标准为:

——第1部分:总则与定义(ISO 5725-1:1994,IDT);

——第2部分:确定标准测量方法的重复性和再现性的基本方法(ISO 5725-2:1994,IDT);

——第3部分:标准测量方法精密度的中间度量(ISO 5725-3:1994,IDT);

——第4部分:确定标准测量方法正确度的基本方法(ISO 5725-4:1994,IDT);

——第5部分:确定标准测量方法精密度的可替代方法(ISO 5725-5:1998,IDT);

——第6部分:准确度值的实际应用(ISO 5725-6:1994,IDT)。

本部分为GB/T 6379的第4部分。

GB/T 6379的本部分等同采用国际标准ISO 5725-4:1994《测量方法与结果的准确度(正确度与精密度)——第4部分:确定标准测量方法正确度的基本方法》。

GB/T 6379的第1部分至第6部分作为一个整体代替GB/T 6379—1986及GB/T 11792—1989。标准中将原精密度扩展增加了正确度,统称为准确度;除重复性条件和再现性条件外,增加了中间精密度条件。

本部分的附录A为规范性附录,附录B、附录C和附录D为资料性附录。

本部分由全国统计方法应用标准化技术委员会提出并归口。

本部分起草单位:中国科学院数学与系统科学研究院、中国标准化研究院、广东出入境检验检疫局。

本部分主要起草人:冯士雍、丁文兴、于振凡、姜健、肖惠、陈玉忠、李成明。

本部分于2006年首次发布。

引　言

0.1　GB/T 6379 用两个术语“正确度”与“精密度”来描述一种测量方法的准确度。正确度指大量测试结果的(算术)平均值与真值或接受参照值之间的一致程度;而精密度指测试结果之间的一致程度。

0.2　GB/T 6379.1 中对上述诸量给出了一般性的考虑,在 GB/T 6379 本部分中不再重复。GB/T 6379.1 应与 GB/T 6379 所有其他部分(包括本部分)结合起来读,因为 GB/T 6379.1 给出了基本定义和总则。

0.3　当被测量特性的真值已知或可以推测时,测量方法的正确度即为人们所关注。尽管对某些测量方法,真值可能并不确切知道,但有可能知道被测量特性的一个接受参照值。例如,如果可以使用适宜的标准物料(标准物质/标准材料)或者通过参考另一种测量方法或制备一个已知样本来确定某个接受参照值。通过将接受参照值与测量方法给出的结果水平进行比较,即可对测量方法的正确度进行评定。正确度通常用偏倚来表示。例如,在化学分析中,如果所用的测量方法不能完全提取某种元素,或者由于含有一种元素而干扰了另一种元素的测定,就会产生偏倚。

0.4　GB/T 6379 的本部分考虑正确度的以下两种度量:

a)　测量方法的偏倚:在测量方法可能存在偏倚的场合,无论测量是在何时何地进行的,都需关注“测量方法的偏倚”(如 GB/T 6379.1 所定义)。为此需进行包含多个实验室的试验,GB/T 6379.2 中对此有较多的说明。

b)　实验室偏倚:单个实验室的测量能揭示“实验室偏倚”(如 GB/T 6379.1 所定义)。如果基于一次试验估计实验室偏倚,则应注意此估计仅在试验进行的时间才有效。若要证明该实验室偏倚不会改变,则需要进行进一步的正规测试,GB/T 6379.6 描述了有关的方法。

测量方法与结果的准确度(正确度与精密度) 第4部分:确定标准测量方法正确度的基本方法

1 范围

1.1 GB/T 6379 的本部分提供了在应用一种测量方法时,估计该测量方法的偏倚及实验室偏倚的基本方法。

1.2 所涉及的测量方法,特指对连续量进行测量,并且每次只取一个测量值作为测试结果的测量方法,尽管这个值可能是一组观测值的计算结果。

1.3 为使测量在相同条件下进行,重要的是测量方法的标准化,所有测量都按标准方法执行。

1.4 偏倚值是对一种测量方法给出正确(真)值能力的定量估计。当按一种测量方法报告其测试结果及测量方法的偏倚值时,意味着测量是用完全相同方法对同一特性进行的。

1.5 GB/T 6379 的本部分仅适用于接受参照值可作为约定真值的情形。例如,根据测量标准和(或)适宜的标准物料(标准物质/标准材料),和(或)根据参考测量方法或制备一个已知样本。

标准物料可以是:

a) 有证的标准物料;

b) 按已知特性试验目的生产的物料(物质/材料);或

c) 其特性根据另一种测量方法测量,已知偏倚可以忽略不计的物料。

1.6 GB/T 6379 的本部分仅考虑在某个时间,对某特定水平的偏倚估计的情形,它不适用于一种特性的测量会受到另一种特性的水平影响的情况(即不考虑交互影响)。两种测量方法正确度的比较则在 GB/T 6379.6 予以考虑。

注 1:在 GB/T 6379 的本部分中,所考虑的偏倚仅是对某个时间某个水平的,因此有关水平 j 的标号全被省略。

2 规范性引用文件

下列文件中的条款通过 GB/T 6379 的本部分的引用而成为本部分的条款。凡是注日期的引用文件,其随后所有的修改单(不包括勘误的内容)或修订版本均不适用于本部分,然而,鼓励根据本部分达成协议的各方研究是否可使用这些文件的最新版本。凡是不注日期的引用文件,其最新版本适用于本部分。

GB/T 3358.1—1993 统计学术语 第一部分:一般统计术语

GB/T 6379.1—2004 测量方法与结果的准确度(正确度与精密度) 第1部分:总则与定义(ISO 5725-1:1994,IDT)

GB/T 6379.2—2004 测量方法与结果的准确度(正确度与精密度) 第2部分:确定标准测量方法重复性和再现性的基本方法(ISO 5725-2:1994,IDT)

3 定义

GB/T 3358.1 和 GB/T 6379.1 中给出的定义在 GB/T 6379 的本部分中仍适用。

GB/T 6379 使用的符号由附录 A 给出。

4 根据实验室间试验确定标准测量方法的偏倚

4.1 统计模型

在 GB/T 6379.1 的 5.1 所描述的基本模型中，总平均值 m 可表示为：

$$m=\mu+\delta \quad\cdots\cdots(1)$$

式中：

μ——被测特性的接受参照值；

δ——测量方法的偏倚。

从而模型改写为：

$$y=\mu+\delta+B+e \quad\cdots\cdots(2)$$

式(2)用于关注 δ 的情形，其中 B 为偏倚的实验室分量，即测试结果中表示实验室间变异的分量。

实验室偏倚 Δ 由式(3)给出：

$$\Delta=\delta+B \quad\cdots\cdots(3)$$

于是模型可记为：

$$y=\mu+\Delta+e \quad\cdots\cdots(4)$$

式(4)用于关注 Δ 的情形。

4.2 对标准物料的要求

当需用标准物料时，应满足 4.2.1 与 4.2.2 的条件。标准物料应是均匀的。

4.2.1 标准物料的选择

4.2.1.1 标准物料对于标准测量方法准备应用的水平范围内的每个水平上的特性值(例如浓度、含量)应是已知的。在某些情形，重要的是在评估试验中需用一组标准物料，每种对应于特性的不同水平，因为标准测量方法在不同水平上的偏倚可能不相同。标准物料的基体宜与标准测量方法被测物料的基体尽可能接近，例如煤中的碳和钢中的碳。

4.2.1.2 整个试验应备齐足够数量的标准物料，而且为应付不备之需，需要有一定量的余量。

4.2.1.3 无论在何地，标准物料的特性在全部试验过程中应尽可能保持稳定，有下列三种情形：

a) 特性稳定：无需事先规定注意事项；

b) 特性的论证值可能受储存条件的影响而改变：容器在开启前及开启后都应按说明书所述的方式保存；

c) 特性值按已知速率变化：需要随参照值一起提供一个说明，以确定在特定时间的特性值。

4.2.1.4 特性的指定值与真值之间的任何可能差异用标准物料的不确定度表示(参见 ISO 导则 35)，在这里给出的方法中不予考虑。

4.2.2 标准物料的检查与分送

在分送前，对标准物料需进行缩分，此时应特别仔细，以免引入任何额外的误差，应参考相关的有关样本缩分的国家(国际)标准。对样品单元的分送应是随机抽取的。若测量过程是非破坏性的，给参与实验室间试验的每一个实验室分送同一样品的标准物料是可能的，不过这样会延长整个试验的时间周期。

4.3 估计测量方法偏倚时试验设计方面的考虑

4.3.1 试验的目的是估计测量方法的偏倚量，并判定在统计上是否显著。若它在统计上是显著的，进一步的目标是确定那些根据实验结果仍以一定概率未能检测到的最大偏倚量。

4.3.2 试验安排与 GB/T 6379.2 中 5.1 所述的精密度试验几乎完全相同，区别仅为：

a) 额外要求一个接受参照值；

b) 参与试验的实验室数及测试结果数应满足 4.5 中的要求。

4.4 与 GB/T 6379.1 及 GB/T 6379.2 的相互参照

GB/T 6379.1—2004 的第 6 章及 GB/T 6379.2—2004 的第 5 章与第 6 章适用于本部分，此时上述两个标准行文中的"精密度"及"重复性与再现性"应由"正确度"所替代。

4.5 所需实验室数

所需实验室数及在每个水平所需测试结果数彼此是有关系的。GB/T 6379.1—2004 的 6.3 讨论了需用的实验室数。以下是确定实验室数的一个指南。

根据试验结果，为能以高概率检测到一事先确定的偏倚量，所需的最小实验室数 p 及测试结果数 n 应满足以下关系（见附录 C）：

$$A\sigma_R \leqslant \frac{\delta_m}{1.84} \qquad \cdots\cdots(5)$$

式中：

δ_m——试验者希望能从试验结果检出的事先确定的偏倚量；

σ_R——该测量方法的再现性标准差；

A——p 与 n 的函数，由式(6)给出：

$$A = 1.96\sqrt{\frac{n(\gamma^2-1)+1}{\gamma^2 p n}} \qquad \cdots\cdots(6)$$

式中：

$$\gamma = \sigma_R/\sigma_r \qquad \cdots\cdots(7)$$

表 1 给出了 A 的数值。

表 1 表示测量方法偏倚的估计值不确定度 A 的值

p	$\gamma=1$			$\gamma=2$			$\gamma=5$		
	$n=2$	$n=3$	$n=4$	$n=2$	$n=3$	$n=4$	$n=2$	$n=3$	$n=4$
5	0.62	0.51	0.44	0.82	0.80	0.79	0.87	0.86	0.86
10	0.44	0.36	0.31	0.58	0.57	0.56	0.61	0.61	0.61
15	0.36	0.29	0.25	0.47	0.46	0.46	0.50	0.50	0.50
20	0.31	0.25	0.22	0.41	0.40	0.40	0.43	0.43	0.43
25	0.28	0.23	0.20	0.37	0.36	0.35	0.39	0.39	0.39
30	0.25	0.21	0.18	0.33	0.33	0.32	0.35	0.35	0.35
35	0.23	0.19	0.17	0.31	0.30	0.30	0.33	0.33	0.33
40	0.22	0.18	0.15	0.29	0.28	0.28	0.31	0.31	0.31

对于实验者事先确定的 δ_m 值，理想的情况是实验室数及每个实验室重复的测试数满足式(5)，然而基于实际原因，实验室数的选定通常是在可利用资源与需将 δ_m 减少至一个满意水平之间的折中。如果测量方法的再现性差，在估计偏倚时要求达到高的把握程度是不现实的。多数情形，σ_R 大于 σ_r（即 γ 大于 1)，此时每个实验室在每个水平的测试数 n 大于 2 并不会比 $n=2$ 有显著的改进。

4.6 统计评估

测试结果应按 GB/T 6379.2 叙述的方式处理。特别当检测到有离群值时，应采取所有必要的步骤检查其产生的原因。同时对所采用的接受参照值是否合适进行重新评定。

4.7 对统计评估结果的解释

4.7.1 精密度检验

测量方法的精密度由 s_r（重复性标准差的估计值）与 s_R（再现性标准差的估计值）表示。在式(8)～式(10)中，假定每个实验室的测试数 n 都相等，若不然，应用 GB/T 6379.2 给出的相应的公式来计算 s_r 与 s_R。

4.7.1.1 有 p 个实验室参与的重复性方差估计值 s_r^2 按以下公式计算

$$s_r^2 = \frac{1}{p}\sum_{i=1}^{p} s_i^2 \qquad \cdots\cdots(8)$$

$$s_i^2 = \frac{1}{n-1}\sum_{k=1}^{n}(y_{ik}-\bar{y}_i)^2 \qquad \cdots\cdots(9)$$

$$\bar{y}_i = \frac{1}{n}\sum_{k=1}^{n} y_{ik} \qquad \cdots\cdots(10)$$

其中 s_i^2 与 $\bar{y}_i$ 分别为第 i 实验室得到的 n 个测试结果 y_{ik} 的方差与平均值。

对方差 s_i^2，应用 GB/T 6379.2 所述的柯克伦(Cochran)检验来检查在实验室内方差间是否存在显著差异，同时应用 GB/T 6379.2 中所述的曼德尔(Mandel)的 h 与 k 图来对潜在的离群值进行更为全面的检查。

如果标准测量方法的重复性标准差不能按 GB/T 6379.2 的方法事先确定，则将 s_r 作为它的最好估计值。若标准测量方法的重复性标准差 σ_r 已按 GB/T 6379.2 的方法确定，s_r^2 可用作计算比值：

$$C = s_r^2/\sigma_r^2 \qquad \cdots\cdots(11)$$

将检验统计量 C 与下面的临界值进行比较：

$$C_{\text{crit}} = \chi^2_{(1-\alpha)}(\nu)/\nu$$

其中 $\chi^2_{(1-\alpha)}(\nu)$ 是自由度为 $\nu[=p(n-1)]$ 的 χ^2 分布的 $1-\alpha$ 分位数。除非另行说明，α 假定皆取为 0.05。

a) 若 $C \leqslant C_{\text{crit}}$，则 s_r^2 不显著大于 σ_r^2；

b) 若 $C > C_{\text{crit}}$，则 s_r^2 显著大于 σ_r^2。

在前一种情形，重复性标准差 σ_r 将用于对测量方法偏倚的评估；在后一种情形，有必要对产生波动的原因进行调查，也许在进一步深入前需重复进行试验。

4.7.1.2 p 个参与试验的实验室的再现性方差的估计值 s_R^2 计算如下：

$$s_R^2 = \frac{1}{p-1}\sum_{i=1}^{p}(\bar{y}_i - \bar{\bar{y}})^2 + \left(1-\frac{1}{n}\right)s_r^2 \qquad \cdots\cdots(12)$$

其中

$$\bar{\bar{y}} = \frac{1}{p}\sum_{i=1}^{p}\bar{y}_i \qquad \cdots\cdots(13)$$

如果标准测量方法的再现性标准差不能按 GB/T 6379.2 的方法事先确定，则可考虑将 s_R 作为它的最好的估计值。若标准测量方法的再现性标准差 σ_R 与重复性标准差 σ_r 已按 GB/T 6379.2 的方法确定，s_R 可通过计算下面比值进行间接评估：

$$C' = \frac{s_R^2 - (1-1/n)s_r^2}{\sigma_R^2 - (1-1/n)\sigma_r^2} \qquad \cdots\cdots(14)$$

将检验统计量 C' 与下面的临界值比较

$$C'_{\text{crit}} = \chi^2_{(1-\alpha)}(\nu)/\nu$$

其中 $\chi^2_{(1-\alpha)}(\nu)$ 是自由度为 $\nu(=p-1)$ 的 χ^2 分布的 $1-\alpha$ 分位数。除非另行说明，α 假定皆取为 0.05。

a) 若 $C' \leqslant C'_{\text{crit}}$，则 $s_R^2-(1-1/n)s_r^2$ 不显著大于 $\sigma_R^2-(1-1/n)\sigma_r^2$；

b) 若 $C' > C'_{\text{crit}}$，则 $s_R^2-(1-1/n)s_r^2$ 显著大于 $\sigma_R^2-(1-1/n)\sigma_r^2$。

在前一种情形，重复性标准差 σ_r 与再现性标准差 σ_R 将用于对测量方法正确度的评估；在后一种情形，在对测量方法偏倚作评估前，必须对每个实验室的工作条件进行仔细的检查。可能有下面这些情况，某些实验室没有使用要求的设备，或没有按规定的条件进行工作，在化学分析中，问题可能出于，譬如说，没有正确控制温度、湿度或受到污染等。其结果，试验必须重做以得到所希望的精密度数值。

4.7.2 标准测量方法偏倚的估计

测量方法偏倚的估计值由下式给出：

$$\hat{\delta} = \bar{\bar{y}} - \mu \qquad (15)$$

其中 $\hat{\delta}$ 可为正值也可为负值。

若偏倚估计值的绝对值小于或等于不确定度区间(如 ISO 指南 35 所定义)长度的一半，则表明偏倚不显著。

测量方法偏倚估计值的变异来源于测量过程结果的变异，其大小用它的标准差表示。在精密度值已知情形，它的计算公式为：

$$\sigma_{\hat{\delta}} = \sqrt{\frac{\sigma_R^2 - (1-1/n)\sigma_r^2}{p}} \qquad (16)$$

而在精密度值未知情形，计算公式为：

$$s_{\hat{\delta}} = \sqrt{\frac{s_R^2 - (1-1/n)s_r^2}{p}} \qquad (17)$$

该测量方法偏倚的一个近似的 95% 置信区间为：

$$\hat{\delta} - A\sigma_R \leqslant \delta \leqslant \hat{\delta} + A\sigma_R \qquad (18)$$

其中 A 由式(6)给出。若 σ_R 未知，则用其估计值 s_R 代替；而计算 A 值时则需借助于 $\gamma = s_R/s_r$。

若置信区间包含 0，则测量方法的偏倚在置信性水平 $\alpha = 5\%$ 下不显著；否则偏倚显著。

5 标准测量方法单个实验室偏倚的确定

如以下所述，在按 GB/T 6379.2 的实验室间精密度试验已进行，且已确定测量方法的重复性标准差的条件下，一个实验室的试验可用于估计该实验室偏倚。

5.1 试验的实施

试验应严格遵照标准方法，而测量应在重复性条件下进行。在评估正确度之前，应对实验室所用的标准测量方法的精密度进行检查。这也包括比较(不同实验室的)实验室内标准差以及所引用的标准测量方法的重复性标准差。

试验的安排与 GB/T 6379.2 所述的精密度试验中每一个实验室需进行的测量一致。除对单个实验室的限制外，唯一实质性差别是需要一个接受参照值。

在对一个实验室的偏倚进行度量时，将许多精力放在如上的试验是不值得的：也许应将更多的精力放在按 GB/T 6379.6 所述的经常性的检查中。如果标准测量方法的重复性较差，想以较高的精度估计实验室偏倚是不实际的。

5.2 与 GB/T 6379.1 和 GB/T 6379.2 的相互参照

在参照 GB/T 6379.1 与 GB/T 6379.2 时，应将行文中的“精密度”或“重复性与再现性”由“正确度”所替代。由于 GB/T 6379.2 中的实验室数 p 此时等于 1，可将“执行负责人”与“测量负责人”这两个角色由一个人担任。

5.3 测试结果数

实验室偏倚估计值的不确定度依赖于测量方法的重复性以及所获得的测试结果数。为使试验结果能以高概率检测到一个事先确定的偏倚量(参见附录 C)，测试结果数 n 应满足以下关系：

$$A_W \sigma_r \leqslant \frac{\Delta_m}{1.84} \qquad (19)$$

式中：

Δ_m——事先确定的实验者希望从试验结果能检测到的实验室偏倚量；

σ_r——测量方法的重复性标准差，而

$$A_W = \frac{1.96}{\sqrt{n}} \qquad (20)$$

5.4 标准物料的选择

当使用标准物料时，4.2.1 的要求此时也适用。

5.5 统计分析

5.5.1 实验室内标准差的检验

对 n 个测试结果，计算平均数 $\bar{y}_W$ 及实验室内标准差 σ_W 的估计值 s_W：

$$\bar{y}_W = \frac{1}{n}\sum_{k=1}^{n} y_k, \qquad \cdots\cdots(21)$$

$$s_W = \sqrt{\frac{1}{n-1}\sum_{k=1}^{n}(y_i - \bar{y}_W)^2} \qquad \cdots\cdots(22)$$

应按 GB/T 6379.2—2004 中 7.3.4 所述的格拉布斯(Grubbs)检验对测试结果中的离群值进行仔细的检查。

若测量方法的重复性标准差 σ_r 已知，估计值 s_W 能用以下方法评估：

计算比值

$$C'' = (s_W/\sigma_r)^2 \qquad \cdots\cdots(23)$$

将它与临界值

$$C''_{\text{crit}} = \chi^2_{(1-\alpha)}(\nu)/\nu$$

比较，其中 $\chi^2_{(1-\alpha)}(\nu)$是自由度为 $\nu[=n-1]$的 χ^2 分布的 $1-\alpha$ 分位数。除非另行说明，α 假定皆取为 0.05。

a) 若 $C'' \leqslant C''_{\text{crit}}$，则 s_W 不显著大于 σ_r；

b) 若 $C'' > C''_{\text{crit}}$，则 s_W 显著大于 σ_r。

在前一种情形，测量方法的重复性标准差 σ_r 将用于实验室偏倚的评估；在后一种情形，应该考虑进行重复试验，以查实标准测量方法中的所有步骤均为正常实施的。

5.5.2 实验室偏倚的估计

实验室偏倚 Δ 的估计值 $\hat{\Delta}$ 由下式给出：

$$\hat{\Delta} = \bar{y}_W - \mu \qquad \cdots\cdots(24)$$

实验室偏倚估计值的变异来源于测量过程结果的变异，可用它的标准差表示。在重复性标准差已知情形，计算公式为：

$$\sigma_{\hat{\Delta}} = \sigma_r/\sqrt{n} \qquad \cdots\cdots(25)$$

而在重复性标准差未知情形，计算公式为：

$$s_{\hat{\Delta}} = s_W/\sqrt{n} \qquad \cdots\cdots(26)$$

实验室偏倚的 95%置信区间可计算为：

$$\hat{\Delta} - A_W\sigma_r \leqslant \Delta \leqslant \hat{\Delta} + A_W\sigma_r \qquad \cdots\cdots(27)$$

其中 A_W 由(20)式给出。若 σ_r 未知，则用其估计值 s_r 代替。

若置信区间包含 0，则实验室偏倚在置信水平 5%下不显著；否则偏倚显著。

GB/T 6379.6 进一步考虑了实验室偏倚。

6 给领导小组的报告和领导小组做出的决定

6.1 统计专家的报告

完成统计分析后，统计专家应向领导小组提交一份报告。报告应包括以下内容：

a) 充分叙述从操作员和(或)测量负责人处了解到的对标准测量方法的意见；

b) 充分叙述被剔除的离群实验室及剔除的理由；

c) 充分叙述所发现的每一个歧离值和(或)统计离群值，并说明它们是否已经得到解释、更正或剔除；

d) 包含均值与精密度度量的最终结果表；

e) 关于标准测量方法相对于所采用的接受参照值的偏倚是否显著的说明，若偏倚显著，应对每个水平报告偏倚的估计值。

6.2 领导小组采取的决定

领导小组应讨论统计专家的报告，并对下列问题作出决定。

a) 测试结果是否一致？若显著不一致，是否是由于对标准测量方法的不恰当的描述而引起的？

b) 对被剔除的离群实验室应采取什么措施？

c) 离群实验室的测试结果和(或)操作员和执行负责人的意见是否能说明需要改进标准测量方法？如果需要，应改进哪些方面？

d) 准确度试验的结果能证实该测量方法可接受为标准测量方法吗？公布前应采取什么措施？

7 正确度数据的应用

按 GB/T 6379.1—2004 第 7 章的要求。

附 录 A
(规范性附录)
GB/T 6379 所用的符号与缩略语

a 关系式 $s=a+bm$ 中的截距

A 用来计算估计值的不确定度系数

b 关系式 $s=a+bm$ 中的斜率

B 表示一个实验室测试结果与总平均值的偏差分量(偏倚的实验室分量)

B_0 表示在中间精密度条件下所有因素皆保持不变时 B 的分量

$B_{(1)}, B_{(2)}, \cdots$ 表示在中间精密度条件下,因素发生改变时 B 的分量

c 关系式 $\lg s=c+d\lg m$ 中的截距

C, C', C'' 检验统计量

$C_{crit}, C'_{crit}, C''_{crit}$ 用于统计检验的临界值

CD_P 概率 P 的临界差

CR_P 概率 P 的临界极差

d 关系式 $\lg s=c+d\lg m$ 中的斜率

e 发生在每次测试结果中随机误差分量

f 临界极差系数

$F_p(\nu_1, \nu_2)$ 自由度为 ν_1 和 ν_2 的 F 分布的 p 分位数

G 格拉布斯检验统计量

h 曼得尔实验室间一致性检验统计量

k 曼得尔实验室内一致性检验统计量

LCL 控制下限(行动限或警戒限)

m 测试特性的总平均值;水平

M 在中间精密度条件中考虑的因素数

N 交互作用数

n 一个实验室在一个水平(即一个单元中)上的测试结果数

p 参加实验室间试验的实验室数

P 概率

q 在实验室间试验中测试特性的水平数

r 重复性限

R 再现性限

RM 标准物料(标准物质/标准材料)

s 标准差的估计值

$\hat{s}$ 标准差的预测值

T 总和

t 测试目标个数或组数

UCL 控制上限(行动限或警戒限)

W 加权回归中的权数

w 一组测试结果的极差

x 用于格拉布斯检验的数据

y 测试结果

$\bar{y}$　测试结果的算术平均值

$\bar{\bar{y}}$　测试结果的总平均值

α　显著性水平

β　第二类错误概率

γ　再现性标准差与重复性标准差的比值(σ_R/σ_r)

Δ　实验室偏倚

$\hat{\Delta}$　Δ 的估计值

δ　测量方法偏倚

$\hat{\delta}$　δ 的估计值

λ　两个实验室偏倚或两个测量方法偏倚之间的可检出的差

μ　测试特性的真值或接受参照值

ν　自由度

ρ　方法 A 和方法 B 的重复性标准差之间的可检出的比

σ　标准差的真值

τ　表示从上次校准始由时间变化引起的测试结果变异的分量

ϕ　方法 A 和方法 B 的实验室间均方的平方根可检出的比

$\chi_p^2(\nu)$　自由度为 ν 的 χ^2 分布的 p 分位数

用作下标的符号

C　校准-不同

E　设备-不同

i　实验室标识

$I()$　精密度的中间度量;括号内表示中间情形类型

j　水平的标识(GB/T 6379.2);测试或因素的标识(GB/T 6379.3)

k　实验室 i,水平为 j 的测试结果的标识

L　实验室间

m　可检出偏倚的标识

M　试样间

O　操作员-不同

r　重复性

R　再现性

T　时间-不同

W　实验室内

1,2,3,…　测试结果按获得顺序的编号

(1),(2),(3),…　测试结果按数值大小递增顺序的编号

附　录　B
（资料性附录）
准确度试验的实例

B.1　试验的描述

本例的准确度试验是用原子吸收法确定铁矿石中锰的含量，测量方法根据ISO/TC 102《铁矿石》进行，使用5种测试物料，相应的接受参照值μ列于表B.1（不向实验室透露）。每个实验室对每个水平接收随机抽取的试样瓶，并对每个样瓶中的物料重复进行两次分析。采用双瓶系统的目的旨在验证不存在瓶间差异。一旦证实瓶间差异确实不存在后，4个分析结果即可认为是在重复性条件下得到的重复。对结果的分析表明瓶间变异确实不显著，样本认为是均匀的，从而每个实验室的测试结果也可认为是在重复性条件下的重复。所有化学分析结果列于表B.2，5种物料的每个的实验室均值及方差列于表B.3中。

B.2　对精密度的评估

为对分析方法的精密度进行评估，按GB/T 6379.2所述方法对数据进行分析。图B.1至图B.5显示了对每个水平的检验结果。

表B.4列出了根据柯克伦检验及格拉布斯检验检测出的歧离值和离群值。图B.1至图B.5中方框内的点表示检出为离群值的测试结果。表B.4表示有7个实验室的结果被识别为离群值，其中5个来自2个实验室（实验室10与19），有一个实验室的结果被识别为歧离值，它也来自实验室10。

图B.6与图B.7分别列出h值与k值。h值（图B.6）清楚地表明实验室10的结果偏低很多，其中2个（水平2与3）被识别为离群值。因此决定将实验室10的数据完全剔除，这个问题应引起特别注意，且应予以解决。此外，根据格拉布斯检验，实验室7的水平1的数据也识别为离群值，予以剔除。k值（图B.7）表明实验室10，17与19的实验室内变异有比其他实验室大的迹象。因此应对这些实验室进行检查以采取适当的措施，或若有必要，进一步严格对测量方法的约定。为统计分析目的，最后决定舍弃根据柯克伦检验检出的离群值，即实验室19关于水平3与5及实验室17关于水平5的数据。

剔除上述数据后，计算重复性与再现性标准差，计算结果列在表B.5，并在图B.8中对相应的水平描点。图B.8显示精密度与锰品位水平之间存在线性关系。重复性与再现性标准差对锰品位水平的线性回归方程为：

$$s_r = 0.000\,579 + 0.008\,85m$$
$$s_R = 0.000\,737 + 0.015\,57m$$

B.3　对正确度的评估

根据式(19)计算测量方法偏倚的95%置信区间并将它们与0比较（表B.5）即可对该测量方法的正确度进行评估。由于水平3、4与5的这些置信区间都包含数值0，因此这种测量方法的偏倚对于锰的高含量水平3、4与5不显著，由于水平1与2的置信水平不包含0，因此对锰的低含量水平1与2偏倚显著。

B.4　进一步分析

对数据进行补充分析可提取进一步信息，例如作$\bar{\bar{y}}$对μ的回归分析等。

表 B.1 铁矿石中的锰含量:接受参照值

水平	1	2	3	4	5
μ的接受参照值(%)	0.010 0	0.093 0	0.401 0	0.777 0	2.530 0

表 B.2 铁矿石中的锰含量:Mn 的化学分析结果(%)

实验室号	样瓶号	水平									
		1		2		3		4		5	
1	1	0.011 8	0.012 1	0.088 0	0.087 5	0.408	0.407	0.791	0.791	2.584	2.560
	2	0.012 1	0.012 1	0.086 5	0.086 7	0.407	0.408	0.794	0.801	2.535	2.545
2	1	0.013 1	0.011 5	0.089 4	0.086 1	0.411	0.405	0.760	0.766	2.543	2.591
	2	0.011 5	0.011 5	0.088 7	0.086 7	0.406	0.399	0.766	0.783	2.516	2.567
3	1	0.011 8	0.011 2	0.086 4	0.084 9	0.410	0.403	0.752	0.767	2.526	2.463
	2	0.011 0	0.010 4	0.086 7	0.089 6	0.408	0.400	0.755	0.753	2.515	2.493
4	1	0.010 7	0.012 1	0.088 1	0.089 2	0.402	0.402	0.780	0.750	2.560	2.520
	2	0.011 4	0.012 1	0.086 1	0.087 4	0.404	0.402	0.777	0.750	2.600	2.520
5	1	0.012 0	0.012 8	0.090 4	0.090 4	0.404	0.400	0.775	0.775	2.470	2.510
	2	0.011 2	0.012 8	0.086 2	0.087 0	0.404	0.396	0.770	0.780	2.500	2.480
6	1	0.011 1	0.011 0	0.089 2	0.089 3	0.402	0.398	0.786	0.782	2.531	2.514
	2	0.011 0	0.011 1	0.090 0	0.086 4	0.408	0.404	0.780	0.772	2.524	2.494
7	1	0.008 8	0.009 5	0.089 3	0.089 5	0.390	0.390	0.754	0.762	2.510	2.521
	2	0.007 0	0.008 6	0.085 9	0.088 6	0.395	0.395	0.758	0.756	2.500	2.513
8	1	0.011 5	0.011 2	0.082 3	0.082 3	0.390	0.396	0.761	0.765	2.501	2.499
	2	0.011 3	0.011 3	0.082 8	0.082 9	0.400	0.389	0.770	0.766	2.507	2.490
9	1	0.012 3	0.012 0	0.086 2	0.086 6	0.414	0.414	0.765	0.765	2.523	2.520
	2	0.011 7	0.011 8	0.086 5	0.087 6	0.411	0.414	0.765	0.765	2.521	2.508
10	1	0.009 5	0.008 6	0.078 0	0.072 0	0.390	0.370	0.746	0.730	2.530	2.580
	2	0.009 2	0.008 4	0.078 0	0.073 0	0.392	0.374	0.750	0.738	2.510	2.610
11	1	0.012 5	0.012 5	0.090 0	0.089 0	0.405	0.395	0.790	0.780	2.520	2.520
	2	0.013 0	0.012 5	0.089 0	0.089 5	0.400	0.405	0.785	0.790	2.530	2.520
12	1	0.012 5	0.013 0	0.088 5	0.089 0	0.405	0.395	0.790	0.780	2.535	2.525
	2	0.011 5	0.0130	0.089 0	0.087 5	0.405	0.390	0.775	0.790	2.550	2.495
13	1	0.012 5	0.011 6	0.084 2	0.083 2	0.399	0.399	0.784	0.777	2.523	2.523
	2	0.012 1	0.011 6	0.083 2	0.082 8	0.398	0.399	0.782	0.777	2.527	2.537
14	1	0.011 6	0.012 0	0.089 8	0.089 0	0.418	0.416	0.797	0.800	2.602	2.602
	2	0.009 8	0.011 6	0.090 0	0.090 2	0.415	0.415	0.801	0.790	2.592	2.602
15	1	0.0108	0.011 2	0.087 1	0.086 0	0.399	0.400	0.775	0.774	2.488	2.495
	2	0.011 2	0.011 1	0.088 3	0.086 1	0.397	0.401	0.783	0.773	2.503	2.485
16	1	0.010 9	0.010 8	0.084 6	0.085 8	0.392	0.400	0.779	0.769	2.528	2.516
	2	0.011 1	0.011 0	0.084 9	0.085 5	0.396	0.397	0.751	0.753	2.528	2.525
17	1	0.010 0	0.011 0	0.084 9	0.088 0	0.409	0.410	0.766	0.794	2.571	2.380
	2	0.010 0	0.010 0	0.083 0	0.089 0	0.392	0.402	0.755	0.775	2.429	2.488
18	1	0.011 7	0.010 2	0.088 0	0.088 1	0.405	0.404	0.771	0.773	2.520	2.511
	2	0.012 5	0.010 3	0.086 8	0.088 2	0.402	0.403	0.778	0.763	2.514	2.503
19	1	0.009 9	0.012 8	0.094 5	0.090 5	0.398	0.375	0.770	0.767	2.483	2.351
	2	0.011 8	0.012 8	0.092 4	0.088 4	0.418	0.382	0.799	0.760	2.485	2.382

表 B.3 铁矿石中的锰含量:实验室均值与实验室方差

实验室号	水平				
	1	2	3	4	5
实验室均值					
1	0.012 03	0.087 18	0.407 50	0.794 25	2.556 00
2	0.011 90	0.087 73	0.405 25	0.768 75	2.554 25
3	0.011 10	0.086 90	0.405 25	0.756 75	2.499 25
4	0.011 58	0.087 70	0.402 50	0.764 25	2.550 00
5	0.012 20	0.088 50	0.401 00	0.775 00	2.490 00
6	0.011 05	0.088 73	0.403 00	0.780 00	2.515 75
7	0.008 48	0.088 33	0.392 50	0.757 50	2.511 00
8	0.011 33	0.082 58	0.393 75	0.765 50	2.499 25
9	0.011 95	0.086 73	0.413 25	0.765 00	2.518 00
10	0.008 93	0.075 25	0.381 50	0.741 00	2.557 50
11	0.012 63	0.089 38	0.401 25	0.786 25	2.522 50
12	0.012 50	0.088 50	0.398 75	0.783 75	2.526 25
13	0.011 95	0.083 35	0.398 75	0.780 00	2.527 50
14	0.011 25	0.089 75	0.416 00	0.797 00	2.599 50
15	0.011 08	0.086 88	0.399 25	0.776 25	2.492 75
16	0.010 95	0.085 20	0.396 25	0.763 00	2.524 25
17	0.010 25	0.086 23	0.403 25	0.772 50	2.467 00
18	0.011 18	0.087 78	0.403 50	0.771 25	2.512 00
19	0.011 83	0.091 45	0.393 25	0.774 00	2.425 25
实验室方差					
1	$0.225\,0\times10^{-7}$	$0.489\,2\times10^{-6}$	$0.333\,3\times10^{-6}$	$0.222\,5\times10^{-4}$	$0.454\,0\times10^{-3}$
2	$0.640\,0\times10^{-6}$	$0.248\,2\times10^{-5}$	$0.242\,5\times10^{-4}$	$0.982\,5\times10^{-4}$	$0.103\,4\times10^{-2}$
3	$0.333\,3\times10^{-6}$	$0.386\,0\times10^{-5}$	$0.209\,2\times10^{-4}$	$0.482\,5\times10^{-4}$	$0.772\,2\times10^{-3}$
4	$0.449\,2\times10^{-6}$	$0.168\,7\times10^{-5}$	$0.100\,0\times10^{-5}$	$0.272\,2\times10^{-3}$	$0.146\,7\times10^{-2}$
5	$0.586\,7\times10^{-6}$	$0.492\,0\times10^{-5}$	$0.146\,7\times10^{-4}$	$0.166\,7\times10^{-4}$	$0.333\,3\times10^{-3}$
6	$0.333\,3\times10^{-8}$	$0.252\,9\times10^{-5}$	$0.173\,3\times10^{-4}$	$0.346\,7\times10^{-4}$	$0.258\,9\times10^{-3}$
7	$0.111\,6\times10^{-5}$	$0.276\,3\times10^{-5}$	$0.833\,3\times10^{-5}$	$0.116\,7\times10^{-4}$	$0.753\,3\times10^{-4}$
8	$0.158\,3\times10^{-7}$	$0.102\,5\times10^{-6}$	$0.269\,2\times10^{-4}$	$0.136\,7\times10^{-4}$	$0.495\,8\times10^{-4}$
9	$0.700\,0\times10^{-7}$	$0.369\,2\times10^{-6}$	$0.225\,0\times10^{-5}$	0	$0.460\,0\times10^{-4}$
10	$0.262\,5\times10^{-6}$	$0.102\,5\times10^{-4}$	$0.123\,7\times10^{-3}$	$0.786\,7\times10^{-4}$	$0.209\,2\times10^{-2}$
11	$0.625\,0\times10^{-7}$	$0.229\,2\times10^{-6}$	$0.229\,2\times10^{-4}$	$0.229\,2\times10^{-4}$	$0.250\,0\times10^{-4}$
12	$0.500\,0\times10^{-6}$	$0.500\,0\times10^{-6}$	$0.562\,5\times10^{-4}$	$0.562\,5\times10^{-4}$	$0.539\,6\times10^{-3}$
13	$0.190\,0\times10^{-6}$	$0.356\,7\times10^{-6}$	$0.250\,0\times10^{-6}$	$0.126\,7\times10^{-4}$	$0.436\,7\times10^{-4}$
14	$0.970\,0\times10^{-6}$	$0.276\,7\times10^{-6}$	$0.200\,0\times10^{-5}$	$0.246\,7\times10^{-4}$	$0.250\,0\times10^{-4}$
15	$0.358\,3\times10^{-7}$	$0.114\,9\times10^{-5}$	$0.291\,7\times10^{-5}$	$0.209\,2\times10^{-4}$	$0.642\,5\times10^{-4}$
16	$0.166\,7\times10^{-7}$	$0.300\,0\times10^{-6}$	$0.109\,2\times10^{-4}$	$0.178\,7\times10^{-3}$	$0.322\,5\times10^{-4}$
17	$0.250\,0\times10^{-6}$	$0.766\,9\times10^{-5}$	$0.689\,2\times10^{-4}$	$0.272\,3\times10^{-3}$	$0.675\,7\times10^{-2}$
18	$0.124\,9\times10^{-5}$	$0.429\,2\times10^{-6}$	$0.166\,7\times10^{-5}$	$0.389\,2\times10^{-4}$	$0.500\,0\times10^{-4}$
19	$0.186\,9\times10^{-5}$	$0.680\,3\times10^{-5}$	$0.364\,9\times10^{-3}$	$0.295\,3\times10^{-3}$	$0.476\,3\times10^{-2}$

表 B.4 铁矿石中的锰含量:离群值与岐离值

水平	实验室	计算的统计量[1)]	临界值[1)]
离群值(α=0.01)			
1	7		
	10	G_2=0.295	G_2(19)=0.339 8
2	10	G_1=3.305	G_1(19)=2.968
3	19	C=0.474	C(4.19)=0.276
	10	C=0.305	C(4.18)=0.288
4	—	—	—
5	17	C=0.358	C(4.19)=0.276
	19	C=0.393	C(4.18)=0.288
岐离值(α=0.05)			
1	—	—	—
2	—	—	—
3	—	—	—
4	—	—	—
5	10	C=0.284	C(4.17)=0.250

1) C=柯克伦检验。
G_1=对一个离群观测值的格拉布斯检验。
G_2=对两个离群观测值的格拉布斯检验。

表 B.5 铁矿石中的锰含量:重复性与再现性标准差及测量方法偏倚的估计

	水平				
	1	2	3	4	5
n	4	4	4	4	4
p	17	18	17	18	16
s_r	0.000 65	0.001 43	0.004 07	0.008 95	0.018 15
s_R	0.000 84	0.002 48	0.007 06	0.013 85	0.032 46
γ	1.29	1.73	1.73	1.54	1.79
A	0.352 8	0.399 9	0.411 7	0.383 0	0.428 7
As_R	0.000 296	0.000 991	0.002 906	0.005 301	0.013 916
$\bar{y}$	0.011 6	0.087 4	0.402 4	0.773 9	2.524 9
μ	0.010 0	0.093 0	0.401 0	0.777 0	2.530 0
$\hat{\delta}$	0.001 6	−0.005 6	0.001 4	−0.003 1	−0.005 1
$\hat{\delta}-As_R$	0.001 3	−0.006 6	−0.001 5	−0.008 4	−0.019 0
$\hat{\delta}+As_R$	0.001 9	−0.004 6	0.004 3	0.002 2	0.008 8

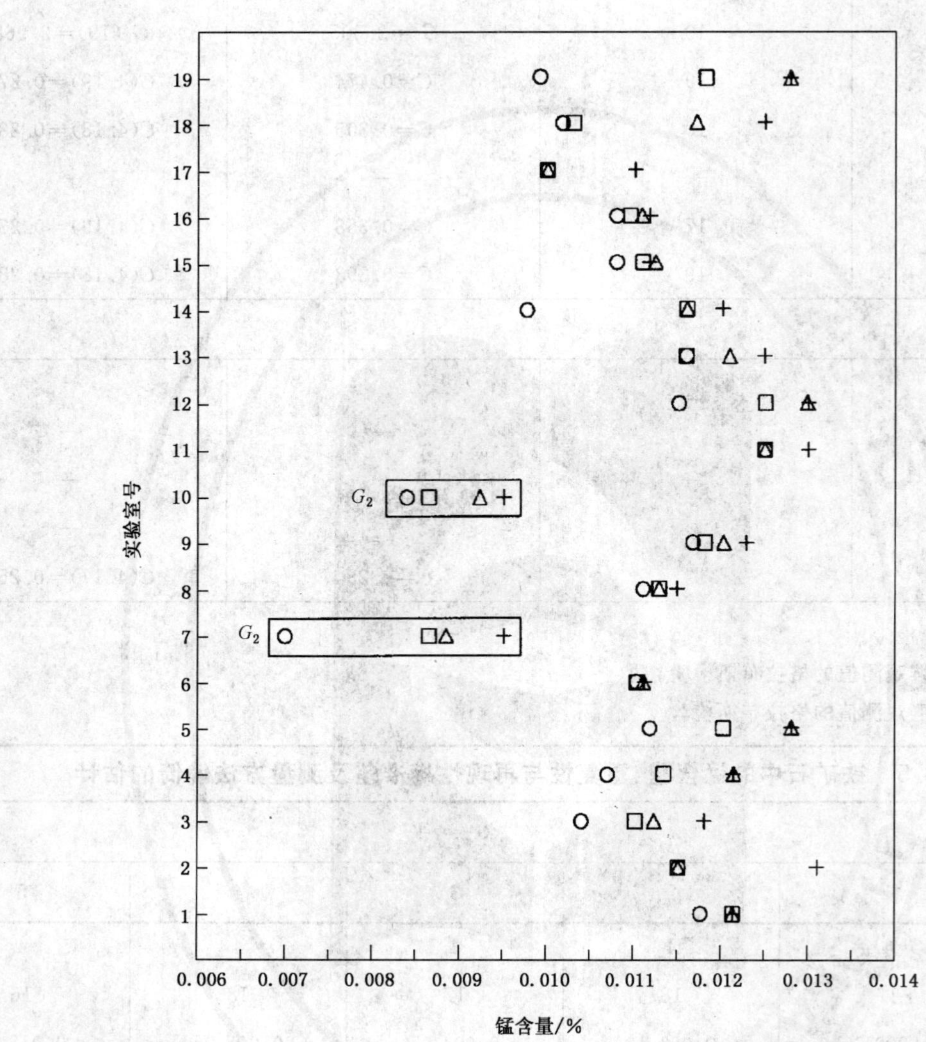

注：图中同一行中的4个符号表示同一实验室的4个测试结果的绘点。

方框中的点表示相应的测试结果根据对两个离群观测值的格拉布斯检验(G_2)为离群值。

图 B.1 铁矿石中的锰含量:水平 1 的测试结果

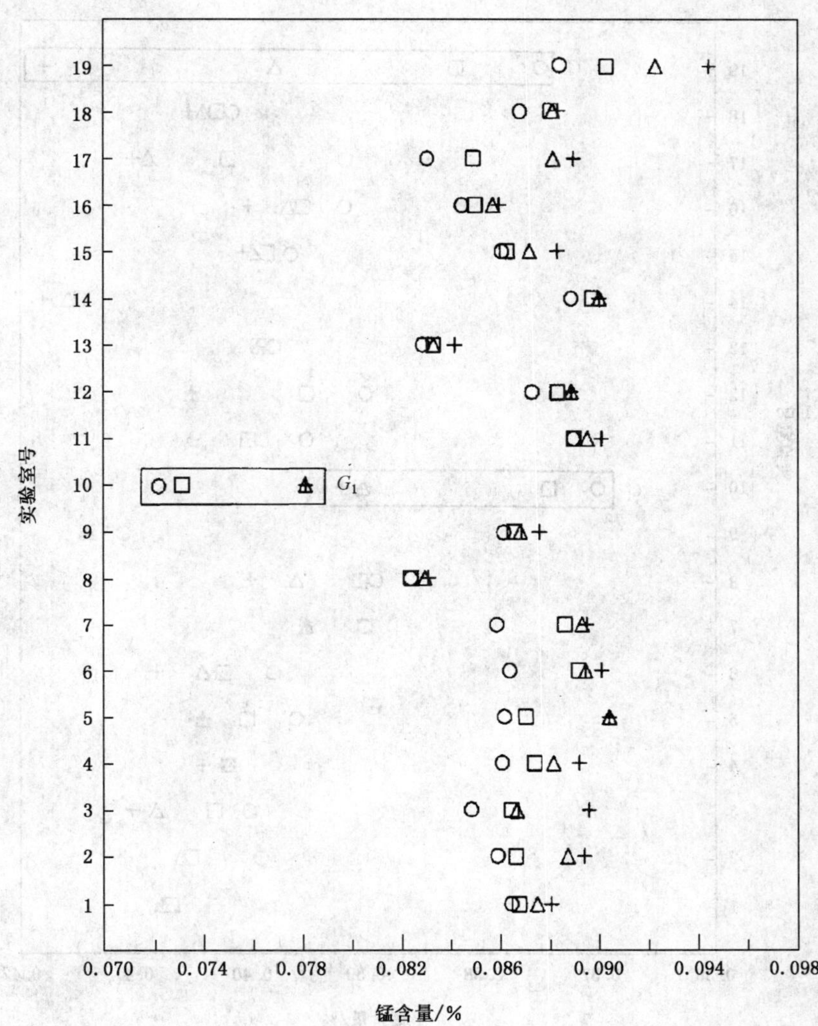

注：图中同一行中的 4 个符号表示同一实验室的 4 个测试结果的绘点。

方框中的点表示相应的测试结果根据对一个离群观测值的格拉布斯检验(G_1)为离群值。

图 B.2 铁矿石中的锰含量:水平 2 的测试结果

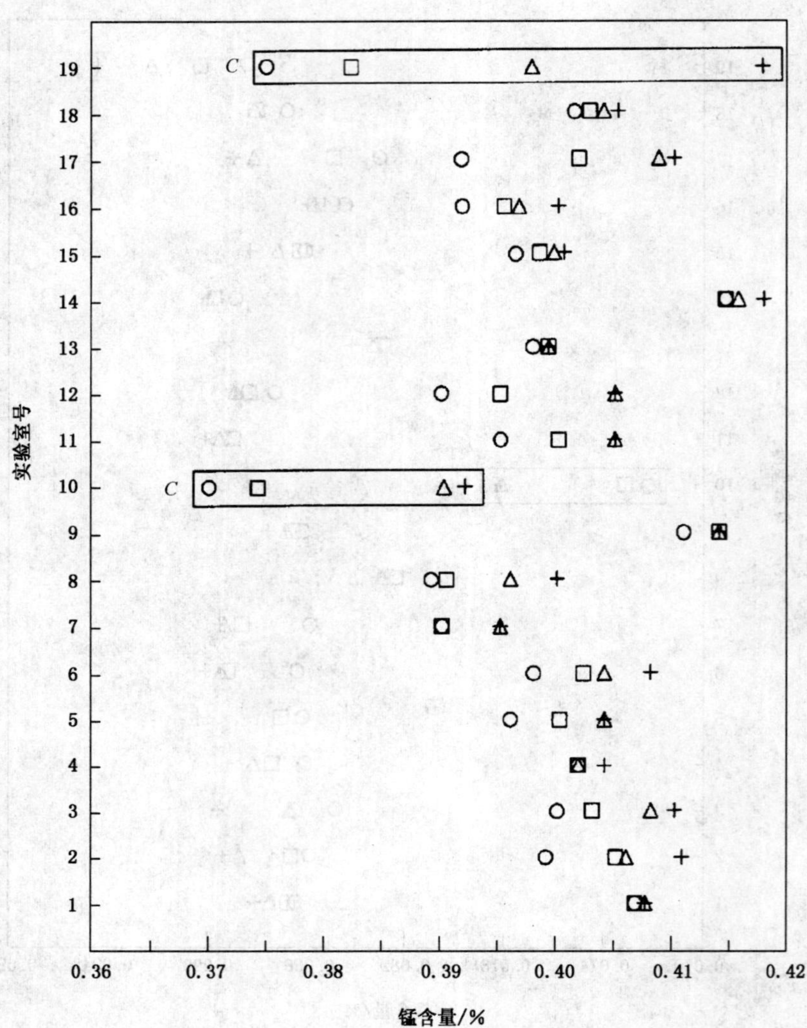

注：图中同一行中的 4 个符号表示同一实验室的 4 个测试结果的绘点。

方框中的点表示相应的测试结果根据柯克伦检验为离群值。

图 B.3 铁矿石中的锰含量：水平 3 的测试结果

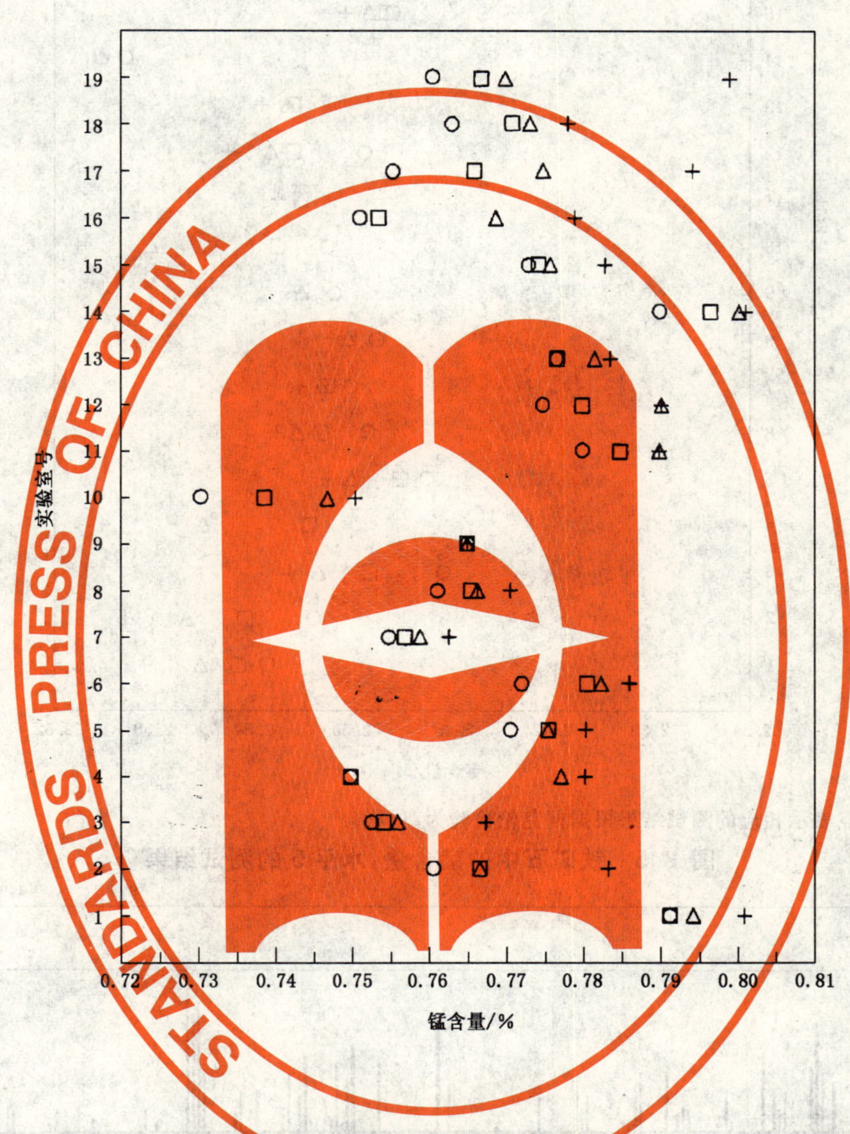

注：图中同一行中的4个符号表示同一实验室的4个测试结果的绘点。

图 B.4 铁矿石中的锰含量:水平 4 的测试结果

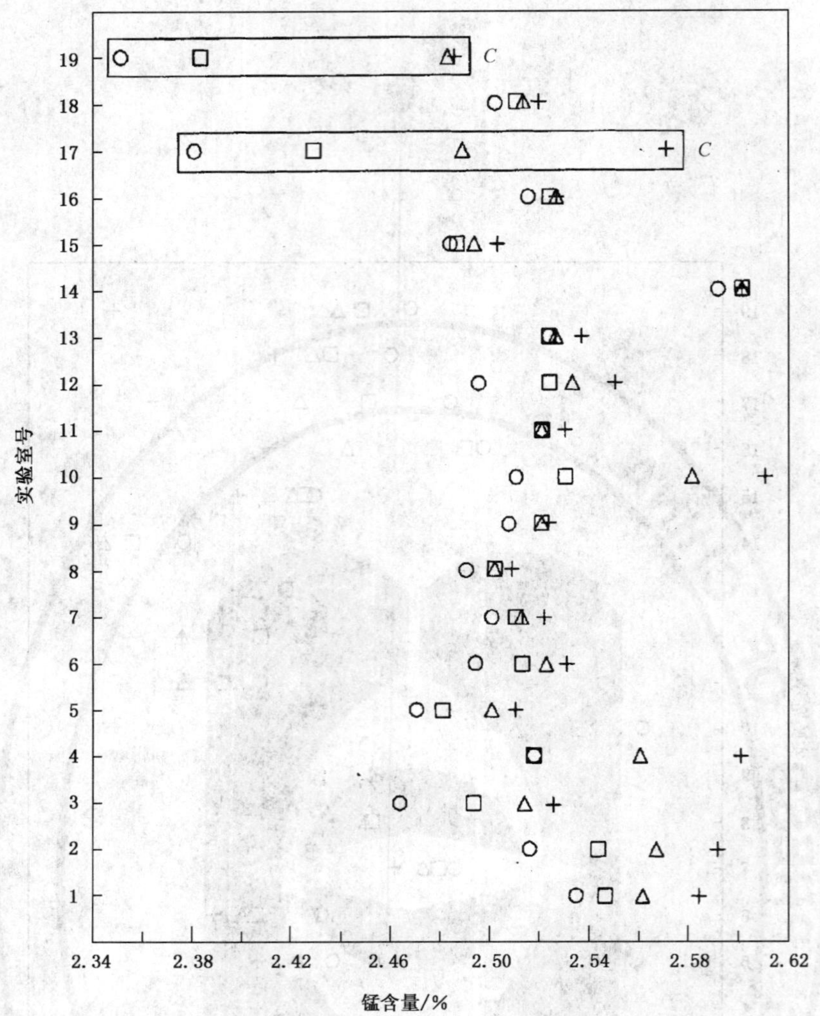

注：方框中的点表示相应的测试结果根据柯克伦检验为离群值。

图 B.5 铁矿石中的锰含量：水平 5 的测试结果

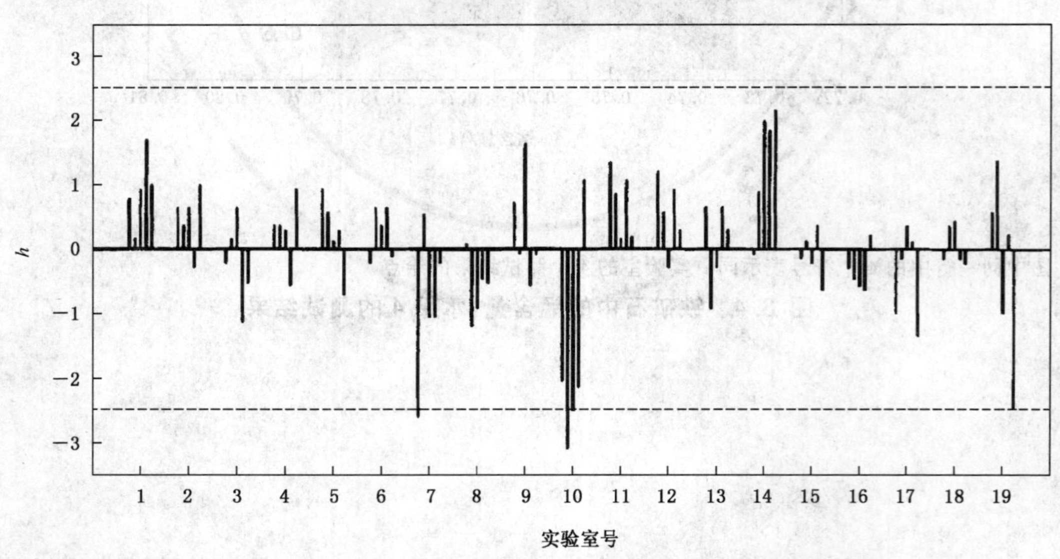

图 B.6 铁矿石中的锰含量：以实验室分组的 h 值

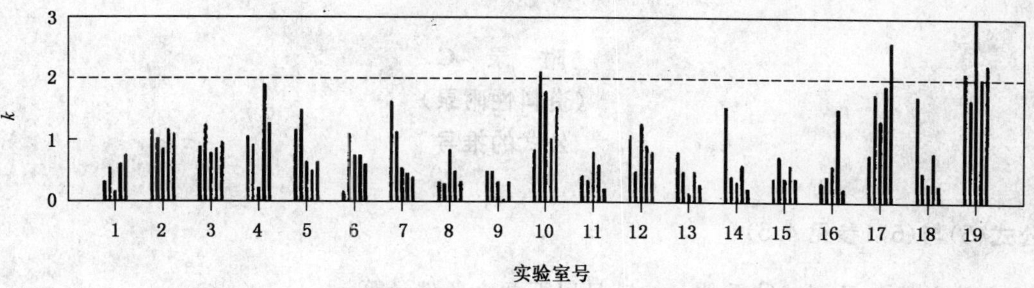

图 B.7 铁矿石中的锰含量:以实验室分组的 k 值

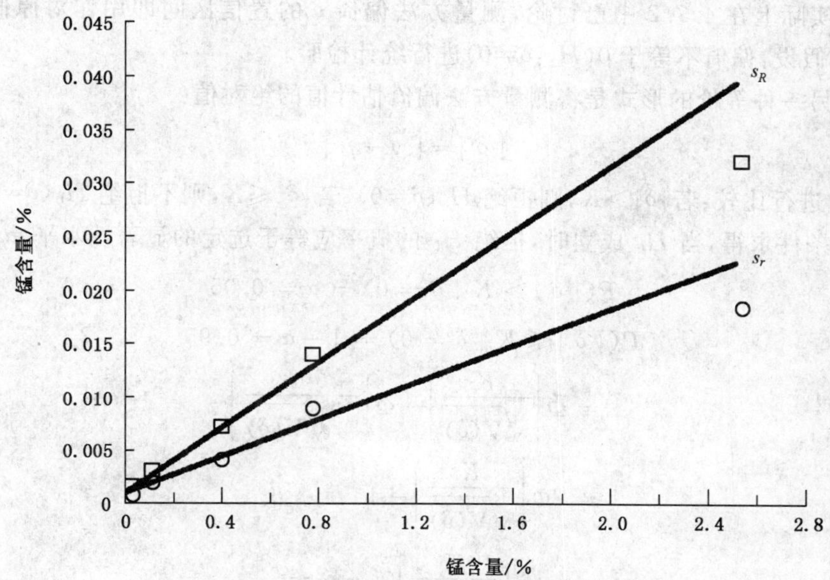

图 B.8 铁矿石中的锰含量:重复性与再现性标准差与含量水平 m 的线性关系

附 录 C
（资料性附录）
公式的推导

C.1 公式(5)与(6)(参见4.5)

最小实验室数 p 及测试结果数 n 按满足以下两个条件计算；

a) 检验应能以 $1-\alpha=0.95$ 的概率检测到偏倚等于0；

b) 检验应能以 $1-\beta=0.95$ 的概率检测到事先确定的偏倚量 δ_{m}；

第一个条件实际上在4.7.2中已讨论，测量方法偏倚 δ 的置信区间即用作对原假设：偏倚等于0（$H_0:\delta=0$）；备择假设：偏倚不等于0（$H_1:\delta\neq0$）进行统计检验。

上述检验的另一种等价的形式是将测量方法偏倚估计值的绝对值：

$$|\hat{\delta}|=|\bar{\bar{y}}-\mu|$$

与某个临界值 K 进行比较：若 $|\hat{\delta}|>K$，则拒绝 $H_0(\delta=0)$；若 $|\hat{\delta}|\leqslant K$，则不拒绝 $H_0(\delta=0)$。

K 可按以下条件求得，当 H_0 成立时，拒绝 H_0 的概率应等于选定的显著性水平：$\alpha=5\%$，即

$$P(|\hat{\delta}|>K\mid\delta=0)=\alpha=0.05$$

$$\begin{aligned}P(|\hat{\delta}|\leqslant K\mid\delta=0)&=1-\alpha=0.95\\&=\Phi\left(\frac{K}{\sqrt{V(\hat{\delta})}}\right)-\Phi\left(-\frac{K}{\sqrt{V(\hat{\delta})}}\right)\\&=2\Phi\left(\frac{K}{\sqrt{V(\hat{\delta})}}\right)-1\end{aligned}$$

$$\Phi\left(\frac{K}{\sqrt{V(\hat{\delta})}}\right)=0.975$$

$$\frac{K}{\sqrt{V(\hat{\delta})}}=u_{0.975}=1.960$$

$$K=1.960\sqrt{V(\hat{\delta})} \qquad \text{(C.1)}$$

式中：

$\Phi(\cdot)$——标准正态分布的累积分布函数；

u_p——标准正态分布的 p 分位数；

$V(\hat{\delta})$——测量方法偏倚估计值的方差：

$$\begin{aligned}V(\hat{\delta})&=V(\bar{\bar{y}}-\mu)=V(\bar{\bar{y}})\\&=\frac{\sigma_{\mathrm{L}}^2}{p}+\frac{\sigma_r^2}{pn}=\frac{\sigma_R^2-\sigma_r^2}{p}+\frac{\sigma_r^2}{pn}\\&=\frac{n(\sigma_R^2-\sigma_R^2/\gamma^2)+\sigma_R^2/\gamma^2}{p\,n}\\&=\left(\frac{n(\gamma^2-1)+1}{\gamma^2 p\,n}\right)\sigma_R^2\end{aligned}$$

其中 σ_{L}^2 为实验室间方差，即有 $\sigma_R^2=\sigma_{\mathrm{L}}^2+\sigma_r^2$，而 $\gamma=\sigma_R/\sigma_r$。

第二个条件是检验应能以 $1-\beta=0.95$ 检测到事前确定的偏倚量 δ_{m}：

$$P(|\hat{\delta}|>K\mid\delta=\delta_{\mathrm{m}})=1-\beta=0.95$$

$$P(|\hat{\delta}|\leqslant K \mid \delta=\delta_m)=\beta=0.05$$

$$=P\left[\frac{\hat{\delta}-\delta_m}{\sqrt{V(\hat{\delta})}}\leqslant\frac{K-\delta_m}{\sqrt{V(\hat{\delta})}}\right]=\Phi\left[\frac{K-\delta_m}{\sqrt{V(\hat{\delta})}}\right]$$

$$\frac{K-\delta_m}{\sqrt{V(\hat{\delta})}}=u_{0.05}=-1.645$$

$$K=\delta_m-1.645\sqrt{V(\hat{\delta})} \qquad \text{(C.2)}$$

由 K 的两个等式(C.1)与(C.2),即得:

$$1.960\sqrt{V(\hat{\delta})}=\delta_m-1.645\sqrt{V(\hat{\delta})}$$

$$(1.960+1.645)\sqrt{V(\hat{\delta})}=\delta_m$$

$$\left(1+\frac{1.645}{1.960}\right)1.960\sqrt{V(\hat{\delta})}=\delta_m$$

$$\left(1+\frac{1.645}{1.960}\right)A\sigma_R=\delta_m$$

$$A\sigma_R=\frac{\delta_m}{1.84}$$

C.2　公式(19)与(20)(参见 5.3)

在前面(C.1)推导中,若将 $\delta,\delta_m,\hat{\delta},V(\hat{\delta})$ 及 A 分别由 $\Delta,\Delta_m,\hat{\Delta},V(\hat{\Delta})$ 及 A_W 代替,而 $V(\hat{\delta})$ 的表达式由以下表达式代替:

$$V(\hat{\Delta})=\sigma_r^2/n$$

则即可得到公式(19)与(20)。

附 录 D
（资料性附录）
参 考 文 献

[1] ISO 3534-2:1993 统计学 词汇和符号 第2部分:统计质量控制
Statistics—Vocabulary and symbols—Part 2:Statistical quality control

[2] ISO 3534-3:1985 统计学 词汇和符号 第3部分:实验设计
Statistics—Vocabulary and symbols—Part 3:Design of experiments

[3] GB/T 6379.3—[1] 测量方法与结果的准确度(正确度与精密度) 第3部分:标准测量方法精密度的中间度量(ISO 5725-3:1994,IDT)

[4] GB/T 6379.5—2006 测量方法与结果的准确度(正确度与精密度) 第5部分:确定标准测量方法精密度的可替代方法(ISO 5725-5:1998,IDT)

[5] GB/T 6379.6—[1] 测量方法与结果的准确度(正确度与精密度) 第6部分:准确度值的实际应用(ISO 5725-6:1994,IDT)

[6] ISO 指南 33:1989 有证标准物料(标准物质)的使用
Use of certified reference materials

[7] ISO 指南 35:1989 标准物料(标准物质)的定值——总则和统计原理
Certification of reference materials—General and statistical principles

1) 已报批。

ICS 03.120.30
A 41

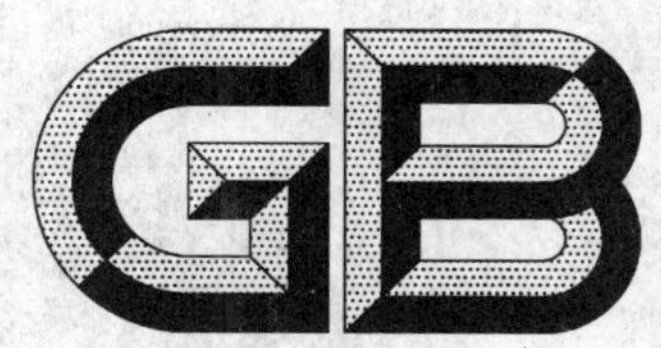

中华人民共和国国家标准

GB/T 6379.5—2006/ISO 5725-5:1998
部分代替 GB/T 6379—1986
GB/T 11792—1989

测量方法与结果的准确度(正确度与精密度) 第5部分:确定标准测量方法精密度的可替代方法

Accuracy (trueness and precision) of measurement methods and results—Part 5: alternative methods for the determination of the precision of a standard measurement method

(ISO 5725-5:1998,IDT)

2006-11-13 发布　　　　2007-04-01 实施

中华人民共和国国家质量监督检验检疫总局
中国国家标准化管理委员会　发布

前　言

GB/T 6379《测量方法与结果的准确度(正确度与精密度)》分为以下部分,其结构及对应的国际标准为:

——第 1 部分:总则与定义(ISO 5725-1:1994,IDT);

——第 2 部分:确定标准测量方法的重复性和再现性的基本方法(ISO 5725-2:1994,IDT);

——第 3 部分:标准测量方法精密度的中间度量(ISO 5725-3:1994,IDT);

——第 4 部分:确定标准测量方法正确度的基本方法(ISO 5725-4:1994,IDT);

——第 5 部分:确定标准测量方法精密度的可替代方法(ISO 5725-5:1998,IDT);

——第 6 部分:准确度值的实际应用(ISO 5725-6:1994,IDT)。

本部分为 GB/T 6379 的第 5 部分。

GB/T 6379 的本部分等同采用国际标准 ISO 5725-5:1998《测量方法与结果的准确度(正确度与精密度)——第 5 部分:确定标准测量方法的精密度的可替代方法》及 ISO 于 2005-06-01 发布的技术修改单 ISO 5725-5:1998/Cor. 1:2005。对 ISO 5725-5:1998 及 ISO 5725-5:1998/Cor. 1:2005 的错误作了如下的修改和更正:

——将 4.8 例 1 表 6 第一行中的"单元差值"更正为"单元平均值";

——将 5.3.3 中公式(18)中的

$$D_2=[(\Phi^2/g)+1/(ng)]^2/[p'(g-1)]$$

改正为:

$$D_2=[(\gamma^2-1)+(\Phi^2/g)+1/(ng)]^2/[p'(g-1)];$$

——将 5.9 中 e)"样本平方和"更正为"实验室平方和";

——将 6.6 中公式(75)"$s_r=s^*\sqrt{2}$"更正为"$s_r=s^*/\sqrt{2}$";

——将 B.1 中 $c=1.5$ 时"$1/\sqrt{\theta}$"的值更正为 $c=1.5$ 时"$1/\sqrt{\beta}$"的值;

——将技术修改单 ISO 5725-5/Cor. 1:2005 中关于 5.4.2 中公式(25)与公式(26)中求和号上的"q"更正为"p'";

——将附录 C 推导公式(C.4)过程中的

$$(p-u_L-u_U)\times x^*=(p-u_L-u_U)\times x'+(u_L-u_U)s^*$$

改为:

$$(p-u_L-u_U)\times x^*=(p-u_L-u_U)\times x'+(u_L-u_U)\times 1.5s^*$$

GB/T 6379 的第 1 部分至第 6 部分作为一个整体代替 GB/T 6379—1986 及 GB/T 11792—1989。标准中将原精密度概念加以扩展,增加了正确度概念,统称为准确度;除重复性条件和再现性条件外,增加了中间精密度条件。

本部分的附录 A 为规范性附录;附录 B,附录 C 和附录 D 为资料性附录。

本部分由全国统计方法应用标准化技术委员会提出并归口。

本部分起草单位:中国科学院数学与系统科学研究院、中国标准化研究院、广东出入境检验检疫局。

本部分主要起草人:冯士雍、丁文兴、姜健、于振凡、李成明、肖惠、陈玉忠。

本部分于 2006 年首次发布。

引　言

0.1　GB/T 6379 本部分用两个术语“正确度”与“精密度”来描述一种测量方法的准确度。正确度指大量测试结果的(算术)平均值与真值或接受参照值之间的一致程度;而精密度指测试结果之间的一致程度。

0.2　GB/T 6379.1 中对上述诸量给出了一般性的考虑,在 GB/T 6379 本部分中不再重复。GB/T 6379.1应与 GB/T 6379 所有其他部分(包括本部分)结合起来读,因为 GB/T 6379.1 给出了基本定义和总则。

0.3　GB/T 6379.2 利用实验室间试验估计精密度的标准度量,即重复性标准差与再现性标准差,它给出了用均匀水平设计估计精密度的基本方法。GB/T 6379 的本部分描述了可替代基本方法的其他方法。

a)　使用基本方法会产生如下风险:操作员对一个样本的测量结果会影响到后续的对同一物料的另一样本的测量结果,从而使重复性标准差和再现性标准差的估计产生偏倚。当这个风险很严重时,采用 GB/T 6379 本部分所描述的分割水平设计更好,因为它可减少此类风险。

b)　基本方法需要准备大量测试物料的完全相同的样本用于试验,这对非均匀物料可能是做不到的。所以使用基本方法会因样本间的变异而增大了再现性标准差的估计。GB/T 6379 本部分对非均匀物料的设计由于可得到基本方法无法得到的有关样本之间变异的信息,因而在计算再现性方差的估计值时已消除了样本间的变异。

c)　基本方法要求在计算重复性标准差与再现性标准差时,对数据进行检测,剔除离群值。离群值的剔除对重复性标准差和再现性标准差的估计有时会有很大的影响。在实际中,检测离群值时,数据分析者可能不得不对哪些数据应予以剔除进行判断。GB/T 6379 本部分描述了数据分析的一些稳健方法,这些方法不需对离群值进行检验并剔除,而可直接计算重复性标准差和再现性标准差。这样计算结果就不再受数据分析者判断的影响。

测量方法与结果的准确度(正确度与精密度) 第5部分:确定标准测量方法精密度的可替代方法

1 范围

GB/T 6379 的本部分:

详细描述了确定标准测量方法的重复性标准差与再现性标准差基本方法的替代方法,即分割水平设计和非均匀物料设计;

描述了用来分析精密度试验结果的稳健方法,这种方法不要求在计算过程中对数据进行离群值的检查与剔除。特别,对其中一种详尽说明了方法的使用。

GB/T 6379 的本部分是对 GB/T 6379.2 的补充,它提供在某些情况下比 GB/T 6379.2 中给出的基本方法更有价值的一些可替代的设计方法;还提供了估计重复性与再现性标准差的一种稳健分析方法,与 GB/T 6379.2 中所描述的基本方法相比,该方法依赖数据分析者的判断的程度较小。

2 规范性引用文件

下列文件中的条款通过 GB/T 6379 的本部分的引用而成为本部分的条款。凡是注日期的引用文件,其随后所有的修改单(不包括勘误的内容)或修订版本均不适用于本部分,然而,鼓励根据本部分达成协议的各方研究是否可使用这些文件的最新版本。凡是不注日期的引用文件,其最新版本适用于本部分。

GB/T 3358.1—1993 统计学术语 第一部分:一般统计术语

GB/T 3358.3—1993 统计学术语 第三部分:试验设计术语

GB/T 6379.1—2004 测量方法与结果的准确度(正确度与精密度) 第1部分:总则与定义(ISO 5725-1:1994,IDT)

GB/T 6379.2—2004 测量方法与结果的准确度(正确度与精密度) 第2部分:确定标准测量方法重复性和再现性的基本方法(ISO 5725-2:1994,IDT)

ISO 3534-1:1993 统计学——词汇和符号——第1部分:概率和一般统计术语

3 定义

GB/T 3358.1,GB/T 3358.3 与 GB/T 6379.1 中给出的定义在 GB/T 6379 的本部分中仍适用。

GB/T 6379 中使用的符号由附录 A 给出。

4 分割水平设计

4.1 分割水平设计的应用

4.1.1 GB/T 6379.2 中描述的均匀水平设计,对每个参与试验的实验室,在每个试验水平上都要求对受试物料两个或两个以上完全相同的样本进行测试。采用这种设计有如下风险:操作员在对一个样本进行测量时,测量结果可能会影响对相同物料的后续样本的测量结果。此种情形一旦发生,精密度试验结果将被歪曲:重复性标准差 σ_r 的估计值将会减小;而实验室间标准差 σ_L 的估计值将会增大。在分割水平设计中,对每一测试水平,为每个参与试验的实验室提供两种相似物料的两个样本,告诉操作员两个样本是不同的,但不告诉他们差别有多大。这样,分割水平设计提供了一种能减少前述风险的确定标准测量方法的重复性标准差与再现性标准差的方法。

4.1.2 在分割水平试验的一个水平上所得到的数据可用来绘图，在图中，两种不同但相似物料的数据分别作为横坐标和纵坐标，图1即是其中一例。这样的图能够帮助识别那些相对于其他实验室偏倚最大的实验室。上述识别在有可能调查最大实验室偏倚的原因并对此采取纠正行动时，是有用的。

4.1.3 通常测量方法的重复性标准差与再现性标准差依赖于物料的水平。例如，当测量结果是由化学分析所得出的一种元素的比例时，重复性标准差与再现性标准差常随元素比例的增加而增大。对分割水平试验，在试验的同一水平上的两种物料非常相似，可以认为它们具有相同的重复性标准差和再现性标准差。对于分割水平设计而言，对试验的同一水平的两种物料得到几乎完全相同的测量结果是可以接受的。安排两种相差较大的物料反而没有意义。

在很多化学分析方法中，含有所关心成分的基体能影响精密度。所以对分割水平试验，对试验的每一个水平，都需要有两种相似基体的物质。有时能通过外加少许所关心成分物质的方法制备足够相似的物质。当物料是自然的或制造的产品时，可能难以制备分割水平试验所需的足够相似的两个产品。一种可能的解决方法是分别从同种的两批产品中抽取。应该记住，选择用于分割水平设计的物料的目的是给操作员提供不认为完全相同的样本。

4.2 分割水平设计安排

4.2.1 分割水平设计安排如表1。

参加试验的 p 个实验室，每个在 q 个水平上均测量两个样本。

同一水平的两个样本用 a 和 b 表示，其中 a 表示一种物料的样本，而 b 表示另一种相似物料的样本。

4.2.2 分割水平试验的数据表示为 y_{ijk}，其中

下标 i 表示实验室($i=1,2,\cdots,p$)；

下标 j 表示水平($j=1,2,\cdots,q$)；

下标 k 表示样本($k=a$ 或 b)。

4.3 分割水平试验的组织

4.3.1 当计划一个分割水平试验时，应遵循 GB/T 6379.1—2004 第6章所给的指南。GB/T 6379.1—2004 的6.3中包含许多公式(公式中含有一个通常用 A 表示的量)。那些公式通常用来确定试验应包含的实验室数。分割水平试验的相应公式罗列如下。

注：这些公式由 GB/T 6379.1—2004 中注24中所描述的方法确定。

为评估重复性标准差与再现性标准差估计值的不确定度，计算下面诸量：

对重复性

$$A_r = 1.96\sqrt{\frac{1}{2(p-1)}} \qquad \cdots\cdots(1)$$

对再现性

$$A_R = 1.96\sqrt{\frac{[1+2(\gamma^2-1)]^2+1}{8\gamma^4(p-1)}} \qquad \cdots\cdots(2)$$

其中 $\gamma=\sigma_R/\sigma_r$。

如果 GB/T 6379.1—2004 中式(9)和式(10)中的重复次数 $n=2$，那么可以看出 GB/T 6379.1—2004 中的式(9)和式(10)与上述式(1)和式(2)相同，除了有时此处用 $p-1$ 代替 GB/T 6379.1—2004 中的 p。这是很小的差别，所以 GB/T 6379.1—2004 中的表1，图B.1和B.2可用来评估分割水平试验的重复性和再现性标准差估计值的不确定度。

为评估分割水平试验的测量方法偏倚估计值的不确定度，计算 GB/T 6379.1—2004 定义的量 A，其中 $n=2$，(或用 GB/T 6379.1—2004 的表2)，按 GB/T 6379.1 中描述的那样使用这个量。

为评估分割水平试验的实验室偏倚估计值的不确定度，计算 GB/T 6379.1—2004 的式(16)中定义的量 A_W，其中 $n=2$。因为在分割水平试验中重复次数为 2，所以不可能通过增加重复次数来减少实验室偏倚的估计值的不确定度。(如果必须减少该不确定度，则应用均匀水平设计来代替分割水平设计)。

4.3.2　有关分割水平试验组织的详细内容应遵照 GB/T 6379.2—2004 中第 5 章和第 6 章的指南。在 GB/T 6379.2 中，重复次数 n 取分割水平设计的分割水平数，即 2。

样本 a 与样本 b 应分别按某种随机化作业随机地分配给试验的参与者。

在分割水平试验中，统计专家在报告上来的数据中，对每个试验水平，必须能够区分哪个结果是物料 a 的，哪个是物料 b 的。因此对样本进行标记，但注意不要将这一信息透漏给试验的参与者。

表 1　分割水平试验设计的数据整理推荐格式

实验室	水平									
	1		2			j			q	
	a	b	a	b		a	b		a	b
1										
2										
i										
p										

4.4　统计模型

4.4.1　GB/T 6379 本部分使用的基本模型由 GB/T 6379.1—2004 第 5 章的式(1)给出。为估计测量方法的准确度(正确度和精密度)，假定对给定的受试物料，每个测量结果是三个分量之和：

$$y_{ijk} = m_j + B_{ij} + e_{ijk} \qquad \cdots\cdots(3)$$

式中：

m_j——给定水平 j 的总平均值(期望)，$j=1,\cdots,q$；

B_{ij}——给定实验室 i，给定水平 j 在重复性条件下偏倚的实验室分量，$i=1,\cdots,p$；$j=1,\cdots,q$；

e_{ijk}——重复性条件下，第 i 个实验室在第 j 个水平得到的第 k 个测试结果的随机误差，$k=1,\cdots,n$。

4.4.2　对分割水平试验，上述模型成为：

$$y_{ijk} = m_{jk} + B_{ij} + e_{ijk} \qquad \cdots\cdots(4)$$

与 4.4.1 中式(3)的唯一区别是，对水平 j，式(4)中的 m_{jk} 的下标 k 表明总平均值依赖于物料 a 或 b ($k=1$ 或 2)。

B_{ij} 没有下标 k 表明对一个水平，假定与 i 相应的实验室偏倚不依赖于物料 a 或 b。这就是要求两种物料相似的重要原因。

4.4.3　定义单元平均值及单元差值分别为：

$$y_{ij} = (y_{ija} + y_{ijb})/2 \qquad \cdots\cdots(5)$$

$$D_{ij} = y_{ija} - y_{ijb} \qquad \cdots\cdots(6)$$

4.4.4　分割水平试验在水平 j 的总平均值定义为：

$$m_j = (m_{ja} + m_{jb})/2 \qquad \cdots\cdots(7)$$

4.5 分割水平试验数据的统计分析

4.5.1 将数据置于表 1 所示的表中。表中每个实验室与每个水平的组合构成一个“单元”，包含 y_{ija} 和 y_{ijb} 两个数据。

计算单元差值 D_{ij} 并将它们置于表 2 所示的表中。分析方法要求按 $a-b$ 这样相同的方式计算每个差值，并保留差值的符号。

计算单元平均值 y_{ij}，并将它们置于表 3 所示的表中。

4.5.2 如果表 1 中的单元没有两个测试结果(例如由于样本损坏或数据因经后面描述的离群值检验后被剔除)，那么表 2 和表 3 中的相应的单元均应置空。

4.5.3 对每个试验水平 j，计算表 2 中第 j 列差值 D_{ij} 的平均值 D_j 与标准差 s_{Dj}：

$$D_j = \sum D_{ij}/p \qquad \cdots\cdots(8)$$

$$s_{Dj} = \sqrt{\sum (D_{ij} - D_j)^2/(p-1)} \qquad \cdots\cdots(9)$$

此处 $\sum$ 表示对实验室 $i=1,2,\cdots,p$ 求和。

若表 2 中有空白单元，p 为表 2 第 j 列中有数据的单元数，求和则对所有非空白单元进行。

4.5.4 对于每个试验水平 j，计算表 3 第 j 列平均值 y_{ij} 的平均 y_j 与标准差 s_{yj}：

$$y_j = \sum y_{ij}/p \qquad \cdots\cdots(10)$$

$$s_{yj} = \sqrt{\sum (y_{ij} - y_j)^2/(p-1)} \qquad \cdots\cdots(11)$$

此处 $\sum$ 表示对实验室 $i=1,2,\cdots,p$ 求和。

若表 3 中有空白单元，p 为表 3 中第 j 列中有数据的单元数，求和则对所有非空白单元进行。

4.5.5 利用表 2 与表 3 及按 4.5.3 与 4.5.4 计算的统计量，用 4.6 中描述的方法对数据进行一致性与离群值检验。若有数据被拒绝，则应重新计算统计量。

4.5.6 按下面的公式计算重复性标准差 s_{rj} 和再现性标准差 s_{Rj}：

$$s_{rj} = \frac{s_{Dj}}{\sqrt{2}} \qquad \cdots\cdots(12)$$

$$s_{Rj}^2 = s_{yj}^2 + s_{rj}^2/2 \qquad \cdots\cdots(13)$$

4.5.7 检查 s_{rj} 与 s_{Rj} 是否依赖于平均值 y_j。若是，使用 GB/T 6379.2—2004 中的 7.5 中描述的方法确定其函数关系。

表 2 分割水平设计单元差值列表的推荐格式

实验室	水平					
	1	2		j		q
1						
2						
i						
p						

表 3 分割水平设计单元平均值列表的推荐格式

实验室	水平								
	1		2		j		q		
1									
2									
i									
p									

4.6 对数据一致性与离群值的检查

4.6.1 利用 GB/T 6379.2—2004 中的 7.3.1 中描述的 h 统计量检验数据的一致性。

检查单元差值的一致性的 h 统计量为：

$$h_{ij}=(D_{ij}-D_j)/s_{Dj} \qquad (14)$$

检查单元平均值的一致性的 h 统计量为：

$$h_{ij}=(y_{ij}-y_j)/s_{yj} \qquad (15)$$

为了揭示不一致的实验室，按实验室分组，将这些统计量按水平顺序描图，如图 2 和图 3 所示。对这些图的解释在 GB/T 6379.2—2004 的 7.3.1 中已经作了充分的讨论。如果一个实验室比其他实验室的重复性差，则在图中将会出现许多单元差大的 h 统计量。若一个实验室的测量结果普遍有偏，那么根据单元平均值得到的 h 统计量大半都在图的一个方向。上述两种情况的任一种发生，都应该要求实验室进行调查并将他们的发现反馈给试验的组织者。

4.6.2 使用 GB/T 6379.2—2004 的 7.3.4 中描述的格拉布斯检验来检验数据的歧离值和离群值。

为检验单元差中的歧离值和离群值，将表 2 的每一列作格拉布斯检验。

为检验单元平均值中的歧离值和离群值，将表 3 的每一列作格拉布斯检验。

在 GB/T 6379.2—2004 的 7.3.2 中对这些检验的解释进行了全面的讨论。这些检验用来识别与试验中报告的其他数据非常不一致的数据，如果在计算重复性和再现性标准差的过程中包含这些数据将会显著地影响这些统计量。通常，判为离群值的数据应在计算时予以剔除；而判为歧离值的数据，除非另有充分的理由则予以保留。若检验表明，表 2 和表 3 其中之一的值在计算重复性和再现性标准差时被剔除，那么在另一个表中相应的值在计算时也应予以剔除。

4.7 报告分割水平试验的结果

4.7.1 GB/T 6379.2—2004 的 7.7 提出的建议如下：

——将统计分析结果向领导小组报告；

——由领导小组作决定；

——准备一份全面报告。

4.7.2 GB/T 6379.1—2004 的 7.1 推荐了发布标准测量方法的重复性与再现性标准差的使用格式。

4.8 例 1：分割水平试验——蛋白质的测定

4.8.1 表 4 是通过氧化测定膳食中蛋白质含量的试验数据[5]。有 9 个实验室参与试验，试验有 14 个水平。每一个水平使用两份蛋白质含量组成相似的膳食。

4.8.2 表 5 和表 6 分别是根据 4.5.1 中的方法，用试验的第 14 个水平的数据计算的单元平均值和差值。

利用表 5 中的差值及 4.5.3 中的式(8)和式(9)，可得到：

$$D_{14} = 8.34\%$$
$$s_{D14} = 0.436\ 1\%$$

而将 4.5.4 中的式(10)和式(11)应用于表 6 中的单元平均值，可得到：

$$y_{14} = 85.46\%$$
$$s_{y14} = 0.453\ 4\%$$

于是利用 4.5.6 中的式(12)和式(13)，得重复性与再现性标准差为：

$$s_{r14} = 0.31\%$$
$$s_{R14} = 0.50\%$$

表 7 给出了其他水平的计算结果。

4.8.3 图 1 表示表 4 中，对水平 14 而言，每个实验室中的样本 a 结果对样本 b 结果的尧敦图(Youden plot)。表示实验室 5 的点位于图的左下角，而实验室 1 的点位于右上角。这表明来自实验室 5 的对样本 a 和样本 b 的数据有一致的负偏倚；而来自实验室 1 的数据对两个样本有一致的正偏倚。当用分割水平设计的数据作像图 1 这种点图时常可以发现这类模式。图 1 也表明了实验室 4 的结果异常，因为表示该实验室的点与表明两个样本相等的直线距离较远，其他的实验室的点均在点图的中间。图 1 提供了一个应调查造成 3 个实验室偏倚异常原因的案例。

注：关于尧敦图解释的进一步内容，参见[7]和[8]。

4.8.4 对水平 14，按 4.6.1 中描述的方法计算的 h 统计量见表 5 和表 6，所有水平的 h 统计量的点图见图 2 和图 3。

在图 3 中，实验室 5 对所有水平的单元平均值的 h 统计量均为负，这说明数据一致地有负偏倚。而实验室 8 和 9 的 h 统计量几乎全为正，这说明它们的数据一致地有正偏倚(正偏倚的程度比实验室 5 的负偏倚小一些)。此外，图还显示实验室 1,2 与 6 有随水平而变化的实验室偏倚。实验室和水平间的这种交互作用可能提供了有关实验室偏倚原因的一些线索。

图 2 没有揭示出任何值得注意的模式。

4.8.5 表 8 给出了格拉布斯统计量的值。检验再次表明实验室 5 的数据可疑。

4.8.6 从分析的观点看，在对数据进行进一步分析之前，统计专家应着手对造成实验室 5 的可疑数据的原因进行调查。若找不到原因，就应在计算重复性和再现性标准差时剔除实验室 5 的所有数据。然后继续进行分析，研究重复性与再现性标准差和总平均值之间可能的函数关系，由于这些问题均已包含在 GB/T 6379.2—2004 中，所以此处不再考虑。

表 4 例 1:膳食中蛋白质含量的确定，以百分数表示

实验室	水平									
	1		2		3		4		5	
	a	b	a	b	a	b	a	b	a	b
1	11.11	10.34	10.91	9.81	13.74	13.48	13.79	13.00	15.89	15.26
2	11.12	9.94	11.38	10.31	14.00	13.12	13.44	13.06	15.69	15.10
3	11.26	10.46	10.95	10.51	13.38	12.70	13.54	13.18	15.83	15.73
4	11.07	10.41	11.66	9.95	13.01	13.16	13.58	12.88	15.08	15.63
5	10.69	10.31	10.98	10.13	13.24	13.33	13.32	12.59	15.02	14.90
6	11.73	11.01	12.31	10.92	14.01	13.66	14.04	13.64	16.43	15.94
7	11.13	10.36	11.38	10.44	12.94	12.44	13.63	13.06	15.75	15.56
8	11.21	10.51	11.32	10.84	13.09	13.76	13.85	13.49	15.98	15.89
9	11.80	11.21	11.35	9.88	13.85	14.46	13.96	13.77	16.51	15.72

表 4(续)

实验室	水平									
	6		7		8		9		10	
	a	*b*	*a*	*b*	*a*	*b*	*a*	*b*	*a*	*b*
1	20.14	19.78	20.33	20.06	46.45	44.42	52.05	49.40	65.84	59.14
2	19.25	20.25	20.36	19.94	46.69	44.62	51.94	48.81	66.31	59.19
3	20.48	19.86	20.56	20.11	46.90	44.56	52.18	48.90	66.06	58.52
4	21.54	20.06	20.64	20.46	47.13	46.29	51.73	48.56	65.93	58.93
5	19.90	19.66	20.56	19.24	45.83	43.73	50.84	47.91	64.19	57.94
6	20.31	20.27	20.85	20.63	46.86	43.96	52.18	49.03	65.73	58.77
7	20.00	20.56	20.25	20.19	46.25	44.31	52.25	49.44	66.06	59.19
8	20.43	20.69	20.85	20.27	47.11	44.40	52.44	48.81	65.66	59.38
9	20.64	21.01	20.78	20.89	47.09	45.15	52.19	48.46	66.33	59.47
实验室	水平									
	11		12		13		14			
	a	*b*	*a*	*b*	*a*	*b*	*a*	*b*		
1	84.16	80.86	85.38	81.71	87.64	88.23	90.24	82.10		
2	84.50	81.06	85.56	82.44	88.81	88.38	89.88	81.44		
3	82.26	79.43	85.26	82.15	88.58	88.12	89.48	81.67		
4	84.39	80.08	85.20	81.76	88.47	87.98	90.04	80.73		
5	81.71	79.01	83.58	79.74	86.43	86.19	88.59	80.46		
6	82.85	81.16	84.44	80.90	87.78	86.89	89.40	80.88		
7	86.25	81.00	84.88	81.44	88.06	88.00	69.31	81.38		
8	84.59	81.16	84.96	81.71	88.50	87.98	89.94	81.56		
9	83.05	80.93	84.73	81.94	88.24	88.05	89.75	81.35		

表 5　例 1:水平 14 的单元差值

实验室	单元差值 %	*h* 统计量
1	8.14	−0.459
2	8.44	0.229
3	7.81	−1.215
4	9.31	2.224
5	8.13	−0.482
6	8.52	0.413
7	7.93	−0.940
8	8.38	0.092
9	8.40	0.138

表 6　例 1:水平 14 的单元平均值

实验室	单元平均值 %	*h* 统计量
1	86.170	1.576
2	85.660	0.451
3	85.575	0.263
4	85.385	−0.156
5	84.525	−2.052
6	85.140	−0.696
7	85.345	−0.244
8	85.750	0.649
9	85.550	0.208

表 7　例 1:根据表 4 中所有 14 个水平数据计算的平均值、平均差值及标准差

水平 j	实验室数 p	总平均值 y_j %	平均差值 D_j %	标准差 s_{yj} %	s_{Dj} %	s_{rj} %	s_{Rj} %
1	9	10.87	0.73	0.35	0.21	0.15	0.36
2	9	10.84	1.05	0.36	0.43	0.30	0.42
3	9	13.41	0.13	0.44	0.55	0.39	0.52
4	9	13.43	0.50	0.30	0.21	0.15	0.32
5	9	15.66	0.27	0.39	0.40	0.29	0.44
6	9	20.27	0.06	0.40	0.73	0.52	0.54
7	9	20.39	0.38	0.30	0.41	0.29	0.37
8	9	45.60	2.21	0.44	0.37	0.26	0.47
9	9	50.40	3.16	0.44	0.35	0.25	0.47
10	9	62.37	6.84	0.53	0.40	0.28	0.57
11	9	82.14	3.23	1.01	1.08	0.77	1.15
12	9	83.17	3.45	0.74	0.46	0.33	0.77
13	9	87.91	0.30	0.69	0.41	0.29	0.72
14	9	85.46	8.34	0.45	0.44	0.31	0.50

表 8　例 1:格拉布斯统计量

差值的格拉布斯统计量				
水平	一个最小值	两个最小值	两个最大值	一个最大值
1	1.653	0.508 1	0.313 9	2.125
2	1.418	0.394 5	0.473 8	1.535
3	1.462	0.362 8	0.532 3	1.379
4	1.490	0.584 1	0.477 1	1.414
5	2.033	0.348 5	0.607 5	1.289
6	1.456	0.549 0	0.321 0	1.947
7	1.185	0.682 0	0.171 2	2.296* (5)
8	0.996	0.757 1	0.141 8* (6;8)	1.876
9	1.458	0.500 2	0.309 2	1.602
10	1.474	0.336 0	0.457 8	1.737
11	1.422	0.508 9	0.294 3	1.865
12	1.418	0.600 9	0.289 9	1.956
13	2.172	0.232 5	0.632 6	1.444
14	1.215	0.622 0	0.236 2	2.224* (4)
单元平均值的格拉布斯统计量				
水平	一个最小值	两个最小值	两个最大值	一个最大值
1	1.070	0.660 7	0.129 1* (6;9)	1.832
2	1.318	0.628 8	0.211 8	2.165
3	1.621	0.477 1	0.407 7	1.680

表 8(续)

单元平均值的格拉布斯统计量				
水平	一个最小值	两个最小值	两个最大值	一个最大值
4	1.591	0.533 9	0.380 7	1.429
5	1.794	0.401 8	0.500 9	1.333
6	1.291	0.494 7	0.409 5	1.386
7	1.599	0.503 6	0.439 1	1.470
8	1.872	0.375 3	0.453 6	1.404
9	2.328* (5)	0.131 7* (4;5)	0.741 7	1.025
10	2.456** (5)	—	—	1.000
11	1.756	0.246 9	0.575 9	1.472
12	2.037	0.106 3* (5;6)	0.711 6	1.130
13	2.308* (5)	0.073 3** (5;6)	0.777 7	0.994
14	2.052	0.278 1	0.548 6	1.576

注：括号内的数是指产生了歧离值或离群值的实验室号。

对于 9 个实验室情形，格拉布斯统计量(无论对于差值还是单元平均值)的临界值如下：

	歧离值 (*)	离群值 (**)
对一个离群值的格拉布斯检验	2.215	2.387
对两个离群值的格拉布斯检验	0.149 2	0.085 1

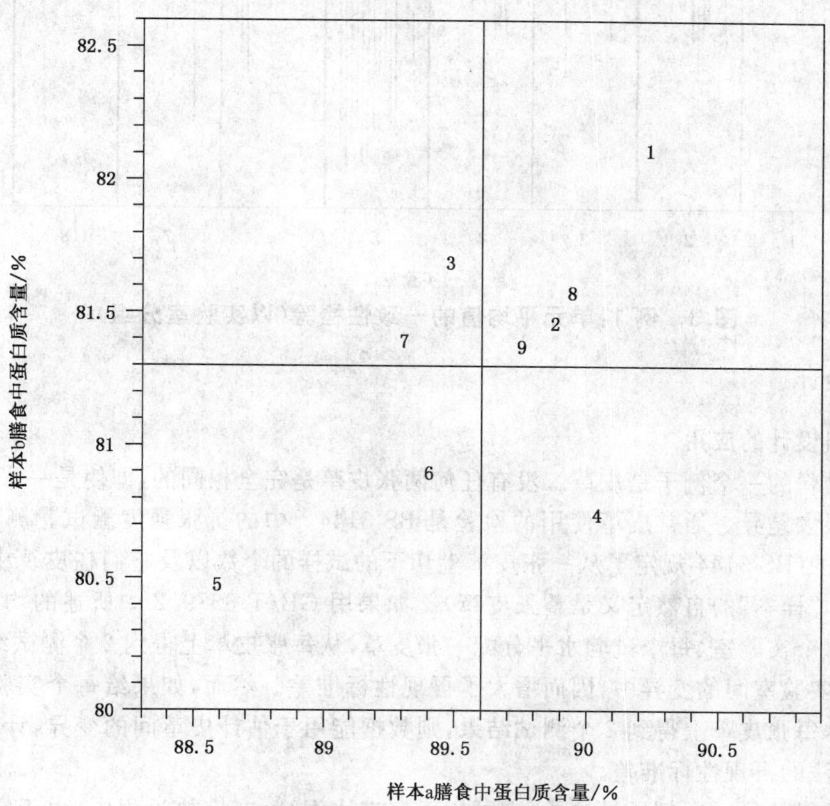

图 1　例 1:水平 14 的数据

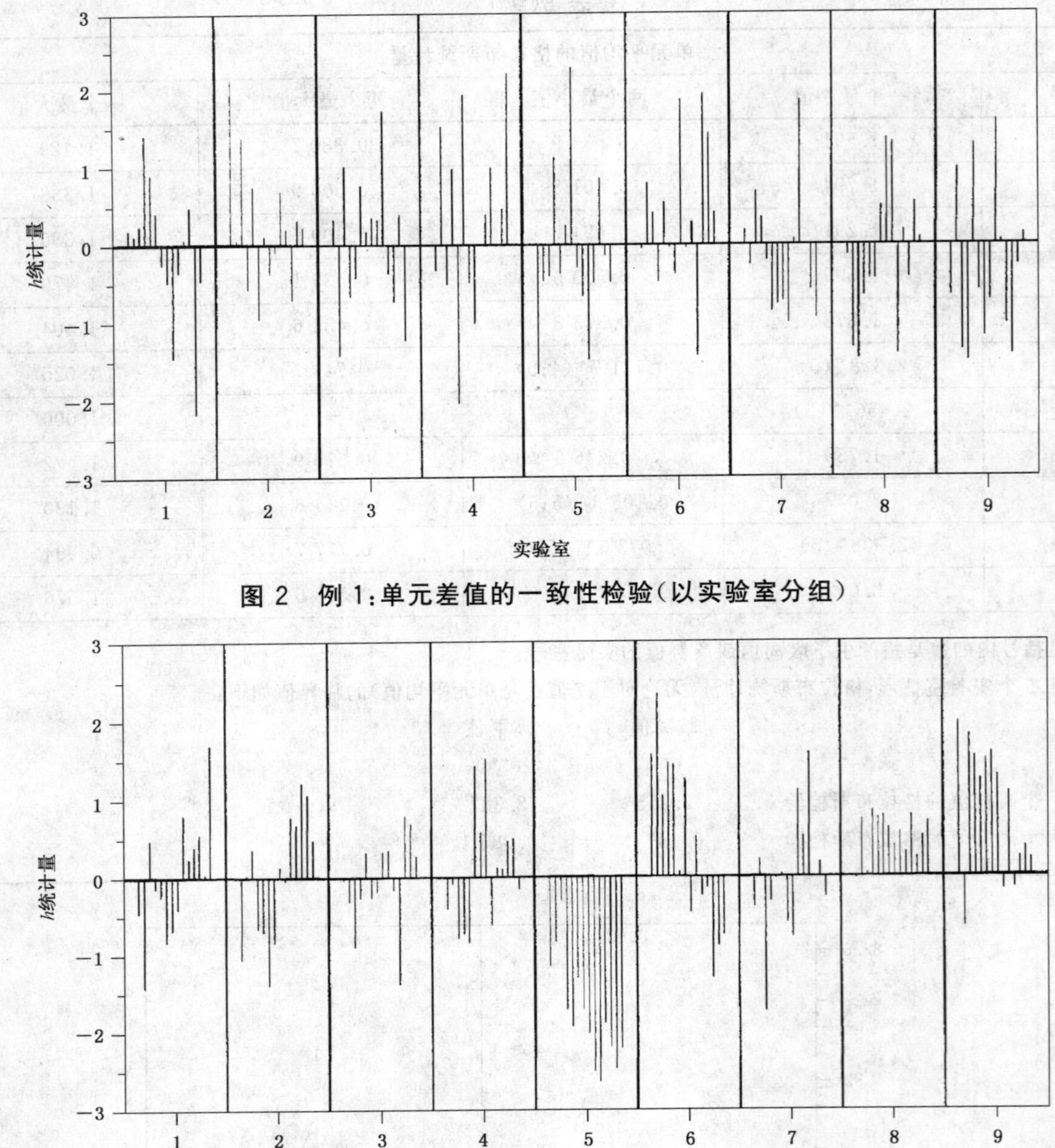

图 2　例 1:单元差值的一致性检验(以实验室分组)

图 3　例 1:单元平均值的一致性检验(以实验室分组)

5　非均匀物料设计

5.1　非均匀物料设计的应用

5.1.1　非均匀物料的一个例子是皮革。没有任何两张皮革是完全相同的,即使是一张皮革中的不同部位,其性质也有很大差异。通常皮革使用的检验是 BS 3144[3] 中的抗张强度测试。测试是对一个哑铃型的试样上进行的(BS 3144 规定了从一张皮革上切下的试样的个数以及它们在皮革中的位置和定向,所以皮革测试中,"样本"的自然定义是整张皮革)。如果用 GB/T 6379.2 中所述的均匀水平设计进行精密度试验,给每个实验室、每个试验水平分配一张皮革,从每张皮革上得到 2 个测试结果,那么皮革间的变异就会加进实验室间的变异中,因而增大了再现性标准差。然而,如果给每个实验室、每个试验水平分配两张皮革,每张皮革上得到 2 个测试结果,则数据能用于估计皮革间的变异,计算得到去除皮革间变异的测量方法的再现性标准差。

5.1.2　非均匀物料的另一个例子是沙子(它可用于制造水泥)。在堆放过程中,由于空气和水的作用,处于上下不同层的沙子的粒度是不同的。所以在使用沙子时,人们总关心沙粒大小的分布。在水泥制造技术中，沙粒大小分布是用网格测试来度量的(例如 BS 812-103[1])。为此，先抽取一份样，从份样中产生一个或多个试样。典型的份样质量约为 10 kg，试样质量约为 200 g。由于物料的自然变异，在同一产品的不同份样间会有差异。因此，如同皮革一样，若进行均匀水平试验，即给每个实验室在每个水平下分配一个份样，则份样之间的变异将会使得测量方法的再现性标准差加大。但如果在每个水平给每个实验室分配 2 个份样，则可计算去除份样间变异的再现性标准差。

5.1.3 上面两个例子也显示了非均匀物料的另一个性质：由于物料的变化，试样或试样部分准备可能是一个重要的变异源。对皮革而言，从一张皮革上切割试样的过程就会对测量抗张强度产生很大的影响。利用沙子的网格检验，从份样中准备试样部分的过程在该检验方法中通常是主要的变异源。如果按与通常实际情况不一样的方式(即试图产生相同的"样本")将试样或试样部分准备用于精密度试验，那么由这样的试验得出的重复性和再现性标准差的值将不会代表通常意义下的变异。有些情况可以通过某些特殊的过程，尽可能的消除物料的变异(例如对一个能力验证，或是在开发一个测量方法过程中，精密度试验只用作工作程序的一部分)，从而有可能产生相同的"样本"。然而，当精密度试验的目的是发现变异，而该变异可在实际中发生时(例如，当买卖双方检验相同产品的样本时)，则物料的非匀质性所产生的变异必然包含在测量方法精密度中。

为确保试验中的每一测试结果与其他测试结果相互独立，应谨慎行事。如果几个试样分别是在不同的试样准备阶段上准备的，则不能保证测试结果之间的独立性，所以由试样准备所产生的偏倚或偏离将会极大影响这些试样的测试结果。

5.1.4 本章提出的非均匀物料的设计能得到有关样本间变异的信息，而这些信息在 GB/T 6379.2—2004 中描述的均匀水平设计却得不到。获得额外的信息必然会发生费用问题：因为非均匀物料的设计需要检验更多的样本。这些额外的信息可能很有价值。在 5.1.1 中讨论的皮革例子中，关于皮革之间变异的信息可能用来决定在评估交付物的质量时应该使用多少张皮革，即决定是在每张皮革上制作较少的试样，从而使用较多张的皮革还是在每张皮革上制作较多的试样，从而使用较少张的皮革。在 5.1.2 中讨论的沙子的例子中，关于份样间变异的信息可用来决定抽取份样的过程是令人满意的还是需要进行改进。

5.1.5 本章所描述的设计用于按层次排列的三因素试验：第一个因素是层次最高的"实验室"，第二个因素是下一层次的"实验室内样本"，最后一个因素是层次中最低的"样本测试结果"。实际中可能遇到的另一种情形是按如下层次排列的三因素：层次最高的"实验室"，中间层次的"实验室内的测试结果"，以及最低层次的"测试结果的测定"。例如给每个参与精密度试验的实验室分发一个均匀物料的样本，要求每个实验室对样本上进行两次(或更多次)测试，而每次测试又包括多次测定，测试结果以这些测定的平均值表示。在 5.5、5.6 及 5.9 中给出的公式可用于这类试验所获得的数据，但是重复性与再现性标准差计算公式与此处稍有不同(参见 5.5.5 的注 2)。另外，对为获得一个测试结果需进行多次测定以进行平均的测定数也必须给以规定，因为这将影响重复性和再现性标准差的值。

5.2 非均匀物料设计的安排

5.2.1 非均匀物料的设计的安排如表 9 所示。

对 p 个实验室，q 个水平，给每个参加试验的实验室在每个水平上提供 2 个样本。这样，每个试验单元包含 4 个测试结果(2 个样本每个都有 2 个测试结果)。

通过考虑每个实验室在每个水平上分配 2 个以上样本，或每个样本上进行两次以上测量，有可能将这个简单设计进行推广。对更一般的设计，需要的计算要比每个样本只有 2 个测试结果及每个实验室每个水平有 2 个样本的计算更为复杂。然而更一般设计与简单设计的原理是相同的。所以此处计算将仅仅对简单设计进行详细讨论。对一般设计，重复性与再现性标准差值的计算公式在 5.9 中给出，在 5.10 中给出其应用实例。

5.2.2 非均匀物料设计的数据表示为 y_{ijtk}，其中：

下标 i 表示实验室($i=1,2,\cdots,p'$)；

下标 j 表示水平($j=1,2,\cdots,q$)；

下标 t 表示样本($t=1,2,\cdots,g$)；

下标 k 表示试验结果($k=1,2,\cdots,n$)。

通常，$g=2$，$n=2$。在更一般的设计中，$g\geqslant2$，$n\geqslant2$。

注：在 GB/T 6379.1 和 GB/T 6379.2 中，p 既被用作实验室数，也用作柯克伦检验的临界值表的检索数：对均匀水平试验，这两个数相同。对非均匀物料设计，柯克伦检验的检索数可为实验室数的倍数，所以此处用 p' 表示实验室数，而 p 仍表示为柯克伦检验的检索数。

5.3 非均匀物料试验的组织

5.3.1 当计划一个非均匀物料试验时，应遵循 GB/T 6379.1—2004 第 6 章的指南，需考虑的另一个问题是：

对每个实验室每个水平应准备多少个样本？

由于考虑到费用，样本数通常为 2。

GB/T 6379.1—2004 第 6 章和附录 B 中的公式及图表可用来帮助选择实验室数、样本数和重复次数，但须按 5.3.2 至 5.3.5 进行修正。

5.3.2 由非均匀物料试验得到的重复性标准差估计值的不确定度，可以根据计算 GB/T 6379.1—2004 的 6.3 中引入的量 A_r 进行评定：

$$A_r = 1.96\sqrt{1/[2p'g(n-1)]} \qquad (16)$$

它替代 GB/T 6379.1—2004 中式(9)所定义的 A_r。然而，式(16)可由 GB/T 6379.1—2004 的式(9)用 $p'\times g$ 代替 p 得出。因此当用 GB/T 6379.1—2004 中图 B.1 和表 1，查重复性标准差估计值所需的 A_r 时，可以 $p'\times g$ 代替那里的 p。在给每个实验室的每个水平制备 $g=2$ 个样本的通常情形，以 $p=2p'$ 查询 GB/T 6379.1 中的图和表。

注：上述的 A_r(或下述的 A_R)的公式均根据 GB/T 6379.1—2004 的注 24 的方法得出。

5.3.3 由非均匀物料试验得到的再现性标准差估计值的不确定度，可以根据计算 GB/T 6379.1—2004 的 6.3 中引入的量 A_R 进行评定：

$$A_R = 1.96\sqrt{(D_1+D_2+D_3)/(2\gamma^4)} \qquad (17)$$

它替代 GB/T 6379.1—2004 的式(10)所定义的 A_R。其中

$$D_1 = [(\gamma^2-1)+(\Phi^2/g)+1/(ng)]^2/(p'-1)$$

$$D_2 = [(\gamma^2-1)+(\Phi^2/g)+1/(ng)]^2/[p'(g-1)]$$

$$D_3 = 1/[p'(g-1)]$$

$$\Phi = \sigma_H/\sigma_r \quad (\sigma_H \text{ 将在后面的 5.4.1 中定义})$$

$$\gamma = \sigma_R/\sigma_r \qquad (18)$$

Φ 和 γ 的值可根据标准差 σ_H 的初始估计值来确定。σ_R 和 σ_r 可在标准化测量方法过程中获得。

5.3.4 非均匀物料试验组织的详细内容应遵循 GB/T 6379.2—2004 第 5 章和第 6 章所给的指南。

GB/T 6379.2—2004 的 5.1.2 包括了对“n 个测试组”或“n 个测量组”的要求(例如 n 个测试的组应在重复性条件下进行的)。在一个非均匀物料的试验中，这些要求涉及在一个单元内的 $g\times n$ 测试组中，即设计在一个实验室中一个水平的所有测试。

在一个非均匀物料的试验中，对每个水平必须制备的样本数是 $p'\times g$(即在通常情况下，当 $g=2$ 时为 $2p'$)。重要的是将 $p'\times g$ 个样本随机地分配给参加试验的实验室。

5.4 非均匀物料试验的统计模型

5.4.1 GB/T 6379 本部分所用的基本模型是 4.4.1 中式(3)。对非均匀物料试验，这个模型扩展为：

$$y_{ijtk} = m_j + B_{ij} + H_{ijt} + e_{ijtk} \qquad (19)$$

分量 m，B 和 e 与 4.4.1 中式(3)的意义相同，但式(19)包含了一个额外的分量 H_{ijt}，它表示样本间的变异，下标 t 表示实验室内样本(其他下标的含义已在 5.2.2 中给出)。

有理由假定样本间的变异是随机的，它不依赖实验室，但可能依赖于试验的水平，所以分量 H_{ijt} 的期望为 0，方差为：

$$\mathrm{var}(H_{ijt}) = \sigma_{\mathrm{H}j}^2 \qquad (20)$$

5.4.2 在每个实验室有 2 个样本，每个样本有 2 个测试结果($g=n=2$)的通常情形，令：

a) 实验室 i，水平 j 和样本 t ($t=1$ 或 2)的样本平均值及测试结果间极差为：

$$y_{ijt} = (y_{ijt1} + y_{ijt2})/2 \qquad (21)$$

$$w_{ijt} = |\, y_{ijt1} - y_{ijt2} \,| \qquad (22)$$

b) 实验室 i，水平 j 的单元平均值及样本间极差为：

$$y_{ij} = (y_{ij1} + y_{ij2})/2 \qquad (23)$$

$$w_{ij} = |\, y_{ij1} - y_{ij2} \,| \qquad (24)$$

c) 水平 j 的总平均值及单元平均值的标准差为：

$$y_j = \sum_{i=1}^{p'} y_{ij} / p' \qquad (25)$$

$$s_{yj} = \sqrt{\sum_{i=1}^{p'} (y_{ij} - y_j)^2 / (p' - 1)} \qquad (26)$$

其中求和是对所有实验室，$i=1,2,\cdots,p'$。

5.5 非均匀物料试验数据的统计分析

5.5.1 这里将详细讨论给每个实验室在每个水平上分配 2 个样本，每个样本进行两次测量这种通常情形。(一般情形将在 5.9 和 5.10 中考虑。)

将数据置入表 9 所示的表中。每个实验室和水平的每个组合构成了表中的一个"单元"，它包括 4 个测试结果。

根据 5.4.2 中的式(21)与式(26)：

a) 计算测试结果间极差，将其置入表 10 所示的表中；

b) 计算样本间极差，将其置入表 11 所示的表中；

c) 计算单元平均值，将其置入表 12 所示的表中。

所有极差都记录为正值(即忽略其符号)。

表 9 非均匀物料设计数据整理的推荐格式

实验室	样本	水平 1		水平 2			水平 j			水平 q	
		测试结果									
		1	2	1	2		1	2		1	2
1	1 2										
2	1 2										
i	1 2										
p'											

表 10 非均匀物料设计测试结果间极差列表的推荐格式

实验室	样本	水平 1	水平 2		水平 j		水平 q
1	1 2						
2	1 2						
i	1 2						
p'							

表 11 非均匀物料设计样本间极差列表的推荐格式

实验室	水平 1	水平 2		水平 j		水平 q
1 2						
i						
p'						

表 12 非均匀物料设计单元平均值列表的推荐格式

实验室	水平 1	水平 2		水平 j		水平 q
1						
2						
i						
p'						

5.5.2 若表 9 中的某个单元包含的测试结果数少于 4 个(例如,由于样本受损或数据根据离群值检验的结果被剔除),则

a) 根据后面给出的一般情形的公式;或

b) 忽略该单元的所有数据。

通常倾向于选用 a),因为 b)浪费了数据,但所用的公式简单。

5.5.3 对试验的每一个水平,计算以下各项:

a) 表10中第 j 列测试结果间极差的平方和(对 p' 个试验室和2个样本求和):

$$SS_{rj}=\sum_{i=1}^{p'}\sum_{t=1}^{2}w_{ijt}^{2} \qquad (27)$$

b) 表11中第 j 列的样本间极差的平方和(对 p' 个试验室求和):

$$SS_{Hj}=\sum_{i=1}^{p'}w_{ij}^{2} \qquad (28)$$

c) 表12中第 j 列的单元平均值的平均和标准差(利用5.4.2中(25)式和(26)式)。

5.5.4 根据表10,表11和表12及5.5.3中计算的统计量,按5.6中描述的方法检验数据的一致性及离群值。若有任何数据被剔除,重新计算统计量。

5.5.5 根据以下公式计算重复性标准差 s_{rj} 及再现性标准差 s_{Rj}。

$$s_{rj}^{2}=SS_{rj}/(4p') \qquad (29)$$

$$s_{Rj}^{2}=s_{yj}^{2}+(SS_{rj}-SS_{Hj})/(4p') \qquad (30)$$

如果计算得到的

$$s_{Rj}<s_{rj} \qquad (31)$$

则令

$$s_{Rj}=s_{rj} \qquad (32)$$

按以下公式计算度量样本间变异的标准差的估计值 s_{Hj}:

$$s_{Hj}^{2}=SS_{Hj}/(2p')-SS_{rj}/(8p') \qquad (33)$$

注1:人们常对用显著性检验考察样本间的差异在统计上是否显著感兴趣,然而这并不是分析工作必不可少的一部分。利用这样的检验决定是否可以在分析中忽略样本间的差异(以将每一单元中的测试结果都作为是在相同样本而得处理)是不正确的。这将会把偏倚引入重复性标准差的估计中,因为样本间的差异在统计上不显著并不表明样本间的变异可以忽略。

注2:在5.1.5中所描述的情形(当3个因素分别是"实验室"、"实验室内测试结果"和"测试结果的测定"时),重复性和再现性标准差应计算如下:

$$s_{rj}^{2}=SS_{Hj}/(2p')$$

$$s_{Rj}^{2}=s_{yj}+SS_{Hj}/(4p')$$

这些公式适用于测试结果为2个测定平均值的情形。

5.5.6 检查 s_{rj} 和 s_{Rj} 是否依赖于总平均值 y_j。若是,则根据GB/T 6379.2—2004的7.5中描述的方法确定其函数关系。

5.6 对数据一致性与离群值的检查

5.6.1 根据GB/T 6379.2—2004的7.3.1中描述的方法,用 h 统计量和 k 统计量来检查数据的一致性。

为检查单元平均值的一致性,计算以下 h 统计量:

$$h_{ij}=(y_{ij}-y_{j})/s_{yj} \qquad (34)$$

将这些统计量以实验室分组,按水平顺序点图,即可揭示与其他不一致的实验室。

为检查样本间极差的一致性,计算以下 k 统计量:

$$k_{ij}=w_{ij}/\sqrt{SS_{Hj}/p'} \qquad (35)$$

将这些统计量以实验室分组,按水平顺序点图,即可揭示与其他不一致的实验室。

为检查测试结果间极差的一致性,计算以下 k 统计量:

$$k_{ijt}=w_{ijt}/\sqrt{SS_{rj}/(2p')} \qquad (36)$$

将这些统计量以实验室分组,按水平顺序点图,即可揭示与其他不一致的实验室。

这些图的解释在GB/T 6379.2—2004的7.3.1中进行了充分的讨论。若一个实验室报告的结果普遍有偏,则该实验室单元平均值的 h 统计量图中,大多数统计量的数值大且方向相同。若一个实验室的测量不是在重复性条件下的各水平上进行的(受外部因素的影响,从而增加样本间的变异),则可看到它的样本间极差 k 统计量就会异常的大;若实验室的重复性很差,则测试结果间极差的 k 统计量就异常的大。

5.6.2 用 GB/T 6379.2—2004 的 7.3.3 和 7.3.4 中描述的柯克伦(Cochran)检验和格拉布斯(Grubbs)检验来检测数据中的歧离值和(统计)离群值。

为检验测试结果间极差的歧离值和离群值,对每个水平 j,计算柯克伦统计量如下:

$$C = w_{\max}^2 / SS_{rj} \qquad (37)$$

其中 $w_{\max}$ 是水平 j 的测试结果间极差 w_{ijt} 中的最大值。

当查 GB/T 6379.2—2004 中 8.1 中的临界值表时,临界值即为对应于表左侧 $p=2p'$ 的行与顶部 $n=2$ 的列的数值。

为检验样本间极差的歧离值和离群值,对每个水平 j 计算计算柯克伦统计量如下:

$$C = w_{\max}^2 / SS_{Hj} \qquad (38)$$

其中 $w_{\max}$ 是水平 j 的样本间极差 w_{ij} 中的最大值。

当查 GB/T 6379.2—2004 中 8.1 中的临界值表时,临界值即为对应于表左侧 $p=p'$ 的行与顶部 $n=2$ 的列的数值。

为检验单元平均值的歧离值和离群值,对每个水平 j,计算由 GB/T 6379.2—2004 中 7.34 所示的由单元平均值计算的格拉布斯统计量(其中 GB/T 6379.2—2004 中的 s 是 5.4.2 中(26)式定义的 s_{yj})。

这些检验的解释在 GB/T 6379.2—2004 中的 7.3.2 中已作了说明。非均匀物料试验中,这些结果按下面顺序进行检验。第一步,将柯克伦检验应用于测试结果间的极差。若基于此检验,判定某个测试结果间极差为离群值,应予以剔除,则在计算重复性和再现性标准差时须将产生这个离群极差的 2 个测试结果都予以剔除(但是该单元中的其他测试结果仍应保留)。第二步,将柯克伦检验用于样本间极差,最后将格拉布斯检验用于单元平均值。若判定某个样本间极差为离群值,或某个单元平均值为离群值,而产生离群值的相应测试结果予以剔除,则在计算重复性和再现性标准差时,应剔除相应单元的所有测试结果。

5.7 报告非均匀物料试验的结果

4.7 的内容完全适用于非均匀物料试验。

5.8 例 2:非均匀物料试验

5.8.1 用于铺设机场和公路表面的混合材料(基于水泥质的或沥青质的)必须有良好的防水和防冻性能。度量这种性能的一种方法是进行用硫酸镁坚固性试验[2]。试验是将混合材料的试样浸泡在饱和的硫酸镁溶液中,然后进行干燥,多次重复此过程。试验开始时,制备的全部试样都不能通过 10.0 mm 的筛子。经过试验的处理后,试样颗粒的尺寸减小,测试结果以试样在试验结束时穿过 10.0 mm 筛子的质量百分数表示。结果愈高(超过 10%到 20%的颗粒穿过筛子),材料的坚固性愈差。

5.8.2 将此种混合材料的 8 个样本成对的送往 11 个实验室,在每个样本通过硫酸镁坚固性试验,得到 2 个测试结果,表 13 为所得的测试结果数据。这些样本的总质量大约为 100 kg(它们还用于许多其他的试验)。试样的质量约为 350 g。

5.8.3 表 14、表 15 和表 16 分别列出根据 5.4.2 中式(21)至式(24)计算的,第 6 个试验水平的测试结果间极差、样本间极差和单元平均值(单位:%)。

根据 5.5.3 中式(27)和式(28),从表 14 中测试结果间极差和表 15 中样本间极差,得:

$$SS_{r6} = 381.66 \qquad SS_{H6} = 160.5300$$

将 5.4.2 中式(25)和式(26)用于单元平均值,得:

$$y_6 = 19.0 \text{(总平均值)}$$

$$s_{y6} = 5.03$$

所以,根据 5.5.5 中式(29)至式(33),可得重复性标准差、再现性标准差以及用于度量样本间变异的标准差分别为：

$$s_{r6}=2.95 \qquad s_{R6}=5.51 \qquad s_{H6}=1.72$$

表 17 给出了其他水平的计算结果。

5.8.4　图 4 为水平 6 的测试结果间极差、样本间极差及单元平均值的条形图。这种图对由不同来源(测试结果间、样本间和实验室间)产生的变异的大小易于理解。图 4 表明在本试验中，对水平 6，单元平均值间有的变异较大，因此若规范中列入了测试方法，由于测试结果不同，很可能在买卖双方之间产生争议。由于样本间的极差比测试结果间的极差较小，因此在水平 6，样本间的变异不重要。

5.8.5　用 5.6.1 的方法对水平 6 计算所得的统计量 h 和 k 统计量的值也分别列于表 14、15 和 16 中。所有水平的这些值则绘于图 5 至图 7 中(在图中，已对水平重新排列，如表 7，按总平均值递增顺序排列)。图 5 表明实验室 6 的测试结果间极差有几个 k 统计量值较高，说明该实验室的重复性比其他实验室差。图 6 表明有三个实验室(1,6 和 10)的样本间极差的 k 统计量值较高：这可能是因为这三个实验室并非严格地按推荐的程序从份样中制备试样。图 7 表明大多数实验室有一致正或负的 h 统计量(实验室 1、6 和 10 再次表明其值最大)。这是大多数实验室有一致偏倚的明显证据，表明测量方法没有很好规范。

5.8.6　按 5.6.2 方法，对数据进行柯克伦检验和格拉布斯检验，得到表 18 所示的结果，共检测出 2 个离群值。在缺少其他信息的情况下，应剔除这些数据，然后重新进行计算。接着可进一步按 GB/T 6379.2—2004 中对均匀设计相同的方法来研究函数关系。

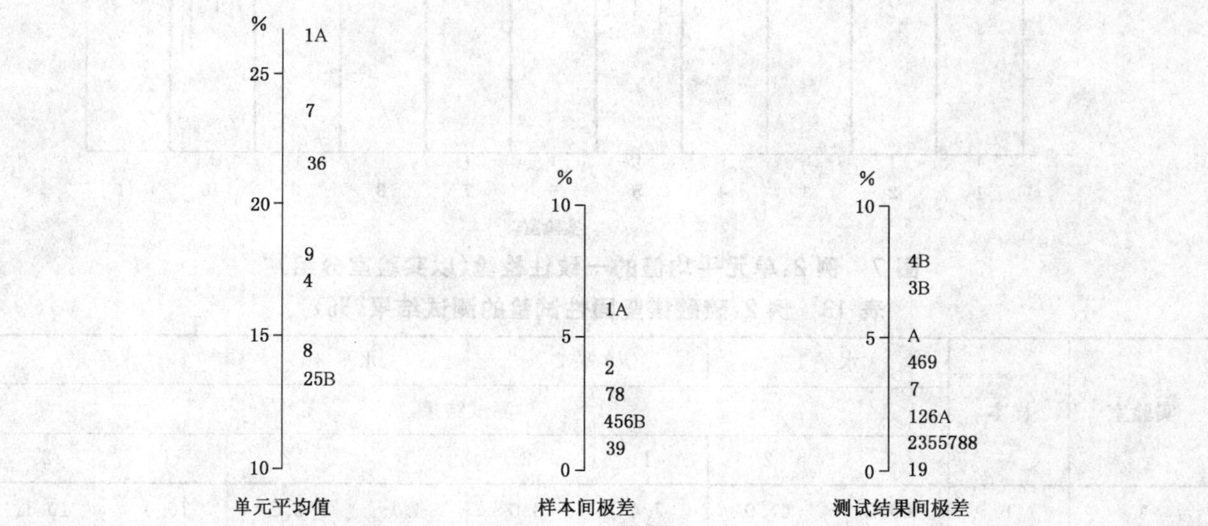

图 4　例 2：根据表 14、15 和 16 在水平 6 的极差和平均值的条形图

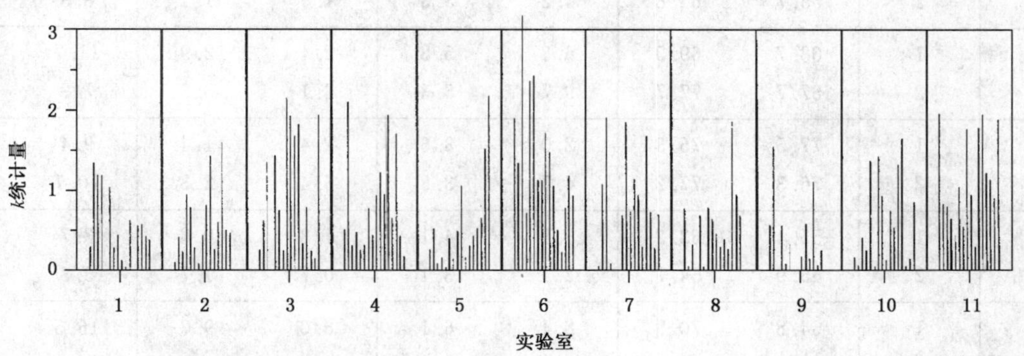

图 5　例 2：测试结果间极差的一致性检验(以实验室分组)

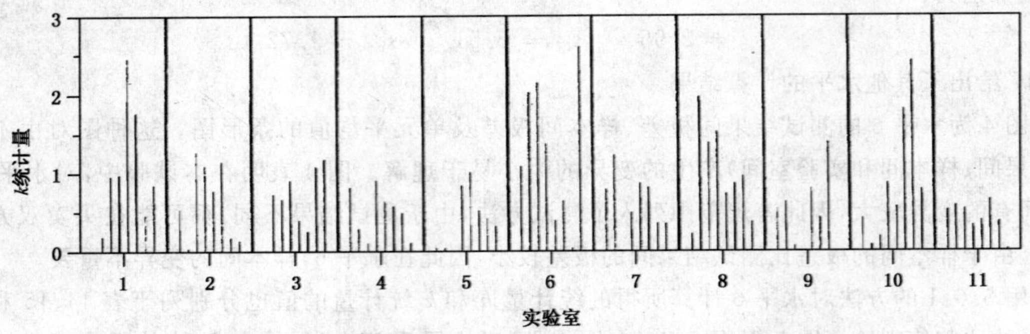

图 6 例 2:样本间极差的一致性检验(以实验室分组)

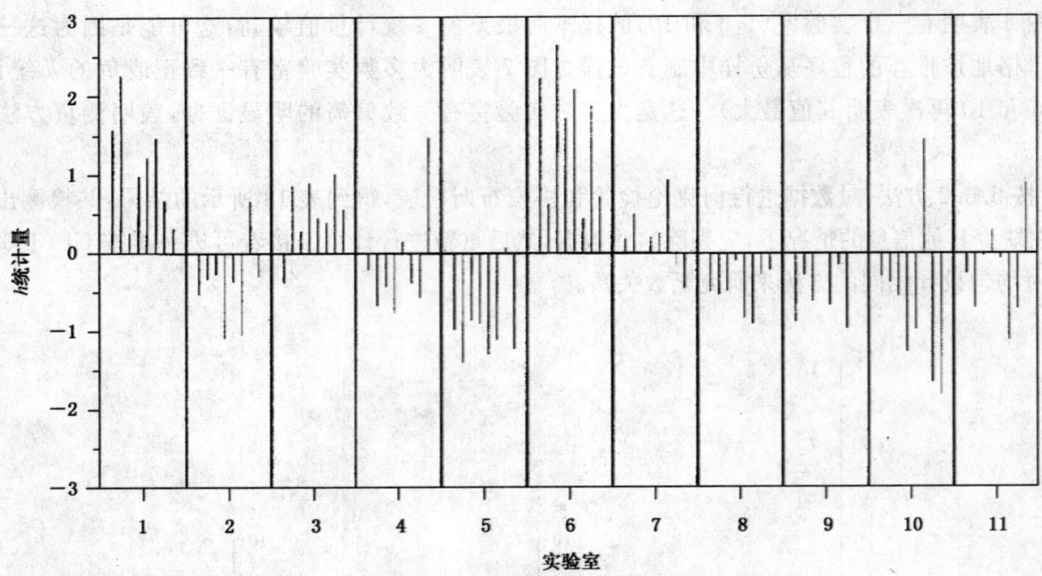

图 7 例 2:单元平均值的一致性检验(以实验室分组)

表 13 例 2:硫酸镁坚固性试验的测试结果(%)

实验室	样本	水平 1		水平 2		水平 3		水平 4	
		测试结果							
		1	2	1	2	1	2	1	2
1	1	69.2	67.0	7.4	8.0	4.1	3.5	10.4	10.1
	2	69.7	71.7	6.6	5.7	10.5	13.1	13.9	13.8
2	1	66.5	64.1	1.9	2.1	3.0	3.2	8.7	6.7
	2	65.7	65.8	4.2	3.3	1.9	4.1	8.3	4.8
3	1	68.7	69.5	6.3	5.8	2.4	2.9	11.7	7.0
	2	67.7	77.7	9.7	5.3	2.1	3.3	7.9	12.0
4	1	77.5	75.3	2.0	3.6	2.4	1.4	9.4	7.1
	2	76.3	77.2	4.7	3.8	6.4	2.3	10.7	7.7
5	1	55.4	63.2	3.8	4.1	1.3	0.8	3.7	6.3
	2	65.9	54.7	2.1	3.1	0.7	1.7	3.3	3.7
6	1	64.8	70.9	8.4	6.1	6.0	9.7	16.5	12.3
	2	78.2	73.4	8.3	10.6	12.4	9.8	13.2	16.8

表 13(续)

实验室	样本	水平 1		水平 2		水平 3		水平 4	
		测试结果							
		1	2	1	2	1	2	1	2
7	1	64.8	63.4	4.3	5.7	2.9	3.0	7.5	9.3
	2	67.0	63.4	7.7	3.9	4.3	6.4	11.1	8.3
8	1	64.9	68.4	4.4	2.8	1.3	2.8	5.7	6.8
	2	65.4	65.5	5.4	6.7	2.7	2.8	4.8	5.5
9	1	—	—	—	—	1.1	0.0	6.6	7.0
	2	—	—	—	—	0.7	3.7	4.9	6.3
10	1	57.0	57.7	3.3	0.4	2.1	2.4	5.5	5.8
	2	57.1	52.7	4.2	2.3	3.6	3.5	3.9	5.7
11	1	70.6	75.2	5.3	6.4	5.7	1.9	9.5	7.2
	2	77.9	68.2	3.5	7.1	1.4	3.0	8.1	7.4

实验室	样本	水平 5		水平 6		水平 7		水平 8	
		测试结果							
		1	2	1	2	1	2	1	2
1	1	8.9	7.4	31.1	28.5	38.7	41.7	4.2	4.1
	2	7.6	9.1	23.0	23.1	44.2	41.1	7.3	4.4
2	1	3.2	3.5	16.5	15.4	36.6	45.2	3.2	5.4
	2	2.8	4.0	10.3	12.8	43.2	40.5	1.7	2.5
3	1	4.4	6.1	24.3	16.7	38.9	43.1	3.7	7.7
	2	6.0	6.0	20.8	22.2	46.1	47.4	3.5	5.6
4	1	2.7	3.1	20.2	16.2	32.0	35.5	2.9	2.2
	2	2.3	2.9	20.0	11.9	26.5	35.7	3.2	2.3
5	1	1.3	1.4	13.8	15.1	36.7	39.5	1.1	1.2
	2	1.5	1.3	11.5	13.3	37.6	34.1	0.6	1.7
6	1	8.2	4.2	20.3	24.7	49.4	50.6	11.9	18.5
	2	3.7	4.6	21.0	18.9	48.2	52.4	14.9	8.1
7	1	3.1	5.5	27.2	23.3	38.9	29.9	—	1.7
	2	5.6	5.5	21.5	22.7	34.4	38.3	2.2	5.0
8	1	1.8	2.2	13.6	12.0	27.0	37.0	0.3	2.2
	2	4.0	4.0	15.6	16.7	39.7	34.6	3.6	3.7
9	1	3.8	3.8	17.7	17.1	33.4	33.1	1.8	2.0
	2	3.5	2.8	21.4	16.8	26.5	25.2	2.5	1.6
10	1	3.5	3.0	21.7	23.9	35.3	26.5	0.5	4.3
	2	3.2	3.5	27.0	32.5	18.0	18.2	2.0	2.1
11	1	3.5	2.5	11.0	18.4	27.0	33.5	5.1	3.9
	2	2.0	2.8	16.4	8.1	35.4	29.3	2.1	5.0

表 14 例 2:水平 6 测试结果间极差

实验室	样本	测试结果间极差 %	k 统计量
1	1	2.6	0.624
	2	0.1	0.024
2	1	1.1	0.264
	2	2.5	0.600
3	1	7.6	1.825
	2	1.4	0.336
4	1	4.0	0.960
	2	8.1	1.945
5	1	1.3	0.312
	2	1.8	0.432
6	1	4.4	1.056
	2	2.1	0.504
7	1	3.9	0.936
	2	1.2	0.288
8	1	1.6	0.384
	2	1.1	0.264
9	1	0.6	0.144
	2	4.6	1.104
10	1	2.2	0.528
	2	5.5	1.320
11	1	7.4	1.777
	2	8.1	1.945

表 15 例 2:水平 6 样本间极差

实验室	样本间极差 %	k 统计量
1	6.75	1.767
2	4.40	1.152
3	1.00	0.262
4	2.25	0.589
5	2.05	0.537
6	2.55	0.668
7	3.15	0.825
8	3.35	0.877
9	1.70	0.445
10	6.95	1.819
11	2.55	0.668

表 16 例 2:水平 6 的单元平均值

实验室	单元平均值 %	h 统计量
1	26.425	1.475
2	13.750	−1.043
3	21.000	0.397
4	17.075	−0.382
5	13.425	−1.108
6	21.225	0.442
7	23.675	0.929
8	14.475	−0.899
9	18.250	−0.149
10	26.275	1.445
11	13.425	−1.108

表 17　例 2:根据表 13 中所有 8 个水平数据计算的平均值、极差平方和及标准差（剔除了有缺失数据的单元）

水平 j	实验室数 p'	总平均值 y_j %	极差平方和		标准差			
			SS_{rj} %^{2}	SS_{Hj} %^{2}	s_{yj} %	s_{rj} %	s_{Rj} %	s_{Hj} %
3	11	3.7	82.99	96.372 5	2.62	1.37	2.56	1.85
5	11	4.0	34.70	11.255 0	1.88	0.89	2.01	0.34
8	10	4.1	155.39	29.422 5	3.49	1.97	3.92	0.00
2	10	5.0	83.51	25.237 5	1.95	1.44	2.29	0.47
4	11	8.2	131.07	23.577 5	3.10	1.73	3.47	0.00
6	11	19.0	381.66	160.530 0	5.03	2.95	5.51	1.72
7	11	36.5	636.19	305.477 5	7.28	3.80	7.78	2.58
1	10	67.4	529.71	92.922 5	6.23	3.84	7.05	0.00

表 18　例 2:柯克伦和格拉布斯统计量

水平 j	实验室数 p'	测试结果间极差的柯克伦统计量	样本间极差的柯克伦统计量
3	11	0.203	0.664* (1)
5	11	0.461** (6)	0.374
8	10	0.298	0.465
2	10	0.232	0.238
4	11	0.169	0.550
8	11	0.172	0.301
7	11	0.157	0.536
1	10	0.237	0.680* (6)

单元平均值的格拉布斯统计量

水平 j	实验室数 p'	一个最小值	两个最小值	两个最大值	一个最大值
3	11	0.970	0.791	0.098** (1;6)	2.219
5	11	1.396	0.709	0.302	2.266
8	10	0.849	—	—	2.643** (6)
2	10	1.259	0.614	0.466	1.713
4	11	1.290	0.681	0.294	2.082
6	11	1.108	0.700	0.479	1.475
7	11	1.649	0.562	0.453	1.875
1	10	1.808	0.345	0.590	1.476

表 18(续)

注：括号内的数是指产生了歧离值或离群值的实验室号，其临界值如下：

统计检验	适用于	实验室数 p'	相应于 GB/T 6379.2 中表的行数值 p	歧离值 (*)	离群值 (**)
柯克伦检验	测试结果间极差	10	20	0.389	0.480
		11	22	0.365	0.450
柯克伦检验	样本间极差	10	10	0.602	0.718
		11	11	0.570	0.684
对一个离群值的格拉布斯检验	单元平均值	10	10	2.290	2.482
		11	11	2.355	2.564
对两个离群值的格拉布斯检验	单元平均值	10	10	0.186 4	0.115 0
		11	11	0.221 3	0.144 8

5.9 非均匀物料设计计算的一般公式

在每个水平 j 上计算以下统计量：

a) 总平均值(对 i,t 和 k 求和)：

$$m_j = \sum\sum\sum y_{ijtk}/n_j \quad \cdots\cdots(39)$$

其中 n_j 是求和中的测试结果数。

b) 对每个 i,实验室效应(对 t 和 k 求和)：

$$B_{ij} = \sum\sum(y_{ijtk} - m_j)/n_{ij}$$
$$= \text{实验室平均值} - \text{总平均值} \quad \cdots\cdots(40)$$

其中 n_{ij} 是求和中的测试结果数。

c) 对 i 和 t,样本效应(对 k 求和)：

$$H_{ijt} = \sum(y_{ijtk} - m_j - B_{ij})/n_{ijt}$$
$$= \text{样本平均值} - \text{实验室平均值} \quad \cdots\cdots(41)$$

其中 n_{ijt} 是求和中的测试结果数。

d) 对每一 i,t 和 k,残差：

$$z_{ijtk} = y_{ijtk} - m_j - B_{ij} - H_{ijt}$$
$$= \text{测试结果} - \text{样本平均值} \quad \cdots\cdots(42)$$

e) 实验室平方和(对 i 求和)：

$$SS_{Lj} = \sum n_{ij}B_{ij}^2 \quad \cdots\cdots(43)$$

f) 样本平方和(对 i 和 t 求和)：

$$SS_{Hj} = \sum\sum n_{ijt}B_{ijt}^2 \quad \cdots\cdots(44)$$

g) 重复性平方和(对 i,t 和 k 求和)：

$$SS_{rj} = \sum\sum\sum z_{ijtk}^2 \quad \cdots\cdots(45)$$

h) 自由度：

$$\nu_{Lj} = p'_j - 1 \qquad \nu_{Hj} = g_j - p'_j \qquad \nu_{rj} = n_j - g_j \quad \cdots\cdots(46)$$

其中：

p'_j 是至少报告一个测试结果的实验室数；

g_j 是至少有一个测试结果被报告的样本数；

n_j 是测试结果总数。

i) 对每个 i,系数(对 t 求和):

$$n_{ij}=\sum n_{ijt} \quad \cdots\cdots (47)$$

$$K_{ij}=\sum n_{ijt}^2 \quad \cdots\cdots (48)$$

j) 系数(对 i 求和):

$$K_j=\sum n_{ij}^2 \quad \cdots\cdots (49)$$

$$K'_j=\sum K_{ij} \quad \cdots\cdots (50)$$

$$K''_j=\sum K_{ij}/n_{ij} \quad \cdots\cdots (51)$$

k) 重复性标准差 s_{rj},样本间标准差 s_{Hj},实验室间标准差 s_{Lj} 和再现性标准差 s_{Rj}:

$$s_{rj}^2=SS_{rj}/\nu_{rj} \quad \cdots\cdots (52)$$

$$s_{Hj}^2=[SS_{Hj}-\nu_{Hj}\times s_{rj}^2]/(n_j-K''_j) \quad \cdots\cdots (53)$$

$$s_{Lj}^2=[SS_{Lj}-(K''_j-K'_j/n_j)\times s_{Hj}^2-\nu_{Lj}\times s_{rj}^2]/(n_j-K_j/n_j) \quad \cdots\cdots (54)$$

$$s_{Rj}^2=s_{rj}^2+s_{Lj}^2 \quad \cdots\cdots (55)$$

注:上述公式根据 Scheffe[4] 建立的统计理论推导而得的。

5.10 例 3:一般公式的应用

5.10.1 例 2 中水平 4 的数据为一般公式的应用提供了一个例子,某些测试结果被省略了(见表 19)。用 5.9 的公式计算的总平均值列于表 19,平方和、自由度及各系数则分别列于表 20,表 21 和表 22 中。

5.10.2 应用 5.9 中第 k)步的式(52)至式(55),得:

$$s_{rj}^2=SS_{rj}/\nu_{rj}$$
$$=36.895\,0/16$$

因此

$$s_{rj}=1.52(\%)$$

同时得到

$$s_{Hj}^2=[SS_{Hj}-\nu_{Hj}\times s_{rj}^2]/(n_j-K''_j)$$
$$=[29.907\,5-9\times 1.518\,5^2]/(36-19.667)$$

因此

$$s_{Hj}=0.75(\%)$$

又

$$s_{Lj}^2=[SS_{Lj}-(K''_j-K'_j/n_j)\times s_{Hj}^2-\nu_{Lj}\times s_{rj}^2]/(n_j-K_j/n_j)$$
$$=[378.853\,1-(19.666\,7-68/36)\times 0.748\,7^2-10\times 1.518\,5^2]/(36-130/36)$$

因此

$$s_{Lj}=3.27(\%)$$

$$s_{Rj}=\sqrt{1.52^2+3.27^2}=3.61(\%)$$

表 19 例 3:硫酸镁坚固性试验水平 4 的测试结果

实验室 i	样本 t	测试结果 $k=1$ %	测试结果 $k=2$ %
1	1	—	10.1
	2	13.9	13.8
2	1	—	—
	2	8.3	4.8

表 19(续)

实验室 i	样本 t	测试结果 $k=1$ %	测试结果 $k=2$ %
3	1	—	7.0
	2	—	12.0
4	1	9.4	—
	2	—	—
5	1	3.7	6.3
	2	3.3	3.7
6	1	16.5	12.3
	2	13.2	16.8
7	1	7.5	9.3
	2	11.1	8.3
8	1	5.7	6.8
	2	4.8	5.5
9	1	6.6	7.0
	2	4.9	6.3
10	1	5.5	5.8
	2	3.9	5.7
11	1	9.5	7.2
	2	8.1	7.4

总平均值：$m_j=8.111\,1$

测试结果数：$n_j=36$

表 20　例 3:实验室平方和的计算

实验室	实验室平均值 %	测试结果数 n_{ij}	实验室效应 B_{ij} %	系数 K_{ij}
1	12.600	3	4.488 9	5
2	6.550	2	−1.561 1	4
3	9.500	2	1.388 9	2
4	9.400	1	1.288 9	1
5	4.250	4	−3.861 1	8
6	14.700	4	6.588 9	8
7	9.050	4	0.938 9	8
8	5.700	4	−2.411 1	8
9	6.200	4	−1.911 1	8
10	5.225	4	−2.886 1	8
11	8.050	4	−0.061 1	8

实验室平方和：$SS_{Lj}=378.853\,1\%^2$

实验室自由度：$\nu_{Lj}=11-1=10$

系数：$K_j=130$　$K'_j=68$　$K''_j=19.666\,7$

表 21 例 3:样本平方和的计算

实验室 i	样本 t	样本平均值 %	测试结果数 n_{ijt}	样本效应 H_{ijt} %
1	1 2	10.10 13.85	1 2	−2.500 1.250
2	1 2	— 6.55	0 2	— 0.000
3	1 2	7.00 12.00	1 1	−2.500 2.500
4	1 2	9.40 —	1 0	0.000 —
5	1 2	5.00 3.50	2 2	0.750 −0.750
6	1 2	14.40 15.00	2 2	−0.300 0.300
7	1 2	8.40 9.70	2 2	−0.650 0.650
8	1 2	6.25 5.15	2 2	0.550 −0.550
9	1 2	6.80 5.60	2 2	0.600 −0.600
10	1 2	5.65 4.80	2 2	0.425 −0.425
11	1 2	8.35 7.75	2 2	0.300 −0.300
样本平方和:$SS_{Hj}=29.907\ 5\%^2$ 样本自由度:$\nu_{Hj}=20-11=9$				

表 22 例 3:重复性平方和的计算

实验室 i	样本 t	测试结果 $k=1$ %	测试结果 $k=2$ %
1	1 2	— 0.05	0.00 −0.05
2	1 2	— 1.75	— −1.75
3	1 2	— —	0.00 0.00
4	1 2	0.00 —	— —
5	1 2	−1.30 −0.20	1.30 0.20

表 22(续)

实验室 i	样本 t	测试结果 $k=1$ %	测试结果 $k=2$ %
6	1	2.10	−2.10
	2	−1.80	1.80
7	1	−0.90	0.90
	2	1.40	−1.40
8	1	−0.55	0.55
	2	−0.35	0.35
9	1	−0.20	0.20
	2	−0.70	0.70
10	1	−0.15	0.15
	2	−0.90	0.90
11	1	1.15	−1.15
	2	0.35	−0.35
重复性平方和：$SS_{rj}=36.895$ 重复性自由度：$\nu_{rj}=36-20=16$			

6 数据分析的稳健方法

6.1 数据分析稳健方法的应用

6.1.1 在 GB/T 6379.2—2004 中，建议对精密度试验得到的数据进行两种离群值的检验(柯克伦检验和格拉布斯检验)。如果两种检验中的一个或两个统计量超过 1% 显著水平的临界值时，则应剔除相应的数据(除非统计专家有充分的理由认为应将其保留)。在实际应用中，这样做通常并不容易。考虑 4.8 例 1 中的离群值检验的结果，这些结果在表 8 中给出。根据格拉布斯检验，实验室 5(在水平 10)仅仅有一个单元平均值由于非常极端应被判为离群值，但在其他水平还有 3 个歧离值，并且图 3 也明显表明该实验室异常。在此情形，统计专家必须要在下列三种可能决定中进行取舍：

a) 保留实验室 5 的所有数据；

b) 剔除实验室 5 水平 10 的数据；

c) 剔除实验室 5 的所有数据。

统计专家的决定将会对重复性和再现性标准差值的计算产生重大影响。常会遇到某些精密度试验数据处于歧离值和离群值之间边缘附近的数据，而对此做出的判断(剔除或保留)，对最后的计算结果有很大影响。这样往往不会令人满意。本章介绍的稳健方法允许对数据不需要作出取舍的判定从而不会影响计算结果的情况下，来对数据进行分析。因此若有理由认为精密度试验结果可能包含有离群值，则最好使用稳健方法。

6.1.2 GB/T 6379.2—2004 第 5 章中讨论的基本模型，假定应用同一种测量方法的所有实验室均可确定一个相同的重复性标准差的数值。实际上，通常的情形是某些实验室的重复性会比其他实验室差些，例如 5.8 中例 2 的图 5 所示。在这个试验中，实验室 6 显然比实验室 9 的重复性要差的多。因此在本例中，所有实验室具有相似重复性的假定显然不成立。当某些参与精密度试验的实验室第一次使用这种测量方法，或对此还缺少经验时，它的重复性就会较差，此时特别适宜采用稳健方法。

6.1.3 使用稳健方法[5]的目的，是在对精密度试验的数据进行分析时，所计算的重复性与再现性标准差的值不受离群数据的影响。如果将参与试验的实验室分为两类：一类数据质量高，另一类数据质量低,则稳健方法所得的重复性标准差与再现性标准差的值应对高质量数据的那些实验室是有效的,而又不受那些低质量数据实验室的影响(只要低质量数据实验室不是很多)。

6.1.4 数据分析稳健方法的使用,不影响精密度试验的计划、组织与执行。应由统计专家决定是采用稳健方法还是采用剔除离群值的方法,然后向领导小组报告。在使用稳健方法时,仍应将GB/T 6379.2或GB/T 6379.5中描述的离群值检验和一致性检查用于这些数据,且对出现的任何离群值的原因及 h 和 k 统计量的表示模式进行检查。不过不管检验和检查的结果如何,数据都不予以剔除。

6.1.5 h 和 k 统计量的分母是用所报告的数据按GB/T 6379.2—2004描述的计算方法得出的标准差。若数据中含有离群值,则这些离群值会使分母变大,从而扭曲了相应的统计量的图形。例如,如果在试验的某个水平上,试验室的一个单元平均值是离群值,且比同水平的任何其他离群值大很多,则在那个水平的 h 统计量图中将会显示相应的 h 值异常的大,以至于即使其他实验室也有离群值,但相应的 h 统计量都将很小。对总平均值计算 h 统计量时也可会发生类似情况。若在 h 和 k 统计量中以标准差的稳健估计为分母,计算 h 统计量时也用总平均值的稳健估计,就不会发生这种扭曲。这就是推荐使用稳健方法的目的。

6.1.6 用精密度试验数据可计算以下两类统计量:

a) 单元平均值,由此计算用于度量实验室间变异的标准差;

b) 单元内标准差或极差(或在分割水平时的差值),联合起来用于度量实验室内的变异。

这里介绍的稳健方法并不取代上述单元平均值、标准差、极差或差值,而是将这些量组合起来,提供另一种用以计算重复性与再现性标准差的统计量。

例如,对GB/T 6379.2—2004中的均匀水平设计中的某个水平的数据,分析的第一步是计算每个单元测试结果的平均值和标准差。然后用单元平均值计算用以度量实验室间变异的标准差。按本章的稳健方法,用"算法A"计算该标准差,且在计算过程中那些应用格拉布斯检验被判为离群值的单元平均值并不被剔除。在这个设计中,联合各单元标准差来估计重复性标准差。而按稳健分析,用"算法S"计算该估计值,且对那些应用柯克伦检验被判为离群值的单元标准差也不被剔除。两种方法的任何一种(GB/T 6379.2—2004或这里所描述的方法),都可以按相同的方式计算重复性和再现性标准差的估计值。

一个更复杂的例子是GB/T 6379.3附录C中给出的六因素错层套设计。根据这个设计,分析的第一步是计算每个实验室(在每个水平)数据的平均值 $y_{i(1)},\cdots,y_{i(5)}$ 以及一系列极差 $w_{i(1)},\cdots,w_{i(5)}$,这些极差包含由试验中所检查的各因素引起的变异的信息。应用稳健方法对数据进行分析,将"算法A"用于单元平均值,将"算法S"依次用于每组极差。利用这些计算所得到的统计量,按GB/T 6379.3描述的相同的分析方法即可获得重复性、中间精密度及再现性标准差的估计值。

6.1.7 之所以选择包含在GB/T 6379本部分的稳健方法,是因为它们可以用于GB/T 6379的第2、3、4和5部分给出的所有试验设计,也因为它们的计算相对简单。然而应注意到这些稳健方法提供的是一种从单元算术平均值和单元标准差出发,以稳健方式将它们相结合,而不是以稳健方式将单个测试结果结合。有一些稳健方法是以某种稳健方式将把单元内的测试结果相结合,这些方法在实际应用中较为复杂。

6.2 稳健分析:算法A

6.2.1 对于所使用的数据,本算法可以求得其平均值与标准差的稳健值,它可应用于:

a) 任何设计的单元平均值;

b) 分割水平设计的单元差值。

6.2.2 记 $x_{(1)},x_{(2)},\cdots,x_{(i)},\cdots,x_{(p)}$ 为按递增顺序排列的 p 个数据,以 x^* 和 s^* 表示这些数据的稳健平均值和稳健标准差。

6.2.3 计算 x^* 和 s^* 的初始值如下(med表示中位数):

$$x^* = \operatorname{med} x_{(i)} \qquad (i=1,2,\cdots,p) \qquad \cdots\cdots(56)$$

$$s^* = 1.483 \times \text{med} \mid x_{(i)} - x^* \mid (i = 1,2,\cdots,p) \quad \cdots\cdots(57)$$

6.2.4 更新 x^* 和 s^* 的值如下：令

$$\varphi = 1.5s^* \quad \cdots\cdots(58)$$

对每个 $x_{(i)}(i=1,2,\cdots,p)$，计算

$$x_{(i)}^* = \begin{cases} x^* - \varphi, x_{(i)} < x^* - \varphi \\ x^* + \varphi, x_{(i)} > x^* + \varphi \\ x_{(i)}, \text{其他} \end{cases} \quad \cdots\cdots(59)$$

计算新的 x^* 和 s^* 值：

$$x^* = \sum_{i=1}^{p} x_{(i)}^* / p \quad \cdots\cdots(60)$$

$$s^* = 1.134 \sqrt{\sum_{i=1}^{p} (x_{(i)}^* - x^*)^2 / (p-1)} \quad \cdots\cdots(61)$$

6.2.5 通过迭代计算，即重复 6.2.4 中的计算若干次，直到所得 x^* 和 s^* 新的估计值的变化很小为止。在计算机编程计算中，这极为简单。

6.2.6 一种可手算不需要迭代，从而更易于应用的方法，是将 6.2.4 中的式(60)和式(61)改写为：

$$x^* = x' + 1.5 \times (u_U - u_L) s^* / (p - u_L - u_U) \quad \cdots\cdots(62)$$

$$(s^*)^2 = (p - u_L - u_U - 1) \times (s')^2 / [(p-1)/1.134^2 - 1.5^2 (pu_L + pu_U - 4u_L u_U)/(p - u_L - u_U)] \quad \cdots\cdots(63)$$

其中：

u_L 是满足 $x_{(i)} < x^* - \phi$ 的数据 $x_{(i)}$ 个数；

u_U 是满足 $x_{(i)} > x^* + \phi$ 的数据个数；

x' 和 s' 是满足 $|x_{(i)} - x^*| \leqslant \phi$ 的 $(p - u_L - u_U)$ 个数据 $x_{(i)}$ 的平均值和标准差。

若 u_L 和 u_U 已知，即可直接用来计算 x^* 和 s^*。一种方法是按一定顺序试算各种可能(如按 $u_L=0$，$u_U=0$；$u_L=0$，$u_U=1$；$u_L=1$，$u_U=0$；$u_L=1$，$u_U=1$ 等顺序试算)，直到求得一个有效解。所谓有效解是距 x^* 超过 $1.5s^*$ 的实际数据个数正好等于用于计算 x^* 和 s^* 的 u_L 和 u_U。实际上，分析者可利用图 4 那样的条形图帮助识别那些距 x^* 可能超过 $1.5s^*$ 的数据，以便通过少量的试算求得有效解。

另一个可能方法是用迭代法来求出一个近似解，然后解式(62)和式(63)得到精确解。下面的例子所用的就是这种方法。

6.3 稳健分析：算法 S

6.3.1 本算法用于任何设计的实验室内标准差(或实验室内极差)，用该算法可得到标准差或极差的一个稳健的联合值。

6.3.2 记 $w_{(1)}, w_{(2)}, \cdots, w_{(i)}, \cdots, w_{(p)}$ 为按递增顺序排列的 p 个数据(极差或标准差数据)，以 w^* 表示稳健联合值，ν 表示与每个 $w_{(i)}$ 相关的自由度(当 $w_{(i)}$ 是极差时，$\nu=1$；当 $w_{(i)}$ 是 n 个结果的标准差时，$\nu=n-1$)。

从表 23 查得本算法所需的 ξ 和 η 的值。

6.3.3 计算 w^* 的初始值如下(med 表示中位数)：

$$w^* = \text{med}\, w_{(i)} (i = 1,2,\cdots,p) \quad \cdots\cdots(64)$$

6.3.4 更新 w^* 的值如下：令

$$\Psi = \eta \times w^* \quad \cdots\cdots(65)$$

对每个 $w_{(i)}(i=1,2,\cdots,p)$，计算

$$w_{(i)}^* = \begin{cases} \Psi, w_{(i)} > \Psi \\ w_{(i)}, \text{其他} \end{cases} \quad \cdots\cdots(66)$$

计算新的 w^* 值：

$$w^* = \xi\sqrt{\sum_{i=1}^{p}(w_{(i)}^*)^2/p} \qquad (67)$$

6.3.5 通过6.3.4的迭代计算即可得到稳健估计值 w^*，即重复6.2.4中的计算数次，直到 w^* 两次估计值的变化很小为止。这在计算机上通过简单的编程即可实现。

6.3.6 与6.2.6类似，一种不需要迭代可手算的，从而也是更易应用的方法，是将6.3.4中的(67)式改写为：

$$(w^*)^2 = [\xi^2/p]\times[\sum{}'(w_{(i)}^*)^2 + u_U\times(\eta w^*)^2] \qquad (68)$$

其中：

$\sum{}'$表示对满足 $w_{(i)}\leqslant\Psi$ 的 $w_{(i)}$ 求和；

u_U 是满足 $w_{(i)}>\Psi$ 的 $w_{(i)}$ 的个数。

这可以通过依次对 $u_U=0, u_U=1, u_U=2$，等等进行试算，直到得到一个有效解。有效解是超过 $\eta\times w^*$ 的 $w_{(i)}$ 的实际个数恰为 u_U。实际上分析者可利用图4那样的条形图帮助识别那些可能超过 $\eta\times w^*$ 的极差，以便通过少量的试算求得有效解。

下面例子中所用的方法是先用迭代法求出一个近似解，然后解式(68)求得精确解。

表23 算法S：稳健分析所需的系数

自由度 ν	限系数 η	修正系数 ξ
1	1.645	1.097
2	1.517	1.054
3	1.444	1.039
4	1.395	1.032
5	1.359	1.027
6	1.332	1.024
7	1.310	1.021
8	1.292	1.019
9	1.277	1.018
10	1.264	1.017
注——ξ 和 η 数值的推导见附录B。		

6.4 公式：均匀水平设计特定水平的稳健分析

6.4.1 在均匀水平设计中，对某特定水平，将算法S应用于单元极差或单元标准差，计算该水平的重复性标准差的估计值 s_r，进而根据6.3.4中的(67)式求得稳健值 w^*。如将算法S用于单元标准差，则

$$s_r = w^* \qquad (69)$$

如果每个单元有两个测试结果，且将算法S用于单元极差，则

$$s_r = w^*/\sqrt{2} \qquad (70)$$

6.4.2 某一水平单元平均值的标准差的稳健估计值 s_d 可按以下方法得到：将算法A应用于单元平均值，根据6.2.4中的式(61)求得稳健值 s^*，

$$s_d = s^* \qquad (71)$$

6.4.3 接下来可用下式确定试验室间标准差 s_L：

$$s_L = \sqrt{(s_d^2 - s_r^2)/n} \qquad (72)$$

其中 n 是每个单元的测试结果数。

若根号内的表达式为负值，则置

$$s_L = 0 \tag{73}$$

该水平的再现性标准差计算如下：

$$s_R = \sqrt{s_L^2 + s_r^2} \tag{74}$$

6.5 例4：均匀水平设计特定水平的稳健分析

6.5.1 GB/T 6379.2—2004 的例3是一个数据包含歧离值和离群值的例子。该例的水平5令人关注，因为根据格拉布斯检验，试验室1的一个单元平均值很接近歧离值；而根据科克伦检验，实验室6的一个单元极差也很接近歧离值。表24重列了有关数据。

6.5.2 若保留所有试验室的数据，用 GB/T 6379.2—2004 中7.4的有关公式，可计算重复性和再现性标准差的估计：

$$p = 9$$
$$m = 20.511$$
$$s_r = 0.585$$
$$s_d = 1.727$$
$$s_L = 1.677$$
$$s_R = 1.776$$

6.5.3 然而，根据 GB/T 6379.2—2004，数据分析员基于从试验中其他水平获得的信息以及对实验室6受试样本的怀疑，认为在计算中应剔除实验室1与实验室6的数据，由此得到：

$$p = 7$$
$$m = 20.412$$
$$s_r = 0.393$$
$$s_d = 0.573$$
$$s_L = 0.51$$
$$s_R = 0.637$$

显然，剔除两个实验室数据的决定对于重复性和再现性标准差的估计有本质的影响。

6.5.4 分析的第一步是获得重复性标准差的一个稳健估计。计算可以方便的用表25表示，其中单元极差按递增顺序排列。用算法S的迭代法，所得的结果列于表25。本例中的单元极差的自由度 $\nu=1$，所以 $\xi=1.097$，$\eta=1.645$。从表中所示的4次迭代，得 $w^*=0.7$，且只有一个单元极差（$w_9^*=1.98$）超过 Ψ。若在计算机上进行计算，迭代过程应继续到连续得到的两个 w^* 的值相差很小为止。

也可以直接按以下过程求解，在6.3.6中的式(68)中，将

$$u_U = 1$$

$$\sum_{I=1}^{P} (w_{(i)}^*)^2 / p = 0.2495$$

代入6.3.6中的(68)式，得到

$$(w^*)^2 = 1.097^2 \times 0.2495 + (1.097 \times 1.645 w^*)^2 / 9$$

（若假定 $u_U=1$ 是正确的），则解为：

$$w^* = 0.69(\%)$$

由 $w^*=0.69$ 可以给出 $\Psi=1.645\times0.69=1.14$，所以只有 w_9^* 超过了 Ψ；下一步用1.14代替 $w_{(9)}^*$，再次得到 $w^*=0.63\times1.907=0.69$，从而验证了解的有效性。

因此重复性标准差的估计值为：

$$s_r = 0.69/\sqrt{2} = 0.49(\%)$$

其值介于6.5.2和6.5.3中给出的两个估计值之间。

6.5.5 分析的下一步是确定单元平均值标准差的稳健估计值。将算法 A 应用于单元平均值，得到表 26 的结果，其中单元平均值按递增顺序排列。从表中所示的 4 次迭代，稳健值是 $x^*=20.412$，$s^*=1.1$。只有两个极端单元平均值（$x^*_{(1)}=17.570$ 和 $x^*_{(9)}=24.140$）距 x^* 超过 ϕ。若在计算机上进行计算，迭代过程应继续到连续得到的两组 x^* 和 s^* 的值相差很小为止。

如果进行手算，数据分析者应按 6.2.6 中描述的直接方法，先试用：

$$u_L = u_U = 1$$

得到

$$x' = 20.412\%$$
$$s' = 0.573\%$$

因此，从 6.2.6 的式(62)和式(63)有：

$$(s^*)^2 = 6\times(0.573)^2/(8/1.134\,2^2 - 1.5^2(9+9-4)/7)$$

由此

$$s^* = 1.070(\%)$$
$$x^* = x' = 20.412(\%)$$

由 s^* 的值，得出 $\phi=1.605$（故如同所假定的，只有 $x^*_{(1)}$ 和 $x^*_{(9)}$ 距 x^* 超过了 ϕ）。用 18.807 代替 $x^*_{(1)}$，22.017 代替 $x^*_{(9)}$，再次得到 $s^*=0.944\times1.134=1.070$，从而验证了解的有效性。

因此根据 6.4.3 的式(72)，实验室间标准差的估计值是：

$$s_L = \sqrt{1.070^2-(0.49^2/2)} = 1.012(\%)$$

而根据 6.4.3 的式(74)，再现性标准差的估计值是：

$$s_R = \sqrt{1.012^2+0.49^2} = 1.124(\%)$$

此值也介于 6.5.2 和 6.5.3 中给出的估计值之间。

表 24 例 4：木馏油含量的热滴定(%)

实验室 i	数据 %		单元平均值 %	单元极差 %
1	24.28	24.00	24.140	0.28
2	20.40	19.91	20.155	0.49
3	19.30	19.70	19.500	0.40
4	20.30	20.30	20.300	0.00
5	20.53	20.88	20.705	0.35
6	18.56	16.58	17.570	1.98
7	19.70	20.50	20.100	0.80
8	21.10	20.78	20.940	0.32
9	20.71	21.66	21.185	0.95

表 25 例 4：用算法 S 计算单元极差（木馏油，%）
($\nu=1$；$\xi=1.097$；$\eta=1.645$)

迭代	0[1)]	1	2	3	4
Ψ	—	0.66	0.86	1.00	1.09
w_1^*	0.00	0.00	0.00	0.00	0.00
w_2^*	0.28	0.28	0.28	0.28	0.28

表 25(续)

迭代	0[1]	1	2	3	4
w_3^*	0.32	0.32	0.32	0.32	0.32
w_4^*	0.35	0.35	0.35	0.35	0.35
w_5^*	0.40	0.40	0.40	0.40	0.40
w_6^*	0.49	0.49	0.49	0.49	0.49
w_7^*	0.80	0.66	0.80	0.80	0.80
w_8^*	0.95	0.66	0.86	0.95	0.95
w_9^*	1.98	0.66	0.86	1.00	1.09
联合 w	0.83	0.47	0.56	0.60	0.62
新 w^*	0.40[2]	0.52	0.61	0.66	0.68

1) 迭代 0 系列将表 24 数据按递增顺序重新排列。

2) 0.40 是极差的中位数(见 6.3.3 式(64))。

表 26 例 4:用算法 A 计算单元平均值(木馏油,%)

迭代	0[1]	1	2	3	4
φ	—	1.424	1.478	1.514	1.539
$x^*-\varphi$	—	18.876	18.909	18.893	18.872
$x^*+\varphi$	—	21.724	21.865	21.921	21.950
x_1^*	17.570	18.876	18.909	18.893	18.872
x_2^*	19.500	19.500	19.500	19.500	19.500
x_3^*	20.100	20.100	20.100	20.100	20.100
x_4^*	20.155	20.155	20.155	20.155	20.155
x_5^*	20.300	20.300	20.300	20.300	20.300
x_6^*	20.705	20.705	20.705	20.705	20.705
x_7^*	20.940	20.940	20.940	20.940	20.940
x_8^*	21.185	21.185	21.185	21.185	21.185
x_9^*	24.140	21.724	21.865	21.921	21.950
平均值	20.511	20.387	20.407	20.411	20.412
标准差	1.727	0.869	0.890	0.905	0.916
新 x^*	20.300[2]	20.387	20.407	20.411	20.412
新 s^*	0.949[2]	0.985	1.009	1.026	1.039

1) 迭代 0 系列将表 24 数据按递增顺序重新排列。

2) 是根据 6.2.3 式(56)和式(57)得到。

6.6 公式:分割水平设计特定水平的稳健分析

6.6.1 分割水平设计的某一水平重复性标准差 s_r 的稳健估计值可以通过将算法 A 用于该水平的单元差值,按式(61)求得稳健值 s^*,然后利用下式计算 s_r:

$$s_r = s^* / \sqrt{2} \qquad \cdots\cdots(75)$$

6.6.2　对某一特定水平，单元平均值标准差 s_y 的稳健估计值也可通过将算法 A 用于该水平的单元平均值，按式(61)求得稳健值 s^*，然后利用下式计算 s_y：

$$s_y = s^* \quad \cdots\cdots(76)$$

4.5.6 中给出的公式可用于计算该水平再现性标准差的估计值。

6.7　例 5：分割水平设计特定水平的稳健分析

6.7.1　4.8 中例 1 的数据包含若干歧离值和一个离群值(见表 8)。图 3 也表明实验室 5 的结果有一致的负偏倚。如果数据分析者不能找到造成这些异常的原因，他就会很为难：如果有数据需要剔除的话，必须决定在计算重复性和再现性标准差时应该剔除哪些数据。下面用水平 14 的数据(参见表 4)说明根据稳健分析所得到的结果。

6.7.2　为得到重复性标准差的稳健估计值，将算法 A 应用于单元差值(表 5)，结果列于表 27 中，其中单元差值按递增顺序排列。经表中所示的 4 次迭代，稳健值 $x^* = 8.29$，$s^* = 0.36$，只有 $x^*_{(9)}$ 距 x^* 超过 φ。

令 $u_L = 0$，$u_U = 1$，应用 6.2.6 中所描述的方法，得：

$$x' = 8.219, s' = 0.257$$

故 6.2.6 中式(62)和式(63)可写为：

$$x^* = 8.219 + 1.5 \times s^*/8$$

$$(s^*)^2 = 7 \times (0.257)^2/[8/1.134^2 - 1.5^2(0+9-0)/8]$$

由此得到

$$s^* = 0.354$$

按 6.6.1 中的式(75)，有：

$$s_r = 0.354/\sqrt{2} = 0.250$$

于是单元差值稳健平均值估计为：

$$x^* = 8.219 + 1.5 \times 0.354/8 = 8.285$$

用这些 x^* 和 s^* 值，

$$\varphi = 1.5 \times 0.354 = 0.531$$

故

$$x^* - \varphi = 7.754(\%), x^* + \varphi = 8.816$$

在计算 x^* 和 s^* 时，我们假定了只有 x^*_9 超出上述界限。可证实情况的确如此，因此得到的是有效解。

6.7.3　将算法 A 用于单元平均值(根据表 6)给出表 28 所示的结果，其中单元平均值按递增顺序排列。此处的情况类似于表 26 遇到的情况，其中 $x^*_{(1)}$ 和 $x^*_{(9)}$ 距 x^* 超过 φ，x^* 收敛于 $x^*_{(2)}, \cdots, x^*_{(8)}$ 的平均值 85.486。仍使用 6.2.6 中的方法，取 $u_L = u_U = 1$，则 $x^*_{(2)}, \cdots, x^*_{(8)}$ 的平均值和标准差为：

$$x' = 85.486, s' = 0.209$$

因此根据 6.2.6 中的式(63)，

$$(s^*)^2 = 6 \times (0.209)^2/[8/1.134^2 - 1.5^2(9+9-4)/7]$$

因而得：

$$s^* = 0.390$$

按 6.2.6 中的式(62)，得：

$$x^* = 85.486$$

为检查解的有效性，计算得

$$\varphi = 1.5 \times 0.390 = 0.585$$

故

$$x^* - \varphi = 84.901(\%), x^* + \varphi = 86.071$$

如同假定的那样，将看到只有 $x^*_{(1)}$ 和 $x^*_{(9)}$ 落在了上述界限之外。

为求再现性标准差，用 6.6.2 中的式(76)，得到：

$$s_y = 0.309$$

然后由 4.5.6 中的式(13)，可得：

$$s_R = 0.410$$

因此，本例中稳健方法给出了估计值 s_r 和 s_R，比使用全部报告数据计算出的值(见表 7)要稍小一些。

表 27　例 5：用算法 A 计算单元差值(蛋白质，%)

迭代	0	1	2	3	4
φ	—	0.53	0.56	0.55	0.54
$x^*-\varphi$	—	7.85	7.74	7.74	7.75
$x^*+\varphi$	—	8.91	8.86	8.84	8.83
x_1^*	7.81	7.85	7.81	7.81	7.81
x_2^*	7.93	7.93	7.93	7.93	7.93
x_3^*	8.13	8.13	8.13	8.13	8.13
x_4^*	8.14	8.14	8.14	8.14	8.14
x_5^*	8.38	8.38	8.38	8.38	8.38
x_6^*	8.40	8.40	8.40	8.40	8.40
x_7^*	8.44	8.44	8.44	8.44	8.44
x_8^*	8.52	8.52	8.52	8.52	8.52
x_9^*	9.31	8.91	8.86	8.84	8.83
平均值	8.340	8.300	8.290	8.288	8.287
标准差	0.436	0.326	0.322	0.317	0.315
新 x^*	8.380[1)]	8.300	8.290	8.288	8.287
新 s^*	0.356[1)]	0.370	0.365	0.359	0.357

1)　根据 6.2.3 式(56)和式(57)得到。

表 28　例 5：用算法 A 计算单元平均值(蛋白质，%)

迭代	0	1	2	3	4
φ	—	0.446	0.492	0.519	0.537
$x^*-\varphi$	—	85.104	85.009	84.971	84.950
$x^*+\varphi$	—	85.996	85.993	86.009	86.024
x_1^*	84.525	85.104	85.009	84.971	84.950
x_2^*	85.140	85.140	85.140	85.140	85.140
x_3^*	85.345	85.345	85.345	85.345	85.345
x_4^*	85.385	85.385	85.385	85.385	85.385
x_5^*	85.550	85.550	85.550	85.550	85.550
x_6^*	85.575	85.575	85.575	85.575	85.575
x_7^*	85.660	85.660	85.660	85.660	85.660

表 28(续)

迭代	0	1	2	3	4
x_8^*	85.750	85.750	85.750	85.750	85.750
x_9^*	86.170	85.996	85.993	86.009	86.024
平均值	85.456	85.501	85.490	85.487	85.487
标准差	0.453	0.289	0.305	0.316	0.324
新 x^* 新 s^*	85.550[1)] 0.297[1)]	85.501 0.328	85.490 0.346	85.487 0.358	85.487 0.367

1) 根据 6.2.3 式(56)和式(57)得到。

6.8 公式:非均匀物料试验特定水平的稳健分析

6.8.1 对非均匀物料设计,在通常情况下 p' 个实验室中的每个实验室在每一水平下都制备两个样本,对每个样本进行两次测试,为获得重复性和再现性标准差的稳健估计,需按以下程序 3 次使用算法 A 和 S:

a) 根据 6.3.4 将算法 S 应用于测试结果间极差,按式(67)得稳健值 w^*。再令

$$SS_r = 2p'(w^*)^2 \quad \cdots\cdots(77)$$

b) 将算法 S 应用于样本间极差,按式(67)得另一稳健值 w^*。令

$$SS_H = p'(w^*)^2 \quad \cdots\cdots(78)$$

c) 根据 6.2.4 将算法 A 应用于单元平均值,按式(61),得稳健值 s^*。令

$$s_y = s^* \quad \cdots\cdots(79)$$

上述计算可以如下面的例子所示,方便的以表格形式表示,其中第一列的极差或平均值的以递增顺序排列。

6.8.2 5.5 中给出的公式可用于计算重复性和再现性标准差以及用以度量样本间变异的标准差 s_H 的估计值。

6.9 例 6:非均匀物料试验特定水平的稳健分析

6.9.1 5.8 中例 2 的水平 6 的数据不包括任何离群值或歧离值,所以此处用它们来说明用稳健方式所获得的结果。

6.9.2 将算法 S 应用于测试结果间极差(表 14),所得到的结果列于表 29。自由度 $\nu=1$,故 $\eta=1.645$,$\xi=1.097$。数据项数 $p=2p'=22$。根据表中所示的 4 次迭代,得稳健值 $w^*=4.5$,$w_{(19)}^*$ 至 $w_{(22)}^*$ 诸值都超过 Ψ。具体计算过程如下($\sum'$ 和 u_U 如 6.3 中所定义):

$$u_U = 4$$

$$\sum'(w^*)^2/p = 137.92/22 = 6.269\,1$$

因而 6.3.6 中的(68)式成为:

$$(w^*)^2 = 1.097^2 \times 6.269\,1 + 4(1.097 \times 1.645w^*)^2/22$$

从而得:

$$w^* = 4.30(\%)$$

根据 w^* 的值,$\Psi=7.1$,$w_{(19)}^*$ 至 $w_{(22)}^*$ 的 4 个值超过了 Ψ,所以验证实了 w^* 是一个有效解。

从 6.8.1 中式(77),得

$$SS_r = 22 \times 4.30^2 = 406.78$$

6.9.3 将算法 S 第二次应用于样本间极差(表 15),结果列于表 30。根据表中所示的 4 次迭代,稳健值 $w^*=4.0$,$w_{(10)}^*$ 和 $w_{(11)}^*$ 超过了 Ψ。利用 6.3 中所定义的 $\sum'$ 和 u_U,在下面情况下:

$$u_U = 2$$

$$\sum'(w_i^*)^2/p' = 66.665/11 = 6.060\,5$$

因而6.3.6中的式(68)成为：

$$(w^*)^2 = 1.097^2 \times 6.060\,5 + 2(1.097 \times 1.645w^*)^2/11$$

从而得：

$$w^* = 4.23$$

不幸的是，由于与此对应的$\Psi=1.645\times4.23=6.96$，但$w^*_{(10)}$和$w^*_{(11)}$没有超过该值，所以它不是一个有效解。这表明可能要按$u_U=1$或$u_U=0$求解。

先试$u_U=1$，得

$$\sum'(w_i^*)^2/p' = 112.227\,5/11 = 10.202\,5$$

此时式(68)为：

$$(w^*)^2 = 1.097^2 \times 10.202\,5 + (1.097 \times 1.645w^*)^2/11$$

$$w^* = 4.18$$

对应的$\Psi=1.645\times4.18=6.88$，因而这是一个有效解，因为只有$w^*_{(11)}$超过该值。

用6.8.1中的式(78)可得：

$$SS_H = 11 \times 4.18^2 = 192.20$$

6.9.4　将算法A应用于单元平均值(表16)，得到的结果列于表31。经过2次迭代，计算结果即收敛：$s^*=5.70$(没有任何$x^*_{(i)}$距x^*大于ϕ)。

用6.8.1中的式(79)，得到

$$s_y = 5.70$$

6.9.5　综合6.9.2、6.9.3和6.9.4中得到的结果及5.5.5中的式(29)至式(33)，有：

$$s_r^2 = 406.78/44$$

$$s_R^2 = 5.70^2 + (406.78 - 192.20)/44$$

$$s_H^2 = 192.20/22 - 406.78/88$$

所以

$$s_r = 3.04$$

$$s_R = 6.11$$

$$s_H = 2.03$$

在本例中，稳健方法给出的估计值s_r，s_R和s_H比使用全部报告数据计算的值(5.8.3表17中所给)稍大。

表29　例6：用算法S计算测试结果间极差(%)

($\nu=1$；$\xi=1.097$；$\eta=1.645$)

迭代	0	1	2	3	4
Ψ	—	3.9	5.1	5.9	6.4
w_1^*	0.1	0.1	0.1	0.1	0.1
w_2^*	0.6	0.6	0.6	0.6	0.6
w_3^*	1.1	1.1	1.1	1.1	1.1
w_4^*	1.1	1.1	1.1	1.1	1.1
w_5^*	1.2	1.2	1.2	1.2	1.2
w_6^*	1.3	1.3	1.3	1.3	1.3
w_7^*	1.4	1.4	1.4	1.4	1.4

表 29(续)

迭代	0	1	2	3	4
w_8^*	1.6	1.6	1.6	1.6	1.6
w_9^*	1.8	1.8	1.8	1.8	1.8
w_{10}^*	2.1	2.1	2.1	2.1	2.1
w_{11}^*	2.2	2.2	2.2	2.2	2.2
w_{12}^*	2.5	2.5	2.5	2.5	2.5
w_{13}^*	2.6	2.6	2.6	2.6	2.6
w_{14}^*	3.9	3.9	3.9	3.9	3.9
w_{15}^*	4.0	3.9	4.0	4.0	4.0
w_{16}^*	4.4	3.9	4.4	4.4	4.4
w_{17}^*	4.6	3.9	4.6	4.6	4.6
w_{18}^*	5.5	3.9	5.1	5.5	5.5
w_{19}^*	7.4	3.9	5.1	5.9	6.4
w_{20}^*	7.6	3.9	5.1	5.9	6.4
w_{21}^*	8.1	3.9	5.1	5.9	6.4
w_{22}^*	8.1	3.9	5.1	5.9	6.4
新 w 新 w^*	4.17 2.35[1)]	2.80 3.07	3.29 3.61	3.55 3.89	3.70 4.06

1) 根据 6.3.3 中式(64)得到。

表 30 例 6:用算法 S 计算样本间极差(%)
($\nu=1$;$\xi=1.097$;$\eta=1.645$)

迭代	0	1	2	3	4
Ψ	—	4.19	5.43	6.10	6.45
w_1^*	1.00	1.00	1.00	1.00	1.00
w_2^*	1.70	1.70	1.70	1.70	1.70
w_3^*	2.05	2.05	2.05	2.05	2.05
w_4^*	2.25	2.25	2.25	2.25	2.25
w_5^*	2.55	2.55	2.55	2.55	2.55
w_6^*	2.55	2.55	2.55	2.55	2.55
w_7^*	3.15	3.15	3.15	3.15	3.15
w_8^*	3.35	3.35	3.35	3.35	3.35
w_9^*	4.40	4.19	4.40	4.40	4.40
w_{10}^*	6.75	4.19	5.43	6.10	6.45
w_{11}^*	6.95	4.19	5.43	6.10	6.45
新 w 新 w^*	3.82 2.55[1)]	3.01 3.30	3.38 3.71	3.58 3.92	3.69 4.05

1) 根据 6.3.3 中式(64)得到。

表 31　例 6:用算法 A 计算单元平均值(%)

迭代	0	1	2	3	4
φ	—	10.005	8.550		
$x^*-\varphi$ $x^*+\varphi$	— —	8.245 28.255	10.450 27.550		
x_1^*	13.425	13.425	13.425		
x_2^*	13.425	13.425	13.425		
x_3^*	13.750	13.750	13.750		
x_4^*	14.475	14.475	14.475		
x_5^*	17.075	17.075	17.075		
x_6^*	18.250	18.250	18.250		
x_7^*	21.000	21.000	21.000		
x_8^*	21.225	21.225	21.225		
x_9^*	23.675	23.675	23.675		
x_{10}^*	26.275	26.275	26.275		
x_{11}^*	26.425	26.425	26.425		
平均值	19.00	19.00	19.00		
标准差	5.03	5.03	5.03		
新 x^* 新 s^*	18.25[1)] 6.67[1)]	19.00 5.70	19.00 5.70		

1)　根据 6.2.3 中式(56)和式(57)得到。

附 录 A
（规范性附录）
GB/T 6379 所用的符号与缩略语

a 关系式 $s=a+bm$ 中的截距

A 用来计算估计值的不确定度系数

b 关系式 $s=a+bm$ 中的斜率

B 表示一个实验室测试结果与总平均值的偏差分量(偏倚的实验室分量)

B_0 表示在中间精密度条件下所有因素皆保持不变时 B 的分量

$B_{(1)}, B_{(2)}, \cdots$ 表示在中间精密度条件下，因素发生改变时 B 的分量

c 关系式 $\lg s=c+d\lg m$ 中的截距

C, C', C'' 检验统计量

$C_{crit}, C'_{crit}, C''_{crit}$ 用于统计检验的临界值

CD_P 概率 P 的临界差

CR_P 概率 P 的临界极差

d 关系式 $\lg s=c+d\lg m$ 中的斜率

e 发生在每次测试结果中随机误差分量

f 临界极差系数

$F_p(\nu_1, \nu_2)$ 自由度为 ν_1 和 ν_2 的 F 分布的 p 分位数

G 格拉布斯检验统计量

h 曼得尔实验室间一致性检验统计量

k 曼得尔实验室内一致性检验统计量

LCL 控制下限(行动限或警戒限)

m 测试特性的总平均值；水平

M 在中间精密度条件中考虑的因素数

N 交互作用数

n 一个实验室在一个水平(即一个单元中)上的测试结果数

p 参加实验室间试验的实验室数

P 概率

q 在实验室间试验中测试特性的水平数

r 重复性限

R 再现性限

RM 标准物料(标准物质/标准材料)

s 标准差的估计值

$\hat{s}$ 标准差的预测值

T 总和

t 测试目标个数或组数

UCL 控制上限(行动限或警戒限)

W 加权回归中的权数

w 一组测试结果的极差

x 用于格拉布斯检验的数据

y 测试结果

$\bar{y}$ 测试结果的算术平均值

$\bar{\bar{y}}$ 测试结果的总平均值

α 显著性水平

β 第二类错误概率

γ 再现性标准差与重复性标准差的比值(σ_R/σ_r)

Δ 实验室偏倚

$\hat{\Delta}$ Δ的估计值

δ 测量方法偏倚

$\hat{\delta}$ δ的估计值

λ 两个实验室偏倚或两个测量方法偏倚之间的可检出的差

μ 测试特性的真值或接受参照值

ν 自由度

ρ 方法 A 和方法 B 的重复性标准差之间的可检出的比

σ 标准差的真值

τ 表示从上次校准始由时间变化引起的测试结果变异的分量

ϕ 方法 A 和方法 B 的实验室间均方的平方根可检出的比

$\chi_p^2(\nu)$ 自由度为ν的χ^2分布的p分位数

用作下标的符号

C 校准-不同

E 设备-不同

i 实验室标识

I() 精密度的中间度量;括号内表示中间情形类型

j 水平的标识(GB/T 6379.2);测试或因素的标识(GB/T 6379.3)

k 实验室i,水平为j的测试结果的标识

L 实验室间

m 可检出偏倚的标识

M 试样间

O 操作员-不同

r 重复性

R 再现性

T 时间-不同

W 实验室内

1,2,3,… 测试结果按获得顺序的编号

(1),(2),(3),… 测试结果按数值大小递增顺序的编号

GB/T 6379.5 中增加的符号和缩略语

D 分割水平试验单元内差值

g 实验室在一个水平上的测试样本数

H 测量结果的样本随机误差分量

K 单元中测量结果数的函数

p' 参与实验间试验的实验室个数

SS 平方和

u_L 稳健分析中小于下限的数据个数

u_U 稳健分析中大于上限的数据个数

z 残差

Φ 标准差的比

φ 稳健分析中使用的限(算法 A)

η 稳健分析中的限系数(算法 S)

Ψ 稳健分析中使用的限(算法 S)

ξ 稳健分析中使用的修正系数(算法 S)

GB/T 6379.5 中增加的用于下标的符号

a,b 分割水平试验样本的标识

t 实验室 i 在水平 j 上样本的标识

H 样本间

GB/T 6379.5 中增加的用于上标的符号

* 稳健估计值

附 录 B
(资料性附录)
算法 A 和算法 S 中所用系数的推导

B.1 引言

对精密度试验数据进行稳健分析的方法是由英国皇家化学会分析方法委员会提出的(参见参考文献[6])。本部分的算法 A 引自所列的论文。算法 A 中计算 s^* 的系数 1.134 也取自于所列的论文(用论文的记号,它是 $c=1.5$ 时 $1/\sqrt{\beta}$的值)。

算法 S 类似于参考文献[6]中给出的方法的一种特殊情形:每个实验室对每个水平都报告 $n=2$ 个测量。它提供了一种将稳健分析用于两个水平以上因素精密度试验(如 GB/T 6379 本部分第 5 章中非均匀物料设计及 GB/T 6379.3 中的错层套设计)的方便方法。算法 S 中所用的系数推导如下。

B.2 本附录中使用的符号

σ 标准差的真值

s 标准差 σ 的估计值

ν s 的自由度

ω $\nu+2$

ξ 算法 S 的修正系数

η 算法 S 的限系数

χ^2_ν 自由度为 ν 的 χ^2 变量

$$s^*=\begin{cases} s & 若\ s\leqslant\eta\sigma \\ \phi\sigma & 若\ s>\eta\sigma \end{cases}$$

B.3 限系数和修正系数的推导

修正系数 ξ 定义是,为使$(s^*)^2$ 成为 σ^2 的无偏估计,需对 s^* 进行修正的值,即:

$$E\{(\xi\times s^*)^2\}=\sigma^2 \qquad \cdots\cdots\cdots\cdots(\text{B.1})$$

上式可改写为:

$$E\{\nu(s^*/\sigma)^2\}=\nu/\xi^2 \qquad \cdots\cdots\cdots\cdots(\text{B.2})$$

其中{ }中的量与 $\nu(s/\sigma)^2$ 密切相关,它是自由度为 ν 的 χ^2 变量。

χ^2 变量 χ^2_ν 的概率密度函数为:

$$f(x)=e^{-x/2}x^{(\nu/2-1)}2^{-\nu/2}/\Gamma(\nu/2) \qquad \cdots\cdots\cdots\cdots(\text{B.3})$$

故

$$E\{\nu(s^*/\sigma)^2\}=\int_0^{\nu\eta^2}xf(x)\mathrm{d}x+\int_{\nu\eta^2}^{\infty}\nu\eta^2f(x)\mathrm{d}x \qquad \cdots\cdots\cdots\cdots(\text{B.4})$$

因为限 $s\leqslant\eta\sigma$ 等价于 $\nu(s/\sigma)^2\leqslant\nu\eta^2$,所以(B.4)式右边的第二项为:

$$\nu\eta^2\times P(\chi^2_\nu>\nu\eta^2)=\nu\eta^2\times P(s>\eta\sigma) \qquad \cdots\cdots\cdots\cdots(\text{B.5})$$

对于算法 S,限系数 η 的确定是使 $\eta\sigma$ 是 s 分布的上 10%分位点,即

$$P(s>\eta\sigma)=0.1 \qquad \cdots\cdots\cdots\cdots(\text{B.6})$$

GB/T 4086.2—1983《统计分布数值表 χ^2 分布数值表》给出了 GB/T 6379 本部分表 23 所需的 η 值。从式(B.5)和式(B.6)知,式(B.4)右边的第二项为 $0.1\nu\eta^2$。注意 η 依赖于 s 的自由度。

式(B.4)右边的第一项可以写成:

$$\int_0^{v\eta^2} xe^{-x/2} x^{\nu/2-1} 2^{-\nu/2} / \Gamma(\nu/2) \mathrm{d}x$$

根据 Γ 函数的一个熟知的性质($\omega=\nu+2$)：

$$\Gamma(\omega/2) = \Gamma(\nu/2+1) = (\nu/2) \times \Gamma(\nu/2)$$

所以第一项可以改写为：

$$\int_0^{v\eta^2} \nu e^{-x/2} x^{\omega/2-1} 2^{-\omega/2} / \Gamma(\omega/2) \mathrm{d}x$$

$$= \nu \times P(\chi_\omega^2 < \nu\eta^2)$$

$$= \nu \times z \qquad \cdots\cdots\cdots\cdots\cdots\cdots\cdots\cdots (\text{B}.7)$$

于是，对给定的自由度 ν，η 可以用上述方法计算，z 可以再用 GB/T 4086.2—1983 给出的 χ^2 分布表确定，从而(B.4)中右侧两项均可计算。

将式(B.2)、(B.5)、(B.6)和(B.7)代入式(B.4)，得：

$$\nu/\xi^2 = \nu \times z + 0.1\nu\eta^2$$

即

$$\xi = 1/\sqrt{z+0.1\eta^2} \qquad \cdots\cdots\cdots\cdots\cdots\cdots\cdots\cdots (\text{B}.8)$$

由此可确定 GB/T 6379 本部分表 23 所给出的修正系数 ξ 的值。

附　录　C
（资料性附录）
稳健分析中所用公式的推导

6.2.6 中用以计算平均值和标准差的稳健值的公式(62)和(63)，可根据 6.2.4 中算法 A 中的式(60)和式(61)导出。

使用 6.2.4 和 6.2.6 中的记号：

$$x^* = \sum x_{(i)}^* / p \quad \text{(C.1)}$$

$$x' = \sum' x_{(i)} / (p - u_L - u_U) \quad \text{(C.2)}$$

$$s' = \sqrt{\sum' (x_{(i)} - x')^2 / (p - u_L - u_U - 1)} \quad \text{(C.3)}$$

其中 $\sum'$ 在满足 $|x_{(i)} - x_{(i)}^*| \leqslant \phi$ 的 $(p - u_L - u_U)$ 数据项 $x_{(i)}$ 上求和。

因此式(C.1)可以写成：

$$\begin{aligned} p \times x^* &= \sum x_{(i)}^* \\ &= \sum' x_{(i)} + u_L \times (x^* - 1.5s^*) + u_U \times (x^* + 1.5s^*) \end{aligned}$$

故

$$(p - u_L - u_U) \times x^* = (p - u_L - u_U) \times x' + (u_L - u_U) \times 1.5s^*$$

从而得到推导式(C.4)过程中的

$$(p - u_L - u_U) \times x^* = (p - u_L - u_U) \times x' + (u_L - u_U) \times 1.5s^* \quad \text{(C.4)}$$

此即 6.2.6 中的式(62)。

为从式(61)推出式(63)，注意到式(61)中的求和项可以展开如下：

$$\sum (x_{(i)}^* - x^*)^2 = \sum' (x_{(i)} - x^*)^2 + (u_L + u_U) \times (1.5s^*)^2 \quad \text{(C.5)}$$

将式(C.4)代入此处的 x^*，经过一些代数运算得到：

$$\sum (x_{(i)}^* - x^*) = \sum' (x_{(i)} - x')^2 + (1.5s^*)^2 / (pu_L + pu_U - 4u_L u_U) \quad \text{(C.6)}$$

根据式(C.3)s'的定义，上式可以写成：

$$\begin{aligned} \sum (x_{(i)}^* - x^*) &= (p - u_L - u_U - 1) \times (s')^2 \\ &\quad + (1.5s^*)^2 (pu_L + pu_U - 4u_L u_U) / (p - u_L - u_U) \end{aligned} \quad \text{(C.7)}$$

将式(C.7)代入式(61)，即得式(63)。

附 录 D
（资料性附录）
参 考 文 献

[1] BS 812-103:1985, *Testing aggregates—Part 103:Methods for determination of partice size distribution*. British Standards Institution.

[2] BS 812-121:1989, *Testing aggregates—Part 121:Methods for determination of soundness*. British Standards Institution.

[3] BS 3144:1968, *Methods of sampling and physical testing of leather*. British Standards Institution.

[4] Scheffe, H.., *The analysis of variance*. Wiley, New York, 1959.

[5] Sweeney, An inter-laboratory study of the determination of protein by combustion in feeds. *Journal of the association of Official Analytical Chemists*, 72, 1989, pp. 770-774.

[6] ANALYTICAL METHODS COMMITTEE. Robust statistics—How not to reject outliers. Part1:Basic Concept. Part 2:inter-laboratory trials. *The Analyst*. 114, 1989, pp. 1653-1697 (part 1), pp. 1699-1702(part 2). Royal Society of Chemistry, London.

[7] Youden, W. J. The Youden plot. *Industrial Quality Control*, 15, 1959, pp. 133-137.

[8] Mandel, J. and Lashof, T. W. Interpretation and Generalization of Youden's Two-Sample Diagram. *Journal of Quality Technology*, 6, 1974, pp. 22-36.

[9] GB/T 4086.2—1983《统计分布数值表χ^2分布数值表》

ICS 65.120
B 46

中华人民共和国国家标准

GB/T 6433—2006/ISO 6492:1999
代替 GB/T 6433—1994

饲料中粗脂肪的测定

Determination of crude fat in feeds

(ISO 6492:1999,IDT)

2006-06-09 发布　　　　2006-09-01 实施

中华人民共和国国家质量监督检验检疫总局
中国国家标准化管理委员会　发布

前　言

本标准是GB/T 6433—1994《饲料粗脂肪测定方法》的修订版。

本标准与1994版的主要差异是增加了水解方法。

本标准等同采用国际标准ISO 6492:1999《动物饲料中脂肪含量的测定》。

本标准做了下列编辑性修改：

——“本国际标准”一词改为“本标准”；

——用小数点“.”代替作为小数点的逗号“,”；

——删除了国际标准的前言；

——用GB/T 6682代替ISO 3696，用GB/T 14699.1代替ISO 6497，用GB/T 20195代替ISO 6498，用GB/T 6379.1—2004代替ISO 5725-1:1994，用GB/T 6379.2—2004代替ISO 5725-2:1994。

本标准自实施之日起，代替GB/T 6433—1994。

本标准的附录A是资料性附录。

本标准由全国饲料工业标准化技术委员会提出并归口。

本标准起草单位：国家饲料质量监督检验中心(北京)。

本标准主要起草人：张苏、李丽蓓、范志影、杨曙明、苏晓鸥。

本标准所代替标准的历次版本发布情况为：

——GB/T 6433—1994，GB/T 6433—1986。

饲料中粗脂肪的测定

1 范围

本标准规定了动物饲料脂肪含量的测定方法，本方法适用于油籽和油籽残渣以外的动物饲料。

为了本方法的测定效果，将动物饲料分为下列两类；B类产品的样品提取前需要水解。

B类：

——纯动物性饲料，包括乳制品；

——脂肪不经预先水解不能提取的纯植物性饲料，如谷蛋白、酵母、大豆及马铃薯蛋白以及加热处理的饲料；

——含有一定数量加工产品的配合饲料，其脂肪含量至少有20%来自这些加工产品。

A类：B类以外的动物饲料。

对于油籽，在ISO 659[1]中介绍了一种己烷提取的"油含量"测定方法。

注：对油籽残渣，在ISO 734-1[2]中介绍了一种用己烷提取的"油含量"测定方法，而在ISO 736[3]中则介绍了一种乙醚提取的"油含量"的测定方法。

2 规范性引用文件

下列文件中的条款通过本标准的引用而成为本标准的条款。凡是注日期的引用文件，其随后所有的修改单(不包括勘误的内容)或修订版均不适用于本标准，然而，鼓励根据本标准达成协议的各方研究是否可使用这些文件的最新版本。凡是不注日期的引用文件，其最新版本适用于本标准。

GB/T 6682 分析实验室用水规格和试验方法

GB/T 20195 动物饲料 试样的制备

3 术语和定义

下列术语和定义适用于本标准。

3.1

脂肪含量 fat content

用本标准所规定的方法从样品中提取的物质的质量组分。

注：脂肪含量以克每千克表示，也可用质量分数表示。

4 原理

4.1 脂肪含量较高的样品(至少200 g/kg)预先用石油醚提取。

4.2 B类样品用盐酸加热水解，水解溶液冷却、过滤，洗涤残渣并干燥后用石油醚提取，蒸馏、干燥除去溶剂，残渣称量。

4.3 A类样品用石油醚提取，通过蒸馏和干燥除去溶剂，残渣称量。

5 试剂和材料

本标准所用试剂，未注明要求时，均指分析纯试剂。

5.1 水至少应为GB/T 6682规定的3级。

5.2 硫酸钠，无水。

5.3 石油醚，主要由具有6个碳原子的碳氢化合物组成，沸点范围为40℃～60℃。

溴值应低于 1,挥发残渣应小于 20 mg/L。也可使用挥发残渣低于 20 mg/L 的工业乙烷。

5.4 金刚砂或玻璃细珠。

5.5 丙酮。

5.6 盐酸:$c(HCl)=3$ mol/L。

5.7 滤器辅料:例如硅藻土(kieselguhr),在盐酸[$c(HCl)=6$ mol/L]中消煮 30 min,用水洗至中性,然后在 130℃下干燥。

6 仪器设备

实验室常用仪器设备,特别是下列各件。

6.1 提取套管,无脂肪和油,用乙醚洗涤。

6.2 索氏提取器,虹吸容积约 100 mL,或用其他循环提取器。

6.3 加热装置,有温度控制装置,不作为火源。

6.4 干燥箱,温度能保持在(103±2)℃。

6.5 电热真空箱,温度能保持在(80±2)℃,并减压至 13.3 kPa 以下,配有引入干燥空气的装置,或内盛干燥剂,例如氧化钙。

6.6 干燥器,内装有效的干燥剂。

7 采样

采样不是本标准规定的方法的一部分,在 GB/T 14699.1[4] 中推荐了一种采样方法。

重要的是实验室收到一份真正有代表性的样品,并在运输及保存过程中不受到破坏或不发生变化。

样品的保存方法应使样品变质及成分变化降至最低。

8 试样制备

试样按 GB/T 20195 制备。

9 分析步骤

9.1 分析步骤的选择

如果试样不易粉碎,或因脂肪含量高(超过 200 g/kg)而不易获得均质的缩减的试样,按 9.2 处理。

在所有其他情况下,则按 9.3 处理。

9.2 预先提取

9.2.1 称取至少 20 g 制备的试样(m_0)(第 8 章),准确至 1 mg,与 10 g 无水硫酸钠(5.2)混合,转移至一提取套管(6.1)并用一小块脱脂棉覆盖。

将一些金刚砂(5.4)转移至一干燥烧瓶,如果随后将对脂肪定性,则使用玻璃细珠取代金刚砂。将烧瓶与提取器连接,收集石油醚提取物。

将套管置于提取器(6.2)中,用石油醚(5.3)提取 2 h。如果使用索氏提取器,则调节加热装置(6.3)使每小时至少循环 10 次,如果使用一个相当设备,则控制回流速度每秒至少 5 滴(约 10 mL/min)。

用 500 mL 石油醚(5.3)稀释烧瓶中的石油醚提取物,充分混合。对一个盛有金刚砂或玻璃细珠(5.4)的干燥烧瓶进行称量(m_1),准确至 1 mg,吸取 50 mL 石油醚溶液移入此烧瓶中。

9.2.2 蒸馏除去溶剂,直至烧瓶中几无溶剂,加 2 mL 丙酮(5.5)至烧瓶中,转动烧瓶并在加热装置(6.3)上缓慢加温以除去丙酮,吹去痕量丙酮。残渣在 103℃干燥箱(6.4)内干燥(10±0.1)min,在干燥器(6.6)中冷却,称量(m_2),准确至 0.1 mg。

也可采取下列步骤。

蒸馏除去溶剂,烧瓶中残渣在 80℃电热真空箱(6.5)中干燥 1.5 h,在干燥器(6.6)中冷却,称量

(m_2),准确至 0.1 mg。

9.2.3 取出套管中提取的残渣在空气中干燥,除去残余的溶剂,干燥残渣称量(m_3),准确至 0.1 mg。

将残渣粉碎成 1 mm 大小的颗粒,按 9.3 处理。

9.3 试料

称取 5 g(m_4)制备的试样(第 8 章或 9.2),准确至 1 mg。

对 B 类样品(见第 1 章)按 9.4 处理。

对 A 类样品,将试料移至提取套管(6.1)并用一小块脱脂棉覆盖,按 9.5 处理。

9.4 水解

将试料转移至一个 400 mL 烧杯或一个 300 mL 锥形瓶中,加 100 mL 盐酸(5.6)和金刚砂(5.4),用表面皿覆盖,或将锥形瓶与回流冷凝器连接,在火焰上或电热板上加热混合物至微沸,保持 1 h,每 10 min旋转摇动一次,防止产物粘附于容器壁上。

在环境温度下冷却,加一定量的滤器辅料(5.7),防止过滤时脂肪丢失,在布氏漏斗中通过湿润的无脂的双层滤纸抽吸过滤,残渣用冷水洗涤至中性。

注:如果在滤液表面出现油或脂,则可能得出错误结果,一种可能的解决办法是减少测定试料或提高酸的浓度重复进行水解。

小心取出滤器并将含有残渣的双层滤纸放入一个提取套管(6.1)中,在 80℃电热真空箱(6.5)中于真空条件下干燥 60 min,从电热真空箱中取出套管并用一小块脱脂棉覆盖。

9.5 提取

9.5.1 将一些金刚砂(5.4)转移至一干燥烧瓶,称量(m_5),准确至 1 mg。如果随后将要对脂肪定性,则使用玻璃细珠取代金刚砂。将烧瓶与提取器连接,收集石油醚提取物。

将套管置于提取器(6.2)中,用石油醚(5.3)提取 6 h。如果使用索氏提取器,则调节加热装置(6.3)使每小时至少循环 10 次,如果使用一个相当设备,则控制回流速度每秒至少 5 滴(约 10 mL/min)。

9.5.2 蒸馏除去溶剂,直至烧瓶中几无溶剂,加 2 mL 丙酮(5.5)至烧瓶中,转动烧瓶并在加热装置(6.3)上缓慢加温以除去丙酮,吹去痕量丙酮。残渣在 103℃干燥箱(6.4)内干燥(10±0.1)min,在干燥器(6.6)中冷却,称量(m_6),准确至 0.1 mg。

也可采取下列步骤:

蒸馏除去溶剂,烧瓶中残渣在 80℃电热真空箱(6.5)中真空干燥 1.5 h,在干燥器(6.6)中冷却,称量(m_6),准确至 0.1 mg。

10 计算

10.1 预先提取测定法(9.2)

试样的脂肪含量 W_1 按式(1)计算,以克每千克表示:

$$W_1=\left[\frac{10(m_2-m_1)}{m_0}+\frac{(m_6-m_5)}{m_4}\times\frac{m_3}{m_0}\right]\times f \qquad (1)$$

式中:

m_0——在 9.2 中称取的试样质量,单位为克(g);

m_1——在 9.2 中装有金刚砂的烧瓶的质量,单位为克(g);

m_2——在 9.2 中带有金刚砂的烧瓶和干燥的石油醚提取物残渣的质量,单位为克(g);

m_3——在 9.2 中获得的干燥提取残渣的质量,单位为克(g);

m_4——试料(9.3)的质量,单位为克(g);

m_5——在 9.5 中使用的盛有金刚砂的烧瓶的质量,单位为克(g);

m_6——在 9.5 中盛有金刚砂的烧瓶和获得的干燥石油醚提取残渣的质量,单位为克(g);

f——校正因子单位,单位为克每千克(g/kg)(f=1 000 g/kg)。

结果表示准确至 1 g/kg。

10.2 无预先提取的测定法

试样的脂肪含量 W_2 按式(2)计算，以克每千克表示：

$$W_2 = \frac{(m_6 - m_5)}{m_4} \times f \qquad \cdots\cdots(2)$$

式中：

m_4——试料(9.3)的质量，单位为克(g)；

m_5——在 9.5 中使用的带有金刚砂的烧瓶的质量，单位为克(g)；

m_6——在 9.5 中盛有金刚砂的烧瓶和获得的石油醚提取干燥残渣的质量，单位为克(g)；

f——校正因子单位，单位为克每千克(g/kg)(f=1 000 g/kg)。

结果表示准确至 1 g/kg。

11 精密度

11.1 实验室间实验

附录 A 详细列出了本方法精密度实验室间的实验结果，从这些实验得出的数值可能不适用于附录 A 中规定以外的含量范围和基质。

11.2 重复性

用同一方法，对相同的实验材料，在同一实验室内，由同一操作人员使用同一设备，在短时间内获得的两个独立的实验结果之间的绝对差值超过表 1 中列出的或由表 1 得出的重复性限 r 的情况不大于 5%。

表 1 重复性限(r)和再现性限(R)

样　品	重复性限(r)/(g/kg)	再现性限(R)/(g/kg)
B类(需要水解)	5.0	12.0[a]
A类(不需要水解)	2.5	7.7[b]

[a] 鱼粉和肉粉除外，见表 A.1。

[b] 椰子粉除外，见表 A.2。

11.3 再现性

用同一方法，对相同的实验材料，在不同实验室，由不同操作人员使用不同设备获得的两个独立实验结果之间的绝对差值超过表 1 中列出的或从表 1 得出的再现性限 R 的情况不大于 5%。

12 实验报告

实验报告应详细说明：

——为样品完全鉴定所需的全部信息；

——采用的取样方法(如果了解)；

——采用的测定方法，附本标准作为参考文献；

——在本标准中未详述的或视为可选择的全部操作细节，以及可能影响测定结果的任何事件的细节；

——所取得的测定结果，如果检查了重复性则要提供两个测定结果。

附 录 A
（资料性附录）
实验室间实验结果

1984 年前捷克斯洛伐克、荷兰和法国的成员团体按照 ISO 5725[5]（已取消，被用于得到的精密度数据）组织了 3 个实验室间试验，确定了本方法的精密度。

在前捷克斯洛伐克有 21 个实验室参加了试验，测定的样品有全脂奶粉、鱼粉、肉仔鸡混合饲料和牛颗粒饲料。

在法国有 33 个实验室参加了试验，试验的样品有酒糟、玉米、肉粉、大豆粉和火鸡饲料。

在荷兰有 10 个实验室参加了试验，试验的样品有大麦、骨粉、椰子粉、羽毛粉、玉米谷蛋白饲料和两份混合饲料。

试验的统计结果见表 A.1 和表 A.2

注：在文献 ISO/TC 34/SC 10N353 中有更详细的信息。

表 A.1　B 类（需要水解）样品实验室间试验的统计结果

参　数	样　品[a]										
	1	2[b]	3	4	5	6	7	8[b]	9[b]	10	11
剔除界外值后保留的实验室数	25	8	23	24	18	23	27	8	8	19	20
脂肪平均含量[c]/(g/kg)	23.4	40.2	44.7	55.0	78.0	80.9	88.4	101.3	150.6	188.0	251.0
重复性标准差，S_r/(g/kg)	—	0.78	—	—	1.73	—	—	1.20	1.73	1.24	1.84
重复性变异系数/(%)	—	1.98	—	—	2.23	—	—	1.20	1.13	0.67	0.74
重复性限，$r(2.8\times S_r)$/(g/kg)	—	2.2	—	—	4.9	—	—	3.4	4.9	3.5	5.2
再现性标准差，S_R/(g/kg)	4.03	1.98	2.57	4.38	5.55	2.97	5.69	1.80	3.32	2.65	3.39
再现性变异系数/(%)	17.29	4.95	5.77	7.98	7.10	3.68	6.44	1.77	2.23	1.41	1.34
再现性限，$R(2.8\times S_R)$/(g/kg)	11.4	5.6	7.3	12.4	15.7	8.4	16.1	5.1	9.4	7.5	9.6

a　样品 1:大豆粉；样品 2:玉米麸质饲料；样品 3:玉米；样品 4:酒糟；样品 5:鱼粉；样品 6:火鸡饲料；样品 7:肉粉；样品 8:羽毛粉；样品 9:骨粉；样品 10:牛颗粒饲料；样品 11:奶粉。

b　结果以干物质计。

c　使用的溶剂:石油醚，沸点范围 40℃～60℃。

表 A.2　A 类（不需要水解）样品实验室间试验的统计结果

参　数	样　品[a]											
	1	2[b]	3[b]	4	5	6	7	8	9	10[b]	11[b]	12
剔除界外值后保留的实验室数	31	10	10	30	29	21	30	21	28	10	10	19
脂肪平均含量[c]/(g/kg)	15.5	15.9	31.8	37.8	40.1	51.0	69.7	72.0	75.0	107.1	117.3	177.0
重复性标准差，S_r/(g/kg)	—	0.42	0.60	—	—	0.64	—	0.88	—	0.81	0.78	0.88
重复性变异系数/(%)	—	2.76	1.87	—	—	1.24	—	1.24	—	0.78	0.67	0.49

表 A.2（续）

参　数	样　品[a]											
	1	2[b]	3[b]	4	5	6	7	8	9	10[b]	11[b]	12
重复性限，$r(2.8\times S_r)$/(g/kg)	—	1.2	1.7	—	—	1.8	—	2.5	—	2.3	2.2	2.5
再现性标准差，S_R/(g/kg)	1.97	1.24	2.72	1.57	1.74	2.12	2.04	2.61	1.85	4.59	1.94	1.59
再现性变异系数/(%)	12.73	7.84	8.62	4.17	4.35	4.17	2.94	3.64	2.47	4.28	1.66	0.88
再现性限，$R(2.8\times S_R)$/(g/kg)	5.6	3.5	7.7	4.4	4.9	6.0	5.8	7.4	5.2	13.0	5.5	4.5

a　样品1：大豆粉；样品2：大麦；样品3：混合饲料；样品4：酒糟；样品5：玉米；样品6：肉仔鸡混合料；样品7：肉粉；样品8：鱼粉；样品9：火鸡饲料；样品10：椰子粉；样品11：混合饲料；样品12：牛颗粒饲料。

b　结果以干物质计。

c　使用的溶剂为石油醚，沸点范围40℃～60℃。

参 考 文 献

[1] ISO 659, *Oilseeds-Determination of oil contents* (*Reference method*).

[2] ISO 734-1, *Oilseeds residues-Determination of oil contents—Part 1 : Extraction method with hexane* (*or light petroleum*).

[3] ISO 736, *Oilseeds residues-Determination of diethyl ether extract*.

[4] GB/T 14699.1 饲料 采样。

[5] ISO 5725:1986, *Precision of test methods-Determination of repeatability and reproducibility for a standard test method by inter-laboratory tests*.

[6] GB/T 6379.1—2004 测量方法与结果的准确度(正确度与精密度) 第1部分:总则与定义。

[7] GB/T 6379.2—2004 测量方法与结果的准确度(正确度与精密度) 第2部分:确定标准测量方法重复性与再现性的基本方法。

ICS 65.120
B 46

中华人民共和国国家标准

GB/T 6434—2006/ISO 6865:2000
代替 GB/T 6434—1994

饲料中粗纤维的含量测定　过滤法

Feeding stuffs—Determination of crude fiber content—Method with intermediate filtration

(ISO 6865:2000 Animal feeding stuffs—Determination of crude fiber content—Method with intermediate filtration, IDT)

2006-08-03 发布　　2006-11-01 实施

中华人民共和国国家质量监督检验检疫总局
中国国家标准化管理委员会　发布

前　言

本标准等同采用ISO 6865:2000《动物饲料中粗纤维的测定——过滤法》(英文版)。

为便于使用,本标准作了下列编辑性修改:

a) 将“本国际标准”一词改为“本标准”;

b) 用小数点“.”代替作为小数点的逗号“,”;

c) 删除了国际标准的前言,增加了本标准前言;

d) 将标准名称中“动物饲料”改为“饲料”;

e) 规范性引用文件中增加“GB/T 14699.1 饲料　采样(ISO 6497:2002,IDT)”;

f) 用GB/T 6379.1—2004《测量方法与结果的准确度(正确度与精密度)　第1部分:总则与定义》代替原国际标准ISO 5725-1:1994,用GB/T 6379.2—2004《测量方法与结果的准确度(正确度与精密度)　第2部分:确定标准测量方法重复性与再现性的基本方法》代替原国际标准ISO 5725-2:1994;

g) 计算公式按GB/T 1.1—2000的要求加编号;

h) 第7章中,“采样不是本标准规定的方法的一部分,在GB/T 14699.1 饲料　采样(ISO 6497,IDT)[6]中推荐了一种采样方法”,改为“采样按GB/T 14699.1 饲料 采样(ISO 6497:2002,IDT)[6]进行”。

本标准与GB/T 6434—1994的主要技术差异如下:

——用氢氧化钾标准溶液代替氢氧化钠标准溶液;

——用海沙或硅藻土代替酸洗石棉;

——消煮液的体积由200 mL改为150 mL;

——洗涤液用丙酮代替乙醇;

——增加了空白实验;

——增加了滤埚孔径的要求;

——增加了试样预先脱脂和除去碳酸盐步骤;

——灰化温度,由550℃±25℃改为500℃±25℃;

——酸消煮后的抽滤改为过滤;

——灰化后直接称量改为恒量;

——称样量由1 g~2 g改为约1 g;

——规定了测量范围。

本标准的附录A为资料性附录。

本标准自实施之日起,同时代替GB/T 6434—1994。

本标准由中华人民共和国农业部提出。

本标准由全国饲料工业标准化技术委员会归口。

本标准起草单位:农业部饲料质量监督检验测试中心(济南)。

本标准主要起草人:李俊玲、宫玲玲、李会荣、战余铭、武金凤。

饲料中粗纤维的含量测定　过滤法

1　范围

本标准规定了粗纤维含量测定的过滤法，描述了手工操作和半自动操作的测定步骤。

本方法适用于粗纤维含量大于 10 g/kg 的饲料。

注：对粗纤维含量等于或小于 10 g/kg 的饲料，可用 ISO 6541[7] 描述的方法测定。

本标准还适用于谷物和豆类植物。

2　规范性引用文件

下列文件中的条款通过本标准的引用而成为本标准的条款。凡是注日期的引用文件，其随后所有的修改单(不包括勘误的内容)或修订版均不适用于本标准，然而，鼓励根据本标准达成协议的各方研究是否可使用这些文件的最新版本。凡是不注日期的引用文件，其最新版本适用于本标准。

GB/T 6682　分析实验室用水规格和试验方法(neq ISO 3696:1987)

GB/T 20195　动物饲料　试样的制备(ISO 6498:1998,IDT)

GB/T 14699.1　饲料　采样(ISO 6497:2002,IDT)

3　术语和定义

下列术语和定义适用于本标准。

3.1

粗纤维含量　crude fiber content

在样品按本标准规定的分析步骤用酸和碱消煮后所获得的干燥残渣灰化所丢失的质量除以试样的质量。

注：粗纤维含量以克每千克表示，也可用质量分数(%)表示。

4　原理

用固定量的酸和碱，在特定条件下消煮样品，再用醚、丙酮除去醚溶物，经高温灼烧扣除矿物质的量，所余量称为粗纤维。(试样用沸腾的稀释硫酸处理，过滤分离残渣，洗涤，然后用沸腾的氢氧化钾溶液处理，过滤分离残渣，洗涤，干燥，称量，然后灰化。因灰化而失去的质量相当于试料中粗纤维质量。)它不是一个确切的化学实体，只是在公认强制规定的条件下，测出的概略养分。其中以纤维素为主，还有少量半纤维素和木质素。

5　试剂和材料

除非另有规定，只用分析纯试剂。

5.1　水至少应为 GB/T 6682 规定的三级水。

5.2　盐酸溶液：$c(HCl)=0.5$ mol/L。

5.3　硫酸溶液：$c(H_2SO_4)=(0.13\pm0.005)$mol/L。

5.4　氢氧化钾溶液：$c(KOH)=(0.23\pm0.005)$mol/L。

5.5　丙酮。

5.6　滤器辅料：海沙，或硅藻土，或质量相当的其他材料。使用前，海沙用沸腾盐酸[$c(HCl)=4$ mol/L]处理，用水洗至中性，在 500℃±25℃下至少加热 1 h。

5.7 防泡剂:如正辛醇。

5.8 石油醚:沸点范围 40℃～60℃。

6 仪器设备

实验室常用设备,特别是下列各件。

6.1 粉碎设备:能将样品粉碎,使其能完全通过筛孔为 1 mm 的筛。

6.2 分析天平:感量 0.1 mg。

6.3 滤埚:石英的、陶瓷的或硬质玻璃的,带有烧结的滤板,滤板孔径 40 μm～100 μm(按 ISO 7493:1980[1]孔隙度 P100)。

在初次使用前,将新滤埚小心地逐步加温,温度不超过 525℃,并在 500℃±25℃下保持数分钟。也可使用具有同样性能特性的不锈钢坩埚,其不锈钢筛板的孔径为 90 μm。

6.4 陶瓷筛板。

6.5 灰化皿。

6.6 烧杯或锥形瓶:容量 500 mL,带有一个适当的冷却装置,如冷凝器或一个盘。

6.7 干燥箱:用电加热,能通风,能保持温度 130℃±2℃。

6.8 干燥器:盛有蓝色硅胶干燥剂,内有厚度为 2 mm～3 mm 的多孔板,最好由铝或不锈钢制成。

6.9 马福炉:用电加热,可以通风,温度可调控,在 475℃～525℃条件下,保持滤埚周围温度准至±25℃。马福炉的高温表读数不总是可信的,可能发生误差,因此对高温炉中的温度要定期检查。

因高温炉的大小及类型不同,炉内不同位置的温度可能不同。当炉门关闭时,必须有充足的空气供应。空气体积流速不宜过大,以免带走滤埚中物质。

6.10 冷提取装置,附有:

——一个滤埚(6.3)支架;

——一个装有至真空和液体排出孔旋塞的排放管;

——连接滤埚(6.3)的连接环。

6.11 加热装置(手工操作方法):带有一个适当的冷却装置,在沸腾时能保持体积恒定。

6.12 加热装置(半自动操作方法):用于酸和碱消煮,附有:

——一个滤埚(6.3)支架;

——一个装有至真空和液体排出孔旋塞的排放管;

——一个容积至少 270 mL 的圆筒,供消煮用,带有回流冷凝器;

——将加热装置与滤埚(6.3)及消煮圆筒连接的连接环;

——可选择性地提供压缩空气;

——使用前,设备用沸水预热 5 min。

7 采样

采样按 GB/T 14699.1(ISO 6497:2002,IDT)[6]进行。

重要的是实验室收到一份真正有代表性的样品并在运输及保存过程中不受到破坏或不发生变化。

8 试样制备

试样按 GB/T 20195 制备。

用粉碎装置(6.1)将实验室风干样粉碎,使其能完全通过筛孔为 1 mm 的筛,充分混合。

如用手工操作方法,按第 9 章处理。

如用半自动操作方法,则按第 10 章处理。

9 手工操作法分析步骤

9.1 试料

称取约 1 g 制备的试样(第 8 章),准确至 0.1 mg(m_1)。

如果试样脂肪含量超过 100 g/kg,或试样中脂肪不能用石油醚(5.8)直接提取,则将试样装移至一滤埚(6.3),并按 9.2 处理。

如果试样脂肪含量不超过 100 g/kg,则将试样装移至一烧杯(6.6)。如果其碳酸盐(碳酸钙形式)超过 50 g/kg,按 9.3 处理;如果碳酸盐不超过 50 g/kg,则按 9.4 处理。

9.2 预先脱脂

在冷提取装置(6.10)中,在真空条件下,试样用石油醚(5.8)脱脂 3 次,每次用石油醚 30 mL,每次洗涤后抽吸干燥残渣,将残渣装移至一烧杯(6.6)。

9.3 除去碳酸盐

将 100 mL 盐酸(5.2)倾注在试样上,连续振摇 5 min,小心将此混合物倾入一滤埚,滤埚底部覆盖一薄层滤器辅料(5.6)。

用水洗涤两次,每次用水 100 mL,细心操作最终使尽可能少的物质留在滤器上。

将滤埚内容物转移至原来的烧杯中并按 9.4 处理。

9.4 酸消煮

将 150 mL 硫酸(5.3)倾注在试样上。尽快使其沸腾,并保持沸腾状态 30 min±1 min。

在沸腾开始时,转动烧杯一段时间。如果产生泡沫,则加数滴防泡剂(5.7)。在沸腾期间使用一个适当的冷却装置保持体积恒定(见 6.6 和 6.11)。

9.5 第一次过滤

在滤埚中(6.3)铺一层滤器辅料(5.6),其厚度约为滤埚高度的五分之一,滤器辅料上面可盖一筛板(6.4)以防溅起。

当消煮结束时,将液体通过一个搅拌棒滤至滤埚中,用弱真空抽滤,使 150 mL 几乎全部通过。如果滤器堵塞,则用一个搅拌棒小心地移去覆盖在滤器辅料上的粗纤维。

残渣用热水洗涤 5 次,每次约用 10 mL 水,要注意使滤埚的过滤板始终有滤器辅料覆盖,使粗纤维不接触滤板。

停止抽真空,加一定体积的丙酮(5.5),刚好能覆盖残渣,静置数分钟后,慢慢抽滤排出丙酮,继续抽真空,使空气通过残渣,使之干燥。

9.6 脱脂

在冷提取装置(6.10)中,在真空条件下,试样用石油醚(5.8)脱脂 3 次,每次用石油醚 30 mL,每次洗涤后抽吸干燥。

9.7 碱消煮

将残渣定量转移至酸消煮用的同一烧杯中。

加 150 mL 氢氧化钾溶液(5.4),尽快使其沸腾,保持沸腾状态 30 min±1 min,在沸腾期间用一适当的冷却装置(6.6 和 6.11)使溶液体积保持恒定。

9.8 第二次过滤

烧杯内容物通过滤埚(6.3)过滤,滤埚内铺有一层滤器辅料(5.6),其厚度约为滤埚高度的五分之一,上盖一筛板(6.4)以防溅起。

残渣用热水洗至中性。

残渣在真空条件下用丙酮(5.5)洗涤 3 次,每次用丙酮 30 mL,每次洗涤后抽吸干燥残渣。

9.9 干燥

将滤埚置于灰化皿(6.5)中,灰化皿及其内容物在 130℃干燥箱(6.7)中至少干燥 2 h。

在灰化或冷却过程中，滤埚的烧结滤板可能有些部分变得松散，从而可能导致分析结果错误，因此将滤埚置于灰化皿中。

滤埚和灰化皿在干燥器(6.8)中冷却，从干燥器中取出后，立即对滤埚和灰化皿进行称量(m_2)，准确至 0.1 mg。

9.10 灰化

将滤埚和灰化皿置于马福炉(6.9)中，其内容物在 500℃±25℃下灰化，直至冷却后连续两次称量的差值不超过 2 mg。

每次灰化后，让滤埚和灰化皿初步冷却，在尚温热时置于干燥器中，使其完全冷却，然后称量(m_3)，准确至 0.1 mg。

9.11 空白测定

用大约相同数量的滤器辅料(5.6)，按 9.4 至 9.10 进行空白测定，但不加试样。

灰化(9.10)引起的质量损失不应超过 2 mg。

按第 11 章处理。

10 半自动操作方法的分析步骤

10.1 试料

称取约 1 g 制备的试样(第 8 章)(m_1)准确至 0.1 mg，转移至一带有约 2 g 滤器辅料(5.6)的滤埚(6.3)中。

如果样品脂肪含量超过 100 g/kg，或样品所含脂肪不能用石油醚(5.8)直接提取，则按 10.2 进行。

如果样品脂肪含量不超过 100 g/kg，其碳酸盐(碳酸钙形式)含量超过 50 g/kg，按 10.3 进行，如果碳酸盐不超过 50 g/kg，则按 10.4 进行。

10.2 预先脱脂

将滤埚与冷提取装置(6.10)连接，试样在真空条件下用石油醚(5.8)洗涤 3 次，每次用石油醚 30 mL，每次洗涤后抽吸干燥残渣。

10.3 除去碳酸盐

将滤埚与加热装置(6.12)连接，试样用盐酸(5.2)洗涤 3 次，每次用盐酸 30 mL，在每次加盐酸后在过滤之前停留约 1 min。

约用 30 mL 水洗涤一次，按 10.4 进行。

10.4 酸消煮

将消煮圆筒与滤埚连接，将 150 mL 沸硫酸(5.3)转移至带有滤埚的圆筒中，如果出现泡沫，则加数滴防泡剂(5.7)，使硫酸尽快沸腾，并保持剧烈沸腾 30 min±1 min。

10.5 第一次过滤

停止加热，打开排放管旋塞，在真空条件下通过滤埚将硫酸滤出，残渣用热水至少洗涤 3 次，每次用水 30 mL，洗涤至中性，每次洗涤后抽吸干燥残渣。

如果过滤发生问题，建议小心吹气排出滤器堵塞。

如果样品所含脂肪不能直接用石油醚(5.8)提取，按 10.6 进行；否则，按 10.7 进行。

10.6 脱脂

将滤埚与冷提取装置(6.10)连接，残渣在真空条件下用丙酮洗涤 3 次，每次用丙酮(5.5)30 mL。然后，残渣在真空条件下用石油醚(5.8)洗涤 3 次，每次用石油醚 30 mL。每次洗涤后抽吸干燥残渣。

10.7 碱消煮

关闭排出孔旋塞，将 150 mL 沸腾的氢氧化钾溶液(5.4)转移至带有滤埚的圆筒，加数滴防泡剂

(5.7),使溶液尽快沸腾,并保持剧烈沸腾 30 min±1 min。

10.8 第二次过滤

停止加热,打开排放管旋塞,在真空条件下通过滤埚将氢氧化钾溶液滤去,用热水至少洗涤 3 次,每次用水约 30 mL,洗至中性,每次洗涤后抽吸干燥残渣。

如果过滤发生问题,建议小心吹气排出滤器堵塞。

将滤埚与冷提取装置(6.10)连接,残渣在真空条件下用丙酮洗涤 3 次,每次用丙酮(5.5)30 mL。每次洗涤后抽吸干燥残渣。

10.9 干燥

将滤埚置于灰化皿(6.5)中,灰化皿及其内容物在 130℃干燥箱(6.7)中至少干燥 2 h。

在灰化或冷却过程中,滤埚的烧结滤板可能有些部分变得松散,从而可能导致分析结果错误,因此需将滤埚置于灰化皿中。

滤埚和灰化皿在干燥器(6.8)中冷却,从干燥器中取出后,立即对滤埚和灰化皿进行称量(m_2),准确至 0.1 mg。

10.10 灰化

将滤埚和灰化盘置于马福炉中,其内容物在 500℃±25℃下灰化,直至冷却后连续两次称量的差值不超过 2 mg。

每次灰化后,让滤埚和灰化皿初步冷却,在尚温热时置于干燥箱中,使其完全冷却,然后称量(m_3),准确至 0.1 mg。

10.11 空白测定

用大约相同数量的滤器辅料(5.6),按 10.4 至 10.10 进行空白测定,但不加试样。

灰化(10.10)引起的质量损失不应超过 2 mg。

11 计算

试样中粗纤维的含量(X)以克每千克(g/kg)表示,按式(1)计算:

$$X = \frac{m_2 - m_3}{m_1} \qquad \cdots\cdots(1)$$

式中:

m_1——试料(9.1 或 10.1)的质量,单位为克(g);

m_2——灰化盘、滤埚以及在 130℃干燥后获得的残渣(9.9 或 10.9)的质量,单位为毫克(mg);

m_3——灰化盘、滤埚以及在 500℃±25℃灰化后获得的残渣(9.10 或 10.10)的质量,单位为毫克(mg)。

结果四舍五入,准确至 1 g/kg。

注:结果亦可用质量分数(%)表示。

12 精密度

12.1 实验室间试验

附录 A 详细列出了本方法精密度的实验室间的试验结果,从该试验得出的数值可能不适用于附录中列出以外的浓度范围及基质的样本。

12.2 重复性

用同一方法,对相同的试验材料,在同一实验室内,由同一操作人员使用同一设备,在短时间内获得的两个独立试验结果之间的绝对差值超过表 1 中列出的或由表 1 得出重复性限 r 的情况不大于 5%。

表 1 重复性限(r)和再现性限(R)

样品	粗纤维含量/(g/kg)	重复性限(r)/(g/kg)	再现性限(R)/(g/kg)
向日葵饼粕粉	223.3	8.4	16.1
棕榈仁饼粕	190.3	19.4	42.5
牛颗粒饲料	115.8	5.3	13.8
玉米谷蛋白饲料	73.3	5.8	9.1
木薯	60.2	5.6	8.8
狗粮	30.0	3.2	8.9
猫粮	22.8	2.7	6.4

12.3 再现性

使用同一方法,对相同的试验材料,在不同实验室,由不同操作人员使用不同设备获得的两个独立试验结果之间的绝对差值超过表 1 中列出的或从表 1 得出的再现性限 R 的情况不大于 5%。

13 试验报告

试验报告应详细说明:

——为样品完全鉴定所需的全部信息;

——使用的抽样方法(如了解);

——采用的测定方法,并附本标准作为参考文献;

——在本标准中未详述的或可选择的全部操作细节,以及可能影响测定结果的任何事件的细节;

——取得的测定结果,如果检查了重复性则要提供两个测定结果。

附 录 A
（资料性附录）
实验室间试验结果

1996年和1997年根据ISO 5725：1986[2]错层式试验进行的4个实验室试验确定了本方法的精密度，在检测中采用了Grubbs分离物试验取代了Dion分离物试验，在GB/T 6379.2—2004(ISO 5725-2：1994)[4]中介绍了Grubbs分离物试验。

有10个实验室参加了实验室间检测，测定了向日葵饼粕粉、棕榈仁饼粕、牛颗粒饲料、玉米谷蛋白饲料、木薯、狗粮和猫粮等样品。

表 A.1 实验室间试验结果

参 数	样 品[a]						
	1	2	3	4	5	6	7
剔除界外值后保留的实验室数	10	9	10	10	10	10	10
粗纤维平均含量/(g/kg)	223.3	190.3	115.8	73.3	60.2	30.0	22.8
重复性标准差(S_r)/(g/kg)	3.00	6.93	1.89	2.07	2.00	1.14	0.96
重复性变异系数/(%)	1.3	3.6	1.6	2.8	3.3	3.8	4.2
重复性限(r)[$r=2.8\times S_r$]/(g/kg)	8.4	19.4	5.3	5.8	5.6	3.2	2.7
再现性标准差(S_R)/(g/kg)	5.75	15.18	4.93	3.25	3.14	3.18	2.29
再现性变异系数/(%)	2.6	8.0	4.3	4.4	5.2	10.6	10.0
再现性限(R)[$R=2.8\times S_R$]/(g/kg)	16.1	42.5	13.8	9.1	8.8	8.9	6.4

a 1：向日葵饼粕粉；
2：棕榈仁饼粕；
3：牛颗粒饲料；
4：玉米谷蛋白饲料；
5：木薯；
6：狗粮；
7：猫粮。

参 考 文 献

［1］ ISO 4793:1986, Laboratory sintered (fritted) filters—Porosity grading, classification and designation.

［2］ ISO 5725: 1986, Precision of test methods—Determination of repeatability and reproducibility for a standard test method by inter-laboratory test.

［3］ GB/T 6379.1—2004 测量方法与结果的准确度(正确度与精密度)第1部分:总则与定义(ISO 5725-1:1994 Accuracy(trueness and precision) of measurement methods and results—Part 1: General principles and definitions, IDT).

［4］ GB/T 6379.2—2004 测量方法与结果的准确度(正确度与精密度)第2部分:确定标准测量方法重复性与再现性的基本方法(ISO 5725-2:1994 Accuracy(trueness and precision) of measurement methods and results—Part 2: Basic method for the determination of repeatability and reproducibility of a standard measurement method, IDT).

［5］ ISO 6492, Animal feeding stuffs—Determination of fat content.

［6］ ISO 6497, Animal feeding stuffs—Sampling.

［7］ ISO 6541, Agricultural food products—Determination of crude fiber content—Modified Scharrer method.

ICS 65.120
B 46

中华人民共和国国家标准

GB/T 6435—2006/ISO 6496:1999
代替 GB/T 6435—1986

饲料中水分和其他挥发性物质含量的测定

Determination of moisture and other volatile mater content in feeds

(ISO 6496:1999, Animal feeding stuffs—Determination of moisture and other volatile mater content, IDT)

2006-12-12 发布　　2007-03-01 实施

中华人民共和国国家质量监督检验检疫总局
中国国家标准化管理委员会　发布

前言

本标准等同采用ISO 6496:1999《动物饲料——水分和其他挥发性物质含量的测定》(英文版)。

为便于使用,本标准做了下列编辑性修改:

——标准名称改为:饲料中水分和其他挥发性物质含量的测定;

——"本国际标准"一词改为"本标准";

——用小数点"."代替作为小数点的逗号",";

——删除了国际标准的前言;

——增加了本标准的前言;

——规范性引用文件增加了"GB/T 14699.1",以与第6章对应;

——第6章"采样"的第1段改为:"按GB/T 14699.1采样",更改的原因是GB/T 14699.1等同采用了国际标准ISO 6497:2002,而ISO 6496发布时ISO 6497尚处于草案阶段,所以当时的标准中不能引用,只能作为文献推荐使用(本标准的参考文献已将ISO 6497删除);

——规范性引用文件直接引用了等同采用国际标准ISO 6498的我国标准GB/T 20195。第7章和9.2中"注"亦做了相应处理。

本标准与GB/T 6435—1986的主要技术差异如下:

——将干燥温度由105℃改为103℃;

——修改了干燥的时间;

——增加了检查在干燥过程中是否有影响检验结果的化学反应的内容。

本标准自实施之日起代替GB/T 6435—1986。

本标准的附录A为资料性附录。

本标准由中华人民共和国农业部提出。

本标准由全国饲料工业标准化技术委员会归口。

本标准起草单位:农业部饲料质量监督检验测试中心(济南)。

本标准主要起草人:孟凡胜、陈淑沂、孙延军、门晓冬、李胜、李明涛。

饲料中水分和其他挥发性物质含量的测定

1 范围

本标准规定了饲料中水分和其他挥发性物质含量的测定方法。

本方法适用于动物饲料,但以下情况除外:

a) 奶制品;

b) 矿物质;

c) 含有相当数量的奶制品和矿物质的混合物,如代乳品;

d) 含有保湿剂(如丙二醇)的动物饲料;

e) 下列单一动物饲料:

1) 动植物油脂(按 ISO 662[1] 的方法 A 测定);

2) 油料籽实(按 GB/T 14489.1[2] 的方法测定);

3) 油料籽实饼粕(按 GB/T 10358[3] 的方法测定);

4) 谷物,不包括玉米及谷类产品(按 ISO 712[4] 的方法测定);

5) 玉米(按 GB/T 10362《玉米水分测定法》[5] 的方法测定)。

2 规范性引用文件

下列文件中的条款通过本标准的引用而成为本标准的条款。凡是注日期的引用文件,其随后所有的修改单(不包括勘误的内容)或修订版均不适用于本标准,然而,鼓励根据本标准达成协议的各方研究是否可使用这些文件的最新版本。凡是不注日期的引用文件,其最新版本适用于本标准。

GB/T 14699.1　饲料　采样(GB/T 14699.1—2005,ISO 6497:2002,IDT)

GB/T 20195　动物饲料　试样的制备(GB/T 20195—2006,ISO 6498:1998,IDT)

3 术语和定义

下列术语和定义适用于本标准。

3.1

水分和其他挥发性物质含量　moisture and other volatile matter content

按照本标准规定的步骤干燥样品所损失物质的质量。

注:水分和其他挥发性物质含量通常以质量分数(%)表示。

4 原理

根据样品性质的不同,在特定条件下对试样进行干燥所损失的质量在试样中所占的比例。

5 仪器和材料

实验室常用及以下仪器、材料。

5.1　分析天平:感量 1 mg。

5.2　称量瓶:由耐腐蚀金属或玻璃制成,带盖。其表面积能使样品铺开约 0.3 g/cm^2。

5.3　电热鼓风干燥箱:温度可控制在 103℃±2℃。

5.4　电热真空干燥箱:温度可控制在 80℃±2℃,真空度可达 13 kPa。

应备有通入干燥空气导入装置或以氧化钙(CaO)为干燥剂的装置。(20 个样品需 300 g 氧化钙)。

5.5 干燥器:具有干燥剂。

5.6 砂:经酸洗。

6 采样

按 GB/T 14699.1 采样。

样品应具有代表性,在运输和贮存过程中避免发生损坏和变质。

7 试样制备

按 GB/T 20195 制备试样。

8 分析步骤

8.1 试样

8.1.1 液体、粘稠饲料和以油脂为主要成分的饲料

称量瓶(5.2)内放一薄层砂(5.6)和一根玻璃棒。将称量瓶及内容物和盖一并放入 103℃的干燥箱(5.3)内干燥 30 min±1 min。盖好称量瓶盖,从干燥箱中取出,放在干燥器(5.5)中冷却至室温。称量其质量,准确至 1 mg。

称取 10 g 试样(第 7 章)于称量瓶中,准确至 1 mg。用玻璃棒将试样与砂充分混合,玻璃棒留在称量瓶中,按 8.2 操作。

8.1.2 其他饲料

将称量瓶(5.2)放入 103℃干燥箱(5.3)中干燥 30 min±1 min 后取出,放在干燥器(5.5)中冷却至室温。称量其质量,准确至 1 mg。

称取 5 g 试样(第 7 章)于称量瓶中,准确至 1 mg,并摊匀。

8.2 测定

将称量瓶盖放在下面或边上与称量瓶一同放入 103℃干燥箱(5.3)中,建议平均每升干燥箱空间最多放一个称量瓶。

当干燥箱温度达 103℃后,干燥 4 h±0.1 h。将盖盖上,从干燥箱中取出,在干燥器(5.5)中冷却至室温。称量,准确至 1 mg。

以油脂为主要成分的的饲料应在 103℃干燥箱(5.3)中再干燥 30 min±1 min。两次称量的结果相差不应大于试样质量的 0.1%,如果大于 0.1%,按 8.3 操作。

8.3 检查试验

为了检查在干燥过程中是否有因化学反应[如美拉德(Maillard)反应]而造成不可接受的质量变化,作如下检查。

在干燥箱(5.3)中于 103℃再次干燥称量瓶和试样,时间为 2 h±0.1 h。在干燥器(5.5)中冷却至室温。称量,准确至 1 mg。如果经第二次干燥后质量变化大于试样质量的 0.2%,就可能发生了化学反应。在这种情况下按 8.4 所述步骤操作。

注:此处试样质量 0.2%的变化不应与 10.2 所说的重复性限相混淆。后者涉及的是在重复性条件下两个独立试验结果的绝对偏差。而前者是基于检查再次加热前后同一试样的称量结果差别,以确定是否发生了不可接受的化学变化。

8.4 发生不可接受质量变化的样品

按 8.1 取试样。将称量瓶盖放在下面或边上与称量瓶一同放入 80℃的真空干燥箱(5.4)中,减压至 13 kPa。通入干燥空气或放置干燥剂干燥试样。在放置干燥剂的情况下,当达到设定的压力后断开真空泵。在干燥过程中保持所设定的压力。当干燥箱温度达到 80℃后,加热 4 h±0.1 h。小心地将干燥箱恢复至常压。打开干燥箱,立即将称量瓶盖盖上,从干燥箱中取出,放入干燥器中冷却至室温称量,

准确至 1 mg。

将试样再次放入 80℃的真空干燥箱中干燥 30 min±1 min，直至连续两次干燥质量变化之差小于其质量的 0.2%。

8.5 测定次数

同一试样进行两个平行测定。

9 计算

9.1 未作预处理的样品

未作预处理的样品，其水分和其他挥发性物质的含量 w_1 以质量分数表示，数值以%计，按式(1)计算：

$$w_1 = \frac{m_3 - (m_5 - m_4)}{m_3} \times 100 \qquad \cdots\cdots(1)$$

式中：

m_3——试样的质量，单位为克(g)；

m_4——称量瓶(包括盖)的质量，如使用砂和玻璃棒，也包括砂和玻璃棒的质量，单位为克(g)；

m_5——称量瓶(包括盖)和干燥后试样的质量，如使用砂和玻璃棒，也包括砂和玻璃棒的质量，单位为克(g)。

9.2 经过预处理的样品

注：对于难以粉碎的样品见 GB/T 20195。

9.2.1 样品水分含量高于 17%，脂肪含量低于 120 g/kg，只需预干燥的样品，其水分和其他挥发性物质的含量 w_2 以质量分数表示，数值以%计，按式(2)计算：

$$w_2 = \left(\frac{m_0 - m_1}{m_0} + \left[\frac{m_3 - (m_5 - m_4)}{m_3} \times \frac{m_1}{m_0}\right]\right) \times 100 \qquad \cdots\cdots(2)$$

式中：

m_0——试样经提取和/或空气风干前的质量，单位为克(g)；

m_1——试样经提取和/或空气风干后的质量，单位为克(g)；

m_3——试样的质量，单位为克(g)；

m_4——称量瓶(包括盖)的质量，如使用砂和玻璃棒，也包括砂和玻璃棒的质量，单位为克(g)；

m_5——称量瓶(包括盖)和干燥后试样的质量，如使用砂和玻璃棒，也包括砂和玻璃棒的质量，单位为克(g)。

9.2.2 经脱脂的高脂肪低水分试样及经脱脂和预干燥的高脂肪高水分试样，其水分和其他挥发性物质的含量 w_3，以质量分数表示，数值以%计，按式(3)计算：

$$w_3 = \left(\frac{m_0 - m_1 - m_2}{m_0} + \left[\frac{m_3 - (m_5 - m_4)}{m_3} \times \frac{m_1}{m_0}\right]\right) \times 100 \qquad \cdots\cdots(3)$$

式中：

m_2——从试样中提取脂肪的质量(见 GB/T 20195)，单位为克(g)；

式中其他符号的含义同 9.2.1。

9.3 结果表示

取两次平行测定的算术平均值作为结果(8.5)，两个平行测定结果的绝对差值不大于 0.2%。超过 0.2%，重新测定。

结果精确至 0.1%。

10 精密度

10.1 实验室间对比试验

本方法实验室间测定精密度的详细情况参见附录 A。该实验室间比对测定的结果，可能不适用于附录 A 以外的其他含量范围和饲料品种。

10.2 重复性

在同一实验室，由同一操作者使用相同设备，按相同的测定方法，在短时间内，对同一被测试样相互独立进行测定获得的两个测定结果的绝对差值，超过表 1 所给出的重复性限 r 值的情况不大于 5%。

表 1 重复性限(r)和再现性限(R)

样品	水分和其他挥发性物质的含量/(%)	重复性限/(%)	再现性限/(%)
配合饲料	11.43	0.71	1.99
浓缩饲料	10.20	0.55	1.57
糖蜜饲料	7.92	1.49	2.46
干牧草	11.77	0.78	3.00
甜菜渣	86.05	0.95	3.50
苜蓿(紫花苜蓿)	80.30	1.27	2.91

10.3 再现性

在不同实验室，由不同的操作者使用不同的设备，按相同的测定方法，对同一被测试样相互独立进行测定获得的两个测试结果的绝对差值，超过表 1 所给出的再现性限 R 的情况不大于 5%。

11 检验报告

检验报告应包括：

——识别样品所需的全部信息；

——如果知道，应说明所用的采样方法；

——所使用的测定方法；

——对本标准未指明的或可供选择的所有操作细节，以及可能影响实验结果的任何偶发事件的细节加以说明；

——所得到的测定结果。如果进行了重复性检验，则给出最后的测定结果。

附 录 A
（资料性附录）
实验室间对比测定结果

实验室间测定由 ISO /TC 34/SC 10 动物饲料分委员会于 1996 年组织并按 ISO 5725-2:1994[7]进行。此测定有 23 个实验室参加。对配合饲料、浓缩饲料、糖蜜饲料、干牧草、甜菜渣、苜蓿（紫花苜蓿）等样品进行了研究。

表 A.1 实验室间测定的统计结果

参 数	样品[a]					
	1	2	3	4	5	6
剔除异常值后保留的实验室数	23	23	19	23	23	23
水分和其他挥发性物质含量的平均值/(%)	11.43	10.20	7.92	11.77	86.05	80.30
重复性标准偏差 S_r/(%)	0.253	0.195	0.533	0.28	0.34	0.454
重复性变异系数/(%)	2.21	1.91	6.73	2.38	0.40	0.57
重复性限 $r(2.8\times S_r)$/(%)	0.71	0.55	1.49	0.78	0.95	1.27
再现性标准偏差 S_R/(%)	0.71	0.562	0.878	1.07	1.25	1.04
再现性变异系数/(%)	6.22	5.51	11.09	9.09	1.45	1.30
再现性限 $R(2.8\times S_R)$/(%)	1.99	1.57	2.46	3.00	3.50	2.91

[a] 样品1:配合饲料；
2:浓缩饲料；
3:糖蜜饲料；
4:干牧草；
5:甜菜渣；
6:苜蓿(紫花苜蓿)。

参 考 文 献

[1] ISO 662,Animal and vegetable fats and oils—Determination of moisture and volatile matter content.

[2] GB/T 14489.1 油料水分及挥发物含量测定法(GB/T 14489.1—1993,eqv ISO 665:1977,Oilseeds—Determinaion of moisture and volatile matter content).

[3] GB/T 10358 油料饼粕中水分及挥发物含量测定法(GB/T 10358—1993,eqv ISO 771:1977,Oilseed residues—Determination of moisture and volatile content).

[4] ISO 712,Cereals and cereal products—Determination of moisture content (Routine reference method).

[5] GB/T 10362 玉米水分测定法[GB/T 10362—1989,eqv ISO 6540:1980,Maize—Determination of moisture content(on milled grains and on whole grains)].

[6] ISO 5725-1:1994,Accuracy(trueness and precision)of measurement methods and results—Part 1:General principles and definitions.

[7] ISO 5725-2:1994,Accuracy (trueness and precision) of measurement methods and results—Part 2:Basic method for the determinarion of repeatability and reproducibility of a standard measurement method.

ICS 27.160
K 83

中华人民共和国国家标准

GB/T 6495.7—2006/IEC 60904-7:1998

光伏器件　第7部分：光伏器件测量过程中引起的光谱失配误差的计算

Photovoltaic devices—
Part 7: Computation of spectral mismatch error introduced in the testing of a photovoltaic device

(IEC 60904-7:1998, IDT)

2006-08-25 发布　　2007-02-01 实施

中华人民共和国国家质量监督检验检疫总局
中国国家标准化管理委员会　发布

前　言

GB/T 6495《光伏器件》由以下部分组成：

——第 1 部分：光伏电流-电压特性的测量(IEC 60904-1:1987,IDT)；

——第 2 部分：标准太阳电池的要求(IEC 60904-2:1989,IDT)；

——第 3 部分：地面用光伏器件的测量原理以及标准光谱辐照度数据(IEC 60904-3:1989,IDT)；

——第 5 部分：用开路电压法确定光伏(PV)器件的等效电池温度(ECT)(IEC 60904-5:1993,IDT)；

——第 7 部分：光伏器件测量过程中引起的光谱失配误差的计算(IEC 60904-7:1998,IDT)；

——第 8 部分：光伏器件光谱响应的测量(IEC 60904-8:1998,IDT)；

——第 9 部分：太阳模拟器性能要求(IEC 60904-9:1995,IDT)；

——第 10 部分：线性特性测量方法(IEC 60904-10:1998,IDT)。

本部分为 GB/T 6495 的第 7 部分。

本部分等同采用 IEC 60904-7:1998《光伏器件　第 7 部分：光伏器件测量过程中引起的光谱失配误差的计算》(英文版)。

为了便于使用，本部分做了下列编辑性修改：

a)　“IEC 60904 的本部分”一词改为“本部分”；

b)　删除国际标准的前言。

本部分由中华人民共和国信息产业部提出。

本部分由全国太阳光伏能源系统标准化技术委员会归口。

本部分起草单位：上海交通大学、中国电子科技集团公司第十八研究所。

本部分主要起草人：徐林、郭增良、崔容强。

引 言

IEC 60904 由 9 部分组成，其中 8 部分被等同采用为 GB/T 6495，对应关系见本部分的前言。

IEC 60904 没有第 4 部分，相应地 GB/T 6495 也没有第 4 部分。IEC 60904-6:1994 被等同采用为 SJ/T 11209—1999《光伏器件　第 6 部分：标准太阳电池组件的要求》。

光伏器件 第7部分：光伏器件测量过程中引起的光谱失配误差的计算

1 范围

GB/T 6495的本部分规定了在光伏器件测量过程中测试样品和标准器件之间的光谱响应失配与测试光谱和标准光谱之间的失配共同影响造成的误差的确定方法，本方法仅适用于测试范围内具有线性特性的光伏器件，光伏器件的线性特性在IEC 60904-10:1998中规定。

2 规范性引用文件

下列文件中的条款通过GB/T 6495的本部分的引用而成为本部分的条款。凡是注日期的引用文件，其随后所有的修改单(不包括勘误的内容)或修订版均不适用于本部分，然而，鼓励根据本部分达成协议的各方研究是否可使用这些文件的最新版本。凡是不注日期的引用文件，其最新版本适用于本部分。

GB/T 6495.3—1996 光伏器件 第3部分：地面用光伏器件的测量原理及标准光谱辐照度数据(idt IEC 60904-3:1989)

IEC 60904-10:1998 光伏器件 第10部分：线性度测量方法

3 方法描述

误差通过计算标准器件和测试样品的相对光谱响应与太阳模拟器的相对光谱辐照度和GB/T 6495.3—1996规定的标准太阳光谱辐照度分布的积分而获得。如果定义：

J_1 标准电池在具有1 000 W·m^{-2}辐照度和标准光谱分布的太阳辐射下的短路电流密度(A·m^{-2})；

J_2 标准电池在自然或模拟的太阳辐射下测得的短路电流密度(A·m^{-2})；

$s_{1\lambda}$ 标准电池在波长λ处的绝对光谱响应(A·W^{-1})；

$k_1 \cdot s_{1\lambda}$ 标准电池在波长λ处的相对光谱响应；

J_3 测试样品在具有1 000 W·m^{-2}辐照度和标准光谱分布的太阳辐射下的短路电流密度(A·m^{-2})；

J_4 测试样品在自然或模拟的太阳辐射下测得的短路电流密度(A·m^{-2})；

$s_{2\lambda}$ 测试样品在波长λ处的绝对光谱响应(A·W^{-1})；

$k_2 \cdot s_{2\lambda}$ 测试样品在波长λ处的相对光谱响应；

$G_{s\lambda}$ 标准光谱辐照度分布中波长λ处的绝对光谱辐照度(W·m^{-2}·μm^{-1})；

$k_3 \cdot G_{s\lambda}$ 标准光谱辐照度分布中波长λ处的相对光谱辐照度；

$G_{t\lambda}$ 自然或模拟的太阳辐射在波长λ处的绝对光谱辐照度(W·m^{-2}·μm^{-1})；

$k_4 \cdot G_{t\lambda}$ 自然或模拟的太阳辐射在波长λ处的相对光谱辐照度。

那么：

$$J_1 = \int s_{1\lambda} \cdot G_{s\lambda} \cdot \mathrm{d}(\lambda)$$

$$J_2 = \int s_{1\lambda} \cdot G_{t\lambda} \cdot \mathrm{d}(\lambda)$$

$$J_3 = \int s_{2\lambda} \cdot G_{s\lambda} \cdot \mathrm{d}(\lambda)$$

$$J_4 = \int s_{2\lambda} \cdot G_{t\lambda} \cdot \mathrm{d}(\lambda)$$

测量的相对光谱响应和相对光谱辐照度之乘积的积分得到下面的变量：

$$A_1 = \int k_1 \cdot s_{1\lambda} \cdot k_3 \cdot G_{s\lambda} \cdot \mathrm{d}(\lambda) = k_1 \cdot k_3 \cdot J_1$$

$$A_2 = \int k_1 \cdot s_{1\lambda} \cdot k_4 \cdot G_{t\lambda} \cdot \mathrm{d}(\lambda) = k_1 \cdot k_4 \cdot J_2$$

$$A_3 = \int k_2 \cdot s_{2\lambda} \cdot k_3 \cdot G_{s\lambda} \cdot \mathrm{d}(\lambda) = k_2 \cdot k_3 \cdot J_3$$

$$A_4 = \int k_2 \cdot s_{2\lambda} \cdot k_4 \cdot G_{t\lambda} \cdot \mathrm{d}(\lambda) = k_2 \cdot k_4 \cdot J_4$$

测试样品的短路电流密度测试误差由下式计算：

$$\text{光谱失配误差}(\%) = \left[\frac{(J_4 - J_3)}{J_3}\right] \times 100 = \left[\frac{(A_1 \cdot A_4)}{(A_2 \cdot A_3)} \cdot \left(\frac{J_2}{J_1}\right) - 1\right] \times 100$$

ICS 27.160
K 83

中华人民共和国国家标准

GB/T 6495.9—2006/IEC 60904-9:1995

光伏器件
第9部分:太阳模拟器性能要求

Photovoltaic devices—Part 9:Solar simulator performance requirements

(IEC 60904-9:1995,IDT)

2006-08-25 发布 2007-02-01 实施

中华人民共和国国家质量监督检验检疫总局
中国国家标准化管理委员会 发布

前　言

GB/T 6495《光伏器件》由以下部分组成：

——第 1 部分：光伏电流—电压特性的测量(IEC 60904-1:1987,IDT)；

——第 2 部分：标准太阳电池的要求(IEC 60904-2:1989,IDT)；

——第 3 部分：地面用光伏器件的测量原理以及标准光谱辐照度数据(IEC 60904-3:1989,IDT)；

——第 5 部分：用开路电压法确定光伏(PV)器件的等效电池温度(ECT)(IEC 60904-5:1993,IDT)；

——第 7 部分：光伏器件测量过程中引起的光谱失配误差的计算(IEC 60904-7:1998,IDT)；

——第 8 部分：光伏器件光谱响应的测量(IEC 60904-8:1998,IDT)；

——第 9 部分：太阳模拟器性能要求(IEC 60904-9:1995,IDT)；

——第 10 部分：线性特性测量方法(IEC 60904-10:1998,IDT)。

本部分为 GB/T 6495 的第 9 部分。

本部分等同采用 IEC 60904-9:1995《光伏器件　第 9 部分：太阳模拟器性能要求》(英文版)。

为了便于使用，本部分做了下列编辑性修改：

a)　“IEC 60904 的本部分”一词改为“本部分”；

b)　用小数点“.”代替作为小数点的逗号“,”；

c)　删除国际标准的前言。

本标准由中华人民共和国信息产业部提出。

本标准由全国太阳光伏能源系统标准化技术委员会归口。

本标准起草单位：中国电子科技集团公司第十八研究所、中国科学院长春光机所。

本标准主要起草人：郭增良、仲跻功、贾堤、王爱玲、孙传灏。

引　言

IEC 60904 由 9 部分组成,其中 8 部分被等同采用为 GB/T 6495,对应关系见本部分的前言。

IEC 60904 没有第 4 部分,相应地 GB/T 6495 也没有第 4 部分。IEC 60904-6:1994 被等同采用为 SJ/T 11209—1999《光伏器件　第 6 部分:标准太阳电池组件的要求》。

光伏器件
第 9 部分:太阳模拟器性能要求

1 范围

GB/T 6495 的本部分规定了太阳模拟器的要求,该模拟器与配备的一个与被测样品光谱匹配的标准器件用于非聚光地面平板光伏装置的室内测试。太阳电池的输出与入射光光谱分布有很大关系,为了减少测试误差,本部分详细规定了太阳模拟器光谱分布相对于标准光谱辐照分布可接受的匹配值,但是应该指出的是,误差值大小也受到标准电池和测试样品之间光谱响应失配度的影响。

本部分适用于脉冲模拟器和稳态模拟器。

2 规范性引用文件

下列文件中的条款通过 GB/T 6495 的本部分的引用而成为本部分的条款。凡是注日期的引用文件,其随后所有的修改单(不包括勘误的内容)或修订版均不适用于本部分,然而,鼓励根据本部分达成协议的各方研究是否可使用这些文件的最新版本。凡是不注日期的引用文件,其最新版本适用于本部分。

GB/T 6495.3—1996　光伏器件　第 3 部分:地面用光伏器件的测量原理及标准光谱辐照度数据(idt IEC 60904-3:1989)

3 模拟器类型

对于光伏性能测试,可用的商业化太阳模拟器有两类,一类是稳态模拟器(例如滤光氙灯、双色滤光钨灯－ELH 灯或改进的汞灯),这类模拟器适用于单体电池和小尺寸组件的测试。另一类是脉冲模拟器,由一个或两个长弧脉冲氙灯组成,这类模拟器由于在大面积范围内辐照度均匀性好,能够更好地适用于大尺寸组件的测试。这类模拟器的另外一个优点是,被测电池热输入可忽略,这样在测试时被测电池与环境温度保持一致,而环境温度是可以很容易地精确测量的。脉冲发生网络、数据采集和处理系统通常作为模拟器的部件提供。

4 模拟器要求

4.1 总辐照度

模拟器必须能够在测试平面上达到 1 000 W · m^{-2} 的标准辐照度(用标准电池测量),并且根据需要可对辐照度在标准辐照度值上下进行一定的调节。

4.2 光谱匹配

模拟器光谱辐照度分布应与标准光谱辐照度分布匹配,表 1 给出了相关等级模拟器匹配的要求。

4.3 均匀度

在测试平面上,指定测试区域内的辐照度应达到一定的均匀度,辐照度用合适的探测器测量,表 1 规定了相应等级模拟器均匀性的要求。

对于单体电池和电池串的测试,探测器最大尺寸应小于电池最小尺寸的一半。

对于组件,探测器尺寸应不大于组件中单体电池的尺寸。

$$不均匀度=\pm\left(\frac{最大辐照度-最小辐照度}{最大辐照度+最小辐照度}\right)\times 100\%$$

其中,最大辐照度和最小辐照度是在指定范围内探测器在任意指定点的测量值(已对辐照不稳定度给予修正)。

4.4 辐照稳定度

数据采集期间,辐照度应该具有一定的稳定度,表1规定了模拟器相关等级。

$$辐照不稳定度=\pm\left(\frac{最大辐照度-最小辐照度}{最大辐照度+最小辐照度}\right)\times 100\%$$

其中,最大辐照度和最小辐照度是数据采集期间在测试平面内探测器在任意指定点的测量值。

注:对于脉冲型模拟器的特殊情况,辐照稳定性的要求仅适用于每个数据点实际测量期间当时的辐照度。

4.5 性能检查

无论A级和B级模拟器技术参数发生任何变化(包括器件老化),应该检查4.1到4.4所描述模拟器的特性,这些变化可能造成模拟器超过允许的范围,探测器应该有足够的视角,以便能够接受测试平面内任意一点所有的入射光。

5 数据单

以下的资料应该记录在数据单中,每台模拟器应附有一份数据单。

——出具数据单日期;

——测量日期;

——制造商;

——类型;

——等级(由单一特性中最低的等级确定);

——测试平面位置;

——标称测试面积;

——标称灯电流;

——标称辐照度;

——光谱辐照度分布;

——指定测试区域内辐照不均匀度;

——测试平面内任意点对光源(包括反射光)的最大张角;

——辐照不稳定度;

——对于脉冲模拟器,脉冲特性;

——对于脉冲模拟器,数据点之间间隔时间。

表1 模拟器等级分类

特　性	等级A	等级B	等级C
光谱匹配(每个波长范围实际测试的总辐照度的百分比与表2列出的标准光谱辐照度分布的百分比的比率)	0.75～1.25	0.6～1.4	0.4～2.0
辐照不均匀度	≤±2%	≤±5%	≤±10%
辐照不稳定度	≤±2%	≤±5%	≤±10%

表 2 标准光谱辐照度分布*

波长(λ)范围/μm	波长 0.4 μm 到 1.1 μm 之间总辐照度的百分比
0.4～0.5	18.5
0.5～0.6	20.1
0.6～0.7	18.3
0.7～0.8	14.8
0.8～0.9	12.2
0.9～1.1	16.1

* 依照 GB/T 6495.3—1996 给出的总的标准光谱辐照度分布。

ICS 59.060.10
W 21

中华人民共和国国家标准

GB/T 6501—2006
代替 GB/T 6501—1986

羊毛纤维长度试验方法 梳片法

Test method for measure length of the wool fibre—Comb sorter method

2006-03-10 发布 2006-09-01 实施

中华人民共和国国家质量监督检验检疫总局
中国国家标准化管理委员会 发布

前　言

本标准参照 ISO 920:1976《羊毛纤维长度(巴布长度和豪特长度)的测定——梳片分析仪法》和 ASTM D 519—1990(2001)《羊毛毛条纤维长度的试验方法》(英文版)制定。

——本标准参照 ISO 920:1976、ASTM D 519—1990(2001)标准的适用范围,规定了用梳片式长度仪测定羊毛纤维长度及其变异系数的方法(见本版第 1 章);

——本标准参照 ISO 920:1976、ASTM D 519—1990(2001)的试验原理,将纤维经过拔取、梳理、转移进行长度分组、称重,通过公式计算出纤维的平均长度、标准偏差和变异系数(见本版第 4 章);

——目前我国所使用的梳片式长度仪与两个参照标准中的使用仪器除在自动化程度上存在差异,其主要结构、原理、操作形式都是相同的;

——本标准参照 ASTM D 519—1990(2001)标准,将拔取后的纤维在小梳片上连续梳理两次(见本版 9.3);

——本标准参照 ASTM D 519—1990(2001)标准,纤维拔取、梳理、转移、分组等操作要人工完成(见本版 9.3、9.4)。

本标准是 GB/T 6501—1986《羊毛纤维长度试验方法　梳片法》的修订本。本次修订结合国内使用情况作了如下修改:

——增加了羊毛与毛型化纤混纺条和纯毛型化纤条可参照本标准使用的条文(本版第 1 章);

——增加了规范性引用文件(见本版第 2 章);

——修改了名词术语,采用了最新版本的有关名词术语(见 1986 版第 1 章;本版第 3 章);

——修改了天平精度表示方法(见 1986 版 3.1;本版 5.2);

——明确了纺织品的预调湿、调湿和试验用标准大气标准,修改了 1986 版的有关错误(见 1986 版 4.2、4.3、5.5;本版第 6 章、8.2);

——修改了抽样基数(见 1986 版 5.1;本版 7.2);

——修改了压放在梳片仪上的毛条前端露出长度(见 1986 版 6.1;本版 9.1);

——修改了排放在第二架梳片仪上的纤维宽度(见 1986 版 6.4;本版 9.4);

——修改了双试验平衡考核指标(见 1986 版 6.7;本版 10.4);

——增加了试验过程中的纤维损耗考核内容(见本版表 1);

——增加了使用计算器法计算的有关公式(见本版 10.3)。

本标准的附录 A、附录 B 为资料性附录。

本标准由中国纤维检验局提出。

本标准由中国纤维检验局归口。

本标准起草单位:北京市毛麻丝织品质量监督检验站。

本标准主要起草人:文艳荣、崔树平、崔艳霞、韩兵。

本标准于 1986 年首次发布。本次为第一次修订。

羊毛纤维长度试验方法　梳片法

1　范围

本标准规定了采用梳片式长度仪测定羊毛纤维长度(巴布长度和豪特长度)及其变异系数的方法。

本标准适用于羊毛条。羊毛与毛型化纤混纺条和纯毛型化纤条可参照本标准。

2　规范性引用文件

下列文件中的条款通过本标准的引用而成为本标准的条款。凡是注日期的引用文件,其随后所有的修改单(不包括勘误的内容)或修订版均不适用于本标准,然而鼓励根据本标准达成协议的各方研究是否可使用这些文件的最新版本。凡是不注日期的引用文件,其最新版本适用于本标准。

GB/T 3291.1　纺织　纺织材料性能和试验术语　第 1 部分:纤维和纱线

GB/T 3291.3　纺织　纺织材料性能和试验术语　第 3 部分:通用

GB 6529　纺织品的调湿和试验用标准大气

GB/T 8170　数值修约规则

3　术语和定义

下列术语和定义适用于本标准。

3.1

巴布长度　Barbe length

根据试样中不同长度的纤维所占质量的比例计算的纤维平均长度,也称为质量加权平均长度。

3.2

豪特长度　Hauteur length

根据试样中的纤维横截面比例计算的纤维平均长度,也称为根数加权平均长度。

3.3

批　lot

根据不同的目的,按产品原料、生产工艺等划分的计数单位。

3.4

批样　lot sample

按规定从一批产品中随机抽取的一个或多个包装单元,作为实验室样品的来源。

3.5

实验室样品　laboratory sample

按规定取自批样的产品单元或部分材料,作为试验用试样的来源。

3.6

试样　specimen

取自实验室样品用以进行试验的部分。

3.7

机械随机取样　systematic sampling

将一个总体批中的 n 个个体(包、团、球)系统排列(例如按生产顺序),并编上 1 到 N 号,将这 n 个个体分成若干组(例如$\leqslant n_{10}$为第 1 组,$n_{11} \sim n_{20}$为第 2 组,$n_{21} \sim n_{30}$为第 3 组……)。每一组必须随机抽取一个样品,第 1 组随机抽到一个(例如 n_3),第 2 组随机抽到一个(例如 n_{18})等等。

3.8

纤维损耗率 fibre loss ratio

试验过程中纤维损耗质量与试样总质量之比。

4 测试原理

取定量的羊毛毛条试样，用羊毛梳片仪将纤维经过拔取、梳理、转移进行长度分组，然后将各长度组分别称量，以求得各长度指标，所得长度基于质量计算。

5 仪器、工具

5.1 Y131 型羊毛梳片式长度仪。

5.2 电子天平：感量万分之一。

5.3 夹毛钳、压毛叉（大、小）、刷子、绒板或盒子、镊子。

6 预调湿、调湿和试验用标准大气

预调湿、调湿和试验用标准大气按 GB 6529 规定。调湿和试验用温度、相对湿度采用二级标准，即：温度(20±2)℃，相对湿度(65±3)%。

7 抽样

7.1 抽样要求

试验用样品应从同一品种、同一批的毛条中抽取。

7.2 抽样数量

毛条批量为 5 000 kg 及以下，抽取 5 包；5 000 kg 以上每增加 2 000 kg(不足 2 000 kg 按 2 000 kg 计算)增抽一包。

7.3 抽样方法

应采取机械随机抽样方法从毛条批量中抽取毛包作为批样，每包中随机抽取 2 个毛球(团)，每个毛球(团)按取样要求(见 7.4)抽取 2 段毛条，作为实验室样品。

7.4 取样要求

入库前毛条：在毛球外层连续取 2 段毛条。

入库后毛条：在毛球外层和在较接近球芯处各取 1 段毛条。

7.5 样品要求

要求所取毛条外观完好、条干均匀，长度不得短于 1 m/段。

7.6 试样数量

从实验室样品中任意抽取来自不同毛球的 9 段毛条作为试样，分成 3 份，每份 3 段，其中两份做双试验用，另一份留作备样。

8 试样准备

8.1 将试样均匀加捻(约 20 捻)，并将毛条两端对齐握持，使得对折后的毛条自然轻微加捻。

8.2 按第 6 章所规定的条件，将毛条试样进行预调湿、调湿。当试样回潮率低于公定回潮率时可不进行预调湿处理。

9 试验步骤

9.1 将经过调湿后的毛条退去捻度，双手各持毛条一端并略加张力，但不要使毛条产生意外伸长。将 3 段毛条分别平直地、等距离地压放在第一架梳片仪上。毛条在梳片仪上的宽度应略小于夹毛钳的宽度。压放在梳片仪上的毛条前端要露出第一块梳片外约 15 cm～20 cm。用压毛叉将毛条压入针板时，压毛叉要保持水平，毛条压入针板深度使针尖露出约 2 mm。同时将第二架梳片仪第一块下梳片放下，为下一步纤维转移做好准备。

9.2 将露在第一块梳片外的毛条，用手轻轻少量多次拉出，当露出毛条剩余约 5 cm～8 cm 时，开始用夹毛钳夹取纤维，夹取动作与梳片仪要保持水平，要求少量、多次夹取纤维，直至将纤维夹取干净，然后放下第一块梳片。

9.3 一个组距内的毛条纤维要分三次均匀拔取，每次拔取前须将毛条头端修齐。用夹毛钳把全部宽度的毛条纤维紧紧夹住，沿水平方向缓缓向前拔取。随着每次拔取的完成，另一只手要轻轻拢住纤维，在小梳片上连续梳理两次。第一次从纤维中部开始梳理，第二次从纤维根部开始梳理。当第二次梳理完成时，要用另一只手轻轻夹持住纤维，将纤维转移至第二架梳片仪上，参照 9.4。当一个组距内的毛条纤维三次拔取结束后，要把露在梳片外的剩余纤维夹取干净，再进行下一个组距的拔取，注意夹钳不要撞击针板。重复上述动作，连续拔取数组毛条纤维，直至符合 9.6 中质量要求为止。

9.4 完成纤维转移应将纤维平直排放在第二架梳片仪上，纤维头端在第二块梳片外侧，用小压叉轻轻将纤维压进梳针，夹钳紧紧夹住纤维头端，沿水平方向缓缓向前拉出使纤维再次受到梳理，直至纤维头端与第一块下梳片内侧平齐。使一束束毛纤维从第一架梳片仪经过拔取、梳理、转移并列平直地排放在第二架梳片仪上。每层纤维排列宽度约 10 cm～12 cm，每排完一层纤维应将第一块下梳片拉起比量一次，以保证纤维头端与第一块下梳片内侧平齐，并用大压叉将纤维层轻轻垂直压入梳针，用力不宜过大，不要将纤维层压到梳针底部，纤维层之间也不要过于紧密。

9.5 纤维转移完成后，将第二架梳片仪的第一块下梳片拉起加上，再把 4 块上梳片放上，将仪器转过 180°。从第一块梳片起，依次落下空梳片，清除浮游纤维，直至最长纤维符合该组长度时开始统计。用夹钳分别夹取各组距纤维，每次要少量、分多次夹取，夹取动作要求沿水平方向缓缓向前，切不可一次夹取过多，避免将短纤维带出。每个组距间纤维都要夹取干净，夹毛钳不要撞击针板。把按每个组距夹取的纤维，分别绕成小团，由长到短顺序放置在黑绒板上或小盒内。

9.6 将各组纤维逐一用天平称量，精确到 0.001 g，试验后总质量要求 2 000 mg～2 500 mg。30 mm 及以下短纤维做短毛率计算。

9.7 试验过程纤维损耗考核指标见表 1。

表 1

考核指标	品种	
	同质毛毛条	异质毛毛条
纤维损耗率/%	≤8.0	≤10.0

试验过程中的纤维损耗从 9.3 开始统计，至 9.5 结束。纤维损耗包括下述四种纤维：

a) 每次拔取前纤维头端修齐损耗；

b) 纤维在小梳片上连续两次梳理后，残留在小梳片上的纤维；

c) 一个组距内纤维拔取结束后，梳片露出的剩余纤维；

d) 第二架梳片仪上未达到最长纤维的浮游纤维。

纤维损耗率计算按式(1)：

$$S_1 = \frac{m_2}{m_1 + m_2} \times 100\% \qquad \cdots\cdots(1)$$

式中：

S_1——纤维损耗率，%；

m_1——试验后纤维总质量，单位为毫克(mg)；

m_2——纤维损耗质量，单位为毫克(mg)。

纤维损耗率的计算修约至小数点后一位。

注：草屑不在质量统计范围内。

10 计算与结果的表示

10.1 加权平均计算法长度公式

$$L_1 = L_2 + \frac{\sum(m_i \times D_i)}{\sum m_i} \times I \quad \cdots\cdots(2)$$

$$S = \sqrt{\frac{\sum(m_i \times D_i^2)}{\sum m_i} - \left[\frac{\sum(m_i \times D_i)}{\sum m_i}\right]^2} \times I \quad \cdots\cdots(3)$$

$$CV = \frac{S}{L_1} \times 100\% \quad \cdots\cdots(4)$$

$$U = \frac{m_2}{m_1} \times 100\% \quad \cdots\cdots(5)$$

式中：

L_1——纤维平均长度，单位为毫米(mm)；

L_2——假定平均长度，单位为毫米(mm)；

I——组距，单位为毫米(mm)；

S——标准差，单位为毫米(mm)；

m_1——试样总质量，单位为毫克(mg)；

m_2——30 mm 及以下短毛质量，单位为毫克(mg)；

U——30 mm 及以下短毛率，%；

CV——长度变异系数，%；

D_i——各组长度差异；

L_i——任意一组纤维所在长度组中值，单位为毫米(mm)；

m_i——每组纤维质量，单位为毫克(mg)。

其中：$D_i = \frac{L_2 - L_i}{I}$

10.2 斜加法计算长度公式

$$L_1 = L_2 + C \times I \quad \cdots\cdots(6)$$

$$S = \sqrt{\frac{2 \times \sum m_4 - \sum m_3}{\sum m_i} - C^2} \times I \quad \cdots\cdots(7)$$

$$CV = \frac{S}{L_1} \times 100\% \quad \cdots\cdots(8)$$

$$U = \frac{m_2}{m_1} \times 100\% \quad \cdots\cdots(9)$$

式中：

L_1——纤维平均长度，单位为毫米(mm)；

S——标准差，单位为毫米(mm)；

CV——长度变异系数，%；

U——30 mm 及以下短毛率，%；

m_1——试样总质量，单位为毫克(mg)；

m_2——30 mm 及以下短毛质量，单位为毫克(mg)；

I——组距，单位为毫米(mm)；

m_i——每组纤维质量，单位为毫克(mg)；

$$CV = \frac{S}{L_1} \times 100\% = \frac{30.2}{91.9} \times 100 = 32.9\%$$

$$U = \frac{m_2}{m_1} \times 100\% = \frac{56}{2\ 358} \times 100 = 2.4\%$$

A.2 斜加法长度计算举例

表 A.2

组 号	组中值 L_i/mm	每组质量 m_i/mg	$\sum m_3$（质量之和）/mg	$\sum m_4$（质量之和）/mg
1	5	2	2	2
2	15	14	16	18
3	25	40	56	74
4	35	80	136	210
5	45	111	247	457
6	55	145	392	849
7	65	175	567	1 416
8	75	210	777	2 193
9	85	254	1 031	3 224
10	95	299	0	0
11	105	331	1 028	2 498
12	115	278	697	1 470
13	125	208	419	773
14	135	116	211	354
15	145	63	95	143
16	155	20	32	48
17	165	8	12	16
18	175	4	4	4
累 计	—	2 358	5 722	13 749

$$L_1 = L_2 + C \times I = 95 + \frac{2\ 498 - 3\ 224}{2\ 358} \times 10 = 91.9\ \text{mm}$$

$$S = \sqrt{\frac{2 \times \sum m_4 - \sum m_3}{\sum m_i} - C^2} \times I = \sqrt{\frac{2 \times 13\ 749 - 5\ 722}{2\ 358} - 0.31^2} \times 10 = 30.2\ \text{mm}$$

$$CV = \frac{S}{L_1} \times 100\% = \frac{30.2}{91.9} \times 100 = 32.9\%$$

$$U = \frac{m_2}{m_1} \times 100\% = \frac{56}{2\ 358} \times 100 = 2.4\%$$

A.3 计算器法长度计算举例

表 A.3

组号	组中值 L_i/mm	每组质量 m_i/mg	组号	组中值 L_i/mm	每组质量 m_i/mg
1	5	2	10	95	299
2	15	14	11	105	331
3	25	40	12	115	278
4	35	80	13	125	208
5	45	111	14	135	116
6	55	145	15	145	63
7	65	175	16	155	20
8	75	210	17	165	8
9	85	254	18	175	4
$\sum m_i$					2 358

$$\sum m_i = 2\ 358\ \text{mg} \quad L_1 = 91.9\ \text{mm} \quad S = 30.2\ \text{mm}$$

$$CV = 32.9\% \quad U = 2.4\%$$

附　录　B
(资料性附录)
巴布长度和豪特长度的计算

本附录根据 ISO 920:1976《羊毛纤维长度(巴布长度和豪特长度)的测定——梳片分析仪法》计算羊毛纤维长度和变异系数。

B.1　计算公式

B.1.1　巴布长度

$$L_1=\frac{\sum R_iL_i}{100}=\frac{A}{100} \quad \cdots\cdots(B.1)$$

$$CV=100\sqrt{\frac{\sum R_i(L_i)^2\times 100}{A^2}-1}=100\sqrt{\frac{E\times 100}{A^2}-1} \quad \cdots\cdots(B.2)$$

式中：

L_1——巴布长度，单位为毫米(mm)；

L_i——任意一组纤维所在长度组中值，单位为毫米(mm)；

CV——巴布长度变异系数，%；

R_i——每组质量占总质量的百分数，%；

A——表 B.1 中 R_iL_i 各项的累计数；

E——表 B.1 中 $R_i(L_i)^2$ 各项的累计数。

B.1.2　豪特长度

$$L_1=\frac{100}{\sum R_i/L_i}=\frac{100}{B} \quad \cdots\cdots(B.3)$$

$$CV=\sqrt{(A\times B)-10\,000} \quad \cdots\cdots(B.4)$$

式中：

L_1——豪特长度，单位为毫米(mm)；

L_i——任意一组纤维所在长度组中值，单位为毫米(mm)；

CV——豪特长度变异系数，%；

R_i——每组质量占总质量百分数，%；

A——表 B.1 中 R_iL_i 项的累计数；

B——表 B.1 中 R_i/L_i 项的累计数。

B.2　计算举例

表 B.1　巴布长度和豪特长度计算举例

组　号	组中值 L_i/mm	$(L_i)^2$	质量 m_i/mg	R_i/(%)	R_iL_i	$\frac{R_i}{L_i}$	$R_i(L_i)^2$
1	5	25	2	0.085	0.425	0.017	2.125
2	15	225	14	0.594	8.910	0.040	133.650
3	25	625	40	1.696	42.400	0.068	1 060.000
4	35	1 225	80	3.393	118.755	0.097	4 156.425

表 B.1(续)

组　号	组中值 L_i/ mm	$(L_i)^2$	质量 m_i/ mg	R_i/(%)	R_iL_i	$\frac{R_i}{L_i}$	$R_i(L_i)^2$
5	45	2 025	111	4.707	211.815	0.105	9 531.675
6	55	3 025	145	6.149	338.195	0.112	18 600.725
7	65	4 225	175	7.422	482.430	0.114	31 357.950
8	75	5 625	210	8.906	667.950	0.119	50 096.250
9	85	7 225	254	10.772	915.620	0.127	77 827.700
10	95	9 025	299	12.680	1 204.600	0.133	114 437.000
11	105	11 025	331	14.037	1 473.885	0.134	154 757.925
12	115	13 225	278	11.790	1 355.850	0.103	155 922.750
13	125	15 625	208	8.821	1 102.625	0.071	137 828.125
14	135	18 225	116	4.919	664.065	0.036	89 648.775
15	145	21 025	63	2.672	387.440	0.018	56 178.800
16	155	24 025	20	0.848	131.440	0.005	20 373.200
17	165	27 225	8	0.339	55.935	0.002	9 229.275
18	175	30 625	4	0.170	29.750	0.001	5 206.250
合　计			2 358	100	9 192.090 A	1.302 B	936 348.600 E

a)　巴布长度(mm)

$$L_1=\frac{\sum R_iL_i}{100}=\frac{A}{100}=\frac{9\ 192.090}{100}=91.9\ \text{mm}$$

$$CV=100\sqrt{\frac{E\times 100}{A^2}-1}=100\sqrt{\frac{936\ 348.600\times 100}{(9\ 192.090)^2}-1}=32.9\%$$

b)　豪特长度(mm)

$$L_1=\frac{100}{\sum\frac{R_i}{L_i}}=\frac{100}{B}=\frac{100}{1.302}=76.8\ \text{mm}$$

$$CV=\sqrt{(A\times B)-10\ 000}=\sqrt{9\ 192.090\times 1.302-10\ 000}=44.4\%$$

ICS 75.160.20
E 31

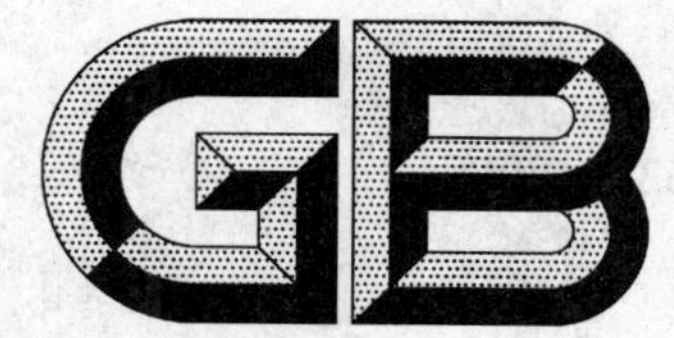

中华人民共和国国家标准

GB 6537—2006
代替 GB 6537—1994

3号喷气燃料

No.3 Jet fuel

2006-12-08 发布　　　　2007-06-01 实施

中华人民共和国国家质量监督检验检疫总局
中国国家标准化管理委员会　发布

前　言

本标准第3章、第4章为强制性的，其余为推荐性的。

本标准与英国国防部标准DEF STAN 91-91/4《航空涡轮燃料煤油型(Jet A-1)》的一致性程度为非等效。

本标准代替GB 6537—1994《3号喷气燃料》。

本标准与GB 6537—1994相比主要变化如下：

——本标准与英国国防部标准DEF STAN 91-91/4《航空涡轮燃料煤油型(Jet A-1)》的一致性程度为非等效，GB 6537—1994与美国ASTM D 1655-92C标准的一致性程度为非等效。

——删除了第2章规范性引用文件中的GB/T 255《石油产品馏程测定法》、GB/T 260《石油产品水分测定法》及GB/T 511《石油产品和添加剂机械杂质测定法(重量法)》。

——在第2章规范性引用文件中增加了GB/T 11140《石油产品硫含量测定法(X射线光谱法)》、GB/T 17040《石油产品硫含量测定法(能量色散X射线荧光光谱法)》、SH/T 0253《轻质石油产品中总硫含量测定法(电量法)》、SH/T 0689《轻质烃及发动机燃料和其他油品的总硫含量测定法(紫外荧光法)》、SH/T 0770《航空燃料冰点测定法(自动相转换法)》、SH/T 0616《喷气燃料水分离指数测定法(手提式分离仪法)》、SH/T 0687《航空涡轮燃料润滑性测定法(球柱润滑性评定仪法)》等方法。

——外观的指标中增加了"室温下"，"悬浮物"改为"固体物质"。

——增加了报告燃料组分。

——增加了水分离指数、润滑性两项指标。

——颜色、芳烃含量、黏度、银片腐蚀、水反应、润滑性等项指标的民用要求规定在表的脚注中。

——增加了规范性附录A添加剂名称及加入量。

本标准附录A为规范性附录。

本标准由中国石油化工集团公司提出。

本标准由全国石油产品和润滑剂标准化技术委员会(SAC/TC 280)归口。

本标准起草单位：中国石油化工股份有限公司石油化工科学研究院、空军油料研究所、中国航空油料总公司。

本标准主要起草人：陶志平、龚冬梅、张翠君、孙建章、李明。

本标准于1986年首次发布，1994年第一次修订，本次为第二次修订。

3 号 喷 气 燃 料

1 范围

本标准规定了由天然原油或其馏分油加工制得的3号喷气燃料的要求和试验方法、检验规则、标志、包装、运输、贮存及交货验收。

本标准所属产品适用于航空涡轮发动机。

2 规范性引用文件

下列文件中的条款通过本标准的引用而成为本标准的条款。凡是注日期的引用文件,其随后所有的修改单(不包括勘误的内容)或修订版均不适用于本标准,然而,鼓励根据本标准达成协议的各方研究是否可使用这些文件的最新版本。凡是不注日期的引用文件,其最新版本适用于本标准。

GB/T 261 石油产品闪点测定法(闭口杯法)(GB/T 261—1983,eqv ISO 2719:1988)

GB/T 265 石油产品运动粘度测定法和动力粘度计算法

GB/T 380 石油产品硫含量测定法(燃灯法)

GB/T 382 煤油烟点测定法(GB/T 382—1983,neq ISO 3014:1974)

GB/T 384 石油产品热值测定法

GB/T 509 发动机燃料实际胶质测定法

GB/T 1792 馏分燃料中硫醇硫测定法(电位滴定法)

GB/T 1793 航空燃料水反应试验法

GB/T 1884 原油和液体石油产品密度实验室测定法(密度计法)(GB/T 1884—2000,eqv ISO 3675:1998)

GB/T 1885 石油计量表(GB/T 1885—1998,eqv ISO 91-2:1991)

GB/T 2429 航空燃料净热值计算法(GB/T 2429:1988,neq ISO 3648:1976)

GB/T 2430 喷气燃料冰点测定法

GB/T 3555 石油产品赛波特颜色测定法(赛波特比色计法)

GB/T 4756 石油液体手工取样法 (GB/T 4756—1998,eqv ISO 3170:1988)

GB/T 5096 石油产品铜片腐蚀试验法

GB/T 6536 石油产品蒸馏测定法

GB/T 6539 航空燃料与馏分燃料电导率测定法

GB/T 8019 车用汽油和航空燃料实际胶质测定法(喷射蒸发法)

GB/T 9169 喷气燃料热氧化安定性测定法(JFTOT 法)

GB/T 11128 喷气燃料辉光值测定法

GB/T 11132 液体石油产品烃类测定法(荧光指示剂吸附法)

GB/T 11140 石油产品硫含量测定法(X射线光谱法)

GB/T 12574 喷气燃料总酸值测定法

GB/T 17040 石油产品硫含量测定法(能量色散X射线荧光光谱法)

SH/T 0023 喷气燃料银片腐蚀试验法

SH/T 0093 喷气燃料固体颗粒污染物测定法

SH 0164 石油产品包装、贮运及交货验收规则

SH/T 0174 芳烃和轻质石油产品硫醇定性试验法(博士试验法)(SH/T 0174—1992,eqv ISO 5275:

1979)

SH/T 0181 喷气燃料中萘系烃含量测定法(紫外分光光度法)

SH/T 0182 轻质石油产品中铜含量测定法(分光光度法)

SH/T 0253 轻质石油产品中总硫含量测定法(电量法)

SH/T 0616 喷气燃料水分离指数测定法(手提式分离仪法)

SH/T 0687 航空涡轮燃料润滑性测定法(球柱润滑性评定仪法)

SH/T 0689 轻质烃及发动机燃料和其他油品的总硫含量测定法(紫外荧光法)

SH/T 0770 航空燃料冰点测定法(自动相转换法)

3 技术要求和试验方法

3.1 产品生产应符合按规定程序通过的油样所采取的原料和加工工艺,并允许加入通过规定程序的添加剂,见附录A。

3.2 产品的性能指标及试验方法应符合表1中所列的各项要求。

表1 3号喷气燃料的技术要求

项目		指标	试验方法
外观		室温下清澈透明,目视无不溶解水及固体物质	目测
颜色	不小于	+25[a]	GB/T 3555
组成			
总酸值/(mg KOH/g)	不大于	0.015	GB/T 12574
芳烃含量(体积分数)/%	不大于	20.0[b]	GB/T 11132
烯烃含量(体积分数)/%	不大于	5.0	GB/T 11132
总硫含量(质量分数)/%	不大于	0.20[c]	GB/T 380 GB/T 11140 GB/T 17040 SH/T 0253 SH/T 0689
硫醇性硫(质量分数)/%	不大于	0.002 0	GB/T 1792
或博士试验[d]		通过	SH/T 0174
直馏组分(体积分数)/%		报告	
加氢精制组分(体积分数)/%		报告	
加氢裂化组分(体积分数)/%		报告	
挥发性			
馏程:			GB/T 6536
初馏点/℃		报告	
10%回收温度/℃	不高于	205	
20%回收温度/℃		报告	
50%回收温度/℃	不高于	232	
90%回收温度/℃		报告	
终馏点/℃	不高于	300	
残留量(体积分数)/%	不大于	1.5	
损失量(体积分数)/%	不大于	1.5	
闪点(闭口)/℃	不低于	38	GB/T 261
密度(20℃)/(kg/m³)		775~830	GB/T 1884,GB/T 1885

表 1(续)

项　　目		指　　标	试验方法
流动性			
冰点/℃	不高于	−47	GB/T 2430,SH/T 0770[e]
黏度/(mm^2/s)			GB/T 265
20℃	不小于	1.25[f]	
−20℃	不大于	8.0	
燃烧性			
净热值/(MJ/kg)	不小于	42.8	GB/T 384[g],GB/T 2429
烟点/mm	不小于	25.0	GB/T 382
或烟点最小为 20 mm 时,			
萘系烃含量(体积分数)/%	不大于	3.0	SH/T 0181
或辉光值	不小于	45	GB/T 11128
腐蚀性			
铜片腐蚀(100℃,2 h)/级	不大于	1	GB/T 5096
银片腐蚀(50℃,4 h)/级	不大于	1[h]	SH/T 0023
安定性			
热安定性(260℃,2.5 h)			GB/T 9169
压力降/kPa	不大于	3.3	
管壁评级		小于 3,且无孔雀蓝色或异常沉淀物	
洁净性			
实际胶质/(mg/100 mL)	不大于	7	GB/T 8019,GB/T 509[i]
水反应			GB/T 1793
界面情况/级	不大于	1b	
分离程度/级	不大于	2[j]	
固体颗粒污染物含量/(mg/L)	不大于	1.0	SH/T 0093
导电性			
电导率(20℃)/(pS/m)		50～450[k]	GB/T 6539
水分离指数			SH/T 0616
未加抗静电剂	不小于	85	
加入抗静电剂	不小于	70	
润滑性			
磨痕直径 WSD/mm	不大于	0.65[l]	SH/T 0687

经铜精制工艺的喷气燃料,油样应按 SH/T 0182 方法测定铜离子含量,不大于 150 μg/kg。

a　对于民用航空燃料,从炼油厂输送到客户,输送过程中的颜色变化不允许超出以下要求:初始赛波特颜色大于+25,变化不大于 8;初始赛波特颜色在 25～15 之间,变化不大于 5;初始赛波特颜色小于 15 时,变化不大于 3。

b　对于民用航空燃料的芳烃含量(体积分数)规定为不大于 25.0%。

c　如有争议时,以 GB/T 380 为准。

d　硫醇性硫和博士试验可任做一项,当硫醇性硫和博士试验发生争议时,以硫醇性硫为准。

e　如有争议以 GB/T 2430 为准。

f　对于民用航空燃料,20℃的黏度指标不作要求。

g　如有争议时,以 GB/T 384 为准。

h　对于民用航空燃料,此项指标可不要求。

i　如有争议时,以 GB/T 8019 为准。

j　对于民用航空燃料不要求报告分离程度。

k　如燃料不要求加抗静电剂,对此项指标不作要求。燃料离厂时要求大于 150 pS/m。

l　民用航空燃料要求 WSD 不大于 0.85 mm。

4 检验规则

4.1 检验分类与检验项目

本产品检验为出厂检验。出厂检验项目为第3章技术要求规定的所有检验项目。

4.2 组批

在原材料、工艺不变的条件下，产品每生产一罐或釜为一批。

4.3 取样

取样按GB/T 4756进行。每批产品取7 L油样作为检验用、1 L油样作为留样。

4.4 判定规则

出厂检验结果应全部合格，方可出厂。

4.5 复验规则

如出厂检验结果中有不符合表1要求规定时，按GB/T 4756的规定重新抽取双倍样品进行复检，复检结果如仍有一项不符合表1规定时，则判定该批产品为不合格。

5 标志、包装、运输、贮存

标志、包装、运输贮存及交货验收按SH 0164进行。

附 录 A
（规范性附录）
添加剂的名称及加入量

A.1 抗静电剂的名称及加入量

T1502 或 Stadis 450。初次加入量不大于 3.0 mg/L，累积加入量不大于 5.0 mg/L。

A.2 抗氧剂的名称及加入量

2,6-二叔丁基对甲基苯酚。当采用加氢工艺生产喷气燃料时，必须加入抗氧剂 17.0 mg/L～24.0 mg/L。

A.3 抗磨剂的名称及加入量

复合型（T1601）或环烷酸型（T1602），复合型 T1601 的加入量为 10.0 mg/L～20.0 mg/L，环烷酸型 T1602 的加入量不大于 20.0 mg/L。

A.4 防冰剂的名称及加入量

在用户允许的情况下可以加入乙二醇甲醚或二乙二醇甲醚，加入量为 0.10%～0.15%（体积分数）。

A.5 金属钝化剂的名称及加入量

在用户允许的情况下才可以加入 N,N′-二水杨基-1,2-丙烷二胺。首次加入量不得超过 2.0 mg/L，累计加入量不得超过 5.7 mg/L。

ICS 81.060.20
Q 32

中华人民共和国国家标准

GB/T 6569—2006/ISO 14704:2000
代替 GB/T 6569—1986

精细陶瓷弯曲强度试验方法

Fine ceramics(advanced ceramics, advanced technical ceramics)—Test method for flexural strength of monolithic ceramics at room temperature

(ISO 14704:2000, MOD)

2006-02-22 发布　　　　2006-09-01 实施

中华人民共和国国家质量监督检验检疫总局
中国国家标准化管理委员会　发布

前　言

本标准修改采用ISO 14704:2000精细陶瓷(先进陶瓷,先进技术陶瓷)—室温下块体陶瓷的弯曲强度试验方法。

本标准是对GB/T 6569—1986《工程陶瓷弯曲强度试验方法》进行的修订。

本标准与ISO 14704:2000相比主要变化如下:

——删除6.2.2的注2(见6.2.2)。

——修改规定试验机的横梁速率为0.5 mm/min(见7.9)。

——删除"如果试样断裂的时间不在此范围内,调整加载速率使得断裂时间在这个范围内。"见(7.10)。

本标准代替GB/T 6569—1986,与之相比主要变化如下:

——标题"工程陶瓷"修改为"精细陶瓷"。

——增加了名词术语(见3)。

——增加了原理(见4)。

——试样尺寸修改为"对于跨距30 mm的试验夹具,试样长度≥35 mm;对于跨距40 mm的试验夹具,试样长度≥45 mm"(1986版的1.1;本版的6.1.2)。

——删除图2(1986版的1.2)。

——删除图3增加图1(1986版的2.2;本版的3.2)。

——增加辊棒描述以及三点弯曲和四点弯曲的设备(见5.2.2~5.2.8)。

——增加试样加工处理(见6.2)。

——增加试验步骤详细内容以及说明(见7.2、7.3、7.6、7.7、7.8、7.10、7.13、7.14)。

——取消了异常数据取舍方法,增加了附录A(资料性附录)普通资料、附录B(规范性附录)测试夹具、附录C(资料性附录)陶瓷测试试样的典型断裂模型。

本标准附录B是规范性附录,附录A和附录C是资料性附录。

本标准由中国建筑材料工业协会提出。

本标准由全国工业陶瓷标准化技术委员会归口。

本标准起草单位:中国建筑材料科学研究院、深圳新三思计量技术有限公司。

本标准起草人:包亦望、曹增辰、马眷荣、仇沱、雷庆安。

本标准所代替的标准的历次版本发布情况为:

——GB/T 6569—1986。

精细陶瓷弯曲强度试验方法

1 范围

本标准规定了精细陶瓷和纤维增强或颗粒增强陶瓷复合材料的室温弯曲强度试验方法。本标准适用于材料开发、质量控制、性能表征以及设计数据的改进等目的。

2 规范性引用文件

下列标准中的条文，通过本部分的引用而构成本部分的条文。凡是注日期的引用文件，其随后所有的修改单(不包括勘误的内容)或修订版均不适用于本部分，然而，使用本部分的各方应探讨使用下列标准最新版本的可能性。凡是不注日期的引用文件，其最新版本适用于本部分。

GB/T 1216—2004 外径千分尺(neq ISO 3611)

ISO 7500.1:1999 金属材料——单轴拉压试验机——测力系统的标定与认证

3 术语和定义

下列术语和定义适用于本标准

3.1

弯曲强度 flexural strength

一个特定的弹性梁受弯曲载荷断裂时的最大应力。

3.2

四点弯曲 four-point flexure

一种测量弯曲强度的受力结构，试样被定位在两个下辊棒和两个上辊棒之间，上下辊棒相对运动使试样产生弯曲。[见图 1(a)和(b)]

注：辊棒可以是圆棒或是圆柱形的轴承。

3.3

四点 1/4 弯曲 four-point-1/4 point flexure

四点弯曲的结构之一，指试样同一侧的下辊棒与上辊棒的距离为跨距的 1/4[见图 1(a)]。

3.4

四点 1/3 弯曲 four-point-1/3 point flexure

四点弯曲的结构之一，指试样同一侧的下辊棒与上辊棒的距离为跨距的 1/3[见图 1(b)]。

3.5

三点弯曲 three - point flexure

一种测量弯曲强度的受力结构，试样被定位在两个下辊棒和一个上辊棒之间，上辊棒位于跨中，上下辊棒相对运动使试样产生弯曲[见图 1(c)]。

4 原理

对矩形截面的梁试样施加弯曲载荷直到试样断裂。假定试样材料为各向同性和线弹性。通过断裂时的临界载荷、夹具和试样的尺寸可以计算试样的弯曲强度。

5 试验设备

5.1 试验机

具有均匀的横梁位移速度的材料试验机。应符合 ISO 7500-1:1999 一级的规定，显示断裂时的载荷误差小于1%。

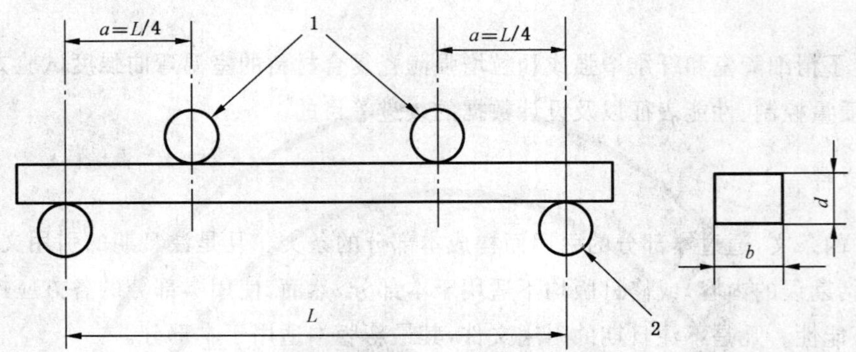

(a) 四点 1/4 弯曲

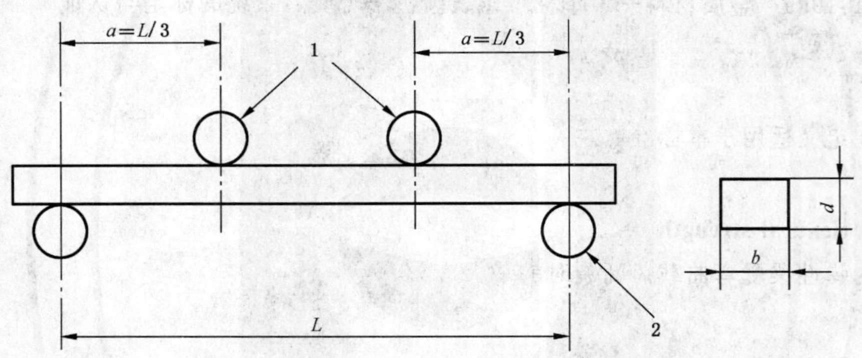

(b) 四点 1/3 弯曲

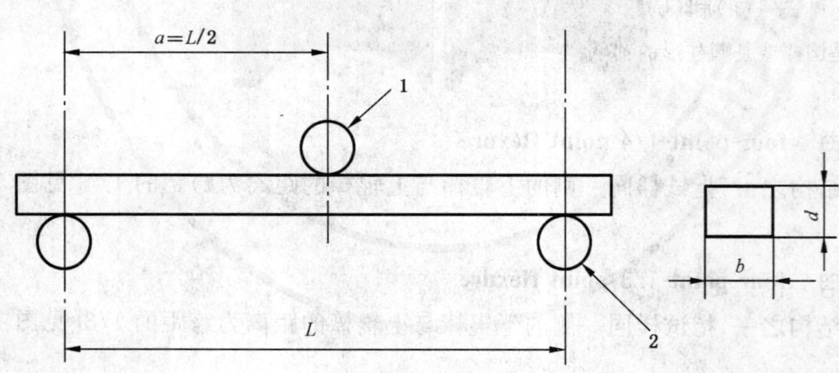

(c) 三点弯曲

L=30 mm±0.1 mm

或 L=40 mm±0.1 mm

1——上压辊棒；

2——支撑辊棒。

注：四点弯曲较常用，因为通过此种方法能测得更均匀的最大应力(查看附录 A 可得到更详细的信息)。

图 1 弯曲强度测试结构

5.2 试验夹具

5.2.1 概述

三点或四点弯曲试验应采用图1所示的结构。推荐使用四点1/4弯曲结构。如果试样的平行度满足6.1的要求，则使用半可调夹具。否则应使用全可调夹具。经过加工的试样应使用全可调夹具。

注1：对于烧结、热处理以及氧化过的试样通常不具备平整和相互平行的表面。试样的扭曲会给强度评价带来严重影响，应使用全可调夹具。使用可调夹具的目的是保证夹具与试样表面保持良好接触。

注2：有轴承的全可调夹具能自由滚动以消除摩擦。每根辊棒与试样保持紧密接触。（见图B.1和图B.2。）

注3：半可调夹具的一对辊棒能自由滑动与试样保持紧密接触。（见图B.1和图B.2。）

5.2.2 辊棒

试样由辊棒来支撑和加载。辊棒可以是圆柱形的轴承或圆棒。使用金属辊棒时，对于强度可达到1 400 MPa的试样，棍棒的洛氏硬度不应低于HRC40；对于强度可达到2 000 MPa的试样，辊棒的洛氏硬度不应低于HRC46。对于陶瓷辊棒，弹性模量应在200 GPa到500 GPa之间，弯曲强度大于275 MPa。辊棒长度应大于等于12 mm。辊棒的直径约为试样厚度的1.5倍。辊棒表面光滑，直径的均匀性误差在±0.015 mm。辊棒应可以自由滚动以消除摩擦。

注1：摩擦会影响到强度计算。辊棒滚动可以通过各种方法实现。图2所示的让辊棒在夹具表面上滚动就是其中一种简单可行的方法。

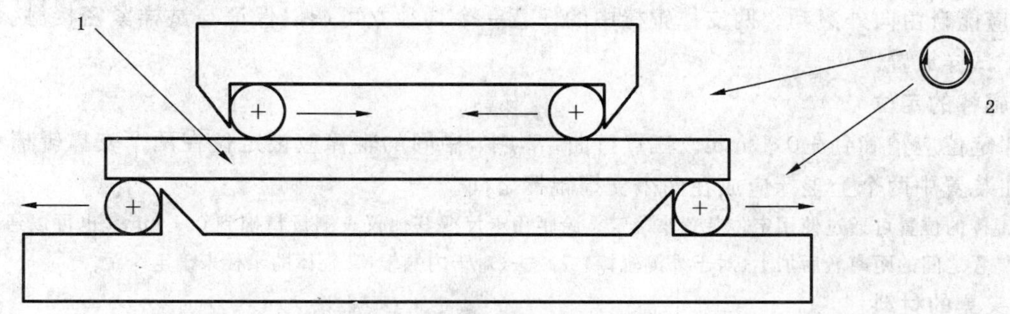

四个辊棒都能自由滚动

(a) 四点弯曲

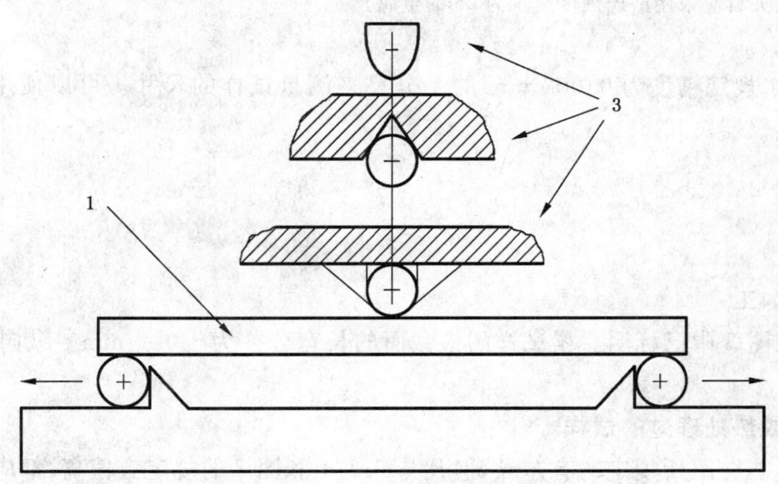

外侧的两个辊棒可以自由向外侧滚动，中间的辊棒不能滚动

(b) 三点弯曲

1——试样；

2——可滚动的辊棒；

3——可滚动的加载压头。

图2 辊棒的运动

注2：辊棒的直径不应太大，以免试样弯曲加载时接触点沿切向变化使弯曲力臂产生过多的变化。同时也不能太小，以免在试样接触表面产生楔型压力或产生损害夹具的接触应力。

注3：高强度和硬度的陶瓷试样应采用更硬的辊棒。如果辊棒的弹性模量大于500 GPa，建议延长辊棒长度和夹具的宽度到12 mm以上，以便分散辊棒压力在更大面积上。

5.2.3 四点弯曲结构：半可调夹具

附录B中的图B.1(a)显示了该结构中辊棒的运动。四个辊棒都能自由滚动。每对平行辊棒的距离误差不应大于0.015 mm。上下辊棒相互独立并垂直于试样放置。

5.2.4 四点弯曲结构：全可调夹具

附录B中的图B.1(b)显示了该结构中辊棒的运动。四个辊棒都能自由滚动。其中一个辊棒不需调节。另外三个辊棒应独立可调以保证与试样紧密接触。辊棒应垂直于试样放置。

5.2.5 三点弯曲结构：半可调夹具

附录B中的图B.2(a)显示了该结构中辊棒的运动。中间的上辊棒应固定不能滚动，两个支撑辊棒应能自由向外滚动。辊棒之间的平行度误差不应大于0.015 mm。所有辊棒应垂直于试样放置，保证与试样紧密接触。

5.2.6 三点弯曲结构：全可调夹具

附录B中的图B.2(b)显示了该结构中辊棒的运动。中间的辊棒应固定不能滚动。两个支持(外侧的)辊棒应能自由向外滚动。两支撑辊棒中的任意一个均独立可调以保证与试样紧密接触。所有辊棒应垂直于试样放置。

5.2.7 辊棒的定位

辊棒定位应精确到±0.1 mm。三点弯曲结构中，中间的辊棒应被定位在两个支撑辊棒中间位置，四点弯曲装置中两个上辊棒应放在两个支撑辊棒之间。

注：辊棒的位置可通过使用定位装置来确定。跨距用卡尺或其他仪表测量精确到0.1 mm。也可以通过测量定位装置之间的距离然后加上(对于外测辊棒)或减去(对于内侧辊棒)辊棒的半径来确定跨距。

5.2.8 夹具的材料

夹具应有足够硬度以免产生永久变形。

注：线接触载荷可能使夹具产生变形。夹具的硬度要求跟尺寸有关。如果辊棒至少12 mm长，夹具宽度是12 mm或更宽，那么夹具应采用洛氏硬度至少为25的金属。

5.3 千分尺

使用ISO 3611规定精度为0.002 mm的千分尺来测量试样的尺寸。可以使用精度为0.002 mm或更高的其他测量仪器。

6 试样

6.1 试样尺寸

6.1.1 试样的机加工

试样的尺寸在图3中已标明。梁试样的横截面的长宽公差为±0.2 mm。纵向表面平行度公差为0.015 mm。

6.1.2 自然烧结或热处理过的试样

试样的尺寸可能会跟所规定的有差异，但凡与6.1.1和图3的规定有偏离，都应在报告中注明。

6.2 试样的加工处理

6.2.1 概述

试样外表加工可有不同的选择。至少受拉面的两条长边缘应像图3那样进行倒角。建议所有的四个长的侧面都要抛光研磨。在各种的情况中，试样的末端表面不需要特殊处理。虽然表面的处理过程不是本标准的主要部分，但建议对表面的粗糙度进行测量和报告。

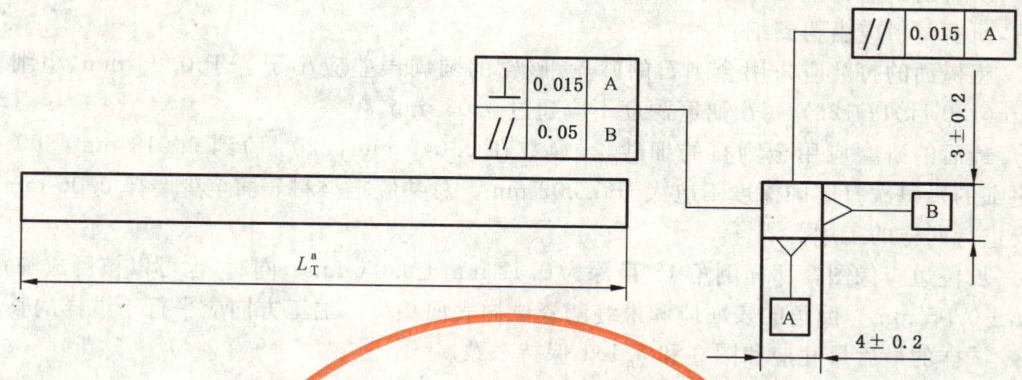

单位:mm

倒角(0.12±0.05)mm×45°±5°;

或倒圆角(0.15±0.05)mm;

对于跨距 30 mm 的试验夹具,试样长度≥35 mm;

对于跨距 40 mm 的试验夹具,试样长度≥45 mm。

图 3　试样尺寸示意图

6.2.2　自然烧结的试样(无机械加工)

烧结后的试样未经过任何机械加工。此时可以用烧结出的试样直接测试。应在烧结前做表面的研磨。

注:烧结后试样特别容易扭曲和翘曲。可能不符合 6.1.1 中提出的平行度要求,此时应使用全可调的夹具。

6.2.3　常规的加工

采用常规的加工方法时要力求使样品的损伤达到最小(使加工过程导致的表面损伤和残余应力尽可能最小)。试样的受拉面的长边缘应像图 3 中那样倒角处理。

6.2.4　构件匹配

试样的表面应与待测构件的表面有相同的加工工序。测试报告中应包括详细的试样加工步骤。特别是磨料(树脂的、金属的、玻璃的还是其他的)和每次循环的磨削量。试样的长棱应像图 3 中那样倒角处理。

6.2.5　基本的加工方式

如果 6.2.2 到 6.2.4 中的加工程序难以实现,则可以使用下面的工序。

注:下面提到的加工工序只是一个参考。此方法的目的是把陶瓷的加工损伤和残余应力消除到最小。对于某些材料,更快和更多的切削量可能更适合。相反,某些特别脆的材料要求更少的切削量。

6.2.5.1　试样应像图 4 那样纵向放置。

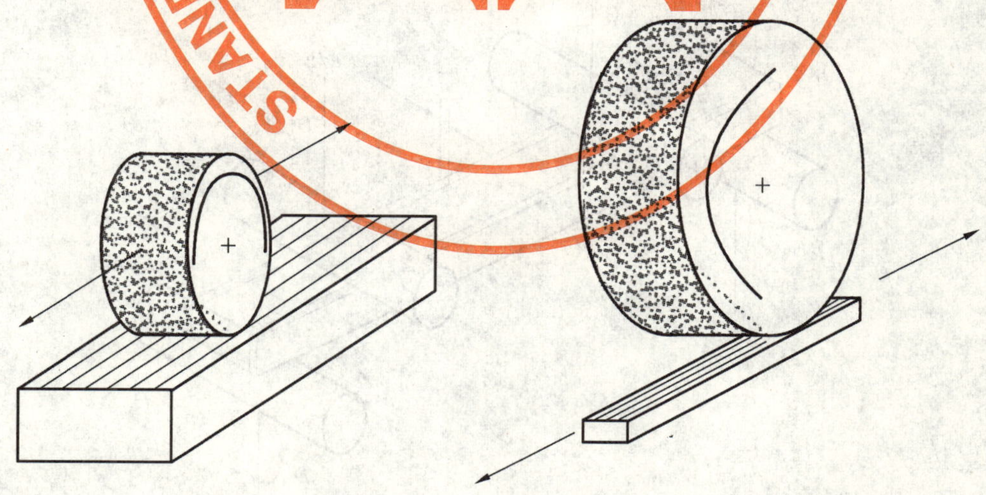

注:如果由于某些原因倒角的尺寸大于了规定的尺寸(例如切削量过大造成),应该对试样横截面的惯性矩进行修正。文献[1]可以作为这个修正的参考。

图 4　试样轴向的平行打磨

6.2.5.2 所有的研磨都应在冷却液下进行，保证工作面和砂轮都能受到冷却液的作用。研磨应分两个阶段进行，研磨材料应由粗到细。

6.2.5.3 粗糙面的打磨应采用金刚石的砂轮，砂轮的圆周误差应小于等于 0.03 mm，粗细不应超过 0.120 mm(120 目)(*D*126)，每次研磨深度不应超过 0.03 mm。

6.2.5.4 最后的研磨应用金刚石的细砂轮，模数在 0.045 mm(320 目)到 0.019 mm(800 目)(例如 *D*46 或更细的)，每次打磨的深度不应大于 0.002 mm。总共应把材料表面至少磨掉 0.06 mm。在样品的对面要进行同样的工序。

6.2.5.5 长棱边应像图 3 那样倒角 45°最深为 0.12 mm±0.03 mm。同时，也可以被倒成圆角，半径为 0.12 mm±0.05 mm。倒角的表面应和最终陶瓷试样表面相当。加工方向应平行于试样的长度方向。

6.2.5.6 试样的最后尺寸应和图 3 和 6.1.1 保持一致。

6.2.6 试样的取放

试样应小心拿放，以避免在试样加工后引入损伤。试样应被分隔储存，避免彼此碰撞。

6.2.7 试样的数量

弯曲强度试验的试样不应少于十个。如果要进行一个统计强度分析(例如，Weibull 统计分析)，则至少要做 30 个试样。

注：使用 30 个以上试样有助于获得可靠的强度分布参数，例如 Weibull 模数。使用 30 个试样也有助于检测材料的含缺陷概率。

7 试验步骤

7.1 用精度为 0.002 mm 的千分尺测量试样的宽度(b)和厚度(d)。试样的尺寸测量可以在测试前或测试后。如果试验前测量试样尺寸，应尽可能在接近中点的地方测量；如果试验后测量试样尺寸，应在试样的断裂处或接近断裂处测量试样尺寸。应小心操作避免测量时引入表面损伤。

7.2 选用合适的三点或四点弯曲夹具进行测试。推荐用四点弯曲。当试样的平行度不符合要求时，应使用全可调的夹具。

7.3 在测试中应保证上下辊棒的清洁，保证辊棒没有严重的划痕并能自由的滚动。

7.4 把试样放在测试夹具的两根下辊棒中间，将 4 mm 宽的那一面接触辊棒。如果试样只有两个长边被倒角，放试样的时候应确保倒角在受拉面。小心放置试样避免损伤。试样两端应伸出支撑辊棒的接触点大约相等的距离。前后距离误差小于 0.1 mm，见图 5。

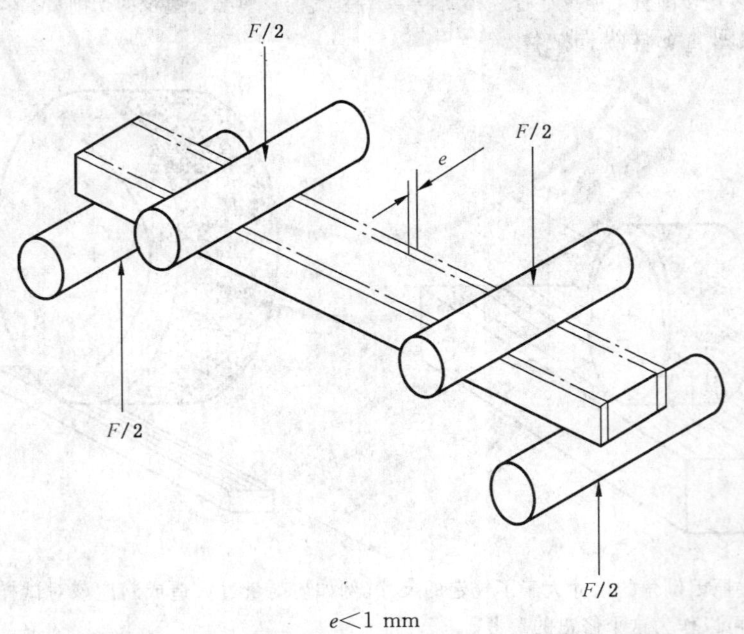

$e<1$ mm

图 5 试样在轴向压力作用下的调整放置

7.5　测试时，预压力不应大于强度预期值的10%。检查试样和所有辊棒的线接触情况以保证一个连续的线性载荷。如果加载曲线不是连续均匀的则卸载，并按要求调节夹具以达到连续均匀的加载。

7.6　必要的时候加载过程中可沿着辊棒画线来对试样做标记，以确定两个加压辊棒(四点弯曲)或中间的辊棒(三点弯曲)的位置是否变化。同时也可以判断断裂后残片的受压面或受拉面。画线可使用比较软的绘图铅笔或标签笔。

7.7　在试样的周围放一些棉、纱、泡沫或其他材料，防止试样在断裂时飞出碎片。这些材料不应影响加载结构或夹具调节以及辊棒的运动。

注：上面的做法能避免不必要的二次碎裂，并且能收集第一次断裂时的碎片以便断口分析。

7.8　应在测试夹具周围放保护屏防止断裂碎片飞溅。

7.9　试验机横梁的速率应为0.5 mm/min。

7.10　使用7.9中的横梁速率，假设试验夹具是刚性的，那么断裂的时间通常应在3 s到30 s。

7.11　对于时间因素的影响，例如慢裂纹扩展或环境侵蚀(来自实验室环境中的水蒸气)，即使是在很短的测试时间内对某些材料的弯曲强度也有很大的影响。为了消除或减少环境因素的影响，可以选择下列方法：在试验夹具的表面增加一个环境隔离层(例如干净的聚乙烯薄膜)；试验前用氮气冲洗试样；在流动的干燥氮气中进行试验；或者在试样的敏感面上覆盖一层石蜡(最好在170℃左右处理1 h～2 h)，然后在实验室环境中进行测试。但是石蜡涂层会影响随后的裂纹现象的观察分析。

7.12　确保试验载荷的均匀性，并记录试样断裂时的最大载荷。记录载荷的精度在±1%或更高。

7.13　清理碎片并准备试验分析。

注：只有少数碎片需要保留。很小的碎片通常不需要，因为它们是二次碎裂的结果，不包含原始断裂的信息。根据经验不难确定哪些碎片是很重要的并应被保留下来。附录C可以作为进一步的参考。在试验后应用镊子收拾碎片，或戴着手套以避免引入污染物影响随后的裂纹显微观察分析。

7.14　如果断裂是发生在四点弯曲中的横梁内侧，那么先观察断裂起始点作为初步的观察。试样的断裂也可能发生在横梁的外侧或者在一个内侧加载点上。这些现象应包含在试验设定范围内。由附录C可以得到更多的关于弯曲试样的断裂示例的解释。

注1：附录C是一个对于断裂源尺寸和位置以及强度离散性的一般推理。即断裂源处在内跨距之外的情况通常发生在强度离散性比较高的材料，这会导致较低的Weibull模数。

如果有很多的断裂发生在内跨距之外，或者很多断裂直接发生在四点弯曲加载处，有可能测试仪器没有调试好。应停止测试，把问题解决后再继续。

注2：多重碎裂对于高强度陶瓷来说很常见。在大多数情况下，二次碎裂会直接发生在一个加载压头处。这是正常的，而且得到的强度结果可能会非常高。

7.15　试验过程中应测量记录实验室湿度和温度。

8　计算

8.1　四点弯曲的弯曲强度按式(1)计算：

$$\sigma_f = \frac{3Fa}{bd^2} \qquad \cdots\cdots(1)$$

式中：

σ_f——弯曲强度，单位兆帕(MPa)；

F——最大载荷，单位牛顿(N)；

a——试样所受弯曲力臂的长度，单位毫米(mm)；

b——是试样的宽度，单位毫米(mm)；

d——是平行于加载方向的试样高度(厚度)，单位毫米(mm)。

注1：本标准推荐a=10 mm，对于四点1/4弯曲，$a=1/4L$；对于四点1/3弯曲，$a=1/3L$(见图1)。

8.2 三点弯曲的弯曲强度按式(2)计算：

$$\sigma_f = \frac{3FL}{2bd^2} \quad \cdots\cdots(2)$$

式中：

σ_f——弯曲强度，单位兆帕(MPa)；

L——夹具的下跨距，单位毫米(mm)。

其他同公式(1)。

注1：根据本标准的规定，三点弯曲夹具的下支撑跨距是30 mm或40 mm。

注2：公式1和公式2是传统和正规的弯曲强度计算公式。它们给出了在试样断裂时的最大应力。在某些情况下，例如，如果试样不是在最大应力处断裂，强度计算公式就需要修正。

8.3 平均强度σ_f和标准差s按式(3)、式(4)计算：

$$\overline{\sigma_f} = \frac{\sum_{i=1}^{n}\sigma_{f,i}}{n} \quad \cdots\cdots(3)$$

$$s = \left[\frac{\sum_{i=1}^{n}(\sigma_{f,i} - \overline{\sigma}_f)^2}{n-1}\right]^{1/2} \quad \cdots\cdots(4)$$

式中：

$\sigma_{f,i}$——第i个试样的强度，单位兆帕(MPa)；

s——标准差，单位兆帕(MPa)；

n——试样总数。

9 测试报告

测试报告应包含以下信息：

a) 弯曲试验方法(三点或四点弯曲)，夹具尺寸，关于使用全可调或半可调夹具的说明。

b) 被测试样的数量(n)。

c) 所有关于材料的数据包括生产日期，生产单位，材料标准编号。

注：如果材料是人造的则应注明人造材料。

d) 试样的加工工序，包括详细的机加工工序。如果经过加热处理或环境处理应注明。

e) 弯曲实验的环境，包括湿度和温度。

f) 横梁位移速率，单位(mm/min)，达到断裂时经历的大致时间，单位s。

g) 对于每一个被测试样$\sigma_{f,i}$，弯曲强度的值应保留三位有效数字(例如：537 MPa)

h) 平均强度σ_f和标准差s。下面的这些符号用来报告平均强度。

i) $\sigma_{(N,L)}$用来表示测量的(N=4或3)点弯曲，(L=40 mm或30 mm)跨距的弯曲强度。

例如：

——$\sigma_{(4,40)}$=537 MPa表示用四点弯曲，跨距为40 mm时测得试样的平均强度为537 MPa。

——$\sigma_{(3,30)}$=580 MPa表示用三点弯曲，跨距为30 mm时测得试样的平均强度为580 MPa。

j) 任何与标准中的测试方法不同的地方，说明采用特殊方法的原因。

k) 测试的实验室名称，测试人，测试时间，试验机型号。

附 录 A
（资料性附录）
概 述

陶瓷的弯曲强度取决于本身固有的抵抗断裂的能力以及陶瓷本身的特点。由于这些因素造成了陶瓷强度的离散性，需要进行抽样测试。尽管对断裂表面的显微观测超出了本标准的范围，但是必要的时候应进行这项工作，尤其是测试数据要应用于设计时。

弯曲强度同样受许多测试工序条件的影响。包括加载速率，测试环境，试样尺寸，测试夹具以及试样的表面处理。表面处理尤为重要，因为最大断裂应力是作用在试样表面的。通过仔细的观测和合适的分析，可以获得材料本征缺陷的情况。本标准允许有多种试样加工方法，并且推荐一个比较通用的加工方法（基本加工方法见 6.2.5），对大多数的陶瓷适用。这个通用的加工方法使用日益完善的纵向研磨来减少表面微裂纹的影响。纵向研磨使得大多数微裂纹平行于试样的张力作用方向。这能够尽可能测量到材料的真实强度。相反，横向的研磨可导致垂直于试样的划痕，试样很容易在划痕处发生断裂。纵向研磨的试样在许多场合下可以提供一个更真实的强度。

本标准倾向于提供一种在环境误差、试验操作的方便性和测量有效性之间维持平衡方法。如果遵守本标准中提供的方法，估计每一个试样的弯曲强度的测量值误差小于 2%。

本标准提供两种四点弯曲夹具以及相应的试样尺寸。较大的夹具（上跨距—下跨距为：20 mm—40 mm）已经在美国和欧洲作为标准使用。较小的夹具（上跨距—下跨距为：10 mm—30 mm）已经在日本、韩国、中国作为标准使用。较大的跨距使得试样受力范围更大，常常会得到更小的强度值。这样的结果对于内部和表面分布着各种尺寸和大小不同的缺陷的陶瓷是很正常的。Weibull 统计常常与强度密切相关。

三点弯曲有以下优点：结构简单，容易在高温实验和断裂韧性测试中使用，并且对 Weibull 统计研究有帮助。但是三点弯曲试验只能测得试样的一小部分局部应力。因此，测得的强度经常比四点弯曲强度大得多。在大多数的材料性能表征工作中提倡用四点弯曲。

如需要更多的关于弯曲强度测试和设计信息，参考[1]；如需要更多关于陶瓷弯曲强度试验误差分析，以及超大尺寸试样测量的试验因素的修正，参考[2]。

附 录 B
（规范性附录）
测试夹具

一个经过良好加工的平整试样可以采用半可调的夹具。半可调夹具有可以自由滚动的轴承，三点弯曲中间的上辊棒不能自由滚动。下面的一对支撑辊棒可以自由滚动。

全可调的夹具适用于不符合条款 6.1.1 和图 3 规定的平行度要求的试样。也同样能用于经过良好加工并符合平行度要求的试样。每个辊棒可以自由滚动来适合试样的表面接触。全可调夹具的辊棒两端也能上下调整来适应试样的翘曲。

图 B.1 和图 B.2 描述了全可调和半可调夹具的运动情况。

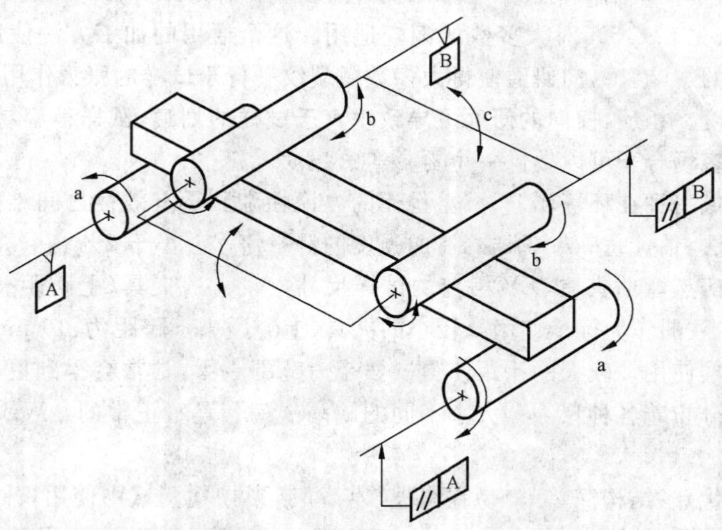

注 1：一对支撑辊棒彼此平行能自由向外滚动。

注 2：内侧的上压辊棒彼此平行能自由向内滚动。

注 3：一对上辊棒可绕中点转动以适应试样的表面。

（a） 半可调夹具

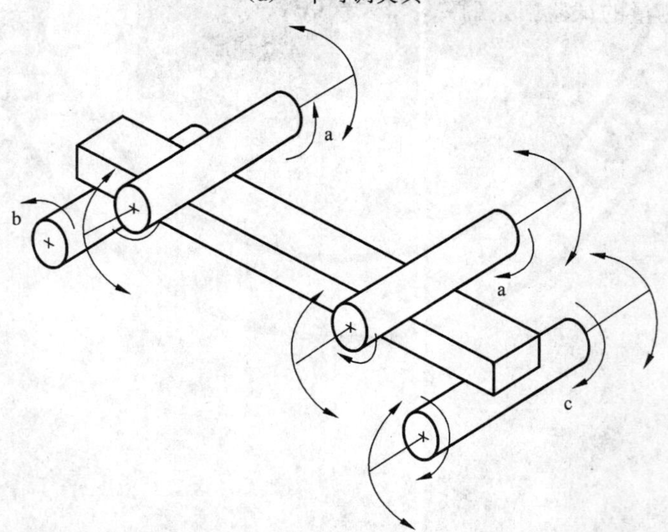

注 1：两根内侧的压辊棒可以向内滚动，并且可以独立调整水平度来适应试样表面。

注 2：一根支撑辊棒不能移动和调节但能滚动。

注 3：另一根支撑根辊棒既能移动并调节轴线的水平度也能滚动。

（b） 全可调夹具

图 B.1 四点弯曲夹具

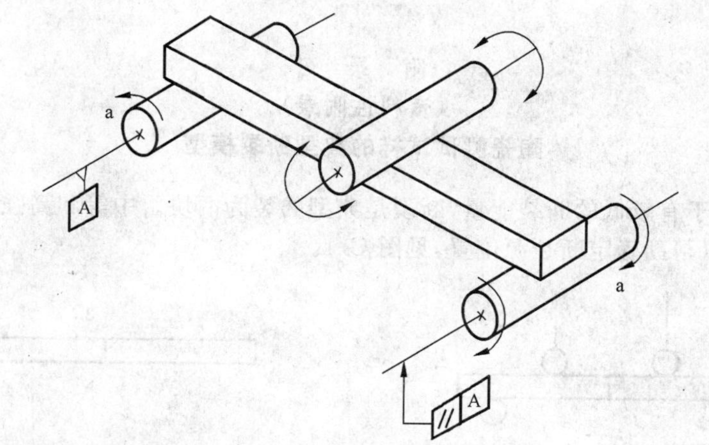

注1：两个支持辊棒彼此平行，可以自由地向外滚动。

注2：中间的辊棒不能滚动，但可以随试样表面调整水平度。

（a） 半可调夹具

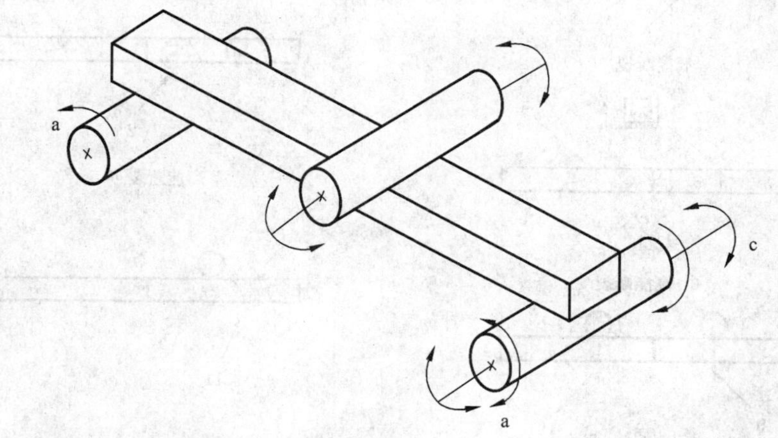

注1：两个支撑辊棒可以自由地向外滚动。

注2：中间的辊棒不能滚动，但可以随试样的表面调整水平度。

注3：一根支撑辊棒可以随试样表面调整水平度。

（b） 全可调夹具

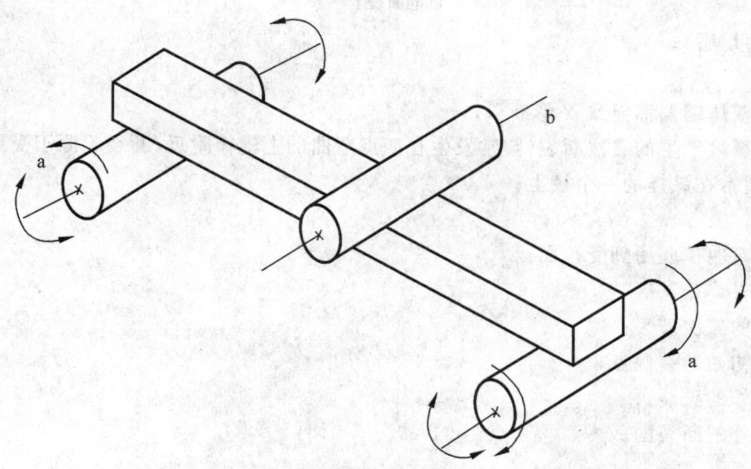

注1：两个支撑辊棒可以自由地向外滚动，并可以随试样表面调整水平度。

注2：中间的辊棒不能滚动也不能调整。

（c） 全可调夹具

图 B.2 三点弯曲夹具

附　录　C
（资料性附录）
陶瓷测试试样的典型断裂模型

低强度的陶瓷，由于有较低的断裂能量，断裂是典型的裂为两块。中等和高强度的陶瓷断裂一般裂为多块。显微观察可以帮助确定断裂源位置，见图 C.1。

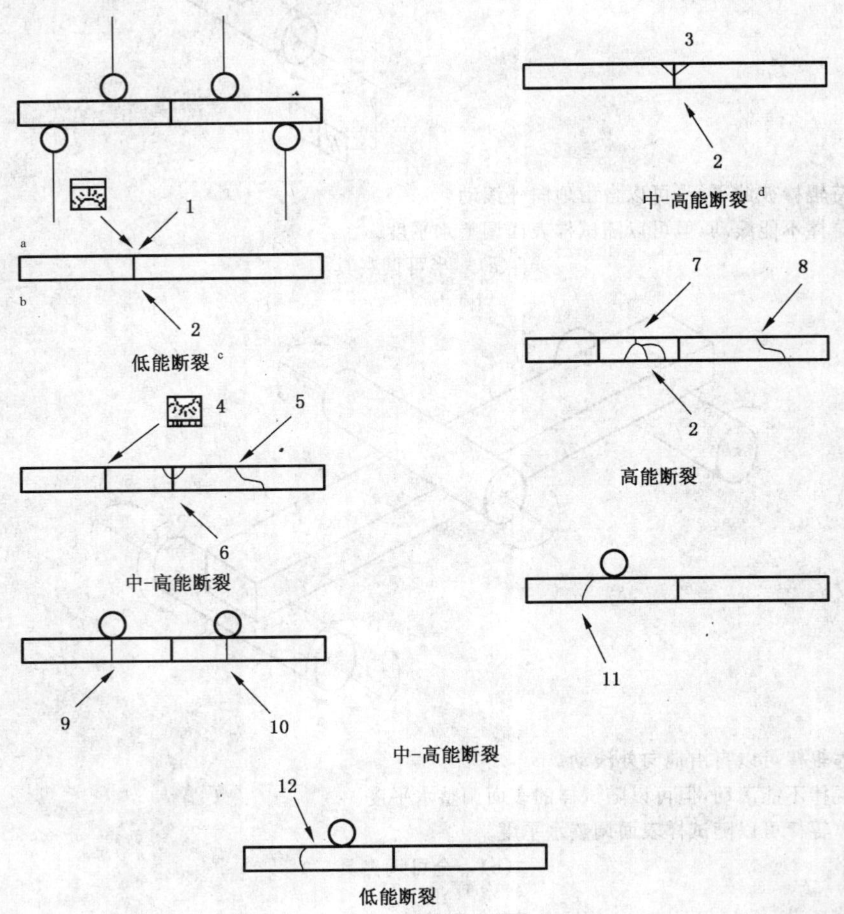

1——压缩偏移(剪切唇)；
2——断裂源；
3——裂纹分叉和双压缩偏移导致 Y 形断口；
4——由于弹性能释放产生的二次断裂(常常发生在四点弯曲的上辊棒附近，断裂起源于受压面)；
5——二次断裂，通常在试样的一个棱上；
6——基本断裂源；
7——裂纹分叉并弯曲扩展回到受拉面；
8——二次破裂；
9——上压辊棒处的二次破裂；
10——靠近辊棒的初始断裂源点；
11——纯弯曲区之外的破裂；
12——纯弯曲区之外的断裂图；
a—受压面；
b—受拉面；
c—断裂表面垂直于受拉面；
d—上面的碎片不重要，可以忽略。

图 C.1　陶瓷试样测试中的典型断裂图

参 考 文 献

[1] QUINN, G. D. and MORELL, R.. Design data for engineering ceramics[J]. A Review of the Flexure Test, J. Am. Ceram. Soc. ,74[9] (1991)2037～2066

[2] BARATTA, F. I. ,QUINN, G. D. and MATTHEWS, W. T.. Errors Associated With Flexure Testing of Brittle Materials, U. S. Army Technical Report[R]. MTL TR 87～35(available from G. D. Quinn, NIST—Ceramics Division, Gaithersburg, MD 20899, U. S. A.)

[3] ASTM C1322—96a, Standard Practice for Fractography and Characterization of Fracture Origins in Advanced Ceramics.

[4] MIL HDBK 790, Fractography and Characterization of Fracture Origins in Advanced Ceramics, U. S. Army Military Handbook, 1 July 1992(available from U. S. Army Research Laboratory, Materials Directorate, Aberdeen Proving Ground, MD 21005, U. S.

ICS 71.100.01;87.060.10
G 55

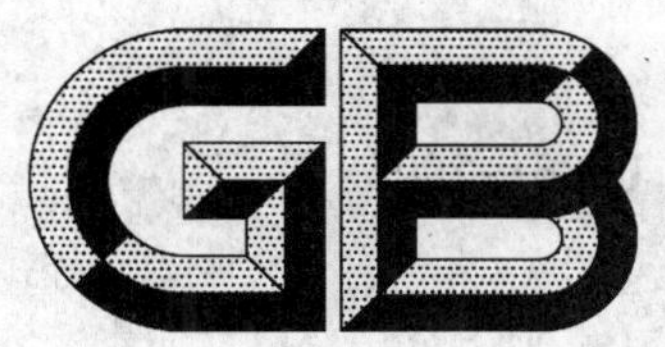

中华人民共和国国家标准

GB/T 6686—2006
代替 GB/T 6686—1986

染　料　分　类

Classification of colours

2006-01-23 发布　　2006-11-01 实施

中华人民共和国国家质量监督检验检疫总局
中国国家标准化管理委员会　发布

前言

本标准代替 GB/T 6686—1986《染料分类》。

本标准与 GB/T 6686—1986 相比主要变化如下：

——直接染料中增加了 D 型(高温稳定型)直接混纺染料和 SF 型直接交链染料类别；

——对可溶性还原染料略做补充；

——丰富了反应染料有关活性基的内容；

——增加了有关不溶性偶氮染料的品种范围；

——分散染料中增加了 LSH 型分散染料、LSP 型分散染料和 SF 型分散染料三个类别；

——增加了“液晶显示染料”类别。

本标准的附录 A 为资料性附录。

本标准由中国石油和化学工业协会提出。

本标准由全国染料标准化技术委员会(SAC/TC 134)归口。

本标准起草单位：沈阳化工研究院、大连理工大学精细化工国家重点实验室。

本标准主要起草人：姬兰琴、彭孝军、傅萍。

本标准于 1985 年首次发布。

染 料 分 类

1 范围

本标准规定了染料(包括颜料)的分类。

本标准适用于染料(包括颜料)的分类,该分类方法作为染料产品的命名、染料生产、应用、科研、教学、管理及技术交流等方面的依据。

2 分类原则

以染料(包括有机颜料)的应用方法和性能分类,共分直接、硫化、还原、反应、显色、酸性、媒介、分散、碱性、阳离子、颜料、食用染料、其他等类别,类别下分系列。

3 分类

染料分类、系列说明表参见附录 A。

3.1

直接染料 direct dyes

在中性或弱碱性含电解质的染浴中能染着纤维素纤维的水溶性染料,也可用于丝绸的印染。该类染料具有平面线型大分子结构,与纤维以范德华力及氢键结合。可分为一般、L、C、A、D、SF 六个系列。

3.1.1 一般

原来的直接染料品种,对纤维素纤维有较大的亲和力,可直接上染纤维素纤维。

3.1.2 L

原称直接耐晒染料,具有较高的耐光色牢度。

3.1.3 C

原称直接铜盐染料,其分子结构中具有能与金属铜离子螯合的基团。以直接染料染色方法染色后,染色织物需再经铜盐(一般为硫酸铜)处理,以提高染色织物的耐水色牢度和耐光色牢度。

3.1.4 A

原称直接重氮染料,其分子结构中具有可重氮化的氨基。染色后,织物上的染料经重氮化,再用偶合剂处理。

3.1.5 D

高温稳定型直接混纺染料,适用于涤/棉、涤/粘混纺织物的一浴法染色。

3.1.6 SF

直接交链染料,染料与活性化合物同用于一个染浴中,在染色过程中,活性化合物即与染料反应,又与纤维反应,从而达到染色和固色的目的。

3.2

硫化染料 sulphur dyes

需用硫化钠进行还原处理才能上染纤维,然后经氧化显色固着于纤维上的染料。可分一般、S、还原、缩聚四个系列。

3.2.1 一般

通常使用的一般硫化染料品种。染料应用时需用硫化钠进行还原处理才能上染纤维素纤维,然后经氧化显色固着于纤维上的染料。主要适用于棉、麻、粘胶、维纶等纤维的染色。

3.2.2 **S**

经焦亚硫酸钠或亚硫酸氢钠甲醛处理，而具有水溶性的硫化染料。主要用于纤维素纤维及维纶的染色，也可用于粘胶纤维的原浆着色。

3.2.3 **还原**

染色时需要保险粉或保险粉-硫化钠为还原剂。色牢度和性能介于硫化染料和还原染料之间的一类染料。

3.2.4 **缩聚染料**

该系列染料分子中含有硫代硫酸基。染色前借助于硫化钠或硫脲的作用，使染料分子发生缩聚反应，形成二硫键，促使二个以上的染料分子缩聚成大分子的染料而固着于纤维素纤维上。

3.3

还原染料　vat dyes

具有两个以上羰基（>C=0）的不溶于水的一类染料。分一般、S二个系列。

3.3.1 **一般**

具有两个以上羰基（>C=0）的不溶于水的一类染料。其结构主要为靛、蒽醌类或其他稠环类衍生物。染色时需先经碱性还原成隐色体状态后才能上染纤维，然后再经氧化恢复至原来的不溶性染料而固着。

3.3.2 **S**

可溶性还原染料，是靛族还原染料和蒽醌类还原染料隐色体的硫酸脂盐，前者称为溶靛素，后者称为溶蒽素。可溶于水，对纤维素纤维有亲和力，染色后以稀硫酸和亚硝酸钠的溶液处理，染料经水解、氧化而显色。主要用于印染棉布和涤/棉混纺织物的浅色染色。

3.4

反应染料　reactive dyes

原称活性染料，是一类在分子结构中含有在染色过程中能与纤维形成共价键结合的反应性基团的染料。主要用于纤维素纤维的染色，也可用于蛋白质纤维和聚酰胺纤维的染色。按其应用性能可分为X、K、KN、KD、KE、M、T、W、F、D等系列。

3.4.1 **X**

含有二氯均三嗪活性基团，主要用于低温（室温）染色的反应染料。

3.4.2 **K**

含有一氯均三嗪活性基团，主要用于印花也可用于高温染色的反应染料。

3.4.3 **KN**

含有乙烯砜基（*β*-硫酸酯乙基砜基）活性基团，用于中温（60℃）染色和印花的反应染料。

3.4.4 **KD**

具有较高直接性的反应染料。

3.4.5 **KE**

含有二个相同的反应性基团的染料。具有较高的直接性和固色率。适用于高温竭染工艺染纤维素纤维。

3.4.6 **M**

含有二个不同的反应性基团的染料。具有较高的反应性和固色率。适用于纤维素纤维的染色和印花。

3.4.7 **T**

属于弱酸性高温（180℃）固着的反应染料。一般适用于聚酯纤维与纤维素纤维混纺织物的染色或印花，可与分散染料进行同浴浸轧热熔染色。

3.4.8 **W**

专用于羊毛织物染色的反应染料。

3.4.9 **F**

纤维素纤维可获得高固色率的反应染料。

3.4.10 **D**

用于皮毛、聚酰胺等纤维染色的反应染料。

3.5

显色染料 Ingrain dyes

一类以中间体形式上染纤维，然后经某种处理而形成染料的有机物质。下分色酚、色基、色盐、快色素、氧化染料、酞菁素等系列。色酚、色基、色盐、快色素为不溶性偶氮染料。

3.5.1 **色酚**

是不溶性偶氮染料的偶合组分。印染时作为打底剂，与色基的重氮盐在纤维上进行偶合反应，形成不溶性偶氮染料而固着于纤维上。

3.5.2 **色基**

是不溶性偶氮染料的重氮组分。其重氮盐可与色酚在纤维上进行偶合反应，形成不溶性偶氮染料而固着于纤维上。

3.5.3 **色盐**

系指色基重氮盐的稳定形式。使用时不经重氮化直接溶于水转变为活泼形式，在被染物上与色酚发生偶合反应，形成不溶性偶氮染料。

3.5.4 **快色素**

是色基的稳定重氮盐与色酚钠盐的混合物。可直接用来印花，然后经弱酸溶液处理而显色，在织物上形成不溶性偶氮染料。

3.5.5 **氧化染料**

主要是芳香胺类化合物。被纤维或毛皮吸附后，经过氧化作用而在基质上形成不溶于水的有色物质使基质显色。

3.5.6 **酞菁素**

是一类能在纤维上生成酞菁颜料的有机化合物，应用于棉布的浸轧染色或印花，可得到鲜艳的蓝、绿色谱。

3.6

酸性染料 acid dyes

该类染料在水溶液中解离生成阴离子色素，需在中性至酸性染浴中染蛋白质和聚酰胺等纤维。染料与纤维以库仑力及范德华力相结合。下可分一般、P、EM、NM四个系列。

3.6.1 **一般**

原称酸性染料，需在酸性染浴中染蛋白质纤维。

3.6.2 **P**

原称弱酸染料，一般在弱酸性至中性染浴中染蛋白质纤维和聚酰胺纤维。

3.6.3 **EM**

原称酸性络合染料，为1∶1金属络合酸性染料，需在强酸性染浴中染蛋白质纤维。

3.6.4 **NM**

原称中性染料，为不含水溶性基团的1∶2金属络合染料，一般在中性染浴中染蛋白质纤维和聚酰胺纤维。

3.7

媒介染料　mordant dyes

原称酸性媒介染料,其分子中具有能与金属离子络合的配位体结构。在酸性染浴中染蛋白质纤维,并需用金属媒染剂处理以提高染色物的色牢度。

3.8

分散染料　disperse dyes

是一类难于溶于水,靠分散剂帮助以高度分散状态存在于染浴中的非离子染料。主要用于聚酯纤维、醋酯纤维等的印染。下分E、SE、S、P、RD、LSH、LSP、SF八个系列。

3.8.1　**E**

该系列染料具有良好的匀染性能,适用于竭染染色工艺。有的品种可用于热转移印花工艺。

3.8.2　**SE**

该系列染料具有一般的匀染性能和较好的耐干热色牢度。可用于聚酯纤维的竭染染色工艺及热熔染色工艺。

3.8.3　**S**

该系列染料具有较高的耐干热色牢度,主要用于聚酯混纺织物的热熔染色工艺。

3.8.4　**P**

该系列染料适用于聚酯纤维和纤维素纤维混纺织物的防拔染印花。

3.8.5　**RD**

该系列染料可用于聚酯纤维的快速染色工艺。

3.8.6　**LSH**

具有高耐水洗色牢度的分散染料。

3.8.7　**LSP**

适用于小浴比染色的分散染料。

3.8.8　**SF**

适用于超细纤维、复合纤维染色的分散染料。

3.9

碱性染料　basic dyes

旧称碱性染料的品种,是在水溶液中能解离生成阳离子色素的染料。因上染纤维后耐光色牢度和耐洗色牢度较差,故现在已很少用于染色。主要用于文教用品与纸张的着色及制造色淀。

3.10

阳离子染料　cationic dyes

是一类在水溶液中能解离生成阳离子色素的染料,该染料可在弱酸性染浴中对含有阴离子染席的聚丙烯腈等合成纤维进行染色,耐光色牢度较好,有些品种也可用于改性聚酯纤维的染色。下分一般、X、BM、M、D五个系列。

3.10.1　**一般**

系指配伍值$K=1.0 \sim 2.0$的染料品种。

3.10.2　**X**

系指配伍值$K=2.5 \sim 4.0$的染料品种,广泛用于聚丙烯腈纤维的染色。

3.10.3　**BM**

系指具有移染平衡性的染料品种。

3.10.4　**M**

系指具有较高移染性的染料品种,适宜于聚丙烯腈纤维等染色。

3.10.5 D

系指在染浴中染料以悬浮分散状态存在的品种，在染色过程中，逐渐解离成阳离子色素。能与阴离子染料同浴染聚丙烯腈纤维、羊毛或粘胶混纺织物。

3.11

荧光增白剂 fluorescent whitening agents

这是一种荧光染料，在紫外光照射下可激发出蓝、紫光与基质上黄光互补而具有增白效果。荧光增白剂主要用于纺织、日化、造纸、塑料等工业。下分 C、W、A、D 等系列。

3.11.1 C

该系列荧光增白剂适用于纤维素纤维的增白工艺。

3.11.2 W

该系列荧光增白剂适用于蛋白质纤维和聚酰胺纤维的增白工艺。

3.11.3 A

该系列在水溶液中可解离生成阳离子的荧光增白剂，适用于聚丙烯腈纤维的增白工艺。

3.11.4 D

该系列在分散剂存在下，分散于染浴中的一类荧光增白剂。适用于聚酯纤维及其他疏水性合成纤维的增白工艺，也可用于塑料的增白工艺。

3.12

溶剂染料 solvent dyes

该类染料是指不溶于水而能溶于有机溶剂的有色物质。主要用于油脂及油墨工业等。按溶剂的类型可分 A、O、W 等系列。

3.12.1 A

该系列染料不溶于水而能溶解于醇类。色泽鲜艳、一般用于醇类的着色。

3.12.2 O

该系列染料是用于油脂类着色的专用染料。

3.12.3 W

该系列染料主要适用于石蜡的着色。

3.13

颜料 pigments

这是一类不溶于水的有机色素，对纤维无亲和力，主要用于涂料、油墨、涂料色浆的生产和塑料、橡胶等的着色，也可用于合成纤维的纺前着色。

3.14

食用染料 food dyes

系指符合食品卫生法的规定，主要用于食品及化妆品着色的合成染料。

3.15

皮革染料 leather dyes

该类染料对皮革具有亲和力，以皮革为主要应用对象。按用途可分为 D、SP 二个系列。

3.15.1 D

系指适用于皮革浸染着色的染料。

3.15.2 SP

系指适用于皮革喷涂着色的染料。

3.16 其他

“其他”不作为一类，因其中各别染料不能形成系列。

3.16.1

激光染料　laser dyes

染料激光器中一种可产生连续可调激光的工作介质。可用于同位素分离、光化学、医学及环境污染检测等方面。

3.16.2

热敏染料　heat sensitive dyes

一类受热后即能与显色剂发生化学反应，在基质上形成颜色的染料。广泛用于电子计算机的终端热敏打印记录。

3.16.3

压敏染料　pressure sensitive dyes

一类受压后能与显色剂发生化学反应，在基质上形成颜色的染料。主要用于制造压敏复写纸。

3.16.4

成色剂　coliur formers

彩色感光材料中形成彩色画面的一种有机化合物。

3.16.5

增感染料　sensitizing dyes

一类加入感光乳剂中，能赋予乳剂对染料所吸收的光谱部分以感光性的染料。可扩大乳剂的感色范围，提高感光度。

3.16.6

液晶显示染料　dyestuffs for liquid crystal display; liquid crystal display dyestuffs

利用染料分子吸收光的方向性与染料分子在液晶中随电场变化发生定向排列的特性而开发的、在彩色液晶显示系统中起发色作用一类功能染料。

附　录　A
（资料性附录）
染料分类、系列说明表

染料分类、系列说明表见表 A.1。

表 A.1　染料分类、系列说明表

类名	系列名	备注
直接	一般	
	L	原称直接耐晒染料
	C	原称直接铜盐染料
	A	原称直接重氮染料
	D	直接混纺染料
	SF	直接交链染料
硫化	一般	
	S	原称可溶硫化染料
	还原	
	缩聚	
还原	一般	
	S	原称可溶性还原染料
反应	X	
	KN	
	KD	
	K	
	KE	
	M	
	T	
	W	
	F	
	D	原称活性分散染料
显色	色酚	
	色基	
	色盐	
	快色素	
	氧化染料	
	酞菁素	
酸性	一般	
	P	原称弱酸性染料
	EM	原称酸性络合染料
	NW	原称中性染料

表 A.1(续)

类名	系列名	备注
媒介	媒介	原称酸性媒介染料
分散	E SE S P RD LSH LSP SF	原称分散 L 型染料 原称分散 M 型染料 原称分散 H 型染料 原称分散 PC 型染料 原称分散 SR 型染料
碱性		
阳离子	一般 X BM M D	 原称分散型阳离子染料
荧光增白剂	C W A D	
溶剂	A O W	原称醇溶染料 原称油溶染料
颜料		
食用		
皮革	D SP	
其他	激光染料 热敏染料 压敏染料 成色剂 增感染料 液晶显示染料	

ICS 71.100.01;87.060.10
G 55

中华人民共和国国家标准

GB/T 6687—2006
代替 GB/T 6687—1986

染料名词术语

Glossary of dyestuff terms

2006-01-23 发布　　2006-11-01 实施

中华人民共和国国家质量监督检验检疫总局
中国国家标准化管理委员会　发布

前　言

本标准代替 GB/T 6687—1986《染料名词术语》。

本标准与 GB/T 6687—1986 相比主要变化如下：

——“染料术语”部分删除了“拼混染料”和“单一染料”二条术语；

——根据现行有关色牢度标准对“色牢度术语”部分进行了修订；

——根据 GB/T 5698—2001《颜色术语》和 GB/T 15608—1995《中国颜色体系》，结合本行业的实际情况对“颜色测量术语”部分进行了调整；

——根据 GB/T 4146—1984《纺织名词术语（化纤部分）》和 GB/T 11951—1989《纺织品　天然纤维　术语》增加了“印染用纤维术语”一章。

本标准由中国石油和化学工业协会提出。

本标准由全国染料标准化技术委员会（SAC/TC 134）归口。

本标准起草单位：沈阳化工研究院、大连理工大学精细化工国家重点实验室。

本标准主要起草人：姬兰琴、彭孝军。

本标准于 1986 年首次发布。

染料名词术语

1 范围

本标准规定了有关染料专业名词术语及定义。

本标准适用于染料行业的技术标准和技术文件，是制、修订标准及编写有关染料专业技术文件的基础标准，供在染料科研、生产、应用、教学以及有关技术交流时使用。

2 染料术语

2.1

染料 dyes，dyestuffs

在可见光部分有选择吸收的物质称为色素。凡与染色对象有一定的亲和力，可通过适当的方法上染固着，并具有一定色牢度的色素称为染料。

2.2

直接染料 direct dyes

在中性或弱碱性含电解质的染浴中能染着纤维素纤维的水溶性染料，也可用于丝绸的印染。该类染料具有平面线型大分子结构，与纤维以范德华力及氢键结合。

2.3

硫化染料 sulphur dyes

需用硫化钠进行还原处理才能上染纤维素纤维，然后经氧化显色固着于纤维上的染料。主要适用于棉、麻、粘胶、维纶等纤维的染色。

2.4

可溶性硫化染料 solubilised sulphur dyes

经焦亚硫酸钠或亚硫酸氢钠甲醛处理，而具有水溶性的硫化染料。主要用于纤维素纤维及维纶的染色，也可用于粘胶纤维的原浆着色。

2.5

硫化缩聚染料 sulphur condense dyes

该系列染料分子中含有硫代硫酸基。染色前借助于硫化钠或硫脲的作用，使染料分子发生缩聚反应，形成二硫键，促使二个以上的染料分子缩聚成大分子的染料而固着于纤维素纤维上。

2.6

还原染料 vat dyes

具有两个以上羰基(>C=O)的不溶于水的一类染料。其结构主要为靛、蒽醌类或其他稠环类衍生物。染色时需先经碱性还原成隐色体状态后才能上染纤维，然后再经氧化恢复至原来的不溶性染料而固着。

2.7

可溶性还原染料 solubilised vat dyes

还原染料隐色体的硫酸酯盐。可溶于水，染色时不需再经碱性还原，可直接在纤维上酸化、氧化显色。

2.8

反应染料 reactive dyes

原称活性染料，是一类在分子结构中含有在染色过程中能与纤维形成共价键结合的反应性基团的染料。主要用于纤维素纤维的染色,也可用于蛋白质纤维和聚酰胺纤维的染色。

2.9

显色染料　ingrain dyes

一类以中间体形式上染纤维,然后经某种处理而形成染料的有机物质。如氧化染料、酞菁素等。

2.10

色酚　azoic coupling component;naphthol

不溶性偶氮染料的偶合组分。印染时作为打底剂,与色基的重氮盐在纤维上进行偶合反应,形成不溶性偶氮染料而固着于纤维上。

2.11

色基　azoic diazo component;fast colour base

不溶性偶氮染料的重氮组分。其重氮盐可与色酚在纤维上进行偶合反应,形成不溶性偶氮染料。

2.12

色盐　fast colour salt

色基重氮盐的稳定形式。使用时不经重氮化直接溶于水转变为活泼形式,在被染物上与色酚发生偶合反应,形成不溶性偶氮染料。

2.13

快色素　azoic compositions

色基的稳定重氮盐与色酚钠盐的混合物。可直接用来印花,然后经弱酸溶液处理而显色,在织物上形成不溶性偶氮染料。

2.14

氧化染料　oxidation dyes;oxidation base

主要是芳香胺类化合物。被纤维或毛皮吸附后,经过氧化作用而在基质上形成不溶于水的有色物质使基质显色。

2.15

酞菁素　phthalocyanine intermediate

一类能在纤维上生成酞菁颜料的有机化合物。

2.16

酸性染料　acid dyes

该类染料在水溶液中解离生成阴离子色素,需在中性至酸性染浴中染蛋白质和聚酰胺等纤维。染料与纤维以库仑力及范德华力相结合。

2.17

媒介染料　mordant dyes

一类酸性染料,故原称酸性媒介染料,其分子中具有能与金属离子络合的配位体结构。在酸性染浴中染蛋白质纤维,并需用金属媒染剂处理以提高染色物的色牢度。

2.18

分散染料　disperse dyes

一类难溶于水,靠分散剂帮助以高度分散状态存在于染浴中的非离子染料。主要用于聚酯纤维、醋酯纤维等的印染。

2.19

阳离子染料　cationic dyes

一类在水溶液中能解离生成阳离子色素的染料,该染料可在弱酸性染浴中对含有阴离子染席的聚丙烯腈等合成纤维进行染色,耐光色牢度较好。

2.20

碱性染料　basic dyes

在水溶液中能解离生成阳离子色素的染料。因上染纤维后耐光色牢度和耐洗色牢度较差，故现在已很少用于染色。主要用于文教用品与纸张的着色及制造色淀。

2.21

荧光增白剂　fluorescent whitening agents

一种荧光染料，在紫外光照射下，可激发出蓝、紫光与基质上黄光互补而具有增白效果。

2.22

有机颜料　organic pigments

一类不溶于水的有机色素，对着色对象无亲和力，主要用于塑料、橡胶等的着色及涂料、油墨的生产，也可用于合成纤维的纺前着色和涂料印花。

2.23

溶剂染料　solvent dyes

该类染料是指不溶于水而能溶于有机溶剂的有色物质。主要用于油脂及油墨工业等。

2.24

食用染料　food dyes

系指符合食品卫生法的规定，主要用于食品及化妆品着色的合成染料。

2.25

皮革染料　leather dyes

该类染料对皮革具有亲和力，以皮革为主要应用对象。

2.26

激光染料　laser dyes

染料激光器中一种可产生连续可调激光的工作介质。

2.27

热敏染料　heat sensitive dyes

一类受热后即能与显色剂发生化学反应，在基质上形成颜色的染料。

2.28

压敏染料　pressure sensitive dyes

一类受压后能与显色剂发生化学反应，在基质上形成颜色的染料。

2.29

成色剂　colour formers

彩色感光材料中形成彩色画面的一种有机化合物。

2.30

增感染料　sensitizing dyes

一类加入感光乳剂中，能赋予乳剂对染料所吸收的光谱部分以感光性的染料。可扩大乳剂的感色范围，提高感光度。

2.31

染料中间体　dye intermediates

由基本无机原料（酸、碱、盐等）和基本有机原料（苯、萘、蒽等）反应得到的用于染料合成的中间产品。

2.32

偶氮（结构）染料　azo dyes

分子结构中含有偶氮基（—N=N—）的染料。

2.33

蒽醌(结构)染料 anthraquinone dyes

分子中含蒽醌结构的染料。

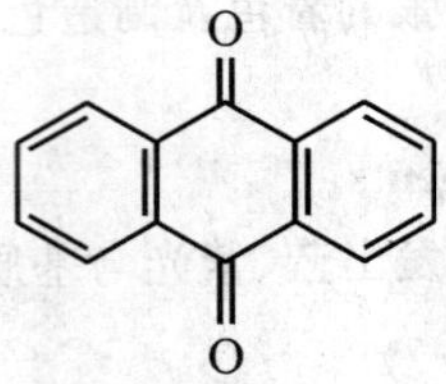

2.34

靛(结构)染料 indigoid dyes

分子中含有靛蓝结构或硫靛结构的染料。

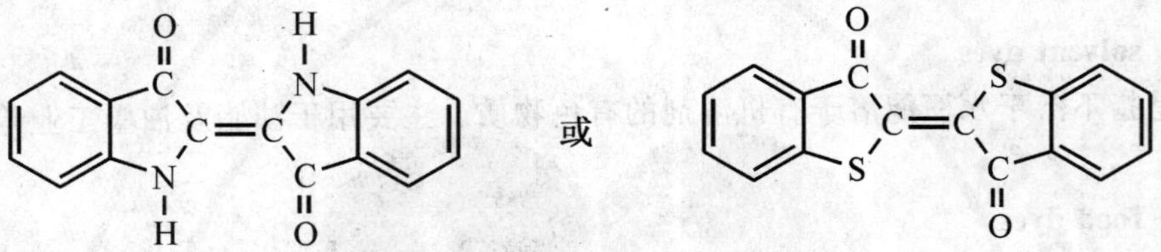

或

2.35

酞菁(结构)染料 phthalocyanine dyes

具有酞菁结构的染料。

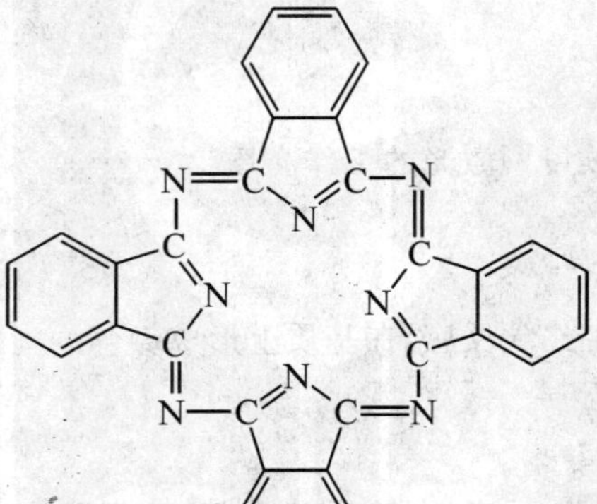

2.36

硝基及亚硝基(结构)染料 nitro and nitroso dyes

发色体系中含有硝基($-NO_2$)或亚硝基($-NO$)的染料。

2.37

二芳甲烷(结构)染料 diarylmethane dyes

分子中含有二芳甲烷结构的染料。

2.38

三芳甲烷(结构)染料 triarylmethane dyes

分子中含有三芳甲烷结构的染料。

2.39

杂环(结构)染料 heterocyclic dyes

分子中含杂环结构的染料。杂原子主要是氮、氧或硫。

2.40

吖啶(结构)染料　acridine dyes

分子中含有吖啶(氮杂蒽)结构的染料。

2.41

喹啉(结构)染料　quinoline dyes

分子中含有喹啉(氮杂萘)结构的染料。

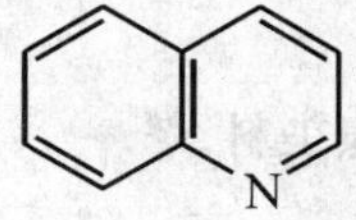

2.42

噻唑(结构)染料　thiazole dyes

分子中含有噻唑(硫氮杂茂)结构的染料。

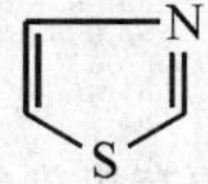

2.43

吖嗪(结构)染料　azine dyes

由吩嗪(夹二氮蒽)衍生的苯型染料。

2.44

噁嗪(结构)染料　oxazine dyes

分子中含有噁嗪(夹氧氮蒽)结构的染料。

2.45

噻嗪(结构)染料　thiazine dyes

分子中含有噻嗪(夹硫氮蒽)结构的染料。

2.46

呫吨(结构)染料　xanthene dyes

分子中含有呫吨(氧蒽)结构的染料。

2.47

咔唑(结构)染料　carbazole dyes

分子中含有咔唑(氮杂芴)结构的染料。

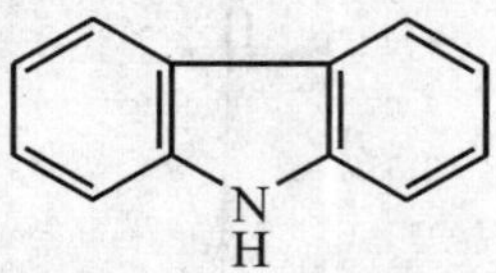

2.48

联苯胺(结构)染料　benzidine dyes

分子中含有1,4-双偶氮联苯结构的偶氮染料。

2.49

天然染料　natural dyes

通过自然界的动物或植物的生长过程,天然形成的可用于印染行业的有色物质。如植物染料、动物染料及矿物染料等。

2.50

合成染料　synthetic dyes

相对于天然染料而言,通过化学反应合成的有机染料。

2.51

混纺染料　composite dyes;union dyes

用于二种以上染色性能不同的纤维混纺织物的同浴染色的染料。

2.52

浆状染料　paste form of dyes;paste dyes

将过滤后的染料滤饼,不经干燥直接使用的商品染料剂型。亦称膏状染料。

2.53

液状染料　liquid form of dyes;liquid dyes

经一定加工处理,以溶解状态或稳定的分散液状态存在的商品染料剂型。

2.54

粒状染料　granulated form of dyes;granular dyes

将原染料经不同的造粒加工得到的各种形状的颗粒状商品染料剂型。

2.55

粉状染料　powder form of dyes;powder dyes

将染料滤饼经商品化加工后,得到的粉状商品染料剂型。

2.56

超细粉　super fine;super powder

亦称悬浮体轧染细粉。指可直接用于悬浮体轧染工艺的还原染料品种。其粒子非常细小、均匀。

2.57

染色细粉　powder fine for dyeing(p. f. f. d)

达到一定细度要求的细粉状还原染料。可用于卷染和浸染。但不可直接用于悬浮体轧染工艺。

2.58

微胶囊染料　microcapsule dyes

颗粒一般在10 μm～30 μm之间,利用高分子化合物的凝聚原理制得的商品染料剂型。由囊衣和内芯构成，染料含在内芯中，在高温汽蒸时，囊衣破开，染料才可上染纤维。

3 染色理论术语

3.1

染色理论 theory of dyeing

与染色现象有关的理论，用于染色问题的理论研究。一般包括：染色动力学、染色热力学、染色机理及染料聚集状态等方面。

3.2

染色机理 dyeing mechanism

研究染料上染纤维过程中所经历的步骤及染料与纤维结合形式的理论。

3.3

染色动力学 dyeing kinetics

从化学动力学的角度，研究染色速度和染料在纤维表面和内部的扩散现象的学科。

3.4

染色热力学 dyeing thermodynamics

从化学热力学角度，研究染色的可能性，即染色过程的方向、限度及平衡等问题的学科。

3.5

扩散 diffusion

染料在介质中由浓度高处向浓度低处转移的分子运动现象。染色过程中的扩散包括染料染液向染料与纤维界面的扩散及染料由纤维表面向内部的扩散。由于后者速度较慢，故染色过程中的扩散常常是指染料由纤维表面向内部的扩散。

3.6

扩散系数 duffusion coefficient

菲克第一扩散方程及菲克第二扩散方程的系数。一般用 D 表示，因次为长度^2·时间$^{-1}$。可理解为在单位浓度梯度下，单位时间内，通过单位横截面积的物质的量。常用来衡量染料在一定介质中的扩散性能。

3.7

染色平衡 dyeing equilibrium

染色过程中，纤维吸附染料的速度和染料解吸速度相等，染料在纤维上的吸附量不再随时间延长而增加的状态。从热力学角度讲，是染料在纤维相和染浴相化学位相等的状态。

3.8

亲和力 affinity

在染液中染料标准化学位和纤维上染料标准化学位的差，一般用 $-\Delta\mu^{\circ}$ 表示。它是染料对纤维上染的一个特性指标。可用来衡量在一定温度下，染料舍染液上染纤维能力的大小。

3.9

直接性 substantivity

定性地描述染料不经媒染上染纤维能力的术语。

3.10

吸附等温线 adsorption isotherm

表示在一定温度下，达到染色平衡时，在纤维上的染料量和在染浴中染料量的关系曲线。

3.11

弗雷德利胥吸附 Freundlich adsorption

染色达到平衡时，染料在纤维相和染浴相中浓度的分配符合方程$[D]_f=[D]_s^n$（$0<n<1$），这种吸附

形式称为弗雷德利胥吸附。如直接染料在含有一定浓度的电解质染浴中上染纤维素纤维的吸附等温线就符合这种类型。

3.12

能斯特吸附 Nernst adsorption

指染色达到平衡时,染料在纤维相浓度$[D]_f$和染料在染液相浓度$[D]_S$之比为一常数,即符合方程$[D]_f=K[D]_S$。这种吸附形式称为能斯特吸附。如分散染料对聚酯、聚酰胺、醋酯纤维的吸附等温线属于这种类型。

3.13

朗缪尔吸附 Langmuir adsorption

当染色平衡时,染料在纤维相和染浴相的浓度符合$[D]_f=\frac{KS[D]_S}{1+K[D]_S}$,这种吸附形式称为朗缪尔吸附。如酸性染料上染蛋白质纤维和阳离子染料上染腈纶就属于这类吸附。

3.14

无机/有机值 inorganic/organic ratio

表示有机化合物亲水性、疏水性性质的一个参数。用于由结构推测有机化合物之间的关系,当二者无机/有机值接近时,可认为二物质具有一定的相容性。

3.15

溶解度参数 solubility parameter

用于确定溶剂对溶质的溶解能力的参数。溶解度参数=$[\text{内聚能密度}]^{1/2}$。溶解度参数可用于判断聚合物的膨化,染料的溶解度及溶剂染色的可行性。

3.16

界面移染理论 interfacial migration theory

认为分散染料在纤维界面的移染是匀染的关键的一种理论,简称IM理论。是制定分散染料快速染色工艺的理论依据。

3.17

发色团理论 chromophore theory;colour theory of witt

这是1876年O·N·Witt为说明染料的颜色和其化学结构之间的关系提出的一个经验学说,即染料的颜色是由其分子中的发色团和助色团产生的,并无严格的理论意义。随着科学的发展,后来又出现了共振论、经典电子理论以至以量子化学为基础的近代发色理论。

3.18

发色团 chromophore

一般将染料分子中的硝基、偶氮基、羰基等吸电子基团称为发色团。

3.19

发色体 chromogen

染料分子结构中造成染料在可见光谱区具有选择吸收能力的主体结构部分。一般指有色的不饱和体系或与简单的取代基结合后即转变成有色的无色不饱和体系。

3.20

助色团 auxochrome

一般将羟基、氨基等一些给电子基称为助色团。近期已多用较确切的名词“给电子基”代替,这就包括了任何具有能和π电子系统发生共轭作用的孤对电子的原子。

3.21

给电子-受电子发色体 donor-acceptor chromogen

指造成染料发色的基本骨架是由给电子基-π电子体系-受电子基组成的发色体。这类发色体涉及的染料类别较多,如偶氮染料、蒽醌染料、靛族染料等都属于这类发色体。

4 色牢度术语

4.1

色牢度 colour fastness

纺织品的颜色对于它在加工和使用过程中遭受到的各种作用的抵抗能力。

4.2

色牢度评级 colour fastness grading;colour fastness rating

根据色牢度试验时,染色物的变化程度及对贴衬织物的沾色程度,对纺织品色牢度性质进行评定。除耐光色牢度为八级外,其余均五级。级数越高,表示色牢度越好。

4.3

变色 change in colour

经一定的处理后,染色物的颜色在色光、深度或艳度方面的变化,或这些变化的综合结果。

4.4

沾色 staining of colour

经一定的处理后,染色物的颜色向相邻的贴衬织物上转移,对贴衬织物的沾污。

4.5

标准深度 standard depth

一种公认的深度标准系列,并定义中等深度为 1/1 标准深度。同一标准深度的颜色,在心理感觉上是相等的,使色牢度等可在同一基础上进行比较。目前已发展为 2/1、1/1、1/3、1/6、1/12 及 1/25 共六档标准深度。

4.6

评定变色用灰色样卡 grey scale for assessing change in colour

在色牢度试验中,为评定染色物的变色程度而使用的标准灰色样卡。一般称为变色灰卡。

4.7

评定沾色用灰色样卡 grey scale for assessing staining of colour

在色牢度试验中,为评定染色物对贴衬织物的沾色程度而使用的标准灰色样卡。一般称为沾色灰卡。

4.8

贴衬织物 adjacent fabric

在色牢度试验中,为判定染色物对其他纤维的沾色程度,和染色物一起进行处理的未染色的白色织物。有毛标准贴衬织物、聚酯标准贴衬织物、聚丙烯腈标准贴衬织物、丝标准贴衬织物、亚麻和苎麻标准贴衬织物、聚酰胺标准贴衬织物、多纤维标准贴衬织物、棉和粘纤标准贴衬织物。

4.9

蓝色羊毛标准 blue wool standards

在耐光色牢度试验中,为评定染色物的色牢度级别,和染色物一起曝晒的八块蓝色羊毛织物,是用规定的染料染制而成,具有一到八级的耐光色牢度。

4.10

参比试样 reference specimen,test control dyeing

在易产生误差的色牢度试验中,为使结果可靠,所使用的已知色牢度级别的染色物。如参比试样的色牢度没有达到已知的级别,则试验就需重做。

4.11

耐光色牢度(日光)　colour fastness to light (daylight)

纺织品的颜色耐日光照射的能力。

4.12

耐人造光色牢度(氙弧)　colour fastness to artifical light (xenon arc)

纺织品的颜色耐相当于日光(D_{65})的人造光(氙弧灯)照射的能力。

4.13

耐气候色牢度(室外曝晒)　colour fastness to weathering(out door exposure)

纺织品的颜色耐室外曝晒及周围大气作用的能力。

4.14

耐人造气候色牢度(氙弧)　colour fastness to artifical weathering(xenon arc)

纺织品的颜色耐氙灯试验仓内人造气候作用的抵抗能力。

4.15

光致变色的检验与评定　detection and assessment of photochromism

检验和评定有色纺织品在短暂的光曝晒后的颜色变化。

4.16

耐洗色牢度　colour fastness to washing

纺织品的颜色对不同条件的洗涤作用的抵抗能力。

4.17

耐干洗色牢度　colour fastness to dry washing

纺织品的颜色对于用干洗剂(如全氯乙烯)进行洗涤处理的抵抗能力。

4.18

耐摩擦色牢度　colour fastness to rubbing

纺织品的颜色对于摩擦脱色作用的抵抗能力。根据试验中加水与否,又可分为干摩擦和湿摩擦两种色牢度。

4.19

耐有机溶剂摩擦色牢度　colour fastness to rubbing (organic solvents)

纺织品的颜色对有机溶剂和摩擦综合作用的抵抗能力。

4.20

耐水色牢度　colour fastness to water

纺织品的颜色对于水浸作用的抵抗能力。

4.21

耐海水色牢度　colour fastness to sea water

纺织品的颜色耐海水浸渍作用的能力。

4.22

耐氯化水色牢度(游泳池水)　colour fastness to chlorinated water (swimming-pool water)

纺织品的颜色耐消毒游泳池水所用浓度的有效氯作用的能力。

4.23

耐汗渍色牢度　colour fastness to perspiration

纺织品的颜色对人体汗渍作用的抵抗能力。

4.24

耐酸斑色牢度　colour fastness to spotting (acid)

纺织品的颜色对有机酸或无机酸稀溶液滴下处理作用的抵抗能力。

4.25

耐碱斑色牢度　colour fastness to spotting (alkali)

纺织品的颜色对稀碱溶液滴下处理作用的抵抗能力。

4.26

耐水斑色牢度　colour fastness to spotting(water)

纺织品的颜色对水滴下处理作用的抵抗能力。

4.27

耐沸煮色牢度　colour fastness to potting

羊毛及含羊毛纺织品的颜色对沸煮作用的抵抗能力。

4.28

耐加压汽蒸色牢度　colour fastness to decatizing

纺织品的颜色对高压汽蒸作用的抵抗能力。

4.29

耐汽蒸色牢度　colour fastness to steaming

纺织品的颜色耐大气压力下蒸汽作用的能力。

4.30

耐碱性缩呢色牢度　colour fastness to alkaline milling

羊毛及含羊毛纺织品的颜色在碱性缩呢工艺中对肥皂和碳酸钠溶液作用的抵抗能力。

4.31

耐酸性毡合色牢度　colour fastness to acid-felting

纺织品的颜色耐酸作用的能力。

4.32

耐氧化氮色牢度　colour fastness to nitrogen oxides

纺织品的颜色对煤气、煤、油等燃烧产生的氧化氮气体的抵抗能力。

4.33

耐烟熏色牢度　colour fastness to burnt gas fumes

纺织品的颜色在燃烧丁烷或城市煤气产生的含氧化氮大气中耐烟熏作用的能力。

4.34

耐大气中臭氧色牢度　colour fastness to ozone in the atmosphere

纺织品的颜色在室温和相对湿度低于65%，以及高温和相对湿度高于80%的大气中耐臭氧作用的能力。

4.35

耐次氯酸盐漂白色牢度　colour fastness to bleaching (hypochlorite)

纺织品的颜色对于漂白中所用的常规浓度的次氯酸盐漂浴处理的抵抗能力。

4.36

耐过氧化物漂白色牢度　colour fastness to bleaching (peroxide)

纺织品的颜色对一般浓度的过氧化物漂浴处理的抵抗能力。

4.37

耐亚氯酸钠轻漂色牢度　colour fastness to bleaching:sodium chloite(mild)

纺织品的颜色耐轻漂作用的能力，亚氯酸钠溶液为1 g/L，pH值为3.5。

4.38

耐亚氯酸钠重漂色牢度　colour fastness to bleaching:sodium chloite(severe)

纺织品的颜色耐重漂作用的能力，亚氯酸钠溶液2.5 g/L及酸性焦磷酸钠0.1 g/L，pH值为3.5。

4.39

耐硫熏色牢度　colour fastness to stoving

纺织品的颜色在漂白蛋白质纤维所用的二氧化硫气体中，耐硫熏的能力。

4.40

耐干热(热压除外)色牢度　colour fastness to dry heat (excluding pressing)

纺织品的颜色耐干热(热压除外))处理的能力。

4.41

耐蒸汽褶裥色牢度　colour fastness to steam pleating

纺织品的颜色耐汽蒸褶裥处理加工的能力。

4.42

耐硫化色牢度　colour fastness to vulcanizing

纺织品的颜色在硫化过程中抵抗典型的橡胶化合物及其分解作用的能力。

4.43

耐炭化色牢度　colour fastness to carbonizing

羊毛及含羊毛纺织品的颜色对去除植物性杂质的炭化处理的抵抗能力。

4.44

耐氯化色牢度　colour fastness to chlorination

纺织品的颜色耐为防止羊毛织物缩绒而使用酸性次氯酸盐溶液处理的能力。

4.45

耐有机溶剂色牢度　colour fastness to organic solvents

纺织品的颜色耐有机溶剂作用的能力。

4.46

耐碱煮色牢度　colour fastness to soda boiling

纺织品的颜色耐碳酸钠稀溶液沸煮处理的能力。

4.47

耐交染色牢度　colour fastness to cross dyeing

纺织品的颜色在对和其混纺的纤维的交染过程中，耐处理的能力。

4.48

耐脱胶色牢度　colour fastness to degumming

纺织品的颜色耐生丝脱胶用皂液处理的能力。

4.49

耐甲醛色牢度　colour fastness to formaldehyde

纺织品的颜色耐甲醛气体作用的能力。

4.50

耐热压色牢度　colour fastness to hot pressing

纺织品的颜色耐熨烫及热滚筒加工的能力。

4.51

耐染浴中金属色牢度　colour fastness to metals in the dye bath

在含有金属盐的染浴中染色时，金属离子(如铬、铁、铜)对染料染色色光的影响程度。

4.52

耐丝光色牢度　colour fastness to merceizing

纺织品的颜色耐丝光用氢氧化钠溶液作用的能力。

4.53

耐热水色牢度　colour fastness to hot water

纺织品的颜色耐热水作用的能力。

4.54

耐光、汗复合色牢度　complex colour fastness to light-perspiration

纺织品的颜色耐光、汗液复合作用的能力。俗称耐汗光色牢度。

4.55

耐唾液色牢度　colour fastness to aliva

纺织品的颜色耐唾液作用的能力。

4.56

综合色牢度　comprehensive colour fastness

纺织品的颜色耐光、耐淋水、耐洗和耐刷洗综合作用的能力。

4.57

耐一氯化硫色牢度　colour fastness to vulcanizing(sulphur monochloride)

纺织品的颜色在橡胶冷硫化常规条件下，耐一氯化硫硫化的能力。

4.58

染色毛皮耐摩擦色牢度　colour fastness of dying fur to rubbing

染色毛皮的颜色耐干、湿摩擦色牢度试验的能力。

4.59

耐刷洗色牢度　colour fastness to scrub

纺织品的颜色耐刷洗作用的能力。

4.60

耐化学法褶皱、褶裥和定型色牢度　colour fastness to processes using chemical means for creasing, pleating and setting

纺织品的颜色在用化学和汽蒸相结合的方法进行褶皱、褶裥和定型处理中耐加工的能力。

4.61

耐羊毛酸性氯化色牢度(二氯异氰尿酸钠)　colour fastness to acid chlorination of wool:sodium dichloroisocyanurate

各类毛纺织品的颜色耐二氯异氰尿酸钠酸性氯化的能力。

5　颜色测量术语

5.1

光　light

能对人的视觉系统产生明亮和颜色感觉的电磁辐射，又叫可见电磁辐射。其波长范围一般取380nm～780nm。[GB/T 5698—2001 中的 3.1]

5.2

光谱密集度　spectral concentration

以波长 λ 为中心的微小波长宽度范围内的辐射量 X(即辐通量、辐照度、辐亮度等)与该波长宽度之比。[GB/T 5698—2001 中的 3.2]

$$X(\lambda)=\frac{\mathrm{d}X}{\mathrm{d}\lambda}$$

注：对于特定的辐射量，如辐通量 Φ_e 的光谱密集度可简称为光谱辐通量，符号为 $\Phi_e(\lambda)$，单位是：$\mathrm{W\cdot m^{-1}}$ 或 $\mathrm{W\cdot nm^{-1}}$。

$$\Phi_e(\lambda) = \frac{d\Phi_e}{d\lambda}$$

5.3

光谱功率分布　spectral power distribution

光谱密集度与波长之间的函数关系。[GB/T 5698—2001 中的 3.3]

注：为明确辐通量的性质，辐通量的光谱功率分布叫做光谱辐通量功率分布。以符号 $\Phi_{e\lambda}(\lambda)$ 表示。脚标 λ 表示波长的微系数，(λ)表示波长的函数。

5.4

光反射比　luminous reflectance

被物体反射的光通量 Φ_ρ 与入射到物体的光通量 Φ_i 之比。光反射比以 ρ_v 表示。[GB/T 5698—2001 中的 3.10]

$$\rho_v = \frac{\Phi_\rho}{\Phi_i}$$

5.5

光透射比　luminous transmittance

从物体透射的光通量 Φ_τ 与入射到物体的光通量 Φ_i 之比。光透色比以 τ_v 表示。[GB/T 5698—2001 中的 3.11]

$$\tau_v = \frac{\Phi_\tau}{\Phi_i}$$

5.6

光谱反射比　spectral reflectance

从物体表面反射的波长 λ 的辐通量或光通量 $\Phi_{\rho\lambda}$ 与入射到物体表面的波长的辐通量或光通量 $\Phi_{i\lambda}$ 之比，光谱反射比以 $\rho(\lambda)$ 表示。[GB/T 5698—2001 中的 3.15]

$$\rho(\lambda) = \frac{\Phi_{\rho\lambda}}{\Phi_{i\lambda}}$$

5.7

光谱透射比　spectral transmittance

物体透射的波长 λ 的辐通量或光通量 $\Phi_{\tau\lambda}$ 与入射到物体表面的波长 λ 的谱辐通量或光通量 $\Phi_{i\lambda}$ 之比，光谱透射比以 $\tau(\lambda)$ 表示。[GB/T 5698—2001 中的 3.16]

$$\tau(\lambda) = \frac{\Phi_{\tau\lambda}}{\Phi_{i\lambda}}$$

5.8

光密度　optical density

亦称吸光度，$[\text{光密度}] = \lg \frac{1}{[\text{光谱透射比}]}$，由于光密度值在一定条件下，与溶液溶质的量成正比，常用于染料及印染工业的质量控制及检验。

5.9

颜色测量　color measuring; color measurement

使用一定仪器，对物体色进行测量，并按一定的规定，以数值表示其颜色特性的方法。

5.10

色　color

光作用于人眼引起除空间属性以外的视觉特性。用色名或色的三属性来表示的视觉特性。[GB/T 5698—2001 中的 4.1]

5.11

互补色 complementary color

以适当比例混合产生中性色的两种颜色。通过相加混色能够匹配成规定的无彩色刺激的两种颜色。[GB/T 15608—1995 中的 3.8]

5.12

物体色 object color

光被物体反射或透射后的颜色。[GB/T 5698—2001 中的 4.12]

5.13

同色异谱刺激 metameric color stimuli

在规定的观测条件下,虽然光谱组成不同,但颜色感知相同的二个色刺激。[GB/T 5698—2001 中的 4.21]

注:规定的观测条件,是指观察者和视场大小。对于物体色情况,是指照明光的光谱功率分布等。

5.14

三刺激值 tristimulus values

在三色系统中,与待测色刺激达到色匹配所需的三种参照色刺激的量。[GB/T 5698—2001 中的 4.23]

注:在 XYZ 表色系统中,采用[X]、[Y]、[Z]三刺激值。在 $X_{10}Y_{10}Z_{10}$ 表色系统中,采用[X_{10}]、[Y_{10}]、[Z_{10}]三刺激值。

5.15

色度系统 colorimetric system

根据规定的定义和符号表示颜色的系统,亦称表色系统。[GB/T 5698—2001 中的 4.30]

5.16

三色系统 trichromatic system

适当地选择三个参照色刺激,经相加混合后与待测色刺激达到色匹配,利用这种原理表示待测色刺激的色度系统。[GB/T 5698—2001 中的 4.31]

5.17

***XYZ* 色度系统 *XYZ* colorimetric system**

基于 CIE 1931 年规定的光谱三刺激值 $\bar{x}(\lambda)$、$\bar{y}(\lambda)$、$\bar{z}(\lambda)$ 而建立的三色系统。[GB/T 5698—2001 中的 4.34]

5.18

$X_{10}Y_{10}Z_{10}$ 色度系统 $X_{10}Y_{10}Z_{10}$ colorimetric system

基于 CIE1964 年规定的光谱三刺激值 $\bar{x}_{10}(\lambda)$、$\bar{y}_{10}(\lambda)$、$\bar{z}_{10}(\lambda)$ 而建立的三色系统。[GB/T 5698—2001 中的 4.35]

5.19

色品(度)坐标 chromaticity coordinates

各个三刺激值与它们之和的比。

在 XYZ 表色系统中,由三刺激值 X、Y、Z 可算出色品坐标 x、y、z。

对于 $X_{10}Y_{10}Z_{10}$ 色度系统,色品坐标为 x_{10}、y_{10}、z_{10}。[GB/T 5698—2001 中的 4.39]

$$x=\frac{X}{X+Y+Z},\qquad x_{10}=\frac{X_{10}}{X_{10}+Y_{10}+Z_{10}}$$

$$y=\frac{Y}{X+Y+Z},\qquad y_{10}=\frac{Y_{10}}{X_{10}+Y_{10}+Z_{10}}$$

$$z=\frac{Z}{X+Y+Z},\qquad z_{10}=\frac{Z_{10}}{X_{10}+Y_{10}+Z_{10}}$$

5.20

色品图 chromaticity diagram

表示颜色色品坐标的平面图。[GB/T 5698—2001 中的 4.40]

5.21

相加混色 additive mixture of color stimuli

在视网膜上的同一个部位,以同时入射或高频交替入射两种以上的色刺激或人眼分辨不出的镶嵌方式入射的色刺激混合,感觉出另一个颜色的现象。[GB/T 5698—2001 中的 4.52]

5.22

相减混色 subtractive mixtrue

光经颜色滤光片或其他光吸收介质组合而产生不同于原来的颜色。[GB/T 5698—2001 中的 4.54]

5.23

颜色方程 color equation

两种色刺激匹配的代数或几何表示。

在这种情况下,色刺激以矢量符号表示,达到颜色匹配的等值关系用符号"≡"来表示。[GB/T 5698—2001 中的 4.56]

例如:

$$C(C) \equiv R(R) + G(G) + B(B)$$

5.24

色差 color difference

定量表示的色知觉差异。用 ΔE 表示。[GB/T 5698—2001 中的 4.62]

5.25

色差公式 color difference formula

计算两色刺激之间的差异的公式。[GB/T 5698—2001 中的 4.63]

5.26

色空间 color space

表示颜色的三维空间。[GB/T 5698—2001 中的 4.57]

5.27

色匹配 color matching

使调配的颜色与给定的颜色在视觉上相等或相同。[GB/T 5698—2001 中的 4.72]

5.28

色度计 colorimeter

用以测量色的三刺激值或色品坐标的仪器。[GB/T 5698—2001 中的 4.81]

5.29

CIE 标准照明体 CIE standard illuminants

由 CIE 规定的入射在物体上的一个特定的相对光谱功率分布,包括:

a) 标准照明体 A:根据国际实用温标而规定的绝对温度为 2 856 K 的完全辐射体。

b) 标准照明体 C:相关色温约为 6 774 K 的平均昼光。

c) 标准照明体 D_{65}:相关色温约为 6 504 K 的平均昼光。

标准照明体 D_{55}:相关色温约为 5 503 K 的昼光。

标准照明体 D_{75}:相关色温约为 7 504 K 的昼光。[GB/T 5698—2001 中的 4.85]

5.30

CIE 标准光源 CIE standard sources

为实现 CIE 标准照明体 A、C、D_{65} 及 D,由 CIE 所规定的人工光源。[GB/T 5698—2001 中的 4.86]

注：

1 各种标准光源如下：

标准光源 A：分布温度为 2 856 K 的透明玻壳充气钨丝灯。

标准光源 C：由标准光源 A 和 DG 滤光器组合而成的、分布温度为 6 774 K 的光源。

2 关于实现标准照明体 D_{65} 和其他标准照明体 D 的人工光源，CIE 还未作规定。

5.31

色感觉 color sensation

眼睛接收色刺激后产生的颜色感觉。[GB/T 5698—2001 中的 5.4]

5.32

色调 hue

表示红、黄、绿、蓝、紫等颜色特性。

颜色的三属性之一。[GB/T 5698—2001 中的 5.7]

5.33

明度 lightness

a） 物体表面相对明暗的特性。

b） 在同样的照明条件下，以白板作为基准，对物体表面的视知觉特性给予的分度。

颜色的三属性之一。[GB/T 5698—2001 中的 5.8]

5.34

彩度 chroma

用距离等明度无彩色点的视知觉特性来表示物体表面颜色的浓淡，并给予分度。颜色的三属性之一。[GB/T 5698—2001 中的 5.9]

5.35

饱和度 saturation

用以估价纯彩色在整个视觉中的成分的视觉属性。[GB/T 5698—2001 中的 5.10]

5.36

孟塞尔颜色体系 Munsell color system

用孟塞尔色立体模型所规定的色调、明度和彩度来表示物体色的色度系统。[GB/T 5698—2001 中的 5.11]

5.37

灰色标尺 gray scale

由黑到白，等差明度的一系列无彩色卡。灰度标尺用来作为明度和色差的判断标准。[GB/T 5698—2001 中的 5.16]

5.38

无彩色 achromatic color

从黑到白的一系列中性灰色。[GB/T 5698—2001 中的 5.18]

5.39

有彩色 chromatic color

除无彩色以外的各种颜色。[GB/T 5698—2001 中的 5.19]

5.40

冷色 cool color

给予凉爽感觉的颜色。[GB/T 5698—2001 中的 5.47]

5.41

暖色 warm color

给予暖和感觉的颜色。[GB/T 5698—2001 中的 5.48]

5.42

正常色觉　normal color vision

颜色辨别能力正常的色觉。[GB/T 5698—2001 中的 5.62]

5.43

异常色觉　anomalous color vision

不能正常辨别颜色的色觉。异常色觉包括色弱和色盲。[GB/T 5698—2001 中的 5.63]

5.44

色弱　anomalous trichromatism

轻度的异常视觉。[GB/T 5698—2001 中的 5.64]

5.45

色盲　color blindness

与正常色觉比较,颜色辨别能力显著地差的色觉。[GB/T 5698—2001 中的 5.65]

5.46

夜盲　night-blindness

因视网膜的杆体细胞对低亮度的适应能力丧失或异常的变态视觉。[GB/T 5698—2001 中的 5.66]

5.47

光泽　gloss

物体表面定向选择反射的性质。由于反射光的空间分布而产生的物体表面视知觉的特性。它与表面定向反射成分的大小和反射光配光曲线的尖锐程度有关。[GB/T 5698—2001 中的 6.1]

5.48

北空昼光　north sky light

从日出 3 h 后到日落 3 h 前,避开太阳光直射的从北窗看的天空光。[GB/T 5698—2001 中的 6.3]

6　染料检测术语

6.1

染料的检验　evaluation of dyes

对商品染料质量的检验。一般包括色光、强度、染色性能及色牢度等。

6.2

染料鉴定法　identification method of dyes

通过化学、物理等实验手段,确定未知染料的种类及结构的方法。

6.3

打样　test dyeing

小规模的染色试验,用来检验、了解染料或纤维的性能。

6.4

目测评价　visual assessment; visual evaluation; visual discrimination; visual examination

依靠肉眼,根据经验对试验结果进行评价。

6.5

染料标样　dye standards; standard samples of dye

经按一定要求检验合格,并保存的染料样品。在染料生产和质量控制中,作为检验相同品种染料的色光、强度的实物标准。

6.6

色光　shade

在染色深度一致的情况下,待测染料染色物的颜色与标准染料染色物的颜色的偏差程度。包括色

调(色相)、明度、彩度方面的差异。色光偏差程度分五档:

近似　no difference

两块染样,左右交递目测色光无差异;

微　very slight

两块染样,左右交递目测色光似有差异;

稍　slight

两块染样,左右交递目测易于区别色差;

较　somewhat

两块染样用目测评比,有明显差异;

显较　noticeable

两块染样,基本已呈两种色相。

6.7

染料的相对强度　relative strength of dye

通称染料的强度。表示某染料赋予被染物颜色的能力相对于染料标样赋色能力的比例。通常用染得相等深度颜色时,染料标样与试样的用量之比,以百分数形式表示。

6.8

染色性能　dyeing properties

染料本身所具有的,可对染色结果产生影响的性质。如移染性、扩散性能等。

6.9

移染性　migration property

染色过程中,纤维上的染料从浓度高的位置经过染液向浓度低的位置转移的能力。移染性好的染料易获得匀染。

6.10

匀染性　levelling property

染料对纤维织物进行均匀染色的能力,受扩散性能、上染速率、移染性等多种因素影响。

6.11

盖染性　covering property

染色后,染料对纤维或织物的缺陷遮盖的能力。

6.12

泳移　migration

和溶剂一起渗入到纤维内部或纤维空隙的染料,在干燥时,随着溶剂的蒸发迁移到纤维或织物表面的现象。

6.13

瞬染　strike

纤维放入染浴的初期,染料瞬时被纤维吸附的现象。

6.14

提升力　build up

染料染在纤维上的颜色深度随所使用量的增加而提升的能力。

6.15

分散性能　dispersibility

水不溶性染料的颗粒以极微小的粒子状态分散于水中的程度。一般用使粒子通过标准滤纸的间隙的方法来评价。

6.16

高温分散稳定性　stability of dispersion at high temperature

标志分散染料在高温染色状态下的分散性能的一种参数，主要与染料、分散剂的热稳定性有关。

6.17

外观　appearance

染料及中间体等的外部状态、颜色等给人的整体感觉。

6.18

水解染料　hydrolise dye

反应染料在生产或应用过程中，因与水作用而失去反应能力的部分染料。

6.19

给色量　colour yield

表示染料可赋予被染物颜色深浅程度的一种定性参数。可理解为单位质量的染料在织物上染出的颜色深度或染制 1/1 标准深度所用的染料量。

6.20

浴比　bath ratio; liquor ratio

织物质量与所用处理液质量之比。在实际应用中常把染液等处理液的相对密度当作 1 来近似处理。

6.21

轧液率　pick up; expression

亦称轧余率，即织物经浸轧后，织物上所带液量与干燥织物质量之比，数值以%表示。

$$\text{轧液率} = \frac{\text{轧液后织物质量} - \text{轧液前织物质量}}{\text{轧液前织物质量}} \times 100$$

6.22

按织物质量计算　on weight of fabric (owf)

表达染料或助剂用量的一种方式。代表染料或助剂用量为织物质量的百分数。通常以其英文缩写 owf 表示。

6.23

空白染色　blank dyeing

不加入染料的模拟染色处理。用于移染性试验及了解染色助剂性能的试验。

6.24

盐敏感性　salt sensitivity

染料的染色性能受染浴中性电解质影响而变化的性质。

6.25

温度敏感性　temperature sensitivity

染料的染色性能受染色温度影响而变化的性质。

6.26

金属敏感性　metal sensitivity

染料的染色性能受染浴中金属离子影响而改变的性质。

6.27

pH 值敏感性　pH sensitivity

染料的染色性能随染浴 pH 值影响而改变的性质。

6.28

上色率 degree of dyeing

染色过程中，上染到纤维上的染料量，与所使用染料总质量之比。常以百分数表示，也称为上染百分率。

6.29

竭染率 degree of exhaustion

浸染结束时被纤维吸附的染料质量与所使用染料总质量的比值。即染色结束时的上色率(包括在后处理中应除去的浮色)。

6.30

固色率 degree of fixation

是表示除去浮色后纤维上染料量的一个特性指标。计算固色率有二种方法：

a) 以染色所用染料总质量为基准，即固色率为在纤维上固着的染料量与投入染浴中的染料总量之比。

b) 以固色前织物上染料质量为基准，即固色率为固色后单位质量织物上染料质量与固色前单位质量织物上的染料质量之比。

6.31

配伍性能 compatibility

指不同染料在染色过程中可以相容的性能。一般指阳离子染料可拼混染色的性质，配伍性能一致，可保持在染色过程中，色光不发生变化。

6.32

配伍指数 compatible index

是标志阳离子染料配伍性能的定性参数。主要决定于染料的亲和力和扩散系数。常以 K 值表示。K 值相同，代表配伍性能一致。

6.33

纤维饱和值 fiber saturation value

指纤维吸附染料的最大值。是表示纤维可染程度的特性指标，主要用于定性吸附的染色过程，如腈纶纤维的饱和值通常以纯孔雀绿(含量按 100 计)在腈纶纤维上最大结合量(owf)表示。

6.34

染料饱和值 dye saturation value

某一阳离子染料染腈纶纤维时可以与纤维结合的最大量。用 owf 表示。

6.35

饱和因子 stauration factor

又称饱和因数，为纤维饱和值(S_F)与染料饱和值(S_D)之比，即 f 值。$f=S_F/S_D$ 是阳离子染料折算成孔雀绿标准染料的换算系数。

6.36

染色系数 dyeing coefficient

阳离子染料染色时，阳离子(阳离子染料、阳离子缓染剂)数量与纤维提供的阴离子染席数量之比。在综合考虑染料和纤维特性、染色设备等因素、确定染色系数的限度后，就可合理地安排染料及缓染剂的用量。

6.37

隐色体电位 leuco potential

还原染料隐色体开始氧化时的氧化还原电位。常用于表示还原染料还原的难易程度。负值越大，还原越难。

6.38

半还原时间　time of half vatting; time of half reduction

在一定条件下，还原染料还原至染料总量一半所需的时间。代表还原速率的大小。

6.39

半染时间　time of half dyeing

指纤维上的染料量达到平衡上染量一半所需的时间。常用来表示趋于染色平衡的快慢程度。

6.40

粒径分布　distribution of particles size

在水不溶性染料中，不同大小的染料粒子所占整体的比例。

6.41

剥色　stripping

为某种目的，用化学药剂对染色或印花织物上固着的染料进行萃取的处理过程。

6.42

手感　handle

对纤维或织物的接触感觉。包括纤维或织物的厚度、表观密度、表面平滑度、触感冷暖、柔软程度等因素的综合影响。

6.43

等电点　isoelectric point

羊毛、丝类两性物质在水溶液中可电离放出质子(H^+)或氢氧根离子(OH^-)，其电离程度影响着溶液的 pH 值。当两者电离程度相等，两性物质保持电中性时溶液的 pH 值称为等电点。

6.44

淡色　light colour; pale shade

印染工业中的一般用语，指浅于 1/3 标准深度的颜色。俗称浅色。

6.45

中色　medium colour; medium shade

印染工业中的一般用语，指 1/1 标准深度范围的颜色。

6.46

浓色　heavy colour; heavy shade

印染工业中的一般用语，指 2/1 标准深度左右的颜色。俗称深色。

6.47

流行色　fashion colour; current shade

在一定的时间和地区，为大多数人所承认、接受并争相仿效的颜色。

6.48

风印　weather mark

一些用反应染料印染的织物，在固色前存放过程中，因受多种因素影响而产生的各种变色现象。

6.49

焦油化　tarring

在分散染料高温染色中，染液中出现能导致染疵的黏稠物的现象。黏稠物由合成纤维的齐聚物、染料、分散剂、纤维屑杂质所组成。

6.50

深色效应　bathochromic effect

由于染料结构的变化，使其对光的吸收从短波向长波方向转移的效应。俗称红移。

6.51

浅色效应　hypsochromic effect

由于染料结构的变化，使其对光的吸收从长波向短波方向转移的效应。俗称紫移。

6.52

浓色效应　hyperchromic effect

由于染料结构的变化，使其对光的吸收强度增加的效应。

6.53

淡色效应　hypochromic effect

由于染料结构的变化，使其对光的吸收强度减弱的效应。

6.54

光脆　photo degradation

指某些染料（主要是还原染料）上染纤维后，可吸收光能使纤维结构降解，导致纤维材料强度下降的现象。

6.55

染料商品化　dye finishing；commercialization of dyes

将原染料加工成为符合标准要求的商品染料的处理过程。包括粉碎、干燥、分散、均化、拼混等后处理单元操作以及成品的包装。

6.56

染色过程的计算机模拟　computer simulation for dyeing process

通过建立在染料、助剂、被染物存在下，具有一系列初使条件的染色数据模型，利用计算机模拟而获得一系列染色性能的技术。

6.57

染料索引　colour index

英国染色家协会（S D C）与美国纺织化学家协会（A A T C C）合编的商品染料索引。包括染料商品名、化学结构、合成方法、应用方法、色牢度特性等。是染料制造者及印染工作者常用的工具书。

7　染料应用术语

7.1

染色　dyeing

将染料用于纺织品或其他材料，通过适当的处理，使被染物获得均匀一致的颜色的过程。

7.2

浸染　exhaust dyeing；dip dyeing

将被染物浸渍于含染料及所需助剂的染浴中，通过染浴循环或被染物运动，使染料逐渐上染被染物的方法。亦称为竭染。

7.3

轧染　pad dyeing

将织物浸渍染液后，用轧辊轧压使染液进入织物的空隙中，使染料均匀分布在织物上，然后经一定条件（如汽蒸或热熔）处理，完成染色过程的方法。

7.4

一浴法　one bath process

在一个染浴中完成整个染色过程的方法。除通常的直接染料、酸性染料的染色外，还包括不同类别的染料在同一浴中进行的染色。

7.5

二浴法　two bath process

用两个处理浴完成整个染色过程的方法。包括一种染料需用两浴处理或两种染料需用两浴染色的方法。

7.6

一浴两步法　one bath two stage process

在一个染浴中分两个阶段处理完成整个染色过程的方法。包括混纺材料在一浴中分二步上染的方法。

7.7

干缸还原　stock vatting

不在染浴中而在另一较小容器内，以较浓的碱性还原液预先还原的方法。适用于较难还原的还原染料。

7.8

全浴还原　vatting in a long liquor; vatting in the total volume

在染浴中将还原染料还原的方法。适用于隐色体的溶解度较低，或在高浓度碱性还原液中易水解的染料。

7.9

隐色体染色法　leuco dyeing process

将还原染料预先还原为隐色体，使隐色体吸附于被染物上，然后氧化显色，使染料固着的染色方法。

7.10

隐色体染色法——甲法　leuco dyeing—IN process

亦称为热染法。碱和保险粉用量较大，在60℃还原，50℃～60℃染色的方法。适用于在染色过程中易于聚集的染料。对于扩散较慢的染料，可适当提高染色温度。一般简称为甲法。

7.11

隐色体染色——甲特法　leuco dyeing—IN special process

烧碱用量稍多于甲法，在80℃还原，60℃染色的方法。适用于较难还原的染料。一般简称为甲特法。

7.12

隐色体染色法——乙法　leuco dyeing—IW process

亦称温染法。烧碱用量稍低于甲法，在50℃还原，45℃～50℃染色的方法。一般简称为乙法。

7.13

隐色体染色法——丙法　leuco dyeing—IK process

亦称冷染法。烧碱用量较低，在50℃还原，20℃～25℃染色的方法。适用于聚集倾向很小的还原染料。一般简称为丙法。

7.14

隐色体染色——特殊法　leuco dyeing—special process

亦称靛法。碱和保险粉用量与乙、丙法相近，在80℃还原，50℃染色的方法。适用于一般的硫靛类还原染料。一般简称为特殊法。

7.15

悬浮体轧染法　pigment pad dyeing

将不溶性染料配成稳定的悬浮液，浸轧在织物上，再经固色处理的染色方法。一般是指还原染料的悬浮体轧染方法。

7.16

隐色酸染色法　leuco acid dyeing process

以还原染料隐色酸(由隐色体经酸化而得)的状态被织物吸附，然后再经还原、氧化的染色方法。

7.17

载体染色法　carrier dyeing process

分散染料的一种染色方法。即采用可帮助染料向纤维内部扩散的助剂(载体),在100℃左右进行染色的方法。

7.18

高温高压染色法　hightemperature and highpressure dyeing process

使染液温度高于100℃,在密闭容器中进行染色的方法。主要用于分散染料对聚酯及其混纺材料的染色。

7.19

热熔染色法　thermosol dyeing process

浸轧染料分散染液后,利用干热空气高温固色的一种染色方法。主要用于分散染料对聚酯及其混纺材料的染色。

7.20

媒染剂　mordant agent

可和染料形成络合物,增强染料与纤维结合能力的一类物质。

7.21

同浴媒染法　metachrome process

媒介染料和媒染剂在同一染浴中完成上染和络合的染色方法。

7.22

预媒染色法　prechrome process

先将毛纺织物用媒染剂溶液处理,再在染浴中染色的方法。

7.23

后媒染色法　after chrome process

先在染浴中染色,上染比较完全后,再在染浴中加入媒染剂进行络合的染色方法。

7.24

冷轧堆染色法　cold pad batch process;cold pad dwell process;pad batch cold dyeing process

浸轧染液后,不经烘干和汽蒸(或热熔),而是在室温堆置一定时间,完成固色反应的方法。主要用于反应染料的染色。

7.25

等温染色法　isothermol dyeing process

染色过程温度自始至终恒定不变的染色方法。可用于阳离子染料、反应染料的染色。

7.26

全料法　all-in method

指在印花色浆中,将所需的染料及助剂一次全部加入的方法。

7.27

降温后加碱法　cool-down method

反应染料的一种染色方法。为使染料获得充分的移染,在较高温度染一定时间,降温后再加碱固色的方法。

7.28

热油染色法　hot oil process

还原染料的一种染色方法。用高温不挥发矿物油处理代替汽蒸,使染料固着。

7.29

熔态金属染色法 molten metal dyeing process

还原染料的一种染色方法。利用熔融金属作为热载体，代替汽蒸，使染料固着。

7.30

溶剂染色法 solvent dyeing process

选用一些对染料具有一定溶解能力、对纤维具有一定溶胀增塑作用的有机溶剂作为染色介质进行染色的方法。主要用于分散染料的染色。

7.31

气相染色 vapour phase dyeing

将染料加热汽化，使其在气相状态对被染物进行染色的方法。

7.32

减压染色 vacuum dyeing

在减压条件下进行的染色。可降低织物上的空气含量，利于染液的渗透。

7.33

快速染色 rapid dyeing

在染料吸附阶段中吸附最快的温度区间，严格控制升温速度，使染料均匀吸附而获得匀染，尽量缩短其他过程的时间，使整个染色过程加快的方法。一般只适用于移染性较好的分散染料染色。

7.34

小浴比染色 short liquor dyeing

浴比低于 1∶5 的染色。

7.35

喷雾染色 spray dyeing

将含有很少助剂的染液，经高压容积泵通过喷嘴喷入旋转着的转鼓式染色机，使织物被染液细雾包围、润湿、渗透而完成染色的工艺。

7.36

泡沫染色 foam dyeing; froth dyeing

将含有发泡剂的染液喷入转鼓中，织物被染液泡沫包围、圆滑运转而达到均匀染色的工艺。

7.37

原浆着色 spun dyeing; mass colouration

在合成高分子材料时加入染料或颜料，或在抽丝前的原液中加入染料或颜料，生产有色合成纤维的方法。

7.38

重氮化 diazotization

使芳香族伯胺与亚硝酸作用，生成重氮化合物的反应。实际反应中，是用亚硝酸钠和酸反应形成亚硝酸。

7.39

间接重氮化 indirect diazotization

先将色基和亚硝酸钠调成浆状，待亚硝酸钠溶解后，再徐徐加到冷的稀盐酸中的重氮化方式。通称为逆法重氮化。

7.40

直接重氮化 direct diazotization

先将色基溶于盐酸中，稀释冷却后，缓慢加入亚硝酸钠溶液的重氮化方式。通称为顺法重氮化。

7.41

偶合反应　coupling reaction

重氮组分(如色基的重氮盐)与偶合组分(如色酚)作用,生成偶氮化合物的反应。

7.42

打底　grounding

为使染色能够进行或提高染色效果,预先使被染物吸附某些物质的过程。如色酚打底等。

7.43

显色　developing

使吸附在纤维上的染料正常发色并固着的处理过程。如不溶性偶氮染料染色中的显色和可溶性还原染料的酸性水解氧化显色等。

7.44

透风　airing

染色过程中,为获得足够的反应时间或使织物降温,将织物曝露在空气中的处理过程。

7.45

空气氧化　air oxidation

在透风工艺中,利用空气中的氧,对需氧化的染色物进行的处理。

7.46

汽蒸 steaming;ageing

利用饱和的或过热的蒸气,对染色物进行的处理。

7.47

热熔　thermosol

使用干热空气高温处理,使染料固着在被染物上的加工过程。

7.48

调整色光　shading

通过增加或减少染料量或其他处理方法,使染色物的颜色得到少许修正,获得与标准色样一致的色光的加工过程。

7.49

还原清洗　reduction clearing

用含有还原剂的洗涤液,去除染色物表面的浮色的处理过程。主要用于合成纤维的染色后处理。

7.50

皂煮　soaping

染色后为除去染色物表面的浮色,提高色牢度和色泽艳度,用皂片或洗涤剂在近沸的水浴中,对染色物进行清洗的过程。

7.51

印花　printing

通过局部着色,使染料或颜料在织物上形成一种或多种颜色的图案的加工。

7.52

直接印花　direct printing

将含有染料或颜料的色浆印到白色或浅底色织物上,色浆中染料上染但并不破坏底色的印花方法。

7.53

拔染印花　discharge printing

在织物上先染底色后印花,色浆中含有可破坏底色的拔染剂,通过破坏底色,而在有色织物上显出图案的印花方法。

7.54

拔白印花　white discharge printing

印花浆中不含着色染料的拔染印花。可在有色织物上形成白色图案。

7.55

着色拔染印花　coloured discharge printing

简称色拔。印花浆中含有着色染料的拔染印花。可在有色织物上形成其他颜色的图案。

7.56

防染印花　resist printing

在织物上先印花后染色,印花浆中含有防止底色上染的防染剂,在有色织物上显出图案的印花方式。

7.57

防白印花　white resist printing

印花浆中不含着色染料的防染印花。

7.58

着色防染印花　coloured resist printing

简称色防。印花浆中含有着色染料的防染印花。

7.59

转移印花　transfer printing

预先在纸或其他基质上印上色浆或油墨,再通过热和压力的作用,使染料转移到织物上形成图案的印花方法。

7.60

特殊印花　special printing

采用非常规印花手段,在织物上形成有色或无色图案的印花方法。

7.61

辊筒印花　roller printing

用滚筒进行印花的型式。一般是指使用凹纹滚筒的印花。印花时花纹凹陷可贮存色浆,与织物接触时,即将色浆印到织物上。

7.62

筛网印花　screen printing

用尼龙等纤维或金属丝制成筛网,经感光等加工堵塞部分网眼而形成图案,印花时,依靠刮刀的作用,使印花色浆通过未堵塞的网眼印到织物上的印花型式。筛网有平网和圆网两种类型。

7.63

涂料印花　pigment rasin printing

借助于粘合剂的作用,使颜料固着在织物上进行着色的印花方法。

7.64

喷墨印花　jet ink printing

又称数码印花,是将含有色素的油墨由喷嘴喷射到被印基质上,由计算机按设计要求控制形成花纹图案的印花方法。

8　印染用纤维术语

8.1

天然纤维　natural fiber

天然纤维是自然界生长或形成的纤维总称。按来源可分为动物纤维、植物纤维、矿物纤维。

［GB/T 11951—1989 中的 2］

8.2

化学纤维 chemical fiber

用天然的或合成的聚合物为原料，经化学方法制成的纤维。［GB/T 4146—1984 中的 1.1.1］

8.3

合成纤维 synthetic fiber

用单体经人工合成获得的聚合物为原料制成的化学纤维。［GB/T 4146—1984 中的 1.1.15］

8.4

复合纤维 composite fiber，conjugate〔d〕 fiber

由两种及两种以上聚合物，或具有不同性质的同一聚合物经复合纺丝法纺制成的化学纤维。［GB/T 4146—1984 中的 1.3.5］

8.5

再生纤维 regenerated fiber

用天然聚合物为原料、经化学方法制成的、与原聚合物在化学组成上基本相同的化学纤维。［GB/T 4146—1984 中的 1.1.2］

8.6

再生纤维素纤维 regenerated cellulose fiber

用纤维素为原料制成的、结构为纤维素Ⅱ的再生纤维。［GB/T 4146—1984 中的 1.1.3］

8.7

超细纤维 superfine fiber

细度约在 3.6 Tex 以下的化学纤维。［GB/T 4146—1984 中的 1.3.11］

8.8

棉 cotton

从棉属(Gossypium)的各种棉织物的种子上取得的纤维。［GB/T 11951—1989 中的 3.2.1.1］

8.9

羊毛 wool

从绵羊或羔羊(Ovis aries)身上取得的毛纤维。［GB/T 11951—1989 中的 3.1.2.1］

8.10

麻 jute，ramie，flax，hemp

一般指麻类织物的韧皮纤维和叶纤维，也是麻类植物和麻纤维的统称。［GB/T 5707—1985 中的 1.1.1］

8.11

苎麻 ramie

从苎麻和青叶苎麻（Boehmeria nivea，Boehmeria tenacissima）植物的茎部取得的纤维。［GB/T 11981—1989 中的 3.2.2.1］

8.12

亚麻 flax

从亚麻(Linum usitatissimum)植物的茎部取得的纤维。［GB/T 11951—1989 中的 3.2.2.2］

8.13

丝纤维 silk

由一些昆虫丝腺所分泌的、特别是由鳞翅目幼虫所分泌的两根丝素蛋白长丝，由丝胶粘合形成的纤

维。以及由一些软体动物的分泌物形成的纤维。[GB/T 11981—1989 中的 2.2.1]

8.14

桑蚕丝 mulberry silk

由桑蚕(Bombyx mori)分泌的丝。[GB/T 11951—1989 中的 3.1.1.1]

8.15

柞蚕丝 tussah silk

由柞蚕(Antheraea mylitta, Antheraea pernyi, Antheraea yama-may, Antheraea roylei, Antheraea proylei, Antheraea assamensis)分泌的丝。[GB/T 11951—1989 中的 3.1.1.2]

8.16

粘胶纤维 viscose fiber

用粘胶法制成的再生纤维素纤维。简称粘纤。[GB/T 4146—1984 中的 1.1.4 和 1.2.1]

8.17

富强纤维(波里诺西克纤维) polynosic〔fiber〕

用高粘度、高酯化度的低碱粘胶,在低酸、低盐丝浴中纺成的高湿模量纤维,简称富纤,具有良好的耐碱性和尺寸稳定性。[GB/T 4146—1984 中的 1.1.8 和 1.2.2]

8.18

醋酯纤维 acetate fiber

用纤维素为原料,经化学方法转化成醋酸纤维素酯制成的化学纤维,简称醋纤。[GB/T 4146—1984 中的 1.1.12 和 1.2.4]

8.19

聚酰胺纤维 polyamide fiber, nylon

由酰胺键与脂族基或脂环基连接的线型大分子构成的合成纤维,简称锦纶(耐纶)。其化学结构为:

$$\left[NH-R-NH-CO-R'-CO \right]_p \quad 或 \quad \left[NH-R-CO \right]_p$$

(R 与 R′为脂族基或脂环基,可以相同或不同)。至少应有 85%的酰胺键与 R 或 R′相连。

注:可根据缩聚组分的碳原子个数来简称各相应的脂族聚酰胺纤维。[GB/T 4146—1984 中的 1.1.16 和 1.2.7]

8.20

芳族聚酰胺纤维 aramide fiber

由酰胺键与芳基连接的芳族聚酰胺的线型大分子构成的合成纤维,简称芳纶,其中至少有 85%的酰胺键直接与两个芳基连接(并可在不超过 50%的情况下,以亚酰胺键代替酰胺键)。其化学结构为:

$$\left[NH-AR-NH-CO-AR'-CO \right]_p \quad 或 \quad \left[NH-AR-CO \right]_p$$

(AR 与 AR′为芳基,可以相同或不同)。

注:可根据取代基在芳基上的位置来简称各相应的芳族聚酰胺纤维。[GB/T 4146—1984 中的 1.1.17 和 1.2.13]

8.21

聚酯纤维 polyester fiber

由二元醇与二元酸或 ω-羟基酸等聚酯线型大分子所构成的合成纤维,在大分子链中至少有 85%的这种酯的链节。如:聚对苯二甲酸乙二酯纤维,简称涤纶。[GB/T 4146—1984 中的 1.1.18 和 1.2.25]

其化学结构为:

$$\left[OC-C_6H_4-COO-CH_2-CH_2-O \right]_p$$

8.22

聚丙烯腈纤维 [poly] acrylic fiber

由聚丙烯腈或其共聚物的线型大分子构成的合成纤维,简称腈纶[GB/T 4146—1984 中的 1.1.19

和 1.2.17],大分子链中至少有 85%的丙烯腈链节。

$$-\!\!\left(CH_2-\underset{\displaystyle CN}{\underset{|}{CH}}\right)\!\!-_p$$

其化学结构为:

$$-\!\!\left[\left(CH_2-\underset{\displaystyle CN}{\underset{|}{CH_2}}\right)_m\left(CH_2-\overset{\displaystyle X}{\overset{|}{\underset{\displaystyle Y}{\underset{|}{C}}}}\right)_n\right]_p \quad n\geqslant 0$$

8.23

聚乙烯纤维　polyethylene fiber

由聚乙烯形成的未被取代的饱和脂肪烃的线型大分子构成的合成,简称乙纶[GB/T 4146—1984 中的 1.1.23 和 1.2.19]。其化学结构为:

$$-\!\!\left(CH_2-CH_2\right)\!\!-_p$$

8.24

聚丙烯纤维　polypropylene fiber

由等规聚丙烯形成的饱和脂肪烃的线型大分子构成的合成纤维,简称丙纶[GB/T 4146—1984 中的 1.1.24 和 1.2.20]。其化学结构为:

$$-\!\!\left(CH_2-\underset{\displaystyle CH_3}{\underset{|}{CH}}\right)\!\!-_p$$

8.25

聚氯乙烯纤维　polyvinyl chloride fiber

由聚氯乙烯或其共聚物组成的线型大分子所构成的合成纤维,简称氯纶,大分子链中至少有 50%的氯乙烯链节 $-\!\!\left(CH_2-\underset{\displaystyle Cl}{\underset{|}{CH}}\right)\!\!-$ (当与丙烯腈共聚时,则至少有 65%)。[GB/T 4146—1984 中的 1.1.26 和 1.2.21]。

参 考 文 献

［1］ GB/T 4146—1984 纺织名词术语(化纤部分)
［2］ GB/T 5698—2001 颜色术语
［3］ GB/T 5707—1985 纺织名词术语(麻部分)
［4］ GB/T 11951—1989 纺织品 天然纤维 术语
［5］ GB/T 15608—1995 中国颜色体系

汉语拼音索引

O

P

Q

R

S

T

W

X

Y

Z

英 文 索 引

D

ICS 71.100.01;87.060.10
G 55

中华人民共和国国家标准

GB/T 6692—2006
代替 GB/T 6692—1986

树脂整理剂 相对密度的测定

Resin finishing agent—Determination of relative density

2006-01-23 发布 2006-11-01 实施

中华人民共和国国家质量监督检验检疫总局
中国国家标准化管理委员会 发布

前 言

本标准代替 GB/T 6692—1986《树脂整理剂比重的测定方法》。

本标准与 GB/T 6692—1986 相比，主要变化如下：

——标准名称规范为《树脂整理剂 相对密度的测定》（本标准的标题）；

——增加了试验报告的内容（本标准的 7）。

本标准由中国石油和化学工业协会提出。

本标准由全国染料标准化技术委员会（SAC/TC 134）归口。

本标准起草单位：沈阳化工研究院、大连理工大学精细化工国家重点实验室。

本标准主要起草人：姬兰琴、彭孝军。

本标准于 1985 年首次发布。

树脂整理剂　相对密度的测定

1　范围

本标准规定了树脂整理剂相对密度的测定方法。

本标准适用于树脂整理剂相对密度的测定。

2　术语和定义

以下术语和定义适用于本标准。

相对密度

在空气中 20℃的试样与同体积 20℃水的质量之比值，以 d_{20}^{20} 表示。

3　试验方法

相对密度可根据具体情况采用比重计法或比重瓶法。

3.1　比重计法

3.1.1　仪器

a)　比重计：能够测定从 1.0～1.3 范围相对密度 d_{4}^{20} 的玻璃制比重计组；

参考规格：

比重计全长 250 mm 左右；

细管直径约 5 mm；

玻璃筒直径约 20 mm；

分度值 0.001。

b)　玻璃圆筒：内径 40 mm～50 mm，高 250 mm～270 mm；

c)　恒温水浴：超级恒温槽，灵敏度 0.1℃；

d)　普通水银温度计：0～100℃。

3.1.2　分析步骤

将树脂整理剂试样注入玻璃圆筒约 4/5，保持在 20℃±0.1℃的恒温水浴中，并放置 15 min 后，将比重计轻轻放入试样中，待比重计不与圆筒内壁及底部接触而静止时，根据刻度记录读数，读到小数点后第四位(最后一位为估计数字)，重复观察，记录读数，两次读数间的差数，不得大于 0.000 5，以其算术平均值作为试样的相对密度 d_{4}^{20}。

3.1.3　结果计算

试样相对密度 d_{20}^{20} 按式(1)计算：

$$d_{20}^{20} = d_{4}^{20} \times \frac{D}{d} = d_{4}^{20} \times \frac{1}{0.998\,23} \qquad \cdots\cdots(1)$$

式中：

d_{4}^{20}——由玻璃制比重计测得的数值；

D——4℃时蒸馏水的密度，$D=1\ \mathrm{g/cm^3}$；

d——20℃时蒸馏水的密度，$d=0.998\,23\ \mathrm{g/cm^3}$。

结算结果表示到小数点后四位。

3.2 比重瓶法

3.2.1 仪器

a) 比重瓶：容量为 25 cm^3 的带有毛细管磨口塞的玻璃瓶；

b) 恒温水浴：超级恒温槽，灵敏度 0.1℃；

c) 天平：灵敏度 0.1 mg。

3.2.2 测定步骤

调整恒温水浴到 20℃±0.1℃，比重瓶准确称量至 0.000 1 g，用刚煮沸过 30 min 并冷却到 20℃以下的蒸馏水充满该比重瓶，塞上玻璃磨口塞，瓶中应无气泡，放在恒温水浴中，且浸到瓶颈，保持 20 min～30 min后取出，用滤纸小心擦去瓶外液体，注意勿从毛细管中弄出液体，将瓶准确称至 0.000 5 g。

将上述测水比重瓶中水倾出，先用乙醇后用乙醚洗涤，吹干后，以试样代替水按上法同样操作，即得 20℃试样的质量。

3.2.3 结果计算

试样相对密度 d_{20}^{20} 按式(2)计算：

$$d_{20}^{20}=\frac{m_2-m_1}{m_3-m_1} \qquad \cdots\cdots(2)$$

式中：

m_1——比重瓶的质量数值，单位为克(g)；

m_2——比重瓶及试样的质量数值，单位为克(g)；

m_3——比重瓶及水的质量数值，单位为克(g)。

计算结果表示到小数点后四位。

两次测定结果的差数不大于 0.000 5，以两次测定结果的算术平均值作为试样相对密度。

4 试验报告

试验报告包括以下内容：

a) 被测树脂整理剂的名称；

b) 本标准编号、年代号；

c) 试验条件；

d) 使用仪器的名称、型号；

e) 测试结果；

f) 在测试过程中的特殊情况；

g) 与本方法的差异；

h) 试验日期。

ICS 73.060.10
D 31

中华人民共和国国家标准

GB/T 6730.9—2006
代替 GB/T 6730.9—1986

铁矿石 硅含量的测定 硫酸亚铁铵还原-硅钼蓝分光光度法

Iron ores—Determination of silicon contents—The silicomolybdic blue spectrophotometric method reduce by ammonium ferrous sulfate

2006-11-01 发布 2007-02-01 实施

中华人民共和国国家质量监督检验检疫总局
中国国家标准化管理委员会 发布

前　言

GB/T 6730 的本部分代替 GB/T 6730.9—1986《铁矿石化学分析方法　硅钼蓝光度法测定硅量》。

本部分与 GB/T 6730.9—1986 比较，主要变化如下：

——标准名称由《铁矿石化学分析方法　硅钼蓝光度法测定硅量》修改为《铁矿石　硅含量的测定　硫酸亚铁铵还原-硅钼蓝分光光度法》；

——标准中混合熔剂配比由“2＋1”修改为“3＋1”；

——标准中试剂 “盐酸(1＋6)”修改为“硫酸(5＋95)”；

——标准中试剂“草硫混酸”修改为“草酸，50g/L”；

——标准中硫酸亚铁铵浓度由“5％”修改为“30 g/L”；

——标准中“空白试验”修改为“铁基空白试验”。

——标准中“将坩锅置于预先盛有 100 mL 盐酸(2.2)的烧杯中”修改为用“100 mL 硫酸浸取”。

本部分的附录 A 为规范性附录，附录 B 和附录 C 为资料性附录。

本部分由中国钢铁工业协会提出。

本部分由冶金工业信息标准研究院归口。

本部分主要起草单位：重庆钢铁股份有限公司。

本部分主要起草人：李涛、陈长洪、陈蓉。

本部分所代替标准的历次版本发布情况为：GB/T 6730.9—1986。

铁矿石　硅含量的测定
硫酸亚铁铵还原-硅钼蓝分光光度法

警告:使用GB/T 6730本部分的人员应有正规实验室经验。本部分并未指出所有可能的安全问题。使用者有责任采取适当的安全和健康措施,并保证符合国家有关法规规定的条件。

1　范围

GB/T 6730的本部分规定了硫酸亚铁铵还原-硅钼蓝分光光度法测定铁矿石中硅的含量。

本部分适用于天然铁矿石、铁精矿和造块,包括烧结产品中硅含量的测定。测定范围(质量分数):0.10%～5.00%。

2　规范性引用文件

下列文件中的条款通过GB/T 6730的本部分的引用而成为本部分的条款。凡是注明日期的引用文件,其随后所有的修改单(不包括勘误的内容)或修订版均不适用于本部分,然而,鼓励根据本部分达成协议的各方研究是否可使用这些文件的最新版本。凡是不注明日期的引用文件,其最新版本适用于本部分。

GB/T 6682　分析实验室用水规格和试验方法(GB/T 6682—1992,neq ISO 3696:1987)

GB/T 6730.1　铁矿石化学分析方法　分析用预干燥试样的制备(GB/T 6730.1—1986, idt ISO 7764:1985)

GB/T 10322.1　铁矿石　取样和制样方法(GB/T 10322.1—2000, idt ISO 3082:1998)

GB/T 12806　实验室玻璃仪器　单标线容量瓶(GB/T 12806—1991, eqv ISO 1042:1983)

GB/T 12808　实验室玻璃仪器　单标线吸量管(GB/T 12808—1991, eqv ISO 648:1977)

3　原理

试料用碳酸钠-硼酸混合溶剂熔融,以稀硫酸浸取。在0.2 mol/L～0.25 mol/L的酸度下,使硅酸与钼酸铵形成黄色硅钼杂多酸,然后加入草酸消除磷、砷的干扰,用硫酸亚铁铵将硅钼杂多酸还原为硅钼兰。在波长760 nm处,测量吸光度,借此测定硅的含量。

4　试剂

分析中除另有说明外,仅使用认可的分析纯试剂和蒸馏水或与其纯度相当的水,符合GB/T 6682的规定。

4.1　混合熔剂,取3份无水碳酸钠与1份硼酸研细混匀。

4.2　硫酸,ρ1.89 g/mL。

4.3　硫酸,5+95。

4.4　草酸溶液,50 g/L。

4.5　硫酸亚铁铵溶液,30 g/L。

称取3 g硫酸亚铁铵[$(NH_4)_2Fe(SO_4)_2 \cdot 6H_2O$],加入1 mL硫酸(1+1),用水稀释至100 mL,溶解后过滤使用。1周内有效。

4.6　钼酸铵溶液,50 g/L。储存于塑料瓶中。

4.7　硅标准溶液

4.7.1 硅储备溶液,200 μg/mL。

称取 0.214 0 g 预先于 1 000℃灼烧至恒量的二氧化硅(99.9%以上)置于预先盛有 4g 混合溶剂(4.1)的铂坩锅中,仔细混匀,再覆盖 1 g 混合熔剂(4.1),盖上铂盖,于 900℃～950℃熔融分解 30 min,取出,冷却,在塑料杯中用热水浸取,用水洗出坩锅及盖,冷却至室温,移入 500 mL 容量瓶中,用水稀释至刻度,混匀,立即移入塑料瓶中保存。

4.7.2 硅标准溶液,40 μg/mL。

移取 100 mL 硅储备溶液(4.7.1)于 500 mL 容量瓶中,用水稀释至刻度,混匀,立即移入塑料瓶中保存。

4.7.3 硅标准溶液,10 μg/mL

移取 25 mL 硅储备溶液(4.7.1)于 500 mL 容量瓶中,用水稀释至刻度,混匀,立即移入塑料瓶中保存。

5 仪器

实验室常用设备仪器。单标线容量瓶和单标线移液管应分别符合 GB/T 12806 和 GB/T 12808 的规定。

6 取样和制样

6.1 实验室样

分析用实验室样品应按 GB/T 10322.1 进行取样和制备,粒度应小于 100 μm。矿石中化合水或易氧化物含量高时,粒度应小于 160 μm。

6.2 预干燥试样的制备

将实验室样充分混合,采用份样缩分法取样。按照 GB/T 6730.1 中的规定,将试样在 105℃±2℃的温度下进行干燥。

7 分析步骤

7.1 测定次数

按照附录 A,对同一预干燥试样,至少独立测定 2 次。

注:“独立”是指再次及后续任何一次测定结果不受前面测定结果的影响。本分析方法中,此条件意味着同一操作者在不同的时间或不同操作者进行重复测定,包括采用适当的再校准。

7.2 试料量

称取 0.20 g 预干燥试样(6.2),精确至 0.000 1 g。

注:称取预干燥试样时要快,以避免再次吸湿。

7.3 空白试验及验证试验

7.3.1 空白试验

称取与试料量相同的高纯三氧化二铁(硅含量小于 0.005%),随同试料做空白试验。

7.3.2 验证试验

随同试料分析同类型标准样品做验证试验。

7.4 测定

7.4.1 试料分解

将试料置于预先盛有 4 g 混合溶剂(4.1)的铂坩锅中,仔细混匀,再复盖 1 g 混合溶剂(4.1),盖上铂盖,于 900℃～950℃温度中熔融分解 15 min～30 min,取出,稍冷,于 400 mL 烧杯中,用 200 mL 硫酸(4.3)浸取,洗出铂坩锅及盖,冷却至室温,移入 250 mL 容量瓶中,用水稀释至刻度,混匀,备用。有沉淀干过滤。

7.4.2 显色

分取 5.00 mL 试液(7.4.1)两份于 100 mL 容量瓶中,一份用作显色液,一份用作参比液。

7.4.2.1 显色液

取其中一份试液（当硅含量小于 1%时,分取 10.00 mL),加 5 mL 钼酸铵溶液(4.6),加 30 mL 水混匀,放置 15 min(室温低于 15℃放置 40 min 或于沸水浴中加热 30 s 后立即冷却)。加 10 mL 草酸溶液(4.4),混匀,溶液清亮后 30 s 内加入 10 mL 硫酸亚铁铵溶液(4.5),用水稀释至刻度,混匀。

7.4.2.2 参比液

将另一份试液(当硅含量小于 1%时,分取 10.00 mL),加入 10 mL 草酸溶液(4.4),5 mL 钼酸铵溶液(4.6),10 mL 硫酸亚铁铵溶液(4.5),用水稀释至刻度,混匀。

7.4.3 测量吸光度

于分光光度计 760 nm 波长处,用适当的吸收皿测量吸光度,减去空白试验溶液的吸光度,在校准曲线上查出试液中的硅量。

注:对硅量低于 0.5%的试料,可在 810 nm 处测量。

7.4.4 校准曲线的制备

7.4.4.1 当硅含量 0.1%～1.0%时

分取 0.00 mL、1.00 mL、3.00 mL、5.00 mL、7.00 mL、9.00 mL 硅标准溶液(4.7.3)于 100 mL 容量瓶中,加 10 mL 空白试验溶液(7.3.1),5 mL 钼酸铵溶液(4.6),用水稀释至 40 mL,混匀,放置15 min(室温低于 15℃放置 40 min 或于沸水浴加热 30 s 后立即冷却),加 10 mL 草酸溶液(4.4),混匀,溶液清亮后 30 s 内加入 10 mL 硫酸亚铁铵溶液(4.5),用水稀释至刻度,混匀,以不加硅的显色溶液为参比,于分光光度计 760 nm 波长,选用合适的吸收皿,测量吸光度,绘制校准曲线。

7.4.4.2 当硅含量 1.0%～5.0%时

分取 0.00 mL、1.00 mL、2.00 mL、3.00 mL、4.00 mL、5.00 mL 硅标准溶液(4.7.2)于 100 mL 容量瓶中,加 5 mL 空白试验溶液(7.3.1),5 mL 钼酸铵溶液(4.6),用水稀释至 40 mL,混匀,放置 15 min(室温低于 15℃放置 40 min 或于沸水浴加热 30 s 后立即冷却),加 10 mL 草酸溶液(4.4),混匀,溶液清亮后 30 s 内加入 10 mL 硫酸亚铁铵溶液(4.5),用水稀释至刻度,混匀,以不加硅的显色溶液为参比,于分光光度计 760 nm 波长,选用合适的吸收皿,测量吸光度,绘制校准曲线。

8 结果计算

8.1 按式(1)计算试样中硅含量 $w(\mathrm{Si})$(质量分数),以百分数表示:

$$w(\mathrm{Si})(\%) = \frac{m \times V_0}{V \times m_0 \times 10^6} \times 100 \qquad \cdots\cdots\cdots\cdots(1)$$

其中:

m——在工作曲线上查取显色液中的硅量,单位为微克(μg);

V——分取试液的体积,单位为毫升(mL);

V_0——试料溶液稀释体积,单位为毫升(mL);

m_0——试料量,单位为克(g)。

8.2 结果的一般处理

8.2.1 重复性和允许差

本分析方法的精密度用以下回归方程式[1)]表示:

$$R_d = 0.015X + 0.0111 \qquad \cdots\cdots\cdots\cdots(2)$$

$$P = 0.0229X + 0.0184 \qquad \cdots\cdots\cdots\cdots(3)$$

1) 参见附录 B 和附录 C。

$$\sigma_d = 0.0053X + 0.004 \quad \cdots\cdots(4)$$

$$\sigma_L = 0.0082m + 0.0066 \quad \cdots\cdots(5)$$

式中：

X——预干燥试样的硅含量(质量分数)，用百分数表示，计算如下：

——实验室内，按公式(2)和(4)计算，其为两次重复测定结果的算术平均值；

——实验室间，按公式(3)和(5)计算，其为两个实验室最终结果(8.2.5)的算术平均值。

R_d——实验室内重复测定的允许差(重复性)；

P——实验室间的允许差；

σ_d——实验室内重复测定的标准偏差；

σ_L——实验室间的标准偏差。

8.2.2 分析结果的确定

按照附录A中步骤，根据公式(1)计算独立重复测量结果，与重复测定允许差(R_d)进行比较，来确定分析结果。

8.2.3 实验室间精密度

实验室间精密度用以评价两个实验室报告的最终结果之间的一致性。两个实验室按照8.2.2中规定的相同步骤报告结果后，计算：

$$\mu_{12} = \frac{\mu_1 + \mu_2}{2} \quad \cdots\cdots(6)$$

式中：

μ_1——实验室1报告的最终结果；

μ_2——实验室2报告的最终结果；

μ_{12}——最终结果的平均值。

如果$|\mu_1 - \mu_2| \leqslant P$(见8.2.1)，最终结果是一致的。

8.2.4 分析值的验收

分析值的验收使用有证标准样品进行验证。步骤与以上所述相同。确认精密度后，实验室最终结果与标准值A_c比较。如：

a) $|\mu_c - A_c| \leqslant C$，测量值与标准值之间无显著差异。

b) $|\mu_c - A_c| > C$，测量值与标准值之间有显著差异。

式中：

μ_c——标准样品的测量值；

A_c——标准样品的标准值；

C——该值取决于所使用标准样品的种类。

对通过实验室间确定的标准样品：

$$C = 2\sqrt{\sigma_L^2 + \frac{\sigma_d^2}{n} + V(A_c)} \quad \cdots\cdots(7)$$

式中$V(A_c)$是标准值A_c的方差。

对仅有一个实验室确定的标准样品：

$$C = 2\sqrt{\sigma_L^2 + \frac{\sigma_d^2}{n}} \quad \cdots\cdots(8)$$

注：除非已确证该标准值没有偏差，否则不应采用此类标准样品。

8.2.5 最终结果的计算

最终结果是试样可接受分析值的算术平均值，也可按附录A规定的操作进行计算。

8.3 氧化物换算系数

$$w(SiO_2)(\%) = 2.1395w(Si)(\%) \quad \cdots\cdots(9)$$

9 试验报告

试验报告应包括下列信息：

a） 测试实验室名称和地址；

b） 试验报告发布日期；

c） 本部分的编号；

d） 试样本身必要的详细说明；

e） 分析结果；

f） 标准样品名称和结果；

g） 测定过程中存在的任何异常特性和在本部分中没有规定的可能对试样或标准样品的分析结果产生影响的任何操作。

附　录　A
（规范性附录）
试样分析值接受程序流程图

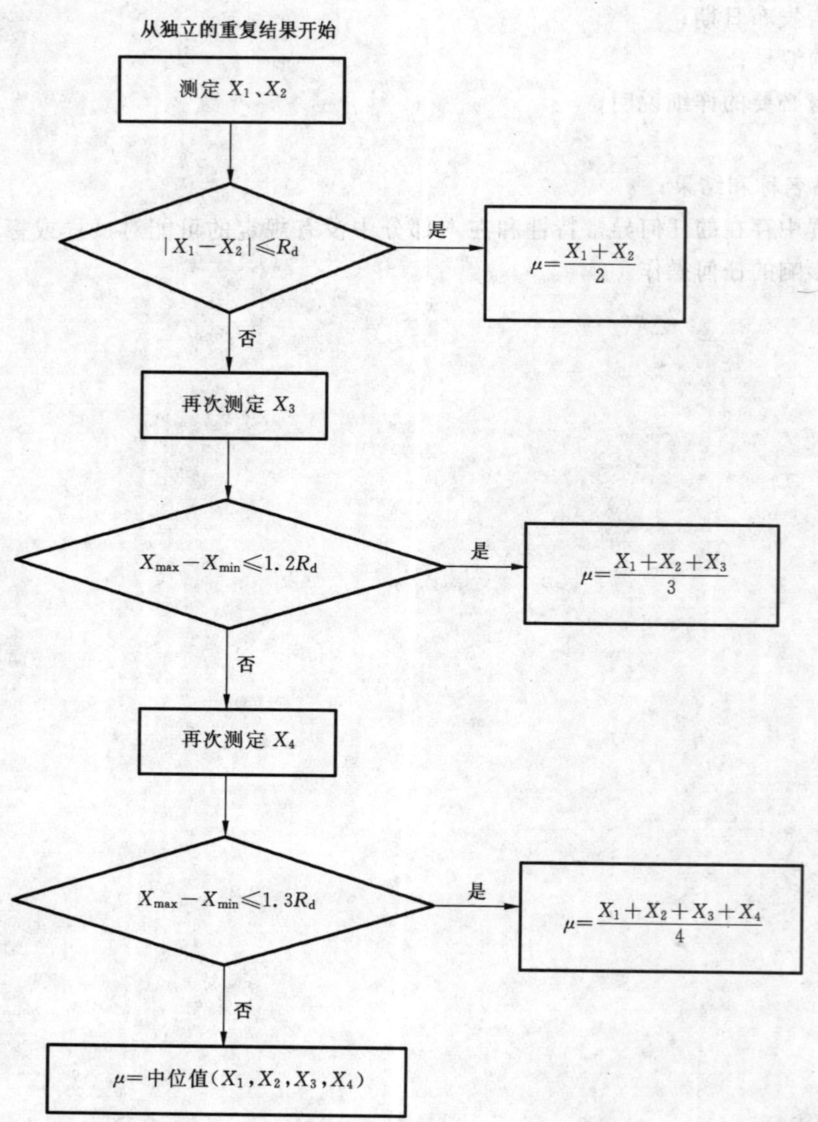

注：R_d 见 8.2.1 中定义。

图 A.1

附 录 B
（资料性附录）
重复性和允许差方程式的推导

在8.2.1中的回归方程式是2004年由国内8个实验室对9个铁矿石试样所做的国际分析试验结果推导出来的。

精密度数据见附录C中图示。

试验所用的试样见表B.1。

表B.1 精密度试验用试样

试　样	二氧化硅含量(质量分数)/%
本溪铁精矿	0.168
山东冶研院磁铁精矿	0.977
钢铁总院赤铁矿	1.846
太原进口铁矿	2.281
鄂城铁精矿	2.501
重钢赤铁矿	4.982
武钢铁矿石	6.473
鞍钢铁矿石	17.911
攀钢钒钛矿	11.905

附 录 C
（资料性附录）
通过分析试验获得的精密度拟合图

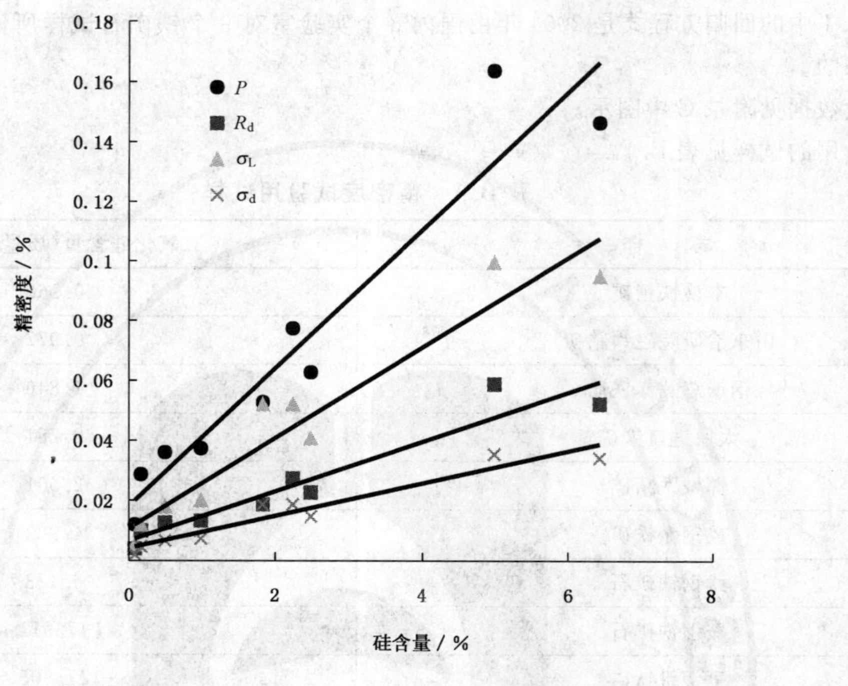

图 C.1 精密度对硅含量的最小二乘法拟合图

ICS 73.060.10
D 31

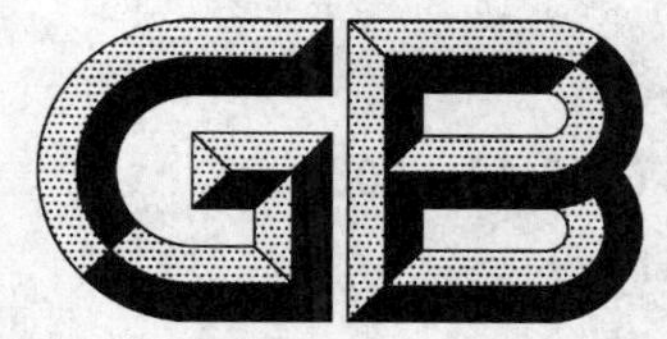

中华人民共和国国家标准

GB/T 6730.18—2006
代替 GB/T 6730.18—1986

铁矿石　磷含量的测定 钼蓝分光光度法

Iron ores—Determination of phosphorus content—Molybdenum blue spectrophotometric method

(ISO 4687-1:1992,MOD)

2006-11-01 发布　　2007-02-01 实施

中华人民共和国国家质量监督检验检疫总局
中国国家标准化管理委员会　发布

前　言

本部分修改采用 ISO 4687-1:1992(E)《铁矿石　磷含量的测定　钼蓝分光光度法》。

本部分与 ISO 4687-1:1992(E)的技术差异为：

——规范性引用文件中的 ISO 标准修改为相对应的我国国家标准；

——8.2.2 分析值的验收方法的叙述采用新版铁矿石分析标准中的验收方法。

本部分代替 GB/T 6730.18—1986《铁矿石化学分析方法　乙酸丁酯萃取-钼蓝光度法测定磷量》。

本部分的附录 A 为规范性附录，附录 B 和附录 C 为资料性附录。

本部分由中国钢铁工业协会提出。

本部分由冶金工业信息标准研究院归口。

本部分主要起草单位：钢铁研究总院。

本部分主要起草人：张立新、胡月、崔秋红、罗倩华。

铁矿石 磷含量的测定 钼蓝分光光度法

警告:使用 GB/T 6730 的本部分的人员应有正规实验室工作的实践经验。本部分并未指出所有可能的安全问题。使用者有责任采取适当的安全和健康措施,并保证符合国家有关法规规定的条件。

1 范围

GB/T 6730 的本部分规定了钼蓝分光光度法测定磷含量。

本方法适用于天然铁矿石、铁精矿和造块,包括烧结产品中磷含量的测定。砷、钡和钛的存在不影响测定结果。测定范围(质量分数)为 0.003%~2.00%。

2 引用标准

下列文件中的条款通过 GB/T 6730 的本部分的引用而成为本部分的条款。凡是注日期的引用文件,其随后所有的修改单(不包括勘误的内容)或修订版均不适用于本部分,然而,鼓励根据本部分达成协议的各方研究是否可使用这些文件的最新版本。凡是不注日期的引用文件,其最新版本适用于本部分。

GB/T 6682 分析实验室用水规格和试验方法 (GB/T 6682—1992,neq ISO 3696:1987)

GB/T 6730.1 铁矿石化学分析方法 分析用预干燥试样的制备(GB/T 6730.1—1986,idt ISO 7764:1985)

GB/T 10322.1 铁矿石 取样和制样方法 (GB/T 10322.1—2000,idt ISO 3082:1998)

GB/T 12806 实验室玻璃仪器 单标线容量瓶 (GB/T 12806—1991,eqv ISO 1042:1983)

GB/T 12808 实验室玻璃仪器 单标线吸量管(GB/T 12808—1991,eqv ISO 648:1977)

3 原理

试样用碳酸钠和四硼酸钠熔融,冷却后,以盐酸浸取。移取部分试液,用亚硫酸钠还原和高氯酸处理后,加入钼酸盐和硫酸肼,使磷形成钼蓝配合物。在吸收峰波长 820 nm 处,测定钼蓝配合物的吸光度。

4 试剂

分析中除另有说明外,仅使用认可的分析纯试剂和蒸馏水或与其纯度相当的水,符合 GB/T 6682 的规定。

4.1 碳酸钠,无水。

4.2 四硼酸钠,无水。

4.3 盐酸,ρ1.16 g/mL 至 ρ1.19 g/mL。

4.4 盐酸,$c(HCl)=6$ mol/L。

室温下,测定盐酸(4.3)的密度,根据表 1 量取适当体积的该盐酸于 1 000 mL 单标线容量瓶中,以水稀释至刻度,混匀冷却后,重新调整体积至刻度,再混匀。

表 1　6 mol/L 的盐酸的配制

密度/(g/mL)	盐酸(4.3)的用量/mL
1.16	575
1.17	535
1.18	500
1.19	470

4.5　高氯酸，ρ1.54 g/L、60%(质量分数)的溶液或 ρ1.70 g/L、72%(质量分数)的溶液。

4.6　高氯酸，$c(HClO_4)=3$ mol/L。

量取 250 mL 水于 1 000 mL 单标线容量瓶中，加入 250 mL 的 72%(质量分数)的高氯酸(4.5)或 325 mL 的 60%(质量分数)的高氯酸(4.5)，混匀冷却后，以水稀释至刻度，混匀。

4.7　亚硫酸钠溶液，100 g/L。

该溶液须现用现配，根据所要做的试验数目一次配制足量。

4.8　硫酸肼溶液，2 g/L。

该溶液须现用现配，根据所要做的试验数目一次配制足量。

4.9　底液

称取 1.6 g 碳酸钠(4.1)和 0.8 g 四硼酸钠(4.2)于 250 mL 烧杯中，加入 40 mL 水，在不断搅拌的条件下，小心加入 70 mL 盐酸(4.4)，加热煮沸 1 min，冷却后，转移到 200 mL 的单标线容量瓶中，用水稀释到刻度，混匀。

4.10　钼酸铵溶液，20 g/L。

将 20 g 钼酸铵[$(NH_4)_6Mo_7O_{24}\cdot 4H_2O$]溶于 500 mL 水中，溶解后，缓慢加入 250 mL 72%(质量分数)的高氯酸或 325 mL 60%(质量分数)的高氯酸(4.5)，混匀冷却后，移入 1 000 mL 单标线容量瓶中，以水稀释到刻度。

4.11　磷标准溶液，20 μg/mL。

将基准磷酸二氢钾(99.99%)，在 110℃ 烘干至恒量，放入干燥器中冷却至室温。称取 0.219 7 g 溶于水，转移至 250 mL 单标线容量瓶中，以水稀释至刻度，混匀。再移取 25.0 mL 该溶液置于 250 mL 的单标线容量瓶中，以水稀释至刻度，混匀。

5　仪器装置

单标线移液管和单标线容量瓶应分别符合 GB/T 12806 和 GB/T 12808 的规定。

一般实验室常用仪器及：

5.1　铂金或铂合金坩埚，容积不小于 25 mL。

5.2　马弗炉，可提供 1 020℃ 的温度。

5.3　带磁力搅拌功能的加热板。

5.4　搅拌棒，用聚四氟乙烯塑料密封，长 1.0 cm。

5.5　水浴装置，可在沸腾温度使用。

5.6　分光光度计，适合在 820 nm 处测量吸光度。

6　取制样

6.1　实验室样品

按照 GB/T 10322.1 进行取制样。一般试样粒度应小于 100 μm。如试样中化合水或易氧化物含量高时，其粒度应小于 160 μm。

注 1：有关吸湿水分或易氧化的化合物的具体说明，请参考 GB/T 6730.1。

6.2 预干燥试样的制备

将实验室样充分混合，采用份样缩分法取样。按照 GB/T 6730.1 中的规定，将试样在 105℃±2℃的温度下进行干燥。

7 分析步骤

7.1 测定次数

按照附录 A，对同一预干燥试样，至少独立测定 2 次。

注 2："独立"一词是指再次及后续任何一次测定结果不受前面测定结果的影响。本分析方法中，此条件意味着同一操作者在不同的时间或不同操作者进行重复测定，包括采用适当的再校准。

7.2 试料

称取数份约 0.50 g 预干燥试样(6.2)，精确到 0.000 2 g。

注 3：试料的称取要迅速，以免再次吸潮。

7.3 空白试验和校正试验

每次试验都要在相同条件下与试样平行地做一个空白试验，同时分析一个与试样相近的标准样品。所用标准样品也须按照 6.2 款进行干燥处理。

注 4：所用标准样品应与所分析的试样是同类型的，标准样品各成分应尽可能与试样相近，以确保分析过程无大的改变。

同时分析几个样品时，如果操作过程相同，且所用试剂均出自同一试剂瓶，可共用一个空白。

同时分析几个同类型矿样时，可只分析一个标准样品。

7.4 测定

7.4.1 试料的分解

在铂金或铂合金坩埚(5.1)中，加入 0.8 g 碳酸钠(4.1)，加入已称量的试料(7.2)用铂棒或不锈钢棒充分混匀后，加 0.4 g 四硼酸钠(4.2)，再用金属棒混匀。将坩埚放入马弗炉(5.2)中，在 1 020℃熔融 30 min。取出坩埚，轻轻转动至熔融物凝固，冷却。

7.4.2 试液的制备

将用聚四氟乙烯塑料密封的搅拌棒(5.4)置于已冷却的坩埚中，再将坩埚斜放入 150 mL 的低型烧杯中，加 25 mL 水和 35 mL 盐酸(4.4)，盖上表面皿，在带磁力搅拌功能的加热板(5.3)上加热至熔融物完全溶解。

注 5：加热过程中需转动坩埚，以确保熔融物都能浸到溶液中。

取下冷却后，取出并洗净坩埚，移入 100 mL 单标线容量瓶中，以水稀释至刻度，混匀(此即为试液)。

7.4.3 若试样中磷的含量小于 0.2%(质量分数)，按 7.4.3.1 进行处理。

若试样中磷的含量大于等于 0.2%(质量分数)，按 7.4.3.2 进行处理。

7.4.3.1 磷的含量小于 0.2%(质量分数)

按表 2 移取等体积的试液(7.4.2)和空白试液，分别置于两个 250 mL 的高型烧杯中，加入相应体积的底液(4.9)(见表 2)。

按表 2 移取等体积的试液(7.4.2)，置于 250 mL 的高型烧杯中，加入相应体积的底液(4.9)制备铁补偿液(见表 2)。

7.4.3.2 磷的含量大于等于 0.2%(质量分数)

按下述要求制备试液及相应空白液的稀释液：分别移取 10.0 mL 试液(7.4.2)及相应空白液置于两个 100 mL 单标线容量瓶中，以底液(4.9)稀释至刻度，混匀。

按表 2 移取等体积的试液和空白液的稀释液，分别置于两个 250 mL 的高型烧杯中，加入相应体积的底液(4.9)(见表 2)。

表 2　试液或试液稀释液的分取量

磷的含量(质量分数)/%	试液(7.4.2)的分取量/mL	试液稀释液(7.4.3.2)的分取量/mL	底液(4.9)/mL
0.003～0.1	20.0	—	0
0.05～0.2	10.0	—	10.0
0.2～1	—	20.0	0
0.5～2	—	10.0	10.0
注：表中含量的重叠部分允许测定值与期望值有出入，如果含量的期望值介于两个含量范围的重叠部分，通常应采用第一个含量较低的范围。			

7.4.4　显色及吸光度的测定

于7.4.3.1或7.4.3.2款获得的溶液中，加入15 mL亚硫酸钠溶液(4.7)，混匀，盖上表面皿，在室温下放置2 min，再放到沸水浴(5.5)，使烧杯中液面没入水浴水面以下，沸腾状态下保温10 min，取下。

放入搅拌棒，除铁补偿液以外，每份溶液中加入25 mL高氯酸(4.6)、20 mL水和10 mL钼酸铵溶液(4.10)，每加一种试剂后均要混匀(见注6、注7)。

注6：在铁补偿液中加入35 mL高氯酸(4.6)，20 mL水，不加钼酸铵溶液(4.10)。

注7：为了便于操作，可将高氯酸(4.6)和水按(25 mL+20 mL)的比例预先混合。每次试验所用的量要一次足量配制。常规一次分析7个试样和校准试验需要该混合液的量为：200 mL高氯酸(4.6)与160 mL水充分混合。以45 mL混合液代替分别加入的高氯酸(4.6)和水。

加入2.0 mL硫酸肼溶液(4.8)，混匀，移到沸水浴(5.5)上，使烧杯中液面没入水浴水面以下，沸腾状态下保温20 min，取出，流水冷却至室温后，移入100 mL单标线容量瓶中，以水稀释至刻度，混匀(注8)。

以水为参比，在吸收峰820 nm附近，以1 cm的比色皿测量溶液的吸光度，减去相应空白液或稀释空白液的吸光度，即为试液或稀释试液的吸光度(注9)。如果做了铁补偿试验，还要从试液吸光度中扣除铁补偿液的吸光度。

注8：已证明溶液显色后至少可以稳定5 h。

注9：如果空白液的吸光度大于0.025，应该改用纯度更高的试剂。

7.4.5　校准曲线的制备

7.4.5.1　磷标准备用校准液的制备，5 μg/mL。

称取0.8 g碳酸钠(4.1)和0.4 g四硼酸钠(4.2)于250 mL烧杯中，加入30 mL水，在不断搅拌的条件下，小心加入35 mL盐酸(4.4)，盖上表面皿，加热煮沸1 min，冷却后，加入25.0 mL磷标液(4.11)，混匀，转移到100 mL的单标线容量瓶中，用水稀释到刻度，混匀。

7.4.5.2　校准曲线

在四个250 mL高型烧杯中分别加入0 mL、5.0 mL、10.0 mL、20.0 mL磷标准备用校准液(7.4.5.1)，再于前三个烧杯中分别加入20.0 mL、15.0 mL和10.0 mL底液(4.9)，以下按7.4.4操作。

以水为参比，在吸收峰820 nm附近，以1 cm的比色皿分别测量溶液的吸光度，分别减去0 mL磷溶液的吸光度，即为标准液的净吸光度。以磷的微克数为横坐标，净吸光度为纵坐标绘制校准曲线。

注10：100 μg磷的吸光度期望值为0.870±0.03。

8　结果计算

8.1　磷含量的计算

按式(1)计算试样中磷含量 $w(P)$(质量分数)，以百分数表示，含量0.1%以下的要计算到小数点以后六位，含量在0.1%～1%的，要计算到小数点以后五位，含量1%以上的要计算到小数点以后四位。

$$w(\mathrm{P})=\frac{m_1 f}{100 m_0 V} \quad\cdots\cdots(1)$$

式中：

m_0——试料(7.3)的质量，单位为克(g)；

m_1——由校准曲线计算出的分取的溶液中所含的磷的质量，单位为微克(μg)；

f——稀释因子(用7.4.3.2中所述稀释试液时，$f=10$，否则 $f=1$)；

V——7.4.3条中所分取的体积，单位为毫升(mL)。

注11：试样中砷的含量超过100 μg/mL，或超过磷含量的2倍，须从磷的计算值中减去砷含量的1%以校正磷的测定值。

8.2 结果处理

8.2.1 重现性和允许偏差

本分析方法的精确度用下述回归方程[1)]表示：

$$R_d=0.020\,6X+0.000\,9 \quad\cdots\cdots(2)$$

$$P=0.067\,3X-0.001\,4 \quad (\text{最小值}:0.001\,3) \quad\cdots\cdots(3)$$

$$\sigma_d=0.007\,3X+0.000\,3 \quad\cdots\cdots(4)$$

$$\sigma_L=0.023\,2X-0.000\,6 \quad (\text{最小值}:0.000\,4) \quad\cdots\cdots(5)$$

式中：

X——预干燥试样的磷含量(质量分数)，以百分数表示，计算如下：

——实验室内，按公式(2)和(4)计算，其为两次重复测定结果的算术平均值；

——实验室间，按公式(3)和(5)计算，其为两个实验室最终结果(8.2.5)的算术平均值；

σ_d——实验室内重复测定的标准偏差；

σ_L——实验室间的标准偏差；

R_d——实验室内重复测定的允许差(重复性)；

P——实验室间的允许差。

注12：最小值是指在国际试验过程中测定最低含量试样所得到的实际值。在测定很低水平含量的试样应用线性回归方程计算时可能产生负值，在这种情况下需用最小值。

8.2.2 分析结果的确定

按照附录A中步骤，根据公式(1)计算独立重复测量结果，与重复测定允许差(R_d)进行比较，来确定分析结果。

8.2.3 实验室间精密度

实验室间精密度用以评价两个实验室报告的最终结果之间的一致性。两个实验室按照8.2.2中规定的相同步骤报告结果后，计算：

$$\mu_{12}=\frac{\mu_1+\mu_2}{2} \quad\cdots\cdots(6)$$

式中：

μ_1——实验室1报告的最终结果；

μ_2——实验室2报告的最终结果；

μ_{12}——最终结果的平均值。

如果 $|\mu_1-\mu_2|\leqslant P$(见8.2.1)，最终结果是一致的。

8.2.4 分析值的验收

分析值的验收使用有证标准样品进行验证。步骤与以上所述相同。确认精密度后，实验室最终结果与标准值 A_C 比较。如：

1) 参见附录B和附录C。

a) $|\mu_C - A_C| \leqslant C$,测量值与标准值之间无显著差异。

b) $|\mu_C - A_C| > C$,测量值与标准值之间有显著差异。

式中:

μ_C——标准样品的测量值;

A_C——标准样品的标准值;

C——该值取决于所使用标准样品的种类。

对通过实验室间确定的标准样品:

$$C = 2\sqrt{\sigma_L^2 + \frac{\sigma_d^2}{n} + V(A_C)} \quad \cdots\cdots(7)$$

式中:

$V(A_C)$——标准值 A_C 的方差。

对仅有一个实验室确定的标准样品:

$$C = 2\sqrt{\sigma_L^2 + \frac{\sigma_d^2}{n}} \quad \cdots\cdots(8)$$

注 13:除非已确证该标准值没有偏差,否则不应采用此类标准样品。

8.2.5 最终结果的计算

最终结果是指试样的可接受的分析值,或其他根据附录 A 的要求所进行的测定值的算术平均值,磷含量小于 0.1%(质量分数)的计算到小数点后六位,含量在 0.1%(质量分数)和 1%(质量分数)之间的计算到小数点后五位,大于 1%(质量分数)的计算到小数点后四位。

对于磷含量小于 0.1%(质量分数)的,计算到小数点后六位按下列方法修约到小数点后四位:

a) 当小数点后第五位上的数字小于 5 时舍去,保留小数点后第四位上的数字并保持不变;

b) 当小数点后第五位上的数字是 5,小数点后第六位上的数字不是 0,或小数点后第五位上的数字大于 5,则小数点后第四位上的数字增加 1;

c) 当小数点后第五位上的数字是 5,小数点后第六位上的数字是 0,则舍去 5,小数点后第四位上的数字是 0、2、4、6 或 8 保持不变,是 1、3、5、7、9 时加 1。

使用相似的方法,序数减 1,将磷含量在 0.1%(质量分数)和 1%(质量分数)之间的修约到小数点后第三位,序数减 2,将磷含量大于 1%(质量分数)的修约到小数点后第二位。

8.3 氧化物换算系数

用式(9)计算氧化系数:

$$w(P_2O_5)(\%) = 2.291w(P)(\%) \quad \cdots\cdots(9)$$

9 试验报告

试验报告应包括下列信息:

a) 测试实验室名称和地址;

b) 试验报告发布日期;

c) 本标准的编号;

d) 试样本身必要的详细说明;

e) 分析结果;

f) 标准样品名称和结果;

g) 测定过程中存在的任何异常特性和在本标准中没有规定的可能对试样或标准样品的分析结果产生影响的任何操作。

附 录 A
（规范性附录）
试样分析值接受程序流程图

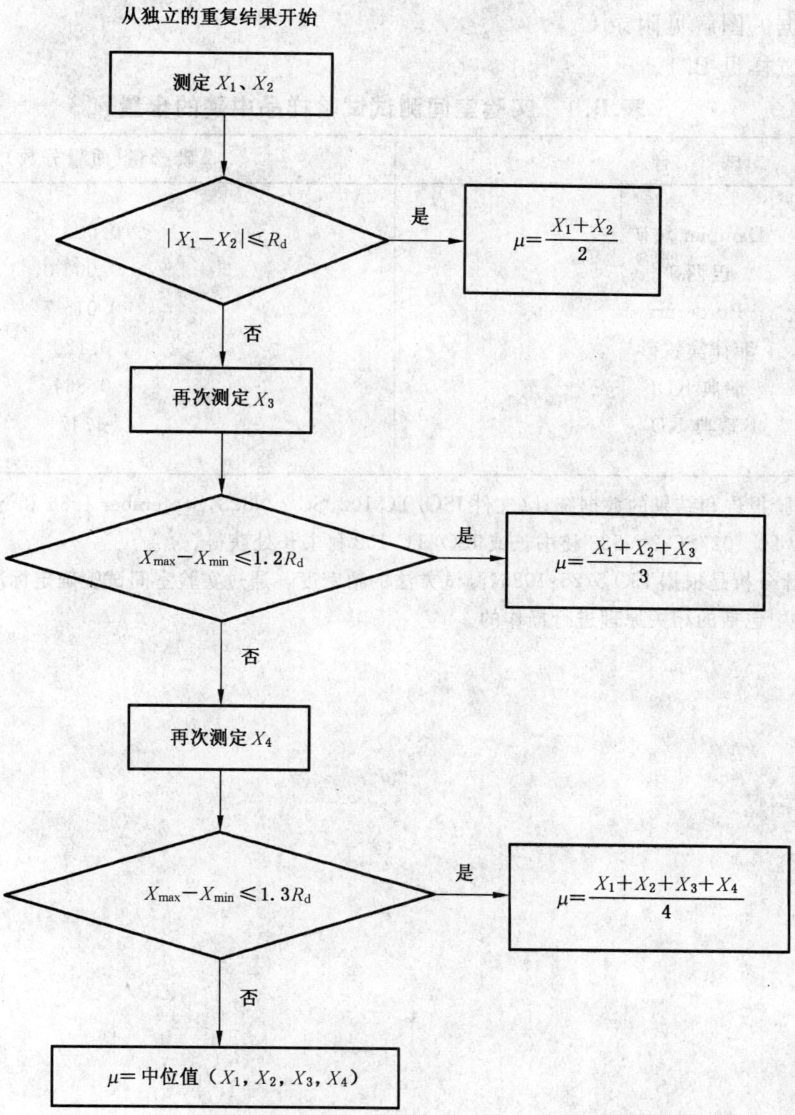

从独立的重复结果开始

测定 X_1、X_2

$|X_1-X_2|\leqslant R_d$ —— 是 → $\mu=\frac{X_1+X_2}{2}$

否 ↓

再次测定 X_3

$X_{max}-X_{min}\leqslant 1.2R_d$ —— 是 → $\mu=\frac{X_1+X_2+X_3}{3}$

否 ↓

再次测定 X_4

$X_{max}-X_{min}\leqslant 1.3R_d$ —— 是 → $\mu=\frac{X_1+X_2+X_3+X_4}{4}$

否 ↓

$\mu=$ 中位值（X_1, X_2, X_3, X_4）

注：R_d 见 8.2.1 中定义。

图 A.1

附 录 B
（资料性附录）
重复性和允许差公式推导

在 8.2.1 条中的回归方程源自 1986 年 12 个国家的 28 个实验室对 6 个铁矿样品的国际分析试验结果。精密度数据的图解见附录 C。

试验所用的试样见 B.1。

表 B.1 实验室间测试试验样品中磷的含量

试 样	磷含量（质量分数）/%
Dampier 块矿	0.003 5
巴西矿	0.006 0
Puroererz	0.015 7
菲律宾铁砂	0.120
瑞典 KDF	0.864
瑞典 KD	1.47

注 14：国际试验报告和结果的数据统计（文件 ISO/TC 102/SC 2 N828，September 1986 和 N900，March 1988）可以从 ISO/TC 102/SC 2 N828 秘书长或 ISO/TC 102 秘书长处获得。

注 15：数据统计分析是根据 ISO 5725:1986《测试方法的精密度—通过实验室间试验确定标准测试方法的重复性和再现性》中包括的相关原理进行操作的。

附 录 C
（资料性附录）
国际分析试验的精密度数据

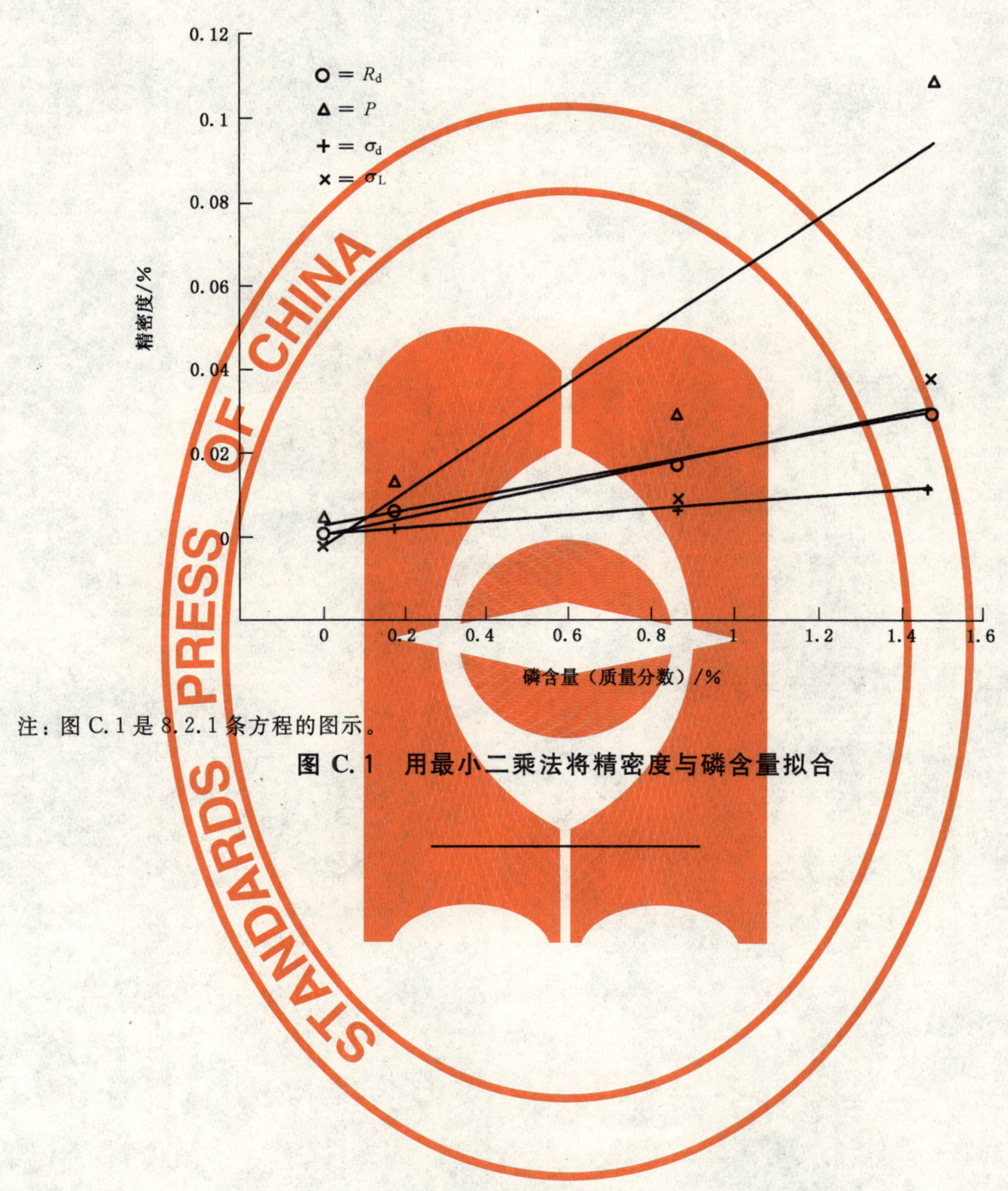

注：图 C.1 是 8.2.1 条方程的图示。

图 C.1 用最小二乘法将精密度与磷含量拟合

ICS 73.060.10
D 31

中华人民共和国国家标准

GB/T 6730.23—2006
代替 GB/T 6730.23—1986

铁矿石 钛含量的测定 硫酸铁铵滴定法

Iron ores—Determination of titanium content—The ferric ammonium sulfate titrimetric method

2006-11-01 发布 2007-02-01 实施

中华人民共和国国家质量监督检验检疫总局
中国国家标准化管理委员会 发布

前　言

GB/T 6730的本部分代替GB/T 6730.23—1986《铁矿石　钛含量测定　硫酸铁铵滴定法》。

本部分与GB/T 6730.23—1986比较，主要变化如下：

——本部分采用二氧化碳气体作保护气体。原标准采用氮气作保护气体；

——原标准采用复杂的洗气保护装置。本部分采用在钛还原过程中用盖氏漏斗加饱和碳酸氢钠溶液密封保护，为防止滴定时三价钛被氧化，在还原钛之前加入饱和硫酸铵使之与三价钛形成较稳定的络合物，并作了相应的条件试验；

——原标准在用重铬酸钾基准溶液标定硫酸铁铵标准溶液过程中使用了汞盐，对人体和环境有一定的危害，本部分采用光谱纯的二氧化钛标定硫酸铁铵标准溶液；

——原标准采用铝箔还原钛时，铝箔的量定为3 g。本部分定为：钛含量在1.00%～3.00%时铝箔用量为2 g，钛含量在3.00%～9.00%时铝箔用量为3 g；

——原标准试样分解时用的是过氧化钠。本部分试样分解时采用的是氢氧化钠垫底，上面覆盖过氧化钠；

——本部分通过9个实验室的精密度试验，确定出方法的重复性、再现性的回归方程。而原标准使用允许差。

本标准的附录A为规范性附录，附录B和附录C为资料性附录。

本标准由中国钢铁工业协会提出。

本标准由冶金工业信息标准研究院归口。

本标准起草单位：攀枝花钢铁有限责任公司。

本标准主要起草人：刘红英、钱裕祥、颜启光。

本标准所代替标准的历次版本发布情况为：GB/T 6730.23—1986。

铁矿石　钛含量的测定
硫酸铁铵滴定法

警告：使用本标准的人员应有正规实验室工作的实践经验。本标准并未指出所有可能的安全问题。使用者有责任采取适当的安全和健康措施，并保证符合国家有关法规规定的条件。

1　范围

GB/T 6730 的本部分规定了用硫酸铁铵滴定法测定铁矿石中钛含量。

本标准适用于天然铁矿石、铁精矿和造块，包括烧结产品中钛含量的测定。测定范围(质量分数)：1.00%～9.00%。

2　规范性引用文件

下列文件中的条款通过 GB/T 6730 的本部分的引用而成为本部分的条款。凡是注日期的引用文件，其随后所有的修改单(不包括勘误的内容)或修订版均不适用于本部分，然而，鼓励根据本部分达成协议的各方研究是否可使用这些文件的最新版本。凡是不注日期的引用文件，其最新版本适用于本部分。

GB/T 6682　分析实验室用水规格和试验方法(GB/T 6682—1992,neq ISO 3696:1987)

GB/T 6730.1　铁矿石化学分析方法　分析用预干燥试样的制备(GB/T 6730.1—1986,idt ISO 7764:1985)

GB/T 10322.1　铁矿石　取样和制样方法(GB/T 10322.1—2000,idt ISO 3082:1998)

GB/T 12806　实验室玻璃仪器　单标线容量瓶(GB/T 12806—1991,eqv ISO 1042:1983)

GB/T 12808　实验室玻璃仪器　单标线吸量管(GB/T 12808—1991,eqv ISO 648:1977)

3　原理

试样用氢氧化钠和过氧化钠熔融，水浸取，过滤消除钒和钨的干扰，在适当的酸性溶液中，在保护气氛下，用铝箔将四价钛还原为三价钛，以硫氰酸盐为指示剂，用硫酸铁铵标准溶液滴定，借此测定钛量。

4　试剂

分析中除另有说明外，仅使用认可的分析纯试剂和蒸馏水或与其纯度相当的水，符合 GB/T 6682 的规定。

4.1　过氧化钠，细粉。

4.2　氢氧化钠。

4.3　铝箔，99.5%。

4.4　混合熔剂：2 份无水碳酸钠和 1 份硼酸，于 105℃烘干，研细，混匀。

4.5　二氧化钛，99.99%。850℃灼烧 1 h，置于干燥器中冷却，贮存。

4.6　盐酸，ρ 约 1.19 g/mL。

4.7　盐酸，1+1。

4.8　盐酸，5+95。

4.9　硫酸，ρ 约 1.84 g/mL。

4.10　硫酸，1+1。

4.11 硫酸,5+95。

4.12 氢氧化钠溶液,20 g/L。

4.13 硫氰酸铵溶液,500 g/L。

4.14 饱和硫酸铵溶液。

4.15 饱和碳酸氢钠溶液。

4.16 二氧化钛标准溶液

按表1配制不同浓度的二氧化钛标准溶液,标定不同浓度的硫酸铁铵标准滴定溶液。

表1 二氧化钛标准溶液配制

二氧化钛标准溶液浓度/(mg/mL)	二氧化钛称样量/g
0.50	0.25(准确至0.000 1 g)
1.00	0.50(准确至0.000 1 g)
1.50	0.75(准确至0.000 1 g)

按表1称取不同量的光谱纯二氧化钛(4.5)置于放有约3 g混合熔剂(4.4)的铂金坩埚内,用玻棒搅匀,再覆盖约2 g混合熔剂(4.4),置于马弗炉中,于1 000℃保温30 min～40 min,取出置于盛有50 mL硫酸(4.10)的烧杯中,加热浸取,冷却后移入500 mL容量瓶中,摇匀。

4.17 硫酸铁铵标准滴定溶液

4.17.1 配制

按表2配制不同浓度的硫酸铁铵标准滴定溶液,测定不同的钛含量。

表2 硫酸铁铵标准滴定溶液配制

钛含量(质量分数)/%	硫酸铁铵标准溶液/(mol/L)	称样量/g
1.0～3.0	0.01	4.80
>3.0～6.0	0.02	9.60
>6.0～9.0	0.025	12.00

按表2称取不同量的硫酸铁铵〔$NH_4Fe(SO_4)_2 \cdot 12H_2O$〕,置于1 000 mL烧杯中,加500 mL水,慢慢加入50 mL硫酸(4.9),加热溶解,滴加3滴～5滴高锰酸钾溶液(1 g/L),煮沸,冷却后,移入容量瓶中,用水稀释至1 000 mL,混匀。

4.17.2 标定

移取20.00 mL钛标准溶液(4.16),置于500 mL锥形瓶中。加50 mL水,20 mL饱和硫酸铵(4.14),40 mL盐酸(4.7),20 mL硫酸(4.10),以下按7.4.2～7.4.3款进行。同时标定3份,3次极差不超过0.10 mL,取平均值。同时做空白试验。

按式(1)计算硫酸铁铵标准滴定溶液对钛的滴定度:

$$T = \frac{m}{V_1 - V_{01}} \qquad \cdots\cdots(1)$$

式中:

T——1 mL硫酸铁铵标准滴定溶液相当于钛的量,单位为克(g);

m——移取的钛量,单位为克(g);

V_1——标定时所消耗硫酸铁铵标准溶液的体积,单位为毫升(mL);

V_{01}——空白试验所消耗硫酸铁铵标准溶液的体积,单位为毫升(mL)。

5 仪器

除非另有规定,所有移液管和和容量瓶应是符合GB/T 12806和GB/T 12808规定。

实验室常用仪器以及：

5.1 刚玉坩埚。

5.2 实验装置

三价钛的防氧化保护装置如图1所示。

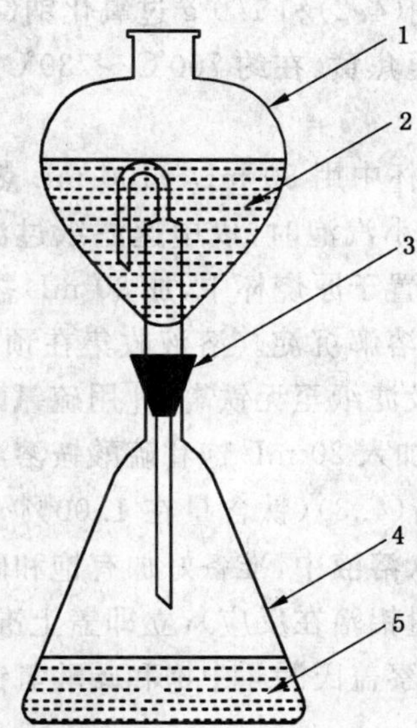

1——盖氏漏斗(容积为100 mL)；
2——饱和碳酸氢钠溶液；
3——橡胶塞；
4——锥形瓶(500 mL)；
5——试液。

图1 试验装置图

6 取样和制样

6.1 实验室试样

分析用实验室样品应按GB/T 10322.1进行取样和制备，粒度应小于100 μm。矿石中化合水或易氧化物含量高时，粒度应小于160 μm。

6.2 预干燥试样的制备

将实验室样充分混合，采用份样缩分法取样。按照GB/T 6730.1中的规定，将试样在105℃±2℃的温度下进行干燥。

7 分析步骤

7.1 测定次数

按照附录A，对同一预干燥试样，至少独立测定2次。

注："独立"是指再次及后续任何一次测定结果不受前面测定结果的影响。本分析方法中，此条件意味着同一操作者在不同的时间或不同操作者进行重复测定，包括采用适当的再校准。

7.2 试料量

称取0.25 g预干燥试样(6.2)，精确至0.000 1 g。

注：称取预干燥试样时要快，以避免再次吸湿。

7.3 空白试验及验证试验

7.3.1 空白试验

随同试料做空白试验。

7.3.2 验证试验

随同试料分析同类型标准样品做验证试验。

7.4 测定

7.4.1 试料的分解

将试料置于含有约 1.5 g 氢氧化钠(4.2)和 1.0 g 过氧化钠(4.1)垫底的刚玉坩埚中,加约 1.5 g 过氧化钠(4.1)覆盖试样,在电炉上烘烤至焦黄,在约 700℃～730℃熔融 7 min～10 min,取出稍冷。

7.4.2 还原

用水冲净坩埚外壁,于 400 mL 烧杯中用 80 mL～100 mL 热水浸取,盖上表皿,待反应完全后,取下表皿,洗出坩埚。将溶液加热煮至无小汽泡时,以中速滤纸过滤。用氢氧化钠溶液(4.12)洗涤沉淀 4 次～5 次,弃去滤液。将保留的坩埚,置于原烧杯中,加 30 mL 盐酸(4.7)浸洗,取出坩埚用水洗净,将溶液加热,趁热倒在分离过滤的沉淀上溶解沉淀。溶液收集在预先盛有 25 mL 硫酸(4.10)的 500 mL 锥形瓶中,用热盐酸(4.8)洗净原烧杯及滤纸至无铁离子[用硫氰酸铵溶液(4.13)检查]。

向锥形瓶内加 30 mL 盐酸(4.7),加入 20 mL 饱和硫酸铵溶液(4.14),再加水至体积约为 150 mL,加热至约 60℃取下,将折成小块的铝箔(4.3)(钛含量在 1.00%～3.00%时铝箔用量为 2 g,钛含量在 3.00%～9.00%时铝箔用量为 3 g)放入溶液中,准备好加有饱和碳酸氢钠溶液(4.15)的盖氏漏斗,待铝箔快反应完时(溶液呈浅灰色,仍有少量铝箔在反应),立即盖上准备好的盖氏漏斗,加热煮沸至溶液完全清亮,取下,流水冷却至室温(注意观察盖氏漏斗中饱和碳酸氢钠溶液的量,不能少于盖氏漏斗的三分之二,并不断补充)。

7.4.3 滴定

取下盖氏漏斗,加 5 mL 硫氰酸铵溶液(4.13),立即用硫酸铁铵标准滴定溶液(4.17)滴定至褐红色(突变点),记下硫酸铁铵标准溶液消耗的体积。

8 结果计算

8.1 按式(2)计算试样中钛含量 ω(Ti)(质量分数),以百分数表示:

$$\omega(\mathrm{Ti})(\%)=\frac{T\times(V_2-V_{02})}{m}\times 100 \qquad \cdots\cdots(2)$$

式中:

T——1 mL 硫酸铁铵标准溶液相当于钛的量,单位为克(g);

V_2——滴定时试液所消耗硫酸铁铵标液的体积,单位为毫升(mL);

V_{02}——滴定时随同试样空白所消耗硫酸铁铵标准溶液的体积,单位为毫升(mL);

m——试样量,单位为克(g)。

8.2 分析结果的一般处理

8.2.1 重复性和允许差

本分析方法的精密度用以下回归方程式[1)]表示:

$$R_d = 0.02603 + 0.008107X \qquad \cdots\cdots(3)$$

$$P = 0.09600 + 0.01475X \qquad \cdots\cdots(4)$$

$$\sigma_d = 0.0077 + 0.0027X \qquad \cdots\cdots(5)$$

$$\sigma_L = 0.0601 + 0.0065X \qquad \cdots\cdots(6)$$

式中:

X——预干燥试样的钛含量,以质量分数表示,计算如下:

——实验室内,按公式(3)、(5)计算,其为两次重复测定结果的算术平均值。

——实验室间,按公式(4)、(6)计算,其为两个实验室最终测量结果的算术平均值。

1) 参见附录 B 和附录 C。

σ_d——实验室内重复测定的标准偏差；

σ_L——实验室间的标准偏差；

R_d——实验室内重复测定的允许差(重复性)；

P——实验室间的允许差。

8.2.2 **分析结果的确定**

按照附录A中步骤，根据公式(2)计算独立重复测量结果，与重复测定允许差(R_d)进行比较，来确定分析结果。

8.2.3 **实验室间精密度**

实验室间精密度用以评价两个实验室报告的最终结果之间的一致性。两个实验室按照8.2.2中规定的相同步骤报告结果后，计算：

$$\mu_{12} = \frac{\mu_1 + \mu_2}{2} \quad \cdots\cdots(7)$$

式中：

μ_1——实验室1报告的最终结果；

μ_2——实验室2报告的最终结果；

μ_{12}——最终结果的平均值。

如果$|\mu_1 - \mu_2| \leqslant P$(见8.2.1)，最终结果是一致的。

8.2.4 **分析值的验收**

分析值的验收使用有证标准样品进行验证。步骤与以上所述相同。确认精密度后，实验室最终结果与标准值A_C比较。如：

a) $|\mu_C - A_C| \leqslant C$，测量值与标准值之间无显著差异。

b) $|\mu_C - A_C| > C$，测量值与标准值之间有显著差异。

式中：

μ_C——标准样品的测量值；

A_C——标准样品的标准值；

C——该值取决于所使用标准样品的种类。

对通过实验室间确定的标准样品：

$$C = 2\sqrt{\sigma_L^2 + \frac{\sigma_d^2}{n} + V(A_C)} \quad \cdots\cdots(8)$$

式中$V(A_C)$是标准值A_C的方差。

对仅有一个实验室确定的标准样品：

$$C = 2\sqrt{\sigma_L^2 + \frac{\sigma_d^2}{n}} \quad \cdots\cdots(9)$$

注：除非已确证该标准值没有偏差，否则不应采用此类标准样品。

8.2.5 **最终结果的计算**

试样的最终结果是可接受分析值的算术平均值，也可按附录A中的规定进行操作，计算到小数点后第五位，并按下列方法修约到小数点后第三位：

a) 当小数的第四位数字小于5，舍去此数，第三位数字不变。

b) 当小数的第四位数字是5，而第五位数字不是0，或当小数的第四位数字比5大，第三位数字进1。

c) 当小数的第四位数字是5，而第五位数字是0，舍去5，第三位数字是0、2、4、6、8时，第三位数字不变，如果第三位数字是1、3、5、7、9，则第三位数字进1。

8.3 **氧化物换算系数**

$$\omega(TiO_2)(\%) = 1.668\omega(Ti)(\%) \quad \cdots\cdots(10)$$

9 试验报告

试验报告应包括下列信息：

a) 测试实验室名称和地址；

b) 试验报告发布日期；

c) 本标准的编号；

d) 试样本身必要的详细说明；

e) 分析结果；

f) 标准样品的名称和结果；

g) 测定过程中存在的任何异常特性在本标准中没有规定的可能对试样或标准样品的分析结果产生影响的任何操作。

附 录 A
（规范性附录）
试样分析值接受程序流程图

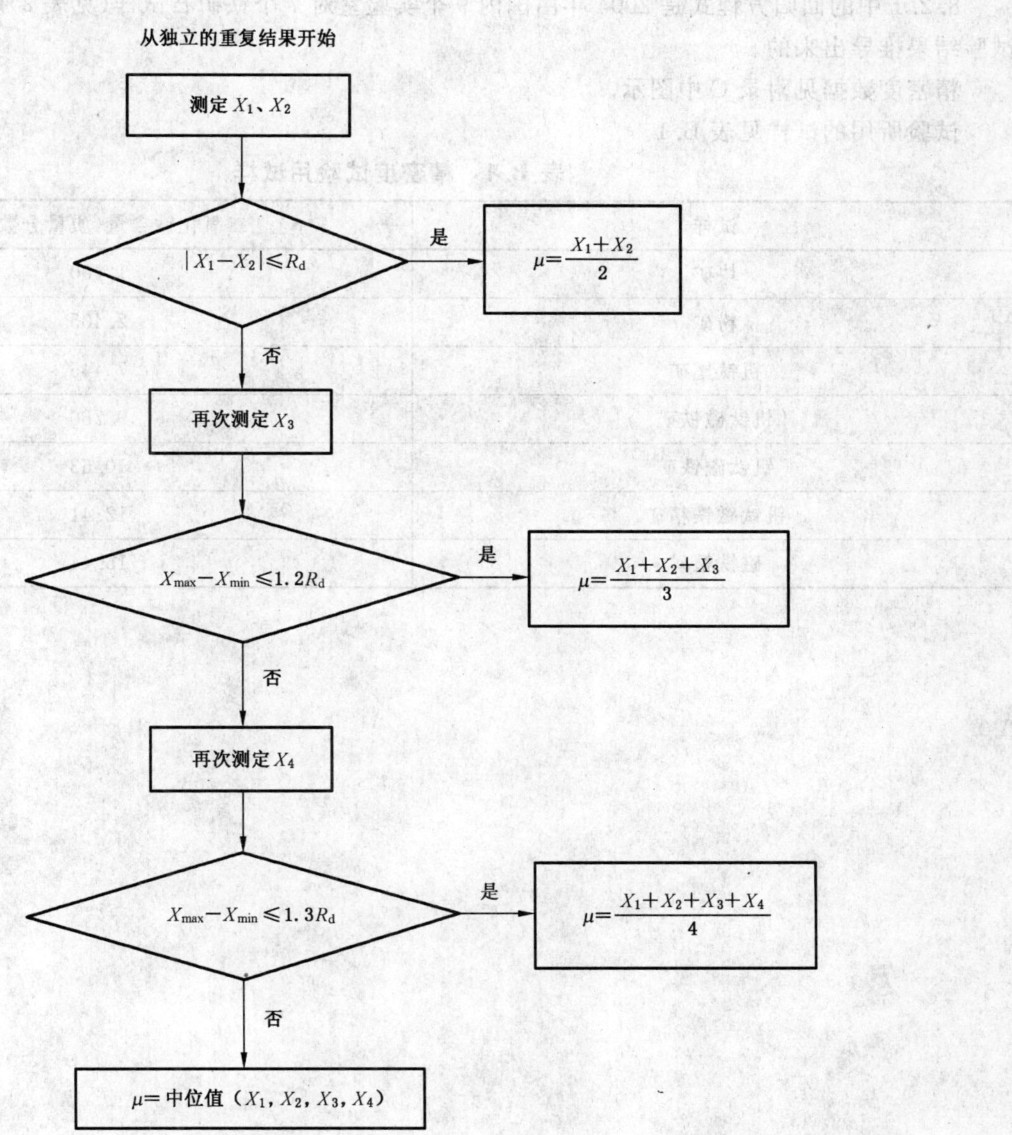

注：R_d 见 8.2.1 中定义。

图 A.1

附 录 B
（资料性附录）
重复性和允许差方程式的推导

8.2.1 中的回归方程式是 2004 年由国内 9 个实验室对 7 个铁矿石试样（见表 2）所做的精密度分析试验结果推导出来的。

精密度数据见附录 C 中图示。

试验所用的试样见表 B.1。

表 B.1 精密度试验用试样

试样	二氧化钛含量（质量分数）/%
块矿	1.400
粉矿	2.405
钒钛尾矿	7.445
钒钛磁铁矿	9.760
钒钛磁铁矿	10.63
钒钛磁铁精矿	12.41
磁铁精矿	15.44

附 录 C
（资料性附录）
通过精密度分析试验得到的精密度数据

图 C.1 用最小二乘法将精密度与二氧化钛含量拟合

ICS 73.060.10
D 31

中华人民共和国国家标准

GB/T 6730.24—2006
代替 GB/T 6730.24—1986

铁矿石 稀土总量的测定 萃取分离-偶氮氯膦 mA 分光光度法

Iron ores—Determination of total rare earth contents—Chlorophosphonazo mA spectrophotometric method

2006-11-01 发布　　　　2007-02-01 实施

中华人民共和国国家质量监督检验检疫总局
中国国家标准化管理委员会　发布

前　言

GB/T 6730 的本部分代替 GB/T 6730.24—1986《铁矿石化学分析方法　偶氮胂Ⅲ光度法测定稀土总量》。

本部分与 GB/T 6730.24—1986 比较，主要变化如下：

——标准名称由《铁矿石化学分析方法　偶氮胂Ⅲ光度法测定稀土总量》修改为《铁矿石　稀土总量的测定　萃取分离-偶氮氯膦 mA 分光光度法》；

——为提高灵敏度，将显色剂由原来的偶氮胂Ⅲ改为偶氮氯膦 mA。

本部分的附录 A 为规范性附录。

本部分由中国钢铁工业协会提出。

本部分由冶金工业信息标准研究院归口。

本部分主要起草单位：包头稀土研究院。

本部分主要起草人：张宏强、李玉梅、耿彩霞、刘秀芳。

本部分所代替标准的历次版本发布情况为：GB/T 6730.24—1986。

铁矿石　稀土总量的测定
萃取分离-偶氮氯膦 mA 分光光度法

警告：使用 GB/T 6730 的本部分的人员应有正规实验室工作的实践经验。本部分并未指出所有可能的安全问题。使用者有责任采取适当的安全和健康措施，并保证符合国家有关法规规定的条件。

1　范围

GB/T 6730 的本部分规定了偶氮氯膦 mA 分光光度法测定稀土总量。

本部分适用于天然铁矿石、铁精矿和块矿，包括烧结产品中稀土总量(以氧化物表示)的测定。测定范围(质量分数)为 0.020～1.00%。

2　规范性引用文件

下列文件中的条款通过 GB/T 6730 的本部分的引用而成为本部分的条款。凡是注日期的引用文件，其随后所有的修改单(不包括勘误的内容)或修订版均不适用于本部分，然而，鼓励根据本部分达成协议的各方研究是否可使用这些文件的最新版本。凡是不注日期的引用文件，其最新版本适用于本部分。

GB/T 6682　分析实验室用水规格和试验方法(GB/T 6682—1992，neq ISO 3696:1987)

GB/T 6730.1　铁矿石化学分析方法　分析用预干燥试样的制备(GB/T 6730.1—1986，idt ISO 7764:1985)

GB/T 10322.1　铁矿石　取样和制样方法(GB/T 10322.1—2000，idt ISO 3082:1998)

GB/T 12806　实验室玻璃仪器　单标线容量瓶(GB/T 12806—1991，eqv ISO 1042:1983)

GB/T 12808　实验室玻璃仪器　单标线吸量管(GB/T 12808—1991，eqv ISO 648:1977)

3　原理

试样经碱熔，盐酸浸取熔融物，在弱酸性介质中，用 PMBP-苯萃取分离干扰元素，在酸性介质中，偶氮氯膦 mA 与稀土元素生成有色络合物，在波长 672 nm 处测量吸光度，借此测定稀土总量。

4　试剂与材料

分析中除另有说明外，仅使用认可的分析纯试剂和蒸馏水或与其纯度相当的水，符合 GB/T 6682 的规定。

4.1　碳酸钠-四硼酸钠混合熔剂

将 2 份无水碳酸钠(Na_2CO_3)和 1 份无水四硼酸钠($Na_2B_4O_7$)均匀混合，制备成混合熔剂。

4.2　盐酸，ρ1.19 g/mL。

4.3　氨水，ρ1.42 g/mL。

4.4　抗坏血酸，100 g/L。用时现配。

4.5　盐酸，1+24。以盐酸(4.2)稀释。

4.6　氨水，1+4。以氨水(4.3)稀释。

4.7　硫氰酸铵溶液，6 00 g/L。

称取 300 g 硫氰酸铵，用水溶解后，加水稀释至 500 mL，混匀。

4.8 磺基水杨酸，6 00 g/L。

称取 300 g 磺基水杨酸，用水溶解后，用氨水(4.3)中和至 pH 值=5 左右，加水稀释至 500 mL，混匀。

4.9 草酸溶液，25 g/L。

4.10 乙酸-乙酸铵缓冲溶液，pH 值=5.5。

称取 77 g 乙酸铵，用 420 mL 水溶解后，加入 11 mL 冰乙酸，混匀。

4.11 萃洗液

于 100 mL 硫氰酸铵溶液中加入 100 mL 磺基水杨酸，120 mL 乙酸-乙酸铵缓冲溶液，加入 270 mL 水，混匀。

4.12 PMBP(1-苯基-3-甲基-4-苯甲酰-5-吡唑酮)-苯溶液，1%。

称取 5 g PMBP 溶于 500 mL 苯中，混匀。

4.13 Zn-EDTA 溶液

用 500 mL 水溶解 1.35 g 乙酸锌和 25 g 乙二铵四乙酸二钠(EDTA)，混匀。

4.14 偶氮氯膦 mA 溶液，0.5 g/L。

4.15 稀土标准贮存溶液

准确称取 0.200 0 g 预先经 850℃灼烧至恒量的稀土氧化物，置于 200 mL 烧杯中，加少量水湿润，加入 5 mL 盐酸(4.2)，低温加热溶解，冷却后移入 1 000 mL 容量瓶中，以水稀释至刻度，混匀。此溶液 1 mL 含 200 μg 稀土。

4.16 稀土标准溶液

准确移取 5 mL 稀土标准贮存溶液(4.15)于 250 mL 容量瓶中，加入 2 mL 盐酸(4.2)，以水稀释至刻度，混匀。此溶液 1 mL 含 4 μg 稀土。

5 仪器

除非另有规定，所有移液管和容量瓶应是符合 GB/T 12808 和 GB/T 12806 的规定。

6 取样和制样

6.1 实验室试样

按照 GB/T 10322.1 进行取样和制样。一般试样粒度应小于 100 μm。如试样中化合水或易氧化物含量高时，其粒度应小于 160 μm。

6.2 预干燥试样的制备

充分混匀实验室试样，缩分法取样。按照 GB/T 6730.1 在 105℃±2℃下干燥试样。

7 分析步骤

7.1 测定次数

按照附录 A，对同一预干燥试样，至少独立测定两次。

注：“独立”是指再次及后续任何一次测定结果不受前面测定结果的影响。本分析方法中，此条件意味着同一操作者在不同的时间或不同操作者进行重复测定，包括采用适当的再校准。

7.2 试料量

按表 1 称取预干燥试样(6.2)，准确至 0.000 1 g。

表 1

稀土氧化物含量(质量分数)/%	试料量/g
0.020～0.250	0.50
>0.250～1.00	0.20

7.3 空白试验及验证试验

7.3.1 空白试验

随同试料做空白试验。

7.3.2 验证试验

随同试料分析同类型标准样品做验证试验。

7.4 测定

7.4.1 试料的分解

将试料(7.2)置于盛有 3 g 混合熔剂(4.1)的铂坩埚中,再覆盖 1 g 混合熔剂(4.1),盖上铂盖,于 950℃马弗炉中熔融 20 min(中间取出摇动一次),取出,冷却。将铂坩埚及盖移放入预先盛有 100 mL 水的烧杯中,加 10 mL 盐酸(4.2),加热至熔融物溶解。洗出铂坩埚及盖,冷却,将溶液移入 250 mL 容量瓶中。

7.4.2 分离及测定

7.4.2.1 根据含量范围移取 2 mL～10 mL 试液于 60 mL 分液漏斗中,加 2 mL 抗坏血酸(4.4),混匀,放置片刻,加入 5 mL 硫氰酸铵(4.7),2 mL 磺基水杨酸(4.8),用氨水(4.6)调节 pH 值=5 左右,加入 5 mL 乙酸-乙酸铵缓冲溶液(4.10),加入 15 mL PMBP-苯溶液(4.12),振荡 1 min,静置分层后弃去水相。有机相用 5 mL 萃洗液(4.11)洗 2 次,每次振荡 20 s,静置分层后弃去水相,再用约 5 mL 水冲洗分液漏斗壁两次,弃去水相。加入 5 mL 盐酸(4.5),振荡后 30 s,静置分层,将水相放入 25 mL 容量瓶中。

7.4.2.2 加入 1 mL 草酸溶液(4.9),1 mL Zn-EDTA 溶液(4.13),2 mL 偶氮氯膦 mA 溶液(4.14),用水稀释至刻度,混匀。

7.4.2.3 将部分溶液移入 1 cm 比色皿中,以随同试料的空白试验溶液为参比,于分光光度计波长 672 nm处测量其吸光度,从校准曲线上查出相应的稀土量。

7.5 校准曲线的绘制

7.5.1 移取 0.00 mL,1.00 mL,2.00 mL,3.00 mL,4.00 mL,5.00 mL,6.00 mL,7.00 mL 稀土标准溶液(4.16),分别置于一组 25 mL 容量瓶中,加入 5 mL 盐酸(4.5),以下按 7.4.2.2 进行操作。

7.5.2 与试料测定相同条件下,以试剂空白为参比,测量标准溶液吸光度,以稀土的量为横坐标,吸光度为纵坐标,绘制校准曲线。

8 结果计算

8.1 稀土含量的计算

按式(1)计算试样中稀土含量 $w(\mathrm{REO})$(质量分数),以百分数表示:

$$w(\mathrm{REO})=\frac{m_1\cdot V}{m\cdot V_1}\times 100 \qquad (1)$$

式中:

m_1——从校准曲线上查得的稀土的量,单位为克(g);

V_1——分取试液体积,单位为毫升(mL);

V——试液总体积,单位为毫升(mL);

m——试料的质量,单位为克(g)。

8.2 允许差

实验室间分析结果的差值应不大于表 2 所列允许差。

表 2

%

稀土氧化物含量(质量分数)	允许差(质量分数)
0.020～0.100	0.008
>0.100～0.300	0.015
>0.300～0.500	0.025
>0.500～1.000	0.050

9 试验报告

试验报告应包括下列信息：

a) 测试实验室名称和地址；

b) 试验报告发布日期；

c) 本部分的编号；

d) 试样本身必要的详细说明；

e) 分析结果；

f) 标准样品名称和结果；

g) 测定过程中存在的任何异常特性和在本部分中没有规定的可能对试样或标准样品的分析结果产生影响的任何操作。

附　录　A
（规范性附录）
试样分析值接受程序流程图

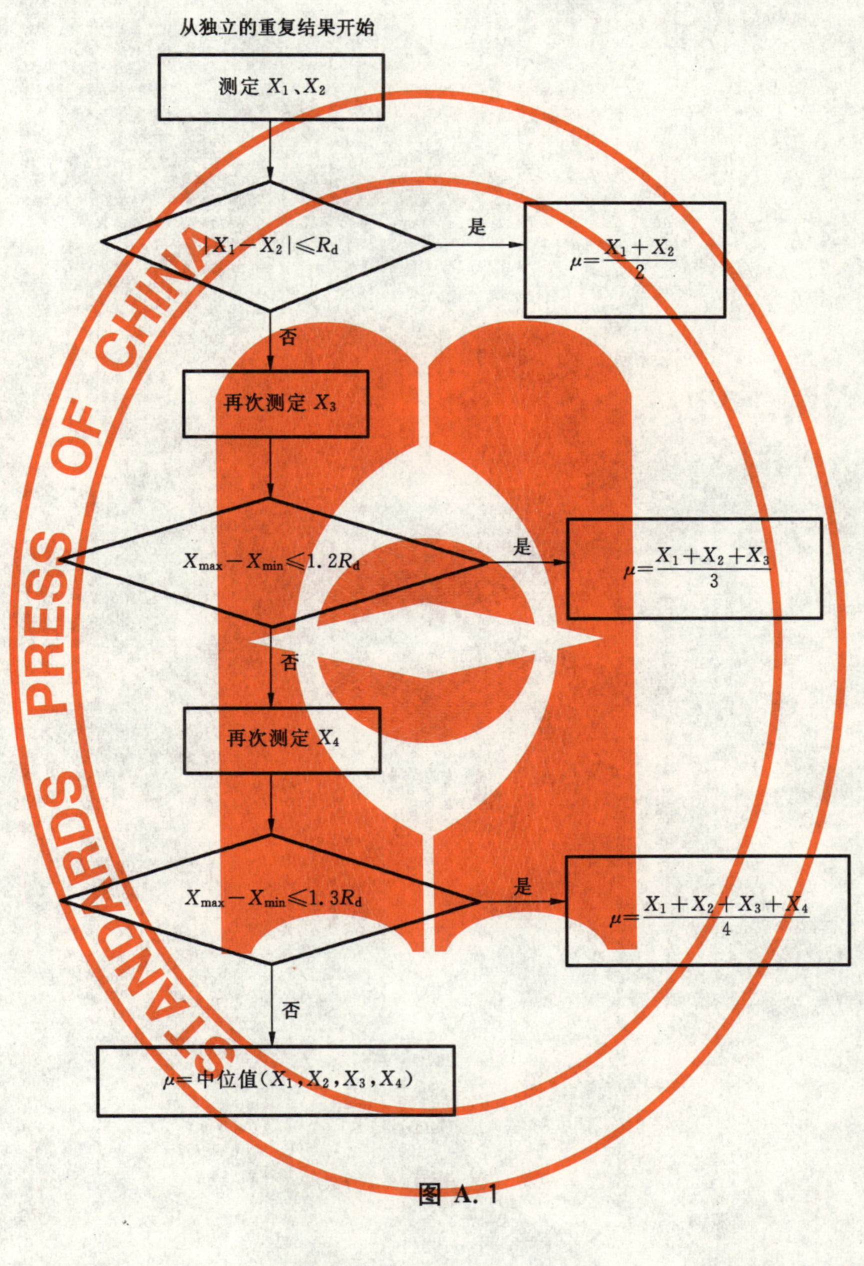

图 A.1

ICS 73.060.10
D 31

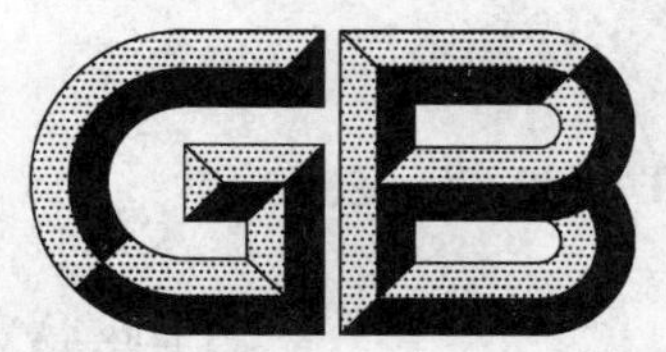

中华人民共和国国家标准

GB/T 6730.25—2006
代替 GB/T 6730.25—1986

铁矿石 稀土总量的测定 草酸盐重量法

Iron ores—Determination of total rare earth contents—Oxalate gravimetric method

2006-11-01 发布 2007-02-01 实施

中华人民共和国国家质量监督检验检疫总局
中国国家标准化管理委员会 发布

前　言

GB/T 6730 的本部分代替 GB/T 6730.25—1986《铁矿石化学分析方法　重量法测定稀土总量》。

本部分与 GB/T 6730.25—1986 比较，主要变化如下：

——标准名称由《铁矿石化学分析方法　重量法测定稀土总量》修改为《铁矿石　稀土总量的测定　草酸盐重量法》；

——测定稀土总量的测定范围（质量分数）由 0.500％～8.00％修订为 0.500％～10.00％；

——试样分解温度由 700℃修改为 750℃；

——沉淀灼烧温度由 850℃改为 900℃；

——钍量由分光光度法改为用国家标准分析方法“GB/T 12690.12—2003 稀土金属及其氧化物中非稀土杂质化学分析方法　钍量的测定　偶氮胂Ⅲ分光光度法和电感耦合等离子体质谱法”对沉淀物的含钍量进行测定。

本部分的附录 A 为规范性附录。

本部分由中国钢铁工业协会提出。

本部分由冶金工业信息标准研究院归口。

本部分主要起草单位：包头稀土研究院。

本部分主要起草人：许涛、张宏强。

本部分所代替标准的历次版本发布情况为：GB/T 6730.25—1986。

铁矿石　稀土总量的测定　草酸盐重量法

警告：使用GB/T 6730的本部分的人员应有正规实验室工作的实践经验。本部分并未指出所有可能的安全问题。使用者有责任采取适当的安全和健康措施，并保证符合国家有关法规规定的条件。

1　范围

GB/T 6730的本部分规定了草酸盐重量法测定稀土总量。

本部分适用于天然铁矿石、铁精矿和块矿，包括烧结产品中稀土总量(以氧化物表示)的测定。测定范围(质量分数)为0.500%～10.00%。

2　规范性引用文件

下列文件中的条款通过GB/T 6730的本部分的引用而成为本部分的条款。凡是注日期的引用文件，其随后所有的修改单(不包括勘误的内容)或修订版均不适用于本部分，然而，鼓励根据本部分达成协议的各方研究是否可使用这些文件的最新版本。凡是不注日期的引用文件，其最新版本适用于本部分。

GB/T 6682　分析实验室用水规格和试验方法(GB/T 6682—1992,neq ISO 3696:1987)

GB/T 6730.1　铁矿石化学分析方法　分析用预干燥试样的制备(GB/T 6730.1—1986,idt ISO 7764:1985)

GB/T 10322.1　铁矿石　取样和制样方法(GB/T 10322.1—2000,idt ISO 3082:1998)

GB/T 12690.12　稀土金属及其氧化物中非稀土杂质化学分析方法　钍量的测定　偶氮胂Ⅲ分光光度法和电感耦合等离子体质谱法

GB/T 12806　实验室玻璃仪器　单标线容量瓶(GB/T 12806—1991,eqv ISO 1042:1983)

GB/T 12808　实验室玻璃仪器　单标线吸量管(GB/T 12808—1991,eqv ISO 648:1977)

3　原理

试样以氢氧化钠和过氧化钠熔融，以稀的三乙醇胺浸取，在盐酸羟氨存在下，采用EDTA络合分离铁、锰、铝、钙等干扰元素，于pH值为1～2的弱酸性介质中，用草酸沉淀稀土和钍，于900℃将草酸沉淀灼烧成为氧化物，称其质量。所得氧化物质量减去二氧化钍量为稀土氧化物量。

4　试剂和材料

分析中除另有说明外，仅使用认可的分析纯试剂和蒸馏水或与其纯度相当的水，符合GB/T 6682的规定。

4.1　氢氧化钠。

4.2　过氧化钠。

4.3　乙二胺四乙酸二钠，简称EDTA。

4.4　抗坏血酸。

4.5　盐酸羟胺。

4.6　盐酸，ρ1.19 g/mL。

4.7　硝酸，ρ1.42 g/mL。

4.8　高氯酸，ρ1.67 g/mL。

4.9　过氧化氢，30%。

4.10 盐酸,1+1。以盐酸(4.6)稀释。

4.11 盐酸,1+99。以盐酸(4.6)稀释。

4.12 盐酸,1+49。以盐酸(4.6)稀释。

4.13 氨水,1+1。

4.14 氢氧化钠洗液,20 g/L。

4.15 三乙醇胺,5+95。

4.16 草酸溶液,100 g/L。

4.17 草酸洗液,10 g/L。

称取 1 g 草酸,溶于 100 mL 水中,用氨水调节 pH 值为 1.5～1.7。

4.18 百里酚蓝指示剂溶液,1 g/L。

称取 0.1 g 百里酚兰,加入 4.3 mL 氢氧化钠(4.14)溶解,加水稀释至 100 mL。

5 仪器

除非另有规定,所有移液管和容量瓶应是符合 GB/T 12808 和 GB/T 12806 的规定。

6 取样和制样

6.1 实验室试样

按照 GB/T 10322.1 进行取样和制样。一般试样粒度应小于 100 μm。如试样中化合水或易氧化物含量高时,其粒度应小于 160 μm。

6.2 预干燥试样的制备

充分混匀实验室试样,缩分法取样。按照 GB/T 6730.1 在 105℃±2℃下干燥试样。

7 分析步骤

7.1 测定次数

按照附录 A,对同一预干燥试样,至少独立测定 2 次。

注:"独立"是指再次及后续任何一次测定结果不受前面测定结果的影响。本分析方法中,此条件意味着同一操作者在不同的时间或不同操作者进行重复测定,包括采用适当的再校准。

7.2 试料量

称取 0.5 g 预干燥试样(6.2),准确至 0.000 1 g。

7.3 空白试验及验证试验

7.3.1 空白试验

随同试料做空白试验。

7.3.2 验证试验

随同试料分析同类型标准样品做验证试验。

7.4 测定

7.4.1 试料的分解

将试料(7.2)置于盛有预先烘去水分的 7 g～8 g 氢氧化钠(4.1)的刚玉坩埚中,加 4 g 过氧化钠(4.2),在 750℃熔融至红色透明约 3 min～4min,其中摇动 2 次,取出冷却。

7.4.2 分离

将坩埚移入一盛有 100 mL 三乙醇胺(4.15)(溶液不易过热)和 1 g EDTA(4.3)及少许盐酸羟胺(4.5)的 400 mL 烧杯中,待剧烈反应停止后,置低温处加热至沸,取下,洗出坩埚。将溶液煮沸数分钟,稍冷后,用中速滤纸过滤,用氢氧化钠洗液(4.14)洗涤烧杯及沉淀 6 次～7 次。将沉淀连同滤纸移入原烧杯中,加 15 mL～20 mL 硝酸(4.6)、5 mL～8 mL 高氯酸(4.7),加热至冒浓厚白烟 3 min～5min,取下，稍冷，加 5 mL 盐酸(4.9)、60 mL 水，加热溶解盐类，以中速滤纸过滤，用盐酸(4.11)洗净烧杯，并洗涤沉淀 6 次～7 次，滤液盛于 300 mL 烧杯中。

7.4.3 沉淀、称量

将滤液用水稀释至 100 mL 左右，加热煮沸，取下，加 40mL 热的草酸(4.16)，加 8 滴百里酚蓝指示剂溶液(4.18)，用氨水(4.13)中和至溶液呈黄色，再以盐酸(4.10)调至微红色(pH 值为 1.52)，加热煮沸，保温 30 min，放置 2 h～4 h。用慢速定量滤纸过滤，用草酸(4.17)洗涤烧杯 2 次～3 次，洗涤沉淀 7 次～8 次。将沉淀连同滤纸置于已恒量的铂坩埚中，灰化，在 900℃灼烧 40 min，取出置于干燥器中，冷至室温，称其质量，重复操作，直至恒量。

7.4.4 钍含量的测定

按照 GB/T 12690.12 对沉淀物的稀土含量进行测定。

8 结果计算

8.1 稀土含量的计算

按式(1)计算试样中稀土含量 $w(\mathrm{REO})$，以质量分数表示：

$$w(\mathrm{REO})=\frac{(m_2-m_1-m_3-m_4)}{m}\times 100 \qquad \cdots\cdots\cdots\cdots(1)$$

式中：

m_2——坩埚及氧化物的质量，单位为克(g)；

m_1——坩埚的质量，单位为克(g)；

m_3——氧化钍的质量，单位为(g)；

m_4——随同试样空白的质量，单位为克(g)；

m——试料的质量，单位为克(g)。

8.2 允许差

实验室间分析结果的差值应不大于表 1 所列允许差。

表 1 %

稀土氧化物含量(质量分数)	允许差(质量分数)
0.500～1.000	0.050
>1.00～2.00	0.10
>2.00～5.00	0.15
>5.00～8.00	0.20
>8.00～10.00	0.25

9 试验报告

试验报告应包括下列信息：

a) 测试实验室名称和地址；

b) 试验报告发布日期；

c) 本部分的编号；

d) 试样本身必要的详细说明；

e) 分析结果；

f) 标准样品名称和结果；

g) 测定过程中存在的任何异常特性和在本部分中没有规定的可能对试样或标准样品的分析结果产生影响的任何操作。

附 录 A
（规范性附录）
试样分析值接受程序流程图

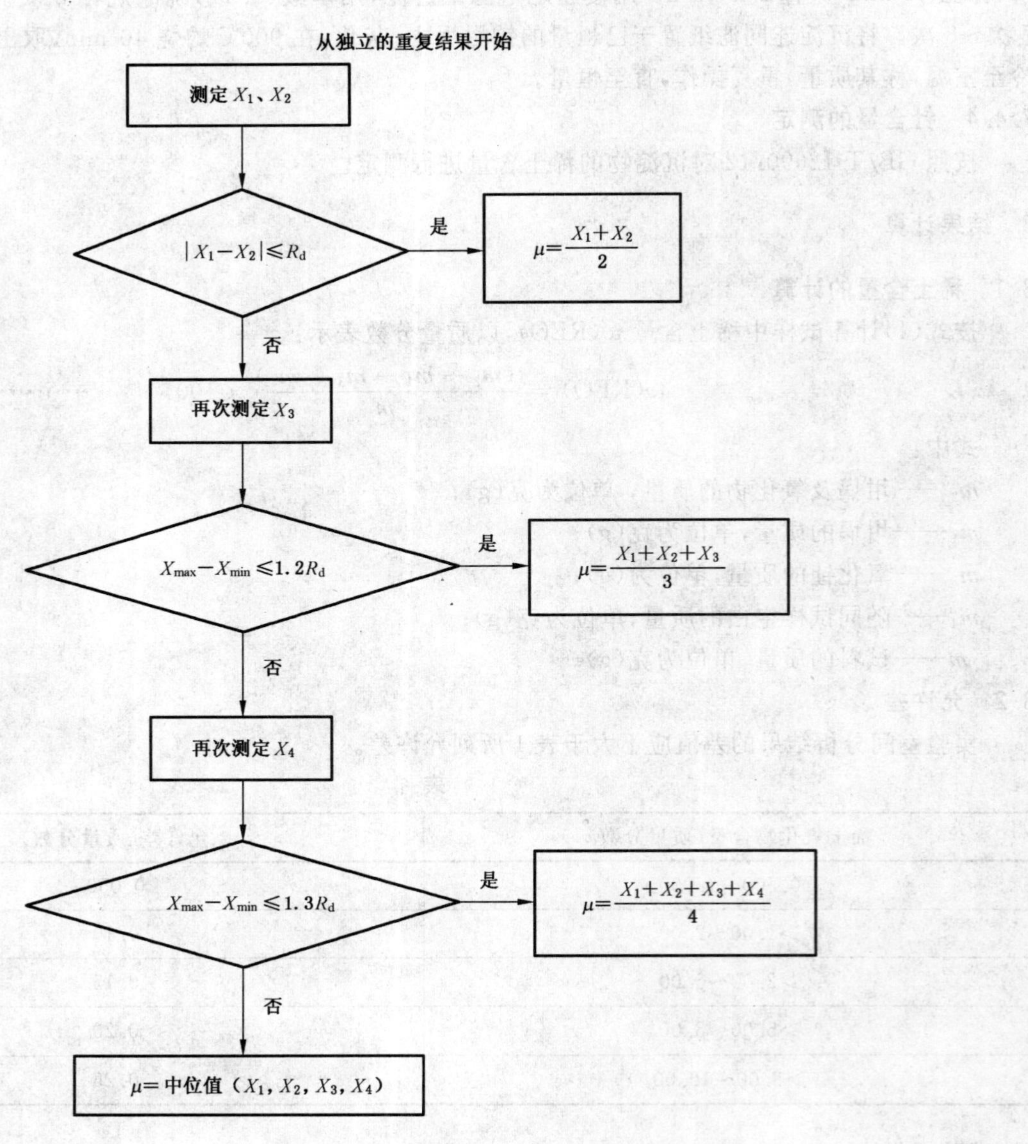

图 A.1

ICS 73.060.10
D 31

中华人民共和国国家标准

GB/T 6730.28—2006
代替 GB/T 6730.28—1986

铁矿石　氟含量的测定　离子选择电极法

Iron ores—Determination of fluorine content—Ion-selective electrode method

(ISO 4694:1987,MOD)

2006-08-16 发布　　2007-01-01 实施

中华人民共和国国家质量监督检验检疫总局
中国国家标准化管理委员会　发布

前 言

本标准修改采用ISO 4694:1987《(铁矿石 氟含量的测定 离子选择电极法》(英文版)。

本标准与ISO 4694:1987比较做了如下修改:

——"1 范围"本标准测定范围(质量分数)的上限由1%扩展到3.00%;

——"7.3.1 试样的分解",马弗炉中熔融温度由"525±20℃"改为"600℃～650℃";

——"7.3.2 校正溶液的制备",ISO标准加5 mL氢氧化钠溶液。本标准改为加5 mL氢氧化钠溶液,并加5 mL盐酸;

——"7.3.2 校准溶液的制备",ISO标准采用7点绘制校准曲线。本标准采用8点绘制校准曲线;

——"7.3.3 测定",ISO标准分取20 mL试液进行测定。本标准根据含氟量不同,分取不同体积的试液;

——"7.3.3 测定",ISO标准不调节试液pH值。本标准增加了调节试液pH值;

——本标准增加了采用最小二乘法建立校准曲线方程,根据曲线方程计算氟含量。

本标准代替GB/T 6730.28—1986《铁矿石化学分析方法 离子选择电极法测定氟量》。

本标准是对GB/T 6730.28—1986《铁矿石化学分析方法 离子选择电极法测定氟量》的修订,主要存在以下不同:

——测定范围由"0.01%～1%"修改为"0.005%～3.00%;

——原标准采用氢氧化钠和过氧化钠混合熔剂,本标准采用氢氧化钠熔剂;

——原标准试料量为0.200 0 g,本标准根据试样含氟量确定试料量;

——原标准采用柠檬酸-硝酸钾缓冲溶液,在测定前调pH值为6.5,本标准采用柠檬酸缓冲溶液,测定前调pH值为5.0;

——原标准校准溶液取12点,本标准pH取8点,且浓度不同;

——原标准采用标样允许差和试样允许差,本标准采用重复性、再现性、室内标准偏差和室间标准偏差方程。

本标准的附录A为规范性附录,附录B、附录C为资料性附录。

本标准由中国钢铁工业协会提出。

本标准由冶金工业信息标准研究院归口。

本标准起草单位:包钢(集团)公司。

本标准主要起草人:魏春艳、德喜、董玉兰、姜秀琴、薛宝华、杨华。

本标准所代替标准的历次版本发布情况:GB/T 6730.28—1986。

铁矿石　氟含量的测定　离子选择电极法

警告：使用本标准的人员应有正规实验室工作的实践经验。本标准并未指出所有可能的安全问题。使用者有责任采取适当的安全和健康措施，并保证符合国家有关法规规定的条件。

1　范围

本标准规定了离子选择电极法测定氟含量。

本标准适用于天然铁矿石、铁精矿及人造铁矿石中氟含量的测定。测量范围（质量分数）：0.005%～3.00%。

2　规范性引用文件

下列文件中的条款通过本标准的引用而成为本标准的条款。凡是注日期的引用文件，其随后所有的修改单（不包括勘误的内容）或修订版均不适用于本标准，然而，鼓励根据本标准达成协议的各方研究是否可使用这些文件的最新版本。凡是不注日期的引用文件，其最新版本适用于本标准。

GB/T 6379.2　测量方法与结果的准确度（正确度与精密度）　第2部分：确定标准方法的重复性与再现性的基本方法（GB/T 6379.2—2004，IDT ISO 5725-2:1994）

GB/T 6730.1　铁矿石化学分析方法　分析用预干燥试样的制备（GB/T 6730.1—1986，eqv ISO 7764:1985）

GB/T 10322.1　铁矿石　取样和制样方法（GB/T 10322.1—2000，idt ISO 3082:1998）

GB/T 12806　实验室玻璃仪器　单标线容量瓶（GB/T 12806—1991，neq ISO 1042:1983）

GB/T 12808　实验室玻璃仪器　单标线移液管（GB/T 12808—1991，neq ISO 648:1977）

3　原理

试料用氢氧化钠熔融并溶解于水和盐酸中，干过滤，然后在柠檬酸钠缓冲溶液存在下，调节试液pH为5.0±0.1，用氟离子选择电极直接进行电位法测定。

4　试剂

在分析过程中，只使用确认的分析纯试剂和蒸馏水或相同纯度的水。

4.1　氢氧化钠，粒状、干燥。

4.2　氢氧化钠溶液，300 g/L。

4.3　氢氧化钠溶液，20 g/L。

4.4　盐酸，ρ1.19 g/mL。

4.5　盐酸，1+2。

4.6　盐酸，1+9。

4.7　柠檬酸钠缓冲溶液，$c(Na_3C_6H_5O_7 \cdot 2H_2O)$=1 mol/L。

在1 L烧杯中，称取294.1 g柠檬酸钠溶解于800 mL水中，用盐酸（4.5）调至pH=5.0±0.1。移入1 L容量瓶中，用水稀释至刻度，混匀。

注：使用5.5水合柠檬酸三钠时，称取量为357.2 g。

4.8　氟标准溶液，以下4.8.1～4.8.5的溶液应贮存在塑料瓶中。

4.8.1　标准溶液A

将适量氟化钠（纯度大于99.7%）于105℃下进行干燥。称取1.108 g干燥过的氟化钠，溶解于水中,移入1 L容量瓶中,用水稀释至刻度,混匀。1 mL该溶液含500 μg氟。

4.8.2 标准溶液B

用移液管移取100 mL标准溶液A,放入500 mL容量瓶中,用水稀释至刻度,混匀。1 mL该溶液含100 μg氟。

4.8.3 标准溶液C,用时配制

用移液管移取50 mL标准溶液B,放入500 mL容量瓶中用水稀释至刻度,混匀。1 mL该溶液含10 μg氟。

4.8.4 标准溶液D,用时配制

用移液管移取50 mL标准溶液C,放入500 mL容量瓶中用水稀释至刻度,混匀。1 mL该溶液含1 μg氟。

4.8.5 标准溶液E,用时配制

用移液管移取50 mL标准溶液D,放入250 mL容量瓶中用水稀释至刻度,混匀。1 mL该溶液含0.2 μg氟。

5 仪器

注:除另有说明,使用的移液管和容量瓶应符合GB/T 12808和GB/T 12806规定的A级。

除实验室常用设备外还包括:

5.1 银坩埚或镍坩埚,容量为25 mL~30 mL。

注:有条件的试验室可用容量为100 mL的银坩埚或镍坩埚。

5.2 塑料烧杯,容量为100 mL和200 mL。

5.3 塑料容量瓶,容量为50 mL和100 mL,在20℃校准并标上适当的刻度。

5.4 磁力搅拌器,带外包有聚乙烯的25 cm×0.4 cm的搅拌棒。

5.5 塑料漏斗。

5.6 离子计(或pH计),毫伏数能读至0.1 mV,pH值能读至0.05。

5.7 氟离子选择电极。

5.8 甘汞参比电极。

5.9 pH玻璃电极。

6 取样与试样制备

6.1 实验室试样

按照GB/T 10322.1进行取制样。试样应全部通过0.100 mm筛孔。

6.2 预干燥试样的制备

按GB/T 6730.1中的规定,在105℃±2℃下干燥试样。

7 分析步骤

按照附录A,对同一预干燥试样,至少独立测定两次。

注:"独立"是指再次及后续任何一次测定结果不受前面测定结果的影响。本分析方法中,此条件意味着同一操作者在不同的时间或不同操作者进行重复测定,包括采用适当的再校准。

7.1 试料量

按表1的规定称取预干燥试样(6.2)。

7.2 验正试验

每次分析时,应带与分析试样同一类型、性质充分相似的铁矿石标准样品,在同一分析条件下进行分析。铁矿石标准样品的预干燥应按6.2进行。

当同时进行数个同类矿石分析时,可只带一个标准样品同时分析。

表 1 试料的质量

氟含量(质量分数)/%	试料的质量/g
0.005～0.02	0.500 0
>0.02～1.0	0.200 0
>1.0～3.00	0.100 0

7.3 测定

注 1:每次使用银坩埚或镍坩埚以前,要用数克氢氧化钠熔融清洗。

注 2:用水充分洗涤所有其他器皿。

7.3.1 试料的分解

警告:使用熔融的氢氧化钠要求带安全眼镜。建议戴手套。溶解熔融物时需加小心。

将试料(7.2)放入坩埚(5.1)中,加 3 g 氢氧化钠(4.1),尽可能盖住试料,将坩埚放入 600℃～650℃的马弗炉内 10 min,取出坩埚旋转数秒钟后再放回炉内熔融 5 min。

取出坩埚,冷却后置于 200 mL 塑料烧杯中,加 60 mL 水浸取熔融物,用 10 mL 盐酸(4.5)洗出坩埚并擦净坩埚壁。试液冷却至室温后移入 100 mL 塑料容量瓶,以水稀释至刻度,混匀。

用致密滤纸过滤,弃去初始滤液,滤液收集于塑料烧杯或瓶中(5.2),收集滤液约 40 mL 供分取。

注 1:可用热水浸取熔融物。

注 2:使用 100 mL 的银坩埚或镍坩埚时,可直接在坩埚中浸取熔融物。

7.3.2 校准溶液的制备

于一组 100 mL 塑料容量瓶中按表 2 中所给出的量加入氟标准溶液,加 5 mL 氢氧化钠溶液(4.2)、5 mL 盐酸(4.4),用水稀释至刻度,混匀。

表 2 氟校准溶液的制备

校准溶液序号	氟离子浓度/(μg/mL)	标准溶液体积(4.8)
1	0.02	10.00 mL 溶液 E(4.8.5)
2	0.05	5.00 mL 溶液 D(4.8.4)
3	0.1	10.00 mL 溶液 D(4.8.4)
4	0.3	30.00 mL 溶液 D(4.8.4)
5	1.0	10.00 mL 溶液 C(4.8.3)
6	3.0	30.00 mL 溶液 C(4.8.3)
7	10.0	10.00 mL 溶液 B(4.8.2)
8	15.0	15.00 mL 溶液 B(4.8.2)

7.3.3 分液及调节 pH 值

a) 待测试液:按表 3 的规定,移取试液于 100 mL 塑料烧杯中,加 20 mL 缓冲溶液仔细混匀,引入玻璃电极,在 pH 计上,用盐酸溶液(4.5、4.6)及氢氧化钠溶液(4.2、4.3)调节 pH 为 5.0±0.1,将溶液移入 50 mL 塑料容量瓶中,用水稀释至刻度并混匀。注入 100 mL 塑料烧杯中。

表 3 分取试液体积

氟含量(质量分数)/%	分取试液体积/mL
0.005～0.05	20.00
>0.05～3.00	10.00

b) 校准溶液:移取 20.00 mL 校准溶液(7.3.2)于一组 100 mL 塑料烧杯中,加 20 mL 缓冲溶液

(4.7)仔细混匀,引入玻璃电极,在pH计上,用盐酸溶液(4.5、4.6)及氢氧化钠溶液(4.2、4.3)调节pH为5.0±0.1,将溶液移入50 mL塑料容量瓶中,用水稀释至刻度,混匀。注入100 mL塑料烧杯中。

7.3.4 将氟离子选择电极和参比电极连接到离子计,以"MV"方式进行测定。

7.3.5 将氟电极引入待测溶液,检查氟电极表面没有气泡出现,以恒速搅拌溶液。

注:使用前,氟离子选择电极应在最低氟浓度溶液中调整至电位稳定。电位稳定所需时间随电极的响应不同而不同,可取15 min~1 h。

7.3.6 试液和校准溶液按浓度增加的顺序快速初测一遍。测量时,引入电极后读取电位值前等待2 min。根据测量结果按浓度增加的顺序,将试料和标准样品溶液穿插排列在校准溶液中。

7.3.7 接着进行第二遍测量,从浓度最低的溶液开始,按浓度由低到高的顺序,引入电极进行测量。所有试液应按同一固定的响应时间读取稳定的电位值。

注1:每一次读数后,用水仔细洗涤电极并用布擦干。

注2:测取读数时,响应时间应大于5 min,必须消除所有异常并尽可能使读数准确。电位值差1%引起4%相对误差。

7.3.8 在半对数纸上,以电位值为纵坐标,氟离子浓度为横坐标绘制校准曲线。在校准曲线上读取试液中的氟离子浓度。

注1:当氟浓度低于0.3 μg/mL时[由于加缓冲溶液和调节pH值后,定容于50 mL,相当于含氟0.125 μg/mL],校准曲线有一定程度的弯曲。

注2:可以使用计算机建立校准曲引回归方程。

8 结果的计算

8.1 氟含量计算

试样中氟的含量(w_F)用质量分数计,数值用%表示,用式(1)计算到小数点后第五位:

$$w_F = \frac{\rho_F \times 20 \times 10^{-6}}{m \times 10^{-3} \times \frac{V}{100}} \times 100 = \frac{\rho_F \times 200}{m \times V} \qquad \cdots\cdots(1)$$

式中:

ρ_F——试液中氟的浓度,单位为微克每毫升(μg/mL);

m——试样质量,单位为毫克(mg);

V——分取试液体积,单位为毫升(mL)。

8.2 分析结果的一般处理

8.2.1 重复性和允许差

本分析方法的精密度用下列回归方程式[1)]表示:

$$R_d = 0.001\,242 + 0.049\,27\,m \qquad \cdots\cdots(2)$$

$$\lg P = -0.899\,0 + 0.659\,1\lg m \qquad \cdots\cdots(3)$$

$$\sigma_d = 0.000\,443\,7 + 0.017\,60\,m \qquad \cdots\cdots(4)$$

$$\lg\sigma_L = -1.401 + 0.636\,3\lg m \qquad \cdots\cdots(5)$$

式中:

m——预干燥试样的氟含量,以质量分数表示,按如下方式计算如下:

——实验室内,按公式(2)、(4)计算,其为两次重复测定结果的算术平均值;

——实验室间,按公式(3)、(5)计算,其为两个实验室最终结果(8.2.5)的算术平均值。

1) 参见附录B和附录C。

σ_d——实验室内重复测定的标准偏差；

σ_L——实验室间的标准偏差；

R_d——实验室内重复测定的允许差(重复性)；

P——实验室间的允许差。

8.2.2 **分析结果的确定**

按照附录 A 中步骤，根据公式(1)计算独立重复测量结果，与重复测定允许差(R_d)进行比较，来确定分析结果。

8.2.3 **实验室间精密度**

实验室间精密度用以评价两个实验室报告的最终结果之间的一致性。两个实验室按照 8.2.2 中规定的相同步骤报告结果后，计算：

$$\mu_{12} = \frac{\mu_1 + \mu_2}{2} \qquad \cdots\cdots(6)$$

式中：

μ_1——实验室 1 报告的最终结果；

μ_2——实验室 2 报告的最终结果；

μ_{12}——最终结果的平均值。

如果$|\mu_1 - \mu_2| \leqslant P$(见 8.2.1)，最终结果是一致的。

8.2.4 **分析值的验收**

分析值的验收使用认证标准样品进行验证。步骤与以上所述相同。确认精密度后，实验室最终结果与标准值 A_c 比较。如：

a) $|\mu_c - A_c| \leqslant c$，测量值与标准值之间无显著差异。

b) $|\mu_c - A_c| > c$，测量值与标准值之间有显著差异。

式中：

μ_c——标准样品的测量值；

A_c——标准样品的标准值；

c——该值取决于所使用标准样品的种类。

对通过实验室间确定的标准样品：

$$c = 2\sqrt{\sigma_L^2 + \frac{\sigma_d^2}{n} + V(A_c)} \qquad \cdots\cdots(7)$$

式中 $V(A_c)$是标准值 A_c 的方差。

对仅有一个实验室确定的标准样品：

$$c = 2\sqrt{\sigma_L^2 + \frac{\sigma_d^2}{n}} \qquad \cdots\cdots(8)$$

注：除非已确证该标准值没有偏差，否则不应采用此类标准样品。

8.2.5 **最终结果的计算**

最终结果是试样可接受值的算术平均值，也可通过按附录 A 中的规定的操作测定，计算到第五位小数，并按下述方法修约到第三位小数：

a) 当第四位小数数字小于 5 时，舍去此数，第三位小数数字保持不变；

b) 当第四位小数数字是 5，第五位数字不是 0 时，或当第四位小数数字大于 5，则第三位数字进 1；

c) 当第四位小数数字是 5，第五位小数数字是 0 时，舍去 5，第三位小数数字若是 0、2、4、6、8 时保持不变，若是 1、3、5、7、9 时，则进 1。

9 试验报告

试验报告应包括下列信息：

a） 测试实验室名称和地址；

b） 试验报告发布日期；

c） 本标准的编号；

d） 试样本身必要的详细说明；

e） 分析结果；

f） 测定过程中存在的任何异常特性和在本标准中没有规定的可能对试样或标准样品的分析结果产生影响的任何操作。

附 录 A
（规范性附录）
试样分析值接受程序流程图

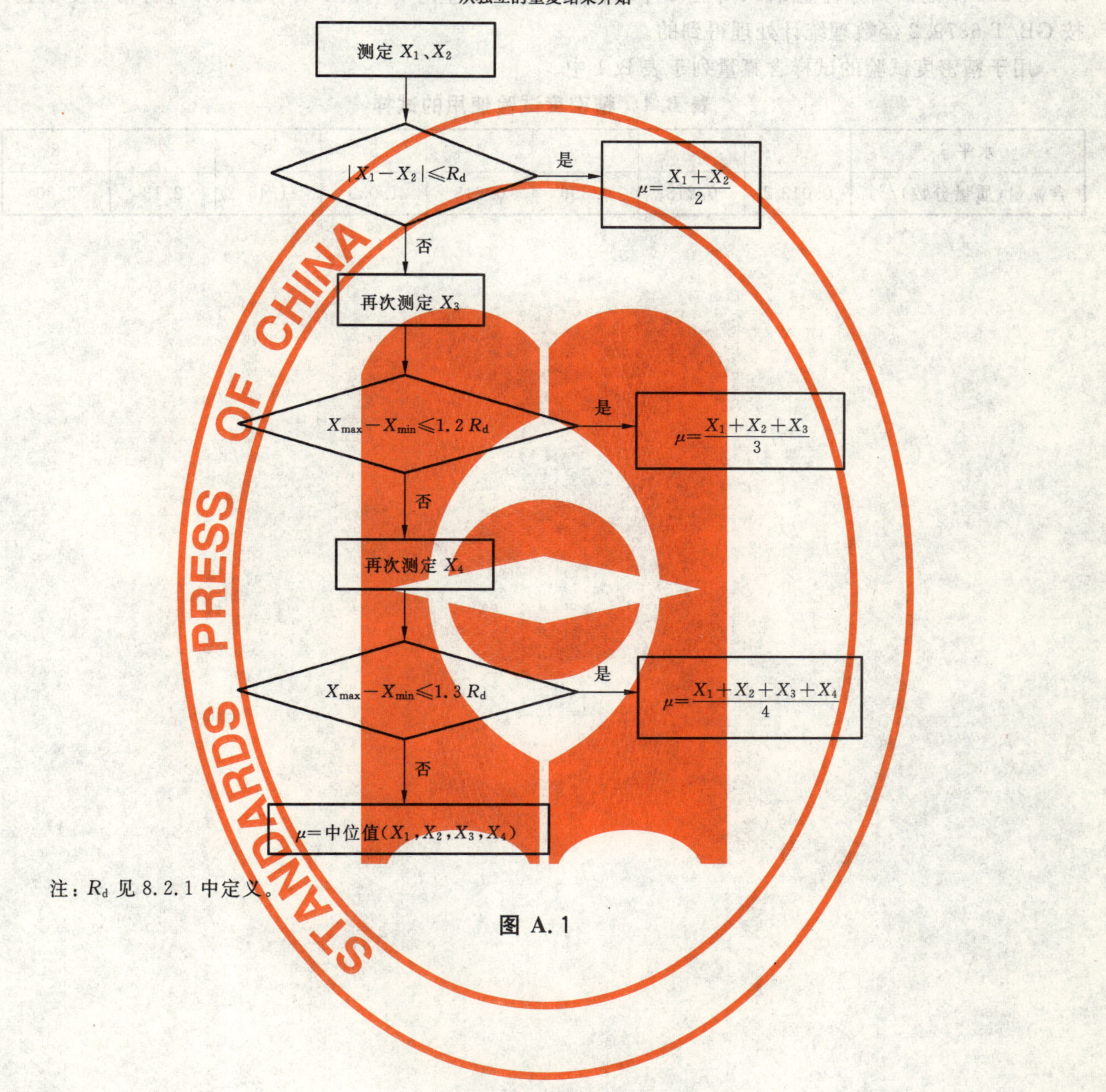

注：R_d 见 8.2.1 中定义。

图 A.1

附 录 B
（资料性附录）
重复性与允许差方程式推导

8.2.1 中的回归方程是 2004 年由 9 个单位的 9 个实验室对 8 个铁矿石样品试样进行精密度试验，按 GB/T 6379.2 经数理统计处理得到的。

用于精密度试验的试样含氟量列于表 B.1 中。

表 B.1 精密度试验使用的试样

水平 j	1	2	3	4	5	6	7	8
含氟量(质量分数)/%	0.013 2	0.218	0.396	0.618	1.039	1.45	2.13	2.80

附 录 C
（资料性附录）
通过共同分析试验获得的精密度数据图

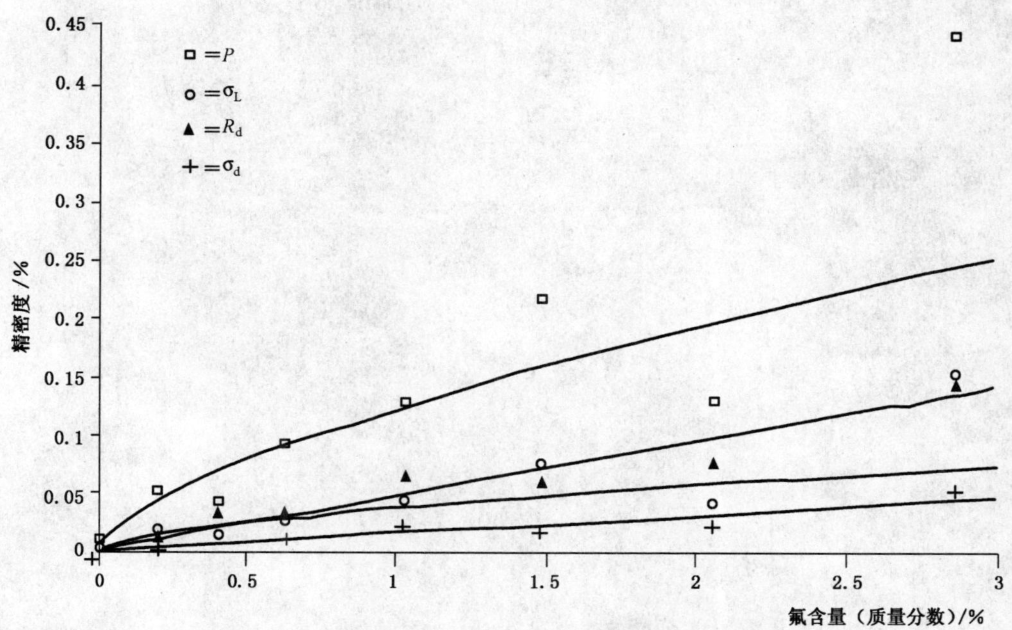

注：本图为 8.2.1 节中方程式的图示。

图 C.1 精密度对氟量 *X* 的最小二乘法拟合图

ICS 73.060.10
D 31

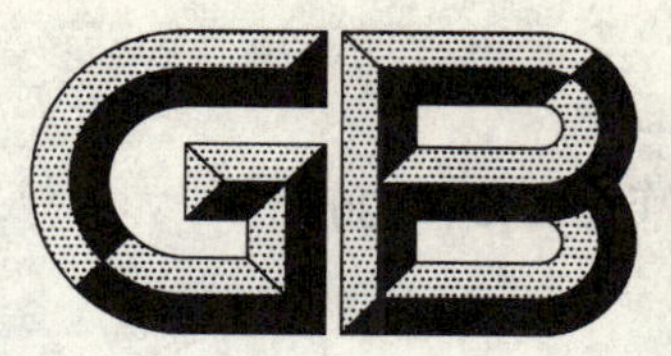

中华人民共和国国家标准

GB/T 6730.45—2006
代替 GB/T 6730.45—1986

铁矿石　砷含量的测定
砷化氢分离-砷钼蓝分光光度法

Iron ores—Determination of arsenic content—Arseno-molybdenum blue spectrophotometric method after hydrogen arsenide separation

2006-11-01 发布　　　　2007-02-01 实施

中华人民共和国国家质量监督检验检疫总局
中国国家标准化管理委员会　发布

前　言

GB/T 6730 的本部分代替 GB/T 6730.45—1986《铁矿石化学分析方法　二乙基二硫代氨基甲酸银光度法测定砷量》。

本部分与 GB/T 6730.45—1986 比较，主要变化如下：

——标准名称修改为《铁矿石　砷含量的测定　砷化氢分离-砷钼蓝分光光度法》；

——测定范围由“0.01%～0.50%”修改为“0.003%～0.50%”；

——取消试剂“三氯甲烷”、“二乙基二硫代氨基甲酸银”的使用，增加了“钼酸铵”、“硫酸肼”试剂；

——砷化氢气体吸收液由“二乙基二硫代氨基甲酸银盐的三乙醇胺-三氯甲烷溶液”修改为“次溴酸钠溶液”；

——砷化氢气体吸收瓶由“10 mL 具塞比色管”修改为“50 mL 容量瓶”；

——显色溶液颜色由“棕红色”修改为“蓝色”，波长由“530 nm”修改为“840 nm”。

本部分的附录 A 为规范性附录，附录 B 和附录 C 为资料性附录。

本部分由中国钢铁工业协会提出。

本部分由冶金工业信息标准研究院归口。

本部分起草单位：湖南华菱湘潭钢铁有限公司。

本部分主要起草人：谭莉莉、雷民、李伊伦、沈真、杜登福。

本部分所代替标准的历次版本发布情况为：GB/T 6730.45—1986。

铁矿石　砷含量的测定
砷化氢分离-砷钼蓝分光光度法

警告：使用 GB/T 6730 的本部分的人员应有正规实验室工作的实践经验。本部分并未指出所有可能的安全问题。使用者有责任采取适当的安全和健康措施，并保证符合国家有关法规规定的条件。

1　范围

GB/T 6730 的本部分规定了用砷化氢分离-砷钼蓝分光光度法测定砷含量的方法。

本部分适用于天然铁矿石、铁精矿和块矿，包括烧结产品中砷含量的测定。测定范围（质量分数）：0.003%～0.50%。

2　规范性引用文件

下列文件中的条款通过 GB/T 6730 的本部分的引用而成为本部分的条款。凡是注日期的引用文件，其随后所有的修改单（不包括勘误的内容）或修订版均不适用于本部分，然而，鼓励根据本部分达成协议的各方研究是否可使用这些文件的最新版本。凡是不注日期的引用文件，其最新版本适用于本部分。

GB/T 6682　分析实验室用水规格和试验方法（GB/T 6682—1992，neq ISO 3696:1987）

GB/T 6730.1　铁矿石化学分析方法　分析用预干燥试样的制备（GB/T 6730.1—1986，idt ISO 7764:1985）

GB/T 10322.1　铁矿石　取样和制样方法（GB/T 10322.1—2000，idt ISO 3082:1998）

GB/T 12806　实验室玻璃仪器　单标线容量瓶（GB/T 12806—1991，eqv ISO 1042:1983）

GB/T 12808　实验室玻璃仪器　单标线吸量管（GB/T 12808—1991，eqv ISO 648:1977）

3　原理

试料经过氧化钠熔融，用水和硫酸浸取。在硫酸介质中，用氯化亚锡和碘化钾将砷酸还原成亚砷酸，然后用金属锌将亚砷酸还原成砷化氢气体。逸出的砷化氢气体用次溴酸钠吸收氧化生成正砷酸，正砷酸与钼酸铵作用生成砷钼黄杂多酸配合物，用硫酸肼还原成砷钼蓝，于分光光度计波长 840 nm 处，测量吸光度。

4　试剂

分析中除另有说明外，仅使用认可的分析纯试剂和蒸馏水或与其纯度相当的水，符合 GB/T 6682 的规定。

4.1　过氧化钠。

4.2　盐酸，ρ1.19 g/mL。

4.3　硫酸，ρ1.84 g/mL。

4.4　硫酸，1+1。

4.5　酒石酸溶液，250 g/L。

4.6　氢氧化钠溶液，20 g/L。

称取 2 g 氢氧化钠溶于水中，稀释至 100 mL，保存于聚乙烯塑料瓶中。

4.7　碘化钾溶液，300 g/L。

称取 30 g 碘化钾溶于水中，滴加 8 滴(或 1 mL)氢氧化钠溶液(4.6)，用水稀释至 100 mL，保存于棕色瓶中。

4.8 氯化亚锡溶液，100 g/L。

称取 10 g 氯化亚锡($SnCl_2 \cdot 2H_2O$)溶于 25 mL 盐酸(4.2)中，加热至清亮，冷却，用水稀释至 100 mL，加 1 g 锡粒，保存于棕色瓶中。

4.9 无砷锌粒

粒度直径为 1 mm~3 mm，含砷量不大于 0.000 01%。

4.10 次溴酸钠溶液

移取 40 mL 饱和溴水(用溴含量 Br_2>99 %的溴 Br_2 配制，配制温度为 20℃±5℃，放置 24 h)，加入 20 mL 水，在搅拌下加入 20 mL 氢氧化钠溶液(4.6)，移入容量瓶中，滴加硫酸(4.4)中和至黄色游离溴析出，塞上磨口塞。

安全须知：次溴酸钠溶液的制备和操作中，在有溴出现的阶段都应在通风橱中进行。

4.11 钼酸铵-硫酸溶液

称取 9 g 钼酸铵溶于 300 mL 水中，在搅拌下，加入 110 mL 硫酸(4.3)，冷却后，用水稀释至 500 mL。

4.12 硫酸肼溶液，10 g/L。

4.13 硫酸铁铵溶液

称取 173.0 g 硫酸铁铵[$NH_4Fe(SO_4)_2 \cdot 12H_2O$]溶于含有 10 mL 硫酸(4.4)的水中，移入 1 000 mL容量瓶中，用水稀释至刻度，混匀。此溶液 1 mL 含 20 mg 铁。

4.14 乙酸铅-乙酸溶液

称取 100 g 乙酸铅溶于水中，加 5 mL 冰乙酸，用水稀释至 1 000 mL，混匀。

4.15 乙酸铅脱脂棉

将脱脂棉浸没入乙酸铅-乙酸溶液(4.14)中，取出挤干，自然晾干后使用。

4.16 砷标准溶液，200 μg/mL。

称取 0.132 0 g 已在 105℃~110℃干燥 1 h 并在干燥器中冷却至室温的三氧化二砷(不低于 99.9%)于 100 mL 烧杯中，加 4 mL 氢氧化钠溶液(4.6)，加入 30 mL 水，溶解完全后，以甲基橙为指示剂，用硫酸(1+9)中和，然后加 4 g 碳酸氢钠，移入 500 mL 容量瓶中，用水稀释至刻度，混匀。此溶液 1.00 mL 含 200 μg 砷。

4.17 砷标准溶液，20 μg/mL。

移取 50.00 mL 砷标准溶液(4.16)，于 500 mL 容量瓶中，用水稀释至刻度，混匀。此溶液 1.00 mL 含 20 μg 砷。

4.18 砷标准溶液，5 μg/mL

移取 25.00 mL 砷标准溶液(4.16)，于 1 000 mL 容量瓶中，用水稀释至刻度，混匀。此溶液 1.00 mL含 5 μg 砷。

5 仪器

除非另有规定，所有移液管和容量瓶应符合 GB/T 12808 和 GB/T 12806 的规定。

实验室常用仪器以及：

5.1 刚玉坩埚，30 mL。

5.2 砷化氢气体发生及吸收装置(如图 1)。

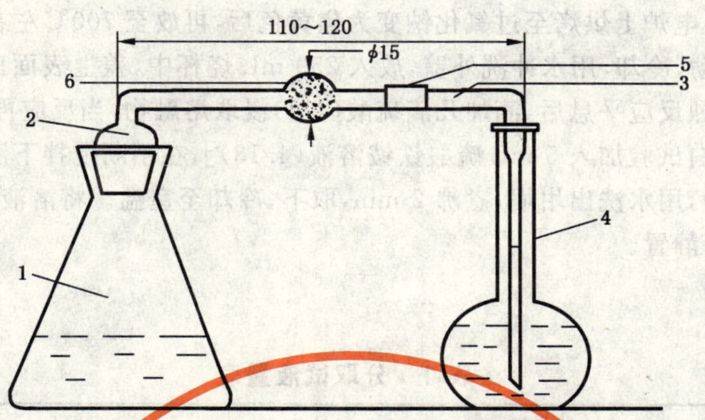

1——砷化氢气体发生瓶(125 mL 或 150 mL 磨口锥形瓶);

2——连接气体导管的磨口塞;

3——气体导管:气体出口处内径为 0.5 mm;

4——砷化氢气体吸收瓶(50 mL 容量瓶);

5——乳胶管;

6——乙酸铅脱脂棉(4.15)。

注:乙酸铅脱脂棉如变黑应及时更换。

图 1 砷化氢气体发生及吸收装置图

6 取样和制样

6.1 实验室样

按照 GB/T 10322.1 进行取样和制样。一般试样粒度应小于 100 μm。如试样中化合水或易氧化物含量高时,其粒度应小于 160 μm。

6.2 预干燥试样的制备

充分混匀实验室试样,缩分法取样。按照 GB/T 6730.1 在 105℃±2℃下干燥试样。

7 分析步骤

警告:本方法中使用的砷、砷溶液和反应中产生的砷化氢气体具有毒性,接触和处置时需要特别小心。其中,砷化氢气体发生及吸收必须在通风橱中进行。

7.1 测定次数

按照附录 A,对同一预干燥试样,至少独立测定 2 次。

注:“独立”是指再次及后续任何一次测定结果不受前面测定结果的影响。本分析方法中,此条件意味着同一操作者在不同的时间或不同操作者进行重复测定,包括采用适当的再校准。

7.2 试料量

称取 0.50 g 预干燥试样(6.2),准确至 0.000 1 g。

7.3 空白试验和验证试验

7.3.1 空白试验

随同试料做空白试验,所用试剂须取自同一试剂瓶。

7.3.2 验证试验

随同试料分析同类型标准样品做验证试验。

7.4 测定

7.4.1 试料的分解

将试料(7.2)置于 30 mL 刚玉坩埚中,加入 3 g 过氧化钠(4.1),混匀,再均匀覆盖 1 g 过氧化钠

(4.1),将坩埚放在中温电炉上烘烤至过氧化钠变为焦黄色后,再放至700℃左右的高温炉中熔融5 min～10 min,取出坩埚摇动,冷却,用水冲洗外壁,放入250 mL烧杯中,盖上表面皿,从表面皿与杯嘴空隙处加入少量温水,待剧烈反应平息后,滴加几滴硫酸(4.4)浸取熔融物,当反应再次平息后,取下表面皿,并用水冲洗表面皿[空白试验加入5 mL硫酸铁铵溶液(4.13)],在不断搅拌下滴加硫酸(4.4)至氢氧化物沉淀溶解并过量2滴,用水洗出坩埚,煮沸2 min,取下,冷却至室温。将溶液移入100 mL容量瓶中,用水稀释至刻度,混匀,静置。

7.4.2 试液的分取

按表1分取试液。

表1 分取试液量表

砷含量(质量分数)/%	分取试液的体积/mL	相当试料量/mg
0.003～0.10	20.00	100.0
>0.10～0.20	10.00	50.0
>0.20～0.50	5.00	25.0

7.4.3 砷化氢分离及吸收

7.4.3.1 将分取的澄清试液(7.4.2)置于砷化氢气体发生瓶中,加入5 mL硫酸(4.4)。

7.4.3.2 加入10 mL酒石酸溶液(4.5),混匀,用水调整体积约35 mL,加入5 mL碘化钾溶液(4.7),加入5 mL氯化亚锡溶液(4.8),混匀,放置10 min～15 min。于砷化氢气体吸收瓶(50 mL容量瓶)中加入30 mL水,加2 mL次溴酸钠溶液(4.10),混匀,插入气体导管,然后向砷化氢气体发生瓶中加入5 g无砷锌粒(4.9),随即塞紧连接气体导管的磨口塞,反应45 min～60 min。反应后取出气体导管。

注1:砷化氢气体的发生及吸收装置中气体导管各接头处,必须接合严密,使用前应进行检查,防止砷化氢气体逸失。

注2:取出气体导管后,检查导管中的乙酸铅脱脂棉是否进水,如进水需更换乙酸铅脱脂棉,在清洗导管时要防止导管进水。

7.4.4 显色

于吸收完后的砷化氢气体吸收瓶(50 mL容量瓶)中,加入5 mL钼酸铵-硫酸溶液(4.11),混匀,放置5 min,滴加硫酸肼溶液(4.12)至溶液黄色消失并过量3滴～5滴,用水调整体积约45 mL,混匀。于沸水浴中加热10 min,取出用流水冷却至室温,用水稀释至刻度,混匀。

7.4.5 吸光度测量

将显色液(7.4.4)移入适宜的吸收皿中,以空白试验溶液为参比(用2 cm吸收皿测量的空白试验溶液吸光度不大于0.025),于分光光度计波长840 nm处,测量其吸光度,从校准曲线上查出显色液中相应的砷含量。

7.5 绘制校准曲线

移取0.00 mL、1.00 mL、2.00 mL、3.00 mL、4.00 mL、5.00 mL砷标准溶液(4.18)或0.00 mL、1.00 mL、2.00 mL、4.00 mL、6.00 mL、7.00 mL砷标准溶液(4.17),分别置于砷化氢气体发生瓶中,加入5 mL硫酸(4.4),混匀,加入5 mL硫酸铁铵溶液(4.13),混匀,以下按7.4.3.2～7.4.4进行。将显色液移入适宜的吸收皿中,以试剂空白溶液为参比,于分光光度计波长840 nm处,测量其吸光度,以砷含量为横坐标,吸光度为纵坐标,绘制校准曲线。

8 结果计算

8.1 砷含量的计算

按式(1)计算试样中砷含量$w(\mathrm{As})$,以质量分数表示:

$$w(\mathrm{As}) = \frac{m_1 \cdot V}{m \cdot V_1} \times 100 \qquad (1)$$

式中：

V_1——分取试液的体积，单位为毫升(mL)；

V——试液总体积，单位为毫升(mL)；

m_1——从校准曲线上查得的砷含量，单位为克(g)；

m——试料量，单位为克(g)。

8.2 分析结果的一般处理

8.2.1 重复性和允许差

本分析方法的精密度由下列回归方程[1]表示：

$$R_d = 0.0356X + 0.0012 \quad \cdots\cdots(2)$$

$$P = 0.0996X + 0.0020 \quad \cdots\cdots(3)$$

$$\sigma_d = 0.0126X + 0.0004 \quad \cdots\cdots(4)$$

$$\sigma_L = 0.0335X + 0.0007 \quad \cdots\cdots(5)$$

式中：

X——预干燥试样的砷含量，以质量分数表示，计算如下：

——实验室内，按公式(2)和(4)计算，其为两次重复测定结果的算术平均值；

——实验室间，按公式(3)和(5)计算，其为两个实验室最终结果(8.2.5)的算术平均值。

R_d——实验室内重复测定的允许差(重复性)；

P——实验室间的允许差；

σ_d——实验室内重复测定的标准偏差；

σ_L——实验室间的标准偏差。

8.2.2 分析结果的确定

按照附录A中步骤，根据公式(1)计算独立重复测量结果，与重复测定允许差(R_d)进行比较，来确定分析结果。

8.2.3 实验室间精密度

实验室间精密度用以评价两个实验室报告的最终结果之间的一致性。两个实验室按照8.2.2中规定的相同步骤报告结果后，计算：

$$\mu_{12} = \frac{\mu_1 + \mu_2}{2} \quad \cdots\cdots(6)$$

式中：

μ_1——实验室1报告的最终结果；

μ_2——实验室2报告的最终结果；

μ_{12}——最终结果的平均值。

如果$|\mu_1 - \mu_2| \leqslant P$(见8.2.1)，最终结果是一致的。

8.2.4 分析值的验收

分析值的验收使用有证标准样品进行验证。步骤与以上所述相同。确认精密度后，实验室最终结果与标准值A_C比较。如：

a) $|\mu_C - A_C| \leqslant C$，测量值与标准值之间无显著差异。

b) $|\mu_C - A_C| > C$，测量值与标准值之间有显著差异。

式中：

μ_C——标准样品的测量值；

A_C——标准样品的标准值；

---

1) 参见附录B和附录C。

C——该值取决于所使用标准样品的种类。

对通过实验室间确定的标准样品：

$$C = 2\sqrt{\sigma_{\mathrm{L}}^2 + \frac{\sigma_{\mathrm{d}}^2}{n} + V(A_C)} \quad \cdots\cdots(7)$$

式中 $V(A_C)$是标准值 A_C 的方差。

对仅有一个实验室确定的标准样品：

$$C = 2\sqrt{\sigma_{\mathrm{L}}^2 + \frac{\sigma_{\mathrm{d}}^2}{n}} \quad \cdots\cdots(8)$$

注：除非已确证该标准值没有偏差，否则不应采用此类标准样品。

8.2.5 最终结果的计算

试样的最终结果是可接受分析值的算术平均值，也可按附录 A 中的规定进行操作。

砷含量低于 0.1% 时，计算到小数点后第六位，并按下列方法修约到小数点后第四位：

a) 当小数的第五位数字小于 5，舍去此数，第四位数字不变。

b) 当小数的第五位数字是 5，而第六位数字不是 0，或当小数的第五位数字比 5 大，第四位数字进 1。

c) 当小数的第五位数字是 5，而第六位数字是 0，舍去 5，第四位数字是 0、2、4、6、8 时，第四位数字不变，如果第四位数字是 1、3、5、7、9，则第四位数字进 1。

砷含量高于 0.1% 时，计算到小数点后第五位，并按下列方法修约到小数点后第三位：

d) 当小数的第四位数字小于 5，舍去此数，第三位数字不变。

e) 当小数的第四位数字是 5，而第五位数字不是 0，或当小数的第四位数字比 5 大，第三位数字进 1。

f) 当小数的第四位数字是 5，而第五位数字是 0，舍去 5，第三位数字是 0、2、4、6、8 时，第三位数字不变，如果第三位数字是 1、3、5、7、9，则第三位数字进 1。

9 试验报告

试验报告应包括下列信息：

a) 测试实验室名称和地址；

b) 试验报告发布日期；

c) 本部分的编号；

d) 试样本身必要的详细说明；

e) 分析结果；

f) 标准样品名称和结果；

g) 测定过程中存在的任何异常特性和在本部分中没有规定的可能对试样或标准样品的分析结果产生影响的任何操作。

附　录　A
（规范性附录）
试样分析值接受程序流程图

注：R_d 见 8.2.1 中定义。

图 A.1

附 录 B
（资料性附录）
重复性和允许差公式推导

在 8.2.1 中的回归方程是于 2004 年～2005 年，由国内 12 个实验室对 9 个矿石样品进行共同分析试验结果统计得到的。

附录 C 中给出了精密度数据的处理图。

用于试验的试样列于表 B.1 中。

表 B.1 试样砷的含量

试 样	砷含量(质量分数)/%
合成铁矿石 1	0.047 4
锰矿石 YT 9102	0.015
含砷烧结矿 YSBC 18701—93	0.031
含砷铁矿 YSBC 14721—98	0.046
铁矿石 GSBH 30001—97	0.050
含砷铁矿 YSBC 14722—98	0.105
合成铁矿石 2	0.058 8
合成铁矿石 3	0.089 7
合成铁矿石 4	0.271

注：统计分析按照 GB/T 6379 测量方法与结果的准确度(正确度与精密度)进行。

附　录　C
（资料性附录）
国内共同分析试验得到的精密度数据

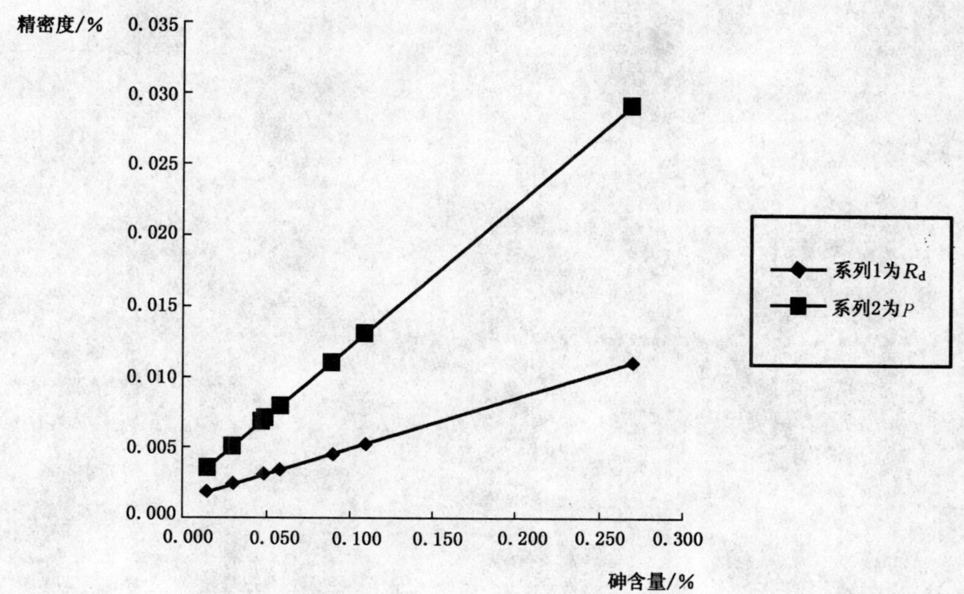

注：图 C.1 是 8.2.1 中方程的图示。

图 C.1　用最小二乘法将精密度与砷含量拟合

附 录 C
（资料性附录）
国内共同分析试验得到的精密度数据

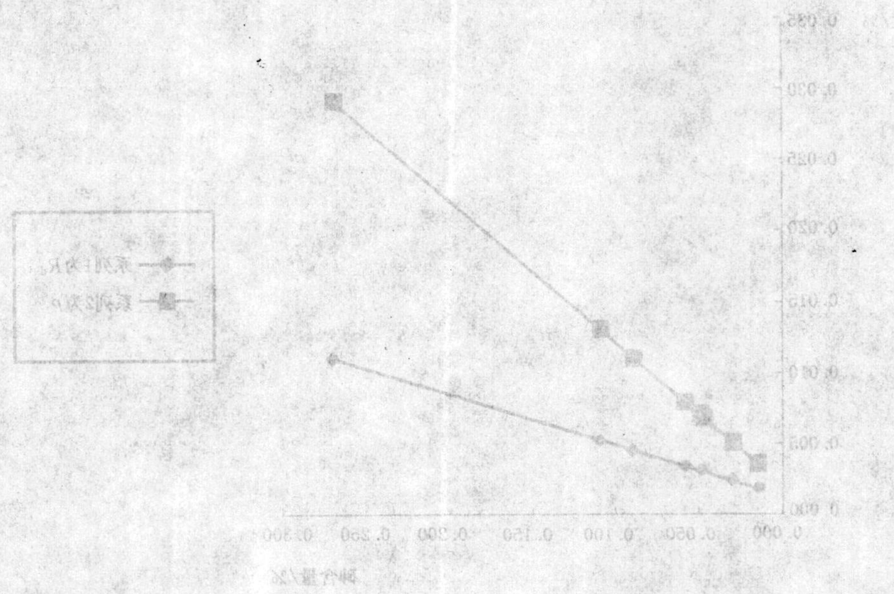

注：见C.1表和2.2中方差的图示。

图 C.1 用最小二乘法将精密度与砷含量拟合

ICS 73.060.10
D 31

中华人民共和国国家标准

GB/T 6730.46—2006
代替 GB/T 6730.46—1986

铁矿石　砷含量的测定　蒸馏分离-砷钼蓝分光光度法

Iron ores—Determination of arsenic content—Arseno-molybdenum blue spectrophotometric method after the distillation separation

(ISO 7834:1987　Iron ores—Determination of arsenic content —Molybdenum blue spectrophotometric method, MOD)

2006-11-01 发布　　2007-02-01 实施

中华人民共和国国家质量监督检验检疫总局
中国国家标准化管理委员会　发布

前　言

GB/T 6730 的本部分修改采用 ISO 7834:1987《铁矿石　砷含量的测定　钼蓝分光光度法》。

本部分与 ISO 7834:1987 比较，主要作了如下修改：

——规范性引用文件中引用的国际标准修改为相对应的我国国家标准；

——本部分在 5.1 中的锆或玻璃碳坩埚增加了镍坩埚；

——对第 8 章“结果计算”进行了修改，ISO 7834:1987 标准分析值的验收方法中对铁矿石标准样品要求提供实验室间标准偏差和实验室内标准偏差，而 ISO 同类标准中 1998 年以后出版的同类标准则要求采用标准样品的方差 $V(A_C)$，由于目前国内供应的标准样品没有标准样品的实验室间标准偏差和实验室内标准偏差，一般只有标准偏差，故本部分对分析值的验收方法采用新版标准中使用的标准样品方差 $V(A_C)$ 的方法，来替代标准样品的实验室间和实验室内标准偏差。也就是本部分采用的是 ISO 新版的分析值的验收方法，本部分第 8 章中的计算公式相应地进行了调整。

本部分代替 GB/T 6730.46—1986《铁矿石化学分析方法　萃取分离-砷钼蓝光度法测定砷量》。本部分与 GB/T 6730.46—1986 相比，主要变化如下：

——GB/T 6730.46—1986 测定范围较窄，分析中使用的苯对人体和环境会造成危害；

——本部分降低了砷含量测定范围的下限，由 0.01% 修改为 0.000 1%，并且提高了分析的准确度。

本部分的附录 A 为规范性附录，附录 B 和附录 C 为资料性附录。

本部分由中国钢铁工业协会提出。

本部分由冶金工业信息标准研究院归口。

本部分起草单位：湖南华菱湘潭钢铁有限公司。

本部分主要起草人：沈真、杜登福、谭莉莉、雷民。

本部分所代替标准的历次版本发布情况为：GB/T 6730.46—1986。

铁矿石 砷含量的测定 蒸馏分离-砷钼蓝分光光度法

警告：使用GB/T 6730的本部分的人员应有正规实验室工作的实践经验。本部分并未指出所有可能的安全问题。使用者有责任采取适当的安全和健康措施，并保证符合国家有关法规规定的条件。

1 范围

GB/T 6730的本部分规定了用蒸馏分离-砷钼蓝分光光度法测定砷含量。

本部分适用于天然铁矿石、铁精矿和造块，包括烧结产品中砷含量的测定。测定范围(质量分数)为0.000 1%～0.1%。

2 规范性引用文件

下列文件中的条款通过GB/T 6730的本部分的引用而成为本部分的条款。凡是注日期的引用文件，其随后所有的修改单(不包括勘误的内容)或修订版均不适用于本部分，然而，鼓励根据本部分达成协议的各方研究是否可使用这些文件的最新版本。凡是不注日期的引用文件，其最新版本适用于本部分。

GB/T 6682 分析实验室用水规格和试验方法(GB/T 6682—1992，neq ISO 3696:1987)

GB/T 6730.1 铁矿石化学分析方法 分析用预干燥试样的制备(GB/T 6730.1—1986，idt ISO 7764:1985)

GB/T 10322.1 铁矿石 取样和制样方法(GB/T 10322.1—2000，idt ISO 3082:1998)

GB/T 12806 实验室玻璃仪器 单标线容量瓶(GB/T 12806—1991，eqv ISO 1042:1983)

GB/T 12808 实验室玻璃仪器 单标线吸量管(GB/T 12808—1991，eqv ISO 648:1977)

3 原理

用过氧化钠熔融分解试料，用水和盐酸浸取。将溶液移入蒸馏瓶中蒸去部分溶液，用溴化钾和硫酸肼处理，随后调整酸度。蒸馏三氯化砷并将蒸馏物收集在硝酸中。蒸发至干并在控制温度下烘焙，随后用钼酸铵-肼试剂还原成砷钼蓝配合物。在波长840 nm处用分光光度计测量吸光度。

4 试剂

分析中除另有说明外，仅使用认可的分析纯试剂和蒸馏水或与其纯度相当的水，符合GB/T 6682的规定。

注：为了试样在最低砷含量(<20 μg/g)时获得可靠的数值，要对试剂进行选择和纯化，以便利用20 mm光径的比色皿所测得的空白试验吸光度不大于0.025，相当于1 μg砷。尤其是硝酸可能需要重新蒸馏，或仪器可能需要进行更严格的清洗。

4.1 过氧化钠，细粉。

4.2 溴化钾。

4.3 硫酸肼。

4.4 盐酸，ρ1.19 g/mL。

4.5 硝酸，1+1。

4.6 硫酸，ρ1.84 g/mL。不含磷。

4.7 钼酸铵溶液，10 g/L。

在1 L的烧杯中放400 mL水，在不断搅拌下，小心地加入133 mL硫酸(4.6)。冷却后，加入10 g±0.1 g钼酸铵[$(NH_4)_6Mo_7O_{24} \cdot 4H_2O$]，搅拌溶解。将溶液移入1 L容量瓶或用塞子塞住的测量筒中，用水稀释至刻度，混匀。

4.8 硫酸肼溶液，0.15 g/L。

4.9 钼酸铵-肼试剂。

将70 mL水放入100 mL容量瓶中，加入10 mL±0.1 mL钼酸铵溶液(4.7)和10 mL硫酸肼溶液(4.8)，用水稀释至刻度，混匀。此溶液试验时现用现配。

4.10 砷标准溶液A，200 μg/mL。

称取0.132 0 g在105℃温度下干燥1 h的三氧化二砷(含量不小于99.9%)。溶解于2 mL氢氧化钠溶液(40 g/L)中，加30 mL水，以甲基橙作指示剂，用硫酸(1+9)中和，然后加4 g碳酸氢钠，移入500 mL容量瓶中，用水稀释至刻度，混匀。1 mL砷标准溶液A含200 μg砷。

4.11 砷标准溶液B，5 μg/mL。

移取25.00 mL砷标准溶液A(4.10)于1 L容量瓶中，用水稀释至刻度，混匀。1 mL砷标准溶液B含5 μg砷。

5 仪器

除非另有规定，所有移液管和容量瓶应是符合GB/T 12808和GB/T 12806的规定。

实验室常用仪器以及：

5.1 锆、玻璃碳或镍坩埚，容量约30 mL。

5.2 蒸馏装置，包括一个带有支管和输液漏斗的250 mL蒸馏瓶、双头接管、喷头和水冷凝器(图1)。在蒸馏瓶的45 mL和50 mL处标上记号。

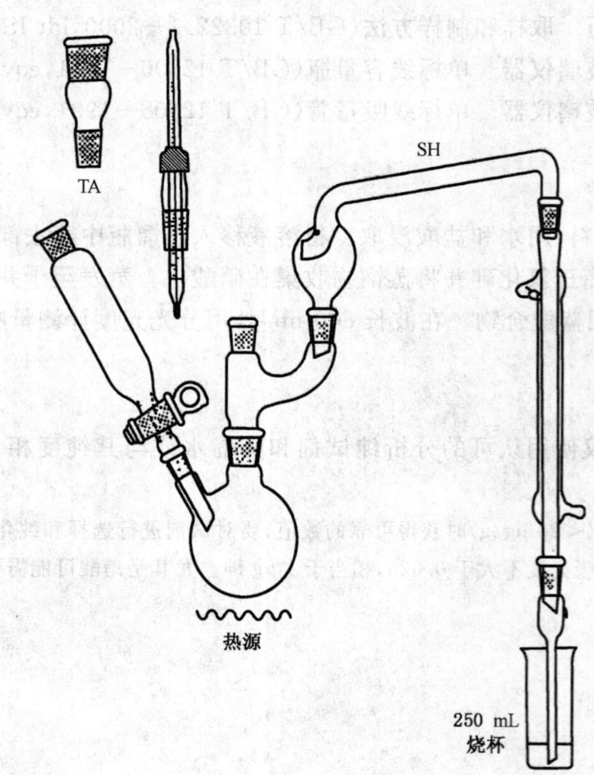

图1 砷蒸馏装置

带有半球型磨口接头的仪器也可使用。

注1：首次使用前，蒸馏装置和收集蒸馏物的烧杯应用铬酸清洗液(或同等物)清理和冲洗干净，以保证所有内表面呈湿膜状(不挂水珠)。该状态必要时应保持。玻璃磨口接头上的有机润滑油应清洗掉，然后用少量硫酸(4.6)润滑，也可使用聚四氟乙烯套环。

注2：蒸馏后使用的仪器(收集用烧杯，需要时使用的移液管和 100 mL 容量瓶)应进行以下特殊清洗处理：

最初使用前，用铬酸洗液清洗或做同等处理，随后，用水冲洗，然后再用的硝酸(1+10)处理，让溶液在容器内放置几小时，这样处理的容器仅用于砷测定使用，要标上适当的标签。一般常规测定时，在稀硝酸中放置的时间可缩短到 30 min。可引入磷酸盐干扰的洗涤剂在本操作中绝不能使用。

注3：加热器的加热能力应保证至少 2 mL/min 的蒸馏速度。如难以达到这一要求，可使用适当的保温带给喷头保温(图 1 中的 SH)。

5.3 分光光度计，可在 840 nm 波长测量吸光度。

6 取样和试样

6.1 实验室样

分析用实验室样品应按 GB/T 10322.1 进行取样和制备，粒度应小于 100 μm。矿石中化合水或易氧化物含量高时，粒度应小于 160 μm。

6.2 预干燥试样的制备

将实验室样品充分混合，采用份样缩分法取样。按照 GB/T 6730.1 中的规定，将试样在 105℃±2℃的温度下进行干燥。

7 分析步骤

警告：要注意本方法中使用的砷、砷溶液和其他试剂的毒性，接触和处置溶液时需要特别小心。

7.1 测定次数

按照附录 A，对同一预干燥试样，至少独立测定两次。

注：“独立”是指再次及后续任何一次测定结果不受前面测定结果的影响。本分析方法中，此条件意味着同一操作者在不同的时间或不同操作者进行重复测定，包括采用适当的再校准。

7.2 试料量

称取 1.00 g 预干燥试样(6.2)，精确至 0.000 1 g。

注：称取预干燥试样时要快，以避免再次吸湿。

7.3 空白试验和验证试验

7.3.1 空白试验

随同试料做空白试验。

7.3.2 验证试验

随同试料分析同类型标准样品做验证试验。

7.4 测定

7.4.1 试样的分解

称取 3 g 过氧化钠(4.1)放入锆、玻璃碳或镍坩埚中(5.1)，立即加入试料(7.2)，用细的金属勺或玻璃棒混匀，并放入 420℃±10℃的马弗炉中 1 h。

取出，完全冷却至室温(如果需要可将坩埚放在一个金属块上)，盖上表面皿，瞬时间打开盖，沿烧结物四周加入 0.5 mL 水。待反应平息(几分钟)，用同样方法再加入 1 mL 水。几分钟后再加 15 mL 水，当反应再次平息后，加热至熔融物完全分解。将双头接管和移液接管(图 1 中 TA)接到放在蒸馏架上的蒸馏瓶上，并将坩埚所盛物移入瓶中。在坩埚内加 15 mL 水和 10 mL 盐酸(4.4)，煮沸所有残渣溶解，然后用 20 mL～25 mL 水将溶液洗入瓶内。缓慢沸腾去除氯气，并且蒸发至 45 mL～50 mL。将溶液冷却到约 50℃。

7.4.2 蒸馏三氯化砷

组装蒸馏装置(图1),向输液漏斗中加55 mL盐酸(4.4)。接上接收管,将端部插入装有10 mL硝酸(4.5)的250 mL高型烧杯中,并浸入液面,在烧杯75 mL处标上记号。用干燥的移液接管(图1中TA)加入2 g溴化钾(4.2)和1 g硫酸肼(4.3)。拿走移液管,装上温度计,并打开输液漏斗活塞向瓶中加盐酸(4.4)。

蒸馏时(速率约2 mL/min),蒸气温度要保持在108℃左右,使接收器内溶液总体积为75 mL。

注:必要时,可使用防暴沸的试剂。

根据预计的砷含量,按照表1,或使用该溶液全部蒸馏物或测量其分取溶液。对于含砷量低于60 μg/g的试样,使用全部蒸馏液。对于含砷量高于60 μg/g的试样,将蒸馏液移入100 mL容量瓶,用水稀释至刻度并混匀。

表1 蒸馏液的分取量

砷含量范围/(μg/g)	100 mL中分取的蒸馏液/mL
1～60	不分取,用全部蒸馏液
50～200	25
150～500	10
300～1 000	5

将蒸馏液和空白试液或分取液移入250 mL高型烧杯中。

7.4.3 分光光度测定

蒸发蒸馏液或分取液至干,蒸发时的温度不大于130℃。

注:蒸发时可使用电热板或水浴,只要用接触温度计(或用浸在少量硫酸中的常用温度计),测试电炉表面温度在任何一点不高于130℃。

将装有干残渣的烧杯放入130℃±5℃的炉内30 min。

注:只要最低温度能达到125℃,也可使用以上注内规定的电热板。

冷却后,加入20 mL新制备的钼酸铵-肼试剂(4.9),放在电热板上,调节电热板使溶液温度达到95℃±5℃,放置时间为25 min～30 min。

注:可使用水浴,但并非必需,试验证明电热板使用效果较好,可在不同点使烧杯内的水达到95℃±5℃的温度。

冷却至室温,移入25 mL容量瓶中,用钼酸铵-肼试剂(4.9)冲洗烧杯,稀释至刻度,混匀。用10 mm比色皿,在最高吸收波长约840 nm处,以钼酸铵-肼试剂(4.9)为零参比液,测量吸光度。用空白试液或稀释的空白试液的吸光度进行校正。

注:如果使用10 mm光径的比色皿测得的吸光度小于0.025,则应使用20 mm光径的比色皿。在这种情况下,空白试验和校正试验也应使用20 mm的比色皿。

7.5 校准曲线的绘制

分别移取0.00 mL、1.00 mL、2.00 mL、5.00 mL和12.00 mL砷标准溶液B(4.11),依次放入蒸馏瓶中,用水稀释至50 mL,加2.5 mL盐酸(4.4),按7.4.2和7.4.3继续操作。

绘制砷量与用不含砷溶液校正过的吸光度之间的关系曲线,并按8.1计算出曲线斜率(Z)。对于10 mm比色皿,Z值应是约76。

8 结果计算

8.1 按式(1)计算试样中砷含量$w(\mathrm{As})$,以质量分数表示:

$$w(\mathrm{As})=\frac{m_1\cdot V}{m\cdot V_1}\times 100 \qquad \cdots\cdots(1)$$

式中:

V_1——分取试液的体积,单位为毫升(mL);

V——试液总体积,单位为毫升(mL);

m_1——从校准曲线上查得的砷的质量,单位为克(g);

m——试料量,单位为克(g)。

8.2 结果的一般处理

8.2.1 重复性和允许差

本分析方法的精密度用以下回归方程式[1]表示:

$$R_d = 0.046\,0X + 0.90 \quad \cdots\cdots(2)$$

$$P = 0.105\,8X + 0.83 \quad \cdots\cdots(3)$$

$$\sigma_d = 0.016\,3X + 0.32 \quad \cdots\cdots(4)$$

$$\sigma_L = 0.035\,6X + 0.21 \quad \cdots\cdots(5)$$

式中:

X——预干燥试样的砷含量,用 μg/g 表示,计算如下:

——实验室内,按公式(2)和(4)计算,其为两次重复测定结果的算术平均值;

——实验室间,按公式(3)和(5)计算,其为两个实验室最终结果(8.2.5)的算术平均值。

R_d——实验室内重复测定的允许差(重复性);

P——实验室间的允许差;

σ_d——实验室内重复测定的标准偏差;

σ_L——实验室间的标准偏差。

8.2.2 分析结果的确定

按照附录 A 中步骤,根据公式(1)计算独立重复测量结果,与重复测定允许差(R_d)进行比较,来确定分析结果。

8.2.3 实验室间精密度

实验室间精密度用以评价两个实验室报告的最终结果之间的一致性。两个实验室按照 8.2.2 中规定的相同步骤报告结果后,计算:

$$\mu_{12} = \frac{\mu_1 + \mu_2}{2} \quad \cdots\cdots(6)$$

式中:

μ_1——实验室 1 报告的最终结果;

μ_2——实验室 2 报告的最终结果;

μ_{12}——最终结果的平均值。

如果$|\mu_1 - \mu_2| \leqslant P$(见 8.2.1),最终结果是一致的。

8.2.4 分析值的验收

分析值的验收使用有证标准样品进行验证。步骤与以上所述相同。确认精密度后,实验室最终结果与标准值 A_C 比较。如:

a) $|\mu_C - A_C| \leqslant C$,测量值与标准值之间无显著差异。

b) $|\mu_C - A_C| > C$,测量值与标准值之间有显著差异。

式中:

μ_C——标准样品的测量值;

A_C——标准样品的标准值;

C——该值取决于所使用标准样品的种类。

对通过实验室间确定的标准样品:

---

1) 参见附录 B 和附录 C。

$$C = 2\sqrt{\sigma_L^2 + \frac{\sigma_d^2}{n} + V(A_C)} \quad \cdots\cdots(7)$$

式中 $V(A_C)$是标准值 A_C 的方差。

对仅有一个实验室确定的标准样品：

$$C = 2\sqrt{\sigma_L^2 + \frac{\sigma_d^2}{n}} \quad \cdots\cdots(8)$$

注：除非已确证该标准值没有偏差，否则不应采用此类标准样品。

8.2.5 最终结果的计算

最终结果是试样可接受分析值的算术平均值，也可按附录 A 规定的操作进行计算。砷含量低于 100 μg/g 时，最终结果要取三位小数，砷含量高于 100 μg/g 时，最终结果取两位小数。

砷含量低于 100 μg/g 时，计算到小数第三位，按以下 a)、b)和 c)中的规定修约到小数第一位。

同样按序数减一的方法，砷含量高于 100 μg/g 时，计算到小数第二位，数字修约到第一位：

a) 当第二位小数数字小于 5 时，就舍掉此数，第一位小数数字保持不变；

b) 当第二位小数数字是 5，第三位小数数字不是 0 或第二位小数数字大于 5 时，则在第一位小数数字上进 1；

c) 当第二位小数数字是 5，第三位小数数字是 0，则将 5 去掉，如第一位小数数字是 0、2、4、6、8，则保持不变；如第一位小数数字是 1、3、5、7、9，则在该位上进 1。

9 试验报告

试验报告应包括下列信息：

a) 测试实验室名称和地址；

b) 试验报告发布日期；

c) 本部分的编号；

d) 试样本身必要的详细说明；

e) 分析结果；

f) 标准样品名称和结果；

g) 测定过程中存在的任何异常特性和在本部分中没有规定的可能对试样或标准样品的分析结果产生影响的任何操作。

附 录 A
（规范性附录）
试样分析值接受程序流程图

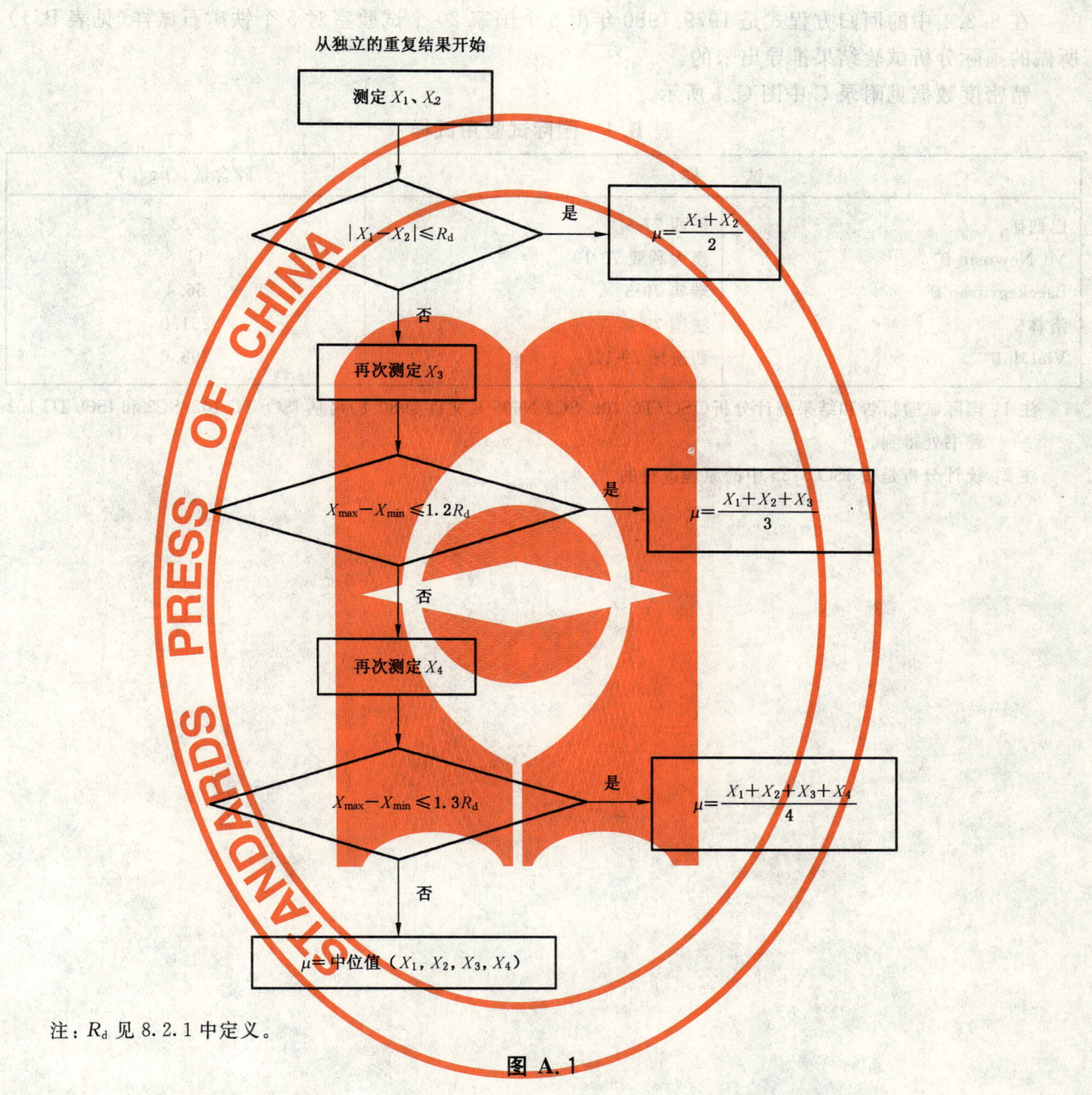

注：R_d 见 8.2.1 中定义。

图 A.1

附 录 B
（资料性附录）
重复性和允许差方程式的推导

在 8.2.1 中的回归方程式是 1979/1980 年由 6 个国家 20 个试验室对 5 个铁矿石试样（见表 B.1）所做的国际分析试验结果推导出来的。

精密度数据见附录 C 中图 C.1 所示。

表 B.1 国际试验用试样

试样		砷含量/(μg/g)
巴西矿	巴西 77-3	2.3
Mt Newman 矿	澳大利亚 79-12	11.8
Baeckegruvan 矿	瑞典 79-3	56.4
洛林矿	法国 79-4	261.0
ViaLdi 矿	西班牙 79-11	798.0

注 1：国际试验报告和结果统计分析（ISO/TC 102/SC2 N605 E 文件 1980.8）可从 ISO/TC 102/SC2 和 ISO/TC 102 秘书处得到。

注 2：统计分析是按 ISO 5725 中的原理进行的。

附　录　C
（资料性附录）
通过国际分析试验获得的精密度拟合图

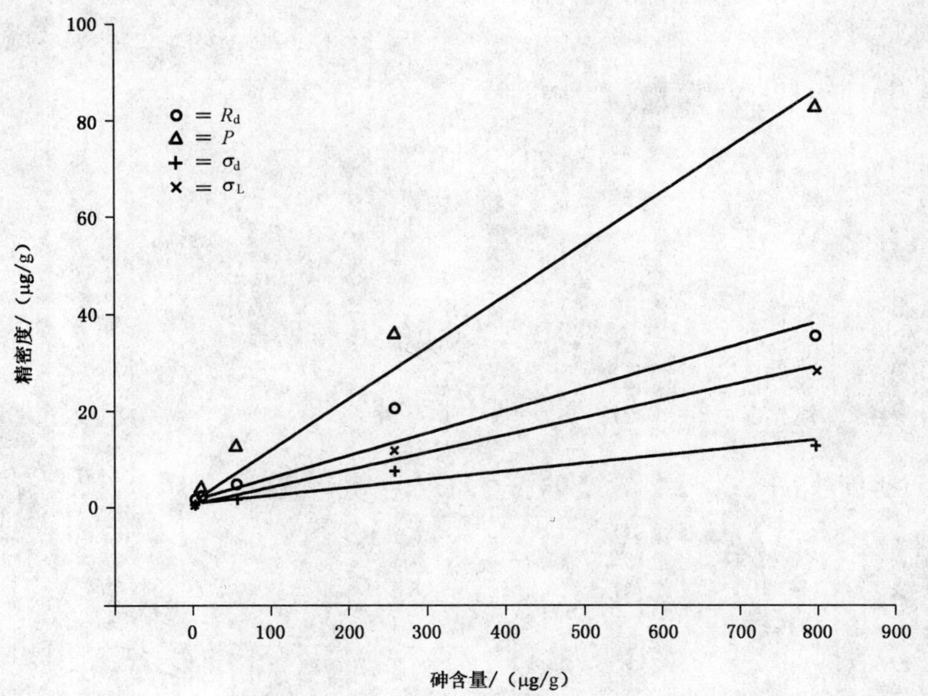

注：本图是 8.2.1 节精密度方程的图示。

图 C.1　精密度对砷含量的最小二乘法拟合图

ICS 73.060.10
D 31

中华人民共和国国家标准

GB/T 6730.63—2006

铁矿石 铝、钙、镁、锰、磷、硅和钛含量的测定 电感耦合等离子体发射光谱法

Iron ores—Determination of aluminum, calcium, magnesium, manganese, phosphorus, silicon and titanium content—Inductively coupled plasma atomic emission spectrometric method

(ISO 11535:1998, MOD)

2006-08-16 发布　　2007-01-01 实施

中华人民共和国国家质量监督检验检疫总局
中国国家标准化管理委员会　发布

前　言

本标准修改采用ISO 11535:1998《铁矿石　各种元素的测定　电感耦合等离子体发射光谱法》(英文版)。

本标准与ISO 11535:1998比较,主要进行了如下修改:

——4.5中盐酸(1+1)的配制方法不同:ISO用恒沸的盐酸配制,本标准直接用盐酸(ρ1.19 g/mL)的配制;

——4.6中的Si、Al、Mg、Ti的标准溶液的配制方法有变化:硅标准溶液的配制中加20 mL盐酸酸化,本标准不加盐酸酸化;铝标准溶液的配制用酸溶,本标准加25 mL的氢氧化钠溶液(200 g/L)溶解金属铝完全后,用盐酸酸化;镁标准溶液的配制用高纯度金属镁,本标准用高纯氧化镁;钛标准溶液的配制用盐酸溶解高纯度金属钛;本标准用硫酸溶解高纯度金属钛,并用硫酸(1+9)稀释;

——5.3中分析用的铂或铂合金坩埚的容积有变化:最小容积为40 mL,本标准中最小容积为30 mL;

——5.8中元素的分析推荐谱线有增加:增加了钙元素的315.89 nm、镁元素的285.21 nm、锰元素的293.93 nm、磷元素的185.89 nm和213.62 nm、钛元素的323.45 nm的分析谱线;

——7.4.3中校准溶液的铁基、各元素浓度及种数有变化:用10点0.50g的Fe_2O_3的铁基打底配制含不同的元素浓度的校准溶液,本标准用8点0.43g的Fe_2O_3的铁基打底配制含不同的元素浓度的校准溶液(见附录C);

——8.4.5中有效数字的修约有误,8.4.5中a)、b)、c)中第五位改为第四位,第四位改为第三位,第六位改为第五位。

本标准的附录A和附录B为规范性附录,附录C、附录D和附录E为资料性附录。

本标准由中国钢铁工业协会提出。

本标准由冶金工业信息标准研究院归口。

本标准起草单位:武汉钢铁(集团)公司、冶金工业信息标准研究院。

本标准主要起草人:闻向东、曹宏燕、张穗忠、陈自斌。

铁矿石　铝、钙、镁、锰、磷、硅和钛含量的测定　电感耦合等离子体发射光谱法

警告：本标准可能包括危险材料、操作和设备，但本标准并不意味着论述了与使用有关的所有安全问题。因此，使用者有责任采取适当的安全和健康措施，并保证符合国家有关法规规定的条款。

1　范围

本标准规定了电感耦合等离子体发射光谱法(ICP-AES)测定铝、钙、镁、锰、磷、硅和钛含量。

本标准适用于天然铁矿石、铁精矿和块矿，以及烧结矿产品下列元素的测定，各元素测量范围见表1。

表1　元素及测定范围

分析元素	测定范围(质量分数)/%
Al	0.020～5.00
Ca	0.010～8.00
Mg	0.010～3.00
Mn	0.010～3.00
P	0.013～2.00
Si	0.10～8.00
Ti	0.010～0.20

2　规范性引用文件

下列文件中的条款通过本标准的引用而成为本标准的条款。凡是注日期的引用文件，其随后所有的修改单(不包括勘误的内容)或修订版均不适用于本标准，然而，鼓励根据本标准达成协议的各方研究是否可使用这些文件的最新版本。凡是不注日期的引用文件，其最新版本适用于本标准。

GB/T 6682　分析实验室用水规范和试验方法(GB/T 6682—1992，neq ISO 3697：1987)

GB/T 6730.1　铁矿石化学分析方法　分析用预干燥试样的制备(GB/T 6730.1—1986，eqv ISO 7764：1985)

GB/T 10322.1　铁矿石　取样和制样方法(GB/T 10322.1—2000，idt ISO 3082：1998)

GB/T 12806　实验室玻璃仪器　单标线容量瓶(GB/T 12806—1991，neq ISO 1042：1983)

GB/T 12808　实验室玻璃仪器　单标线移液管(GB/T 12808—1991，neq ISO 648：1977)

3　原理

试料用碳酸钠-四硼酸钠混合熔剂熔融，用盐酸溶解浸出冷却后的熔块，低温加热使之分解，稀释到规定体积。用ICP光谱仪测量溶液中待测元素的强度，根据标准溶液制作的校准曲线计算出元素最终含量。

4　试剂

在分析过程中只使用认可的分析纯试剂和符合GB/T 6682中规定的实验室用水。

4.1　氧化铁粉(Fe_2O_3＞99.99%)。

4.2 无水碳酸钠,优级纯。

4.3 无水四硼酸钠,优级纯。

4.4 盐酸,ρ 约 1.19 g/mL,优级纯。

4.5 盐酸,1+1。

4.6 标准储存溶液

4.6.1 硅标准储存溶液,1 000 μg/mL。

称取 2.139 3 g 预先经 1 000℃灼烧 45 min,并于干燥器中冷却至室温的二氧化硅(>99.9%),置于加有 5 g 无水碳酸钠的铂坩埚中,混匀,在 1 000℃的高温炉中熔融 15 min。用 100 mL 的温水在聚四氟乙烯烧杯中加热溶解熔融物,冷却至室温,移入 1 000 mL 的容量瓶中,用水稀释至刻度,混匀,贮于聚乙烯瓶中。

4.6.2 铝标准储存溶液,1 000 μg/mL。

称取 1.000 0 g 金属铝(99.99%)置于 250 mL 聚四氟乙烯烧杯中,加入 25 mL 的氢氧化钠溶液(200 g/L),加热溶解完全后,用盐酸(4.5)中和并过量 20 mL,煮沸至溶液清亮,冷却至室温,移入 1 000 mL容量瓶中,用水稀释至刻度,混匀。

4.6.3 钙标准储存溶液,1 000 μg/mL。

称取 2.497 2 g 在 110℃下干燥至恒量的碳酸钙(>99.99%)于 250 mL 烧杯中,盖上表面皿,缓慢加 20 mL 盐酸(4.5),加热至溶解完全,煮沸驱尽二氧化碳,冷却至室温,移入 1 000 mL 容量瓶中,用水稀释至刻度,混匀。

4.6.4 镁标准储存溶液,1 000 μg/mL。

称取 1.658 2 g 经 850℃灼烧 30 min 并在干燥器中冷却至室温的氧化镁(>99.9%),置于 250 mL 烧杯中,加入 20 mL 盐酸(4.5),加热溶解完全,冷却至室温,移入 1 000 mL 容量瓶中,用水稀释至刻度,混匀。

4.6.5 锰标准储存溶液,1 000 μg/mL。

称取 1.000 0 g 已除去表面氧化物的金属锰(>99.9%)于 250 mL 烧杯中,加 20 mL 盐酸(4.5),加热至溶解完全,冷却至室温,移入 1 000 mL 容量瓶中,用水稀释至刻度,混匀。

4.6.6 磷标准储存溶液,1 000 μg/mL。

称取 4.393 6 g 于 110℃干燥至恒量的基准磷酸二氢钾于 400 mL 烧杯中,加 200 mL 的水,溶解完全后移入 1 000 mL 容量瓶中,用水稀释至刻度,混匀。

4.6.7 钛标准储存溶液,100 μg/mL。

称取 0.100 0 g 的金属钛(>99.95%)于 400 mL 的烧杯中,加 100 mL 硫酸(1+9),盖上表面皿,加热溶解。待溶解完全后,加几滴过氧化氢氧化,煮沸分解过量的过氧化氢。冷却至室温,移入 1 000 mL 容量瓶中,用硫酸(1+9)稀释至刻度,混匀。

注:为了方便配制校准曲线,可将铝、钙、镁、锰、磷、硅元素的 1 000 μg/mL 的标准储存液稀释为 100 μg/mL 的标准溶液。

5 仪器

5.1 单刻度移液管和单刻度容量瓶,符合 GB/T 12808 和 GB/T 12806 的规定。

5.2 分析天平,能够精确地称至 0.000 1 g。

5.3 铂或铂合金坩埚,最小容量为 30 mL。

5.4 煤气喷灯,具有合适的燃料/氧化流比,可提供最低温度为 500℃。

5.5 高温炉,可提供不低于温度为 1 020℃的工作温度。

5.6 电热磁力搅拌器。

5.7 搅拌磁子,10 mm 长,涂有聚四氟乙烯。

5.8 ICP 光谱仪

可以使用任何型号的 ICP 光谱分析仪，只要在测定之前，按制造商的说明进行初始设定，并按7.4.2.2进行性能试验。

表 2 列出推荐的分析谱线。这些谱线不受基体元素明显干扰，但是在采用之前，应仔细评价光谱干扰、背景和离子化，如果得不到建议的性能参数表明可能有干扰。

如表 3 显示了背景等效浓度(BEC)，对于浓度小于或等于该浓度的试料的分析，在校准和分析之前，应先仔细评价所选择的具体谱线的背景校准。

表 2 推荐的分析谱线

分析元素	波长/nm
Al	308.22 或 396.15
Ca	315.89 或 317.93 或 393.36
Mg	279.55 或 279.08 或 285.21
Mn	257.61 或 293.93
P	178.29[a] 或 185.89 或 213.62[b]
Si	251.61 或 288.16
Ti	323.45 或 334.94 或 336.12

a 必要时检查和校准 Mn 干扰。

b 必要时检查和校准 Cu 干扰。

6 取样和制样

6.1 实验室样品

用于分析的实验室试样，应按 GB/T 10322.1 取样后制备成粒度小于 100 μm 的样品。对于化合水或易氧化物的含量高的矿石，应采用粒度小于 160 μm 的样品。

注：关于化合水和易氧化物的含量较高的规定见 GB/T 6730.1。

6.2 预干燥试样的制备

将实验室样品充分混匀，采用份样缩分法采取试样。按 GB/T 6730.1 中规定在 105℃±5℃下干燥试样(这就是预干燥试样)。

7 分析步骤

7.1 测定次数

对一个预干燥试样，按附录 B 至少独立分析二次。

注："独立"是指再次及后续任何一次测定结果不受前面测定结果的影响。本分析方法中，此条件意味着同一操作者在不同的时间或不同操作者进行重复测定，包括采用适当的再校准。

7.2 试料量

称取 0.50 g(准确到 0.000 2 g)按 6.2 制备的预干燥试样。

注 1：试样应迅速称取，以免重新吸湿。

注 2：为控制试样中的铁量，并方便分析结果计算，建议称取 0.500 0 g 试样。

7.3 空白试验和验证试验

每次操作，都应在相同条件下与试样一起平行分析一个同类型矿石认证标准样品和进行一个空白试验。认证标准样品的预干燥试样应按 6.2 的规定制备。

关于空白试验，应使用与试样相同量的氧化铁(4.1)代替试样。

注：认证标准样品和试样应属于同一类型，两种物质的性质应充分相似以确保在分析过程中不出现明显的变化。当没有认证标准样品时，可使用其他标准样品。

同时分析几个试料时，如果分析步骤相同，所用试剂来自同一试剂瓶，可做一个空白试验。

同时分析几个相同类型的矿石试样时，可使用一个认证标准样品。

7.4 测定

7.4.1 试料分解

预置 0.8 g 碳酸钠(4.2)于铂或合适的铂合金坩埚(5.3)中，将试料(7.2)置于坩埚中，用铂丝或不锈钢丝充分混匀。加入 0.4 g 四硼酸钠(4.3)，用金属棒再次混匀，在 800℃～900℃的高温炉中预熔混合物使之均匀。

注 1：可以使用带有金属夹持器进行手工搅拌的煤气喷灯来进行预熔操作，该阶段坩埚温度应达到 350℃至 450℃(稍暗红火色)，混合物在 2 min～3 min 内预熔融后，在 5 min 内进行高温熔融。

预熔后，将坩埚放入 1 020℃的高温炉中熔融 15 min。取出坩埚，轻轻转动坩埚以使熔融物凝固。冷却，将搅拌磁子(5.7)放入坩埚中，将坩埚置于 250 mL 低壁烧杯中，于坩埚中加入 40 mL 盐酸(4.5)，加入 30 mL 水(对于高硅试样加入 50 mL～60 mL 水)；盖上表面皿，在磁搅拌器-电热板上边搅拌边加热，直至熔融物完全溶解。

注 2：浸取溶液的温度应保持在约 70℃。

注 3：如果不用磁力搅拌器，应采用手工搅拌在玻璃烧杯中浸取。

取出坩埚和搅拌磁子，用水冲洗干净。溶液冷却后立即移入 200 mL 单刻度容量瓶中，用水稀释至刻度，混匀。

注 4：应立即将浸取溶液移入 200 mL 容量瓶中，加水至近刻度以避免产生沉淀。

注 5：建议稀释至 200 mL，使溶液中元素浓度与表 3 中规定的性能试验数字相一致。高浓度试验溶液也可能需要再稀释以满足高浓度范围内仪器的线性响应。在这种情况下，校准溶液的稀释比例与此相同。

注 6：如果仪器与性能测试值相符，没有必要采用内标如钇或钪来改善性能。

7.4.2 光谱仪的调节

7.4.2.1 一般要求

首先应按制造商的建议和实验室定量分析操作来初始调节 ICP 光谱仪(5.8)。

7.4.2.2 性能试验

性能试验的目的是评价 ICP 光谱仪性能参数，使所有型号的光谱仪都能在相等条件下操作，以便比较产生的数据。

试验基于以下三个参数的确定：

——检测限(*DL*)；

——背景等效浓度(*BEC*)；

——短期精度($RSDN_{min}$)。

关于这些术语的定义和评价的程序给出在附录 A 中。

尽量完善优化每一轮的仪器参数，如有必要应尽可能多地进行仪器操作次数，直至所得数值低于表 3中数字为止。试样溶液中元素浓度高于 5 000×*DL* 时，*RSDN* 是唯一需要评价的性能参数，测量值应低于表 3 中 $RSDN_{min}$ 值。

表 3 建议的性能参数

元　素	*DL*/(μg/mL)	*BEC*/(μg/mL)	$RSDN_{min}$/%
Al	0.04	2.46	0.87
Ca	0.02	1.04	1.04
Mg	0.03	0.38	0.75
Mn	0.01	0.29	0.89
P	0.07	2.15	1.04
Si	0.07	2.67	0.95
Ti	0.01	0.24	0.78

7.4.3 校准和校准溶液

校准溶液被定义为绘制分析元素校准曲线所要求的溶液，其在溶液中的浓度范围，以%（质量分数）表示，它取决于仪器的性能参数和线性灵敏度。要覆盖表1所示的浓度范围至少需要8种溶液。对于浓度范围窄的试样，校准溶液必须包括有效区，如果溶液中元素浓度超过5 000×DL，必须另外绘制校准曲线以包括该范围。

在非线性情况下，使用次灵敏线或者使用适当稀释的试样溶液和校准溶液。

注：对于表2所示推荐谱线，按附录C推荐方法制备的校准溶液应与性能试验值相一致。

为了符合试样与校准溶液之间相类似的要求，校准溶液必须加相应量的铁、助熔剂和酸。对于每个校准溶液，遵循7.4.1中推荐的步骤，用相当于试样中铁量的氧化铁（4.1）代替试料。在最终稀释到200 mL以前，加入校准溶液浓度所需的标准溶液和盐酸（4.5）以获得最终比较一致的酸浓度。

注：如果铁含量在50%～70%的铁矿石的分析，可采用0.43 g氧化铁代替试料（相当于试料60%的氧化铁）。

另外，为了符合试验的一致性，制备校准溶液和试料时应使用同一瓶试剂，以使它们的试剂差别减小到最小。

7.4.4 测量

7.4.4.1 校准溶液

先使用零校准溶液，并按浓度增大的顺序吸入校准溶液，在每次吸入溶液之间吸入去离子水。至少重复测定二次，取两个读数的平均值。

注：最初校准建立后，使用两点再校正程序进行常规分析。此种情况下，按8.3规定进行。

7.4.4.2 试验溶液

吸入校准溶液测量后，立即进行试验溶液的操作，然后是认证标准样品（CRM）。然后再次吸入试验溶液和标准样品。每次测定之间吸入去离子水。试验溶液和标准样品至少应重复进行两次。

8 结果计算

8.1 校准曲线

从校准溶液测出的强度值对其元素的相应浓度绘制校准曲线。

根据读出试验溶液的强度值从校准曲线中分别计算各自的浓度值。

注1：如果发现存在光谱干扰，应按8.2规定进行修正。

注2：使用统计程序（例如，最小二乘法）得出校准曲线，计算机控制的光谱仪一般都有此程序，相关系数和所得均方根（RMS）值应在实验室验证指标之内。

注3：如果使用校准曲线漂移校正程序后立即进行试样的分析，可以按8.3规定操作。

8.2 光谱干扰的修正

建议使用合成标准溶液作为对光谱干扰的修正方法，程序如下：

使用二元（铁加助溶液和分析物）合成溶液系列对分析物元素（“i”）绘制校准曲线。只要校准溶液（附录C）的制备是独立二元的，可以使用该溶液。

使用分析物的校准曲线，用测量二元（铁加助溶剂）和干扰元素（“j”）合成溶液系列的强度来测定分析物（“i”）的可能干扰元素（“j”）的表观含量。

干扰元素的实际含量（X_j）和干扰元素的表观含量（X_{ij}）两者之间的关系用最小二乘法按式（1）计算。

$$X_{ij} = I_{ij} \cdot X_j + b \qquad (1)$$

式中：

I_{ij}——分析物（i）中元素（j）的光谱干扰系数；

b——常数（非常小）。

I_{ij}值是通过各个干扰元素对i元素的分别干扰测定来确定的。

有干扰元素修正时，每一元素含量，应按式(2)计算，用质量分数表示。

$$X_i=\frac{(\rho_1-\rho_0)V}{m\times10^6}\times100-\sum W_jI_{ij} \qquad\cdots\cdots(2)$$

当 V=200 mL 时，按式(3)计算，用质量分数表示。

$$X_i=\frac{(\rho_1-\rho_0)200}{m\times10^6}\times100-\sum W_jI_{ij}=\frac{(\rho_1-\rho_0)}{50m}-\sum W_jI_{ij} \qquad\cdots\cdots(3)$$

式中：

X_i——元素(分析物)含量(质量分数数值以%)表示；

m——试料质量，单位为克(g)；

ρ_1——试样溶液中分析物的浓度，单位为微克每毫升(μg/mL)；

ρ_0——空白试验溶液中分析的浓度，单位为微克每毫升(μg/mL)；

W_j——试样中干扰元素的质量分数，%；

I_{ij}——干扰元素(j)对试样分析物(i)的光谱干扰系数，相当于干扰元素1%时分析物的质量分数，%；

V——校正和试验溶液的最终体积(建议200 mL，见7.4)，单位为毫升(mL)。

光谱干扰的过度修正是不可取的。允许最大的修正值大约为验证中分析物含量重复性误差的10倍。如果修正值大于此数，该修正不适用于ICP分析。

注1：如果没有元素干扰，包括在公式(2)中干扰元素的质量分数 W_j 项等于零。

注2：当建议的最终校准溶液体积 V=200 mL 和不存在干扰元素时，公式(2)可简化为：

$$X_i=\frac{\rho_1-\rho_0}{50m}$$

8.3 校准曲线(漂移校正)的标准化

校准曲线的定期检查和校正，按如下操作进行：

取两份校准溶液，即分析物含量最低和最高的。

在绘制的校准曲线中，测定这两种校准溶液的强度，按公式(4)和(5)计算校正系数 α 和 β。

$$\alpha=\frac{I_{H0}-I_{L0}}{I_H-I_L} \qquad\cdots\cdots(4)$$

$$\beta=I_{L0}-\alpha I_L \qquad\cdots\cdots(5)$$

式中：

I_{H0}——高含量校准溶液的初始测量强度；

I_{L0}——低含量校准溶液的初始测量强度；

I_H——高含量校准溶液在一定间隔后的测量强度；

I_L——低含量校准溶液在一定间隔后的测量强度。

测定的试样溶液强度应使用校正系数 α 和 β 校正，公式如下：

$$I_C=\alpha\cdot I+\beta \qquad\cdots\cdots(6)$$

式中：

I_C——经校正后的强度值；

I——测定强度值。

在下次校正前，同一批分析中应使用相同的 α 和 β 值。

注1：标准化频率取决于仪器的特性。一般，30 min 或每隔10～20个试样，用相同的校准溶液校正校准曲线。

注2：校正后的强度值(I_C)用来计算分析物含量，该计算通常由计算机来完成。

8.4 结果的一般处理

8.4.1 重复性和允许偏差

本分析方法的精密度由表4中回归方程式表示(见附录D和附录E)。

表 4 回归方程式

元素	σ_d	σ_L	R_d	P
Al	0.005 1X+0.004 5	0.013 6X+0.010 2	0.014 3X+0.012 5	0.039 8X+0.030 1
Ca	0.007 4X+0.008 5	0.009 6X+0.021 7	0.020 7X+0.023 8	0.035 8X+0.059 5
Mg	0.021 8X+0.000 1	0.007 2	0.061 0X+0.000 2	0.034 8X+0.013 6
Mn	0.015 5X+0.002 7	0.028 9X+0.001 6	0.043 4X+0.007 5	0.087 1X+0.010 8
P	0.009 7X+0.000 8	0.004 1X+0.003 7	0.027 2X+0.002 2	0.020 9X+0.010 9
Si	0.002 0X+0.014 4	0.064 6	0.005 5X+0.040 3	0.177 6
Ti	0.007 6X+0.000 8	0.012 4X+0.003 2	0.021 3X+0.002 4	0.035 6X+0.009 4

注：X 是试样中元素的质量分数；
σ_d 是实验室内的标准偏差；
σ_L 是实验室间的标准偏差；
R_d 是实验室内的允许差；
P 是实验室间的允许差。

8.4.2 分析结果的确定

使用附录 B 中步骤，按方程(2)计算独立的重复结果，与实验室内的允许差(R_d)进行比较，得到最终的实验室结果 μ(见 8.4.5)。

8.4.3 实验室间精度

如果两个实验室按 8.4.2 中规定步骤分析，实验室间精度用来检查两个实验室报告的最终结果间的一致性。

按式(7)计算下列数值：

$$\mu_{1,2} = \frac{\mu_1 + \mu_2}{2} \qquad \cdots\cdots(7)$$

式中：

μ_1——实验室 1 报告的最终结果；

μ_2——实验室 2 报告的最终结果；

$\mu_{1,2}$——最终结果的平均值。

用 $\mu_{1,2}$ 代入表 4 最后一栏中的方程式中，计算 P。

如果 $|\mu_1 - \mu_2| \leqslant P$，最终结果是一致的。

8.4.4 分析值的验收

分析方法的可靠性可使用认证标准样品（CRM）或标准样品（RM）（见 7.3 注）进行验证。RM/CRM 的分析结果(μ_C)，与标准值(A_C)比较，有两种可能：

a) $|\mu_C - A_C| \leqslant C$ 在这种情况下，报告结果与标准值之间在统计上无显著差异；

b) $|\mu_C - A_C| > C$ 在这种情况下，报告结果与标准值之间在统计上有显著差异。

式中：

μ_C——CRM/RM 的最终分析结果；

A_C——CRM/RM 的标准值；

C——取决于所使用的 CRM/RM 类型而确定的值。

注 1：验证用认证标样的制备和认证，应按 ISO 导则 35:1989 标准样品的认证：通则和统计原理。

对于通过实验室间确认的标准样品，按式(8)计算：

$$C = 2\left[\sigma_L^2 + \frac{\sigma_d^2}{n} + V(A_C)\right]^{1/2} \qquad \cdots\cdots(8)$$

式中：

$V(A_C)$——标准值 A_C 的方差(只有一个实验室认证的 CRM，为 0)；

n——是对 CRM/RM 进行重复测定的次数。

注 2：除非已确证该标准值没有偏差，否则不应采用此类标准样品。

每一个试验样分析结果的可接受性取决于相应 CRM 或 RM 的分析结果的可接受性。如果 CRM 或 RM 结果未通过正确度试验，相关试样结果就不能接受，应对该试样进行重复测定。

8.4.5 最终结果的计算

最终结果是试样可接受分析值的算术平均值，也可按照附录 B 中规定的程序确定。含量低于 1%，计算至小数五位，并按如下规定修约至小数第三位。

a) 当第四位小数数字小于 5 时，舍掉此数，第三位小数数字保持不变；

b) 当第四位小数数字是 5，第五位数字不是 0 时，或者第四位小数数字大于 5 时，则第三位上进一；

c) 当第四位小数数字是 5，第五位数字是 0 时，则将 5 舍掉，如果第三位小数数字是 0，4，6，8 时，则保持不变；如第三位小数数字是 1，3，5，7，9 时，则在该位上加一。

对于含量高于 1%，计算至为小数四位，并修约至小数第二位。

8.5 氧化物换算系数

元素浓度和氧化物浓度的换算系数如表 5 所示。

表 5 转换元素含量为氧化物含量系数

元素	氧化物	转换系数
Al	Al_2O_3	1.889 5
Ca	CaO	1.399 2
Mg	MgO	1.658 3
Mn	MnO	1.291 2
P	P_2O_5	2.291 4
Si	SiO_2	2.139 3
Ti	TiO_2	1.668 3

9 试验报告

试验报告应包括下列内容：

a) 实验室的名称和地址；

b) 试验报告的签发日期；

c) 本标准的标准号；

d) 识别试样必要的细节；

e) 分析结果；

f) 结果的编号；

g) 在测定过程中注意到的任何特性和本标准中没有规定的可能对试样和认证标准样品的结果产生影响的任何操作。

附 录 A
（规范性附录）
等离子体光谱仪性能试验

A.1 目的

本附录中给出的性能试验目的在于使用不同类型的仪器对等离子体光谱仪的性能进行适当的测定，允许不同的仪器使用不同的操作条件，但等离子体光谱仪最终能产生一致的结果。

整个性能试验步骤用三个基本参数考核：检测限（*DL*），背景等效浓度（*BEC*）和短期精密度（*RSDN*）。

注：对于试样溶液中元素浓度高于 5 000×*DL*，*RSDN* 是唯一的需要评价的性能参数。

需要试验的元素列入表 A.1。

表 A.1 建议分析线和评价的检测限

元 素	波长/nm	*DL*/(μg/mL)
Al	396.15/308.22	0.03
Ca	393.36	0.001
Ca	317.93[a]	0.04
Mg	279.08[a]	0.1
Mg	279.55	0.008
Mn	257.61	0.01
P	178.29	0.1
Si	251.61/288.16	0.07
Ti	336.1	0.006

a 用于高含量的次灵敏线。

A.2 术语和定义

本附录应用下列术语和定义。

A.2.1 检测限（*DL*）：当元素产生最小浓度信号时，可以认为超出了任何带有一定规定等级的伪背景信号；另一方面，元素浓度产生信号是背景水平值标准偏差的三倍。

A.2.2 背景等效浓度（*BEC*）：是产生与背景强度值相等的净强度相当于分析物的浓度；是对给定波长灵敏度的度量。

A.2.3 短期精密度（*RSDN*）：在测定条件下所得仪器的一系列读数的相对标准偏差。

A.3 参比溶液

应制备三个含有 4 000 μg/mL 碳酸钠，2 000 μg/mL 四硼酸钠，1 504 μg/mL 铁，在体积分数为 10%盐酸和所有需要试验的元素浓度等级为 0×*DL*（空白），10×*DL*，和 1 000×*DL*。

制备参比溶液的 *DL* 值可以是实验室值或是表 A.1 中给出的估计值。

注：关于大小顺序，向同一容量瓶中分别增加每一元素的浓度。另一方面，应制备含有全部 7 种元素浓度是要求的最浓溶液两倍的贮存溶液；向原盛有助溶剂、铁和酸溶液的三个容量瓶中加入稀释 10 倍的等份试样。

A.4 程序

该程序用于每一试验元素的操作。

应按制造商的建议和实验室的定量分析的实践经验对等离子体光谱仪进行最初的调节。吸入空白液并取 10 次强度读数。对另外两种参比溶液重复此操作。

使用式(A.1)计算分析曲线的斜率：

$$M = C_2/(I_2 - I_b) \quad \cdots\cdots\cdots\cdots\cdots\cdots\cdots\cdots\text{(A.1)}$$

式中：

M——分析曲线的斜率；

C_2——第二个参比溶液的浓度，比检测限高一级；

I_2——第二个参比溶液 10 次原始强度读数的平均值；

I_b——空白溶液 10 次强度读数的平均值。

使用下列公式(A.2)计算 DL：

$$DL = 3S_bM \quad \cdots\cdots\cdots\cdots\cdots\cdots\cdots\cdots\text{(A.2)}$$

式中：

DL——检测限，单位为微克每毫升(μg/mL)；

S_b——是 10 次空白强度读数的标准偏差。

使用式(A.3)计算 BEC：

$$BEC = M \times I_b \quad \cdots\cdots\cdots\cdots\cdots\cdots\cdots\cdots\text{(A.3)}$$

式中：

BEC——背景等效浓度，单位为微克每毫升(μg/mL)。

按式(A.4)从原始平均强度(I_3)与空白平均强度 I_b 的差值来计算参比溶液 3 的净平均强度(IN_3)，如下：

$$IN_3 = I_3 - I_b \quad \cdots\cdots\cdots\cdots\cdots\cdots\cdots\cdots\text{(A.4)}$$

式中 IN_3 是溶液 3(DL 的 1 000 倍)的净平均强度。

$RSDN_{min}$是元素浓度为 1 000×DL 参比溶液 3 的估计值。

按式(A.5)计算参比溶液 3(1 000×DL)的净强度相对标准偏差。

$$RSDN_{min} = \frac{\sqrt{(S_3^2 + S_b^2)}}{IN_3} \times 100 \quad \cdots\cdots\cdots\cdots\cdots\cdots\cdots\cdots\text{(A.5)}$$

式中 S_3 是参比溶液 3 的 10 次强度读数的标准偏差。

附　录　B
（规范性附录）
试样分析值验收流程图

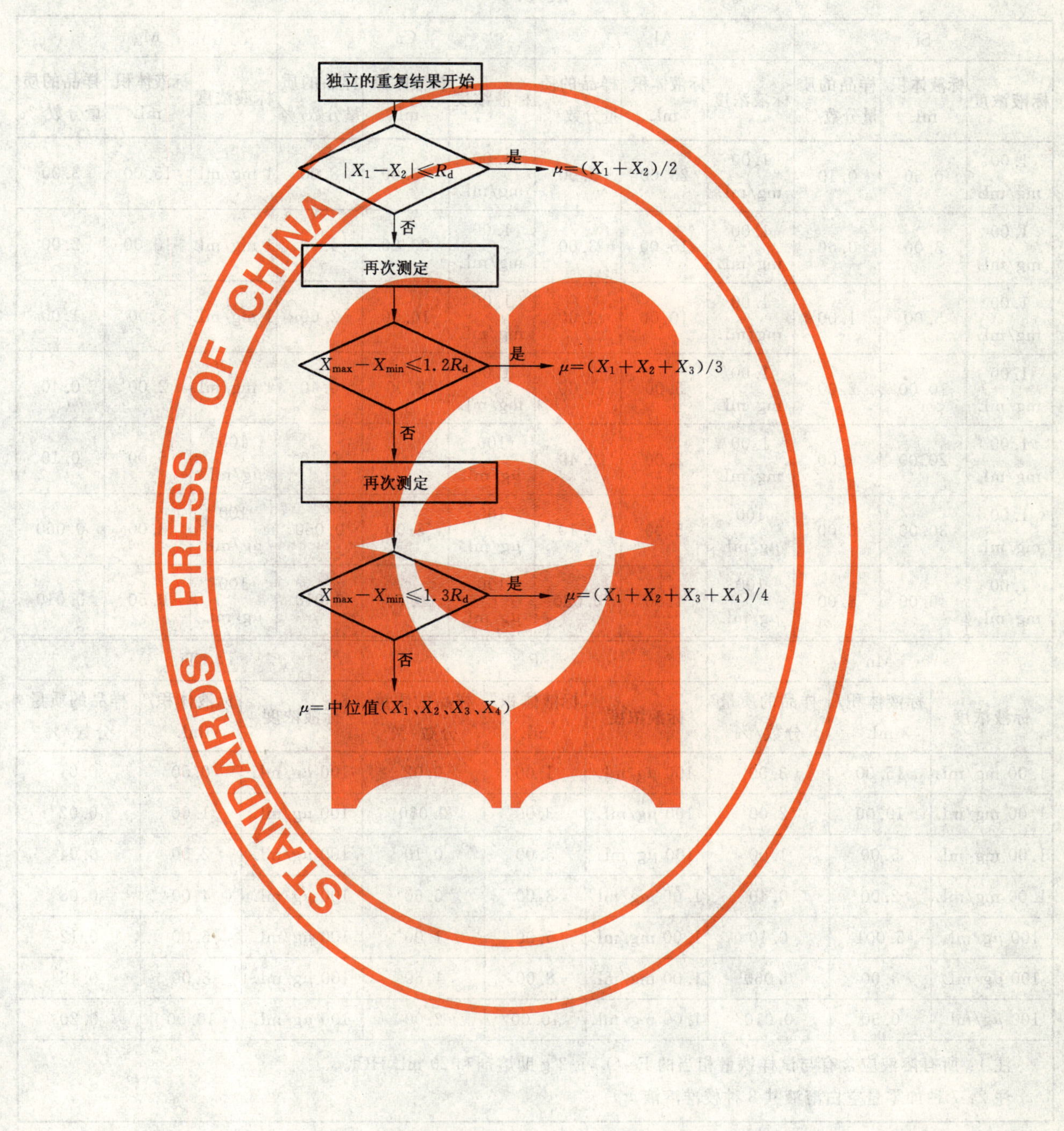

附　录　C
（资料性附录）
建议的校准曲线的溶液浓度

表 C.1

Si			Al			Ca			Mg		
标液浓度	标液体积/mL	样品的质量分数/%	标液浓度	标液体积/mL	样品的质量分数/%	标液浓度	标液体积/mL	样品的质量分数/%	标液浓度	标液体积/mL	样品的质量分数/%
1.00 mg/mL	0.50	0.10	1.00 mg/mL	25.00	5.00	1.00 mg/mL	40.00	8.00	1 mg/mL	15.00	3.00
1.00 mg/mL	3.00	0.60	1.00 mg/mL	15.00	3.00	1.00 mg/mL	20.00	4.00	1 mg/mL	10.00	2.00
1.00 mg/mL	5.00	1.00	1.00 mg/mL	10.00	2.00	1.00 mg/mL	10.00	2.00	1 mg/mL	5.00	1.00
1.00 mg/mL	10.00	2.00	1.00 mg/mL	5.00	1.00	1.00 mg/mL	2.00	0.40	1 mg/mL	2.00	0.40
1.00 mg/mL	20.00	4.00	1.00 mg/mL	2.00	0.40	100 μg/mL	5.00	0.10	100 μg/mL	5.00	0.10
1.00 mg/mL	30.00	6.00	100 μg/mL	5.00	0.10	100 μg/mL	3.00	0.060	100 μg/mL	3.00	0.060
1.00 mg/mL	40.00	8.00	100 μg/mL	1.00	0.020	100 μg/mL	0.50	0.010	100 μg/mL	0.50	0.010

Mn			P			Ti		
标液浓度	标液体积/mL	样品的质量分数/%	标液浓度	标液体积/mL	样品的质量分数/%	标液浓度	标液体积/mL	样品的质量分数/%
1.00 mg/mL	15.00	3.00	100 μg/mL	1.00	0.02	100 μg/mL	0.50	0.01
1.00 mg/mL	10.00	2.00	100 μg/mL	3.00	0.060	100 μg/mL	1.00	0.02
1.00 mg/mL	5.00	1.00	100 μg/mL	5.00	0.10	100 μg/mL	2.00	0.04
1.00 mg/mL	2.00	0.40	1.00 mg/mL	3.00	0.60	100 μg/mL	4.00	0.08
100 μg/mL	5.001	0.10	1.00 mg/mL	5.00	1.00	100 μg/mL	6.00	0.12
100 μg/mL	3.00	0.060	1.00 mg/mL	8.00	1.60	100 μg/mL	8.00	0.16
100 μg/mL	0.50	0.010	1.00 mg/mL	10.00	2.00	100 μg/mL	10.00	0.20

注 1：所有溶液应含有与试样铁量相当的 Fe_2O_3，1.2 g 助熔剂和 20 mL HCl。

注 2：7 种加零号空白溶液共 8 种校准溶液。

附　录　D
（资料性附录）
重复性和允许偏差方程式的推导

8.4.1中的方程式是1993～1994年间2个国家的8个实验室对8个铁矿石试样进行国际分析试验的结果推导得出的。

精密度数据的处理后的图表列于附录E。

所分析试样列于表D.1中。

注1：国际试验报告和分析结果的数理统计报告(文档ISO/TC 102/SC 2N 1213,1984年9月)可从ISO/TC 102/SC 2或ISO/TC 102的秘书处获得。

注2：数理统计分析是按ISO 5725:1986《试验方法的精密度　实验室间对标准试验方法的重复性和再现性的测定》(修订于1994年,并出版在1,2,3,4,5和6部分中)中的原理进行的。

表D.1　分析试样的元素含量

样　　品	元素含量(质量分数)/%						
	Al	Ca	Mg	Mn	P	Si	Ti
Schefferville	0.515	0.029	0.021	0.791	0.055	3.780	0.026
Euro standard678-1	0.277	3.995	0.583	0.076	1.612	1.735	0.131
Andalussa	0.773	4.087	0.270	1.725	0.011	2.684	0.034
Carol Lake	0.068	0.358	0.218	0.115	0.006	2.004	0.013
Aglorundo Hemantitowo	0.748	0.234	0.175	0.032	0.025	9.418	0.033
IRSID 609-1	2.257	6.870	1.921	0.456	0.608	7.841	—
Geothite material	3.401	0.003	0.009	0.016	0.178	0.444	0.175
Titaniferous Itabirite material	2.445	0.007	0.014	0.011	0.342	0.544	0.134

附　录　E
（资料性附录）
国际分析试验中获得的精密度数据

注：图 E.1～E.7 是 8.4.1 中方程的图示。

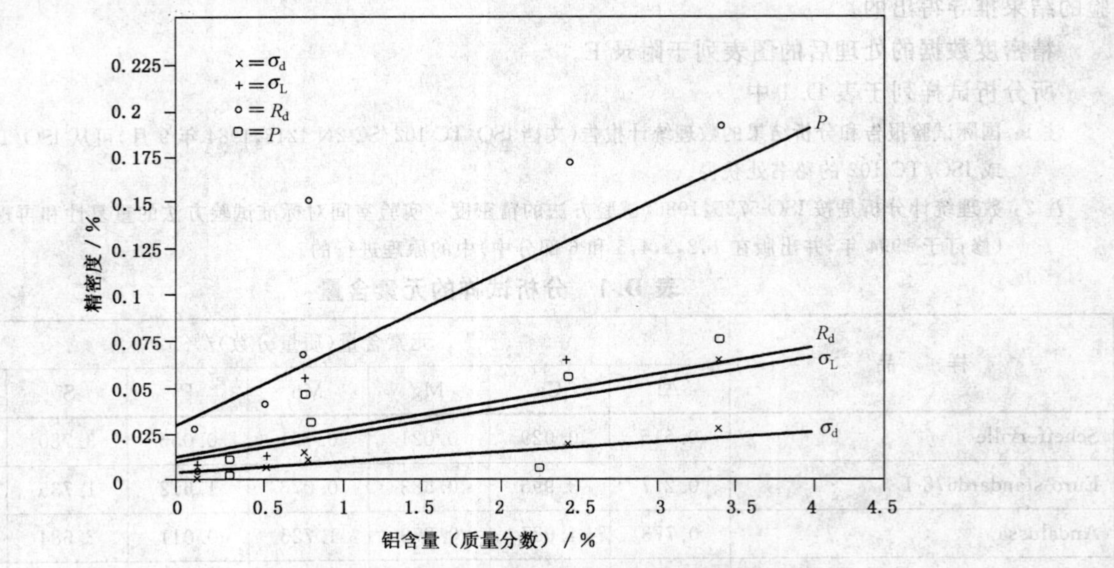

图 E.1　精密度对铝含量 X 的最小二乘方拟合图

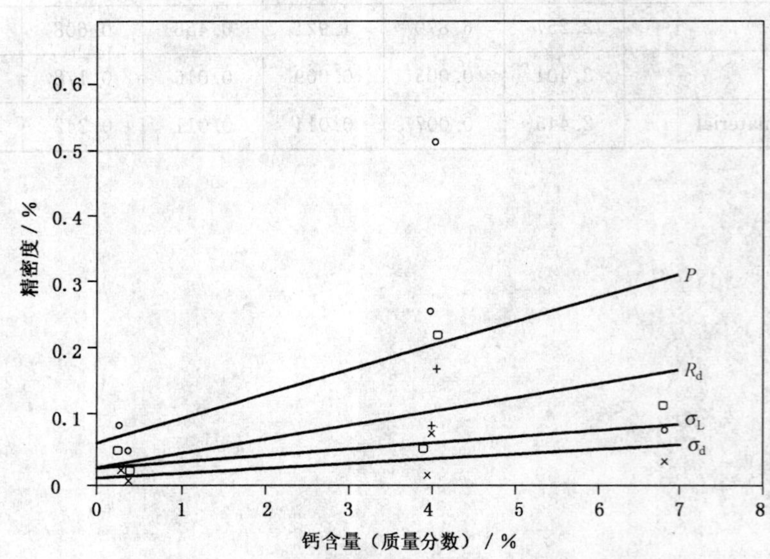

图 E.2　精密度对钙含量 X 的最小二乘方拟合图

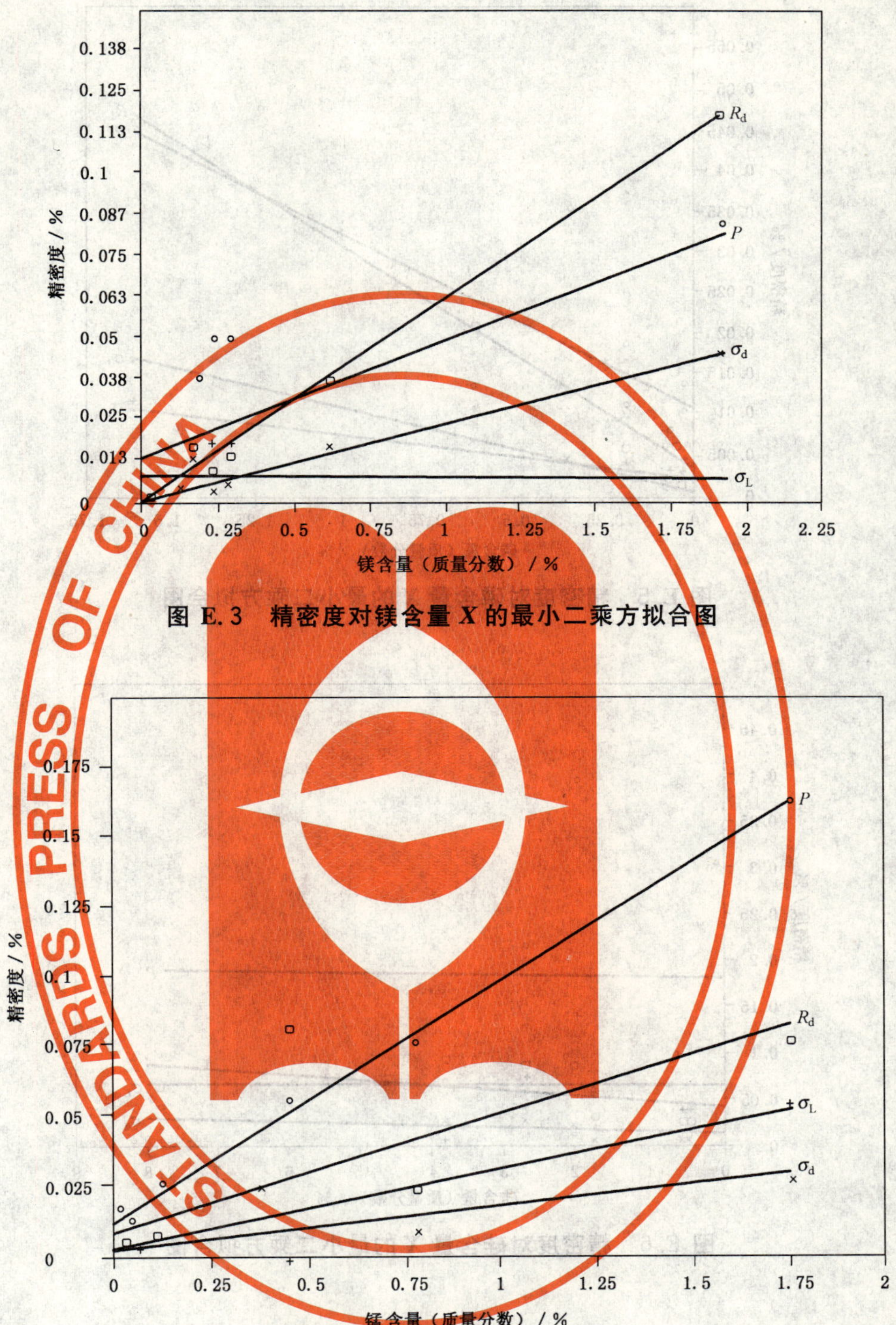

图 E.3 精密度对镁含量 X 的最小二乘方拟合图

图 E.4 精密度对锰含量 X 的最小二乘方拟合图

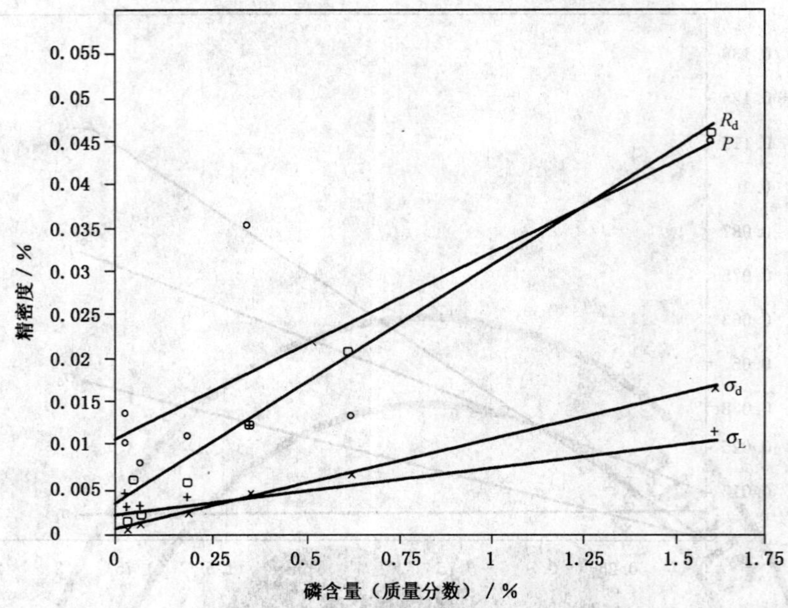

图 E.5 精密度对磷含量 X 的最小二乘拟合图

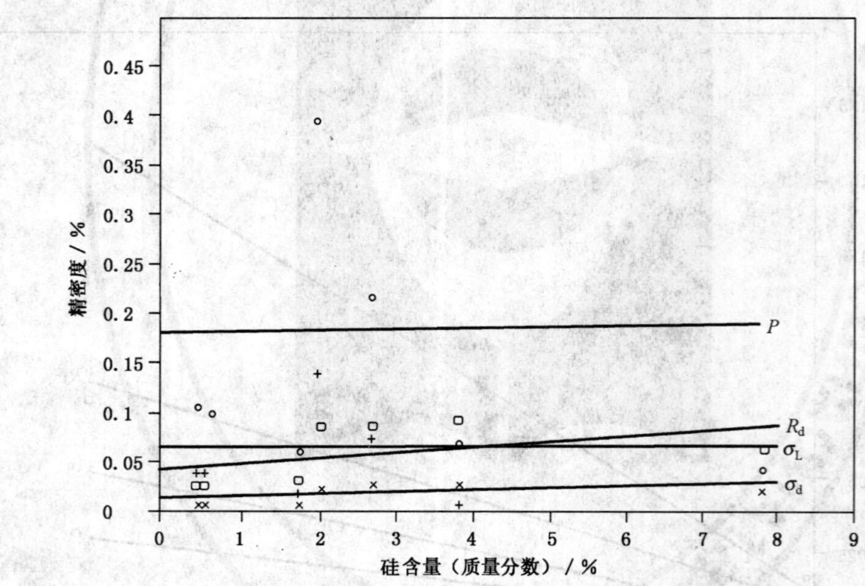

图 E.6 精密度对硅含量 X 的最小二乘拟合图

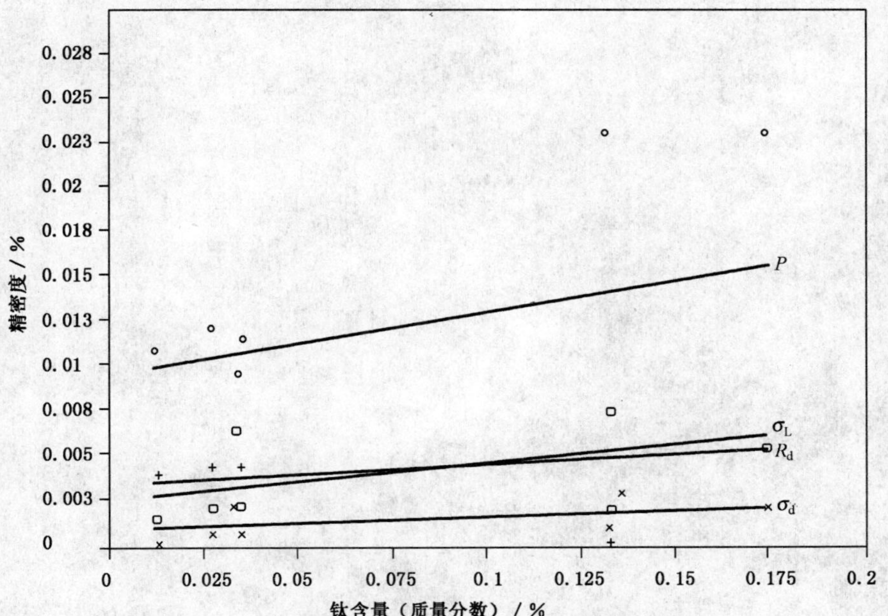

图 E.7 精密度对钛含量 X 的最小二乘方拟合图

ICS 87.040
G 50

中华人民共和国国家标准

GB/T 6739—2006/ISO 15184:1998
代替 GB/T 6739—1996

色漆和清漆　铅笔法测定漆膜硬度

Paints and varnishes—
Determination of film hardness by pencil test

(ISO 15184:1998,IDT)

2006-12-29 发布　　　　2007-06-01 实施

中华人民共和国国家质量监督检验检疫总局
中国国家标准化管理委员会　发布

前　言

本标准等同采用国际标准 ISO 15184:1998《色漆和清漆　铅笔法测定漆膜硬度》(英文版)。

为便于使用,对于 ISO 15184:1998 做了下列编辑性修改:

a) 增加了介绍国产铅笔牌号的内容;

b) 增加了试验后的样板表面可以用绘图橡皮擦净的内容;

c) 标准试板和漆膜厚度的测定引用了等效采用相应国际标准的我国国家标准。

本标准代替 GB/T 6739—1996《漆膜硬度铅笔测定法》。

本标准与前版 GB/T 6739—1996 的主要技术差异为:

——前版系等效采用 JIS K 5400-90-8.4;

——扩大了底材的适用范围;

——施加负载由(1000±50)g 改为(750±10)g;

——铅笔硬度标号由 9H～6B 扩大为 9H～9B;

——铅笔芯露出的长度由 3 mm 改为 5 mm～6 mm;

——增加了用软布、脱脂棉擦净样板的方式;

——增加了观察时间的规定以及可以使用放大镜进行观察的规定;

——增加了一种缺陷类型,即塑性变形;

——改变了结果的评定方式。

本标准的附录 A 为规范性附录。

本标准由中国石油和化学工业协会提出。

本标准由全国涂料和颜料标准化技术委员会归口。

本标准起草单位:中国化工建设总公司常州涂料化工研究院、上海现代环境工程技术有限公司。

本标准主要起草人:郑国娟。

本标准于 1986 年首次发布,1996 年第一次修订,本次为第二次修订。

色漆和清漆　铅笔法测定漆膜硬度

1　范围

1.1　本标准是有关色漆、清漆及相关产品的取样和试验的系列标准之一。

本标准规定了一种通过在漆膜上推压已知硬度标号的铅笔来测定漆膜硬度的方法。

本试验可以在色漆、清漆及相关产品的单涂层上进行，也可以在多涂层体系的最上层进行。

1.2　这种快速、经济的试验方法用于比较不同涂层的铅笔硬度是有效的。

本方法对于铅笔硬度有明显差异的一系列已涂漆试板提供相对等级评定则更为有效。

本方法仅适用于光滑表面。

2　规范性引用文件

下列文件中的条款通过本标准的引用而成为本标准的条款。凡是注日期的引用文件，其随后所有的修改单(不包括勘误的内容)或修订版均不适用于本标准，然而，鼓励根据本标准达成协议的各方研究是否可使用这些文件的最新版本。凡是不注日期的引用文件，其最新版本适用于本标准。

GB/T 3186　色漆、清漆和色漆与清漆用原材料　取样(GB/T 3186—2006,ISO 15528:2000,IDT)

GB/T 9271　色漆和清漆　标准试板(GB/T 9271—1988,eqv ISO 1514:1984)

GB/T 13452.2　色漆和清漆　漆膜厚度的测定(GB/T 13452.2—1992,eqv ISO 2808:1974)

GB/T 20777　色漆和清漆　试样的检查和制备(GB/T 20777—2006,ISO 1513:1992,IDT)

3　定义

本标准采用以下定义。

铅笔硬度：用具有规定尺寸、形状和硬度铅笔芯的铅笔推过漆膜表面时，漆膜表面耐划痕或耐产生其他缺陷的性能。

用铅笔芯在漆膜表面划痕会使漆膜表面产生一系列缺陷。这些缺陷的定义如下：

a)　塑性变形：漆膜表面永久的压痕，但没有内聚破坏。

b)　内聚破坏：漆膜表面存在可见的擦伤或刮破。

c)　以上情况的组合。

这些缺陷可能同时发生。

4　原理

受试产品或体系以均匀厚度施涂于表面结构一致的平板上。

漆膜干燥/固化后，将样板放在水平位置，通过在漆膜上推动硬度逐渐增加的铅笔来测定漆膜的铅笔硬度。

试验时，铅笔固定，这样铅笔能在750g的负载下以45°角向下压在漆膜表面上。

逐渐增加铅笔的硬度直到漆膜表面出现第3章所定义的各种缺陷。

5　需要的补充资料

对于任一特定的应用而言，本标准规定的试验方法需要用补充资料来完善。补充资料的内容在附录A中列出。

6 仪器

6.1 试验仪器:本试验最好使用机械装置来完成,适用装置的示例见图1。

单位为毫米

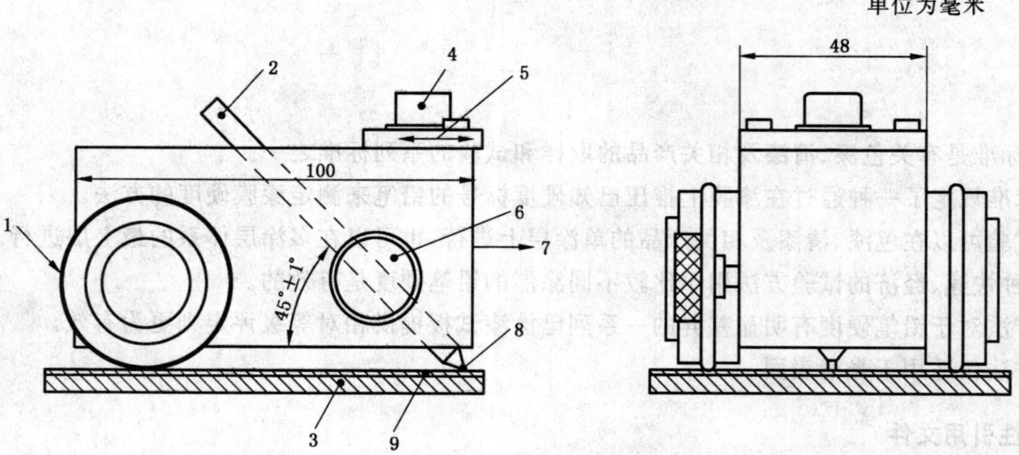

1——橡胶O型圈;
2——铅笔;
3——底材;
4——水平仪;
5——小的,可拆卸的砝码;
6——夹子;
7——仪器移动的方向;
8——铅笔芯;
9——漆膜。

图1 试验仪器示意图

注:最好使用机械装置进行试验,但也可以手工进行。只要能给出相同的相对等级评定结果,其他类型的试验仪器也可以使用。

该装置是由一个两边各装有一个轮子的金属块组成的。在金属块的中间,有一个圆柱形的、以(45±1)°角倾斜的孔。

借助夹子,铅笔能固定在仪器上并始终保持在相同的位置。

在仪器的顶部装有一个水平仪,用于确保试验进行时仪器的水平。

仪器设计成试验时仪器处于水平位置,铅笔尖端施加在漆膜表面上的负载应为(750±10)g。

6.2 一套具有下列硬度的木制绘图铅笔:

9B—8B—7B—6B—5B—4B—3B—2B—B—HB—F—H—2H—3H—4H—5H—6H—7H—8H—9H

较软——————————————————————————————较硬

注:经商定,能给出相同的相对等级评定结果的不同厂商制造的铅笔均可使用。

国内常用的中华牌高级绘图铅笔可从全国涂料和颜料标准化技术委员会秘书处购得。

下列是已知适用铅笔的国外制造商:

Microtomic manufactured by Castell;

Turquoise T-2375,manufactured by Empire Berol,USA;

KOH-L-NOOR,type 1500,manufactured by Hardtmuth AG;

Uni,manufactured by the Mitsubishi Pencil Co.

对于对比试验,建议使用同一生产厂的铅笔。不同生产厂的和同一生产厂不同批次的铅笔都可能引起结果的不同。

6.3 特殊的机械削笔刀,它只削去木头,留下完整的无损伤的圆柱形铅笔芯(见图2)。

单位为毫米

图 2　铅笔削好后的示意图

6.4　砂纸，砂粒粒度为 400 号。

6.5　软布或脱脂棉擦，试验结束后，用它和与涂层不起作用的溶剂来擦净样板。

注：有些样板表面用软布和脱脂棉擦不易擦净，也可以使用绘图橡皮。

7　取样

按 GB/T 3186 的规定，取受试产品（或多涂层体系中的每个产品）的代表性样品。

按 GB/T 20777 的规定，检查和制备试验样品。

8　试板

8.1　底材

除非另外商定，选用 GB/T 9271 规定的底材，应尽可能选择与实际使用时相同类型的材料。底材应平整且没有变形。

8.2　形状和尺寸

试板的形状和尺寸应确保试验期间试板能处于水平位置。

8.3　处理和涂装

除非另外商定，按 GB/T 9271 的规定处理每一块试板，然后用受试产品或体系按规定的方法进行涂装。

8.4　干燥和状态调节

将每一块已涂漆的试板在规定的条件下干燥（或烘烤）并放置（如适用的话）规定的时间。除非另外商定，试验前，试板应在温度为(23±2)℃和相对湿度为(50±5)％的条件下至少调节 16 h。

8.5　涂层厚度

应规定或商定涂层的厚度。用 GB/T 13452.2 中规定的一种方法测定涂层的厚度。

9　操作步骤

9.1　除非另外商定，在温度(23±2)℃和相对湿度(50±5)％条件下进行试验。

9.2　用特殊的机械削笔刀(6.3)将每支铅笔的一端削去大约 5 mm～6 mm 的木头，小心操作，以留下原样的、未划伤的、光滑的圆柱形铅笔笔芯。

9.3　垂直握住铅笔，与砂纸保持 90°角在砂纸(6.4)上前后移动铅笔，把铅笔芯尖端磨平（成直角）。持续移动铅笔直至获得一个平整光滑的圆形横截面，且边缘没有碎屑和缺口。

每次使用铅笔前都要重复这个步骤。

9.4　将涂漆样板放在水平的、稳固的表面上。

将铅笔插入试验仪器(6.1)中并用夹子将其固定，使仪器保持水平，铅笔的尖端放在漆膜表面上（见图 1）。

9.5　当铅笔的尖端刚接触到涂层后立即推动试板，以 0.5 mm/s～1 mm/s 的速度朝离开操作者的方向推动至少 7 mm 的距离。

9.6　除非另外商定，30 s 后以裸视检查涂层表面，看是否出现第 3 章中定义的缺陷。

用软布或脱脂棉擦(6.5)和惰性溶剂一起擦拭涂层表面，或者用橡皮擦拭，当擦净涂层表面上铅笔芯的所有碎屑后，破坏更容易评定。要注意溶剂不能影响试验区域内涂层的硬度。

经商定,可以使用放大倍数为6倍～10倍的放大镜来评定破坏。如果使用放大镜,应在报告中注明。

如果未出现划痕,在未进行过试验的区域重复试验(9.3～9.6),更换较高硬度的铅笔直到出现至少3 mm长的划痕为止。

如果已经出现超过3 mm的划痕,则降低铅笔的硬度重复试验(9.3～9.6),直到超过3 mm的划痕不再出现为止。

确定出现了第3章中定义的某种类型的缺陷。

以没有使涂层出现3 mm及以上划痕的最硬的铅笔的硬度表示涂层的铅笔硬度。

经商定,这种试验还可用来测定没有引起涂层内聚破坏的铅笔硬度(在ASTM D 3363-92a漆膜铅笔硬度试验中定义的所谓的"擦伤"硬度)。如果试验按这种方式进行,应在报告中注明。

9.7 平行测定两次。如果两次测定结果不一致,应重新试验。

10 精密度

根据ASTM D 3363-92a,用下列准则来判断结果(置信水平95%)的可接受性:

重复性:由同一实验室的两个不同操作者使用相同的铅笔和试板获得的两个结果之差大于6.2中给出的一个铅笔硬度单位,则认为结果是可疑的。

再现性:不同实验室的不同操作者使用相同的铅笔和试板或者是不同的铅笔和相同的试板获得的两个结果(每个结果均为至少两次平行测定的结果)之差大于6.2中给出的一个铅笔硬度单位,则认为是可疑的。

偏差:由于没有可接受的适合用来测定本试验方法偏差的材料,所以偏差不能测定。

11 试验报告

试验报告至少应包括下列内容:

a) 识别受试产品所必要的全部细节;

b) 注明本标准编号;

c) 附录A涉及的补充资料的内容;

d) 注明补充上述c)项资料所参照的国际标准、国家标准、产品说明或其他文件;

e) 所用铅笔的型号和制造商;

f) 试验结果,经有关方商定还可说明出现了第3章中定义的某种类型的缺陷;

g) 如果使用了放大镜,注明放大镜的放大倍数;

h) 与规定的试验方法的任何不同之处;

i) 试验日期。

附 录 A
(规范性附录)
需要的补充资料

为使本方法能正常进行,应适当提供本附录中所列条款的补充资料。

所需要的资料最好由有关方商定,可以全部或部分地取自与受试产品有关的国际标准、国家标准或其他文件。

a) 底材的材料、尺寸和表面处理;

b) 受试产品施涂于底材的方法;

c) 试验前,涂层干燥(或烘烤)和放置(如适用)的时间和条件;

d) 干涂层的厚度(以微米计)及所采用的GB/T 13452.2中规定的测量方法以及是单一涂层还是多涂层体系;

e) 与9.1规定的不同的试验温度和相对湿度。

ICS 71.100.60
X 44

中华人民共和国国家标准

GB 6776—2006
代替 GB 6776—1986

食品添加剂　乙酸异戊酯

Food additive—Isoamyl acetate

2006-09-01 发布　　2007-04-01 实施

中华人民共和国国家质量监督检验检疫总局
中国国家标准化管理委员会　发布

前　言

本标准中 4.2、4.7、4.8、4.9 为强制性条款，其余为推荐性条款。

本标准是对 GB 6776—1986《食品添加剂　乙酸异戊酯》的修订，主要是含量的测定用气相色谱法代替化学法，删除沸程指标。

本标准自实施之日起，代替 GB 6776—1986。

本标准技术指标与食品法典委员会(CAC)下属的食品添加剂联合专家委员会(JECFA)制定的《乙酸异戊酯》(代号为 JECFA 43)一致，检验方法则采用香料通用试验方法，该通用试验方法绝大部分修改采用 ISO 相关标准。

本标准的附录 A 是资料性附录。

本标准由中国轻工业联合会提出。

本标准由全国香料香精化妆品标准化技术委员会归口。

本标准由上海香料研究所和上海浦捷香精香料有限公司负责起草。

本标准主要起草人：徐易、张新君、金其璋、张桂华、姚树兴。

本标准于 1986 年 8 月首次发布，本次为第一次修订。

食品添加剂　乙酸异戊酯

1　范围

本标准规定了食品添加剂乙酸异戊酯的要求、试验方法、检验规则和标志、包装、运输、贮存等内容。

本标准适用于对以乙酸和异戊醇为原料，经化学合成制得的乙酸异戊酯的质量进行分析评价。

2　规范性引用文件

下列文件中的条款通过本标准的引用而成为本标准的条款。凡是注日期的引用文件，其随后所有的修改单(不包括勘误的内容)或修订版均不适用于本标准，然而，鼓励根据本标准达成协议的各方研究是否可使用这些文件的最新版本。凡是不注日期的引用文件，其最新版本适用于本标准。

GB 190　危险货物包装标志

GB/T 5009.74　食品添加剂中重金属限量试验

GB/T 5009.76　食品添加剂中砷的测定

GB/T 11539—1989　单离及合成香料填充柱气相色谱分析通用法

GB/T 11540　单离及合成香料相对密度的测定

GB/T 14454.2　香料　香气评定法

GB/T 14454.4　香料　折光指数的测定

GB/T 14457.1　单离及合成香料　乙醇中溶解度测定法

GB/T 14457.4　单离及合成香料　酸值或含酸量的测定

3　产品化学名称、分子式、结构式、相对分子质量

化学名称：乙酸-3-甲基丁酯。

分子式：$C_7H_{14}O_2$。

结构式：$CH_3COOCH_2CH_2CH(CH_3)_2$。

相对分子质量：130.19(按 1987 年国际原子量)。

4　要求

4.1　色状：无色液体。

4.2　香气：具有香蕉、生梨样香气。

4.3　相对密度(25℃/25℃)：0.868～0.878。

4.4　折光指数(20℃)：1.400 0～1.404 0。

4.5　溶解度(25℃)：1 mL 试样全溶于 3 mL 60％(体积分数)乙醇中。

4.6　酸值：≤1.0。

4.7　含酯量(GC)：≥95.0％。

4.8　砷含量：≤3 mg/kg。

4.9　重金属含量[以铅(Pb)计]：≤10 mg/kg。

5　试验方法

5.1　色状的检定

将试样置于比色管内，用目测法观察。

5.2 香气的评定

按 GB/T 14454.2 规定执行。当国家主管部门无法提供标准样品时，应由企业技术、质检部门和(或)顾客共同确定标样。

5.3 相对密度的测定

按 GB/T 11540 规定执行。

5.4 折光指数的测定

按 GB/T 14454.4 规定执行。

5.5 溶解度的测定

按 GB/T 14457.1 规定执行。

5.6 酸值的测定

按 GB/T 14457.4 规定执行。

5.7 含酯量的测定

5.7.1 仪器

5.7.1.1 色谱仪、记录仪和微处理机

按 GB 11539—1989 中第 5 章的规定执行。

5.7.1.2 柱

填充柱：长 2 m～3 m，内径 3 mm～4 mm。

固定相：PEG-20M，5%～10%涂于 Chromosorb W AW DMCS 60 目～80 目上。

5.7.1.3 检测器

氢火焰离子化检测器。

5.7.2 操作条件

5.7.2.1 温度

色谱炉：线性程序升温从 75℃至 160℃，速率 2℃/min。

进样口：170℃。

检测器：170℃。

5.7.2.2 载气流速

氮气：20 mL/min～30 mL/min。

5.7.2.3 测定方法

面积归一化法：按 GB/T 11539—1989 中 10.4 指定方法测定乙酸异戊酯含量。

5.7.3 重复性及结果表示

按 GB 11539—1989 中 11.4 规定执行，应符合要求。

乙酸异戊酯典型气相色谱图(面积归一化法)参见附录 A。

5.8 砷含量的测定

按 GB/T 5009.76 规定执行。

5.9 重金属含量[以铅(Pb)计]的测定

按 GB/T 5009.74 规定执行。

6 检验规则

6.1 乙酸异戊酯应由生产厂质量检验部门负责检验，生产厂应保证出厂产品都符合本标准的要求，每批出厂产品都应附有质量合格证书。色状、香气、相对密度、折光指数、溶解度、酸值、含酯量为出厂检验项目，而砷含量、重金属含量[以铅(Pb)计]为型式检验项目，每半年检验一次。

6.2 验收单位有权按照本标准的各项规定检验所收到的产品质量是否符合本标准的要求，每一批号作一次验收，不同批号分别验收。

6.3 取样方法:每批的包装单位1个～2个,全抽;3个～100个抽取2个;100个以上增加部分再抽取3%。用取样器从每个包装单位中均匀抽取试样50 mL～100 mL,将所抽取的试样全部置于混样器内充分混匀,分别装入两个清洁干燥具塞的玻璃瓶中,瓶上贴标签,注明:生产厂厂名、产品名称、生产日期、批号、数量及取样日期,一瓶作检验用,另一瓶留存备查。

6.4 如验收结果中有一项指标不符合本标准要求时,可会同生产厂重新加倍抽取试样复验。如复验结果仍有指标不合格,则判该批产品不合格,不能验收。

6.5 当供需双方对产品质量发生异议时,可由双方协议解决或由法定检验机构进行仲裁。

7 标志、包装、运输、贮存

7.1 标志

产品包装外应注明:"食品添加剂"字样、产品名称、生产厂厂名和地址、商标、批号、净含量、生产日期和保质期、卫生许可证号、生产许可证号、本标准编号及GB 190中规定的易燃品标志。订货单位如有特殊要求,可与生产厂另订协议。

7.2 包装

乙酸异戊酯应装于清洁无杂味的镀锌铁桶、食品级塑料桶或玻璃瓶内,或按顾客要求包装。

7.3 运输

在运输过程中应轻装轻卸,防止日晒雨淋,不得与有毒、有害物质混装、混运,并应符合有关部门的规定。

7.4 贮存

本产品应贮存在阴凉、干燥、通风的仓库内,避免杂气污染,远离火源。

7.5 保质期

在符合规定的贮运条件、包装完整、未经启封的情况下,本产品保质期为一年。

附　录　A
（资料性附录）
乙酸异戊酯典型气相色谱图
（面积归一化法）

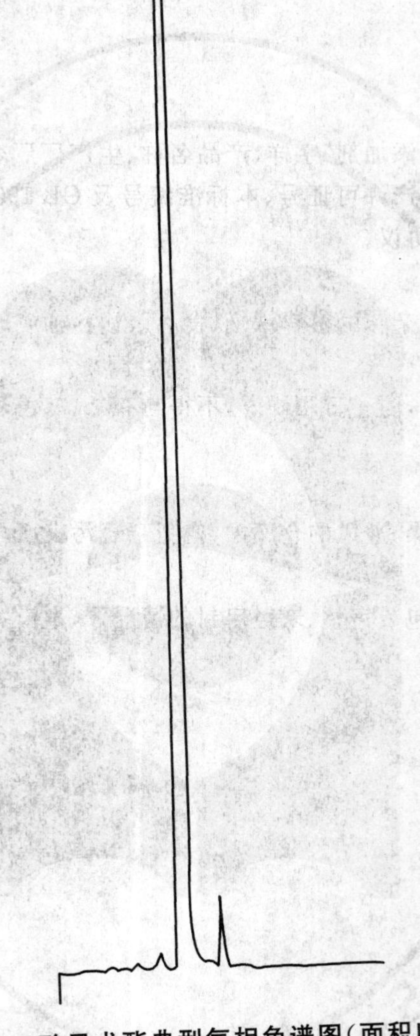

图 A.1　乙酸异戊酯典型气相色谱图（面积归一化法）

ICS 27.020
J 90

中华人民共和国国家标准

GB/T 6809.2—2006/ISO 7967-3:1987
代替 GB/T 6809.2—1988

往复式内燃机零部件和系统术语 第2部分:气门、凸轮轴传动和驱动机构

Reciprocating internal combustion engines—Vocabulary of components and systems—Part 2:Valves, camshaft drive and actuating mechanisms

(ISO 7967-3:1987,IDT)

2006-02-07 发布　　2006-07-01 实施

中华人民共和国国家质量监督检验检疫总局
中国国家标准化管理委员会　发布

前　言

GB/T 6809 在《往复式内燃机零部件和系统术语》的总标题下，由下列各部分组成：

第 1 部分：固定件及外部罩盖；

第 2 部分：气门、凸轮轴传动和驱动机构；

第 3 部分：主要运动件；

第 4 部分：增压及进排气管系统；

第 5 部分：冷却系统；

第 6 部分：润滑系统；

第 7 部分：调节系统；

第 8 部分：起动系统；

第 9 部分：监控系统。

本部分为 GB/T 6809 的第 2 部分，等同采用 ISO 7967-3:1987《往复式内燃机零部件和系统术语　第 3 部分：气门、凸轮轴传动和驱动机构》。

本部分代替 GB/T 6809.2—1988《往复式内燃机零部件术语和定义　气门组件、凸轮轴传动和气门驱动机构》。本部分与 GB/T 6809.2—1988 的主要区别是：

——修改了气门旋转机构零部件的术语条目；

——重新对部分术语进行了定义。

本部分由中国机械工业联合会提出。

本部分由全国内燃机标准化技术委员会归口。

本部分起草单位：上海内燃机研究所。

本部分主要起草人：孟文、瞿俊鸣、宋国婵、陈林珊。

往复式内燃机零部件和系统术语
第2部分:气门、凸轮轴传动和驱动机构

1 范围

GB/T 6809的本部分规定了与往复式内燃机气门、凸轮轴传动和驱动机构有关的术语。

GB/T 1883.1～1883.2则提供了往复式内燃机的分类和规定了这种内燃机及其工作特性的基本术语。

2 规范性引用文件

下列文件中的条款通过GB/T 6809的本部分的引用而成为本部分的条款。凡是注日期的引用文件,其随后所有的修改单(不包括勘误的内容)或修订版均不适用于本部分,然而,鼓励根据本部分达成协议的各方研究是否可使用这些文件的最新版本。凡是不注日期的引用文件,其最新版本适用于本部分。

GB/T 1883.1—2005 往复式内燃机 词汇 第1部分:发动机设计和运行术语(ISO 2710-1:2000,IDT)

GB/T 1883.2—2005 往复式内燃机 词汇 第2部分:发动机维修术语(ISO 2710-2:1999,IDT)

3 术语和定义

术语和定义列于第4章～第7章的表内。

在许多情况下,所提供的示图均表示这一零件的典型形状。而在某些示图中,为了帮助识别,还提供了零部件的局部视图。

序号	术语	定义	图例
4	凸轮轴 Camshaft		
4.1	凸轮轴 camshaft	用以控制内燃机工作循环中的各种动作(例如气门的运转、喷油或点火),而带有凸轮的轴	
4.1.1	整体式凸轮轴 one-piece camshaft	将凸轮和轴制成一体的凸轮轴	
4.1.2	组合式凸轮轴 assembled camshaft	将各个凸轮用法兰组装在轴上的凸轮轴	
4.2	凸轮 cam	用以驱动气门或燃料喷射的零件	

序号	术语	定义	图例
5 凸轮轴传动机构 Camshaft drive			
5.1	凸轮轴传动机构 camshaft drive	用以转动凸轮轴的机构	
5.1.1	齿轮传动 gear drive	通过一系列齿轮而实施的由曲轴至凸轮轴的传动	
5.1.2	链传动 chain drive	通过链轮和正时链条而实施的由曲轴至凸轮轴的传动	5.1.2.2 5.1.2.1 5.1.2.3 5.1.2.4 5.1.2.3.1 5.1.2.5 5.1.2.4 5.1.2.1
5.1.2.1	链轮 sprocket wheel	用以传动正时链条或由正时链条传动的轮子	
5.1.2.2	正时链条 timing chain	将运动从曲轴传递到凸轮轴的零件	
5.1.2.3	链条总成张紧调节装置 assembly chain tension adjuster	利用弹簧或液压机构驱动张紧链轮或张紧滑轨，以补偿因磨损而使链条伸长的机构	
5.1.2.3.1	张紧轮 tensioning wheel	紧压在链条上，用以调节张紧度的轮子	
5.1.2.3.2	张紧滑轨 slide rail	紧压在链条上，用以调节张紧度的导轨	
5.1.2.4	滑动导杆 slide bars	用以吸收链条振动和对链条进行导向的成对零件	
5.1.2.5	导向轮 guide wheel	用以对链条进行导向的轮子	
5.1.3	同步皮带传动 synchronous belt drive	通过同步带轮和皮带而实施的由曲轴至凸轮轴的传动	5.1.3.1 5.1.3.2 5.1.3.3 5.1.3.3.1 5.1.3.1
5.1.3.1	同步带轮 synchronous belt pulley	与同步皮带进行齿啮合的带齿轮子	
5.1.3.2	同步皮带 synchronous belt	弹性环状齿形皮带	
5.1.3.3	皮带张紧装置 belt tensioner	用以调节皮带张紧度的机构	
5.1.3.3.1	张紧带轮 tensioning pulley	紧压在皮带上，用以调节皮带张紧度的轮子	

序 号	术 语	定 义	图 例
6 气门 **Valves**			
6.1	气门 valve; 菌形气门 poppet valve	由阀杆、阀盘和阀面(阀座)所组成,能使燃烧产物进出气缸的零件	6.3 6.2 6.5 6.8 6.4 6.6 6.7 6.1.1或6.1.2
6.1.1	进气门 inlet valve	使新鲜充气进入发动机燃烧室的阀门	
6.1.2	排气门 exhaust valve	使废气从发动机燃烧室排出的阀门	
6.2	气门弹簧座 valve spring retainer	用于固定气门弹簧,并将弹簧作用力传递到阀杆上的零件	
6.3	气门锁夹 valve collet; valve key; valve lock	用以将气门弹簧座固紧在阀杆上的成对零件	
6.4	气门弹簧垫圈 valve spring washer	用以防止气缸盖损坏的垫圈	
6.5	气门弹簧 valve spring	用以关闭气门的弹簧	
6.6	气门导管 valve guide	用于气门导向的零件	
6.7	气门座圈 valve seat insert	安装在气缸盖或机体上的可更换阀座	
6.8	阀杆密封圈 valve stem seal	安装在气门导管上部和/或下部,位于阀杆与气门导管之间的密封件	
6.9	阀壳 valve cage	与气缸盖或机体分离,内部装有气门的零件。冷却式阀壳应标注"冷却式"的标记	

序号	术语	定义	图例
7 驱动机构 Actuating mechanisms			
7.1	驱动机构 actuating mechanism	用于将凸轮的旋转运动转换为气门和喷油泵的往复运动的零件	
7.2	挺柱 tappet	支撑在凸轮上并在导孔内滑动,以传递往复运动的装置	
7.2.1	滑动挺柱 sliding tappet	与凸轮作滑动接触的平面挺柱	
7.2.2	滚轮挺柱 roller tappet	带有滚轮,并与凸轮作滚动接触的挺柱	
7.2.2.1	挺柱滚轮 tappet roller	滚轮挺柱中用于将凸轮升程传递给挺柱的零件	7.2.2.2 7.2.2.1
7.2.2.2	挺柱导套 tappet guide	挺柱的导向零件	

序号	术语	定义	图例
7.3	凸轮从动件 cam follower	支撑在凸轮上，用以传递往复运动的摇臂	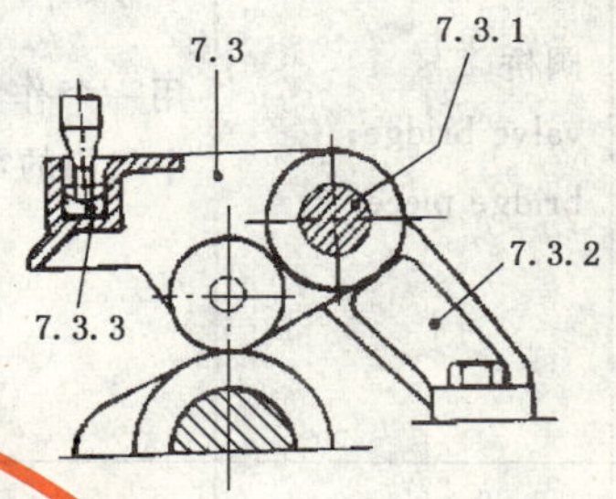
7.3.1	凸轮从动件销轴 cam follower shaft	凸轮从动件绕其摆动的轴	
7.3.2	凸轮从动件支架 cam follower bracket	用以支撑凸轮从动件的支架	
7.3.3	止推座 thrust cup	凸轮从动件或摇臂中用以承受推杆压力的部分	
7.4	推杆 push-rod	将挺柱或凸轮从动件的运动传递到摇臂的杆子	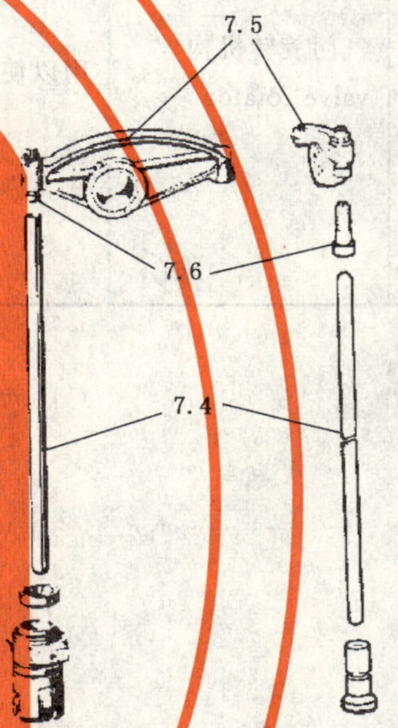
7.5	摇臂 rocker arm; rocker	用于改变推杆运动方向的零件	
7.6	气门调整螺钉 valve adjuster	用以调节气门间隙的螺钉	
7.7	摇臂座 rocker arm bracket/pedestal	用以支撑摇臂的零件	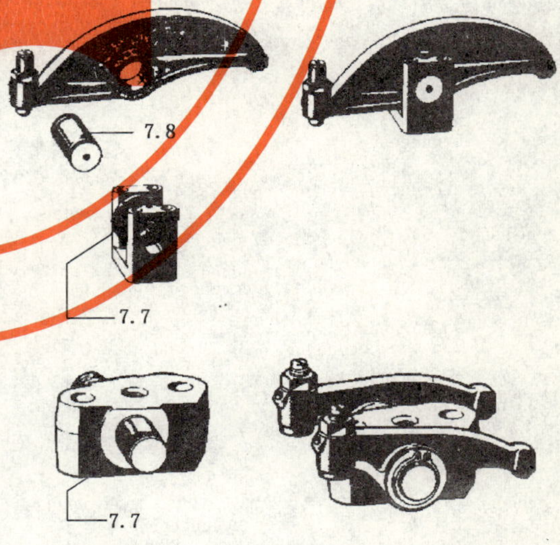
7.8	摇臂轴 rocker arm shaft	用以支撑摇臂的轴	

序号	术语	定义	图例
7.9	阀桥 valve bridge; bridge piece	用一个作用力驱动两个或多个气门的零件	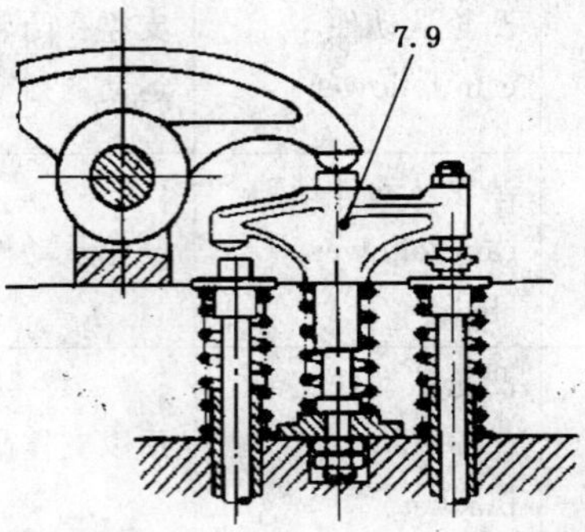 7.9
7.10	气门旋转机构 valve rotator	用以使气门旋转的机构	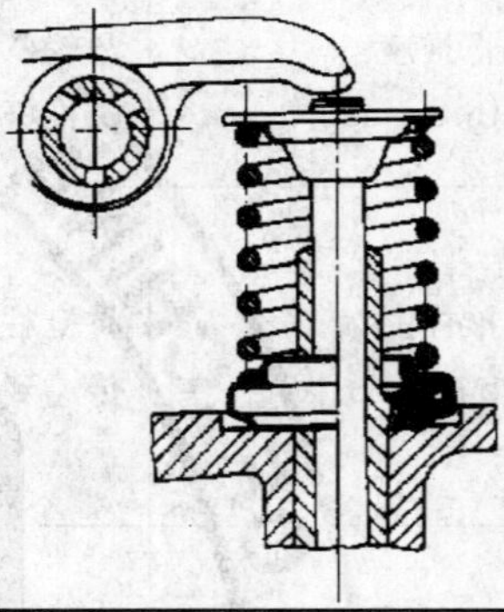

中 文 索 引

英 文 索 引

ICS 27.020
J 90

中华人民共和国国家标准

GB/T 6809.3—2006/ISO 7967-2:1987/Amd. 1:1999
代替 GB/T 6809.3—1989

往复式内燃机零部件和系统术语 第3部分:主要运动件

Reciprocating internal combustion engines—Vocabulary of components and systems—Part 3: Main running gear

(ISO 7967-2:1987/Amd. 1:1999,IDT)

2006-12-28 发布　　2007-07-01 实施

中华人民共和国国家质量监督检验检疫总局
中国国家标准化管理委员会　发布

前　言

本标准在GB/T 6809《往复式内燃机零部件和系统术语》的总标题下，由下列各部分组成：

第1部分：固定件及外部罩盖；

第2部分：气门、凸轮轴传动和驱动机构；

第3部分：主要运动件；

第4部分：增压及进排气管系统；

第5部分：冷却系统；

第6部分：润滑系统；

第7部分：调节系统；

第8部分：起动系统；

第9部分：监控系统。

本部分为GB/T 6809的第3部分。

本部分是对GB/T 6809.3—1989《往复式内燃机　零部件术语　主要运动件》的修订。本部分与GB/T 6809.3—1989的主要区别是：

——增加了规范性引用文件；

——增加和修改了部分术语和定义；

——补充了中英文索引。

本部分等同采用ISO 7967-2:1987/Amd.1:1999《往复式内燃机零部件和系统术语　第2部分：主要运动件》(英文版)。

本部分等同翻译ISO 7967-2:1987/Amd.1:1999。为便于使用，本部分做了如下编辑性修改：

——"ISO 7967的本部分"改为"GB/T 6809的本部分"；

——删除了国际标准前言。

本部分由中国机械工业联合会提出。

本部分由全国内燃机标准化技术委员会归口。

本部分起草单位：上海内燃机研究所。

本部分主要起草人：瞿俊鸣、宋国婵、谢亚平、陈云清。

本部分所代替标准的历次版本发布情况为：

——GB 724—1965；

——GB/T 6809.3—1989。

往复式内燃机零部件和系统术语
第3部分:主要运动件

1 范围

GB/T 6809的本部分规定了与往复式内燃机主要运动件有关的术语。

2 规范性引用文件

下列文件中的条款通过本部分的引用而成为本部分的条款。凡是注日期的引用文件,其随后所有的修改单(不包括勘误的内容)或修订版均不适用于本部分,然而,鼓励根据本部分达成协议的各方研究是否可使用这些文件的最新版本。凡是不注日期的引用文件,其最新版本适用于本部分。

GB/T 1883.1—2005 往复式内燃机 词汇 第1部分:发动机设计和运行术语(ISO 2710-1:2000,IDT)

GB/T 1883.2—2005 往复式内燃机 词汇 第2部分:发动机维修术语(ISO 2710-2:1999,IDT)

ISO 6621-1 内燃机活塞环 第1部分:词汇

3 术语和定义的编排

术语和定义列于第4章~第7章内。

在许多情况下,所提供的示图均表示这一零部件的典型形状。而在某些示图中,为了帮助识别,还提供了零部件的局部视图。

序号	术语	定义	图例
4	活塞组件 piston group		
4.1	活塞 piston	受燃气压力作用,在发动机气缸内作往复运动的零部件,通常与连杆铰接	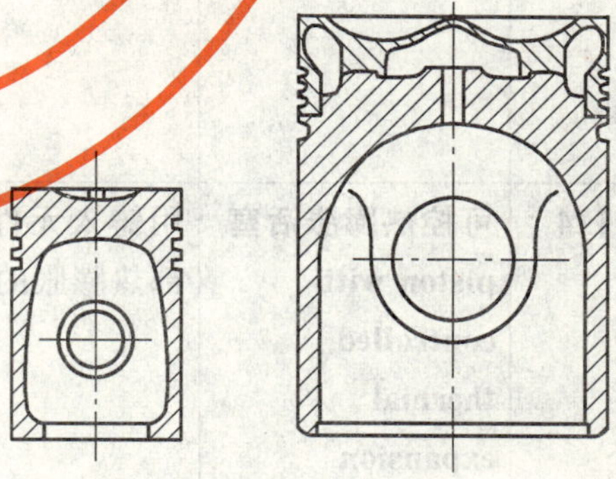

序号	术语	定义	图例
4.1.1	特种活塞 special types of piston		
4.1.1.1	十字头活塞 crosshead piston	与活塞杆刚性连接的活塞	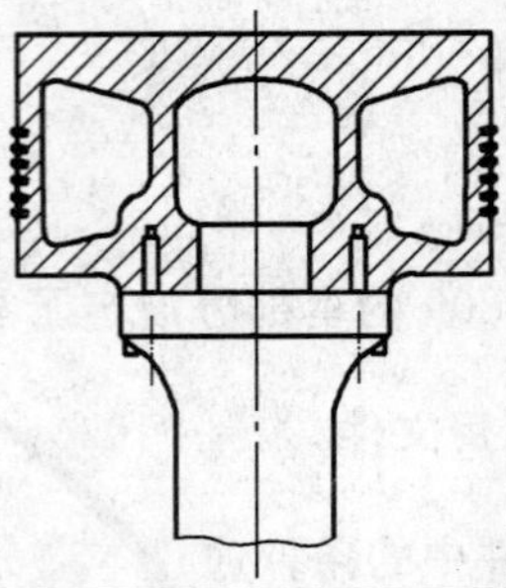
4.1.1.2	整体活塞 one-piece piston	由一个或数个零件永久连接在一起所组成的活塞	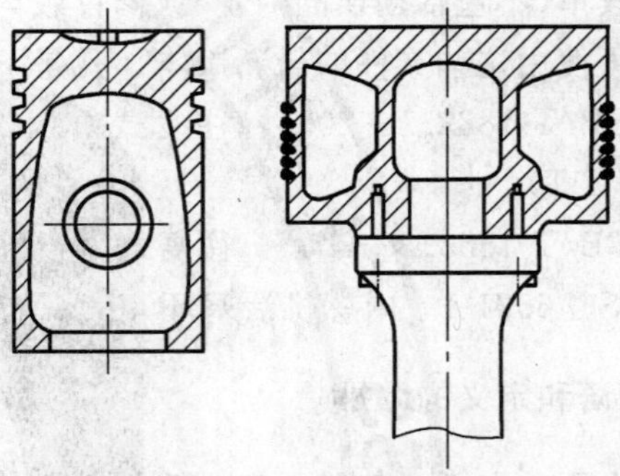
4.1.1.3	组合活塞 multi-piece piston	由几个零件组成，其中有些可以装拆的活塞	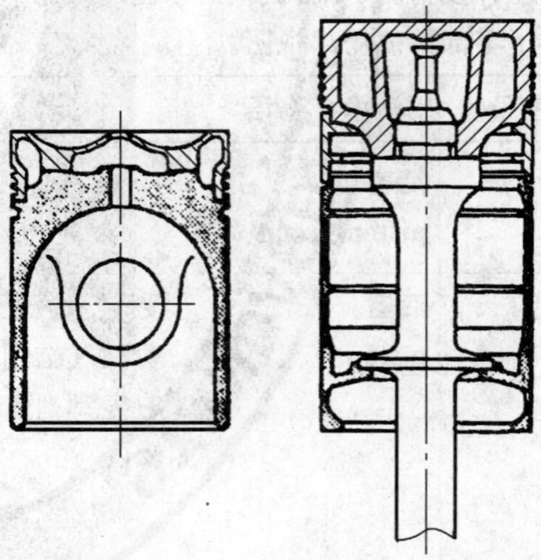
4.1.1.4	可控热膨胀活塞 piston with controlled thermal expansion	用铸入元件控制活塞裙部热膨胀的活塞	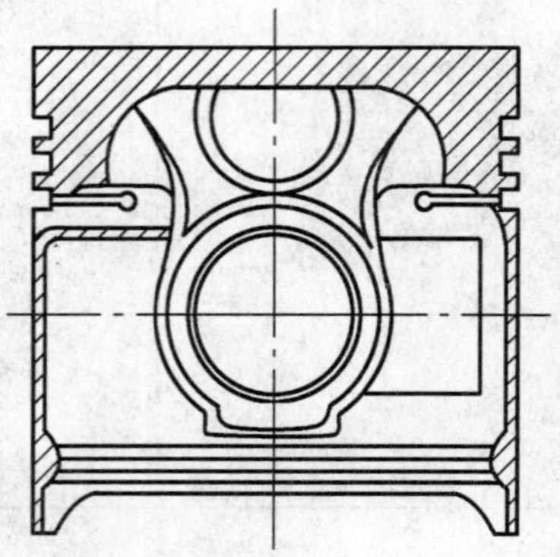

序号	术　语	定　义	图　例
4.1.1.5	**铰接活塞** **articulated piston**	至少由两个零件组成，活塞裙部(活塞下部)和活塞头部(活塞上部)用活塞销连接的活塞	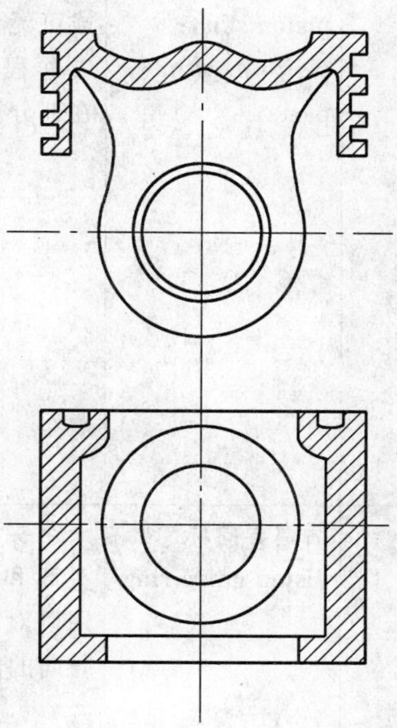
4.2	**活塞零部件** **piston components**		
4.2.1	**活塞头部** 活塞上部 **piston crown**; piston upper part	活塞上用以承受气缸内燃气作用，并装有全部或部分活塞环的部分，系由活塞顶和活塞环带所组成	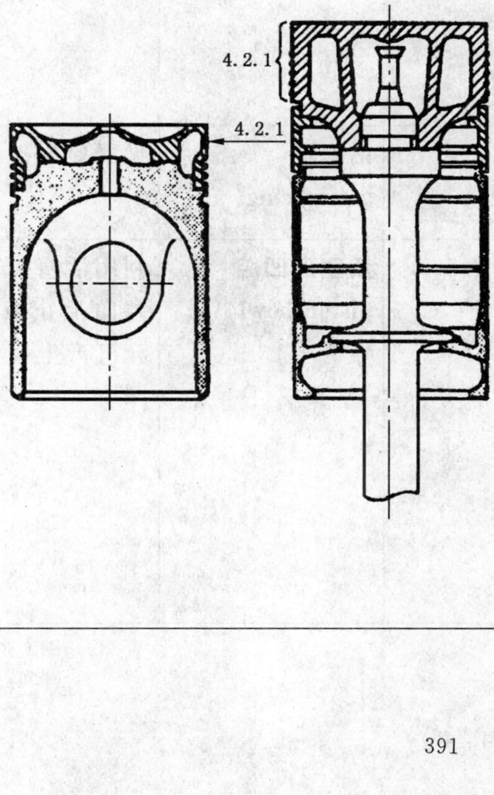 4.2.1 4.2.1

序号	术　语	定　义	图　例
4.2.2	**活塞裙部** 活塞下部 **piston skirt;** piston bottom part	活塞上用以对活塞进行导向的下面部分,可有或可无活塞环槽。如为二冲程发动机,裙部将在部分行程时盖住气口	4.2.2 4.2.2
4.2.3	**活塞导向环** **piston guide ring**	十字头活塞上位于活塞头部和活塞裙部之间,用以对十字头活塞进行导向的部分	4.2.3
4.2.4	**活塞环** **piston ring**	见 ISO 6621-1。	
4.2.5	**活塞顶凹腔** **piston bowl**	利用活塞头部形状在活塞向上止点移动时,使充气产生挤流的活塞顶凹坑	

序号	术语	定义	图例
4.2.6	活塞顶凹腔护边 **bowl edge protection**	强化活塞顶凹腔边缘的零件	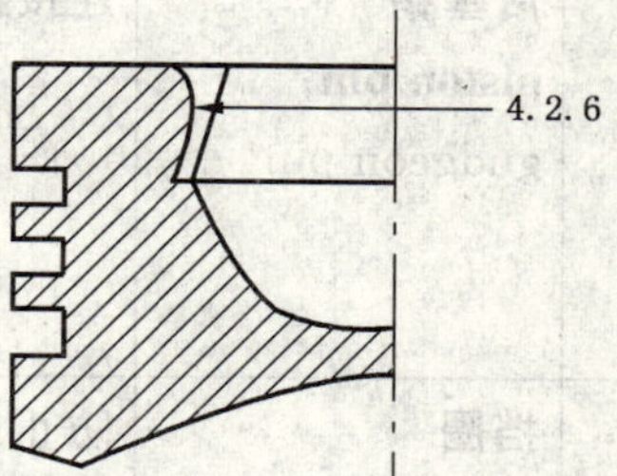 4.2.6
4.2.7	活塞顶镶圈 **piston top insert**	强化活塞顶的零件	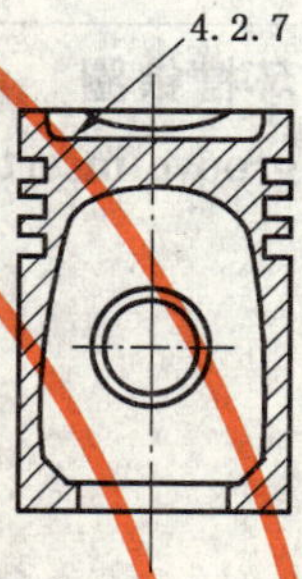 4.2.7
4.2.8	衬套 活塞销衬套 **bushing;** piston pin bushing	支承活塞销的零件	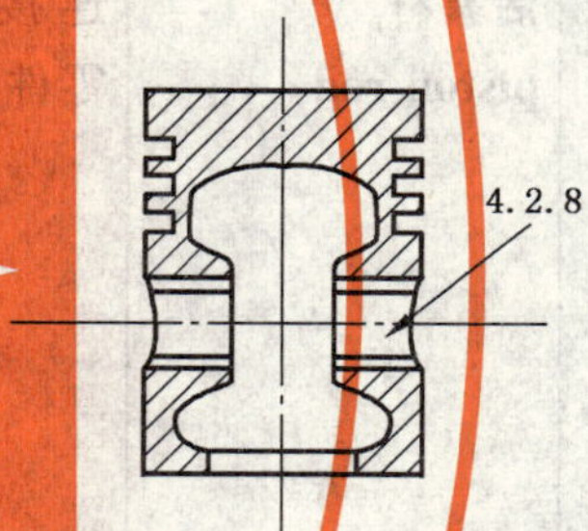 4.2.8
4.2.9	活塞筒体 **piston shell**	组合式活塞的外部,活塞销轴承位于活塞中与其分离的内部	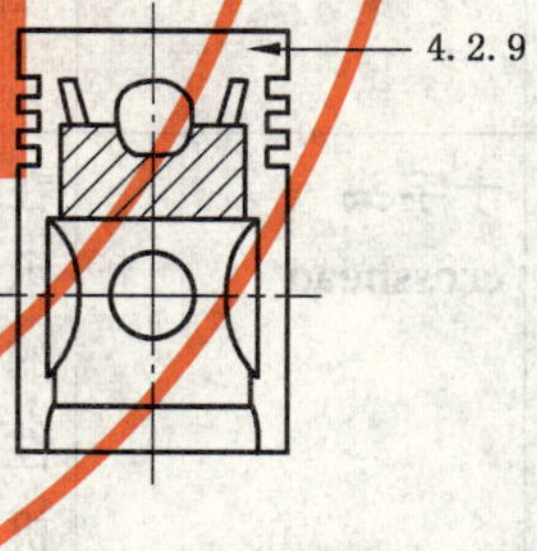 4.2.9
4.2.10	活塞销支座 **piston pin carrier**	用以支承活塞销轴承,并在装入活塞筒体后可以拆卸的零件	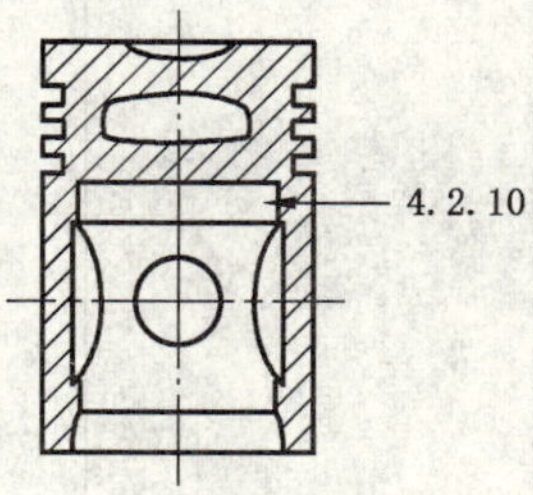 4.2.10

序号	术　　语	定　　义	图　　例
4.2.11	**活塞销** **piston pin;** gudgeon pin	连接活塞和连杆的零件	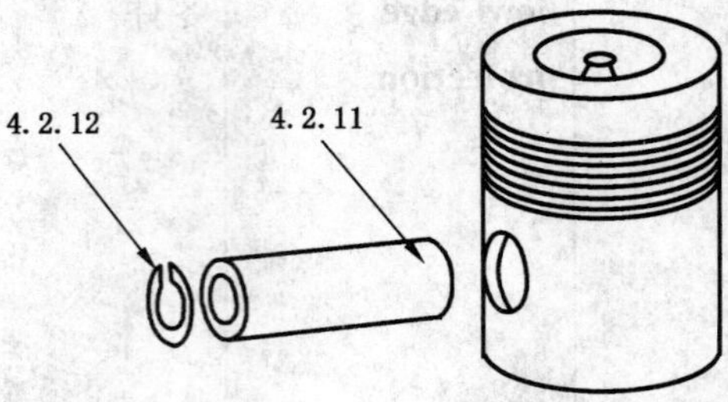
4.2.12	**挡圈** **retaining ring;** circlip	防止活塞销横向移动的圆环	
4.2.13	**活塞环槽镶圈** **ring groove insert**	作为安装一个或数个活塞环用的镶圈而铸入活塞中的耐磨零件	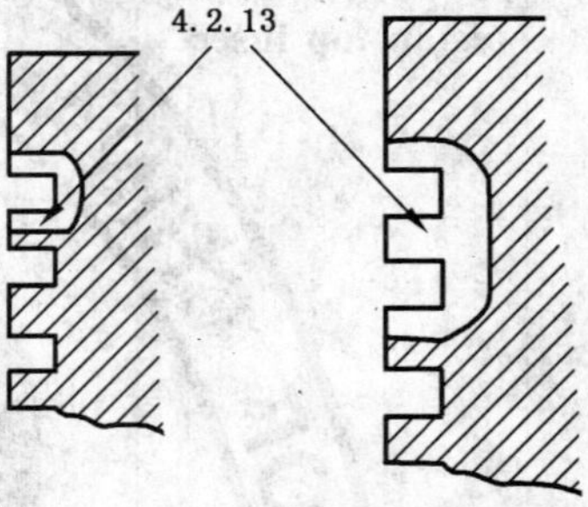
4.2.14	**活塞杆** **piston rod**	连接十字头和活塞的零件	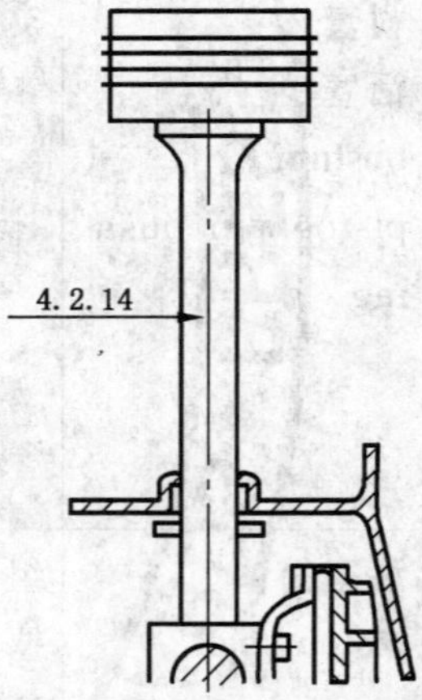
4.2.15	**十字头** **crosshead**	在相应的导轨中滑动以承受由连杆摆动所产生的侧推力，并和活塞刚性连接、和连杆铰接的机构	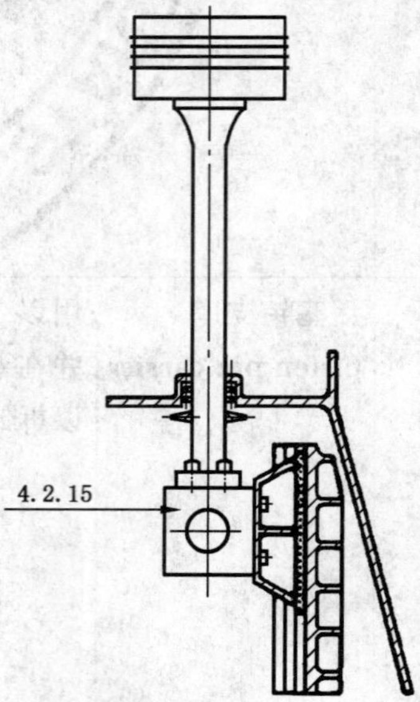

序号	术　语	定　义	图　例
4.3	活塞结构 **piston details**		
4.3.1	活塞顶 **piston top**	活塞面向燃烧室的表面	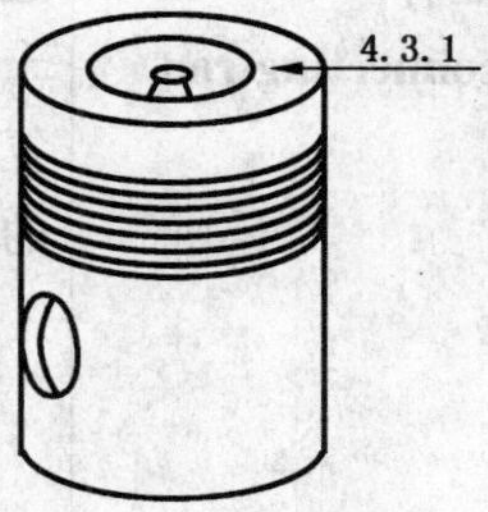
4.3.2	活塞环带 **piston ring belt**	活塞顶与最低活塞环槽底部之间，用以安装活塞环的活塞侧面部分	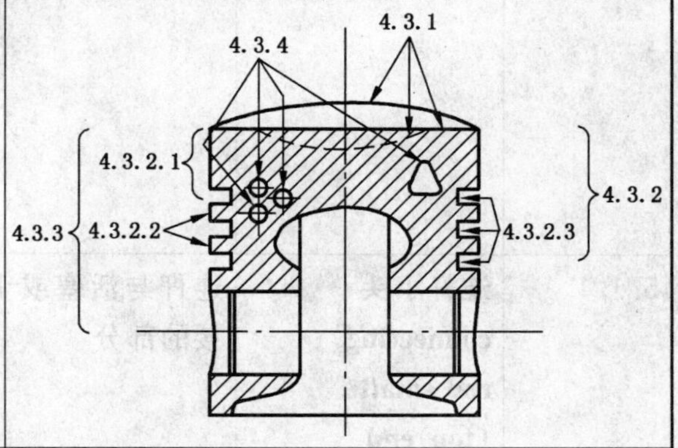
4.3.2.1	顶岸 **top land**; piston junk	活塞环槽上部的活塞侧面部分	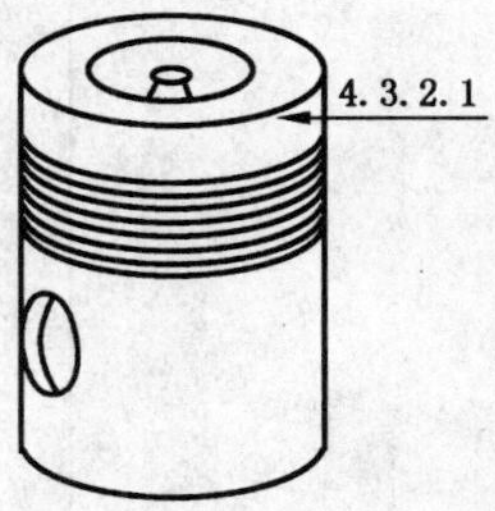
4.3.2.2	活塞环岸 **piston ring land**	活塞环槽间的活塞侧面部分	见 4.3.2 图例
4.3.2.3	活塞环槽 **piston ring groove**	用以安装活塞环的槽	见 4.3.2 图例
4.3.3	压缩高度 **compression height**	活塞销中心线至顶岸上部边缘的距离	见 4.3.2 图例
4.3.4	冷却通道 **cooling gallery**	活塞内部冷却液（通常为发动机机油）循环流动的空腔	见 4.3.2 图例

序号	术　语	定　义	图　例
5	连杆机构 connecting rod mechanism		
5.1	连杆 connecting rod	通过轴承安装在活塞或十字头和曲轴上，将往复运动转换为旋转运动的零件	
5.1.1	连杆小头 connecting rod small (top) end	连杆与活塞或十字头连接的部分	
5.1.2	连杆大头 connecting rod big (bottom) end	连杆与曲轴连接的部分或主连杆的大头 注：为了能方便地安装在曲柄销上，连杆大头一般采用剖分式结构。	

序号	术　语	定　义	图　例
5.1.3	**连杆杆身** **connecting rod shank**	连杆中用以连接连杆小头和连杆大头的部分	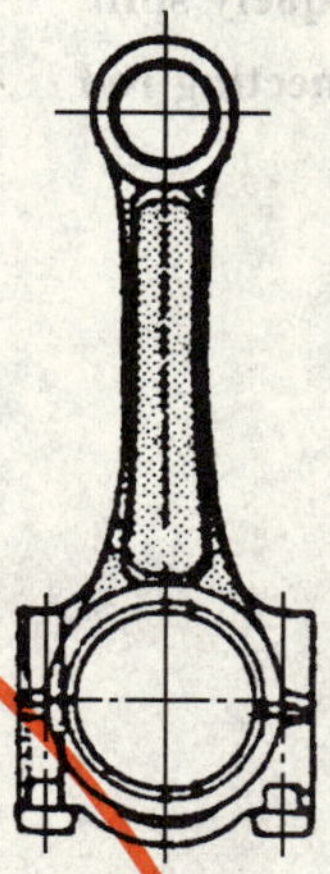
5.1.4	**船用连杆** **marine type (palm-ended) connecting rod**	具有可拆式大头的连杆	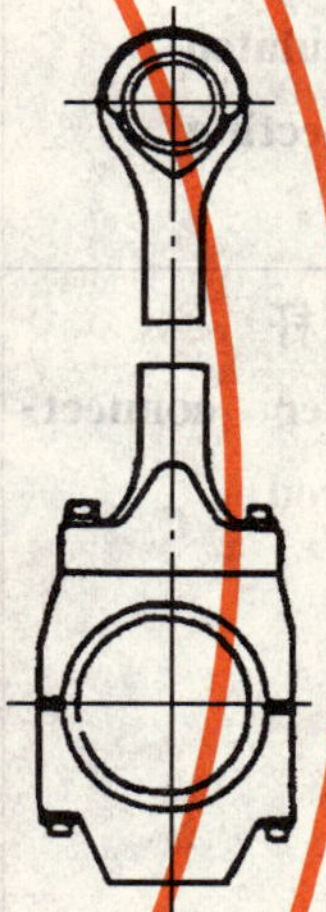
5.1.5	**水平切口连杆** **horizontally split connecting rod**	连杆大头剖分面垂直于连杆轴线的连杆	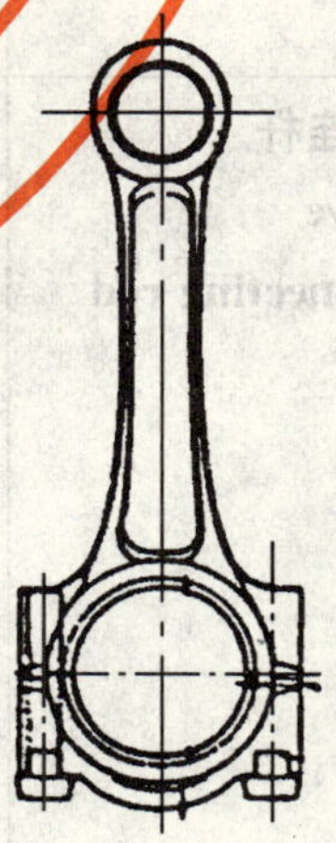

序号	术 语	定 义	图 例
5.1.6	**斜切口连杆** **obliquely split connecting rod**	大头剖分面不垂直连杆轴线的连杆	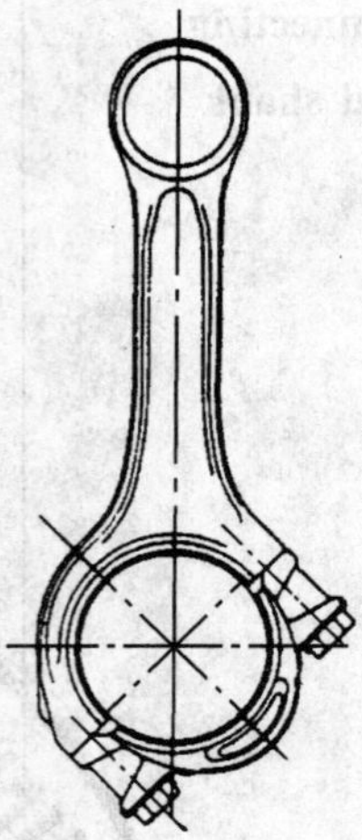
5.1.7	**主副连杆** **articulated connecting rod**	一个主连杆带有一个或数个副连杆的总成	
5.1.7.1	**主连杆** **master connecting rod**	大头上铰接有一个或数个副连杆大头的连杆	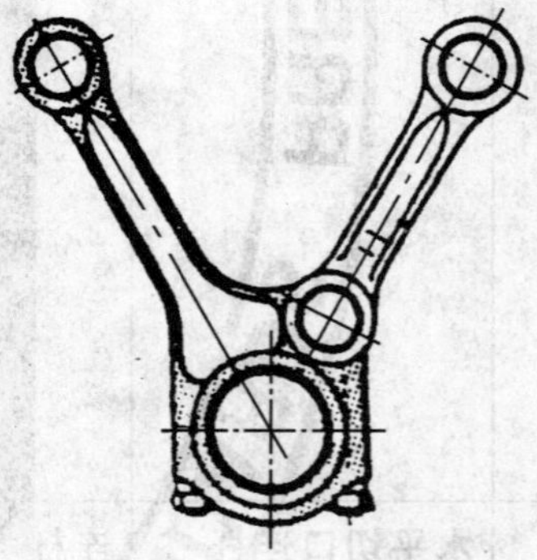
5.1.7.2	**副连杆** **slave connecting rod**	大头与主连杆大头铰接的连杆	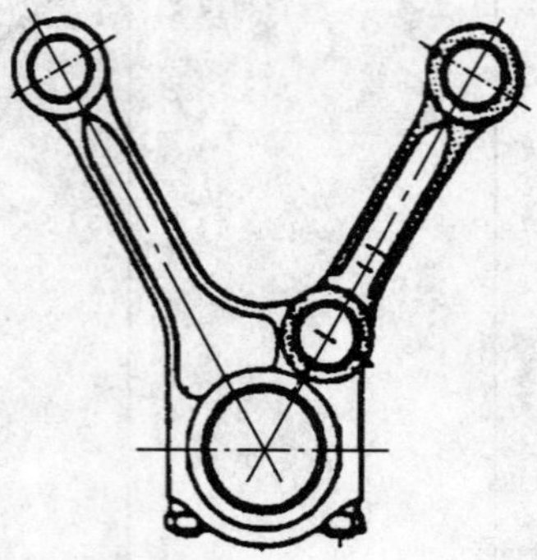

序号	术语	定义	图例
5.1.8	**叉形连杆** **fork-and-blade connecting rod**	V形或对置气缸发动机的叉形连杆大头上，带有安装片形连杆用切槽的连杆装置	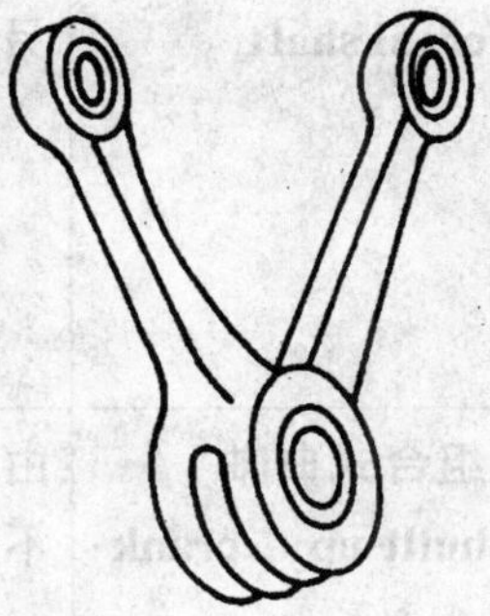
5.1.9	**并列连杆** **side-by-side connecting rod**	V形或对置气缸发动机中，大头并列安置在同一曲柄销上的连杆	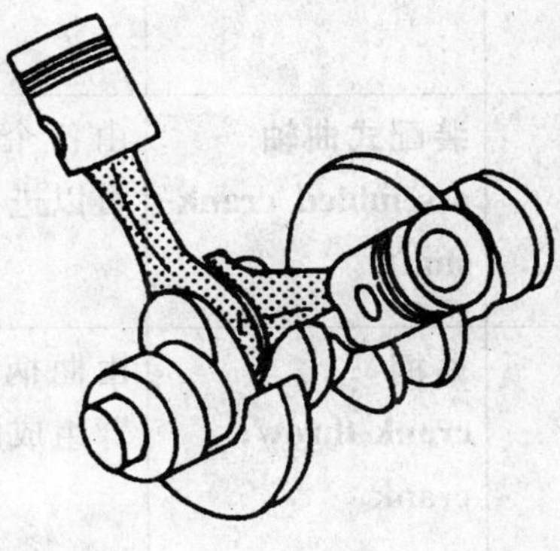
5.1.10	**连杆大头轴承** **big (bottom) end bearing**	连杆与曲轴之间的轴承	
5.1.11	**连杆小头轴承** **small(top) end bearing**	连杆与活塞或十字头销之间的轴承	
6	**曲轴** **crankshaft**		
6.1	**曲轴** **crankshaft**	通过连杆将活塞往复运动转变为旋转运动的带有曲柄的轴	

序号	术　语	定　义	图　例
6.1.1	整体式曲轴 one-piece crankshaft	由整块材料制成，平衡重可以与其制成一体或另行安装上去的轴	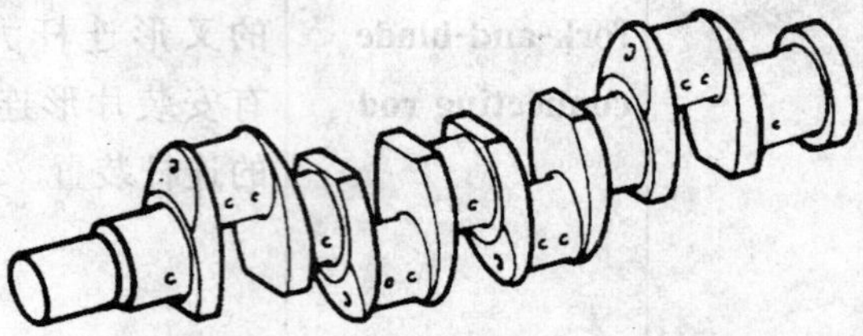
6.1.2	组合式曲轴 built-up crank-shaft	由各个单独元件组成，不能进行拆卸的曲轴	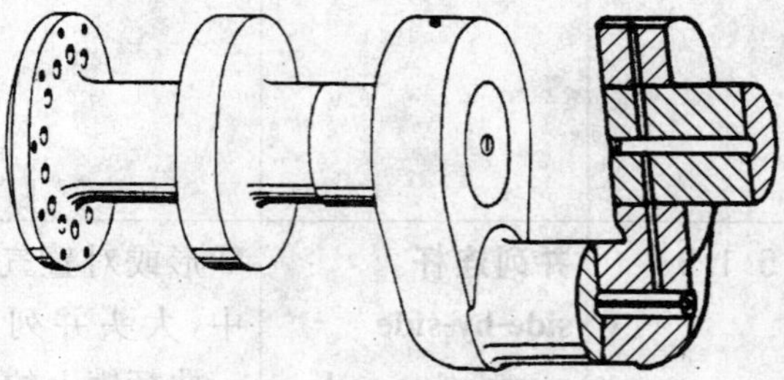
6.1.3	装配式曲轴 assembled crank-shaft	由各个单独元件组成，可以进行拆卸的曲轴	
6.1.4	曲柄 crank throw; crank	由曲柄销和关联的曲柄臂组成的曲轴部分	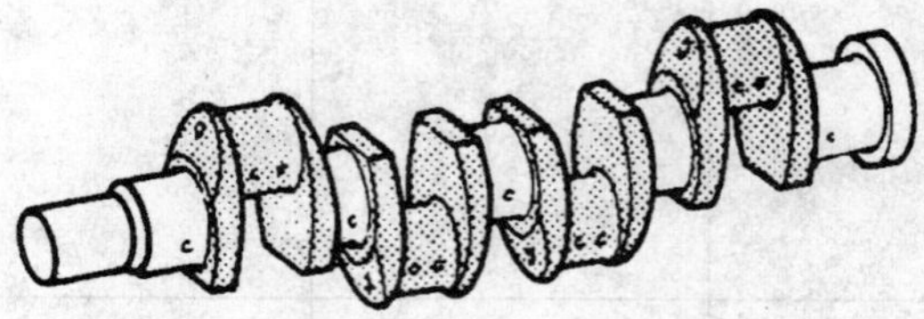
6.1.5	主轴颈 crank journal	在主轴承内旋转的曲轴部分	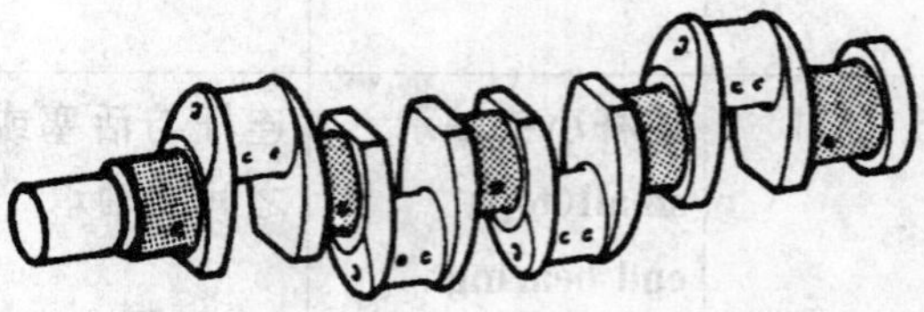
6.1.6	曲柄销 crank pin	安装有一个或数个连杆大头的曲轴部分	

序号	术　语	定　义	图　例
6.1.7	曲柄臂 **crank web**	连接主轴颈和曲柄销的曲轴部分	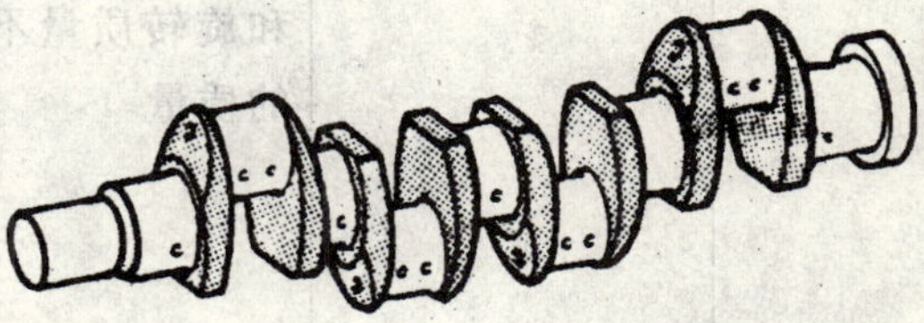
6.1.8	主轴承 **main bearing**	曲轴在其中旋转的轴承	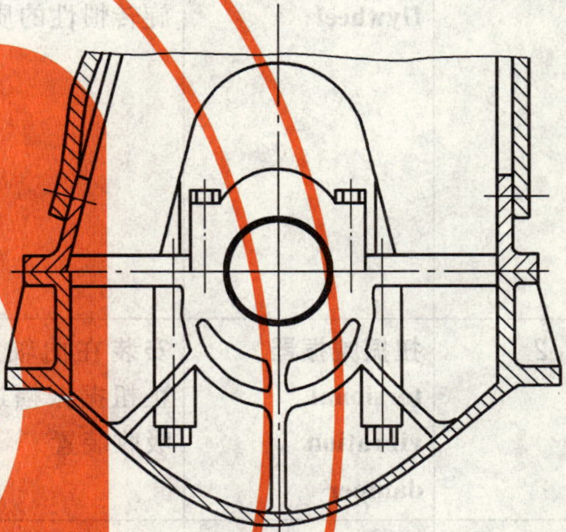
6.1.9	止推轴承 **thrust bearing**	位于曲轴轴向,用以承载曲轴轴向力的轴承	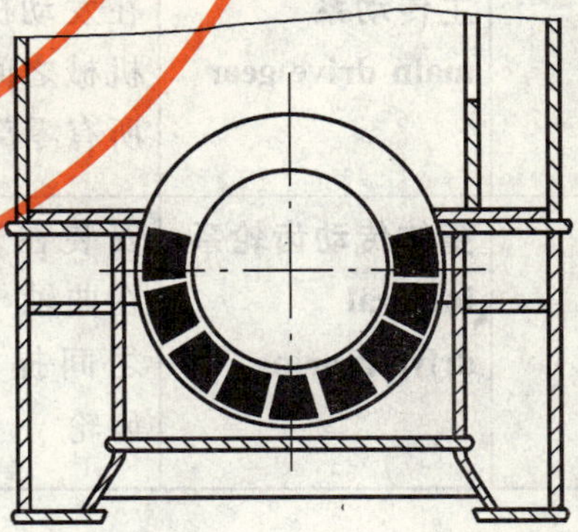

序号	术　语	定　义	图　例
6.1.10	平衡重 balance weight	安装在曲轴上或与曲轴制成一体，以降低往复和旋转质量不平衡影响的质量	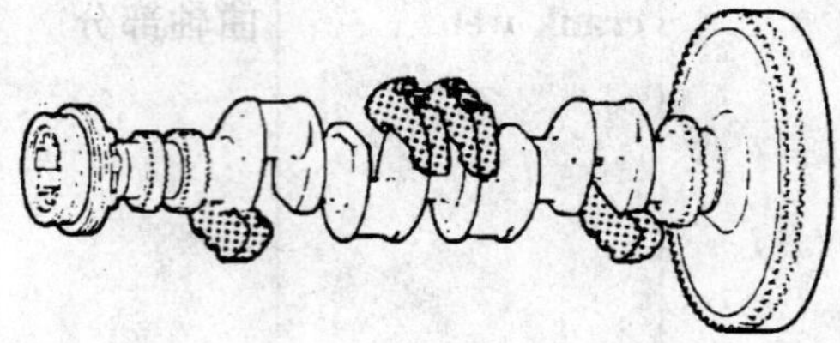
7	其他运动件 other running gear		
7.1	飞轮 flywheel	安装在曲轴上，以增加旋转惯性的质量	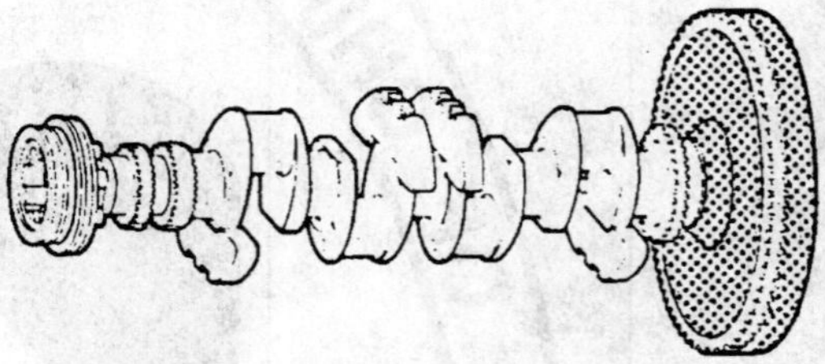
7.2	扭振减振器 torsional vibration damper	安装在曲轴上，用以防止扭振振幅过大的能量吸收装置	
7.3	动平衡机构 dynamic balancer	带有偏心质量，按照与曲轴转速相适宜的传动比随曲轴转动，以降低不平衡力和/或频率的机构	
7.4	主传动系 main drive gear	在发动机输出轴与从动机械之间的传动系内的所有零部件	
7.5	整体传动齿轮系 integral drive gearing	安装在发动机内，用以在曲轴与发动机传动轴之间提供一定速比的齿轮	

中 文 索 引

英 文 索 引

H

I

M

O

P

R

ICS 77.150.10
H 61

中华人民共和国国家标准

GB/T 6891—2006
代替 GB/T 6891—1986

铝及铝合金压型板

Wrought aluminium and aluminium alloy-V corrugated sheet

2006-05-08 发布　　　　2006-10-01 实施

中华人民共和国国家质量监督检验检疫总局
中国国家标准化管理委员会　发布

前言

本标准代替 GB/T 6891—1986《铝及铝合金压型板》。

本标准与 GB/T 6891—1986 相比，主要有如下变动：

——本标准采用 GB/T 3190—1996《变形铝及铝合金化学成分》中的牌号及 GB/T 16475—1996《变形铝及铝合金状态代号》中的状态代号，并在附录中给出了新、旧牌号与状态对照表。

——坯料厚度偏差采用 GB/T 3880 的规定。

——坯料的室温拉伸试验按 GB/T 228 进行，力学性能按 GB/T 3880 的规定，拉伸试样符合 GB/T 16865的规定。

——化学成分分析方法采用 GB/T 6987 的规定，化学成分分析取样方法按 GB/T 17432 进行。

——增加了检验结果的判定内容。

本标准的附录 A 为资料性附录。

本标准由中国有色金属工业协会提出。

本标准由全国有色金属标准化技术委员会归口。

本标准由西南铝业(集团)有限责任公司负责起草。

本标准主要起草人：唐登毅、章吉林、何新宇。

本标准由全国有色金属标准化技术委员会负责解释。

本标准所代替标准的历次版本发布情况为：

——GB/T 6891—1986。

铝及铝合金压型板

1 范围

本标准规定了铝及铝合金压型板的要求、试验方法、检验规则、标志、包装、运输、贮存及合同内容。

本标准适用于工业及民用建筑、设备维护结构材料用的铝及铝合金压型板(以下简称压型板)。

2 规范性引用文件

下列文件中的条款通过本标准的引用而成为本标准的条款。凡是注日期的引用文件,其随后所有的修改单(不包括勘误的内容)或修订版均不适用于本标准,然而,鼓励根据本标准达成协议的各方研究是否可使用这些文件的最新版本。凡是不注日期的引用文件,其最新版本适用于本标准。

GB/T 228 金属材料 室温拉伸试验方法

GB/T 3190 变形铝及铝合金化学成分

GB/T 3199 铝及铝合金加工产品 包装、标志、运输、贮存

GB/T 3880(所有部分) 一般工业用铝及铝合金轧制板、带材

GB/T 6987(所有部分) 铝及铝合金化学分析方法

GB/T 7999 铝及铝合金光电(测光法)发射光谱分析方法

GB/T 16865 变形铝、镁及其合金加工制品拉伸试验用试样

GB/T 17432 变形铝及铝合金化学成分分析取样方法

3 要求

3.1 产品分类

3.1.1 型号、板型、牌号、状态及规格

压型板的型号、板型、牌号、供应状态、规格应符合表1的规定。

表 1

型号	板型	牌号	状态	规格/mm				
				波高	波距	坯料厚度	宽度	长度
V25-150 Ⅰ	见图 1	1050A、1050、1060、1070A、1100、1200、3003、5005	H18	25	150	0.6～1.0	635	1 700～6 200
V25-150 Ⅱ	见图 2						935	
V25-150 Ⅲ	见图 3						970	
V25-150 Ⅳ	见图 4						1 170	
V60-187.5	见图 5		H16、H18	60	187.5	0.9～1.2	826	1 700～6 200
V25-300	见图 6		H16	25	300	0.6～1.0	985	1 700～5 000
V35-115 Ⅰ	见图 7		H16、H18	35	115	0.7～1.2	720	≥1 700
V35-115 Ⅱ	见图 8						710	
V35-125	见图 9		H16、H18	35	125	0.7～1.2	807	≥1 700
V130-550	见图 10		H16、H18	130	550	1.0～1.2	625	≥6 000
V173	见图 11		H16、H18	173	—	0.9～1.2	387	≥1 700
Z295	见图 12		H18	—	—	0.6～1.0	295	1 200～2 500
注 1：新、旧牌号、状态代号对照见附录 A。 注 2：需方需要其他规格或板型的压型板时,供需双方协商。								

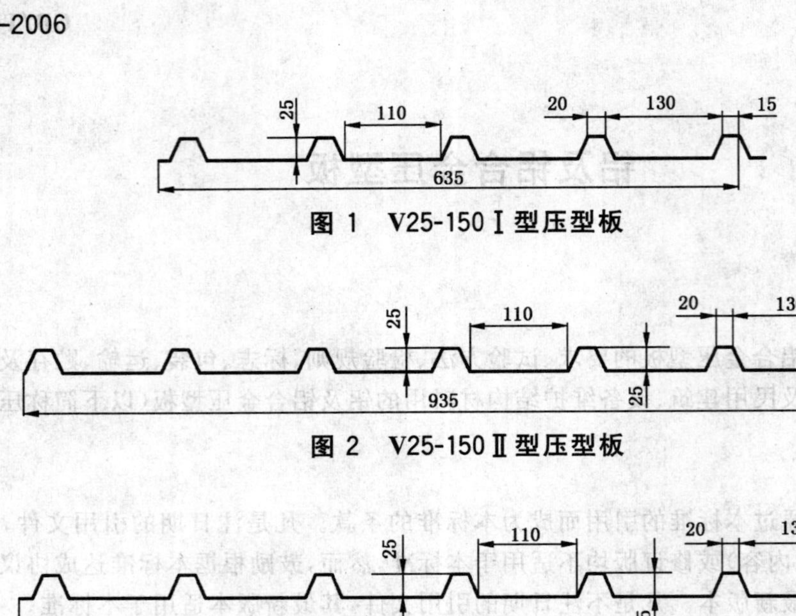

图 1 V25-150Ⅰ型压型板

图 2 V25-150Ⅱ型压型板

图 3 V25-150Ⅲ型压型板

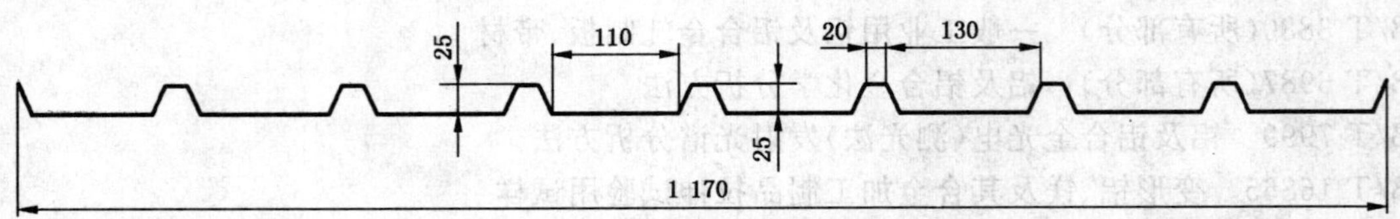

图 4 V25-150Ⅳ型压型板

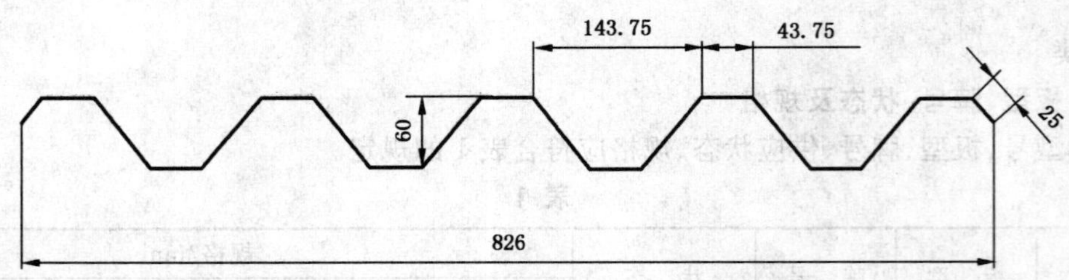

图 5 V60-187.5 型压型板

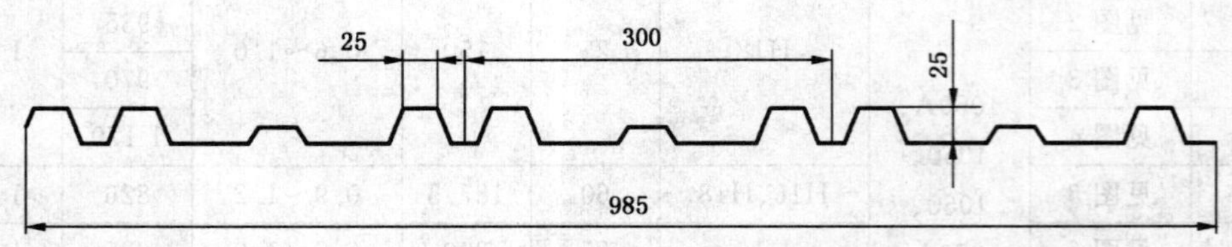

图 6 V25-300 型压型板

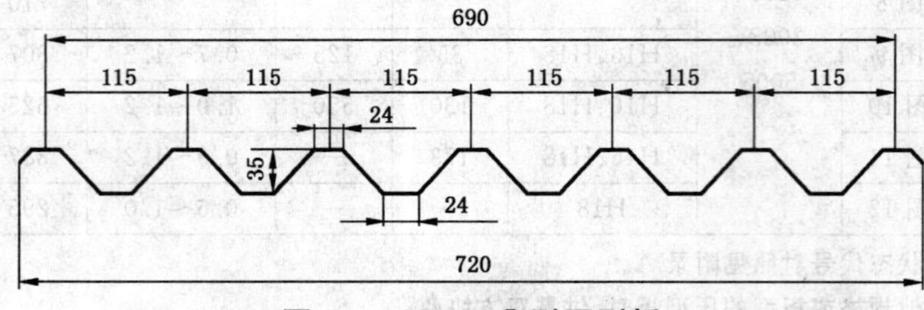

图 7 V35-150Ⅰ型压型板

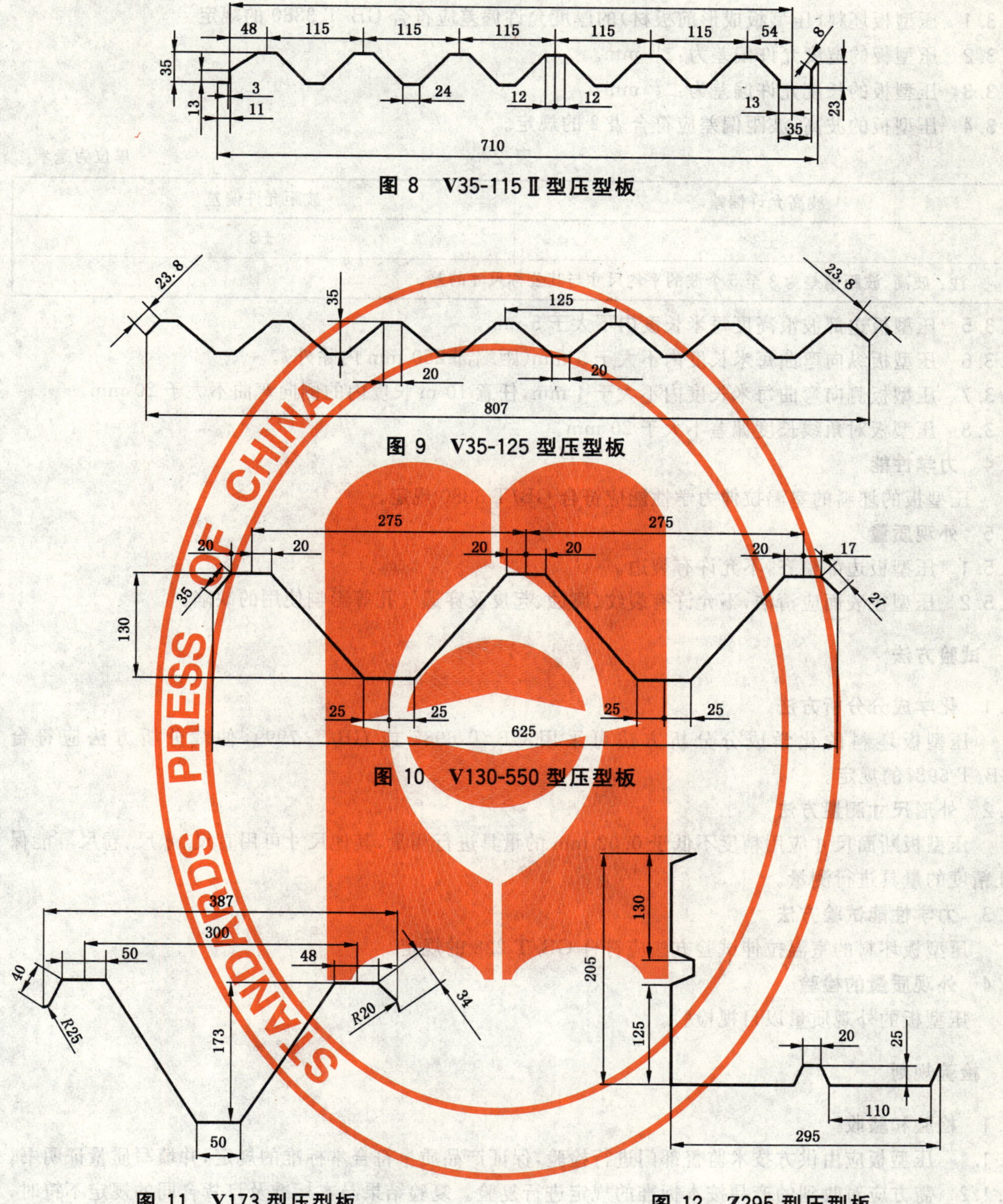

图 8 V35-115Ⅱ型压型板

图 9 V35-125 型压型板

图 10 V130-550 型压型板

图 11 Y173 型压型板

图 12 Z295 型压型板

3.1.2 标记示例

用 3003 合金制造的、供应状态为 H18、型号为 V60-187.5、坯料厚度为 1.00 mm、宽度为 826 mm、长度为 3 000 mm 的压型板，标记为：

V60-187.5　3003-H18　1.0×826×3 000　GB/T 6891—2006

3.2 化学成分

压型板的化学成分应符合 GB/T 3190 的规定。

3.3 尺寸允许偏差

3.3.1 压型板坯料(压型板成形前板材)的厚度允许偏差应符合 GB/T 3880 的规定。

3.3.2 压型板的宽度允许偏差为：$^{+15}_{-5}$ mm。

3.3.3 压型板的长度允许偏差为：$^{+25}_{-5}$ mm。

3.3.4 压型板的波高、波距偏差应符合表 2 的规定。

表 2

单位为毫米

波高允许偏差	波距允许偏差
±3	±3
注：波高、波距偏差为 3 至 5 个波的平均尺寸与其公称尺寸的差。	

3.3.5 压型板边部波浪高度每米长度内不大于 5 mm。

3.3.6 压型板纵向弯曲每米长度内不大于 5 mm(距端部 250 mm 内除外)。

3.3.7 压型板侧向弯曲每米长度内不大于 4 mm,任意 10 m 长度内的侧向弯曲不大于 20 mm。

3.3.8 压型板对角线长度偏差不大于 20 mm。

3.4 力学性能

压型板的坯料的室温拉伸力学性能应符合 GB/T 3880 规定。

3.5 外观质量

3.5.1 压型板边部整齐,不允许有裂边。

3.5.2 压型板表面应清洁,不允许有裂纹、腐蚀、起皮及穿通气孔等影响使用的缺陷。

4 试验方法

4.1 化学成分分析方法

压型板坯料的化学成分分析方法可采用 GB/T 6987 或 GB/T 7999,仲裁分析方法应符合 GB/T 6987的规定。

4.2 外形尺寸测量方法

压型板断面尺寸应用精度不低于 0.02 mm 的量具进行测量,其他尺寸可用直尺、米尺、卷尺等能保证精度的量具进行测量。

4.3 力学性能试验方法

压型板坯料的室温拉伸试验方法应符合 GB/T 228 的规定。

4.4 外观质量的检验

压型板的外观质量以目视检验。

5 检验规则

5.1 检验和验收

5.1.1 压型板应由供方技术监督部门进行检验,保证产品质量符合本标准的规定,并填写质量证明书。

5.1.2 需方应对收到的产品按本标准的规定进行复验。复验结果与本标准及订货合同的规定不符时,应以书面形式向供方提出,由供需双方协商解决。属于表面质量及尺寸偏差的异议,应在收到产品之日起 1 个月内提出,属于其他性能的异议,应在收到产品之日起 3 个月内提出。如需仲裁,供需双方应在需方处共同进行仲裁取样。

5.2 组批

压型板应成批提交验收,每批应由同一型号、牌号、状态和规格组成。

5.3 计重

压型板应检斤计重。

5.4 **检验项目**

每批产品出厂前应进行化学成分、尺寸偏差和外观质量的检验。每批压型板的坯料应进行力学性能的检验。

5.5 **取样**

产品的取样应符合表3的规定。

表3

检验项目	取样规定	要求的章条号	试验方法的章条号
化学成分	按GB/T 17432的规定进行	3.2	4.1
尺寸偏差	每批5%,但不少于3张	3.3	4.2
力学性能	坯料每批2%,但不少于2张。每张取1个试样。其他要求应符合GB/T 16865的规定	3.4	4.3
外观质量	逐张检验	3.5	4.4

5.6 **检验结果的判定**

5.6.1 化学成分不合格时,判批不合格。

5.6.2 尺寸偏差不合格时,判该批压型板不合格。但允许需方逐张检验,合格者交货。

5.6.3 室温拉伸力学性能不合格时,应从该批中(含原检验不合格者)另取双倍数量的试样进行重复试验,重复试验合格时判批合格。若重复试验结果仍有不合格者,判该批不合格。

5.6.4 外观质量不合格时,判该张压型板不合格。

5.6.5 当出现其他缺陷时,该批产品由供需双方协商处理。

6 标志、包装、运输、贮存

6.1 **标志**

6.1.1 在验收合格的产品上应有如下标志:

a) 供方技术监督部门的检印;

b) 牌号、型号;

c) 供应状态;

d) 产品批号。

6.1.2 产品的包装箱标志应符合GB/T 3199的规定。

6.2 **包装、运输、贮存**

压型板包装时不涂油、不垫纸,成垛简易包装。板垛应包牛皮纸,并用尼龙编织带捆紧,再用沥青纸包严,然后在板垛上面盖一层塑料薄膜,板垛上、下两端用箱盖捆紧钉牢。每垛压型板垛高不应超过500 mm,每垛毛重不超过5 000 kg。其他按GB/T 3199的规定。

6.3 **质量证明书**

每批压型板应附有产品质量证明书,其上注明:

a) 供方名称、地址、电话、传真;

b) 产品名称;

c) 合金牌号、型号、供应状态及规格;

d) 批号;

e) 净重或件数;

f) 各项分析项目的检验结果和技术监督部门的印记;

g) 本标准编号;

h) 包装日期(或出厂日期)。

7 合同内容

订购本标准所列产品的合同(或订货单)内应包括下列内容：

a) 产品名称；

b) 牌号；

c) 供应状态；

d) 型号、规格；

e) 净重或件数；

f) 本标准编号。

附 录 A
（资料性附录）
新、旧牌号、状态代号对照表

A.1 新、旧牌号对照见表 A.1。

表 A.1

新牌号	旧牌号
1050	—
1050A	L3
1060	L2
1070A	L1
1100	L5-1
1200	L5
3003	LF21
5005	—

A.2 新、旧状态代号对照见表 A.2。

表 A.2

新状态代号	旧状态代号
H16	Y_1
H18	Y

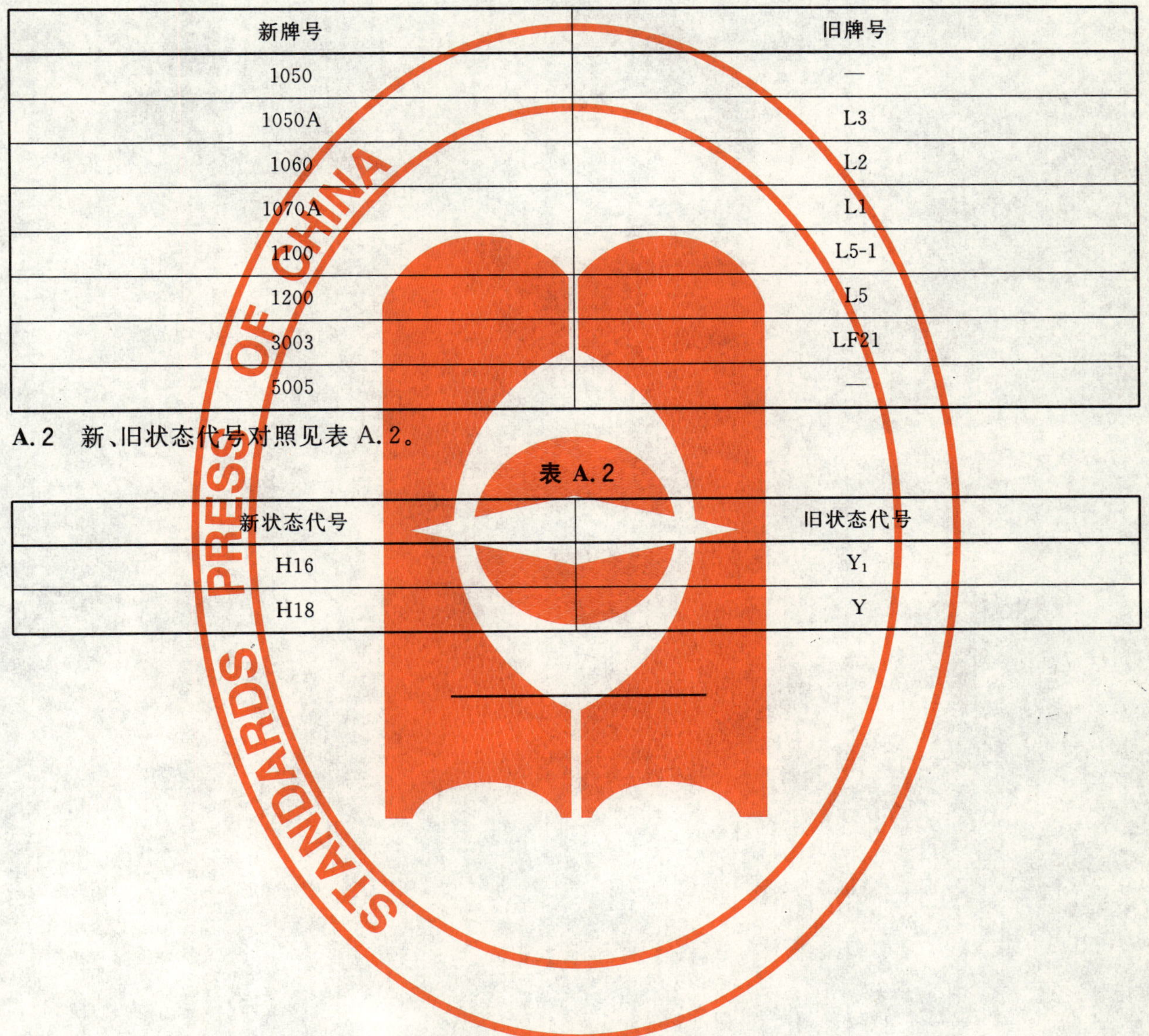

ICS 77.150.10
H 61

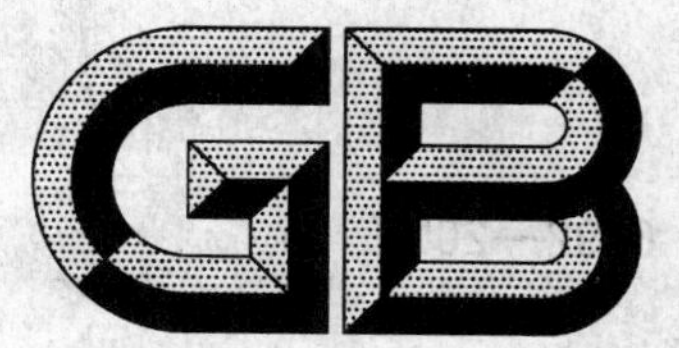

中华人民共和国国家标准

GB/T 6892—2006
代替 GB/T 6892—2000、GB/T 19347—2003、GB/T 19347.2—2005

一般工业用铝及铝合金挤压型材

Wrought aluminium and aluminium alloys extruded profiles for general engineering

2006-09-26 发布　　　　2007-02-01 实施

中华人民共和国国家质量监督检验检疫总局
中国国家标准化管理委员会　发布

前　言

本标准是对 GB/T 6892—2000《工业用铝及铝合金热挤压型材》、GB/T 19347—2003《轨道车辆结构用铝合金挤压型材》、GB/T 19347.2—2005《特殊环境条件　轨道车辆结构用铝合金挤压型材》的合并修订，主要修订内容如下：

本标准代替 GB/T 6892—2000、GB/T 19347—2003、GB/T 19347.2—2005。

——纳入了 EN 775.2—1997《铝及铝合金棒、管、型——力学性能》中的 1050A、1200、1350、3103、2014、2014A、2017A、5005、5005A、5051A、5251、5019(原为 5056A)、5154A、5454、5754、5083、5086、6101A、6101B、6005A、6106、6351、6261、6463、6081、7003、7005、7020、7022、7049A 合金；纳入了 ASTMB221M—2005《铝及铝合金挤压管、棒、型材》中的 7178 合金；还纳入了国内工艺成熟的 6463A 合金。

——参照 ASTMG 47—1990《高强度铝合金加工产品的应力腐蚀试验方法》和 ASTMG 64—1985《高强度铝合金的应力腐蚀试验方法》，制订了附录 A《铝合金加工产品的环形试样应力腐蚀试验方法》。

本标准的附录 A、附录 B、附录 C 为规范性附录。

本标准由中国有色金属工业协会提出。

本标准由全国有色金属标准化技术委员会归口并负责解释。

本标准主要起草单位：西南铝业(集团)有限责任公司、广东兴发铝业有限公司、福建闽发铝业有限公司、广东坚美铝型材厂有限公司、中国有色金属工业标准计量质量研究所。

本标准参加起草单位：兰州铝业股份有限公司西北铝加工分公司、东北轻合金有限责任公司、湖南经阁投资控股集团有限公司、北京有色金属研究总院、中国有色金属工业华南产品质量监督检验中心。

本标准主要起草人：李瑞山、吴锡坤、陈敏、卢继延、李晓风、葛立新、杨亚萍、金龙兵、陈铁平、何耀祖、周仁良。

本标准所代替标准的历次版本发布情况为：

——GB/T 6892—1986、GB/T 6892—2000；

——GB/T 19347—2003；

——GB/T 19347.2—2005。

一般工业用铝及铝合金挤压型材

1 范围

本标准规定了一般工业用铝及铝合金挤压型材的要求、试验方法、检验规则和标志、包装、运输、贮存及合同内容等。

本标准适用于一般工业用铝及铝合金挤压型材。

2 规范性引用文件

下列文件中的条款通过本标准的引用而成为本标准的条款。凡是注日期的引用文件，其随后所有的修改单(不包括勘误的内容)或修订版均不适用于本标准，然而，鼓励根据本标准达成协议的各方研究是否可使用这些文件的最新版本。凡是不注日期的引用文件，其最新版本适用于本标准。

GB/T 228 金属材料 室温拉伸试验方法
GB/T 3190 变形铝及铝合金化学成分
GB/T 3199 铝及铝合金加工产品包装、标志、运输、贮存
GB/T 3246.1 变形铝及铝合金制品显微组织检验方法
GB/T 3246.2 变形铝及铝合金制品低倍组织检验方法
GB/T 6519 变形铝合金产品超声波检验方法
GB/T 6987(所有部分) 铝及铝合金化学分析方法
GB/T 7999 铝及铝合金光电(测光法)发射光谱分析方法
GB/T 12966 铝合金电导率涡流测试方法
GB/T 14846 铝及铝合金挤压型材尺寸偏差
GB/T 16865 变形铝、镁及其合金加工制品拉伸试验用试样
GB/T 17432 变形铝及铝合金化学成分分析取样方法
YS/T 591 铝及铝合金热处理规范

3 要求

3.1 产品分类

3.1.1 型材分类

型材按用途分类如表1所示。

表 1

型材类别	可供合金
车辆型材[a]	5052、5083、6061、6063、6005A、6082、6106、7003、7005
其他型材	1050A、1060、1100、1200、1350、2A11、2A12、2017、2017A、2014、2014A、2024、3A21、3003、3103、5A02、5A03、5A05、5A06、5005、5005A、5051A、5251、5052、5154A、5454、5754、5019、5083、5086、6A02、6101A、6101B、6005、6005A、6106、6351、6060、6061、6261、6063、6063A、6463、6463A、6081、6082、7A04、7003、7005、7020、7022、7049A、7075、7178

[a] 车辆型材指适用于铁道、地铁、轻轨等轨道车辆车体结构及其他车辆车体结构的型材。

3.1.2 标记示例

a) 用6005A合金制造的、供应状态为T6、型材代号为ELGDX-15的地铁型材，标记为：
车辆型材 6005A-T6 ELGDX-15 GB/T 6892—2006

b) 用6063合金制造的、供应状态为T5、型材代号为EL1755的电器用型材，标记为：

型材 6063-T5 EL1755 GB/T 6892—2006

3.2 化学成分

5005A、5051A、6101B、6106、6261、6463、6463A、6081、7049A、7178合金牌号的产品化学成分应符合表2规定，其他牌号的产品化学成分应符合GB/T 3190的规定。

表 2

牌号	质量分数/%										
	Si	Fe	Cu	Mn	Mg	Cr	Zn	Ti	其他杂质[a]		Al^b
									单个	合计	
5005A	0.30	0.45	0.05	0.15	0.7～1.1	0.10	0.20		0.05	0.15	余量
5051A	0.30	0.45	0.05	0.25	1.4～2.1	0.30	0.20	0.10	0.05	0.15	余量
6101B	0.30～0.6	0.10～0.30	0.05	0.05	0.35～0.6		0.10		0.03	0.10	余量
6106	0.30～0.6	0.35	0.25	0.05～0.20	0.40～0.8	0.20	0.10		0.05	0.10	余量
6261	0.40～0.7	0.40	0.15～0.40	0.20～0.35	0.7～1.0	0.10	0.20	0.10	0.05	0.15	余量
6463	0.20～0.6	0.15	0.20	0.05	0.45～0.9		0.05		0.05	0.15	余量
6463A	0.20～0.6	0.15	0.25	0.05	0.30～0.9		0.05		0.05	0.15	余量
6081	0.7～1.1	0.50	0.10	0.10～0.45	0.6～1.0	0.10	0.20	0.15	0.05	0.15	余量
7049A	0.40	0.50	1.2～1.9	0.50	2.1～3.1	0.05～0.25	7.2～8.4	Ti+Zr：0.25	0.05	0.15	余量
7178	0.40	0.50	1.6～2.4	0.30	2.4～3.1	0.18～0.28	6.3～7.3	0.20	0.05	0.15	余量

注：表中单个数字表示元素质量百分比含量的最大值。

a 其他杂质指表中未列出或未规定数值的金属元素。

b 铝的质量分数为100%与等于或大于0.010%的所有金属元素总和的差值，求和前各元素数值要表示到0.0X%。

3.3 尺寸允许偏差

3.3.1 横截面尺寸允许偏差

3.3.1.1 型材横截面的壁厚、非壁厚尺寸及角度允许偏差应符合双方签订的图样规定，图样上未标注偏差但能直接测量的尺寸或角度，其偏差应符合GB/T 14846中普通级的规定。

3.3.1.2 型材横截面的圆角半径、倒角半径及曲面间隙应符合GB/T 14846的规定。

3.3.2 弯曲度

车辆型材的弯曲度应符合表3的规定。其他型材的弯曲度应符合GB/T 14846中普通级的规定，需要高精级或超高精级应在图样或合同中注明。

表 3

弯曲度分类	弯曲度要求
宽面弯曲度	长度小于4.5 m的型材，其弯曲度为：每米长度上不大于1 mm，全长（L米上）不大于$1\times L$ mm 长度不小于4.5 m的型材，其弯曲度为：每米长度上不大于1 mm，全长不大于10 mm
窄面弯曲度	每2 m长度上不大于1 mm，全长不大于6 mm

3.3.3 波浪度

型材的波浪度应符合GB/T 14846中普通级的规定。

3.3.4 扭拧度

车辆型材的扭拧度在每米长度上不大于1 mm，全长不大于6 mm。其他型材的扭拧度应符合

GB/T 14846中普通级的规定，需要高精级或超高精级应在图样或合同中注明。

3.3.5 平面间隙

车辆型材装饰面上的平面间隙不大于1.8 mm，非装饰面上的平面间隙不大于2.4 mm。其他型材的平面间隙应符合 GB/T 14846 中普通级的规定，需要高精级或超高精级应在图样或合同中注明。

3.3.6 切斜度

车辆型材的切斜度应符合 GB/T 14846 中高精级的规定，其他型材应符合 GB/T 14846 中普通级的规定，需要高精级或超高精级应在图样或合同中注明。

3.3.7 长度偏差

型材的长度偏差应符合 GB/T 14846 的规定。

3.4 力学性能

3.4.1 型材的室温纵向拉伸力学性能应符合表4规定。表4未规定的型材，其力学性能由供需双方商定，并在合同中注明。合同中未注明时，附实测结果。

表 4

牌号	状态	壁厚/mm	抗拉强度 R_m/MPa	规定非比例延伸强度 $R_{p0.2}$/MPa	断后伸长率/% $A_{5.65}$[a]	$A_{50\ mm}$[b]
			不小于			
1050A	H112	—	60	20	25	23
1060	0	—	60～95	15	22	20
	H112	—	60	15	22	20
1100	0	—	75～105	20	22	20
	H112	—	75	20	22	20
1200	H112	—	75	25	20	18
1350	H112	—	60	—	25	23
2A11	0	—	≤245	—	12	10
	T4	≤10	335	190	—	10
		>10～20	335	200	10	8
		>20	365	210	10	—
2A12	0	—	≤245	—	12	10
	T4	≤5	390	295	—	8
		>5～10	410	295	—	8
		>10～20	420	305	10	8
		>20	440	315	10	—
2017	0	≤3.2	≤220	≤140	—	11
		>3.2～12	≤225	≤145	—	11
	T4	—	390	245	15	13
2017A	T4 T4510 T4511	≤30	380	260	10	8

表 4（续）

牌号	状态	壁厚/mm	抗拉强度 R_m/MPa	规定非比例延伸强度 $R_{p0.2}$/MPa	断后伸长率/%	
					$A_{5.65}$[a]	$A_{50\ mm}$[b]
			不小于			
2014 2014A	0	—	≤250	≤135	12	10
	T4 T4510 T4511	≤25	370	230	11	10
		>25～75	410	270	10	—
	T6 T6510 T6511	≤25	415	370	7	5
		>25～75	460	415	7	—
2024	0	—	≤250	≤150	12	10
	T3 T3510 T3511	≤15	395	290	8	6
		>15～50	420	290	8	—
	T8 T8510 T8511	≤50	455	380	5	4
3A21	0、H112	—	≤185	—	16	14
3003 3103	H112	—	95	35	25	20
5A02	0、H112	—	≤245	—	12	10
5A03	0、H112	—	180	80	12	10
5A05	0、H112	—	255	130	15	13
5A06	0、H112	—	315	160	15	13
5005 5005A	H112	—	100	40	18	16
5051A	H112	—	150	60	16	14
5251	H112	—	160	60	16	14
5052	H112	—	170	70	15	13
5154A 5454	H112	≤25	200	85	16	14
5754	H112	≤25	180	80	14	12
5019	H112	≤30	250	110	14	12
5083	H112	—	270	125	12	10
5086	H112	—	240	95	12	10
6A02	T4	—	180	—	12	10
	T6	—	295	230	10	8
6101A	T6	≤50	200	170	10	8
6101B	T6	≤15	215	160	8	6

表 4（续）

牌号	状态		壁厚/mm	抗拉强度 R_m/MPa	规定非比例延伸强度 $R_{p0.2}$/MPa	断后伸长率/%	
						$A_{5.65}$ [a]	$A_{50\ mm}$ [b]
				不小于			
6005 6005A	T5		≤6.3	260	215	—	7
	T4		≤25	180	90	15	13
	T6	实心型材	≤5	270	225	—	6
			>5～10	260	215	—	6
			>10～25	250	200	8	6
		空心型材	≤5	255	215	—	6
			>5～15	250	200	8	6
6106	T6		≤10	250	200	—	6
6351	0		—	≤160	≤110	14	12
	T4		≤25	205	110	14	12
	T5		≤5	270	230	—	6
	T6		≤5	290	250	—	6
			>5～25	300	255	10	8
6060	T4		≤25	120	60	16	14
	T5		≤5	160	120	—	6
			>5～25	140	100	8	6
	T6		≤3	190	150	—	6
			>3～25	170	140	8	6
6061	T4		≤25	180	110	15	13
	T5		≤16	240	205	9	7
	T6		≤5	260	240	—	7
			>5～25	260	240	10	8
6261	0		—	≤170	≤120	14	12
	T4		≤25	180	100	14	12
	T5		≤5	270	230	—	7
			>5～25	260	220	9	8
			>25	250	210	9	—
	T6	实心型材	≤5	290	245	—	7
			>5～10	280	235	—	7
		空心型材	≤5	290	245	—	7
			>5～10	270	230	—	8

表 4（续）

牌号	状态	壁厚/mm	抗拉强度 R_m/MPa	规定非比例延伸强度 $R_{p0.2}$/MPa	断后伸长率/%	
					$A_{5.65}$ [a]	$A_{50\ mm}$ [b]
			不小于			
6063	T4	≤25	130	65	14	12
	T5	≤3	175	130	—	6
		>3～25	160	110	7	5
	T6	≤10	215	170	—	6
		>10～25	195	160	8	6
6063A	T4	≤25	150	90	12	10
	T5	≤10	200	160	—	5
		>10～25	190	150	6	4
	T6	≤10	230	190	—	5
		>10～25	220	180	5	4
6463	T4	≤50	125	75	14	12
	T5	≤50	150	110	8	6
	T6	≤50	195	160	10	8
6463A	T1	≤12	115	60	—	10
	T5	≤12	150	110	—	6
	T6	≤3	205	170	—	6
		>3～12	205	170	—	8
6081	T6	≤25	275	240	8	6
6082	0	—	≤160	≤110	14	12
	T4	≤25	205	110	14	12
	T5	≤5	270	230	—	6
	T6	≤5	290	250	—	6
		>5～25	310	260	10	8
7A04	0	—	≤245	—	10	8
	T6	≤10	500	430	—	4
		>10～20	530	440	6	4
		>20	560	460	6	—
7003	T5	—	310	260	10	8
	T6	≤10	350	290	—	8
		>10～25	340	280	10	8
7005	T5	≤25	345	305	10	8
	T6	≤40	350	290	10	8

表 4（续）

牌号	状态	壁厚/mm	抗拉强度 R_m/MPa	规定非比例延伸强度 $R_{p0.2}$/MPa	断后伸长率/%	
					$A_{5.65}$ [a]	$A_{50\ mm}$ [b]
			不	小	于	
7020	T6	≤40	350	290	10	8
7022	T6 T6510 T6511	≤30	490	420	7	5
7049A	T6	≤30	610	530	5	4
7075	T6 T6510 T6511	≤25	530	460	6	4
		>25～60	540	470	6	—
	T73 T73510 T73511	≤25	485	420	7	5
	T76 T76510 T76511	≤6	510	440	—	5
		>6～50	515	450	6	5
7178	T6 T6510 T6511	≤1.6	565	525	—	—
		>1.6～6	580	525	—	3
		>6～35	600	540	4	3
		>35～60	595	530	4	—
	T76 T76510 T76511	>3～6	525	455	—	5
		>6～25	530	460	6	5

a $A_{5.65}$表示原始标距(L_0)为 $5.65\sqrt{S_0}$ 的断后伸长率。

b 壁厚不大于 1.6 mm 的型材不要求伸长率，如需方有要求，则供需双方商定，并在合同中注明。

3.5 电导率

7075 合金以 T73、T73510、T73511、T76、T76510、T76511 状态及 7178 合金以 T76、T76510、T76511 状态供货的型材，其电导率应符合表 5 规定。

表 5

牌号	供应状态	电导率指标 MS/m(%IACS)	力学性能	合格判定
7075	T73 T73510 T73511	<22.0(38.0)	任何值	不合格
		22.0～23.1 (38.0～39.9)	符合标准规定，且 $R_{p0.2}$ 大于规定值 82 MPa	不合格
			符合标准规定，且 $R_{p0.2}$ 不大于规定值 82 MPa	合格
		>23.1(39.9)	符合标准规定	合格
	T76 T76510 T76511	<22.0(38.0)	任何值	不合格
		≥22.0(38.0)	符合标准规定	合格

表 5（续）

牌号	供应状态	电导率指标 MS/m(%IACS)	力学性能	合格判定
7178	T76 T76510 T76511	<22.0(38.0)	任何值	不合格
		≥22.0(38.0)	符合标准规定	合格

3.6 **超声波试验结果**

需要进行超声波检验的型材，可由供需双方协商检验部位和检验级别，并在合同中注明。

3.7 **抗应力腐蚀性能**

厚度大于或等于 20 mm 的 7075 合金 T73、T73510、T73511、T76、T76510、T76511 状态，及 7178 合金 T76、T76510、T76511 状态的型材，以及车辆用 6005A 合金的 T5 和 T6 状态型材，首批供货或工艺发生重大变化时，或合同中注明检验抗应力腐蚀性能时，产品的抗应力腐蚀性能应符合表 6 的规定。

表 6

合金	状态	试样受力方向	试验应力/MPa	试验天数	结果要求
7075	T73、T73510、T73511	高向（短横向）	纵向 $R_{p0.2}$ 的 75%	≥20	不出现裂纹
	T76、T76510、T76511	高向（短横向）	170	≥20	
7178	T76、T76510、T76511	高向（短横向）	170	≥20	
6005A	T5、T6	任意	纵向 $R_{p0.2}$ 的 75%	≥90	

3.8 **抗剥落腐蚀性能**

7075、7178 合金的 T76、T76510、T76511 状态型材，以及车辆用 7005、6005A 合金的 T5、T6 状态、5083 合金的 H112 状态型材，首批供货或工艺发生重大变化时，或合同中注明检验抗剥落腐蚀性能时，产品不应出现 EB～ED 级的剥落腐蚀。

3.9 **抗疲劳腐蚀性能**

车辆用 6005A 合金的 T5、T6 状态型材，首批供货或工艺发生重大变化时，或合同中注明检验抗疲劳性能时，B 级应力水平的疲劳腐蚀试验结果应按附录 C 的规定进行。且达到合格要求。

3.10 **低倍组织**

3.10.1 型材的低倍试片上不允许有裂纹、缩尾存在。

3.10.2 型材低倍试片上的光亮晶粒、非金属夹杂、外来金属夹杂、白斑及化合物等点状缺陷不允许多于两点，且每点直径不大于 0.5 mm。

3.10.3 型材低倍试片上的氧化膜应符合表 7 规定。

表 7

缺陷名称	受检面积	每点缺陷长度在下列范围时		
		≤0.3 mm	>0.3 mm～2.0 mm	>2.0 mm
氧化膜	全断面	允许存在	≤4 点	不允许存在

3.10.4 车辆型材低倍试片周边上的成层深度不允许超过型材的负偏差值，其他型材低倍试片周边上的成层深度不允许超过 0.5 mm。

3.10.5 空心型材的焊缝允许存在焊合痕迹。

3.11 **显微组织**

型材的显微组织不允许过烧。

3.12 **外观质量**

3.12.1 型材的表面应清洁，不允许有裂纹和腐蚀斑点。

3.12.2 车辆型材表面上不允许有起皮、气泡。允许有局部的、轻微的碰伤、划伤、压坑、擦伤等缺陷，但上述缺陷的深度，在装饰面上不得大于0.1 mm。

3.12.3 非车辆型材表面上允许有深度不超过所在部位壁厚公称尺寸8%的起皮、气泡、表面粗糙和局部机械损伤。但在装饰面，所有缺陷的最大深度不得超过0.2 mm，总面积不得超过型材表面积的2%。在非装饰面，所有缺陷的最大深度不得超过0.5 mm，缺陷总面积不得超过型材表面积的5%。

3.12.4 型材上需要加工的部位，其表面缺陷深度不得超过加工余量（该点的实测厚度与允许的最小厚度的差值）。

3.12.5 非车辆型材的表面允许供方沿型材纵向打光至光滑表面。

4 试验方法

4.1 化学成分分析方法

型材的化学成分分析方法可采用GB/T 6987或GB/T 7999，仲裁分析方法按GB/T 6987的规定进行。

4.2 尺寸检测方法

型材的断面尺寸应用精度不低于0.02 mm的量具进行测量，其他外形尺寸可用直尺、米尺、卷尺和塞尺等量具测量。

4.3 力学性能试验方法

型材的室温纵向拉伸试验按GB/T 228的规定进行。断后伸长率仲裁测定方法应符合GB/T 228的11.1规定。

4.4 电导率检测

型材的电导率测试在拉力试样的样坯上进行，测量部位按表8规定，测试方法按GB/T 12966。

表8

型材壁厚/mm	测量部位
≤2.50	在型材的表面上测量
>2.50～12.50	在加工掉型材10%壁厚后的表面上测量
>12.50～40.00	在接近型材断面厚度中心、且与挤压方向平行的平面上测量
>40.00	在离型材断面厚度中心大约10 mm左右且与挤压方向平行的平面上测量

4.5 超声波检验方法

型材的超声波检验方法按GB/T 6519进行。

4.6 抗应力腐蚀试验方法

型材的抗应力腐蚀试验试样为C环环形试样（7075、7178合金应在电导率检测合格后切取），试验方法按附录A进行。

4.7 抗剥落腐蚀试验方法

型材抗剥落腐蚀试验试样的尺寸为：厚度×宽度（30 mm～50 mm）×长度（100 mm），且100 mm的尺寸应与型材的挤压方向平行。抗剥落腐蚀试验方法按附录B进行。

4.8 抗疲劳腐蚀试验方法

型材的抗疲劳腐蚀试验方法按附录C进行。

4.9 低倍组织检验方法

型材的低倍组织检验方法应符合GB/T 3246.2的规定。

4.10 显微组织检验方法

型材的显微组织检验方法应符合GB/T 3246.1规定。

4.11 外观质量的检验

型材的表面质量用目视检验,当缺陷深度难以确定时,可通过打磨测定。

5 热处理制度

热处理制度参照 YS/T 591 进行。

6 检验规则

6.1 检验和验收

6.1.1 型材由供方技术监督部门进行检验,保证产品质量符合本标准的规定,并填写质量证明书。

6.1.2 需方应对收到的产品按本标准的规定进行复验。复验结果与本标准及订货合同的规定不符时,应以书面形式向供方提出,由供需双方协商解决。属于外观质量及尺寸偏差的异议,应在收到产品之日起一个月内提出,属于其他性能的异议,应在收到产品之日起三个月内提出。如需仲裁,仲裁取样应由供需双方共同进行。

6.2 组批

型材应成批提交验收,每批应由同一合金牌号、状态和规格组成。

6.3 检验项目

6.3.1 每批产品出厂前均应进行化学成分、尺寸偏差、力学性能(以 O 状态交货的型材,若 H112 状态的力学性能合格时,其退火后可不再作力学性能试验)和外观质量的检验。

6.3.2 除 6×××系中 T5 状态的型材外,其他型材每批均应检查低倍组织。

6.3.3 除在线淬火产品外,其他淬火产品每批均应检查显微组织。

6.3.4 7075 合金 T73、T73510、T73511、T76、T76510、T76511 状态和 7178 合金 T76、T76510、T76511 状态的型材,每批均应检验电导率。

6.3.5 厚度大于或等于 20 mm 的 7075 合金 T73、T73510、T73511、T76、T76510、T76511 状态及 7178 合金 T76、T76510、T76511 状态型材,以及车辆用 6005A 合金的 T5、T6 状态型材,首批供货或工艺发生重大变化时,或合同中注明检验抗应力腐蚀性能时,应检验产品的抗应力腐蚀性能。

6.3.6 7075、7178 合金的 T76、T76510、T76511 状态型材,以及车辆用 7005、6005A 合金 T5、T6 状态型材和 5083 合金 H112 状态型材,首批供货或工艺发生重大变化时,或合同中注明检验抗剥落腐蚀性能时,应检验产品的抗剥落腐蚀性能。

6.3.7 车辆用 6005A 合金 T5、T6 状态的型材,首批供货或工艺发生重大变化时,或合同中注明检验抗疲劳腐蚀性能时,应检验产品的抗疲劳腐蚀性能。

6.4 取样

产品取样应符合表 9 的规定。

表 9

检验项目	取　样　规　定	要求的章条号	试验方法的章条号
化学成分	按 GB/T 17432 的规定进行	3.2	4.1
尺寸允许偏差	取样数量不低于表 10 规定或逐根检验	3.3	4.2
力学性能	挤压前端切取样坯,试样制备符合 GB/T 16865 的规定,取样数量按表 10 规定	3.4	4.3
电导率	挤压前端切取样坯,取样数量按表 10 规定	3.5	4.4
超声波试验结果	按双方协商规定	3.6	4.5

表 9（续）

检验项目	取　样　规　定	要求的章条号	试验方法的章条号
抗应力腐蚀性能	切取 3 个样坯。在每个样坯上切取 3 个相邻的相同试样	3.7	4.6
抗剥落腐蚀性能	切取 5 个样坯。在每个样坯上切取 1 个试样	3.8	4.7
抗疲劳腐蚀性能	切取 3 个样坯。在每个样坯上切取 1 个试样	3.9	4.8
低倍组织	挤压尾端切取（空心型材检验焊缝在挤压前端切取）样坯。取样数量按表 10 规定	3.10	4.9
显微组织	切取 2 个样坯。在每个样坯上切取 1 个试样	3.11	4.10
外观质量	逐根检验	3.12	4.11
注：淬火状态的产品，其力学性能、电导率、抗应力腐蚀性能、抗剥落腐蚀性能、抗疲劳腐蚀性能和显微组织，生产厂按热处理炉次取样，仲裁时按批取样。			

表 10

每批或每炉数量/根	取样数量/根
≤50	2
＞50～90	3
＞90～150	5
＞150～280	8
＞280～500	13
＞500～1 200	20

6.5　检验结果的判定

6.5.1　化学成分不合格时，判该批产品不合格。

6.5.2　当全长弯曲度大于 6 mm 时，应由供需双方协商。其他尺寸偏差不合格时，逐根检验的判该根不合格。非逐根检验的判该批产品不合格，但允许逐根检验，合格者交货。

6.5.3　3A21、5A02 合金，以 H112 状态交货的型材力学性能不合格时，允许试样退火后重新检验；其他力学性能不合格时，应从该批（或热处理炉）产品中（含原检验不合格的产品）另取双倍数量的试样进行重复试验，重复试验结果全部合格，则判整批产品合格。若重复试验结果仍有不合格项目，则判该批产品不合格。但允许供方逐根检验，合格者交货。或允许供方进行重新热处理后重新取样。

6.5.4　电导率不合格时，判该批（或热处理炉）不合格。但允许供方重新热处理后重新检验力学性能和电导率。

6.5.5　超声波检验不合格时，逐根检验的判该根不合格。非逐根检验的判该批不合格，但允许逐根检验，合格者交货。

6.5.6　抗应力腐蚀性能不合格时，判该批（或热处理炉）产品不合格。但允许供方重新热处理后重新检验力学性能和抗应力腐蚀性能。要求电导率的还应检验电导率。

6.5.7　抗剥落腐蚀性能不合格时，判该批（或热处理炉）产品不合格。但允许供方重新热处理后重新检验力学性能、抗应力腐蚀性能和抗剥落腐蚀性能，要求电导率的还应检验电导率。

6.5.8　抗疲劳腐蚀性能不合格时，判该批（或热处理炉）产品不合格。但允许供方重新热处理后重新检验力学性能和抗疲劳腐蚀性能。

6.5.9　低倍组织不合格时，按如下判定：

6.5.9.1　低倍组织中因裂纹、光亮晶粒、非金属夹杂、外来金属夹杂、白斑、化合物及氧化膜等冶金缺陷不合格时，判该批产品不合格。但允许逐根检验，合格者交货。

6.5.9.2 低倍组织因成层、缩尾不合格时，允许从型材挤压尾端切去一段重复试验，直至合格，则该批中的其他产品均应按上述缺陷分布的最大长度切尾或逐根检验，合格者交货。

6.5.9.3 空心型材的低倍组织因焊缝不合格时，允许从型材挤压前端切去一段重复试验，直至合格，则该批中的其他产品均应按受检产品缺陷分布的最大长度切头或逐根检验，合格者交货。

6.5.10 显微组织不合格时，判该批(或热处理炉)产品不合格。

6.5.11 外观质量不合格时，判该根产品不合格。允许切除不合格部分重新检验，合格者交货。

7 标志、包装、运输、贮存

7.1 标志

7.1.1 在验收合格的产品上应打印如下标志(或贴标签)：

a) 供方技术监督部门的检印；

b) 牌号；

c) 供应状态；

d) 产品批号。

7.1.2 产品的包装箱标志应符合 GB/T 3199 的规定。

7.2 包装、运输、贮存

型材不涂油，包装方式、方法由双方协商。其他按 GB/T 3199 规定。

7.3 质量证明书

每批型材应附有产品质量证明书，其上注明：

a) 供方名称、地址、电话、传真；

b) 产品名称；

c) 牌号、供应状态及规格；

d) 批号；

e) 净重或件数；

f) 各项分析项目的检验结果和技术监督部门的印记；

g) 本标准编号；

h) 包装日期(或出厂日期)。

8 合同内容

订购本标准所列产品的合同(或订货单)内应包括下列内容：

a) 产品名称；

b) 合金牌号；

c) 供应状态；

d) 尺寸规格或型号；

e) 某些尺寸指标的高精级或超高精级；

f) 对超声波的要求；

g) 对抗应力腐蚀性能的要求；

h) 对抗剥落腐蚀性能的要求；

i) 对抗疲劳腐蚀性能的要求；

j) 重量(或件数)；

k) 本标准编号。

附 录 A
(规范性附录)
铝合金加工产品的环形试样应力腐蚀试验方法

A.1 范围

本附录规定了2×××(铜含量1.8%～7.0%)系、7×××(铜含量0.4%～2.8%)及6×××系铝合金加工产品的环形试样应力腐蚀试验方法。

本附录适用于2×××(铜含量1.8%～7.0%)系、7×××(铜含量0.4%～2.8%)及6×××系的铝合金板、带、管、棒、型、锻件等加工产品。

A.2 方法原理

本方法通过对C形环试样施加恒变应力,周期性浸入试验溶液中,在规定的时间内检验材料是否腐蚀破裂,来评定材料的应力腐蚀敏感性及耐应力腐蚀能力。

A.3 试剂

A.3.1 氯化钠(NaCl,ρ=2.16 g/cm^3)。

A.3.2 蒸馏水或去离子水。

A.3.3 氢氧化钠(NaOH,ρ=2.13 g/cm^3)。

A.3.4 盐酸(HCl,ρ=1.10 g/ mL)。

A.4 试验溶液

氯化钠水溶液(ρ=35 g/L,pH=6.4～7.2):用氯化钠(A.3.1)和蒸馏水或去离子水(A.3.2)配制,用氢氧化钠(A.3.3)或盐酸(A.3.4)调整。

A.5 试验设备

符合国家或行业标准规定的各种环形试样应力腐蚀试验机。

A.6 试样的制备

A.6.1 取样

A.6.1.1 取样应符合产品标准的规定,产品标准未规定时,按本方法执行。

A.6.1.2 挤压管、棒、型材产品的C环取样如图A.1所示。轧制板材产品的C环取样如图A.2所示。锻压产品的C环取样如图A.3所示。

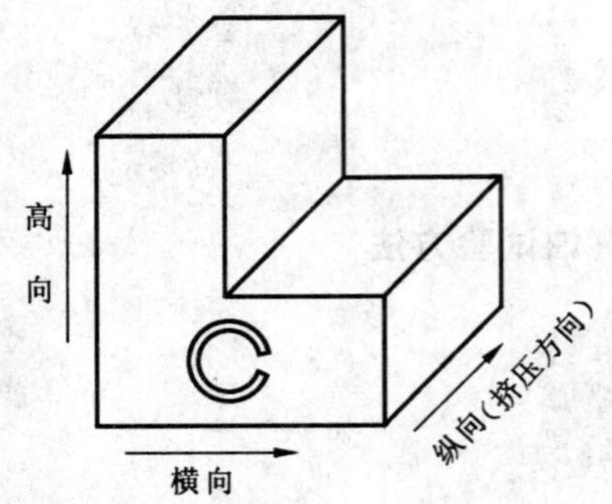

图 A.1 挤压产品的 C 环取样图

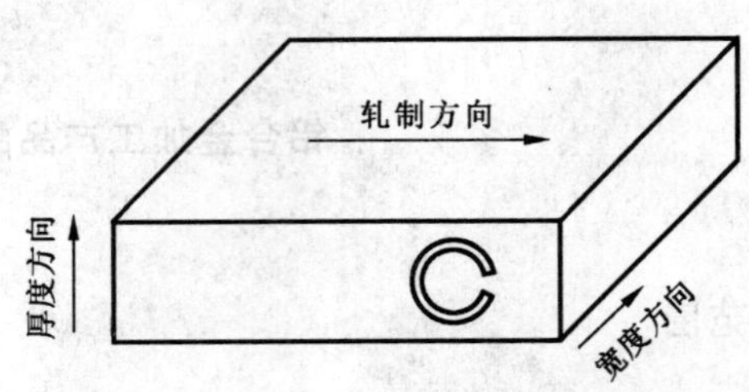

图 A.2 压延产品的 C 环取样图

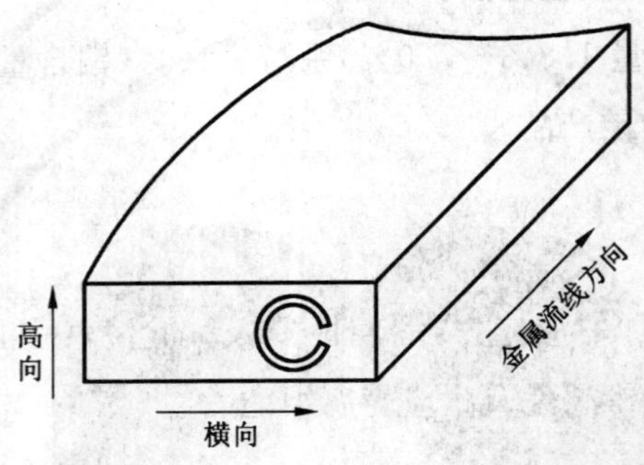

图 A.3 锻压产品的 C 环取样图

A.6.2 试样加工

A.6.2.1 试样的规格由试验者根据具体情况确定,但须保证试样的直径为 16 mm～32 mm,直径与厚度的比值在 11～16 范围内。试样的精加工应在热处理后进行,以免产生较大的残余应力。试样主表面的粗糙度不得大于 0.8 μm。试样不得有划痕、凹坑、毛刺等缺陷。加工过程中应避免试样产生塑性变形。

A.6.2.2 试样的型式如图 A.4 所示。

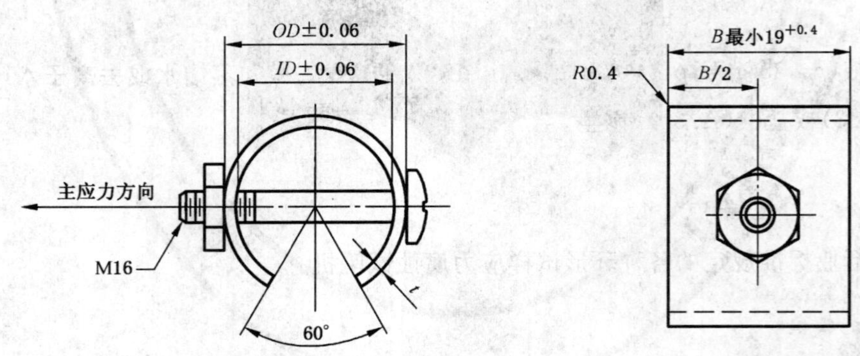

图 A.4 C 环试样的型式图

A.6.3 试样数量

试样的数量应符合产品标准的规定,产品标准未规定时,按表 A.1 规定执行。

表 A.1

品 种	每 批 取 样	切 取 样 坯	每个样坯的试样数量	试样总数
挤压管、棒、型	3 根	每根 1 个	3 个	9 个
压延板材	3 块	每块 1 个	3 个	9 个
锻造产品	1 件	每件 2 个	3 个	6 个

A.6.4 **表面制备**

用有机溶剂(如汽油、酒精等)去除试样表面的油污。

A.7 试验程序

A.7.1 试验前应对试样进行外观和尺寸检验,但不得造成试样损伤。

A.7.2 配制和准备试验溶液,溶液和试样面积比应不少于 30 mL/cm^2。如无特别规定,试验的温度为27℃±1℃,并控制试验空间的相对湿度在(45±6)%的范围内。

A.7.3 计算试验应力。试验应力及试验时间应符合产品标准的规定。产品标准未规定时,按表 A.2 规定执行,表 A.2 规定范围之外的其他牌号、状态或品种的加工产品试验应力及试验时间须供需双方商定后,在合同中注明。

表 A.2

牌号	状　态	试样受力方向	试验应力/MPa	试验时间/d	结果要求
7075	T73、T73510、T73511	高向(短横向)	纵向 $R_{p0.2}$ 的 75%	≥20	不出现裂纹
	T76、T76510、T76511	高向(短横向)	170	≥20	
7178	T76、T76510、T76511	高向(短横向)	170	≥20	
6005A	T5、T6	任意	纵向 $R_{p0.2}$ 的 75%	≥90	

A.7.4 采用与试验合金同系的材料做螺栓、螺母。扭紧拉力螺栓,即可使 C 环处表面受到拉应力作用。按公式(A.1)计算 C 环的径向压缩量。再按公式(A.2)计算加力后 C 环的外径。

$$\Delta = \frac{f\pi D^2}{4EtZ} \qquad \text{(A.1)}$$

式中:

Δ——C 环的径向压缩量,单位为毫米(mm);

f——试验应力,单位为兆帕(MPa);

D——C 环的中径($D=OD-t$),单位为毫米(mm);

E——材料的弹性模量,单位为兆帕(MPa);

t——C 环的壁厚,单位为毫米(mm);

Z——弯曲梁修正系数(参见图 A.5)。

$$OD_f = OD - \Delta \qquad \text{(A.2)}$$

式中:

OD_f——加力后 C 环的外径,单位为毫米(mm);

OD——加力前 C 环的外径(在加力螺栓方向上测量,精确度应达到±0.01 mm),单位为毫米(mm);

Δ——C 环的径向压缩量,单位为毫米(mm)。

A.7.5 试样加力后要用耐水涂料对螺栓、螺母和与它们相邻近的小部分试样表面进行涂覆。

A.7.6 用塑料线将试样固定在试验设备上,使试样能全浸或间浸在试验溶液中。

A.7.7 试样加力后应尽快开始试验,加力后到开始试验的最大间隔时间一般不超过 4 h。

A.7.8 试验采用全浸或是间浸试验应符合产品标准的规定。产品标准未规定时,试验按循环周期进行间浸试验,循环周期为每小时在试验溶液中浸泡 10 min,接着在空气中曝露 50 min。

A.7.9 在周期浸渍期间试样不得互相接触,也不得接触任何其他裸露金属。化学成分相同的材料可置于同一槽内。

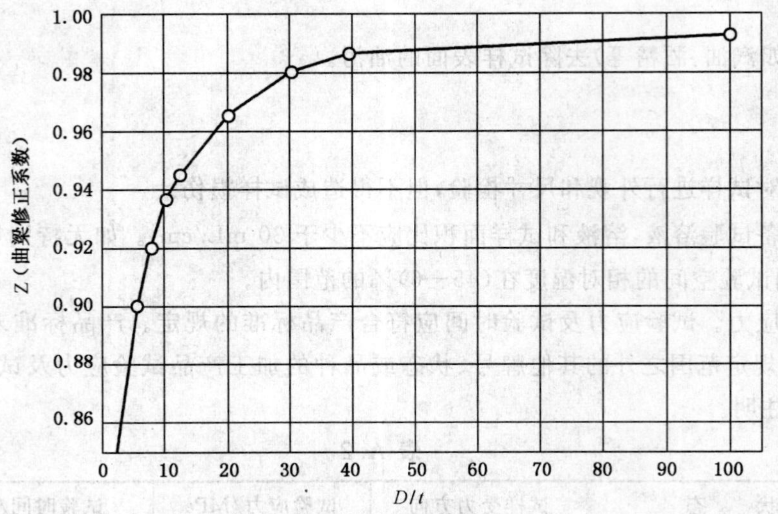

图 A.5 弯曲梁修正系数图

A.7.10 每日必须补充由于蒸发而损耗的水分，以保持溶液的浓度。且每两星期对试验溶液更新一次。

A.7.11 在更换溶液和检查试样时允许暂时中断试验。

A.7.12 用肉眼或借助放大镜观察，记录试样腐蚀破裂时间。

A.7.13 试验结束时，为了便于观察，可用表 A.3 中的任一种清洗剂清洗试样。

表 A.3

类别	清洗剂成分				温度	时间
	CrO_3	H_3PO_4(ρ=1.69 g/mL)	H_2O	$HPNO_3$(ρ=1.42 g/ mL)		
清洗剂Ⅰ	30 g	50 mL	1 L	—	80℃	洁净为止
清洗剂Ⅱ	—	—	—	适量	室温	洁净为止

A.8 试验结果及评定

试样在规定的试验时间内未发生破裂，判试验结果合格。若有一个试样发生破裂，则判试验结果不合格。

A.9 试验报告

试验报告应至少包括下列内容：

a) 试验的合金及状态；

b) 试验条件及 C 环的径向压缩量；

c) 试验的时间；

d) 破裂时间(发生破裂时经历的试验时间)；

e) 试验结果合格与否；

f) 试验者、审核者、试验日期。

附 录 B
（规范性附录）
铝合金加工产品的剥落腐蚀试验方法

B.1 范围

本附录规定了2×××、5×××、6×××、7×××系铝合金加工产品的恒浸式剥落腐蚀试验方法。

本附录适用于2×××、5×××、6×××、7×××系铝合金板、带、管、棒、型、锻件等加工产品。

B.2 方法原理

本方法是一种加速剥落腐蚀试验方法。通过在腐蚀性溶液中一定条件下对试验材料进行一定时间的全浸试验，用直观检测或金相观察的方法来评价材料对剥落腐蚀的敏感性。

B.3 试剂

B.3.1 2×××、6×××、7×××系试剂

B.3.1.1 氯化钠（NaCl，$\rho=2.16\ g/cm^3$）。

B.3.1.2 硝酸钾（KNO_3，$\rho=2.10\ g/cm^3$）。

B.3.1.3 蒸馏水（或去离子水）。

B.3.1.4 硝酸（HNO_3，7+3）。

B.3.2 5×××系试剂

B.3.2.1 氯化铵（NH_4Cl，$\rho=1.53\ g/cm^3$）。

B.3.2.2 硝酸铵（NH_4NO_3，$\rho=1.73\ g/cm^3$）。

B.3.2.3 酒石酸铵（$[NH_4]_2C_4H_4O_6$，$\rho=1.60\ g/cm^3$）。

B.3.2.4 过氧化氢（H_2O_2，$\rho=1.46\ g/mL$）。

B.3.2.5 蒸馏水（或去离子水）。

B.4 试验溶液

B.4.1 2×××、6×××、7×××系铝合金试验溶液

将234 g氯化钠（B.3.1.1）和50 g硝酸钾（B.3.1.2）溶于蒸馏水（B.3.1.3）中，然后添加6.3 mL硝酸（B.3.1.4），再用蒸馏水（或去离子水）（B.3.1.3）稀释至1 000 mL。这种溶液中含4.0 mol的氯化钠、0.5 mol的硝酸钾和0.1 mol的硝酸。溶液的pH值约为0.4。

B.4.2 5×××系铝合金试验溶液

将53.5 g氯化铵（B.3.2.1）、20 g硝酸铵（B.3.2.2）和1.84 g酒石酸铵（B.3.2.3）溶于少量蒸馏水或去离子水中，然后添加10 mL的过氧化氢（B.3.2.4），再用蒸馏水或去离子水（B.3.2.5）稀释至1 000 mL，这种溶液中含1 mol的氯化铵、0.25 mol的硝酸铵、0.01 mol的酒石酸铵和0.09 mol的过氧化氢，溶液的pH值约为5.2～5.4。

B.5 试验装置

任何合适的玻璃、塑料或其他惰性材料制成的容器均可用来盛装试验溶液与试样。根据试样的形

状和尺寸，可以在容器的底部用玻璃、塑料或其他惰性材料制成的棒或支架支撑试样。容器上应盖有活动盖子，以减少溶液的蒸发。

B.6 试样

B.6.1 试样的尺寸按产品标准规定，产品标准无规定时，试样的宽度为 30 mm～50 mm；试样的长度为 100 mm，且对于挤压产品，该尺寸应与挤压方向平行，对于压延产品该尺寸应与最终的轧制方向平，对于锻件，该尺寸应与晶粒流动方向平行。试样的厚度为产品的原始厚度，一般不小于 2.5 mm，对于有包覆层的产品，应加工掉原始厚度大约 10%的表面层，以去除包覆层。

B.6.2 锯下的试样其边缘无需进行机加工。试样的主试验面应暴露在外，其他面可采用涂料或防护层保护。与主试验面垂直的面可不加以保护。

B.6.3 同一批试验用的试样，应是取自同一批或同一热处理炉。

B.6.4 贮存已制备好的试样应防止试样变形、表面损坏和腐蚀。

B.7 试验程序

B.7.1 试验前应对试样进行外观和尺寸检验，但不能因检验使试验造成损伤。

B.7.2 配制和准备试验溶液。如无特别规定，2×××、6×××、7×××系合金试验溶液的温度为 27℃±1℃，5×××系合金试验溶液的温度为 65℃±1℃，试验的湿度应尽量控制试验空间的相对湿度在(45±6)%的范围内。

B.7.3 所有试样均要彻底清洗油污、尘垢和油脂，清洗后应立即进行试验，或放在干燥器中短期保存。

B.7.4 采用涂料或防护层将试样的非主试验面进行保护，与主试验面垂直的面不加以保护。涂料或防护层必须有很好的附着力，以免涂料或防护层下边产生缝隙腐蚀，涂料或防护层还不应含有可渗出的离子和防护油。

B.7.5 每次试验应使用新鲜溶液，试验中溶液保持静止，在试验期内不能更换溶液。

B.7.6 试验时应使用足够量的溶液，溶液体积与试样被浸面的面积之比率为 10 mL/cm^2～30 mL/cm^2。

B.7.7 将试样浸入溶液，并放置于容器底部的惰性材料制成的棒或支架上。2×××、6×××、7×××系试样的主试验面应朝上并呈水平位置，以防止试样表面腐蚀物损失，5×××系试样应垂直放于溶液中，其顶端在溶液表面之下至少 25 mm。

B.7.8 在浸渍 6 h～24 h 内观察试样(不清洗)，然后继续浸渍。对于 6×××、7×××系合金，总浸渍时间为 48 h；对于 2×××系合金，总浸渍时间为 96 h；对于 5×××系合金，总浸渍时间为 24 h。

B.8 试验结果及评定

B.8.1 结果评定

B.8.1.1 评定等级

B.8.1.1.1 对于浸渍完后的试样，在潮湿状态时直接检验试样，评定等级。检验与评级之后用水冲洗试样，在浓硝酸中浸泡 30 min 再次用水洗涤，然后吹干。

B.8.1.1.2 根据表 B.1，目测评定试样试验结果代号与等级。

表 B.1

代号	等级	等 级 的 说 明
N	无明显腐蚀	—
P	点腐蚀	表面出现不连续的小坑或小的点状起泡

表 B.1（续）

代号	等级	等 级 的 说 明
E(EA～ED)	剥落腐蚀	金属以各种形式形成可见的层状分离。根据不同程度又可分为 EA～ED 的 4 个级别
EA		表面出现微小的疱疤、微小的裂纹、薄片或粉末，仅带有轻微的分离
EB		表面明显分层，并穿入进金属
EC		表面严重分层，并穿入到金属相当深处
ED		表面分层很严重，并穿透金属且有金属损失

B.8.1.2　合格判定

抗剥落腐蚀试验的结果是否合格，应符合产品标准规定。产品标准中无规定时，以不出现 EB～ED 级为合格。

B.9　试验报告

试验报告应至少包括下列内容：

a）试验的合金及状态；

b）试验条件；

c）结果评定的等级；

d）试验结果合格与否；

e）试验者、审核者、试验日期。

附 录 C
（规范性附录）
铝合金疲劳腐蚀试验方法

C.1 范围

本附录规定了车辆结构用 6005A 铝合金 T5、T6 状态型材的疲劳腐蚀试验方法。

本附录适用于车辆结构用 6005A 铝合金 T5、T6 状态型材。

C.2 方法原理

本方法是将试样置于腐蚀溶液中，将该材料的规定非比例延伸强度乘以一定的百分数，所得的数值确定为材料的应力水平，并将该应力值作为腐蚀疲劳测试的最大载荷，通过确定的应力比得到测试的最小载荷，再通过疲劳腐蚀试验机对试样加载直至材料断裂，测定材料的断裂周次，从而评定材料的腐蚀疲劳性能。

C.3 试剂

C.3.1 氯化钠（NaCl，$\rho=2.16\ g/cm^3$）。

C.3.2 铬酸钠（Na_2CrO_4，$\rho=2.72\ g/cm^3$）。

C.3.3 蒸馏水或去离子。

C.4 试验溶液

将（20±1）g 的氯化钠（C.3.1）和（5±0.5）g 的铬酸钠（C.3.2）分别用少量蒸馏水或去离子水（C.3.3）溶解，然后移入 1 000 mL 的容量瓶中，以水稀释至 1 000 mL，混匀。

C.5 试验设备

C.5.1 试验可以选择不同类型的具有轴向加载功能的疲劳试验机。试验机静载荷示值相对误差不大于示值的±1%，示值相对变动性不大于示值的 1%。

C.5.2 试验机动载荷示值相对误差不大于每一循环中最大载荷的±3%，在整个试验过程中动载荷示值的相对变动性不大于示值的 3%。

C.5.3 在使用空间范围内，试验机的上下夹具受力同轴度不大于 10%。

C.5.4 试验机运行 1 000 h 或一年检定一次，以检定周期短者为准。凡影响试验机准确度的移动位置，维修、调整之后，应立即检定试验机。

C.6 试样

C.6.1 在型材具有代表性的部位锯切纵向矩形试样，采用铣床铣边。试样加工过程中，应确保表面不发生过热。

C.6.2 试样的厚度为型材的原始厚度，试样的长度和宽度可参照有关国家或行业标准，并符合试验机的要求，以确保试样承受载荷的最大绝对值不小于试验机所用载荷挡满量程的 25%，也不大于所用载荷挡满量程的 90%。试样夹持端的横截面面积与试验段横截面面积的比值取决于试样的夹持方式，一般不小于 1.5。

C.6.3 选择试样尺寸时，应避免试样因其固有频率和试验频率相近而产生共振。

C.6.4 试样表面不允许有任何划伤，精加工后，光滑和缺口试样试验段的表面粗糙度应不大于 0.4 μm。

C.6.5 试样的测量精度为±0.01 mm。

C.7 试验程序

C.7.1 试验前应对试样进行外观和尺寸检验，但不能造成试样损伤。

C.7.2 用汽油和酒精清除试样表面的油污、尘垢和油脂。随后立即进行试验，或将试样放在干燥器中短期保存。

C.7.3 确定试验载荷应力。试验的最大载荷应力根据材料的应力水平级别确定，材料的应力水平与材料的规定非比例延伸强度有关，如表 C.1 所示。

表 C.1

应力水平级别	最大载荷应力
A	≥75% $R_{p0.2}$
B	≥50% $R_{p0.2}$
C	≥25% $R_{p0.2}$

C.7.4 最大载荷应力确定后，确定应力比（最大和最小应力之比）、载荷波形和试验频率。一般情况下，应力比为 0.1，载荷波形为正弦波，试验频率小于 10 Hz。

C.7.5 添加试验用溶液，将试样（最少平行试样为 6 片）全浸在试验溶液中后即进行加载。溶液体积与试样被浸表面积和之比应不小于 20 mL/cm^2。

C.7.6 试验过程中，施加载荷应平稳、准确、不得超载。试验中溶液应保持静止，在所需要的试验时间内，无须对溶液进行更换。溶液的温度应控制在 24℃±3℃。

C.7.7 安装试样应戴清洁的手套，不应用手直接接触试样。安装试样应仔细操作，使试样与试验机上下夹头保持同轴，尽量减少试样轴向应力以外的其他应力。

C.7.8 安装腐蚀装置应确保不损伤试样表面，环境箱与试样应密封良好，无腐蚀溶液渗漏。

C.7.9 应详细记录试验过程中的异常情况。

C.8 试验结果及评定

所有试样的平均断裂周次不小于 5×10^4，且负向最小值不低于 2×10^4 时，判试验结果合格，否则为不合格。

C.9 试验报告

试验报告应包括以下基本内容：

a) 试验材料的牌号、状态、炉号、批号、规格、生产工艺和热处理制度、常规力学性能；

b) 试样的取样方法、试样形状（包括应力集中系数）、试样尺寸及表面状态；

c) 试验机型号；

d) 最大应力、应力比、试验频率、载荷波形、试验精度、主要环境参数、腐蚀作用方式；

e) 试样编号、试验次序、试验终止形式及循环次数及备注等基本内容；

f) 试样失效的形式及结果的判定；

g) 试验结果合格与否；

h) 试验者、审核者、试验日期。

ICS 81.080
Q 41

中华人民共和国国家标准

GB/T 6900—2006
代替 GB/T 6900—1986(所有部分),GB/T 14351—1993

铝硅系耐火材料化学分析方法

Chemical analysis of alumina-silica refractories

2006-09-30 发布　　2007-02-01 实施

中华人民共和国国家质量监督检验检疫总局
中国国家标准化管理委员会　发布

前　言

本标准代替 GB/T 6900.1～6900.11—1986 和 GB/T 14351—1993。

本标准与原标准相比主要变化如下：

——增加了前言、规范性引用文件、质量保证和控制、试验报告各章；

——对试样制备作了详细规定，增加了可操作性；

——增加了对分析值修约位数的规定，并允许采用其他规定；

——二氧化硅的测定增加了解聚钼蓝光度法，同时将原标准中的盐酸干涸重量-钼蓝光度法修订为凝聚重量-钼蓝光度法；

——氧化铝的测定增加了氟盐置换 EDTA 容量法，并将原标准中的 EDTA 容量法修订为乙酸锌返滴定 EDTA 容量法，以适应不同类型的试样；

——氧化锰的测定改用火焰原子吸收光谱法，废除了过硫酸铵光度法；

——扩展了分析方法的测定范围；

——修改了分析方法的允许差。

本标准的附录 A 是规范性附录。

本标准由全国耐火材料标准化技术委员会(SAC/TC193)提出并归口。

本标准起草单位：洛阳耐火材料研究院、中国建筑材料科学研究院、抚顺市北方耐火厂、河南省新密市高炉砌筑耐火材料厂。

本标准主要起草人：郭红丽、刘秋华、曹海洁、季金玉、胡家全、魏发灿 、刘慧军。

本标准所代替标准的历次版本发布情况为：

——GB/T 6900.1～6900.11—1986；

——GB/T 14351—1993。

铝硅系耐火材料化学分析方法

1 范围

本标准规定了铝硅系耐火材料的化学分析方法。

本标准分析的项目如下：

a) 灼烧减量(LOI)；

b) 二氧化硅(SiO_2)；

c) 氧化铝(Al_2O_3)；

d) 氧化铁(Fe_2O_3)；

e) 二氧化钛(TiO_2)；

f) 氧化钙(CaO)；

g) 氧化镁(MgO)；

h) 氧化钾(K_2O)；

i) 氧化钠(Na_2O)；

j) 氧化锰(MnO)；

k) 五氧化二磷(P_2O_5)。

本标准适用的分析元素含量范围(质量分数)见表1。

表1 测定范围

分析项目	含量范围/%	分析项目	含量范围/%
LOI	≤30	MgO	≤2
SiO_2	≤95	K_2O	≤4
Al_2O_3	10～97	Na_2O	≤8
Fe_2O_3	≤15	MnO	0.01～0.25
TiO_2	≤10	P_2O_5	0.05～5
CaO	0.05～20		

2 规范性引用文件

下列文件中的条款通过本部分的引用而成为本部分的条款。凡是注日期的引用文件，其随后所有的修改单(不包括勘误的内容)或修订版均不适用于本部分，然而，鼓励根据本部分达成协议的各方研究是否可使用这些文件的最新版本。凡是不注日期的引用文件，其最新版本适用于本部分。

GB/T 7728 冶金产品化学分析 火焰原子吸收光谱法通则

GB/T 8170 数值修约规则

GB/T 10325 定形耐火制品抽样验收规则

GB/T 12805 实验室玻璃仪器 滴定管(GB/T 12805—1991，neq ISO 385:1984)

GB/T 12806 实验室玻璃仪器 单标线容量瓶(GB/T 12806—1991，eqv ISO 1042:1983)

GB/T 12808 实验室玻璃仪器 单标线吸量管(GB/T 12808—1991，eqv ISO 648:1977)

GB/T 17617 耐火原料和不定形耐火材料 取样(GB/T 17617—1998，neq ISO 8656-1:1988)

3 仪器和设备

3.1 天平(感量 0.1 mg)。

3.2 铂坩埚或瓷坩埚(30 mL)。

3.3 自动控温干燥箱。

3.4 高温炉:最高使用温度≥1 100℃,且能自动控温的箱式电炉。

3.5 分光光度计。

3.6 吸量管:GB/T 12808 A类。

3.7 滴定管:GB/T 12805 A类。

3.8 容量瓶:GB/T 12806 A类。

3.9 原子吸收光谱仪:备有空气-乙炔燃烧器,钙、镁、钾、钠、锰空心阴极灯。空气和乙炔气体要足够纯净(不含水、油、钙、镁、钾、钠、锰),以提供稳定清澈的贫燃火焰。

其“精密度的最低要求”、“特征浓度”、“检出限”和“标准曲线的线性(弯曲程度)”应符合GB/T 7728的规定。

4 试样制备

4.1 采样

按 GB/T 10325 和 GB/T 17617 采集实验室样品。

4.2 制备

4.2.1 将实验室样品破碎至 6.7 mm 以下,按四分法缩分至约 100 g。

4.2.2 当合同另有取样约定或由于产品形式的限制,无法取得≥100 g 的实验室样品时,可以例外。

4.2.3 将缩分后的样品粉碎至 0.5 mm 以下,继续缩分,并加工成粒度小于 0.090 mm 的试样。

4.2.4 试样分析前应在 105℃~110℃烘 2 h,置于干燥器中冷至室温。

5 通则

5.1 测定次数

在重复性条件下测定 2 次。

5.2 空白试验

在重复性条件下做空白试验。

5.3 结果表述

所得结果应按 GB/T 8170 修约,保留二位小数;当含量<0.10%时结果保留两位有效数字;如果委托方供货合同或有关标准另有要求时,可按要求的位数修约。

5.4 分析结果的采用

当所得试样的两个有效分析值之差不大于表 2 所规定的允许差时,以其算术平均值作为最终分析结果;否则,应按附录 A 的规定进行追加分析和数据处理。

5.5 质量保证和控制

5.5.1 工作曲线应定期(不超过 3 个月)用标准物质校准一次。如果仪器维修或更换部件(如灯泡等),应重新绘制工作曲线,并用同类型标准物质校准。当标准物质的分析值与标准值之差大于表 2 所规定允许差的 0.7 倍时,应重新绘制工作曲线。

5.5.2 一般情况下,标准滴定溶液的浓度应每 2 个月重新标定一次;如果 2 个月内温度变化超过 10℃时,应及时标定一次。重新标定后,应用标准物质进行验证,当标准物质的分析值与标准值之差不大于表 2 所规定允许差的 0.7 倍时,则标定结果有效,否则无效。

仲裁试验时,应随同试样分析同类型标准物质。当标准物质的分析值与标准值之差不大于表 2 所规定允许差的 0.7 倍时，则试样分析值有效，否则无效。

6 试验报告

试验报告应至少包括以下内容：

——委托单位；

——试样名称；

——分析结果；

——使用标准(GB/T 6900—2006)；

——与规定的分析步骤的差异(如有必要)；

——在试验中观察到的异常现象(如有必要)；

——试验日期。

表 2 试样分析值允许差

<table>
<tr><th rowspan="2">含量范围/%</th><th colspan="11">各元素允许差/%</th></tr>
<tr><th>LOI</th><th>SiO_2</th><th>Al_2O_3</th><th>Fe_2O_3</th><th>TiO_2</th><th>CaO</th><th>MgO</th><th>K_2O</th><th>Na_2O</th><th>MnO</th><th>P_2O_5</th></tr>
<tr><td>≤0.1</td><td rowspan="2">0.05</td><td rowspan="2">0.05</td><td>—</td><td>0.03</td><td>0.01</td><td>0.02</td><td>0.02</td><td>0.02</td><td>0.02</td><td rowspan="2">0.01</td><td>0.02</td></tr>
<tr><td>>0.1~≤0.5</td><td>—</td><td rowspan="2">0.10</td><td>0.02</td><td>0.05</td><td>0.05</td><td>0.06</td><td>0.06</td><td>0.03</td></tr>
<tr><td>>0.5~≤1</td><td rowspan="2">0.10</td><td rowspan="2">0.10</td><td>—</td><td rowspan="2">0.10</td><td>0.10</td><td>0.10</td><td>0.10</td><td>0.10</td><td>—</td><td rowspan="3">0.05</td></tr>
<tr><td>>1~≤2</td><td>—</td><td rowspan="2">0.20</td><td>0.15</td><td>0.15</td><td>0.20</td><td>0.20</td><td>—</td></tr>
<tr><td>>2~≤5</td><td>0.20</td><td rowspan="2">0.20</td><td>—</td><td>0.20</td><td>0.20</td><td>—</td><td>0.30</td><td rowspan="2">0.30</td><td>—</td></tr>
<tr><td>>5~≤15</td><td rowspan="2">0.30</td><td>0.40</td><td>0.30</td><td>0.30</td><td rowspan="2">0.30</td><td>—</td><td>—</td><td>—</td><td>—</td></tr>
<tr><td>>15~≤30</td><td>0.30</td><td>0.50</td><td>—</td><td>—</td><td>—</td><td>—</td><td>—</td><td>—</td><td>—</td></tr>
<tr><td>>30~≤60</td><td>—</td><td>0.50</td><td>0.60</td><td>—</td><td>—</td><td>—</td><td>—</td><td>—</td><td>—</td><td>—</td><td>—</td></tr>
<tr><td>>60</td><td>—</td><td>0.60</td><td>0.70</td><td>—</td><td>—</td><td>—</td><td>—</td><td>—</td><td>—</td><td>—</td><td>—</td></tr>
<tr><td colspan="12">对于微量成分，当分析值的平均值小于允许差的 2 倍时，其允许差为该分析值的 1/2。</td></tr>
</table>

7 灼烧减量的测定

7.1 原理

试样于 1 050℃±50℃灼烧至恒量，以损失量计算灼烧减量。

7.2 试料量

称取约 1 g 试样，精确至 0.1 mg。

7.3 测定

将试料置于已恒量(两次灼烧称量的差值 ≤0.2 mg)的坩埚(3.2)中，放入高温炉中，从低温开始逐渐升温至 1 050℃±50℃，保温 1 h，取出稍冷，立即放入干燥器中，冷至室温，称量。重复灼烧(每次 15 min)，称量，直至恒量(当 $w(\text{LOI})\leqslant 1\%$时，两次灼烧称量的差值≤0.2 mg，当 $w(\text{LOI})>1\%$时，差值≤0.4 mg，即为恒量)。

7.4 分析结果的计算

灼烧减量用质量分数 $w(\text{LOI})$计，数值以%表示，按式(1)计算：

$$w(\text{LOI})=\frac{m_1-m_2}{m}\times 100 \qquad \cdots\cdots(1)$$

式中：

m_1——灼烧前试料和坩埚的质量的数值，单位为克(g)；

m_2——灼烧后试料和坩埚的质量的数值,单位为克(g);

m——试料的质量的数值,单位为克(g)。

8 二氧化硅的测定

二氧化硅的测定可根据含量范围按以下三种方法之一进行:

a) 钼蓝光度法(≤5%)(8.1);

b) 解聚钼蓝光度法(5%~15%)(8.2);

c) 凝聚重量-钼蓝光度法(5%~95%)(8.3)。

8.1 钼蓝光度法(≤5%)

8.1.1 原理

试样用碳酸钠-硼酸混合熔剂熔融,稀盐酸浸取。在约 0.2 mol/L 盐酸介质中,单硅酸与钼酸铵形成硅钼杂多酸,加入乙二酸-硫酸混合酸,消除磷、砷的干扰,然后用硫酸亚铁铵将其还原为硅钼蓝,于分光光度计波长 810 nm 或 690 nm 处,测其吸光度。

8.1.2 试剂

8.1.2.1 混合熔剂:取 2 份无水碳酸钠与 1 份硼酸研细,混匀。

8.1.2.2 盐酸(1+5)。

8.1.2.3 钼酸铵$[(NH_4)_6Mo_7O_{24} \cdot 4H_2O]$溶液(50 g/L):过滤后使用。

8.1.2.4 乙二酸(草酸)-硫酸混合酸:取 15 g 乙二酸($H_2C_2O_4 \cdot 2H_2O$)溶于 250 mL 硫酸(1+8)中,用水稀释至1 000 mL,混匀。

8.1.2.5 硫酸亚铁铵$[FeSO_4 \cdot (NH_4)_2SO_4 \cdot 6H_2O]$溶液(40 g/L):取 4 g 硫酸亚铁铵溶于水,加 5 mL 硫酸(1+1),用水稀释至 100 mL,混匀,过滤后使用,用时配制。

8.1.2.6 二氧化硅标准贮存溶液(含 SiO_2 0.5 mg/mL):

称取 0.100 0 g 预先在 1 000℃灼烧 2 h 并冷至室温的二氧化硅(纯度 99.99%)于铂坩埚中,加入 2 g~3 g无水碳酸钠,盖上坩埚盖并稍留缝隙,置于 1 000℃高温炉中熔融 5 min~10 min ,取出,冷却。置于盛有 100 mL 沸水的聚四氟乙烯烧杯中,低温加热浸取熔块至溶液清亮,用热水洗出坩埚及盖,冷至室温。移入 200 mL 容量瓶中,用水稀释至刻度,摇匀,贮存于塑料瓶中。

8.1.2.7 二氧化硅标准溶液(含 SiO_2 50 μg/mL):

移取 10.00 mL 二氧化硅标准贮存溶液(8.1.2.6)于 100 mL 容量瓶中,用水稀释至刻度,摇匀,用时配制。

8.1.2.8 二氧化硅标准溶液(含 SiO_2 5 μg/mL):

移取 10.00 mL 二氧化硅标准贮存溶液(8.1.2.7)于 100 mL 容量瓶中,用水稀释至刻度,摇匀,用时配制。

8.1.3 试料量

称取约 0.10 g 试料,精确至 0.1 mg。

8.1.4 测定

8.1.4.1 将试料置于盛有 4 g 混合熔剂(8.1.2.1)的铂坩埚中,混匀,再覆盖 1 g 混合熔剂,盖上坩埚盖并稍留缝隙,置于 800℃~900℃高温炉中,升温至 1 000℃~1 100℃熔融,待试样完全熔解。取出,旋转坩埚,使熔融物均匀附着于坩埚内壁,冷却。

8.1.4.2 用滤纸擦净坩埚外壁,放入盛有 60 mL 盐酸(8.1.2.2)的 200 mL 烧杯中,低温加热浸出熔融物至溶液清亮,用水洗出坩埚及盖,冷却至室温,移入 100 mL 容量瓶中,用水稀释至刻度,摇匀。

8.1.4.3 移取 10.00 mL 试液(8.1.4.2)于 100 mL 容量瓶中,加 10 mL 水。

8.1.4.4 加入 5 mL 钼酸铵溶液(8.1.2.3),摇匀,于室温下放置 20 min(室温低于 15℃则在约 30℃的温水浴中进行)。

8.1.4.5 加入 30 mL 乙二酸-硫酸混合酸(8.1.2.4)，摇匀，放置 0.5 min～2 min，加入 5 mL 硫酸亚铁铵溶液(8.1.2.5)，用水稀释至刻度，摇匀。

8.1.4.6 用合适吸收皿(见表 3)，于分光光度计 810 nm 或 690 nm 处，以空白试验溶液为参比测量其吸光度。

表 3 按二氧化硅的含量选择吸收皿

$w(SiO_2)$/%	0.1～0.5	0.5～5
吸收皿/mm	30	10
工作曲线	8.1.5.1	8.1.5.2

8.1.5 工作曲线的绘制

8.1.5.1 用滴定管移取 0、1.00 mL、2.00 mL、4.00 mL、6.00 mL、8.00 mL、10.00 mL二氧化硅标准溶液(8.1.2.8)分别置于一组 100 mL 容量瓶中，加 2.5 mL 盐酸(8.1.2.2)，加水至20 mL。以下按 8.1.4.4～8.1.4.5 操作，用 30 mm 吸收皿，于分光光度计波长 810 nm 处，以试剂空白为参比测量其吸光度，绘制工作曲线。

8.1.5.2 用滴定管移取 0、1.00 mL、2.00 mL、4.00 mL、6.00 mL、8.00 mL、10.00 mL 二氧化硅标准溶液(8.1.2.7)分别置于一组 100 mL 容量瓶中，加 2.5 mL 盐酸(8.1.2.2)，加水至 20 mL。以下按 8.1.4.4～8.1.4.5 操作，用 10 mm 吸收皿，于分光光度计波长 690 nm 处，以试剂空白为参比测量其吸光度，绘制工作曲线。

8.1.6 分析结果的计算

二氧化硅量用质量分数 $w(SiO_2)$计，数值以%表示，按式(2)计算：

$$w(SiO_2)=\frac{m_1}{mV_1/V}\times 100 \qquad \cdots\cdots(2)$$

式中：

m_1——由工作曲线查得的二氧化硅量的数值，单位为克(g)；

V_1——分取试液的体积的数值，单位为毫升(mL)；

V——试液总体积的数值，单位为毫升(mL)；

m——试料的质量的数值，单位为克(g)。

8.2 解聚钼蓝光度法(5%～15%)

8.2.1 原理

试样用碳酸钠-硼酸混合熔剂熔融，稀盐酸浸取。加入过量的氟化钾，使高聚合状态的硅酸生成 SiF_6^{2-}，过量的 F^- 加入硼酸络合，在约 0.2 mol/L 盐酸介质中，单硅酸与钼酸铵形成硅钼杂多酸，加入乙二酸-硫酸混合酸，消除磷、砷的干扰，然后用硫酸亚铁铵将其还原为硅钼蓝，于分光光度计波长690 nm 处，测其吸光度。

8.2.2 试剂

8.2.2.1 混合熔剂：取 2 份无水碳酸钠与 1 份硼酸研细，混匀。

8.2.2.2 氟化钾(20 g/L)：贮存于塑料瓶中。

8.2.2.3 盐酸(1+5)。

8.2.2.4 盐酸(1+1)。

8.2.2.5 硼酸(20 g/L)。

8.2.2.6 钼酸铵[$(NH_4)_6Mo_7O_{24}\cdot 4H_2O$]溶液(50 g/L)：过滤后使用。

8.2.2.7 乙二酸(草酸)-硫酸混合酸：取 15 g 乙二酸($H_2C_2O_4\cdot 2H_2O$)溶于 250 mL 硫酸(1+8)中，用水稀释至1 000 mL，混匀。

8.2.2.8 硫酸亚铁铵[$FeSO_4\cdot(NH_4)_2SO_4\cdot 6H_2O$]溶液(40 g/L)：取 4 g 硫酸亚铁铵溶于水，加5 mL

硫酸(1+1),用水稀释至 100 mL,混匀,过滤后使用,用时配制。

8.2.2.9　氢氧化钠溶液(200 g/L):贮存于塑料瓶中。

8.2.2.10　对-硝基苯酚溶液(5 g/L):用乙醇配制。

8.2.2.11　二氧化硅标准溶液(含 SiO_2 0.1 mg /mL):

称取 0.100 0 g 预先在 1 000℃灼烧 2 h 并冷至室温的二氧化硅(99.99%)于铂坩埚中,加入 2 g~3 g无水碳酸钠,盖上坩埚盖并稍留缝隙,置于 1 000℃高温炉中熔融 5 min~10 min ,取出,冷却。置于盛有100 mL沸水的聚四氟乙烯烧杯中,低温加热浸取熔块至溶液清亮,用热水洗出坩埚及盖,冷至室温。移入1 000 mL容量瓶中,用水稀释至刻度,摇匀,贮存于塑料瓶中。

8.2.3　试料量

称取约 0.10 g 试料,精确至 0.1 mg。

8.2.4　测定

8.2.4.1　将试料置于盛有 4 g 混合熔剂(8.2.2.1)的铂坩埚中,混匀,再覆盖 1 g 混合熔剂,盖上坩埚盖并稍留缝隙,置于 800℃~900℃高温炉中,升温至 1 000℃~1 100℃熔融,待试样完全熔解。取出,旋转坩埚,使熔融物均匀附着于坩埚内壁,冷却。

8.2.4.2　用滤纸擦净坩埚外壁,放入盛有 20 mL 盐酸(8.2.2.4)和 20 mL 水的 200 mL 烧杯中,低温加热浸出熔融物至溶液清亮,用水洗出坩埚及盖,冷却至室温,移入 200 mL 容量瓶中,用水稀释至刻度,摇匀。

8.2.4.3　用吸量管移取 10.00 mL 试液(8.2.4.2)于 100 mL 塑料烧杯中。

8.2.4.4　用塑料量杯加入 5 mL 氟化钾溶液(8.2.2.2),摇匀,静置 10 min。然后加入 7.5 mL 硼酸溶液(8.2.2.5),加 1 滴对-硝基苯酚溶液(8.2.2.10),用氢氧化钠溶液(8.2.2.9)调至恰呈黄色,再加入 2.5 mL盐酸(8.2.2.3)。

8.2.4.5　加入 5 mL 钼酸铵溶液(8.2.2.6),摇匀,于室温下放置 20 min(室温低于 15℃则在约 30℃的温水浴中进行)。

8.2.4.6　加入 30 mL 乙二酸-硫酸混合酸(8.2.2.7),摇匀,放置 0.5 min~2 min,加入 5 mL 硫酸亚铁铵溶液(8.2.2.8),将溶液转移至 100 mL 容量瓶中,用水稀释至刻度,摇匀。

8.2.4.7　用 5 mm 吸收皿,于分光光度计 690 nm 处,以空白试验溶液为参比测量其吸光度。

8.2.5　工作曲线的绘制

用滴定管移取 0、1.00 mL、2.00 mL、4.00 mL、6.00 mL、8.00 mL、10.00 mL 二氧化硅标准溶液(8.2.2.11)分别置于一组 100 mL 的塑料烧杯中,以下按 8.2.4.4~8.2.4.6 操作,用 5 mm 吸收皿,于分光光度计 690nm 处,以试剂空白为参比测量其吸光度,绘制工作曲线。

8.2.6　分析结果的计算

二氧化硅量用质量分数 $w(SiO_2)$计,数值以%表示,按式(3)计算:

$$w(SiO_2)=\frac{m_1}{mV_1/V}\times 100 \qquad \cdots\cdots(3)$$

式中:

m_1——由工作曲线查得的二氧化硅量的数值,单位为克(g);

V_1——分取试液的体积的数值,单位为毫升(mL);

V——试液总体积的数值,单位为毫升(mL);

m——试料的质量的数值,单位为克(g)。

8.3　凝聚重量-钼蓝光度法(5%~95%)

8.3.1　原理

试样用碳酸钠-硼酸混合熔剂熔融,盐酸浸取,蒸至湿盐状,用聚氧化乙烯作凝聚剂凝聚硅酸,经过滤并灼烧成二氧化硅。然后用氢氟酸处理,使硅以四氟化硅的形式除去。氢氟酸处理前后的质量之差即为二氧化硅的主量。再用熔剂处理残渣,稀盐酸浸取,并入滤液,以钼蓝光度法测定溶液中残余的二氧化硅量,两者之和即为试样中二氧化硅的量。

8.3.2 **试剂**

8.3.2.1 无水碳酸钠。

8.3.2.2 混合熔剂:取2份无水碳酸钠与1份硼酸研细,混匀。

8.3.2.3 钼酸铵[$(NH_4)_6Mo_7O_{24}\cdot 4H_2O$]溶液(50 g/L):过滤后使用。

8.3.2.4 硫酸亚铁铵溶液(40 g/L):取4 g硫酸亚铁铵[$FeSO_4\cdot(NH_4)_2SO_4\cdot 6H_2O$]溶于水中,加5 mL硫酸(1+1),用水稀释至100 mL,混匀,过滤后使用,用时配制。

8.3.2.5 乙二酸(草酸)-硫酸混合溶液:取15 g乙二酸($H_2C_2O_4\cdot 2H_2O$)溶于250 mL硫酸(1+8)中,用水稀释至1 000 mL,混匀,过滤后使用。

8.3.2.6 聚氧化乙烯溶液(2.0 g/L):取0.4 g聚氧化乙烯溶解到200 mL水中。保证使用期两周。

8.3.2.7 硝酸银溶液(10 g/L)。

8.3.2.8 氢氟酸(40%)。

8.3.2.9 盐酸(ρ1.19 g/mL)。

8.3.2.10 盐酸(1+1)。

8.3.2.11 硫酸(1+1)。

8.3.2.12 二氧化硅标准溶液(含 SiO_2 0.5 mg/mL):

称取0.100 0 g预先在1 000℃灼烧2h并冷至室温的二氧化硅(99.99%)于铂坩埚中,加入2 g~3 g无水碳酸钠(8.3.2.1),盖上坩埚盖并稍留缝隙,置于1 000℃高温炉中熔融5 min~10 min ,取出,冷却。置于盛有100 mL沸水的聚四氟乙烯烧杯中,低温加热浸取熔块至溶液清亮,用热水洗出坩埚及盖,冷至室温。移入200 mL容量瓶中,用水稀释至刻度,摇匀,贮存于塑料瓶中。

8.3.2.13 二氧化硅标准溶液(含 SiO_2 0.005 mg/mL):

用吸量管移取10.00 mL二氧化硅标准溶液(8.3.2.12)于1 000 mL容量瓶中,用水稀释至刻度,摇匀。

8.3.3 **试料量**

称取约0.50 g试料,精确至0.1 mg。

8.3.4 **测定**

8.3.4.1 将试料置于盛有4 g混合熔剂(8.3.2.2)的铂坩埚中,混匀。另取1 g混合熔剂(8.3.2.2)覆盖其上,加盖置于约800℃高温炉中,升温至1 000℃~1 100℃熔融15 min~20 min,待试样完全熔解。取出,旋转坩埚,使熔融物均匀附着于坩埚内壁,冷却。

8.3.4.2 将坩埚及盖置于盛有50 mL盐酸(8.3.2.10)的烧杯中,放到电炉上加热直到熔融物完全溶解,用水洗出坩埚及盖。

8.3.4.3 将烧杯置于沸水浴上,蒸至湿盐状取下,冷却至室温,用滤纸将玻璃棒及烧杯侧壁擦干净,滤纸放入烧杯中。

8.3.4.4 加3 mL聚氧化乙烯溶液(8.3.2.6),搅匀,用玻璃棒将结块捣碎,放置5 min,然后添加70℃~80℃的热水50 mL~70 mL将盐类完全溶解,用长颈漏斗、中速定量滤纸过滤,滤液用250 mL容量瓶承接。将沉淀全部转移到滤纸上,用热水洗至无氯离子(用硝酸银检查)。

8.3.4.5 将沉淀连同滤纸放到铂坩埚中,放到700℃以下马弗炉中,敞开炉门低温灰化,待沉淀完全变白后,开始升温。升至1 000℃~1 050℃后保温1 h,取出稍冷,放入干燥器中,冷至室温,称量。重复灼烧(每次15 min),称量,直至恒量(m_1)(当两次称量的差值≤0.4 mg时,即为恒量)。

8.3.4.6 加数滴水润湿沉淀,加4滴硫酸(8.3.2.11)、10 mL氢氟酸(8.3.2.8),低温蒸发至冒尽白烟。将坩埚置于1 000℃~1 050℃高温炉中灼烧15 min取出稍冷,放入干燥器中,冷至室温,称量。重复灼烧(每次15 min),称量,直至恒量(m_2)。

8.3.4.7　加约 1 g 混合熔剂(8.3.2.2)到烧后的坩埚中，置于 1 000℃～1 050℃高温炉中熔融 5 min，取出冷却。加 5 mL 盐酸(8.3.2.10)浸取，合并到原滤液(8.3.4.4)中，用水稀释到刻度，摇匀。此溶液为试液 A，可用于测定残余二氧化硅、氧化铝、氧化铁、二氧化钛、氧化钙和氧化镁。

8.3.4.8　用吸量管移取 10.00 mL 试液 A 于 100 mL 容量瓶中，加入 10 mL 水。

8.3.4.9　加 5 mL 钼酸铵溶液(8.3.2.3)，摇匀，于室温下放置 20 min(室温低于 15℃则在约 30℃的温水浴中进行)。

8.3.4.10　加入 30 mL 乙二酸-硫酸混合溶液(8.3.2.5)，摇匀，放置 0.5 min～2 min，加入 5 mL 硫酸亚铁铵溶液(8.3.2.4)，用水稀释至刻度，摇匀。

8.3.4.11　用 30 mm 吸收皿，于分光光度计波长 810 nm 处，以空白试验溶液为参比测量其吸光度。

8.3.5　工作曲线的绘制

用滴定管移取 0、1.00 mL、2.00 mL、4.00 mL、6.00 mL、8.00 mL、10.00 mL 二氧化硅标准溶液(8.3.2.13)，分别置于一组 100 mL 容量瓶中，加 1 mL 盐酸(8.3.2.10)，加水至 20 mL。以下按 8.3.4.9和 8.3.4.10 操作，用 30 mm 吸收皿，于分光光度计波长 810 nm 处，以试剂空白为参比测量其吸光度，绘制工作曲线。

8.3.6　分析结果的计算

二氧化硅量用质量分数 $w(SiO_2)$计，数值以%表示，按式(4)计算：

$$w(SiO_2) = \frac{m_1 - m_2 + m_3 V/V_1 - m_4}{m} \times 100 \quad \cdots\cdots (4)$$

式中：

m_1——氢氟酸处理前沉淀与坩埚的质量的数值，单位为克(g)；

m_2——氢氟酸处理后沉淀与坩埚的质量的数值，单位为克(g)；

m_3——由工作曲线查得的二氧化硅量的数值，单位为克(g)；

m_4——重量法空白试验的二氧化硅量的数值，单位为克(g)；

V_1——分取试液的体积的数值，单位为毫升(mL)；

V——试液总体积的数值，单位为毫升(mL)；

m——试料的质量的数值，单位为克(g)。

9　氧化铝的测定

氧化铝的测定可按以下三种方法进行：

a)　乙酸锌返滴定 EDTA 容量法(9.1)；

b)　氟盐置换 EDTA 容量法(本方法不适用于含锆试样)(9.2)；

c)　铝铁钛联合滴定差减法(本方法适用于不含锆的熔铸氧化铝试样)(9.3)。

9.1　乙酸锌返滴定 EDTA 容量法

9.1.1　原理

试样用混合熔剂熔融，稀盐酸浸取，氢氧化钠分离铁、钛、锆后，加过量 EDTA 标准溶液，在弱酸性溶液中与铝络合，用二甲酚橙作指示剂，用乙酸锌标准滴定溶液回滴过量的 EDTA，借以求得氧化铝的量。

9.1.2　试剂

9.1.2.1　混合熔剂：取 2 份无水碳酸钠与 1 份硼酸研细，混匀。

9.1.2.2　氢氧化钠溶液(500 g/L)：贮存于塑料瓶中。

9.1.2.3　六次甲基四胺缓冲溶液(pH＝5.5)：称取 200 g 六次甲基四胺溶于水，加 80 mL 盐酸溶液(1＋1)，用水稀释至 1 000 mL，混匀。

9.1.2.4　盐酸(1＋1)。

9.1.2.5 氨水(1+1)。

9.1.2.6 氧化铝标准溶液[$c(1/2Al_2O_3)$= 0.02 mol/L]:

称取0.539 6 g金属铝(99.99%)于聚四氟乙烯烧杯中,加约50 mL水,10 mL~20 mL氢氧化钠溶液(9.1.2.2),使其溶解(必要时在水浴上低温加热溶解),稍冷,移入盛有90 mL盐酸(1+1)溶液的烧杯中,加热煮沸使溶液透明,冷至室温,移入1 000 mL容量瓶中,用水稀释至刻度,混匀。

9.1.2.7 乙酸锌标准滴定溶液(0.0125 mol/L):

称取2.75 g乙酸锌[$Zn(CH_3COO)_2 \cdot 2H_2O$]溶于水,用水稀释至1 000 mL,混匀,用冰乙酸调整溶液pH值至5.5~6.0,混匀。

9.1.2.8 EDTA标准溶液(0.025 mol/L):

称取9.3 gEDTA(乙二胺四乙酸二钠)于烧杯中,加水搅拌至全部溶解(必要时可稍加热),冷却,用水稀释至1 000 mL,混匀。

标定:移取3份10.00 mL EDTA标准溶液(9.1.2.8)分别置于400 mL烧杯中,加水至约200 mL,加15 mL六次甲基四胺缓冲溶液(9.1.2.3),1滴溴酚蓝指示剂溶液(9.1.2.11),3滴~4滴二甲酚橙指示剂溶液(9.1.2.10),以乙酸锌标准滴定溶液(9.1.2.7)滴定至试液由黄色变为紫红色为终点。3份EDTA标准溶液所消耗乙酸锌标准滴定溶液毫升数的极差应不超过0.10 mL,取其平均值,否则,应重新标定。

按式(5)计算换算系数(K值),保留四位有效数字:

$$K = \frac{10.00}{V} \qquad (5)$$

式中:

10.00——移取EDTA标准溶液体积的数值,单位为毫升(mL);

V——滴定时所用乙酸锌标准滴定溶液体积的平均值的数值,单位为毫升(mL)。

移取3份40.00 mL氧化铝标准溶液(9.1.2.6)于400 mL烧杯中,加45 mLEDTA标准溶液(9.1.2.8),加水至200 mL,加1滴溴酚蓝指示剂溶液(9.1.2.7),用氨水(9.1.2.5)调至试液由黄变蓝,加热煮沸5 min~10 min,取下,冷却至室温,加15 mL六次甲基四胺缓冲溶液(9.1.2.3),2滴~3滴二甲酚橙指示剂溶液(9.1.2.10),以乙酸锌标准滴定溶液(9.1.2.7)滴定至试液由黄色变为紫红色为终点。3份氧化铝标准溶液所消耗乙酸锌标准滴定溶液毫升数的极差应不超过0.10 mL,取其平均值,否则,应重新标定。

EDTA标准溶液的浓度用物质的量浓度$c(EDTA)$计,数值以mol/L表示,按式(6)计算,保留四位有效数字:

$$c(\mathrm{EDTA}) = \frac{V_1 \cdot c}{V_2 - V_3 \cdot K} \qquad (6)$$

式中:

V_1——移取氧化铝标准溶液体积的数值,单位为毫升(mL);

V_2——加入EDTA标准溶液体积的数值,单位为毫升(mL);

V_3——回滴过量EDTA标准溶液所用乙酸锌标准滴定溶液体积的平均值的数值,单位为毫升(mL);

c——氧化铝标准溶液浓度的准确数值,单位为摩[尔]每升(mol/L);

K——乙酸锌标准滴定溶液换算成EDTA标准溶液的系数。

9.1.2.9 酚酞溶液(10 g/L):用乙醇溶液(60%)配制。

9.1.2.10 二甲酚橙指示剂溶液(5 g/L)。

9.1.2.11 溴酚蓝指示剂溶液(1 g/L)。

9.1.3 试料量

称取约0.50 g试料,精确至0.1 mg。

9.1.4 测定

9.1.4.1 将试料置于盛有4 g混合熔剂(9.1.2.1)的铂坩埚中,混匀,再覆盖1 g混合熔剂(9.1.2.1),盖上坩埚盖,并稍留缝隙,置于800℃～900℃高温炉中,升温至1 000℃～1 100℃熔融。待试样完全熔解,取出,旋转坩埚,使熔融物均匀附着于坩埚内壁,冷却。

9.1.4.2 用滤纸擦净坩埚外壁,放入盛有煮沸的含30 mL盐酸(9.1.2.4)和50 mL水的200 mL烧杯中,加热浸出熔融物至溶液清亮,用水洗出坩埚及盖,冷至室温,移入250 mL容量瓶中,用水稀释至刻度,混匀【此溶液可供铁、铝、钛、钙、镁测定用】。

9.1.4.3 用吸量管移取50.00 mL试液(9.1.4.2)于200 mL容量瓶中,稀释至约150 mL左右,加1滴～2滴酚酞溶液(9.1.2.9),用氢氧化钠溶液(9.1.2.2)中和至试液恰呈红色后再过量8 mL,在60℃～70℃水浴保温30 min,取下,冷至室温,用水稀释至刻度,混匀,放置10 min,用中速滤纸干过滤,滤液用干烧杯承接,弃去最初15 mL～20 mL滤液。

9.1.4.4 用吸量管移取100.00 mL滤液(9.1.4.3),加入20.00 mL～40.00 mLEDTA标准溶液(9.1.2.8)(视铝含量而定,一般过量5 mL～10 mL),用盐酸溶液(9.1.2.4)中和溶液至红色消失,并过量4滴使其酸化,加入1滴溴酚蓝指示剂溶液(9.1.2.11),用氨水(9.1.2.5)调至溶液由黄变蓝,加热煮沸5 min～10 min,取下,冷至室温,加15 mL六次甲基四胺缓冲溶液(9.1.2.3),3滴～4滴二甲酚橙指示剂溶液(9.1.2.10),以乙酸锌标准滴定溶液(9.1.2.7)滴定至试液由黄色变为紫红色为终点。

9.1.5 分析结果的计算

氧化铝量用质量分数$w(Al_2O_3)$计,数值以%表示,按式(7)计算:

$$w(Al_2O_3)=\frac{c[(V_1-V_2\cdot K)/1\,000]M}{2m_1}\times 100 \qquad \cdots\cdots(7)$$

式中:

c——EDTA标准溶液浓度的准确数值,单位为摩[尔]每升(mol/L);

V_1——加入EDTA标准溶液体积的数值,单位为毫升(mL);

V_2——回滴过量EDTA标准溶液所用乙酸锌标准滴定溶液体积的数值,单位为毫升(mL);

K——乙酸锌标准滴定溶液换算成EDTA标准溶液的系数;

M——Al_2O_3的摩尔质量的数值,单位为克每摩[尔](g/mol)(M=101.961);

m_1——试料的质量的数值,单位为克(g)。

9.2 **氟盐置换EDTA容量法(本方法不适用于含锆试样)**

9.2.1 原理

试样用混合熔剂熔融,稀盐酸浸取。用苯羟基乙酸(苦杏仁酸)掩蔽钛。在过量EDTA存在下,调pH值至3～4,加热使铝、铁等离子与EDTA络合,加入pH值为5.5的六次甲基四胺缓冲溶液,以二甲酚橙为指示剂,先用乙酸锌标准滴定溶液滴定过量的EDTA,再用氟盐取代与铝络合的EDTA,最后用乙酸锌标准滴定溶液滴定取代出的EDTA,求得氧化铝量。

9.2.2 试剂

9.2.2.1 混合熔剂:取2份无水碳酸钠与1份硼酸研细,混匀。

9.2.2.2 氟化铵溶液(100 g/L)。

9.2.2.3 苯羟乙酸(苦杏仁酸)溶液(100 g/L):微热溶解。

9.2.2.4 六次甲基四胺缓冲溶液(pH=5.5):称取200 g六次甲基四胺于烧杯中,加水溶解,加80 mL盐酸(1+1),加水至1 000 mL混匀。

9.2.2.5 EDTA溶液(20 g/L):此溶液1 mL约相当于2.6 mg Al_2O_3。

9.2.2.6 氨水(ρ0.90 g/mL)。

9.2.2.7 硫酸(1+1)。

9.2.2.8 盐酸(1+1)。

9.2.2.9　氢氧化钠溶液(500 g/L)。

9.2.2.10　氧化铝标准溶液[$c(1/2Al_2O_3)$=0.02 mol/L]:

称取0.539 6 g金属铝(99.99%),置于聚四氟乙烯烧杯中,加50 mL水,10 mL～20 mL氢氧化钠溶液(9.2.2.9),待溶解完全后,冷却,移入盛有90 mL盐酸溶液(9.2.2.8)的烧杯中,加热煮沸至溶液清亮,冷至室温,移入1 000 mL容量瓶中,用水稀释至刻度,摇匀。

9.2.2.11　乙酸锌标准滴定溶液$c[Zn(CH_3COO)_2]$:

称取4.4 g乙酸锌[$Zn(CH_3COO)_2 \cdot 2H_2O$]溶于1 000 mL水中,用冰乙酸调整溶液的pH值至5.5～6.0。

标定:用滴定管移取3份40 mL氧化铝标准溶液(9.2.2.10)分别置于400 mL烧杯中,加10 mL苯羟乙酸溶液(9.2.2.3),加25 mLEDTA溶液(9.2.2.5),加水至约100 mL,加热至70℃～80℃,加1滴～2滴溴酚蓝溶液(9.2.2.13),用氨水(9.2.2.6)调至溶液刚呈蓝色,加热煮沸3 min～5 min,取下冷却至室温,以下按9.2.4.4～9.2.4.5操作,记下第二次滴定终点所消耗乙酸锌标准滴定溶液的体积。3份氧化铝标准溶液所消耗乙酸锌标准滴定溶液毫升数的极差应不超过0.10 mL,取其平均值,否则,应重新标定。

乙酸锌标准滴定溶液的浓度用物质的量浓度$c[Zn(CH_3COO)_2]$计,数值以mol/L表示,按式(8)计算,保留四位有效数字:

$$c[Zn(CH_3COO)_2]=\frac{c_1V_1}{V_2} \qquad \cdots\cdots(8)$$

式中:

c_1——氧化铝标准溶液的浓度的准确数值,单位为摩尔每升(mol/L);

V_1——移取氧化铝标准溶液的体积的数值,单位为毫升(mL);

V_2——滴定时所消耗乙酸锌标准滴定溶液体积的平均值的数值,单位为毫升(mL)。

9.2.2.12　乙酸锌溶液(10 g/L):称取10 g乙酸锌溶于1000 mL水中,用冰乙酸调至pH值至5.5～6.0。

9.2.2.13　溴酚蓝溶液(1 g/L)。

9.2.2.14　二甲酚橙溶液(5 g/L)。

9.2.3　试料量

称取约0.10 g试料,精确至0.1 mg。

9.2.4　测定

9.2.4.1　将试料置于盛有3 g～4 g混合熔剂(9.2.2.1)的铂坩埚中,混匀,再覆盖1 g～2 g混合熔剂(9.2.2.1),盖上坩埚盖,并稍留缝隙,置于800℃～900℃高温炉中,升温至1 000℃～1 100℃熔融5 min～15 min。取出,旋转坩埚,使熔融物均匀附着于坩埚内壁,冷却。

9.2.4.2　用滤纸擦净铂坩埚外壁,将坩埚放到盛有20 mL盐酸(9.2.2.8)和20 mL水的烧杯中,加热浸取熔融物至溶液清亮,用水洗出坩埚及盖,冷却至室温,移入200 mL容量瓶中,以水稀释至刻度,摇匀。

9.2.4.3　用吸量管移取100.00 mL试液(9.2.4.2)(亦可移取25.00 mL 9.1.4.2试液或8.3.4.7试液A)于烧杯中,加10 mL～15 mL苯羟乙酸溶液(9.2.2.3),搅拌后加足量EDTA溶液(9.2.2.5),并过量5 mL～10 mL,加热至70℃～80℃,加2滴溴酚兰溶液(9.2.2.13),用氨水(9.2.2.6)调至溶液刚呈蓝色,加热煮沸5 min～10 min,取下冷至室温。

9.2.4.4　加15 mL六次甲基四胺缓冲溶液(9.2.2.4),加3滴二甲酚橙溶液(9.2.2.14),先用乙酸锌溶液(9.2.2.12)滴至近终点,再用乙酸锌标准滴定溶液(9.2.2.11)滴至试液由黄色变为红色为终点(不记读数)。

9.2.4.5　加10 mL～15 mL氟化铵(9.2.2.2),搅匀,煮沸5 min～10 min,冷至室温,补加2滴二甲酚

橙溶液(9.2.2.14),用乙酸锌标准滴定溶液(9.2.2.11)滴定至试液变为红色即为终点,记录本次滴定终点所消耗乙酸锌标准滴定溶液的体积。

9.2.5 分析结果的计算

氧化铝量用质量分数 $w(Al_2O_3)$ 计,数值以%表示,按式(9)计算:

$$w(Al_2O_3)=\frac{c[(V_1-V_0)/1\,000]M}{2m_1}\times 100 \qquad\cdots\cdots(9)$$

式中:

V_1——滴定试液所消耗乙酸锌标准滴定溶液的体积的数值,单位为毫升(mL);

V_0——滴定空白所消耗乙酸锌标准滴定溶液的体积的数值,单位为毫升(mL);

c——乙酸锌标准滴定溶液浓度的准确数值,单位为摩[尔]每升(mol/L);

M——Al_2O_3 的摩尔质量的数值,单位为克每摩[尔](g/mol)(M=101.961);

m_1——分取试料的质量的数值,单位为克(g)。

9.3 铝铁钛联合滴定差减法(本方法适用于不含锆的熔铸氧化铝试样)

9.3.1 原理

试样用混合熔剂熔融,稀盐酸浸取,在分取的试液中加入过量 EDTA 标准溶液,在弱酸性溶液中与铝、铁、钛络合,用二甲酚橙作指示剂,用乙酸锌标准滴定溶液回滴过量的 EDTA,差减法求得氧化铝的量。

9.3.2 试剂

9.3.2.1 混合熔剂:取 2 份无水碳酸钠与 1 份硼酸研细,混匀。

9.3.2.2 氨水(1+1)。

9.3.2.3 氢氧化钠溶液(500 g/L)。

9.3.2.4 六次甲基四胺缓冲溶液(pH=5.5):称取 200 g 六次甲基四胺溶于水,加 80 mL 盐酸溶液(1+1),用水稀释至 1 000 mL,混匀。

9.3.2.5 氧化铝标准溶液[$c(1/2Al_2O_3)$= 0.02 mol/L]:

称取 0.539 6 g 金属铝(99.99%)于聚四氟乙烯烧杯中,加约 50 mL 水,10 mL~20 mL 氢氧化钠溶液(9.3.2.3),使其溶解(必要时在水浴上低温加热溶解),稍冷,移入盛有 90 mL 盐酸(1+1)溶液的烧杯中,加热煮沸使溶液透明,冷至室温,移入 1 000 mL 容量瓶中,用水稀释至刻度,混匀。

9.3.2.6 乙酸锌标准滴定溶液(0.012 5 mol/L):

称取 2.75 g 乙酸锌[$Zn(CH_3COO)_2\cdot 2H_2O$]溶于水,用水稀释至 1 000 mL,混匀,用冰乙酸调整溶液的 pH 值至 5.5~6.0,混匀。

9.3.2.7 EDTA 标准溶液(0.025 mol/L):

称取 9.3 gEDTA(乙二胺四乙酸二钠)于烧杯中,加水搅拌至全部溶解(必要时可稍加热),冷却,用水稀释至 1 000 mL,混匀。

标定:移取 3 份 10.00 mLEDTA 标准溶液(9.3.2.7)分别置于 400 mL 烧杯中,加水至约 200 mL,加 15 mL 六次甲基四胺缓冲溶液(9.3.2.4),1 滴溴酚蓝指示剂溶液(9.3.2.9),3 滴~4 滴二甲酚橙指示剂溶液(9.3.2.8),以乙酸锌标准滴定溶液(9.3.2.6)滴定至试液由黄色变为紫红色为终点。3 份 EDTA 标准溶液所消耗乙酸锌标准滴定溶液毫升数的极差应不超过 0.10 mL,取其平均值,否则,应重新标定。

按式(10)计算换算系数(K 值),保留四位有效数字:

$$K=\frac{10.00}{V} \qquad\cdots\cdots(10)$$

式中:

10.00——移取 EDTA 标准溶液体积的数值,单位为毫升(mL);

V——滴定时所用乙酸锌标准滴定溶液体积的平均值的数值，单位为毫升(mL)。

移取3份40.00 mL氧化铝标准溶液(9.3.2.5)分别置于400 mL于烧杯中，加45 mLEDTA标准溶液(9.3.2.7)，加水至200 mL，加1滴溴酚蓝指示剂溶液(9.3.2.9)，用氨水(9.3.2.2)调至试液由黄变蓝，加热煮沸5 min～10 min，取下，冷却至室温，加15 mL六次甲基四胺缓冲溶液(9.3.2.4)，2滴～3滴二甲酚橙指示剂溶液(9.3.2.8)，以乙酸锌标准滴定溶液(9.3.2.6)滴定至试液由黄色变为紫红色为终点。3份氧化铝标准溶液所消耗乙酸锌标准滴定溶液毫升数的极差应不超过0.10 mL，取其平均值，否则，应重新标定。

EDTA标准溶液的浓度用物质的量浓度 c(EDTA)计，数值以mol/L表示，按式(11)计算，保留四位有效数字：

$$c(\text{EDTA})=\frac{V_1\cdot c}{V_2-V_3\cdot K} \qquad \cdots\cdots(11)$$

式中：

V_1——移取氧化铝标准溶液体积的数值，单位为毫升(mL)；

V_2——加入EDTA标准溶液体积的数值，单位为毫升(mL)；

V_3——回滴过量EDTA标准溶液所用乙酸锌标准滴定溶液体积的平均值的数值，单位为毫升(mL)；

c——氧化铝标准溶液浓度的数值，单位为摩[尔]每升(mol/L)；

K——乙酸锌标准滴定溶液换算成EDTA标准溶液的系数。

9.3.2.8 二甲酚橙指示剂溶液(5 g/L)。

9.3.2.9 溴酚蓝指示剂溶液(1 g/L)。

9.3.3 试料量

称取约0.25 g试料，精确至0.1 mg。

9.3.4 测定

9.3.4.1 将试料置于盛有4 g混合熔剂(9.3.2.1)的铂坩埚中，混匀，再覆盖1 g混合熔剂(9.3.2.1)，盖上坩埚盖，并稍留缝隙，置于800℃～900℃高温炉中，升温至1 100℃～1 200℃熔融。待试样完全熔解，取出，旋转坩埚，使熔融物均匀附着于坩埚内壁，冷却。

9.3.4.2 用滤纸擦净坩埚外壁，放入盛有煮沸的含30 mL盐酸(1+1)和50 mL水的200 mL烧杯中，加热浸出熔融物至溶液清亮，用水洗出坩埚及盖，冷至室温，移入250 mL容量瓶中，用水稀释至刻度，混匀。

9.3.4.3 用吸量管移取50.00 mL滤液(9.3.4.2)，加入20.00 mL～40.00 mLEDTA标准溶液(9.3.2.7)，(视铝含量而定，一般过量5 mL～10 mL)，加入1滴溴酚蓝指示剂溶液(9.3.2.9)，用氨水(9.3.2.2)调至溶液由黄变蓝，加热煮沸5 min～10 min，取下，冷至室温，加15 mL六次甲基四胺缓冲溶液(9.3.2.4)，3滴～4滴二甲酚橙指示剂溶液(9.3.2.8)，以乙酸锌标准滴定溶液(9.3.2.6)滴定至试液由黄色变为紫红色为终点。

9.3.5 分析结果的计算

氧化铝量用质量分数 $w(Al_2O_3)$ 计，数值以%表示，扣除空白后按式(12)计算：

$$w(\text{Al}_2\text{O}_3)=\frac{c[(V_1-V_2\cdot K)/1\,000]M}{2m_1}\times 100-w(\text{Fe}_2\text{O}_3)\times 0.638\,5-w(\text{TiO}_2)\times 0.638\,1 \qquad \cdots\cdots(12)$$

式中：

c——EDTA标准溶液浓度的准确数值，单位为摩[尔]每升(mol/L)；

V_1——加入EDTA标准溶液体积的数值，单位为毫升(mL)；

V_2——回滴过量EDTA标准溶液所用乙酸锌标准滴定溶液体积的数值，单位为毫升(mL)；

K——乙酸锌标准滴定溶液换算成 EDTA 标准溶液的系数；

M——Al_2O_3 的摩尔质量的数值，单位为克每摩[尔](g/mol)(M=101.961)；

m_1——试料的质量的数值，单位为克(g)；

$w(Fe_2O_3)$——氧化铁量的质量分数，%；

$w(TiO_2)$——二氧化钛量的质量分数，%。

10 氧化铁的测定

10.1 原理

粘土质试样用硫酸-氢氟酸挥散除硅后，残渣用混合熔剂熔融；高铝质和熔铸氧化铝质试样直接用混合熔剂熔融，盐酸浸取。用盐酸羟胺将 Fe(Ⅲ)还原为 Fe(Ⅱ)，在弱酸性溶液中，Fe(Ⅱ)与邻二氮杂菲形成橙红色络合物，于分光光度计波长 510 nm 处测量其吸光度。

10.2 试剂

10.2.1 混合熔剂：取 2 份无水碳酸钠与 1 份硼酸研细，混匀。

10.2.2 盐酸羟胺溶液(50 g/L)。

10.2.3 邻二氮杂菲($C_{12}H_8N_2 \cdot H_2O$)溶液(5 g/L)：用乙醇(1+1)配制。

10.2.4 乙酸铵溶液(200 g/L)。

10.2.5 氢氟酸(40%)。

10.2.6 硫酸(1+1)。

10.2.7 盐酸(1+1)。

10.2.8 氧化铁标准溶液(含 Fe_2O_3 1.0 mg/mL)：

称取 0.200 0 g 预先在 600℃灼烧 30 min 并于干燥器中冷却至室温的氧化铁(99.99%)，置于烧杯中，用少许水湿润，加入 40 mL 盐酸(10.2.7)，低温加热溶解至溶液清亮，冷至室温，移入 200 mL 容量瓶中，用水稀释至刻度，摇匀。

10.2.9 氧化铁标准溶液(含 Fe_2O_3 0.1 mg/mL)：

用滴定管移取 10.00 mL 氧化铁标准溶液(10.2.8)，置于 100 mL 容量瓶中，用水稀释至刻度，摇匀。用时配制。

10.2.10 氧化铁标准溶液(含 Fe_2O_3 10 μg/mL)：

用滴定管移取 10.00 mL 氧化铁标准溶液(10.2.9)，置于 100 mL 容量瓶中，用水稀释至刻度，摇匀。用时配制。

10.3 试料量

称取约 0.10 g 试料，精确至 0.1 mg。

10.4 测定

10.4.1 粘土质试样：将试料置于铂坩埚中，用少量水润湿，加 1 mL 硫酸(10.2.6)、10 mL 氢氟酸(10.2.5)，于低温电炉上加热至冒尽白烟，将坩埚置于 600℃高温炉中灼烧 20 min～30 min，取出冷却。加5 g混合熔剂(10.2.1)，盖上坩埚盖并稍留缝隙，置于约 800℃的高温炉中，升温至 1 000℃～1 050℃熔融，使其完全熔解，取出，旋转坩埚，使熔融物均匀附着于坩埚内壁，冷却。

高铝质和熔铸氧化铝质试样：将试料置于盛有 4 g 混合熔剂(10.2.1)的铂坩埚中，仔细混匀，再覆盖 1 g 混合熔剂(10.2.1)，加盖，置于约 800℃的高温炉中，升温至 1 050℃～1 100℃熔融，使其完全熔解，取出，旋转坩埚，使熔融物均匀附着于坩埚内壁，冷却。

10.4.2 用滤纸擦净坩埚外壁，放入盛有煮沸的含 20 mL 盐酸(10.2.7)200 mL 烧杯中，加热浸出熔融物至溶液清亮，用水洗出坩埚及盖，冷至室温，移入 100 mL 容量瓶中，用水稀释至刻度，混匀。

10.4.3 用吸量管移取 10.00 mL 试液(10.4.2)[$w(Fe_2O_3)>8\%$则移取 5 mL 试液](亦可移取 8.3.4.7的试液 A；高铝质和熔铸氧化铝质试样亦可移取 9.1.4.2 试液)，置于 100 mL 容量瓶中，用水稀释至约 50 mL。

10.4.4　加入 5 mL 盐酸羟胺溶液(10.2.2),5 mL 邻二氮杂菲溶液(10.2.3),5 mL 乙酸铵溶液(10.2.4),用水稀释至刻度,摇匀,放置 30 min。

10.4.5　用合适的吸收皿(见表 4),于分光光度计波长 510 nm 处,以空白试验溶液为参比测量其吸光度。

10.5　工作曲线的绘制

10.5.1　用滴定管移取 0、1.00 mL、2.00 mL、4.00 mL、6.00 mL、8.00 mL、10.00 mL 氧化铁标准溶液(10.2.10),分别置于一组 100 mL 容量瓶中,用水稀释至约 50 mL。以下按 10.4.4 进行,用 30 mm 吸收皿,于分光光度计波长 510 nm 处,以试剂空白为参比测量其吸光度,绘制工作曲线。

10.5.2　用滴定管移取 0、1.00 mL、2.00 mL、3.00 mL、4.00 mL、5.00 mL、6.00 mL、7.00 mL、8.00 mL氧化铁标准溶液(10.2.9),分别置于一组 100 mL 容量瓶中,用水稀释至约 50 mL。以下按 10.4.4进行,用 5 mm 吸收皿,于分光光度计波长 510 nm 处,以试剂空白为参比测量其吸光度,绘制工作曲线。

表 4　按氧化铁的含量选择吸收皿

$w(Fe_2O_3)$/%	≤1	1～15
吸收皿/mm	30	5
工作曲线	10.5.1	10.5.2

10.6　分析结果的计算

氧化铁量用质量分数 $w(Fe_2O_3)$计,数值以%表示,按式(13)计算:

$$w(Fe_2O_3)=\frac{m_1\times 10^{-3}}{mV_1/V}\times 100 \qquad (13)$$

式中:

m_1——由工作曲线查得的分取试液中的氧化铁的质量的数值,单位为毫克(mg);

V_1——分取试液的体积的数值,单位为毫升(mL);

V——试液总体积的数值,单位为毫升(mL);

m——试料的质量的数值,单位为克(g)。

11　二氧化钛的测定

二氧化钛可按以下两种方法测定:

a)　二安替比林甲烷光度法(<0.5%)(11.1);

b)　过氧化氢光度法(0.5%～10%)(11.2)。

11.1　二安替比林甲烷光度法(<0.5%)

11.1.1　原理

试样用混合熔剂熔融,稀盐酸浸取。在酸性介质中钛与二安替比林甲烷形成黄色络合物,于分光光度计波长 390 nm 处测量其吸光度。用抗坏血酸还原三价铁,消除其干扰。

11.1.2　试剂

11.1.2.1　混合熔剂:取 2 份无水碳酸钠与 1 份硼酸研细,混匀。

11.1.2.2　抗坏血酸溶液(10 g/L),用时配制。

11.1.2.3　二安替比林甲烷溶液(50 g/L):用盐酸(1+23)配制。

11.1.2.4　硫酸(ρ1.84 g/mL)。

11.1.2.5　盐酸(1+1)。

11.1.2.6　二氧化钛标准溶液(含 TiO_2 0.1 mg/mL):

称取0.100 0 g预先在1 000℃灼烧1 h并于干燥器中冷至室温的二氧化钛(99.99%)，置于铂坩埚中，加入5 g～8 g焦硫酸钾，置于高温炉中，逐渐升温至700℃～800℃熔融，熔融物用200 mL硫酸(1+9)加热溶解，冷至室温后移入1 000 mL容量瓶中，用硫酸(5+95)稀释至刻度，摇匀。

11.1.2.7　二氧化钛标准溶液(含 TiO_2 10 μg/mL)：

用吸量管移取50 mL二氧化钛标准溶液(11.1.2.6)置于500 mL容量瓶中，用水稀释至刻度，摇匀。

11.1.3　试料量

称取约0.20 g试料，精确至0.1 mg。

11.1.4　测定

11.1.4.1　将试料置于盛有4 g混合熔剂(11.1.2.1)的铂坩埚中，仔细混匀，再覆盖1 g混合熔剂(11.1.2.1)，加盖，稍留缝隙，置于约800℃的高温炉中，升温至1 050℃～1 100℃熔融，使其完全熔融，取出，旋转坩埚，使熔融物均匀附着于坩埚内壁，冷却。

11.1.4.2　用滤纸擦净坩埚外壁，放入盛有煮沸的含20 mL盐酸(11.1.2.5)和50 mL水的200 mL烧杯中，加热浸出熔融物至溶液清亮，用水洗出坩埚及盖，冷至室温，移入100 mL容量瓶中，用水稀释至刻度，混匀。

11.1.4.3　用吸量管移取25 mL试液(11.1.4.2)(亦可移取8.3.4.7的试液A或9.1.4.2试液)于50 mL容量瓶中。

11.1.4.4　加入5 mL抗坏血酸溶液(11.1.2.2)，混匀，放置3 min～5 min，加入6 mL二安替比林甲烷溶液(11.1.2.3)、12 mL盐酸(11.1.2.5)，用水稀释至刻度，摇匀，放置40 min。

11.1.4.5　用30 mm吸收皿，于分光光度计波长390 nm处，以空白试验溶液为参比测量其吸光度。

11.1.5　工作曲线的绘制

用滴定管移取0、0.50 mL、1.00 mL、2.00 mL、4.00 mL、6.00 mL、8.00 mL二氧化钛标准溶液(11.1.2.7)，分别置于一组50 mL容量瓶中，以下按11.1.4.4进行，用30 mm吸收皿，于分光光度计波长390 nm处，以试剂空白为参比测量其吸光度。绘制工作曲线。

11.1.6　分析结果的计算

二氧化钛量用质量分数 $w(TiO_2)$ 计，数值以%表示，按式(14)计算：

$$w(TiO_2)=\frac{m_1\times10^{-6}}{mV_1/V}\times100 \qquad \cdots\cdots(14)$$

式中：

m_1——由工作曲线查得分取试液中二氧化钛质量的数值，单位为微克(μg)；

V_1——分取试液体积的数值，单位为毫升(mL)；

V——试液总体积的数值，单位为毫升(mL)；

m——试料质量的数值，单位为克(g)。

11.2　过氧化氢光度法(0.5%～10%)

11.2.1　原理

试样用混合熔剂熔融，盐酸浸取，硫酸赶氯，在5%硫酸介质中四价钛与过氧化氢生成黄色络合物，于分光光度计波长410 nm处测量其吸光度。

三氯化铁的黄色及其共存离子的干扰以硫酸赶氯及试液空白来消除。

11.2.2　试剂

11.2.2.1　混合熔剂：取2份无水碳酸钠与1份硼酸研细，混匀。

11.2.2.2　过氧化氢(1+4)。

11.2.2.3　硫酸(1+1)。

11.2.2.4　硫酸(5+95)。

11.2.2.5 盐酸(1+1)。

11.2.2.6 二氧化钛标准溶液(含 TiO_2 1.0 mg/mL)：

称取 0.500 0 g 预先在 1 000℃灼烧 1 h 并于干燥器中冷却至室温的二氧化钛(99.99%)，置于铂坩埚中，加入 10 g～15 g 焦硫酸钾，置于高温炉中，逐渐升温至 700℃～800℃熔融，熔融物用 200 mL 硫酸(1+9)加热溶解，冷至室温后移入 500 mL 容量瓶中，用硫酸(11.2.2.4)稀释至刻度，摇匀。

11.2.2.7 二氧化钛标准溶液(含 TiO_2 100 μg/mL)：

用吸量管移取 50 mL 二氧化钛标准溶液(11.2.2.6)置于 500 mL 容量瓶中，用水稀释至刻度，摇匀。

11.2.3 试料量

称取约 0.50 g 试样，精确至 0.1 mg。

11.2.4 测定

11.2.4.1 将试料置于盛有 4 g 混合熔剂(11.2.2.1)的铂皿中，混匀，再覆盖 1 克混合熔剂(11.2.2.1)，盖上坩埚盖并稍留缝隙，置于 800℃～900℃高温炉中，升温至 1 000℃～1 100℃熔融，待试样完全熔解。取出铂坩埚，旋转坩埚，使熔融物均匀附着于坩埚内壁，冷却。

11.2.4.2 用滤纸擦净坩埚外壁，放入盛有煮沸的含 20 mL 盐酸(11.2.2.5)和 50 mL 水的 250 mL 烧杯中，加热浸出熔融物至溶液清亮，用水洗出坩埚及盖，冷至室温，移入 250 mL 容量瓶中，用水稀释至刻度，混匀。

11.2.4.3 用吸量管移取 100 mL 试液(11.2.4.2)(亦可移取 8.3.4.7 的试液 A 或 9.1.4.2 试液)于烧杯中，加 10 mL 硫酸(11.2.2.3)，在电炉盘上蒸发至开始冒白烟，稍冷后，用水吹洗烧杯壁及表面皿，继续蒸发至约 20 mL，稍冷，趁热用水吹洗烧杯壁及表面皿，冷却至室温，移入 100 mL 容量瓶中(如有硅析出需过滤)，用水稀释至刻度，混匀。

11.2.4.4 移取 2 份 25.00 mL 试液(11.2.4.3)，分别置于 2 个 50 mL 容量瓶中，其中 1 个加入 5 mL 过氧化氢(11.2.2.2)，另 1 个不加。分别用硫酸(11.2.2.4)稀释至刻度，用合适的吸收皿(见表 5)，于分光光度计波长 410 nm 处，以不加过氧化氢的试液为参比，测量其吸光度。

表 5 按二氧化钛的含量选择吸收皿

$w(TiO_2)$/%	0.5～2.5	2.5～10
比色皿/mm	30	10
标准曲线	11.2.5.1	11.2.5.2

11.2.5 工作曲线的绘制

11.2.5.1 用滴定管移取 0、1.00 mL、2.00 mL、3.00 mL、4.00 mL、5.00 mL、6.00 mL、7.00 mL 二氧化钛标准溶液(11.2.2.7)，分别置于一组 50 mL 容量瓶中，加 5 mL 过氧化氢(11.2.2.2)，用硫酸(11.2.2.4)稀释至刻度，混匀，用 30 mm 吸收皿，于分光光度计波长 410 nm 处，以试剂空白为参比测量其吸光度。绘制工作曲线。

11.2.5.2 用滴定管移取 0、1.00 mL、2.00 mL、3.00 mL、4.00 mL、5.00 mL、6.00 mL 二氧化钛标准溶液(11.2.2.6)，分别置于一组 50 mL 容量瓶中，加 5 mL 过氧化氢(11.2.2.2)，用硫酸(11.2.2.4)稀释至刻度，混匀，用 10 mm 吸收皿，于分光光度计波长 410 nm 处，以试剂空白为参比测量其吸光度。绘制工作曲线。

11.2.6 分析结果的计算

二氧化钛量用质量分数 $w(TiO_2)$计，数值以%表示，按式(15)计算：

$$w(TiO_2) = \frac{m_1 \times 10^{-6}}{mV_1/V} \times 100 \quad \cdots\cdots (15)$$

式中：

m_1——由工作曲线查得分取试液中二氧化钛质量的数值，单位为微克(μg)；

V_1——分取试液体积的数值，单位为毫升(mL)；

V——试液总体积的数值，单位为毫升(mL)；

m——试料质量的数值，单位为克(g)。

12 氧化钙的测定

氧化钙可按以下两种方法测定：

a) 火焰原子吸收光谱法(0.05%～1%)(12.1)；

b) EDTA 容量法(1%～20%)(12.2)。

12.1 火焰原子吸收光谱法(0.05%～1%)

12.1.1 原理

试样用氢氟酸-高氯酸分解后，制成盐酸溶液，加镧作释放剂，于原子吸收光谱仪波长 422.7 nm 和 285.2 nm处分别测量氧化钙、氧化镁的吸光度。

12.1.2 试剂

12.1.2.1 镧溶液(50 g/L)：称取 58.64 g 氧化镧，置于 400 mL 烧杯中，加少量水润湿，在搅拌下滴加浓盐酸至溶解完(约需 90 mL 盐酸)，加热煮沸至溶液清亮，冷却，移入 1 000 mL 容量瓶中，用水稀释至刻度，摇匀。

12.1.2.2 氢氟酸(40%)：优级纯。

12.1.2.3 高氯酸(70%)：优级纯。

12.1.2.4 盐酸(ρ1.19 g/mL)：优级纯。

12.1.2.5 盐酸(1+1)：用优级纯盐酸配制。

12.1.2.6 硝酸(ρ1.42 g/mL)：优级纯。

12.1.2.7 氧化钙标准溶液(含 CaO 1 mg/mL)：

称取 1.784 8 g 预先在 140℃烘 2 h 并于干燥器中冷却至室温的碳酸钙(99.99%)，置于 250 mL 烧杯中，加约 100 mL 水，盖上表皿，从杯嘴滴加 10 mL 盐酸(12.1.2.5)溶解，加热煮沸以驱尽二氧化碳。取下冷却，移入 1 000 mL 容量瓶中，用水稀释至刻度，摇匀。

12.1.2.8 氧化镁标准溶液(含 MgO 1 mg/mL)：

称取 0.500 0 g 预先在 950℃～1 000℃灼烧 1 h 并于干燥器中冷至室温的氧化镁(99.99%)，置于 250 mL 烧杯中，加少量水，盖上表皿，由杯嘴慢慢加入 10 mL 盐酸(12.1.2.4)，加热煮沸溶解，冷至室温，移入 500 mL 容量瓶中，用水稀释至刻度，摇匀。

12.1.2.9 氧化钙-氧化镁混合标准溶液(含 CaO 0.05 mg/mL，MgO 0.01 mg/mL)：

用吸量管移取 50.00 mL 氧化钙标准溶液(12.1.2.7)和 10.00 mL 氧化镁标准溶液(12.1.2.8)，置于同一个 1 000 mL 容量瓶中，用水稀释至刻度，摇匀。现用现配。

12.1.2.10 氧化铝溶液(含 Al_2O_3 22.5 mg/mL)：

称取 1.190 8 克金属铝(99.999%)，置于 250 mL 烧杯中，加 26 mL 盐酸(12.1.2.5)，加热至完全溶解，冷却，移入 100 mL 容量瓶中，用水稀释至刻度，摇匀。

12.1.2.11 镧-盐酸混合溶液：移取 20.00 mL 镧溶液(12.1.2.1)，置于 200 mL 容量瓶中，加 5.0 mL 盐酸(12.1.2.4)，用水稀释至刻度，摇匀。

12.1.3 试料量

称取约 0.10 g 试料，精确至 0.1 mg。

12.1.4 测定

12.1.4.1 将试料置于铂皿中(若无铂皿，也可用聚四氟乙烯烧杯)，用少量水湿润，加入 2 mL 硝酸

(12.1.2.6)、5 mL 高氯酸(12.1.2.3)、10 mL 氢氟酸(12.1.2.2),加热分解至冒尽白烟,取下,稍冷,用水冲洗铂皿壁,加入 3 mL 高氯酸(12.1.2.3),继续加热至冒尽白烟,取下,冷却。加入 2 mL 盐酸(12.1.2.5),5 mL 水加热蒸干,取下,冷却。

12.1.4.2 加入 2.5 mL 盐酸(12.1.2.5)、10 mL 水,低温加热至盐类溶解,取下,冷却。移入 50 mL 容量瓶中,加 5.0 mL 镧溶液(12.1.2.1),用水稀释至刻度,摇匀,澄清。

12.1.4.3 根据试样中氧化钙、氧化镁的含量,按表 6 用吸量管移取不同体积上述试液(12.1.4.2),置于 50 mL 容量瓶中,分别用镧-盐酸混合溶液(12.1.2.11)稀释至刻度,摇匀。

12.1.4.4 用空气-乙炔火焰,以水调零,于火焰原子吸收光谱仪波长 422.7 nm 和 285.2 nm 处,分别测量试液(12.1.4.2)或(12.1.4.3)中氧化钙、氧化镁的吸光度。从标准曲线(12.1.5)上查出相应的氧化钙、氧化镁量。

12.1.5 标准曲线的绘制

用滴定管移取 0、1.00 mL、2.00 mL、4.00 mL、6.00 mL、8.00 mL、10.00 mL 氧化钙-氧化镁混合标准溶液(12.1.2.9),置于一组 50 mL 容量瓶中,加 2.5 mL 盐酸(12.1.2.5),5.0 mL 镧溶液(12.1.2.1),2.0 mL 氧化铝溶液(12.1.2.10)用水稀释至刻度,摇匀。按 12.1.4.4 测量其吸光度。以氧化钙、氧化镁浓度为横坐标,吸光度(减去零浓度溶液的吸光度)为纵坐标,分别绘制标准曲线。

表 6 试样含氧化钙、氧化镁量与移取试液的关系

含量范围/%		移取试液量/mL
氧化钙	氧化镁	
≤0.5	≤0.1	50.00
0.5~1	0.1~0.5	10.00
1~5	0.5~1	5.00
—	1~2	2.00

12.1.6 分析结果的计算

氧化钙(氧化镁)量用质量分数 w(CaO 或 MgO)计,数值以%表示,按式(16)计算:

$$w(\text{CaO 或 MgO}) = \frac{(c_1 - c_0)V \times 10^{-6}}{m_1} \times 100 \qquad \cdots\cdots(16)$$

式中:

c_1——自标准曲线上查得的试液中的氧化钙或氧化镁的浓度的数值,单位为微克每毫升(μg/mL);

c_0——自标准曲线上查得空白试液中的氧化钙或氧化镁浓度的数值,单位为微克每毫升(μg/mL);

V——被测试液的体积的数值,单位为毫升(mL);

m_1——分取试料的质量的数值,单位为克(g)。

12.2 EDTA 容量法(1%~20%)

12.2.1 原理

试样用混合熔剂熔融,稀盐酸浸取,用氨水分离铁、铝、钛等干扰元素后,取部分滤液,用三乙醇胺掩蔽干扰,加氢氧化钠使试液 pH≈13,以钙指示剂指示,用 EDTA 标准溶液滴定氧化钙量。

12.2.2 试剂

12.2.2.1 混合熔剂:取 2 份无水碳酸钠与 1 份硼酸研细,混匀。

12.2.2.2 盐酸(1+1)。

12.2.2.3 氢氧化钠溶液(200 g/L)。

12.2.2.4 氨水(1+1)。

12.2.2.5 氯化铵饱和溶液:称取 40 g 氯化铵,溶于 100 mL 水中,混匀。

12.2.2.6　甲基红溶液(1 g/L):称取 0.1 g 甲基红溶于 60 mL 乙醇中,加水至 100 mL,混匀。

12.2.2.7　硝酸铵溶液:称取 1 g 硝酸铵溶于 100 mL 水中,加 1 滴～2 滴甲基红(12.2.2.6),滴加氨水(15.2.2.4),呈弱碱性。

12.2.2.8　三乙醇胺溶液(1+10)。

12.2.2.9　氧化钙标准溶液(含 CaO 1.0 mg/mL):

称取 0.892 4 g 已于 105℃～110℃烘至恒量的碳酸钙(基准试剂)于 400 mL 烧杯中,加少量水,盖上表面皿,从杯口滴入 10 mL 盐酸(12.2.2.2),加热微沸使其溶解,取下,冷却至室温,移入 500 mL 容量瓶中,用水稀释至刻度,摇匀。

12.2.2.10　EDTA 标准滴定溶液(0.01 mol/L):

称取 3.720 0 gEDTA(乙二胺四乙酸二钠)于烧杯中,加水加热溶解,冷却,用水稀释至 1 000 mL,混匀。

标定:移取 3 份 10 mL 氧化钙标准溶液(12.2.2.9),分别置于 400 mL 烧杯中,加 3 滴～4 滴氧化镁溶液(10 g/L),加水至约 250 mL,加 5 mL 三乙醇胺溶液(12.2.2.8),10 mL 氢氧化钠溶液(12.2.2.3),及少量钙指示剂(12.2.2.11),以 EDTA 标准滴定溶液(12.2.2.10)滴定至试液由红色变为纯蓝色为终点。3 份氧化钙标准溶液所消耗 EDTA 标准滴定溶液体积的极差应不超过 0.05 mL,取其平均值,否则,应重新标定。

EDTA 标准滴定溶液的浓度用物质的量浓度 $c(\mathrm{EDTA})$ 计,数值以 mol/L 表示,按式(17)计算,保留 4 位有效数字:

$$c(\mathrm{EDTA}) = \frac{V_1 c}{V - V_0} \qquad (17)$$

式中:

V_1——移取氧化钙标准溶液体积的数值,单位为毫升(mL);

c——氧化钙标准溶液浓度的准确数值,单位为摩[尔]每升(mol/L);

V——滴定时所用 EDTA 标准滴定溶液体积的数值,单位为毫升(mL);

V_0——滴定空白时所用 EDTA 标准滴定溶液体积的数值,单位为毫升(mL)。

12.2.2.11　钙指示剂:称取 1 g 钙指示剂(或钙指示剂羧酸钠盐)与 50 g 已于 105℃～110℃烘干的氯化钠研细,混匀,贮于磨口瓶中。

12.2.3　试料量

称取约 0.25 g 试料,精确至 0.1 mg。

12.2.4　测定

12.2.4.1　将试料置于盛有 2 g～3 g 混合熔剂(12.2.2.1),铂坩埚中,混匀,再覆盖 1 g～2 g 混合熔剂(12.2.2.1),盖上坩埚盖,并稍留缝隙,置于 800℃～900℃高温炉中,升温至 1 000℃～1 100℃熔融,待试样完全熔解,取出,旋转坩埚,使熔融物均匀附着于坩埚内壁,冷却。

12.2.4.2　用滤纸擦净坩埚外壁,放入盛有约 50 mL 沸水、30 mL 盐酸(12.2.2.2)的烧杯中,加热浸出熔融物至溶液清亮,用水洗出坩埚及盖,冷至室温,移入 250 mL 容量瓶中,用水稀释至刻度,摇匀。

12.2.4.3　移取 50.00 mL 试液(12.2.4.2)(亦可移取 8.3.4.7 的试液 A 或 9.1.4.2 试液)于 200 mL 烧杯中,加 50 mL 水,10 mL 饱和氯化铵溶液(12.2.2.5),加热煮沸,加 1 滴～2 滴甲基红试剂(12.2.2.6),在搅拌下滴加氨水(12.2.2.4)至溶液呈黄色后,过加 1 滴～2 滴,加热至刚沸,取下,静置片刻,待沉淀沉降后立即用中速或快速滤纸过滤于 400 mL 烧杯中,用热硝酸铵溶液(12.2.2.7)充分洗涤烧杯和沉淀,冷至室温,然后加水至约 250 mL,加 5 mL 三乙醇胺溶液(12.2.2.8),20 mL 氢氧化钠溶液(12.2.2.3)及少量钙指示剂(12.2.2.11),以 EDTA 标准滴定溶液(12.2.2.10)滴定至试液由红色变为纯蓝色为终点。

12.2.5　分析结果的计算

氧化钙量用质量分数 $w(\mathrm{CaO})$ 计,数值以%表示,按式(18)计算:

$$w(\mathrm{CaO}) = \frac{c(\mathrm{EDTA})[(V-V_0)/1\,000]M}{m_1} \times 100 \qquad \cdots\cdots(18)$$

式中：

c(EDTA)——EDTA 标准滴定溶液浓度的准确数值，单位为摩［尔］每升(mol/L)；

M——CaO 的摩尔质量的数值，单位为克每摩［尔］(g/mol)(M=56.079)；

V——滴定时所用 EDTA 标准滴定溶液体积的数值，单位为毫升(mL)；

V_0——滴定空白所用 EDTA 标准滴定溶液体积的数值，单位为毫升(mL)；

m_1——分取试料质量的数值，单位为克(g)。

13 氧化镁的测定

氧化镁可按以下两种方法测定：

a) 二甲苯胺蓝Ⅰ-溴化十六烷基三甲铵光度法(13.1)；

b) 火焰原子吸收光谱法(13.2)。

13.1 二甲苯胺蓝Ⅰ-溴化十六烷基三甲铵光度法

13.1.1 原理

试样用混合熔剂熔融，盐酸浸取。以六次甲基四胺除去大量铝、钛和铁，在 pH=10 的氨性介质中，以 CyDTA-Ca、三乙醇胺-四乙烯五胺掩蔽锰和重金属离子，镁与二甲苯胺蓝Ⅰ、溴化十六烷基三甲铵生成有色络合物，于分光光度计波长 520 nm 处测量其吸光度。

13.1.2 试剂

13.1.2.1 混合熔剂：取 2 份无水碳酸钠与 1 份硼酸研细，混匀。

13.1.2.2 六次甲基四胺溶液(200 g/L)。

13.1.2.3 氨水(ρ0.90 g/mL)。

13.1.2.4 氨水(1+1)。

13.1.2.5 盐酸(1+1)。

13.1.2.6 盐酸(1+2)。

13.1.2.7 环已烷二胺四乙酸-钙(CyDTA-Ca)溶液：

称取 0.866 0 g 环已烷二胺四乙酸(CyDTA)于烧杯中，加 50 mL 水，稍加热，取下，滴加氨水(13.1.2.4)至溶解。

称取 0.500 0 g 碳酸钙于烧杯中，加 10 mL 盐酸(13.1.2.6)溶解。

将上述两种溶液混合，用水稀释至 500 mL，以中性红溶液(0.1%)为指示剂，滴加氨水(13.1.2.4)至恰变黄色。

13.1.2.8 三乙醇胺-四乙烯五胺混合液：将 85 mL 三乙醇胺和 10 mL 四乙烯五胺混合后，用水稀释至 500 mL。

13.1.2.9 氨-氯化铵缓冲溶液(pH=10)：将 67.5g 氯化铵溶于 570 mL 氨水(13.1.2.3)中，用水稀释至 1000 mL，混匀。

13.1.2.10 溴化十六烷基三甲铵(CTAB)溶液(15 g/L)：将 3 g 溴化十六烷基三甲铵(CTAB)溶于 200 mL无水乙醇中。

13.1.2.11 二甲苯胺蓝Ⅰ溶液(0.40 g/L)：将 0.40 g 二甲苯胺蓝Ⅰ溶于 1 000 mL 水中，充分混匀，放置一天后使用。

13.1.2.12 氧化镁标准贮存溶液(含 MgO 0.1 mg/mL)：

称取 0.100 0 g 预先在 1 000℃灼烧过的氧化镁(基准试剂)于 150 mL 烧杯中，加 10 mL 盐酸(13.1.2.6)溶解，移入 1 000 mL 容量瓶中，用水稀释至刻度，摇匀。

13.1.2.13 氧化镁标准溶液(含 MgO 0.01 mg/mL)：

用吸量管移取10.00 mL氧化镁标准贮存溶液(13.1.2.12),置于100 mL容量瓶中,用水稀释至刻度,混匀。

13.1.3 试料量

称取约0.20 g试料,精确至0.1 mg。

13.1.4 测定

13.1.4.1 将试料置于盛有2 g～3 g混合熔剂(13.1.2.1)的铂坩埚中,混匀,再覆盖1 g～2 g混合熔剂(13.1.2.1),盖上坩埚盖,并稍留缝隙,置于800℃～900℃高温炉中,升温至1 000℃～1 050℃熔融5 min～15 min。取出,旋转坩埚,使熔融物均匀附着于坩埚内壁,冷却。用滤纸擦净坩埚外壁,放入盛有煮沸的含15 mL盐酸(13.1.2.5)和50 mL水的烧杯中,加热浸出熔融物至溶液清亮,用水洗出坩埚及盖,冷至室温,移入100 mL容量瓶中,用水稀释至刻度,混匀。

13.1.4.2 用吸量管移取50 mL试液(13.1.4.1)(亦可移取8.3.4.7的试液A或9.1.4.2试液)于150 mL烧杯中,在搅拌下滴加氨水(13.1.2.4)至氢氧化物沉淀析出,再滴加盐酸(13.1.2.5)至沉淀刚刚溶解,加10 mL六次甲基四胺溶液(13.1.2.2),混匀。加热煮沸1 min～2 min,取下,冷至室温,移入100 mL容量瓶中,用水稀释至刻度,混匀,用快速滤纸干过滤。

13.1.4.3 按试样中氧化镁的量(见表7),分取2.00 mL～20.00 mL试液(13.1.4.2)于50 mL容量瓶中,加水稀释至约25 mL。

表7 按试样中氧化镁的含量分取试液

w(MgO)/%	0.05～0.25	0.25～0.5	0.5～1	1～2
分取试液体积/mL	20.00	10.00	5.00	2.00

13.1.4.4 在摇动下依次加入1 mL CyDTA-Ca溶液(13.1.2.7),1 mL三乙醇胺-四乙烯五胺混合液(13.1.2.8)和5 mL氨-氯化铵缓冲溶液(13.1.2.9),沿瓶颈内壁加1 mL CTAB溶液(13.1.2.10),轻轻摇匀。加10.00 mL二甲苯胺蓝Ⅰ溶液(13.1.2.11),用水稀释至刻度,混匀,放置45 min。

13.1.4.5 用10 mm吸收皿于分光光度计波长520 nm处,以随同试样的空白为参比,测量其吸光度。

13.1.5 工作曲线的绘制

用滴定管移取0、1.00 mL、2.00 mL、3.00 mL、4.00 mL、5.00 mL氧化镁标准溶液(13.1.2.13),分别置于一组50 mL容量瓶中,加2 mL六次甲基四胺溶液(13.1.2.2),加水至约25 mL。以下按13.1.4.4进行。用10 mm吸收皿,于分光光度计波长520 nm处,以试剂空白为参比测量其吸光度,绘制工作曲线。

13.1.6 分析结果的计算

氧化镁量用质量分数w(MgO),按式(19)计算:

$$w(\mathrm{MgO})=\frac{m_1\times 10^{-6}}{m\times 50/100\times V_1/V}\times 100 \qquad \cdots\cdots(19)$$

式中:

m_1——由工作曲线查得分取试液中氧化镁质量的数值,单位为毫克(mg);

V_1——分取试液体积的数值,单位为毫升(mL);

V——试液总体积的数值,单位为毫升(mL);

m——试料质量的数值,单位为克(g)。

13.2 火焰原子吸收光谱法(见12.1)

14 氧化钾和氧化钠的测定

14.1 原理

粘土质试样用硫酸-氢氟酸分解,高铝质和熔铸氧化铝试样用偏硼酸锂熔解,制成硝酸溶液,于原子吸收光谱仪波长 766.5 nm 和 589.0 nm 处分别测量氧化钾、氧化钠的吸光度。

14.2 试剂

14.2.1 氢氟酸(40%):优级纯。

14.2.2 硫酸(1+1):用优级纯硫酸配制。

14.2.3 硝酸(1+1):用优级纯硝酸配制。

14.2.4 无水偏硼酸锂:先将盛有八水偏硼酸锂($LiBO_2 \cdot 8H_2O$)的铂皿放入烘箱内,逐渐升温至 170℃烘 2 h,再置于 600℃~650℃高温炉中灼烧 2 h,冷却,研细,贮存于磨口瓶中。

14.2.5 偏硼酸锂溶液(20 g/L):称取 15.60 g 八水偏硼酸锂($LiBO_2 \cdot 8H_2O$),置于 200 mL 烧杯中,加 50 mL 水,加热溶解,加 40.0 mL 硝酸(14.2.3),冷却,移入 200 mL 容量瓶中,用水稀释至刻度,摇匀。

14.2.6 氧化铝溶液(8 g/L):称取 2.116 8 g 高纯铝(99.999%),置于 250 mL 烧杯中,加 60 mL 盐酸(1+1),加 1 滴汞助溶,待激烈反应停止后,加热至完全溶解,冷却,移入 500 mL 容量瓶中,用水稀释至刻度,摇匀。

14.2.7 氧化钾标准溶液(含 K_2O 1 mg/mL):

称取 0.791 5 g 预先在 450℃~500℃灼烧 1.5 h 并于干燥器中冷却至室温的氯化钾(99.99%),置于 250 mL 烧杯中,加水溶解后,移入 500 mL 容量瓶中,用水稀释至刻度,摇匀,贮存于塑料瓶中。

14.2.8 氧化钾标准溶液(含 K_2O 0.1 mg/mL):

用吸量管移取 50.00 mL 氧化钾标准溶液(14.2.7),置于 500 mL 容量瓶中,用水稀释至刻度,摇匀,贮于塑料瓶中。

14.2.9 氧化钠标准溶液(含 Na_2O 1 mg/mL):

称取 0.943 0 g 预先在 450℃~500℃灼烧 1.5 h 并于干燥器中冷却至室温的氯化钠(99.99%),置于 250 mL 烧杯中,加水溶解后,移入 500 mL 容量瓶中,用水稀释至刻度,摇匀,贮存于塑料瓶中。

14.2.10 氧化钠标准溶液(含 Na_2O 0.1 mg/mL):

用吸量管移取 50.00 mL 氧化钠标准溶液(14.2.9),置于 500 mL 容量瓶中,用水稀释至刻度,摇匀,贮存于塑料瓶中。

14.2.11 氧化钾-氧化钠混合标准溶液(含 K_2O 10 μg/mL, Na_2O 10 μg/mL):

用吸量管移取 50.00 mL 氧化钾标准溶液(14.2.8)和 50.00 mL 氧化钠标准溶液(14.2.10),置于同一个 500 mL 容量瓶中,用水稀释至刻度,摇匀。现配现用。

14.2.12 氧化钾-氧化钠混合标准溶液(含 K_2O 50 μg/mL, Na_2O 50 μg/mL):

用吸量管移取 50.00 mL 氧化钾标准溶液(14.2.7)和 50.00 mL 氧化钠标准溶液(14.2.9),置于同一个 1000 mL 容量瓶中,用水稀释至刻度,摇匀。现配现用。

14.3 试料量

称取约 0.10 g 试料,精确至 0.1 mg。

14.4 测定

14.4.1 粘土质试液的制备

14.4.1.1 将试料置于铂皿中(若无铂皿,也可用聚四氟乙烯烧杯),用少量水湿润,加入 10 mL 氢氟酸(14.2.1)、2.0 mL 硫酸(14.2.2),加热分解至冒尽白烟,取下,稍冷,用水冲洗铂皿壁,在加入 2.0 mL 硫酸(14.2.2),继续加热至冒尽白烟,取下,冷却,加入 4.0 mL 硝酸(14.2.3)、10 mL 水,低温加热至盐类溶解,取下,冷却。移入 100 mL 容量瓶中,用水稀释至刻度,摇匀。

14.4.1.2 根据试样中氧化钾、氧化钠的含量,按表 8 移取不同体积上述试液(14.4.1.1),置于 100 mL 容量瓶中,补加不同量的硝酸(14.2.3),用水稀释至刻度,摇匀。

表 8 粘土质试样分取试液量

含量范围/%		分取试液量/mL	补加硝酸量/mL
氧化钾	氧化钠		
<0.2	<0.1	100.00	0
0.2～1	0.1～0.5	20.00	3.2
1～4	0.5～2	5.00	3.8

14.4.2 高铝和熔铸氧化铝质试液的制备

14.4.2.1 将试样置于铂坩埚中,加 0.400 0 g 无水偏硼酸锂(14.2.4),混匀,再覆盖0.100 0 g无水偏硼酸锂(14.2.4),加盖,置于 950℃高温炉中熔融 10 min,取出,冷却,用滤纸擦净坩埚外壁,置于150 mL聚四氟乙烯烧杯中,加 5.0 mL 硝酸(14.2.3),30 mL 沸水,加热浸取熔融物,用水洗出坩埚,冷却至室温,移入 100 mL 容量瓶中,用水稀释至刻度,摇匀。

14.4.2.2 根据试样中氧化钾、氧化钠的含量,按表 9 移取不同体积上述试液(14.4.2.1),置于 100 mL 容量瓶中,用水稀释至刻度,摇匀。

表 9 高铝和熔铸氧化铝质试样分取试液量

含量范围/%		分取试液量/mL	标准曲线
氧化钾	氧化钠		
<0.2	<0.2	100.00	14.5.2.1
0.2～1	0.2～1	20.00	
1～4	1～4	5.00	
—	≤8	5.00	14.5.2.2

14.4.3 试液吸光度的测量

将试液(14.4.1.2 或 14.4.2.2)于火焰原子吸收光谱仪波长 766.5 nm 和 589.0 nm 处,用空气-乙炔火焰,以水调零,分别测量氧化钾、氧化钠的吸光度。从标准曲线(14.5.1、14.5.2.1 或 14.5.2.2)上查出相应的氧化钾、氧化钠量。

14.5 标准曲线的绘制

14.5.1 粘土质试样:用滴定管移取 0、2.00 mL、4.00 mL、8.00 mL、10.00 mL、12.00 mL、16.00 mL、20.00 mL 氧化钾-氧化钠混合标准溶液(14.2.11),分别置于一组 100 mL 容量瓶中,各加入 4.0 mL 硝酸(14.2.3),根据测量范围按表 10 加入不同量的氧化铝溶液(14.2.6),用水稀释至刻度,摇匀。

表 10 粘土质试样加入氧化铝溶液量

含量范围/%		加入氧化铝溶液量/mL
氧化钾	氧化钠	
<0.2	<0.2	5.0
0.2～4	0.2～4	1.0

14.5.2 高铝和熔铸氧化铝质试样:测量范围<4%时,按 14.5.2.1 配制标液系列;测量范围≤8%时,按 14.5.2.2 配制标液系列。

14.5.2.1 用滴定管移取 0、2.00 mL、4.00 mL、8.00 mL、10.00 mL、12.00 mL、16.00 mL、20.00 mL 氧化钾-氧化钠混合标准溶液(14.2.11),分别置于一组 100 mL 容量瓶中,根据不同测量范围按表 11 加入不同量偏硼酸锂溶液(14.2.5)和氧化铝溶液(14.2.6),用水稀释至刻度,摇匀。

表 11　高铝和熔铸氧化铝质试样加入偏硼酸锂和氧化铝溶液量

含量范围/%		加入偏硼酸锂溶液量/mL	加入氧化铝溶液量/mL
氧化钾	氧化钠		
<0.2	<0.2	25.0	10.0
0.2～4	0.2～4	5.0	2.0

14.5.2.2　用滴定管移取 0、1.00 mL、2.00 mL、4.00 mL、6.00 mL、8.00 mL、10.00 mL 氧化钾-氧化钠混合标准溶液(14.2.12)，分别置于一组 100 mL 容量瓶中，各加入 1.5 mL 偏硼酸锂溶液(14.2.5)和 0.5 mL 氧化铝溶液(14.2.6)，用水稀释至刻度，摇匀。

14.5.3　将标准溶液系列(14.5.1、14.5.2.1 或 14.5.2.2)于火焰原子吸收光谱仪波长 766.5 nm 和 589.0 nm 处，用空气-乙炔火焰，以水调零，分别测量氧化钾、氧化钠的吸光度。以氧化钾、氧化钠浓度为横坐标，吸光度(减去零浓度溶液的吸光度)为纵坐标，分别绘制标准曲线。

14.6　分析结果的计算

氧化钾(氧化钠)量用质量分数 $w(K_2O$ 或 $Na_2O)$ 计，数值以%表示，按式(20)计算：

$$w(K_2O\text{或}Na_2O)=\frac{(c_1-c_0)V\times10^{-6}}{m_1}\times100 \quad\cdots\cdots(20)$$

式中：

c_1——自标准曲线上查得的试液中的氧化钾或氧化钠的浓度的数值，单位为微克每毫升(μg/mL)；

c_0——自标准曲线上查得空白试液中的氧化钾或氧化钠浓度的数值，单位为微克每毫升(μg/mL)；

V——被测试液的体积的数值，单位为毫升(mL)；

m_1——分取试料的质量的数值，单位为克(g)。

15　氧化锰的测定

15.1　原理

试样用氢氟酸-高氯酸分解后，不熔残渣用混合熔剂熔融，制成盐酸溶液。硅的干扰借氢氟酸分解试样挥散消除。于原子吸收光谱仪波长 279.5 nm 处测量氧化锰的吸光度。

15.2　试剂

15.2.1　混合熔剂：取 2 份无水碳酸钠与 1 份硼酸研细，混匀。

15.2.2　氢氟酸(40%)：优级纯。

15.2.3　高氯酸(70%)：优级纯。

15.2.4　盐酸(1+1)：用优级纯盐酸配制。

15.2.5　混合熔剂-盐酸溶液：准确称取 10.0 g 混合熔剂，加入 40 mL 盐酸(15.2.4)，溶解后移入 100 mL容量瓶中，用水稀释至刻度，摇匀。

15.2.6　二氧化钛标准溶液(含 TiO_2 1 mg/mL)：

称取 0.500 0 g 预先在 1 000℃灼烧 1 h 并于干燥器中冷至室温的二氧化钛(99.99%)，置于铂坩埚中，加入 10 g～15 g 焦硫酸钾，置于高温炉中，逐渐升温至 700℃熔融，熔融物用 200 mL 硫酸(1+9)加热溶解，冷至室温后移入 500 mL 容量瓶中，用硫酸(5+95)稀释至刻度，摇匀。

15.2.7　氧化锰标准溶液(含 MnO 1 mg/mL)：

称取 0.193 6 g 金属锰(99.99%)，置于 250 mL 烧杯中，加入 10 mL 盐酸(15.2.4)，待其溶解后移入 250 mL 容量瓶中，用水稀释至刻度，摇匀。

15.2.8　氧化锰标准溶液(含 MnO 20 μg/mL)：

用吸量管移取 20.00 mL 氧化锰标准溶液(15.2.7)，置于 1 000 mL 容量瓶中，用水稀释至刻度，摇匀。

15.3 试料量

称取约0.10 g试料,精确至0.1 mg。

15.4 测定

15.4.1 将试料置于铂皿中(若无铂皿,也可用聚四氟乙烯烧杯),用少量水湿润,加入10 mL氢氟酸(15.2.2)、3 mL高氯酸(15.2.3),加热分解至冒尽高氯酸白烟,取下,稍冷,用水冲洗铂皿壁,加入2 mL高氯酸(15.2.3),继续加热至冒尽高氯酸白烟,取下,冷却,用水冲洗铂皿壁。

15.4.2 加入4 mL盐酸(15.2.4)、10 mL水,低温加热至盐类溶解,能完全溶解的试样冷却后可直接移入100 mL容量瓶中,用水稀释至刻度,摇匀后按15.4.6进行。

15.4.3 不能完全溶解的试样,用慢速定量滤纸过滤,滤液用100 mL容量瓶承接,用热水洗涤铂皿及滤纸3～4次(此为主液)。

15.4.4 将沉淀连同滤纸置于铂坩埚中干燥,灰化后,加1 g混合熔剂(15.2.1)仔细混匀,置于高温炉中于1 000℃熔融5 min～15 min(空白熔融5 min),取出,旋转坩埚,使熔融物均匀附着于坩埚内壁,冷却。

15.4.5 向铂坩埚中分次加入4 mL盐酸(15.2.4),少量水,加热浸取熔融物,将溶液并入主液(15.4.3)中,用水稀释至刻度,摇匀。

15.4.6 用空气-乙炔火焰,以水调零,于火焰原子吸收光谱仪波长279.5 nm处,测量试样溶液(15.4.2或15.4.5)的吸光度。从标准曲线(15.5)上查出相应的氧化锰量。

15.5 标准曲线的绘制

用滴定管移取0、2.00 mL、4.00 mL、6.00 mL、8.00 mL、10.00 mL氧化锰标准溶液(15.2.8),置于一组100 mL容量瓶中,加入4 mL盐酸(15.2.4)、10 mL混合熔剂-盐酸溶液(15.2.5),3 mL二氧化钛标准溶液(15.2.6),用水稀释至刻度,摇匀。按15.4.6测量其吸光度。以氧化锰浓度为横坐标,吸光度(减去零浓度溶液的吸光度)为纵坐标,绘制标准曲线。

15.6 分析结果的计算

氧化锰量用质量分数$w(\mathrm{MnO})$计,数值以%表示,按式(21)计算:

$$w(\mathrm{MnO}) = \frac{(c_1 - c_0)V \times 10^{-6}}{m_1} \times 100 \qquad \cdots\cdots(21)$$

式中:

c_1——自标准曲线上查得的试液中的氧化锰的浓度的数值,单位为微克每毫升(μg/mL);

c_0——自标准曲线上查得的空白溶液中的氧化锰浓度的数值,单位为微克每毫升(μg/mL);

V——被测试液的体积的数值,单位为毫升(mL);

m_1——分取试料的质量的数值,单位为克(g)。

16 五氧化二磷的测定

16.1 原理

试样用盐酸-氢氟酸分解,以高氯酸赶硅、氟,再用混合熔剂熔融分解不溶物,盐酸浸取。加抗坏血酸、盐酸羟胺及铋盐混合溶液,再加钼酸铵与酒石酸钾钠混合溶液显色,于分光光度计波长740 nm或700 nm处测量其吸光度。

16.2 试剂

16.2.1 混合熔剂:1.5份无水碳酸钠,1.5份无水碳酸钾与0.7份硼酸混匀研细,贮于磨口瓶中。

16.2.2 抗坏血酸-盐酸羟胺-硝酸铋混合溶液:称取2 g硝酸铋[$\mathrm{Bi(NO_3)_3 \cdot 5H_2O}$]溶在20 mL盐酸(1+1)中。另称取25 g抗坏血酸和25 g盐酸羟胺溶在480 mL盐酸(1+47)中。将上述两种溶液合并,混匀。

16.2.3 钼酸铵-酒石酸钾钠混合溶液：称取 10 g 钼酸铵、20 g 酒石酸钾钠溶于 500 mL 水中，混匀。

16.2.4 氢氟酸(40%)。

16.2.5 高氯酸(70%)。

16.2.6 盐酸(ρ1.19 g/mL)。

16.2.7 盐酸(1+1)。

16.2.8 盐酸(4+96)。

16.2.9 氢氧化钾溶液(300 g/L)。

16.2.10 对硝基苯酸溶液(10 g/L)：用乙醇配制。

16.2.11 五氧化二磷标准溶液(含 P_2O_5 0.1 mg/mL)：

称取 0.191 8 g 预先在 105℃～110℃烘 2 h 并于干燥器中冷却至室温的磷酸二氢钾(99.99%)，置于烧杯中，加水溶解，移入 1 000 mL 容量瓶中，用水稀释至刻度，摇匀。

16.2.12 五氧化二磷标准溶液(含 P_2O_5 10 μg/mL)：

用吸量管移取 100.00 mL 五氧化二磷标准溶液(16.2.11)，置于 1 000 mL 容量瓶中，用水稀释至刻度，摇匀。

16.3 试料量

称取约 0.20 g 试样，精确至 0.1 mg。

16.4 测定

16.4.1 将试料置于铂坩埚中，用少量水润湿，加 10 mL 盐酸(16.2.6)、5 mL 氢氟酸(16.2.4)、1 mL 高氯酸(16.2.5)于低温电炉上加热至冒浓白烟，取下，再加 5 mL 盐酸(16.2.6)、5 mL 氢氟酸(16.2.4)，继续加热至冒浓白烟并蒸干。取下，将坩埚置于 600℃高温炉中灼烧，取出冷却。加 2 g 混合熔剂(16.2.1)，置于约 800℃高温炉中，升温至 1 000℃～1 100℃熔融，待试样完全熔解，取出，旋转坩埚，使熔融物均匀附着于坩埚内壁，冷却。

16.4.2 用滤纸擦净坩埚外壁，放入盛有煮沸的含 10 mL 盐酸(16.2.7)和 50 mL 水的 200 mL 烧杯中，加热浸出熔融物至溶液清亮，用水洗出坩埚及盖，加热至可溶性盐类溶解，冷至室温，移入 250 mL 容量瓶中，用水稀释至刻度，混匀。

16.4.3 用吸量管移取 20.00 mL 试液(16.4.2)，置于 50 mL 容量瓶中，加 2 滴对硝基苯酸溶液(16.2.10)，用氢氧化钾溶液(16.2.9)中和至黄色，再用盐酸(16.2.7)中和至无色，再加 5 mL 盐酸(16.2.8)，加 5 mL 抗坏血酸-盐酸羟胺-硝酸铋混合溶液(16.2.2)，5 mL 钼酸铵-酒石酸钾钠混合溶液(16.2.3)，用水稀释至刻度，摇匀，放置 20 min～30 min。

16.4.4 用合适的吸收皿(见表 13)，于分光光度计波长 740 nm 或 700 nm 处，以空白试验溶液为参比测量其吸光度。

表 12 按五氧化二磷的含量选择吸收皿

$w(P_2O_5)$/%	0.1～0.5	0.5～5
吸收皿/mm	30	10
工作曲线	16.4.5.1	16.4.5.2

16.4.5 工作曲线的绘制

16.4.5.1 用滴定管移取 0、1.00 mL、2.00 mL、3.00 mL、4.00 mL、5.00 mL、6.00 mL、7.00 mL、8.00 mL五氧化二磷标准溶液(16.2.12)，分别置于一组 50 mL 容量瓶中，加 5 mL 盐酸(16.2.8)，用水稀释至 20 mL，加 5 mL 抗坏血酸-盐酸羟胺-硝酸铋混合溶液(16.2.2)，5 mL 钼酸铵-酒石酸钾钠混合溶液(16.2.3)，用水稀释至刻度，摇匀，放置 20 min～30 min。用 30 mm 吸收皿于分光光度计波长 740 nm或 700 nm 处，以试剂空白为参比测量其吸光度，绘制工作曲线。

16.4.5.2 用滴定管移取 0、1.00 mL、2.00 mL、3.00 mL、4.00 mL、5.00 mL、6.00 mL、7.00 mL、

8.00 mL五氧化二磷标准溶液(16.2.11),分别置于一组 50 mL 容量瓶中,加 5 mL 盐酸(16.2.8),用水稀释至 20 mL,加 5 mL 抗坏血酸-盐酸羟胺-硝酸铋混合溶液(16.2.2),5 mL 钼酸铵-酒石酸钾钠混合溶液(16.2.3),用水稀释至刻度,摇匀,放置 20 min～30 min。用 10 mm 吸收皿于分光光度计波长 740 nm或 700 nm 处,以试剂空白为参比测量其吸光度,绘制工作曲线。

16.5 分析结果的计算

五氧化二磷量用质量分数 $w(P_2O_5)$计,数值以%表示,按式(22)计算:

$$w(P_2O_5)=\frac{m_1\times 10^{-6}}{mV_1/V}\times 100 \qquad (22)$$

式中:

m_1——由工作曲线查得的分取试液中的五氧化二磷的质量的数值,单位为微克(μg);

V_1——分取试液的体积的数值,单位为毫升(mL);

V——试液总体积的数值,单位为毫升(mL);

m——试料的质量的数值,单位为克(g)。

附　录　A
（规范性附录）
验收分析值程序

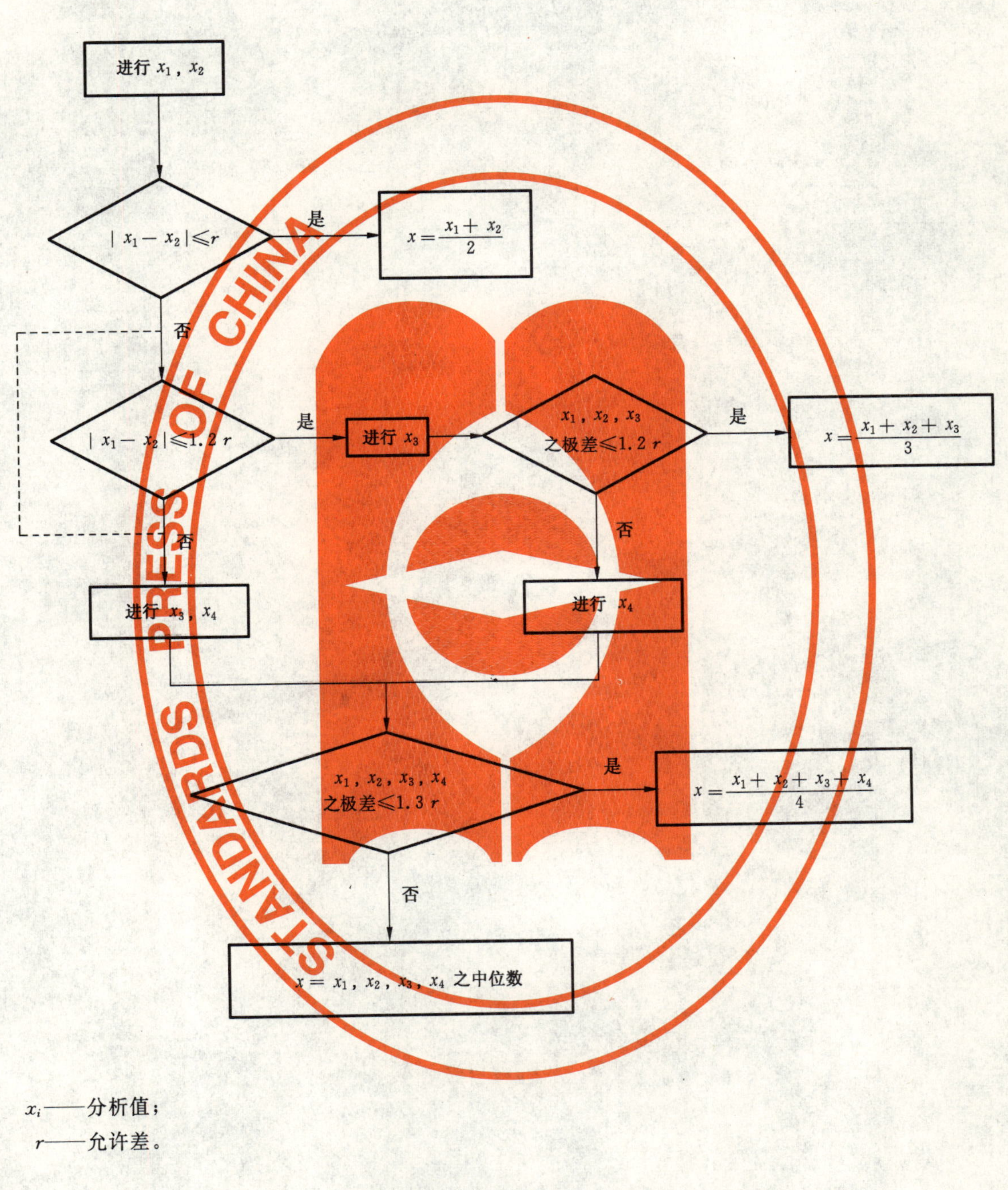

x_i——分析值；

r——允许差。

ICS 13.060.98
J 98

中华人民共和国国家标准

GB/T 6906—2006
代替 GB/T 6906—1986

锅炉用水和冷却水分析方法 联氨的测定

Methods for analysis of water for boiler and for cooling—The determination of hydrazine

2006-09-01 发布 2007-02-01 实施

中华人民共和国国家质量监督检验检疫总局
中国国家标准化管理委员会 发布

前　言

本标准代替 GB/T 6906—1986《锅炉用水和冷却水分析方法　联氨的测定》。

本标准与 GB/T 6909—1986 相比，有如下主要变化：

——适用范围由“适用于锅炉给水和蒸汽中联氨含量的测定”改为“适用于锅炉给水、蒸汽、凝结水及天然水中联氨含量的测定”。

——更详细地指出了本方法的干扰因素。明确指出氯、溴、碘、芳香胺等皆对本测定方法有干扰。

——硫代硫酸钠标准溶液的配制方法中，增加了“加入 0.2 g 无水碳酸钠”的内容。

——水样加入对二甲氨基苯甲醛-硫酸溶液显色时间由 3 min 改为 5 min，而且放置时间不应超过 100 min。

——改正了原标准公式(2)中贮备液的联氨浓度单位的错误，将 μg/L 改正为 g/L。

本标准由中国电业企业联合会提出。

本标准由西安热工研究院有限公司归口。

本标准起草单位：甘肃电力科学研究院。

本标准主要起草人：雷兆春。

本标准于 1986 年首次发布，本次为第一次修订。

锅炉用水和冷却水分析方法
联氨的测定

1 范围

本标准规定了锅炉给水、蒸汽、凝结水及天然水中联氨含量的测定方法。

本标准适用于联氨含量 2 μg/L～100 μg/L 水样的测定。联氨含量大于 100 μg/L 的水样应稀释后测定。

2 规范性引用文件

下列文件中的条款通过本标准的引用而成为本标准的条款。凡是注日期的引用文件，其随后所有的修改单(不包括勘误的内容)或修订版均不适用于本标准，然而，鼓励根据本标准达成协议的各方研究是否可使用这些文件的最新版本。凡是不注日期的引用文件，其最新版本适用于本标准。

GB/T 6903 锅炉用水和冷却水分析方法 通则

3 原理

在酸性条件下，联氨与对二甲氨基苯甲醛反应生成黄色的偶氮化合物。在测定范围内黄色的深度与联氨的含量成比例，符合朗伯-比尔定律。此偶氮化合物的最大吸收波长为 454 nm。

联氨在碱性条件下容易被氧化，氯、溴、碘等氧化剂将使测定值降低，芳香胺类例如苯胺将干扰测定，浑浊的水样及有色素的水样也对测定有干扰。

4 试剂

4.1 试剂和试剂水：按照 GB/T 6903 中所规定的分析纯试剂和Ⅱ级试剂水。

4.2 重铬酸钾(基准试剂)。

4.3 硫酸溶液 $c(H_2SO_4)=2$ mol/L。

4.4 浓盐酸(密度 1.19 g/cm^3，含 HCl37%)。

4.5 浓硫酸(密度 1.84 g/cm^3，含量 98%)。

4.6 1%淀粉指示剂：称取 1.0 g 可溶性淀粉置于玛瑙研钵中，加 5 mL 试剂水研磨成糊状物，在搅拌下将糊状物加到 90 mL 沸腾的试剂水中，再继续煮沸 1 min～2 min，冷却后稀释至 100 mL，使用期为两周。

4.7 硫代硫酸钠标准溶液 $c_1(Na_2S_2O_3)=0.1$ mol/L。

4.7.1 配制：称取 26 g 硫代硫酸钠($Na_2S_2O_3 \cdot 5H_2O$)溶于 1 L 试剂水中，缓缓煮沸 10 min，再加入 0.2 g无水碳酸钠，充分摇匀后贮存于具有磨口塞的棕色试剂瓶中，放置 2 周后过滤备用。

4.7.2 标定：称取 120℃±2℃烘至恒重的基准重铬酸钾 0.15 g(称准至 0.000 2 g)，置于碘量瓶中，加入 25 mL 试剂水溶解，加 2 g 碘化钾及 20 mL 硫酸溶液 $c(H_2SO_4)=2$ mol/L 混匀。于暗处放置 10 min。加入 150 mL 试剂水，用硫代硫酸钠溶液 $c_1(Na_2S_2O_3)=0.1$ mol/L 滴定，至溶液呈淡黄色时，加 1%淀粉指示剂 1 mL，继续滴定至溶液由蓝色变成亮绿色。同时做空白试验

硫代硫酸钠标准溶液的物质的量浓度 c_1，按式(1)计算：

$$c_1=\frac{G}{(V_1-V_2)\times 49.03}\times 10^3 \qquad (1)$$

式中：

c_1——硫代硫酸钠标准溶液的物质的量浓度，单位为摩尔每升(mol/L)；

G——重铬酸钾的质量，单位为克(g)；

V_1——标定时消耗硫代硫酸钠溶液的体积，单位为毫升(mL)；

V_2——空白试验消耗硫代硫酸钠溶液的体积，单位为毫升(mL)；

49.03——重铬酸钾$\left(\frac{1}{6}K_2Cr_2O_7\right)$的毫摩尔质量，单位为克每摩尔(g/mol)。

4.8 碘标准溶液 $c\left(\frac{1}{2}I_2\right)=0.1$ mol/L：称取 13 g 碘及 35 g 碘化钾，溶于少量试剂水中，待全部溶解后，用试剂水稀释至 1 000 mL 并混匀。贮存于具有磨口塞的棕色瓶中。

4.9 盐酸溶液(1+99)。

4.10 氢氧化钠溶液 $c(NaOH)=2$ mol/L。

4.11 1%酚酞指示剂(乙醇溶液)。

4.12 联氨贮备溶液

4.12.1 配制

称取 0.410 g 硫酸联氨($N_2H_4 \cdot H_2SO_4$)或 0.328 g 盐酸联氨($N_2H_4 \cdot 2HCl$)，溶于已加有 74 mL 浓盐酸的 500 mL 试剂水中，转入 1 L 容量瓶中，用试剂水稀释至刻度。

4.12.2 标定

移取 20.0 mL 联氨贮备溶液，用试剂水稀释至 100 mL，用氢氧化钠溶液 $c(NaOH)=2$ mol/L 滴定至酚酞终点，记录消耗氢氧化钠溶液的体积 AmL。

再移取 20.0 mL 贮备溶液，注入 250 mL 具有磨口塞的锥形瓶中，用试剂水稀释至 100 mL，加入(A+2)mL 氢氧化钠溶液 $c(NaOH)=2$ mol/L，用移液管准确加入 10.0 mL 碘标准溶液 $c\left(\frac{1}{2}I_2\right)=0.1$ mol/L，充分混匀，置暗处 3 min。

加入 1.25 mL 硫酸溶液 $c(H_2SO_4)=2$ mol/L，用硫代硫酸钠标准溶液 $c_1(Na_2S_2O_3)=0.1$ mol/L 滴定过剩的碘。

接近终点时(滴定至溶液呈浅黄色)，加入 1 mL 1%淀粉指示剂，继续滴定至蓝色消失，记录硫代硫酸钠标准溶液消耗量。同时进行空白试验。

联氨贮备溶液的浓度 ρ 按式(2)计算：

$$\rho=\frac{(b-a)c_1\times 8}{V} \quad \cdots\cdots(2)$$

式中：

ρ——联氨贮备溶液的浓度，单位为克每升(g/L)；

b——空白试验消耗硫代硫酸钠标准溶液的体积，单位为毫升(mL)；

a——标定联氨贮备溶液消耗硫代硫酸钠标准溶液的体积，单位为毫升(mL)；

c_1——硫代硫酸钠标准溶液物质的量浓度，单位为摩尔每升(mol/L)；

V——联氨贮备溶液的体积，单位为毫升(mL)；

8——联氨$\left(\frac{1}{4}N_2H_4\right)$的摩尔质量，单位为克每摩尔(g/mol)。

注：联氨为有毒试剂，使用时应注意防护。

4.13 对二甲氨基苯甲醛-硫酸溶液：量取 100 mL 浓硫酸，在不断搅拌下徐徐加入已有 300 mL 试剂水的烧杯中，冷却后，加入 15 g 对二甲氨基苯甲醛，待完全溶解后移入 500 mL 容量瓶中，用试剂水稀释至刻度，贮存于棕色瓶中，放置在暗处。

注：每换新批号的对二甲氨基苯甲醛试剂时，应重新绘制工作曲线。

4.14 联氨标准溶液(1 mL 含 1 μg N_2H_4):移取$\frac{1}{\rho}$mL 的联氨标准溶液注入 1 L 容量瓶中,用盐酸溶液(1+99)稀释至刻度。

5 仪器

5.1 分光光度计(仪器需配置 30 mm 及以上的比色皿)。

5.2 比色管:容量 50 mL。

6 分析步骤

6.1 绘制工作曲线

6.1.1 按表 1 取一组联氨标准溶液,分别注入一组 50 mL 比色管中,用盐酸溶液(1+99)稀释至刻度。

表 1 联氨工作溶液配制

比色管编号	1	2	3	4	5	6	7	8
联氨标准溶液体积/mL	0	0.25	0.5	1.0	2.0	3.0	4.0	5.0
相当水样中联氨含量/(g/L)	0	5	10	20	40	60	80	100

6.1.2 用移液管加入 5 mL 对二甲氨基苯甲醛-硫酸溶液,混匀,放置 5 min 后(但最长不超过 100 min),用分光光度计在波长 454 nm 处,使用 30 mm 比色皿,以试剂水作参比测定吸光度,根据测得的吸光度和相应的联氨含量绘制工作曲线。

6.2 水样的测定

6.2.1 用具有磨口塞的玻璃瓶(或塑料瓶)取样,每取 100 mL 水样预先加入浓盐酸 1 mL。水样应充满取样瓶。

注:用于现场控制分析时,取样后立即测定,取样时也可不加酸。

6.2.2 取 50 mL 水样注入比色管,按 6.1.2 的步骤进行测定,根据测定的吸光度,从工作曲线上查出水样联氨含量。

7 精密度

对于不同联氨含量的水样,分析结果的精密度列于表 2。

表 2 联氨测定的精密度 单位为微克每升

联氨含量范围	重复性限	再现性限
3～10	2	2
10～50	3	5
50～100	5	8

8 试验报告

试验报告应包括下列各项:

a) 注明引用本标准;

b) 受检水样的完整标识:包括水样名称、采样地点、厂名等;

c) 水样中联氨含量,μg/L;

d) 试验人员和试验日期;

e) 校核和批准人。

ICS 13.060.40
J 98

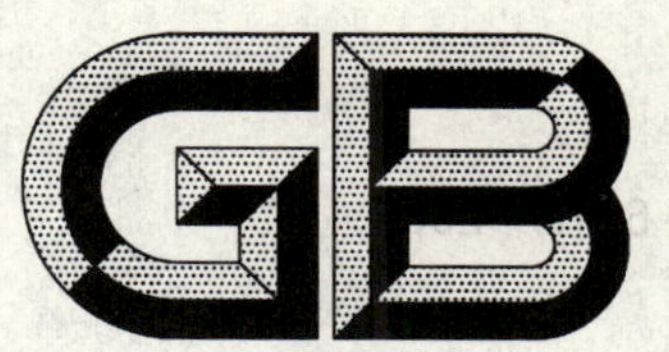

中华人民共和国国家标准

GB/T 6910—2006
代替 GB/T 6910—1986

锅炉用水和冷却水分析方法 钙的测定 络合滴定法

Methods for analysis of water for boiler and for cooling—Determination of calcium—Complexometric titration

2006-08-31 发布　　2006-12-01 实施

中华人民共和国国家质量监督检验检疫总局
中国国家标准化管理委员会　发布

前　言

本标准代替GB/T 6910—1986《锅炉用水和冷却水分析方法　钙的测定　络合滴定法》，与GB/T 6910—1986相比，本标准主要变化如下：

——钙标准溶液由原标准的称取基准碳酸钙改为称取于150℃下干燥2 h的基准碳酸钙。

——对水样采集进行规定；

——对滴定时间进行规定；

——加入了不同钙形式之间的转换公式。

本标准自实施之日起，代替GB/T 6910—1986。

本标准由中国电力企业联合会提出。

本标准由西安热工研究院有限公司归口并解释。

本标准起草单位：南京工业大学。

本标准主要起草人：唐美华、沈鸿礼、倪美珍、周军。

本标准于1986年首次发布，本次为第1次修订。

锅炉用水和冷却水分析方法
钙的测定　络合滴定法

1　范围

本标准规定了锅炉用水和冷却水中钙含量的测定方法。

本标准适用于锅炉用水和冷却水中钙含量 10 mg/L～200 mg/L 水样的测定。含钙量超出200 mg/L水样应稀释后测定。

2　规范性引用文件

下列文件中的条款通过本标准的引用而成为本标准条款。凡是注日期的引用文件，其随后所有的修改单(不包括勘误的内容)或修订版均不适用于本标准，然而，鼓励根据本标准达成协议的各方研究是否可使用这些文件的最新版本。凡是不注日期的引用文件，其最新版本适用于本标准。

GB/T 6903　锅炉用水和冷却水分析方法　通则

3　原理

在 pH≥12 时，以钙黄绿素—酚酞为指标剂，EDTA 络合滴定水中的钙离子，在黑色背景下终点颜色由黄绿色变为红色，在此 pH 条件下镁形成氢氧化镁沉淀。Fe、Al、Zn 等与乙二胺四乙酸二钠盐(EDTA)发生络合反应的离子干扰测定；水样中 EDTMP 含量大于 10 mg/L，六偏磷酸钠大于 6 mg/L时对测定均有干扰，建议采用原子吸收光度法测定。

4　试剂和试剂水

4.1　试剂纯度应符合 GB/T 6903 规定。

4.2　试剂水应符合 GB/T 6903 规定的Ⅱ级试剂水要求。

4.3　氢氧化钾溶液(20%)：称取 20 g 氢氧化钾，溶于 80 mL 试剂水中，贮存于塑料瓶中。

4.4　盐酸溶液：1+1。

4.5　三乙醇胺溶液：1+2。

4.6　EDTA 标准溶液 $c(C_{10}H_{14}N_2O_8Na_2 \cdot 2H_2O)=0.010\,0$ mol/L：称取 4.0 g EDTA 溶于 200 mL 试剂水中，用试剂水稀释至 1 L，贮存于塑料瓶中。

4.7　钙黄绿素—酚酞指标剂：称取约 0.2 g 钙黄绿素和 0.07 g 酚酞置于玻璃研钵中，加 20 g 氯化钾研细均匀，贮于磨口瓶中。

4.8　钙标准溶液 $c(Ca^{2+})=0.010\,0$ mol/L：称取于150℃下干燥 2 h 的基准碳酸钙 1.000 9 g，精确到0.000 2 g，溶于 10 mL 盐酸溶液中，加热至沸，冷却后定量转移至 1 L 容量瓶中，用试剂水稀释至刻度，摇匀。

4.9　EDTA 标准溶液的标定如下：

准确吸取 25.00 mL 钙标准溶液于 250 mL 锥形瓶中，加入 75 mL 试剂水和 5 mL 氢氧化钾溶液，再加约 30 mg 钙黄绿素—酚酞混合指示剂，在黑色背景下立即用 EDTA 标准溶液滴定至溶液的黄绿色荧光消失，溶液呈红色时即为终点，整个滴定过程应在 5 min 内完成，同时用试剂水作空白试验校正结果。EDTA 标准溶液的浓度(mol/L)按式(1)计算：

$$m=\frac{m_1\times V_1}{V-V_0} \qquad \cdots\cdots(1)$$

式中：

m——EDTA 标准溶液浓度，单位为摩尔每升(mol/L)；

m_1——钙标准溶液浓度，单位为摩尔每升(mol/L)；

V_1——移取钙标准溶液的体积，单位为毫升(mL)；

V——滴定钙标准溶液时消耗 EDTA 的体积，单位为毫升(mL)；

V_0——滴定空白溶液时消耗 EDTA 的体积，单位为毫升(mL)。

5 分析步聚

5.1 水样的采取：一般可直接采集，当水样浑浊时应用中速定性滤纸过滤。

5.2 用移液管吸取水样 50 mL 于 250 mL 锥形瓶中，加 50 mL 试剂水，3 滴盐酸溶液，混匀，加热至微沸半分钟，加 5 mL 氢氧化钾溶液、约 30 mg 钙黄绿素—酚酞混合指示剂，在黑色背景下立即用 EDTA 标准溶液滴定至溶液的黄绿色荧光消失，溶液呈红色时即为终点，整个滴定过程应在 5 min 内完成，同时用试剂水作空白试验校正结果。

5.3 经加盐酸煮沸后再滴定，可消除碳酸氢根和聚丙烯酸的干扰。

5.4 水中存在的铁离子、铝离子干扰本方法，可在加入氢氧化钾前，先加入 2 mL～3 mL 三乙醇胺溶液。

5.5 有锌离子存在时，可加入氢氧化钾溶液调节 pH 值至 14 左右，以消除干扰。

6 结果计算

6.1 水样中钙含量 X(mg/L)(以 Ca^{2+} 计)按式(2)计算：

$$X=\frac{m\times(V_2-V_0)\times 40.08}{V_s}\times 1\,000 \qquad \cdots\cdots(2)$$

式中：

X——水样中钙含量，单位为毫克每升(mg/L)；

m——EDTA 标准溶液浓度，单位为摩尔每升(mol/L)；

V_2——滴定水样时消耗 EDTA 标准溶液的体积，单位为毫升(mL)；

V_0——滴定空白溶液时消耗 EDTA 标准溶液的体积，单位为毫升(mL)；

V_s——移取水样的体积，单位为毫升(mL)；

40.08——钙的摩尔质量，单位为克每摩尔(g/mol)。

6.2 水样中钙含量(以 $CaCO_3$ 计)$=X\times 2.5$ mg/L。

7 精密度

钙离子测定的精密度见表 1。

表 1 钙离子测定的精密度 单位为：mg/L

范围	重复性限	再现性限
10.0～15.0	0.69	0.94
15.0～35.0		1.17
35.0～45.0		1.68
45.0～80.0		3.46
80.0～150.0		7.03

8 试验报告

试验报告应包括下列各项：

a) 注明引用本标准；

b) 受检水样的完整标识：包括水样名称、采样地点、厂名、采样时间、采样人员等；

c) 测定结果；

d) 试验人员和试验日期；

e) 校核人员和批准人员。

ICS 13.060.40
J 98

中华人民共和国国家标准

GB/T 6912.1—2006
代替 GB/T 6912.1—1986

锅炉用水和冷却水分析方法 硝酸盐和亚硝酸盐的测定 第1部分:硝酸盐紫外光度法

Methods for analysis of water for boiler and for cooling—Determination of nitrates and nitrites—Part 1: Ultraviolet spectrophotometry for nitrates

2006-09-01 发布 2007-02-01 实施

中华人民共和国国家质量监督检验检疫总局
中国国家标准化管理委员会 发布

前言

GB/T 6912《锅炉用水和冷却水分析方法　硝酸盐和亚硝酸盐的测定》分为以下几个部分：

——第 1 部分：硝酸盐紫外光度法

——第 2 部分：亚硝酸盐紫外光度法

——第 3 部分：亚硝酸盐 α-萘胺盐酸盐光度法

本部分是 GB/T 6912 的第 1 部分，代替 GB/T 6912.1—1986《锅炉用水和冷却水分析方法　硝酸盐和亚硝酸盐的测定　硝酸盐紫外光度法》，与 GB/T 6912.1—1986 相比，本部分发生了如下主要变化：

——水样采用 0.45 μm 滤膜过滤；

——硝酸钾的干燥时间由 24 h 改为 2 h。

本部分自实施之日起，代替 GB/T 6912.1—1986。

本部分由中国电力企业联合会提出。

本部分由西安热工研究院有限公司归口并解释。

本部分起草单位：南京工业大学。

本部分主要起草人：沈鸿礼、倪美珍、周军。

本部分于 1986 年首次发布，本次为第一次修订。

锅炉用水和冷却水分析方法 硝酸盐和亚硝酸盐的测定 第1部分:硝酸盐紫外光度法

1 范围

GB/T 6912 的本部分规定了锅炉用水和冷却水中硝酸根含量的测定方法。

本部分适用于锅炉用水和冷却水中硝酸根含量(0～40) mg/L 水样的测定。

2 规范性引用文件

下列文件中的条款通过 GB/T 6912 的本部分的引用而成为本部分的条款。凡是注日期的引用文件,其随后所有的修改单(不包括勘误的内容)或修订版均不适用于本部分,然而,鼓励根据本部分达成协议的各方研究是否可使用这些文件的最新版本。凡是不注日期的引用文件,其最新版本适用于本部分。

GB/T 6903 锅炉用水和冷却水分析方法 通则

GB/T 6907 锅炉用水和冷却水分析方法 水样的采集方法

GB/T 12808 实验室玻璃仪器

3 原理

硝酸根和亚硝酸根在 219 nm 波长处有吸收,用氨基磺酸除去亚硝酸根干扰后可测定硝酸根的含量。水样中某些有机物在该波长下可能有吸收,干扰测定。为此取两份水样,第一份加锌-铜粒还原剂除去其中的全部硝酸根和亚硝酸根作为参比液,第二份中加氨基磺酸破坏其中的亚硝酸根,在波长 219 nm处测定硝酸根的吸光度。

4 试剂和试剂水

4.1 试剂纯度应符合 GB/T 6903 规定。

4.2 试剂水应符合 GB/T 6903 规定的Ⅲ级试剂水要求。

4.3 所用玻璃仪器应符合 GB/T 12808 规定。

4.4 硫酸铜溶液(50 g/L):称取 25 g 硫酸铜($CuSO_4 \cdot 5H_2O$),溶于 500 mL 试剂水中,摇匀,置于试剂瓶中保存。

4.5 氨基磺酸溶液(10 g/L):称取 5 g 氨基磺酸,溶于 500 mL 试剂水中,摇匀,贮存于试剂瓶中(使用前配制)。

4.6 盐酸溶液 $c(HCl)=2$ mol/L:17 mL 浓盐酸和 83 mL 试剂水混匀。

4.7 锌-铜还原剂的制备

4.7.1 取 5 g 粒径为 2 mm～3 mm 锌粒用试剂水冲洗两次,再用盐酸溶液洗涤。

4.7.2 用试剂水洗两次,放入 100 mL 烧杯中,加入 100 mL 硫酸铜溶液至锌粒表面出现一层黑色的薄膜,弃去溶液,用试剂水再洗两次。

4.7.3 将处理好的锌粒风干,装瓶备用。若锌粒表面没有全部变黑,而且硫酸铜溶液颜色褪去,可将该溶液弃去后,再加入 50 mL 硫酸铜溶液处理,直至锌粒表面变黑为止。

4.8　硝酸钾贮备溶液(NO_3^-含量为 0.4 g/L):准确称取 0.652 3 g 经 105℃下干燥 2 h 的硝酸钾,溶于 20 mL 试剂水,后定量转移至 1 L 容量瓶中,用试剂水稀释至刻度,摇匀。

4.9　硝酸钾标准溶液(NO_3^-含量为 0.1 g/L):准确吸取 25.00 mL 硝酸钾贮备溶液于 100 mL 容量瓶中,用试剂水稀释至刻度,摇匀。

5　仪器

5.1　紫外-可见分光光度计:波长范围 200 nm～800 nm。

5.2　石英比色皿:1 cm。

5.3　比色管:25 mL,具塞。

6　分析步骤

6.1　水样的采集方法应符合 GB/T 6907 的规定。

6.2　工作曲线的绘制

6.2.1　按表 1 取一组硝酸钾标准溶液,分别加入到 6 支 25 mL 比色管中,用试剂水稀释至刻度,摇匀。

表 1　硝酸钾标准溶液取样表

比色管编号	1	2	3	4	5	6
硝酸钾标准溶液体积/mL	0.5	1.0	2.0	3.0	4.0	5.0
相当于硝酸根的量/mg	0.05	0.10	0.20	0.30	0.40	0.50

6.2.2　以试剂水作参比,在波长 219 nm 处,用 1 cm 石英比色皿测定其相应的吸光度,以吸光度为纵坐标,硝酸根的量(mg)为横坐标绘制工作曲线。

6.3　水样的测定

6.3.1　准确吸取两份各 10 mL 经 0.45 μm 滤膜过滤的水样,分别置于 25 mL 比色管中,一份水样加入约 0.8 g(约 3 粒～4 粒)锌-铜还原剂和 1 mL 盐酸溶液,放置 5 h 后过滤水样于 25 mL 比色管中,用试剂水洗涤并稀释至刻度,摇匀,该液为甲液。

6.3.2　另一份水样中加入 1 mL 氨基磺酸溶液,用试剂水稀释至刻度,摇匀,该液称为乙液。

6.3.3　以上述甲液作参比,在波长 219 nm 处,用 1 cm 石英比色皿测定乙液的吸光度,从工作曲线上查出相应的硝酸根的量 a(mg)。

7　结果计算

水样中硝酸根的含量 ρ(mg/L)(以 NO_3^- 计)按式(1)计算:

$$\rho=\frac{a}{V}\times 1\,000 \qquad \cdots\cdots(1)$$

式中:

a——从工作曲线上查得的硝酸根的量,单位为毫克(mg);

ρ——水样中硝酸根的含量,单位为毫克每升(mg/L);

V——移取水样的体积,单位为毫升(mL)。

8　精密度

硝酸盐测定的精密度见表 2。

表 2 硝酸盐测定的精密度

单位为毫克每升

范 围	重复性限	再现性限
0～10.0	0.44	2.11
10.0～15.0	0.88	5.00
15.0～25.0	1.16	2.11
25.0～35.0	1.65	16.56
35.0～40.0	1.89	19.45

9 试验报告

试验报告应包括下列各项：

a) 注明引用本标准；

b) 受检水样的完整标识：包括水样名称、采样地点、厂名、采样时间、采样人等。

c) 测定结果；

d) 试验人员和试验日期；

e) 校准和批准人。

ICS 65.150
B 50

中华人民共和国国家标准

GB/T 6963—2006
代替 GB/T 6963—1986

渔具与渔具材料量、单位及符号

Quantities, units and symbols of fishing gear and materials for fishing gear

2006-07-21 发布　　2006-09-01 实施

中华人民共和国国家质量监督检验检疫总局
中国国家标准化管理委员会　发布

前 言

本标准代替 GB/T 6963—1986《渔具、渔具材料量、单位及符号》。

本标准与 GB/T 6963—1986 相比主要变化如下：

——标准名称修订为：《渔具与渔具材料量、单位及符号》；

——删除了 GB/T 6963—1986 中的一部分量及其单位、符号，如 GB/T 6963—1986 的表中的第 72 条“网具拉直长度”和第 74 条“网口拉直周长”；

——修正了 GB/T 6963—1986 中的部分量、单位及符号，如将 GB/T 6963—1986 的表中的第 28 条“网片长度”改成“网片拉直长度”、第 78 条“网袖（网翼）端间距”改成“网翼端间距”、第 80 条“网板展长”改为“网板翼展长”；

——增加了部分渔具与渔具材料量、单位，如增加了“结构号数”、“网线直径”和“网片质量”、“支线间距”等新增的量。

本标准的附录 A 为规范性附录。

本标准由农业部渔业局提出。

本标准由全国水产标准化委员会渔具及渔具材料分技术委员会（TC 156/SC 4）归口。

本标准起草单位：上海水产大学、农业部绳索网具产品质量监督检验测试中心。

本标准主要起草人：孙满昌、钱卫国、汤振明、石建高、张健。

本标准所代替标准的历次版本发布情况：

——GB/T 6963—1986。

渔具与渔具材料量、单位及符号

1 范围

本标准规定了渔具与渔具材料的主要物理量、单位及符号。

本标准适用于渔业生产、渔政管理、科研、教学及出版物等所用的渔具与渔具材料的量、单位及符号。

2 渔具与渔具材料的量、单位及符号

渔具与渔具材料的量、单位及符号见表1。

渔具与渔具材料常用量的国际单位制的导出单位见附录A。

表1 渔具与渔具材料的量、单位及符号

序号	量		单位		备注
	名称	符号	名称	符号	
001	线密度(纤度)	ρ_l	特[克斯]	tex	1 tex=1 g/km
002	综合线密度	ρ_{lR}	R特[克斯]	Rtex	1 Rtex=1 g/km
003	公制支数	N_m	米每克	m/g	
004	结构号数	H_j	米每克	m/g	$H_j=\frac{N_m}{s\cdot n}=\rho_l\cdot s\cdot n$ 式中： N_m——公制支数，单位为米每克(m/g)； s——每股中所含的单纱的根数； n——股的数量； ρ_l——线密度，单位为特[克斯](tex)。
005	实际号数	H_s	米每克	m/g	$H_s=\frac{L}{m_c}$ 式中： L——网线长度，单位为米(m)； m_c——实测质量，单位为克(g)。
006	标准号数	H_b	米每克	m/g	$H_b=\frac{H_s(100+W_c)}{100+W_b}=\frac{H_s\cdot m_c}{m_b}$ 式中： H_s——实际号数，单位为米每克(m/g)； W_c——实测回潮率的百分率，%； W_b——标准回潮率的百分率，%； m_c——实测质量，单位为克(g)； m_b——标准质量，单位为克(g)。
007	含水质量	m_h	克、千克	g、kg	
008	干燥质量	m_g	克、千克	g、kg	
009	实测质量	m_c	克、千克	g、kg	

表 1（续）

序号	量 名称	量 符号	单位 名称	单位 符号	备注
010	标准质量	m_b	克、千克	g、kg	$m_b=\frac{m_c(100+W_b)}{100+W_c}$ 式中： m_c——实测质量，单位为克(g)； W_b——标准回潮率的百分率，%； W_c——实测回潮率的百分率，%。
011	网线直径	d	毫米	mm	
012	绳索直径	ϕ	毫米	mm	
013	绳索周径	C	毫米	mm	
014	绳索含油率	U_h			无量纲量。 $U_h=\frac{m_1-m_2}{m_1}\times 100\%$ 式中： m_1——含油绳索质量，单位为克(g)； m_2——抽取油分后的绳索质量，单位为克(g)。
015	树脂附着率	S_f			无量纲量。 $S_f=\frac{m_2-m_1}{m_1}\times 100\%$ 式中： m_1——材料未经脱脂处理前的质量，单位为克(g)； m_2——材料经脱脂处理后的质量，单位为克(g)。
016	回潮率	W_o			无量纲量。 $W_o=\frac{m_h-m_g}{m_g}\times 100\%$ 式中： m_h——材料含水质量，单位为克(g)； m_g——材料干燥质量，单位为克(g)。
017	含水率	W_h			无量纲量。 $W_h=\frac{m_h-m_g}{m_h}\times 100\%$ 式中： m_h——材料含水质量，单位为克(g)； m_g——材料干燥质量，单位为克(g)。
018	吸水率	W_x			无量纲量。 $W_x=\frac{m_x-m_c}{m_c}\times 100\%$ 式中： m_x——材料吸水后的质量，单位为克(g)； m_c——材料吸水前的实测质量，单位为克(g)。

表 1（续）

序号	量		单　位		备　注
	名　称	符号	名　称	符号	
019	收缩率	S_l			无量纲量。 $S_l=\frac{L_1-L_2}{L_1}\times 100\%$ 式中： L_1——材料原长度，单位为毫米(mm)； L_2——材料（浸水、油染、热定型、树脂）处理后的长度，单位为毫米(mm)。
020	缩水率	S_s			无量纲量。 $S_s=\frac{L_1-L_2}{L_1}\times 100\%$ 式中： L_1——材料原长度，单位为毫米(mm)； L_2——材料浸水后长度，单位为毫米(mm)。
021	捻度	T_m	捻每米	T/m	
022	捻距	h	毫米	mm	
023	捻系数	α			无量纲量。 $\alpha=\frac{T_m}{\sqrt{N_m}}=T_m\sqrt{\frac{\rho_{lR}}{1\ 000}}$ 或 $\alpha=\frac{h}{d}$ 式中： T_m——捻度，单位为捻每米(T/m)； N_m——公制支数，单位为米每克(m/g)； ρ_{lR}——综合线密度，单位为 R 特[克斯](Rtex)； h——捻距，单位为毫米(mm)； d——网线（或绳索）直径，单位为毫米(mm)。
024	捻回角	β	弧度或度	rad 或 (°)	$\beta=\arctan\frac{\pi\cdot d}{h}$ 式中： d——网线（绳索）直径，单位为毫米(mm)； h——捻距，单位为毫米(mm)。
025	捻度比	T_b			无量纲量。 $T_b=\frac{T_n}{T_w}$ 式中： T_n——内捻捻度，单位为捻每米(T/m)； T_w——外捻捻度，单位为捻每米(T/m)。

表 1（续）

序号	量		单 位		备 注
	名 称	符号	名 称	符号	
026	捻缩率	U_n			无量纲量。 $U_n=\frac{L_1-L_2}{L_1}\times 100\%$ 式中： L_1——原长度，单位为毫米(mm)； L_2——捻后长度，单位为毫米(mm)。
027	捻缩系数	K_n			无量纲量。 $K_n=\frac{L_2}{L_1}\times 100\%$ 式中： L_1——原长度，单位为毫米(mm)； L_2——捻后长度，单位为毫米(mm)。
028	不匀率	H			无量纲量。 $H=\frac{2\times n_1(\overline{X}-\overline{X}_1)}{N\cdot\overline{X}}\times 100\%$ 式中： n_1——低于样本均值的样本容量； $\overline{X}$——样本均值； $\overline{X}_1$——低于样本均值的样本平均值； N——样本容量。
029	目脚长度	a	毫米	mm	
030	网目长度	$2a$	毫米	mm	
031	网目内径	M_j	毫米	mm	
032	缩结系数	E_0			无量纲量。
033	横向缩结系数	E_T			无量纲量。 $E_T=\frac{B}{B_0}$ 式中： B——网片缩结宽度，单位为米(m)； B_0——网片拉直宽度，单位为米(m)。
034	纵向缩结系数	E_N			无量纲量。 $E_N=\frac{L}{L_0}$ 式中： L——网片缩结长度，单位为米(m)； L_0——网片拉直长度，单位为米(m)。

表 1（续）

序号	量		单位		备注
	名称	符号	名称	符号	
035	斜向缩结系数	E_b			无量纲量。 $E_b=\sqrt{E_T^2\left(\frac{1}{R^2}-1\right)+1}$ 式中： E_T——横向缩结系数； R——剪裁斜率。
036	网片拉直长度	L_0	米	m	
037	网片缩结长度	L	米	m	$L=L_0\cdot E_N$ 式中： L_0——网片拉直长度，单位为米(m)； E_N——纵向缩结系数。
038	网片拉直宽度	B_0	米	m	
039	网片缩结宽度	B	米	m	$B=B_0\cdot E_T$ 式中： B_0——网片拉直宽度，单位为米(m)； E_T——横向缩结系数。
040	网片缩结面积	S	平方米	m^2	用缩结尺寸计算所得网片面积。
041	网片虚构面积	S_0	平方米	m^2	用拉直尺寸计算而得网片面积。
042	网片线面积	S_x	平方米	m^2	网片所用网线的总投影面积。
043	网片线面积系数	δ			无量纲量。 $\delta=\frac{S_x}{S_0}\times 100\%$ 式中： S_x——网片线面积，单位为平方米(m^2)； S_0——网片虚构面积，单位为平方米(m^2)。
044	网片筛系数(滤水系数)	K_s			无量纲量。 $K_s=1-\delta$ 式中： δ——网片线面积系数。
045	网片利用率	K_w			无量纲量。 $K_w=\frac{S}{S_0}=E_T\cdot E_N$ 式中： S——网片缩结面积，单位为平方米(m^2)； S_0——网片虚构面积，单位为平方米(m^2)； E_T——横向缩结系数； E_N——纵向缩结系数。

表 1（续）

序号	量		单位		备注
	名称	符号	名称	符号	
046	网衣缩水系数	μ_s			无量纲量。 $\mu_s=\frac{L_s}{L_0}$ 式中： L_s——回缩后的网衣拉直长度，单位为米(m)； L_0——干网衣拉直长度，单位为米(m)。
047	网片配纲系数	f_p			无量纲量。 $f_p=E_0\cdot\mu_s$ 式中： E_0——缩结系数； μ_s——网衣缩水系数。
048	网结耗线系数	C_j			无量纲量。 $C_j=\frac{l}{d}$ 式中： l——网结耗线量，单位为毫米(mm)； d——网线直径，单位为毫米(mm)。
049	网片质量	m_w	克、千克	g、kg	$m_w=G_H\cdot\frac{(2a+C_j\cdot d)}{500}\cdot N$ 式中： G_H——网线每米的质量，单位为克每米(g/m)； a——目脚长度，单位为毫米(mm)； d——网线直径，单位为毫米(mm)； C_j——网结耗线系数； N——网片中网目总数。
050	拉伸速度	V_l	毫米每分钟	mm/min	
051	断裂时间	t_d	秒	s	
052	断裂伸长	l_d	毫米	mm	
053	断裂伸长率	ε_d			无量纲量。 $\varepsilon_d=\frac{l_d}{l_0}\times100\%$ 式中： l_d——断裂伸长，单位为毫米(mm)； l_0——试样长度，单位为毫米(mm)。
054	伸长率	ε			无量纲量。 $\varepsilon=\frac{l_z}{l_0}\times100\%$ 式中： l_z——在小于断裂强力的任一载荷作用下试样的总伸长，单位为毫米(mm)； l_0——试样长度，单位为毫米(mm)。

表 1（续）

序号	量 名称	量 符号	单位 名称	单位 符号	备注
055	总伸长	l_z	毫米	mm	
056	弹性伸长	l_t	毫米	mm	
057	塑性伸长	l_s	毫米	mm	
058	塑性伸长率	ε_s			无量纲量。 $\varepsilon_s=\frac{l_s}{l_z}\times 100\%$ 式中： l_s——塑性伸长，单位为毫米(mm)； l_z——总伸长，单位为毫米(mm)。
059	弹性恢复率	E_h			无量纲量。 $E_h=\frac{l_t}{l_z}\times 100\%$ 式中： l_t——弹性伸长，单位为毫米(mm)； l_z——总伸长，单位为毫米(mm)。
060	弹性模量	E	牛[顿]每平方米或兆牛[顿]每平方米	N/m^2 或 MN/m^2	$E=\frac{\sigma}{\varepsilon}$ 式中： σ——正应力，单位为牛[顿]每平方米(N/m^2)； ε——伸长率。
061	断裂强力	F_d	牛[顿]	N	
062	断裂强度	F_t	毫牛[顿]每特[克斯]或牛[顿]每特[克斯]	mN/tex 或 N/tex	
063	断裂长度	L_t	千米	km	$L_t=1\,000\times\frac{F_d}{\rho_l\times g}$ 式中： F_d——断裂强力，单位为牛[顿](N)； ρ_l——线密度，单位为特[克斯](tex)； g——重力加速度，单位为米每二次方秒(m/s^2)。
064	网片撕裂强力	F_l	牛[顿]	N	
065	网目强力	F_m	牛[顿]	N	
066	结强力	F_j	牛[顿]	N	
067	单线结强力	F_{dj}	牛[顿]	N	

表 1（续）

序号	量		单位		备注
	名称	符号	名称	符号	
068	强力利用率	f_l			无量纲量。 $f_l=\frac{F_d}{F_z}$ 式中： F_d——断裂强力，单位为牛[顿]（N）； F_z——材料总强力，单位为牛[顿]（N）。
069	强力保持率	f_b			无量纲量。 $f_b=\frac{F_1}{F_2}\times 100\%$ 式中： F_1——剩余强力，单位为牛[顿]（N）； F_2——原强力，单位为牛[顿]（N）。
070	结牢度	F_{jl}	牛[顿]	N	
071	断裂韧度（断裂功）	W_d	焦[耳]	J	
072	冲击强度	F_c	牛[顿]厘米每平方厘米	N·cm/cm²	
073	张力	F_{zh}	牛[顿]	N	
074	阻力	F_z	牛[顿]	N	
075	浮力	F_f	牛[顿]	N	
076	浮率	f			无量纲量。 $f=\frac{F_f}{G}=\frac{\rho_0-\rho_f}{\rho_f}$ 式中： F_f——浮力，单位为牛[顿]（N）； G——材料重力，单位为牛[顿]（N）； ρ_0——水的密度，单位为千克每立方米（kg/m^3）； ρ_f——材料的密度，单位为千克每立方米（kg/m^3）。
077	沉降力	F_q	牛[顿]	N	
078	沉降率	q			无量纲量。 $q=\frac{F_q}{G}=\frac{\rho_f-\rho_0}{\rho_f}$ 式中： F_q——沉降力，单位为牛[顿]（N）； G——材料重力，单位为牛[顿]（N）； ρ_0——水的密度，单位为千克每立方米（kg/m^3）； ρ_f——材料的密度，单位为千克每立方米（kg/m^3）。

表 1(续)

序号	量		单位		备　注
	名　称	符号	名　称	符号	
079	浮沉比	F_{fq}			无量纲量。 $f_{fq}=\frac{F_f}{F_q}$ 式中: F_q——沉降力,单位为牛[顿](N); F_f——浮力,单位为牛[顿](N)。
080	浮子破碎压力	p_b	帕[斯卡]	Pa	
081	浮子工作压力	p_g	帕[斯卡]	Pa	
082	浮子耐压水深	H_y	米	m	
083	网衣长度	L_w	米	m	网具网衣拉直长度。
084	网口周长	C_w	米	m	网口横向拉直周长。
085	网口高度	H_w	米	m	上、下纲中点所在水平面的垂直距离。
086	网圈直径	d_w	米	m	作业时上纲包围封闭后的网圈最大直径。
087	网具长高比	K_{Lh}			无量纲量。 该项用于长带形网具。
088	网翼端间距	L_x	米	m	作业时两网翼前端距离。
089	中层拖网网位	H_d	米	m	水面到上纲中点的距离。
090	围网工作高度	H_s	米	m	假设围网收绞刮纲即底环集中在网圈正下方时网衣底高度。
091	拖网相对拖速	v_w	米每秒	m/s	对水速度。
092	拖网绝对拖速	v_e	米每秒	m/s	对地速度。
093	沉降速度	v_{ch}	毫米每秒或米每秒	mm/s 或 m/s	
094	漂流速度	v_p	米每秒	m/s	漂流渔具对地速度。
095	网板间距	L_b	米	m	作业时两网板之间的水平距离。
096	网板翼展长	l_b	米	m	
097	网板翼弦长	b_b	米	m	
098	网板厚度	c	米	m	网板剖面迎流面、背流面间,垂直于翼弦的连线距离。
099	网板最大厚度翼弦距离	X_c	米	m	网板剖面前缘到最大厚度的距离。
100	弯度	f_w	米	m	中弧到翼弦的距离。
101	网板最大弯度翼弦距离	X_f	米	m	网板剖面前缘到最大弯度的距离。
102	网板面积	S_b	平方米	m^2	

表 1(续)

序号	量		单位		备注
	名称	符号	名称	符号	
103	网板展弦比	λ_b			无量纲量。 $\lambda_b=\frac{l_b^2}{S_b}$ 式中: l_b——网板翼展长,单位为米(m); S_b——网板面积,单位为平方米(m^2)。
104	网板压力中心位置	X_d	米	m	网板前缘至压力中心距离。
105	网板压力中心系数	$\overline{X}_d$			无量纲量。 $\overline{X}_d=\frac{X_d}{b_b}$ 式中: X_d——网板压力中心位置,单位为米(m); b_b——网板翼弦长,单位为米(m)。
106	网板冲角	α_b	度	(°)	网板翼弦与运动方向的夹角。
107	网板临界冲角	α_0	度	(°)	扩张力系数最大时的冲角。
108	曳纲夹角	β_e	度	(°)	曳纲与曳纲之间的夹角。
109	曳纲倾角	γ_e	度	(°)	曳纲与水平面的夹角。
110	网板阻力系数	C_D			无量纲量。 $C_D=\frac{2\times F_D}{\rho\cdot S_b\cdot v^2}$ 式中: F_D——网板受到的水阻力,单位为牛[顿](N); ρ——海水密度,单位为千克每立方米(kg/m^3); S_b——网板面积,单位为平方米(m^2); v——拖曳速度,单位为米每秒(m/s)。
111	网板扩张力系数	C_L			无量纲量。 $C_L=\frac{2\times F_L}{\rho\cdot S_b\cdot v^2}$ 式中: F_L——网板受到的扩张力,单位为牛[顿](N); ρ——海水密度,单位为千克每立方米(kg/m^3); S_b——网板面积,单位为平方米(m^2); v——拖曳速度,单位为米每秒(m/s)。
112	网板诱导阻力系数	C_{Di}			无量纲量。 $C_{Di}=\frac{C_L^2}{\pi\lambda_b}$ 式中: C_L——网板扩张力系数; λ_b——网板展弦比。

表 1（续）

序号	量 名称	量 符号	单位 名称	单位 符号	备注
113	网板摩擦力	F_b	牛[顿]	N	网板对地摩擦力。
114	网板摩擦力系数	C_f			无量纲量。
115	网板升阻比	K			无量纲量。 $K=\frac{F_L}{F_D}=\frac{C_L}{C_D}$ 式中： F_D——网板受到的水阻力，单位为牛[顿](N)； F_L——网板受到的扩张力，单位为牛[顿](N)； C_L——网板扩张力系数； C_D——网板阻力系数。
116	钓线长度	L_j	米	m	
117	干线垂度	f_g	米	m	
118	干线短缩率	K_l			无量纲量。 $K_l=\frac{v_2}{v_1}$ 式中： v_2——船速，单位为米每秒(m/s)； v_1——投绳机出绳速度，单位为米每秒(m/s)。
119	支线长度	l_g	米	m	
120	支线间距	L_g	米	m	支线之间的水平距离。
121	钓钩间距	L_{jj}	米	m	鱿鱼钓作业中钓钩之间的间距。
122	钓机间距	L_{jm}	米	m	
123	集鱼灯横距	B_{al}	米	m	
124	集鱼灯照度	E_v	勒[克斯]	lx	
125	海锚直径	D_{sa}	米	m	
126	尾帆面积	S_s	平方米	m^2	
127	尾帆张开角	γ_s	度	(°)	
128	开口直径	D_p	毫米	mm	笼壶类渔具的入口直径。
129	作业间距	L_p	米	m	作业时笼壶类渔具之间的距离。
130	锚和链的最大爬驻力	F_p	牛[顿]	N	$F_P=k\cdot m_a\cdot g+k'\cdot G_c\cdot l\cdot g$ 式中： k——锚的爬驻系数； m_a——锚的水中质量，单位为千克(kg)； g——重力加速度，单位为米每二次方秒(m/s^2)； k'——链的爬驻系数； G_c——单位长度链的水中质量，单位为千克每米(kg/m)； l——链长，单位为米(m)。

表 1（续）

序号	量		单位		备注
	名称	符号	名称	符号	
131	大尺度比	λ			无量纲量。 $\lambda=\frac{l_p}{l_m}$ 式中： l_p——网具实物长度，单位为米（m）； l_m——网具模型长度，单位为米（m）。
132	小尺度比	λ'			无量纲量。 $\lambda'=\frac{a_1}{a_2}=\frac{d_1}{d_2}$ 式中： a_1——实物网目目脚长度，单位为毫米（mm）； a_2——模型网目目脚长度，单位为毫米（mm）； d_1——实物网线直径，单位为毫米（mm）； d_2——模型网线直径，单位为毫米（mm）。

附 录 A
（规范性附录）
渔具与渔具材料常用量的国际单位制的导出单位

表 A.1 给出了渔具与渔具材料常用量的国际单位制的导出单位一览表。

表 A.1 渔具与渔具材料常用量的国际单位制的导出单位

序号	量		单位		备注
	名称	符号	名称	符号	
01	速度	v	米每秒	m/s	
02	加速度	a	米每二次方秒	m/s^2	
03	密度	ρ	千克每立方米	kg/m^3	
04	力	F	牛[顿]	N	$1N=1\ kg\cdot m\cdot s^{-2}$
05	力矩	M	牛[顿]米	N·m	$1\ N\cdot m=1\ m^2\cdot kg\cdot s^{-2}$
06	表面张力	r,σ	牛[顿]每米	N/m	$1\ N/m=1\ kg\cdot s^{-2}$
07	压强、应力	p	帕[斯卡]	Pa	$1\ Pa=1\ N/m^2=1\ m^{-1}\cdot kg\cdot s^{-2}$
08	动力粘性系数	μ	帕[斯卡]秒	Pa·s	$1\ Pa\cdot s=1\ N\cdot s/m^2=1\ kg\cdot m^{-1}\cdot s^{-1}$
09	运动粘性系数	υ	二次方米每秒	m^2/s	
10	功	W	焦[耳]	J	$1\ J=1\ m^2\cdot kg\cdot s^{-2}$
11	能	E	焦[耳]	J	
12	功率	P	瓦[特]	W	$1\ W=1\ J/s=1\ m^2\cdot kg\cdot s^{-3}$
13	摄氏温度	t	摄氏度	℃	
14	雷诺数	R_e			无量纲量。 $R_e=\frac{v\cdot l}{\upsilon}$ 式中： v——特征速度，单位为米每秒(m/s)； l——特征长度，单位为米(m)； υ——运动粘性系数，单位为二次方米每秒(m^2/s)。
15	弗劳德数	F_r			无量纲量。 $F_r=\frac{v}{\sqrt{gl}}$ 式中： v——特征速度，单位为米每秒(m/s)； g——重力加速度，单位为米每二次方秒(m/s^2)； l——特征长度，单位为米(m)。

表 A.1（续）

序号	量		单位		备注
	名称	符号	名称	符号	
16	牛顿数	N_e			无量纲量。 $N_e=\frac{F}{\rho\cdot l^2\cdot v^2}$ 式中： F——力，单位为牛[顿](N)； ρ——密度，单位为千克每立方米(kg/m^3)； l——特征长度，单位为米(m)； v——特征速度，单位为米每秒(m/s)。
17	欧拉数	E_u			无量纲量。 $E_u=\frac{\Delta p}{\rho\cdot v^2}$ 式中： Δp——压力差，单位为牛[顿]每平方米(N/m^2)； ρ——密度，单位为千克每立方米(kg/m^3)； v——特征速度，单位为米每秒(m/s)。

ICS 29.020
K 04

中华人民共和国国家标准

GB/T 6988.5—2006/IEC 61082-6:1997

电气技术用文件的编制
第5部分:索引

Preparation of documents used in electrotechnology—Part 5:Index

(IEC 61082-6:1997,IDT)

2006-07-13 发布　　2007-01-01 实施

中华人民共和国国家质量监督检验检疫总局
中国国家标准化管理委员会　发布

前言

本部分等同采用国际电工委员会标准 IEC 61082-6:1997《电气技术用文件的编制 第6部分:索引》(英文版)。

GB/T 6988 目前包括如下5个部分:

GB/T 6988.1—1997 电气技术用文件的编制 第1部分:一般要求

GB/T 6988.2—1997 电气技术用文件的编制 第2部分:功能性简图

GB/T 6988.3—1997 电气技术用文件的编制 第3部分:接线图和接线表

GB/T 6988.4—2002 电气技术用文件的编制 第4部分:位置文件与安装文件

GB/T 6988.5—2006 电气技术用文件的编制 第5部分:索引

本部分是 GB/T 6988《电气技术用文件的编制》的第5部分。

为方便我国使用者,本部分增加了按汉语拼音顺序排列的中文索引。英文索引放到中文索引的后面。

本部分由全国电气信息结构、文件编制和图形符号标准化技术委员会提出并归口。

本部分起草单位:机械科学研究院中机生产力促进中心、航空总公司301所、国电华北电力设计院工程有限公司、中冶京诚工程技术有限公司、凌海科诚电力电器制造有限责任公司、辽宁立德电力电子有限公司。

本部分主要起草人:郭汀、高永梅、沈兵、高惠民、曾幼云、王健斌、张玉良、王春海。

本部分系首次发布。

电气技术用文件的编制
第5部分:索引

GB/T 6988《电气技术用文件的编制》的本部分是如下各部分内容的索引:

——GB/T 6988.1—1997 第1部分:一般要求

——GB/T 6988.2—1997 第2部分:功能性简图

——GB/T 6988.3—1997 第3部分:接线图和接线表

——GB/T 6988.4—2002 第4部分:位置文件与安装文件

本部分索引以P-n.n.n形式示出,其中P指GB/T 6988中的第几部分,n.n.n表示在该部分中条款及分条款数。

1 按汉语拼音顺序排列的中文索引

C

D

E

F

G

H

J

K

L

M

N

O

P

Q

R

S

T

W

X

Z

2　按英语字母顺序排列的英文索引

A

B

C

D

E

F

G

H

I

J

K

L

M

N

O

Q

R

S

T

U

V

W

ICS 01.040.47;47.020.60
U 60

中华人民共和国国家标准

GB/T 6994—2006/IEC 60092-101:2002
代替 GB/T 6994—1986

船舶电气设备　定义和一般规定

Electrical installation in ships—Definitions and general requirements

(IEC 60092-101:2002, Electrical installations in ships—
Part 101: Definitions and general requirements, IDT)

2006-03-06 发布　　2006-10-01 实施

中华人民共和国国家质量监督检验检疫总局
中国国家标准化管理委员会　发布

前 言

本标准等同采用IEC 60092-101:2002《船舶电气设备　定义和一般规定》。

本标准等同翻译IEC 60092-101:2002。

本标准是对GB/T 6994—1986《船舶电气设备一般规定》的修订。本标准自实施之日起代替GB/T 6994—1986,GB/T 6994—1986同时废止。

为了便于使用,本标准作了下列编辑性修改:

——"本国际标准"一词改为"本标准";

——删除国际标准的前言;

——本标准的章节编号作了些改动;

——表述方式按照GB/T 1.1—2000的规定也作了修改。

本标准与GB/T 6994—1986的主要技术差异如下:

——在环境条件中列出了具体数据的出处(标准编号),并增加了湿度及静态加速度两项环境条件;

——对供电系统特性的电气性能作了更为具体的规定;

——增加了规范性附录A;

——删除了识别标志一章。

——绝缘电阻的测量方法中删除了电极和试样内容。

本标准的附录A是规范性附录,附录B、附录C是资料性附录。

本标准由中国船舶工业集团公司提出。

本标准由全国海洋船标准化技术委员会船舶电气设备分技术委员会归口。

本标准起草单位:上海船舶研究设计院。

本标准主要起草人:赵同春、陈逢源、姚炯。

本标准所代替标准的历次版本发布情况为:

——GB/T 6994—1986。

船舶电气设备　定义和一般规定

1　范围

本标准适用于船舶电气设备。

除非另有规定,本标准的定义和一般规定也适用于其他船舶电气设备标准。

2　规范性引用文件

下列文件中的条款通过本标准的引用而成为本标准的条款。凡是注日期的引用文件,其随后所有的修改单(不包括勘误的内容)或修订版均不适用于本标准,然而,鼓励根据本标准达成协议的各方研究是否可使用这些文件的最新版本。凡是不注日期的引用文件,其最新版本适用于本标准。

GB/T 2900.18—1992　电工术语　低压电器

GB 4208—1993　外壳防护等级(IP代码)

GB/T 7357—1998　船舶电气设备　系统设计　保护

GB/T 7358—1998　船舶电气设备　系统设计　总则

IEC 60079　爆炸性气体环境用电气设备

IEC 60079-14:1984　爆炸性气体环境用电气设备　第14部分:爆炸性气体环境中的电气装置(矿山除外)

IEC 60092-3:1965　船舶电气设备　第3部分:电缆(结构、试验和安装)及第6号修正案(1984)

IEC 60092-201:1980　船舶电气设备　第201部分:系统设计　通则及第5号修正案(1990)

IEC 60092-301:1980　船舶电气设备　第301部分:设备　发电机和电动机及第1号修正案(1989)

IEC 60092-305:1980　船舶电气设备　第305部分:设备　蓄电池及第1号修正案(1989)

IEC 60092-306:1980　船舶电气设备　第306部分:设备　照明灯具和附件

IEC 60092-352:1979　船舶电气设备　第352部分:低压电力系统电缆的选择和敷设及第1号修正案(1987)

IEC 60092-502:1994　船舶电气设备　第502部分:专辑　油船

IEC 60092-504:1994　船舶电气设备　第504部分:专辑　控制装置和测量仪表

IEC 60112:1979　固体绝缘材料在潮湿条件下相比漏电起痕指数和耐漏电起痕指数的测定方法

IEC 60167:1964　测定固体绝缘材料绝缘电阻的试验方法

3　定义

下列定义适用于本标准。

3.1　总则

本标准所包含的定义是船舶电气设备的通用定义。适用于特殊装置或设备的定义包含在船舶电气设备的其他标准中。

下列定义表明了在船舶电气设备标准中所用术语的含义。在船舶电气设备标准中使用的常用术语的定义参见GB/T 2900.18。

3.2

主管机关　appropriate authority

要求船舶遵守其规范的政府机构或船级社。

3.3

远洋船舶 ocean-going ship

不限于在江河或内海航行的任何船舶。

3.4

重要设备 essential services

对船舶航行、驾驶或操纵，或对人身安全，或对船舶特殊性能(如特殊用途)非常重要的设备。

3.5

可达性 accessible

用于设备：一个物体或设备可以被人偶然触及，或者靠近到安全距离以内的特性。这是用于没有合适防护或绝缘的设备。

用于敷线：没有遮蔽的部分。

3.6

附具 accessory

一个装置中，除照明灯具(见IEC 60092-306)外，和敷线及用电设备有关的任何器件。例如：开关、熔断器、插头、插座、灯座或接线盒。

3.7

跨接 bond

非载流导体部件之间的连接，用以保证电气连接的连续性或者是使得如电缆邻接段的铠装或铅包、舱壁等部件之间的电位相等，例如：无线电收信室内电缆与舱壁之间的连接。

3.8

地 earth

金属船体的整体。

注：在美国用"ground"代替"earth"。

3.9

接地 earthed

与船体的电气连接，用以确保在任何情况下发生突然放电时，不发生危险。

注1：一个导体直接接到船体的接地线路中，而没有串接任何熔断器、开关、断路器、电阻器或阻抗器时，就说此导体是"直接接地"。

注2：在美国用"grounded"代替"earthed"。

3.10

基本绝缘 basic insulation

用于带电部件，以对电击提供基本防护的绝缘。

注：主绝缘不一定包括仅起功能性作用的绝缘。

3.11

辅助绝缘 supplementary insulation

除了基本绝缘以外，为了在基本绝缘一旦损坏情况下也能防护电击而采用的单独绝缘。

3.12

双重绝缘 double insulation

由基本绝缘和辅助绝缘两者组成的绝缘。

3.13

加强绝缘 reinforced insulation

用于带电部件的一种单独绝缘系统，它具有与IEC标准所规定的双重绝缘等效的抗电击性能。

注："绝缘系统"这一术语并不是说绝缘一定是一个均匀层。它可以包括几层，但这几层不能够单独地像辅助绝缘或基本绝缘那样进行分别试验。

3.14

带电　live

一个导体或一个电路与地之间存在电位差。

3.15

区域电板　section board

用于对其他区配电板、分配电板或最后分路的供电进行控制的开关设备和控制设备的组合装置。

3.16

分配电板　distribution board

用以对最后分路进行配电的一种或多种过电流保护设备的组合装置。

3.17

最后分路　final subcircuit

位于配电板最后一级过电流保护装置以后的那部分布线系统。

3.18

接点(布线中)　point(in wiring)

用来连接照明设备或者把用电设备接至电源的固定导线的任何端子。

3.19

安全电压　safety voltage

在用诸如安全隔离变压器或有独立绕组的变流器,它们与电源隔离的电路中,导体之间或任一导体与地之间的交流电压方均根值不超过 50 V。

在与较高电压电路隔离的电路中的导体之间,或任一导体与地之间,或变流器的独立绕组的直流安全电压不超过 50 V。

注 1:在某些特定条件下,如潮湿处所,或暴露在大风浪中,或直接触及带电部件时,安全电压低于 50 V。

注 2:无论满载或空载,电压均不超过该电压极限。但对本定义假设变压器或变流器是在其额定供电电压下运行。

3.20　材料

3.20.1

耐弧材料　arc-resistant material

在额定负载条件下,其表面可能受到电弧的重复作用而不产生过度损坏的材料。

3.20.2

滞燃材料　flame-retardant material

一种材料不传递火焰,同时其燃烧长度不大于按 4.28.2 进行试验时的规定长度。

3.20.3

不燃材料　incombustible material

按 4.28.1 规定的条件,加热到 750℃左右时材料本身不燃烧,可能释放出的气体也不能被明火所点燃的材料。

不满足这个条件的材料,皆为可燃材料。

3.20.4

耐潮绝缘材料　moisture-resistant insulating material

当材料的标准试样按 4.28.3 规定进行试验时,其浸水后的绝缘电阻不降低到某规定值以下的材料。

通常采取局部保护形式,例如:在有涂漆防护措施情况下,试验应在采用同样防护措施的材料样品上进行。

3.21 处所

3.21.1

居住处所 accommodation spaces

包括公用舱室、走廊、厕所、卧室、办公室、船员室、理发室、单独的配餐室、储藏室以及类似处所。

3.21.2

货物处所 cargo spaces

用来装货的处所(包括液体货舱)以及通往这些处所的围壁通道。

3.21.3

危险处所 dangerous spaces

在正常情况下,可能积聚可燃的或爆炸性蒸汽、气体、粉尘或爆炸物的处所。

注:对于油船见 IEC 60092-502。

3.21.4

机器处所 machinery spaces

凡装有推进机械、锅炉、燃油装置、蒸汽机及内燃机、发电机和主要电动机械、加油站、冷冻机、减摇装置、通风机、空调设备的处所和类似处所以及通往这些处所的围壁通道。

3.21.5

公用处所 public spaces

居住处所的一部分,包括客厅、餐厅、休息室以及类似用途的固定封闭处所。

3.21.6

服务处所 service spaces

厨房、主配餐室、储藏室(单独的配餐室和衣柜除外)、邮件和贵重物品室、机舱部分以外的修理间,以及类似处所和通往这些处所的围壁通道。

3.21.7

主竖区 main vertical zones

船体、上层建筑和甲板舱室被耐火舱壁和甲板分隔成的若干区域。这些区域在任何甲板上的平均长度一般不超过 40 m。

3.21.8

控制站 control stations

船舶无线电、重要航海设备或应急电源所在的处所,或者集中装有火警报警设备或消防控制设备的处所。

3.22

外壳防护等级 degrees of protection of enclosures

IEC 60092 号出版物各篇涉及的外壳均符合 GB 4208 的规定。表示防护等级的标志由特征字母 IP 以及随后的两位数字(“特征数字”)组成。两位数字表示的相应条件规定在表 1 和表 2 中。

表 1 第一位特征数字表示的防护等级

第一位特征数字	防护等级	
	简述	定义
0	无防护	无专门防护
1	防护大于 50 mm 的固体	人体大面积部分,如手(但对有意识的接触并无防护),直径超过 50 mm 的固体
2	防护大于 12 mm 的固体	手指或长度不超过 80 mm 类似物体,直径超过 12 mm 的固体

表 1(续)

第一位特征数字	防护等级	
	简述	定义
3	防护大于 2.5 mm 的固体	直径或厚度超过 2.5 mm 的工具、电线等，直径超过 2.5 mm的固体
4	防护大于 1 mm 的固体	厚度大于 1 mm 的金属线或片状物，直径超过 1 mm 的固体
5	防尘	不能完全地防止灰尘进入，但进入的灰尘数量不足以影响设备的正常运行
6	尘密	灰尘不能进入

表 2　第二位特征数字表示的防护等级

第二位特征数字	防护等级	
	简述	定义
0	无防护	无专门防护
1	防滴	滴水(垂直滴落的水滴)应无有害影响
2	15°防滴	当外壳从正常位置的任何方向倾斜至 15°以内任一角度时，垂直滴水应无有害影响
3	防淋水	与垂直线成 60°范围以内的淋水应无有害影响
4	防溅	从任何方向向外壳溅水应无有害影响
5	防冲水	用喷嘴从任何方向向外壳喷水应无有害影响
6	防猛烈海浪	猛烈的海浪冲击或强烈喷水进入的水不应达到有害影响
7	防浸水	当外壳在规定的压力及时间浸水后，不能进入有害数量的水
8	防潜水	在制造厂规定的条件下，设备能长期浸没在水中 注：通常设备应完全密封，但对某些形式的设备，可允许水进入，但不产生有害影响。

3.23　电压

3.23.1

电压偏差　voltage tolerance

在正常工作状态下，与正常使用电压的电压偏离的最大值，不包括瞬态和周期性电压波动。

注：电压偏差是稳定状态的偏差，它包括在电缆和电压调整器特性中的电压降，也包括由于环境条件变化引起的电压变化。

3.23.2

电压不平衡偏差　voltage unbalance tolerance

电压最高的相与电压最低的相之间的电压差。

3.23.3

电压周期性波动偏移　voltage cyclic variation deviation

可能由规律性的重复负载引起对额定电压的周期性偏移(均方根值最大到最小)。

$$V_{cv} = \pm[(V_{max} - V_{min})/2V_{nominal}] \times 100\%$$

3.23.4

电压瞬变　voltage transient

电压的突然变化(不包括尖峰脉冲),该电压在扰动开始之后,超出额定电压的偏差极限之外,且在规定的恢复时间之内(时间范围秒)返回到并保持在这些偏差之内的电压。

3.24　波形

3.24.1

总谐波畸变　total harmonic distortion

去掉基波之后,余下的谐波均方根值与基波的均方根值之比,用百分数表示。

3.24.2

单次谐波　single harmonic

电压波的单次谐波含量是谐波中的该次谐波的均方根值与基波的均方根值之比,用百分数表示。

3.25　频率

3.25.1

频率偏差　frequency tolerance

在正常工作状态下与正常频率的频率偏离的最大值,不包括瞬态和周期性频率波动。

注:频率偏差是稳定状态的偏差,它包括由于负载变化和调速器特性带来的频率波动,也包括由于环境条件变化引起的频率波动。

3.25.2

频率周期性波动　frequency cyclic variation

可能由规律性的重复负载引起对额定频率的周期性偏移

$$F_{cv}=\pm[(f_{max}-f_{min})/2f_{nominal}]\times100\%$$

3.25.3

频率瞬变　frequency transient

频率的突然变化,该频率在扰动开始之后,越出频率偏差极限之外,且在规定的恢复时间之内(时间范围秒)返回到并保持这些偏差之内的频率。

3.26　时间

3.26.1

电压瞬态恢复时间　voltage transient recovery time

从电压超出额定偏差到电压恢复,并保持在额定偏差极限之内所经过的时间。

3.26.2

频率瞬态恢复时间　frequency transient recovery time

从频率超出额定偏差到频率恢复,并保持在额定偏差极限之内所经过的时间。

4　一般要求和条件

注1:已注意到国际海上人命安全公约的要求。

注2:本章所包括的技术要求和条件,适用于所有的电气设备和电气装置。

4.1　工艺和材料

良好的工艺和合适的材料是满足本标准的基本要求。

4.2　标准对交流和直流的适用性

除有与此相反的特别说明外,所有标准对电压为1 000 V及以下的交流和直流电气设备都是适用的。

4.3　代用品和替换品的许可条件

在本标准中规定的任何专用设备、结构或配置,只要不降低效能和可靠性,允许用任何其他型式的设备、结构或配置来代用。

4.4 最大负载的规定

所有导体，开关及附具的额定容量，在正常情况下，应能承受不超过其额定值的电流。还应承受预期的过载和瞬态电流，例如，电动机起动电流，而不发生损坏或出现过高的温度。

4.5 增加和变更

对现有附具、导线、开关装置等的定额和状态，在未明确核定适应新的情况之前，不应对现有设备作临时性或永久性的增添和变更。

对现有系统设计有影响的一些因素，如：载流量、短路容量、电压降以及保护装置的正确的选择性保护性能等应予以特别注意。

4.6 环境条件

4.6.1 通则

电气设备在各种环境条件下应能满意地运行。

环境条件以不同的数字与字母来表示。

——一组条件，主要包括气候条件、生物条件、取决于化学及机械活性物质的条件和机械条件；

——另一组条件，主要取决于在船上的安装部位、运行方式和瞬态的条件。

仅作为指南，附录B列出了通常认为的有代表性的，与某些选定部位、运行方式和瞬态条件有关的环境条件的范围。

4.6.2 强制的环境条件范围

由有关主管机关规定的某些环境条件参数及相关的严酷度数值表示了环境条件的限制，是设计的依据。最主要的是由国际海上人命安全公约所要求的这些参数和数值以及它们的某些组合，如表3所示。

表3 环境条件范围

倾斜和摇摆	静态条件	围绕纵轴的倾斜(横倾)	
		一般状态	±15°
		应急状态[a,b]	±22°30′
		围绕横轴的倾斜(纵倾)	
		应急状态[a]	±10°
	动态条件	围绕纵轴转动(横摇)[c]	±22°30′
		围绕横轴转动(纵摇)[c]	±7°30′
低温	应急发电机组		最低0℃

a 船应在这些倾斜极限内任意组合。

b 对运载散装液化气体船和危险化学品船，参照1983年对SOLAS(1974)的修正案卷Ⅱ和Ⅲ。

c 这些运动可能同时发生。

4.6.3 设计参数

设计参数应根据环境条件，除有些种类设备的设计参数在其他标准中规定之外，其余设计参数如下。

4.6.3.1 温度

在IEC 60092其他标准中已规定把“非高气温”作为设备的设计参数，其值定为45℃。若设备的运行环境温度比这个规定高或低，那么设备的允许温升也可适当地降低或升高：相关设备参数见表4。

表 4 设计参数—温度

参数		单位数值	设备种类
标准	章条		
	高气温	℃	
60092-201	3.3	45	电缆
60092-301	3.1(表 A.1)	50	发电机和电动机
60092-352	7	45	电缆
60092-502	A.2.1.3，A.3.1.3，A3.2.3.3	50	合格安全型设备(用于油轮)
60092-504	3.2	55	控制装置和测量仪表
	低气温	℃	
60092-504	3.2		控制装置和测量仪表
		5	一般设备
		−25	敞开甲板
	高水温	℃	
60092-301	3.1（表 A.1)	30	发电机和电动机

4.6.3.2 **湿度**

湿度参数见表 5。

表 5 设计参数—湿度

参数		单位数值		设备类型
标准	章条			
相对湿度		%	℃	
60092-504	3.3	95	≤45	控制装置和测量仪表
		70	＞45	

4.6.3.3 **倾斜和摇摆**

倾斜和摇摆参数见表 6。

表 6 设计参数—倾斜和摇摆

参数		单位数值		设备类型
标准	章条			
静态—所有方向		角度		
60092-305	3	40°		储能器(蓄电池组)
60092-504	3.7	22.5°		控制装置和测量仪表
动态条件—所有的方向		角度	频率/Hz	
60092-504	3.7	22.5°	0.1	控制装置和测量仪表

4.6.3.4 静态加速度

静态加速度参数见表7。

表7 设计参数—静态加速度

参数		单位数值	设备类型
标准	章条		
垂直方向		m/s^2	
60092-201	3.4.3	10	控制装置和测量仪表

4.6.3.5 振动

振动参数见表8。

表8 设计参数—振动

参数		单位数值			设备类型
标准	章条				
振动		位移[a]/mm	加速度[a]/(m/s^2)	频率/Hz	
60092-504	3.4.1.1	1.5		2～13	控制装置和测量仪表
			10	13～100	
60092-504	3.4.1.2	1.5		2～28	特殊处所控制装置和测量仪表
			50	28～200	

[a] 幅值。

4.7 材料

在一般情况下，所有的电气设备应采用耐久、滞燃和耐潮的材料制成，这些材料在承受船舶环境和温度时，不会使其性能恶化。

4.8 供电系统特性

4.8.1 通则

除非IEC 60092其他标准另有说明，设备应能运行在通用配电系统中，而在该系统中存在着电压和频率波动、谐波畸变和附加干扰。通用配电系统的特性在下列分条款给出。

注1：如果电源从岸电获得，而供电品质与本条规定不同，则应适当考虑其对设备性能的影响。

注2：当半导体系统容量在总系统中占有相当大比例时，抑制谐波似乎不大可行。应考虑采取适当的措施减小配电系统的这些影响，以保证安全运行。对谐波含量高于本条规定的电力系统供电的用电设备应注意选择。

注3：要求较高供电质量的电气设备，可能需要就地设置附加装置。适合于获得这种较高供电质量的附加装置，可以要求是双套并且是隔离的，隔离等级与它所供电的设备相同。

注4：可能在局部影响电源供电质量或在通用配电系统上引起任何谐波的电气设备，对它们的安装应予以特别注意。

注5：只要保证系统安全运行，并且对预期的变化，设备的定额也是适合的，就可以允许设置可变频率/电压系统。

4.8.2 交流配电系统

4.8.2.1 电压特性

偏差用额定电压的百分数表示。

除非另有说明，电压为均方根值。

电压偏差(连续) …… +6% ～ −10%

电压不平衡偏差，包括IEC 60092-201的9.2的负载不平衡引起的相电压不平衡 …… 7%

相与相电压不平衡(连续) …… 3%

电压周期性变化偏差(连续) …… 2%

电压瞬变：

—— 电压瞬变(慢速)例如由于负载波动偏差(偏离额定电压) …………………… +20% ～ −20%

—— 电压瞬变恢复时间 …………………………………………………………………… 最大 1.5 s

注：在系统的任一点上，电压偏离额定值的总和(偏差和瞬变)不应超过 20%。

—— 快速瞬态。例如由开关引起的脉冲尖峰冲击电压幅值 ………………………………… $5.5U_{nom}$

上升时间/延迟时间 ………………………………………………………………………… 1.2 μs/50 μs

4.8.2.2 **谐波畸变(电压波形)**

总谐波畸变 ……………………………………………………………………………………… 不超过 5%

单次谐波 ………………………………………………………………………………………… 不超过 3%

4.8.2.3 **频率特性**

偏差用额定频率的百分数表示。

频率偏差(连续的) ………………………………………………………………………… +5% ～ −5%

频率周期性变化偏差(连续的)……………………………………………………………………… 0.5%

频率瞬变偏差 ……………………………………………………………………………… +10%～−10%

频率瞬变恢复时间 ………………………………………………………………………………… 最大 1.5 s

注：在系统任一点上，频率偏离额定值的总和(偏差和瞬变)不应超过 12.5%。

4.8.3 **直流配电系统**

偏差用额定电压的百分数表示。

电压偏差(连续的) ……………………………………………………………………… + 10 % ～ −10 %

电压周期性变化 ………………………………………………………………………………………… 5 %

电压波纹(超过稳态直流电压的交流均方根值)……………………………………………………… 10 %

注 1：在使用蓄电池充电装置和蓄电池组合作为直流电源系统时，应采取适当的措施以保证蓄电池在充电，快速充电和放电期间的电压在规定的范围之内。

注 2：对控制装置和测量仪表系统，见 IEC 60092-504。

快速瞬变，例如由开关引起的脉冲尖峰冲击电压幅值。

24V 直流系统 …………………………………………………………………………………… 500 V

110 V 直流系统 ………………………………………………………………………………… 1 500 V

220V 直流系统 ………………………………………………………………………………… 2 500 V

上升时间/延迟时间 ……………………………………………………………………… 1.2 μs/50 μs

4.9 **爆炸性气体环境中的电气设备**

当要求设备用于爆炸性气体环境时，这些设备应按 IEC 60079 及 IEC 60092-502 的附录 A 进行制造，也应适当考虑该设备在船上的预定位置。

这些设备还应按 IEC 60079 的要求进行型式试验，并且，对用于有关大气中的合格安全型设备，要求由公认的主管独立试验机关鉴定。然而，对增压设备(P 型保护)，可通过审查相关文件和适当的试验予以认可。

注：除非 IEC 60092 另有说明，所有这些设备均可按 IEC 60079-14 的要求进行安装。

4.10 **电气附件、电缆紧贴铝构件安装时采取的必要措施**

当非铝电气附件紧贴铝构件安装时，应采取适当的措施以防止电化腐蚀。

4.11 **电气间隙和爬电距离**

两个不同电位的带电部件之间，带电部件与其他接地金属外壳之间，无论沿表面或通过空气之距离，应能承受按其绝缘材料性质及使用条件所规定的工作电压。

4.12 **绝缘**

绝缘材料及绝缘绕组应能耐潮、耐盐雾和耐油雾，除非采取特殊措施防止绝缘材料受这些因素的影响。

注：作为本款的结果，一些重要设备如汇流排支架等的绝缘材料应有足够大的耐漏电能力，建议当按 IEC 60112 测定时，此种材料的相对漏电痕迹指数不小于 175 V。

4.13 维修和检查

设备的设计和安装应允许对所要求的所有部件进行必要的维修和检查。

4.14 指示灯

指示灯应尽可能做到不使用工具就能进行更换。

4.15 电缆进线口

应根据电缆进入设备的方式配置填料函、衬套或带螺纹的电缆管道，除非电缆进线板或电缆连接件做成可以防止水进入。有 IPX2 防护等级的设备外壳的顶部不应有电缆进线口。

4.16 振动和机械冲击的预防措施

对正常工作情况下可能产生的振动和冲击，电机电器应不受影响。固定载流部件的螺钉与螺母应有效地锁紧，不应因振动而松动。固定非载流部件的螺钉和螺母，必要时最好也锁紧。

4.17 船上的安装位置

4.17.1 安装电气设备的舱室的结构应合理，必要时应安装有通风设备。

4.17.2 除按本标准规定安装防爆型设备的处所外，在易燃气体或蒸汽易于积聚的处所不应安装电气设备。

4.18 舱室

安装发动机驱动的发电机组的舱室应用金属或其他不燃材料建造。安装开关装置的舱室或机柜应用不燃材料建造，或在内壁衬以不燃材料。

4.19 机械防护

电气设备的安置，应尽可能做到不会遭受机械损伤的危险。

4.20 防水、防蒸汽和防油

电气设备的选择和安装，应使其避免任何可能遇到的水、蒸汽、油以及油雾的影响。

4.21 防滴

在必要时，具有低于 IPX2 防护等级的电气设备应装有顶盖，或采取其他合适的方法，来保护载流部件及其绝缘免遭滴水。

4.22 防触电

4.22.1 除了 3.19 定义的安全电压供电外，所有电气设备的制造或安装，应使其带电部件不能被偶然触及。

4.22.2 额定电压超过 500 V 且非指定人员也可能接近的设备，应至少具有 IP4X 防护等级，以防止触及带电部件。

4.23 旋转轴

每台卧式旋转电机的安装最好使其轴沿艏艉向。当电机横向安装时，应保证轴承的设计和润滑的配置能足以承受 4.6.2 中规定的摇摆。横向安装的电机，订货时应通知制造厂。

4.24 周边的易燃材料

在未加防护的木制品或易燃材料附近水平距离 30 cm 以内，或垂直距离 120 cm 以内，不应安装防护等级 IP00 的电气设备。

4.25 栏杆

在防护等级为 IP0X 的机械，开关板或控制装置处应安装栏杆，以防止人身事故的发生。

4.26 磁罗经

导体和电气设备的位置应与磁罗经之间有一定的距离，或者加以屏蔽，以使外部磁场的干扰降到最低限度（偏差小于 30′），即使在电路断开和闭合时也如此。

4.27 外壳

外壳应符合3.22定义的防护等级。电气设备的外壳应有足够的机械强度和刚度，并应安装良好，使其密封结构和内部设备的功能不会受到船舶结构的变形、振动和船身运动或其他可能产生损伤因素的影响。

4.28 材料入级试验

注：这些试验不适用于已有特殊试验要求的电缆。电缆滞燃试验目前可参考 IEC 60092-3 的修正案4，见本标准的附录A。

4.28.1 不燃性试验

4.28.1.1 试验原理

将试样放入预热到750℃的试验炉内，根据试样是否燃烧，或根据位于试验炉上部火焰的状态，判断材料不燃性能。

4.28.1.2 试验设备

试验炉原则上应是直径为76 mm、高度为250 mm的圆柱形。试验炉的上部，在至少为125 mm的高度范围内，用电阻加热，电阻穿过绝缘耐火壁(加热管)。在试验炉的底部应钻9个直径为3 mm的孔。炉盖沿圆柱形试验炉的直径全长开一个宽度在6 mm ～ 8 mm可调节的中心槽。

温度应使用热电偶来测量。热电偶放置在试验炉中心，位于试样与箱的内壁之间距离的二分之一处。在整个试验期间，试样应悬挂在加热管的中心。

4.28.1.3 试样的制备

试样的总体积应在4 cm^3 ～ 6 cm^3，标准尺寸约50 mm × 20 mm，如果材料厚度小于3 mm，则可采用尺寸为50 mm × 25 mm的片状材料，用铜丝绑扎，使其达到体积要求。

4.28.1.4 试验步骤

试验炉应预热到750℃，然后将试样迅速插入箱内。试验时间持续10 min。

4.28.1.5 试验结果

被试材料在下列情况下不能认为是不燃的：

——材料在试验炉内自燃；

——指示火焰的高度从初始高度10 mm±2 mm，增到30 mm并伴有颜色变化。

如果仅仅是火焰颜色发生变化，而高度没有明显增加，则不认为是可燃的。

4.28.2 滞燃试验

4.28.2.1 试验原理

将试样以规定的时间间隔，放入一规定的火焰上，从试样燃烧或损坏的长度来评定其滞燃性能。

4.28.2.2 试验设备

燃烧器为一煤气喷灯(普通的本生灯)，以煤气为燃料。在静止空气中，使火焰处于垂直状态，调节火焰高度约为125 mm，火焰的蓝色部分高度约为35 mm。

试样应固定在细金属丝上，其纵轴与水平成45°，横轴呈水平。

4.28.2.3 试样

棒材或带材试样：至少长为120 mm，宽为10 mm，厚为3 mm。也可以采用其他尺寸，长度可以超过120 mm。

矩形的管材或型材试样：横截面面积略大于10 mm × 3 mm，长度为120 mm。试样的厚度可达到10 mm，而无不利情况。

4.28.2.4 试验步骤

试验应在正常环境温度和避风情况下进行。灯应垂直放置，使火焰蓝色部分的尖端刚好触及试样的下端。施加火焰于试样5次，每次15 s，间隔15 s。在最后一次施加火焰之后，应允许试样燃烧至自行熄灭。

4.28.2.5 **试验结果**

如果试样的燃烧部分或损坏部分的长度不大于 60 mm，则认为被试材料是滞燃的。

4.28.3 **耐潮试验**

4.28.3.1 **试验原理**

绝缘材料的耐潮能力，用试样浸水后的绝缘电阻来评价。

4.28.3.2 **绝缘电阻的测量方法**

绝缘电阻的测量应按 IEC 60167 规定的方法进行，其修改部分见 4.28.3.3。

试样的尺寸见表 9。

表 9 试样的尺寸

电极型式	材料形状	试样尺寸/mm
锥形插销	板形	50 × 75
锥形插销	管形和棒形	75(长)
导电涂料	板形	60 × 150
导电涂料	管形和棒形	60(长)
扁条	板形	25(宽)

4.28.3.3 **试验步骤**

a) 试样的准备

在进行 b)及 c)操作之前，电极应加在试样上。如果材料在正常使用时，是采取防止吸潮特殊措施的(例如：涂漆)，那么，试样在加电极和进行 b)及 c)项操作之前，应采用同样的方法进行处理。

b) 预处理

试样应放在温度为 50℃±2℃，相对湿度小于 20%的通风烘箱里干燥 24h，然后冷却到环境温度(15℃ ～ 25℃)。

c) 浸水

试样应按 b)项预处理并冷却以后的 1 h 之内，在温度为 23℃±0.5℃的蒸馏水中，浸 24 h。

d) 浸水后绝缘电阻的测量

按 c)项浸水之后，将试样从水中取出，用清洁的干布或过滤纸吸干试样表面的残水，随后应尽快测量绝缘电阻。试样从水中取出到开始测量时间不应超过 2 min。应在试样通电 1 min 之后，再读出绝缘电阻的测量值。

注：合理的最低绝缘电阻值尚在研究之中，目前暂不规定。

附　录　A
（规范性附录）
电缆的滞燃试验

A.1　总则

当电缆要求为“滞燃”或“自熄”电缆时，试样应按照 A.2～A.10 进行试验。如果结果不能令人满意，则认为该电缆是“延燃”电缆。

A.2　试样

试样应是一段成品电缆，长为 600 mm±25 mm。

A.3　试验前的处理

如果电缆有涂料或油漆层，试样在试验前应在 60℃±2℃温度下放置 4 h。

A.4　试验条件

试样应垂直夹持，并安放在一个由三面金属围壁的箱体中，箱体尺寸为：高 1 200 mm±25 mm，宽 300 mm±25 mm，深 450 mm±25 mm。箱体前面敞开，顶部及底部封闭，底板应是非金属的。试验应在基本无气流的场合进行。电缆试样的底部应距离箱底约 50 mm。

A.5　煤气喷灯

喷灯（普通的本生灯）应有标称内径为 10 mm 的喷口，所使用的的燃气质量应使灯的燃烧满足 A.6 的规定。

喷灯的火焰应调节到长约 125 mm，内层锥形蓝色火焰长约 40 mm。

A.6　喷灯的燃烧检查

在灯座是水平的情况下，用以下方法检查喷灯燃烧是否满意：将直径为 0.71 mm±0.025 mm，自由长度不小于 100 mm 的裸铜丝，在喷灯顶部的上方 50 mm 处水平地插入火焰，铜丝的另一端位于喷灯的侧面上方。铜丝熔化所需时间不应超过 6 s，也不应少于 4 s。

A.7　直径小于和等于 50 mm 的电缆

对于最大外径不大于 50 mm 的试样，热源应是一盏煤气喷灯，灯的结构和操作如上所述。

A.8　直径大于 50 mm 的电缆

对于最大外径大于 50 mm 的试样，热源应是 2 盏煤气喷灯，灯的结构和操作如上所述。围绕试样的布置如图 A.1 所示。

A.9　试验步骤

试验时，灯座应与试样成 45°。在使用煤气喷灯时，喷灯与试样间的距离应使火焰的锥形蓝色内焰刚好碰到电缆的中心部位。

火焰持续时间 T,由公式(A.1)给出

$$T = 60 + W/25 \quad \cdots\cdots (A.1)$$

式中:

T ——火焰持续时间,单位为秒(s);

W ——长度修正到 600 mm 的电缆试样的质量,单位为克(g)。

A.10 要求

电缆应是自熄的。在燃烧停止后,试样的表面应擦干净,烧焦或受影响的部分不应达到试样的顶部。

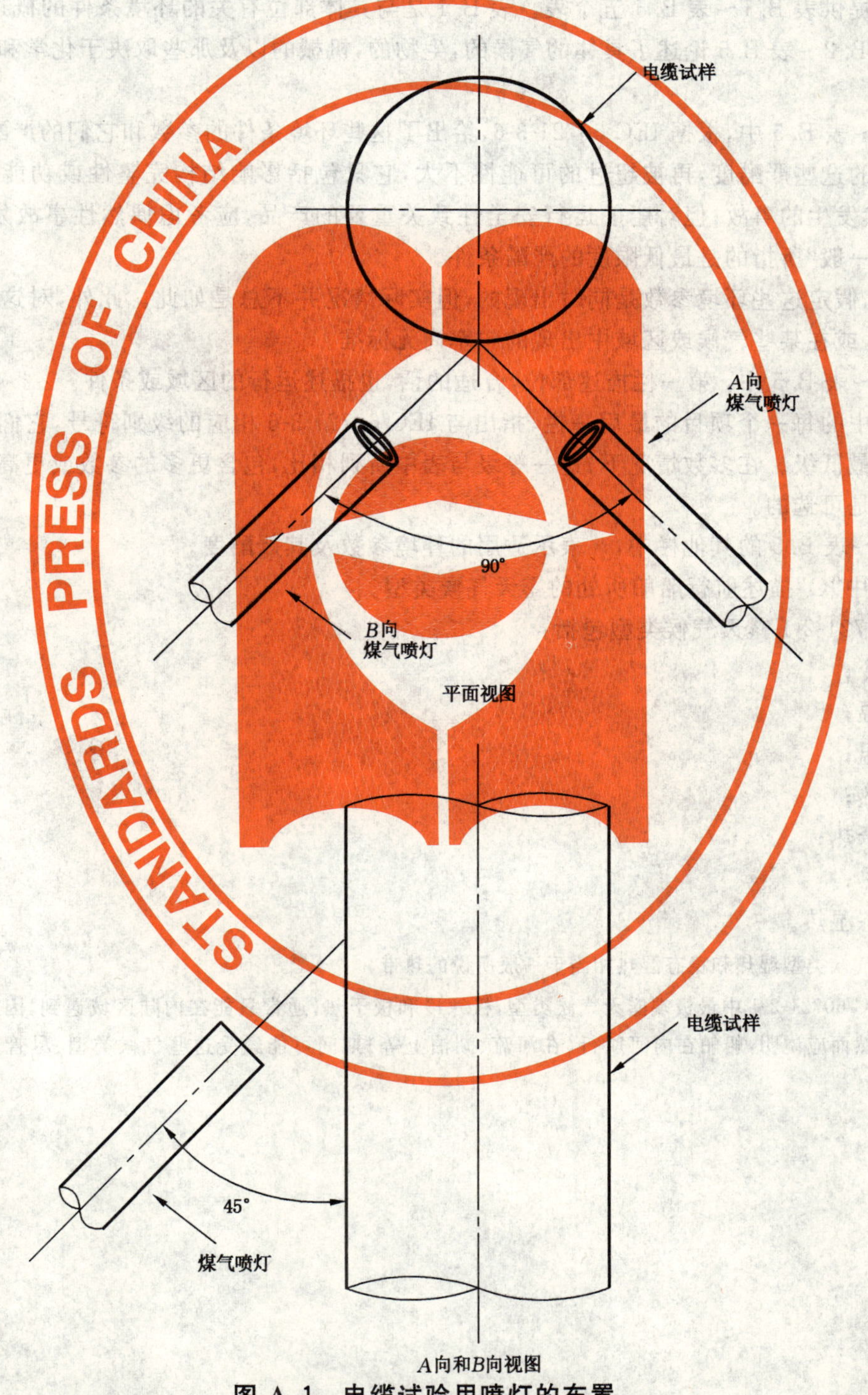

图 A.1 电缆试验用喷灯的布置

附　录　B
（资料性附录）
环境条件指南

B.1　范围

本附录是参考性指南，它给出了船舶及移动式和固定式近海平台的电气设备的环境条件。

这个指南提供表 B.1～表 B.5 五个表。表 B.1 是与具体部位有关的环境条件的概述，并由此引出其余各表。表 B.2～表 B.5 论述了具体的气候的，生物的，机械的以及那些取决于化学和机械的活性物质条件。

在表 B.2～表 B.5 中，根据 IEC 60721-3-6，给出了这些环境条件的参数和它们的严酷度。

表中给出的这些严酷度，再被超过的可能性不大，它只包括影响结构完整性或功能特性的严酷条件，不包括偶然发生的事故；但对船舶运行安全性致关重要的产品，应考虑偶然性事故发生的可能性。在这些表中，“一般”所指的是最低限度的严酷条件。

本指南中，假定这些环境参数是同时出现的，但实际情况并不总是如此。此外，对这些参数或严酷度的持续时间，或在某些气候或区域中出现的频率尚无标准。

在表 B.2～表 B.5 中，第一栏描述部位，合适的话，也描述运行的区域或条件。

在第一栏中的每一个项目的最后一栏，指出与 IEC 60721-3-6 相应的级别符号，它们是所规定的全部环境条件的最低级。在多数情况下，这一等级与表中所列相比，包含更多的参数或更高的严酷度。这一等级的使用是可选的。

在表 B.2～表 B.5 的其他栏中，×表示适用的环境参数及其严酷度。

在表 B.2 中“O”描述航行船舶所处的露天气候类型。

按 IEC 60721-2-1 露天气候类型包括：

C——寒冷；
CT——寒温；
WT——暖温；
WDr——干热；
MWDr——亚干热；
Wda——湿热；
WdaE——稳态湿热。

注 1：露天气候类型湿热和稳态湿热相当于一般所说的热带。

注 2：在 IEC 60721-2-1 中最极端露天气候类型，极寒冷和极干热，通常只能在内陆区域遇到，因此在这里没有包括。然而应说明，船舶在内河航行（在河流、湖泊上等）期间可能经受这些气候类型、尽管这可能被认为是例外。

表 B.1 与位置有关的环境条件概述

条 件[a]	气 候		生物的		化学活性物质		机械活性物质		机械的	
场 所[b]	表 B.2 的项目[b]	级别[c]	表 B.3 的项目[b]	级别[c]	表 B.4 的项目[b]	级别[c]	表 B.4 的项目[b]	级别[c]	表 B.5 的项目[b]	级别[c]
1 驾驶桥楼(驾驶室，无线电室，海图室)	1.2+1.4	6K2	2+3	6B2	1.1	6C1	1.1	6S1	1.1	6M2
2 控制室	1.2	6k2	2+3	6B2	1.1	6C1	1.1	6S1	1.1	6M2
3 起居处所	1.2+1.4	6K2	2+3	6B2	1.1	6C1	1.1	6S1	1.1	6M2
4 空调处所	1.2+1.4	6K2	2+3	6B2	1.1	6C1	1.1	6S1	1.1	6M2
5 盥洗室，浴室，淋浴室	1.2+1.5	6K2	2+3	6B2	1.1	6C1	1.1	6S1	1.1	6M2
6 厨房，洗衣间，配膳室	1.2+1.5+1.6	6K3	2+3	6B2	1.1	6C1	1.1	6S1	1.1	6M2
7 一般贮藏室，粮食库	1.2	6K2	2+3	6B2	1.1	6C1	1.1	6S2	1.1	6M2
8 机器处所	1.7.2	6K3	2+3	6B2	1.4.1	6C1	1.4.1	6S1	1.1	6M2
9 冷藏货物处所	1.2+1.8	6K5	2+3	6B2	1.1	6C1	1.1	6S1	1.1	6M2
10 舵机舱	1.7.2	6K3	2+3	6B2	1.1	6C1	1.1	6S1	1.4	6M3
11 一般货物处所	2.2+2.3+2.6	6K5	2+3	6B2	1.2	6C2	1.3	6S2	1.1	6M2
12 半围蔽处所	2.2+3.3+3.5	6K5	2+3	6B2	1.2	6C2	2.2.3	6S3	1.1	6M2
13 露天甲板	3.2+3.3+3.6	6K5	2+3	6B2	2.2.1	6C3	2.2.3	6S3	1.1	6M2
14 船体外部浸入水中部分	4.3	6K2	2+3	6B2	2.2.1	6C3	2.2.1	6S1	1.1	6M2

[a] 环境条件包括：各种露天气候类型；具有生物危险的所有地域；超过 500 总吨，但不穿过冰区的船舶。

[b] 当涉及表 B.1 之外的场所和条件时，应考虑表 B.2～表 B.5 的相关规定。

[c] 按 IEC 60721-3-6 规定的最低的环境等级。

表 B.3 环境条件指南—生物条件

生物条件按 IEC 60721-3-6	在空气中存在植物和动物		按 IEC 60721-3-6 要求的最低环境等级
运行场所	霉菌,真菌	啮齿动物和其他动物	
1 运行在低生物危险的地区或对霉菌、真菌等生长的和啮齿动物及其他动物危害有防护的场所			6B1
2 运行在霉菌、真菌等生长的高危险地区	×		6B2
3 运行在啮齿动物及其他动物高危害地区		×	6B2
注:安装在船体外壳水下部分的产品将受到水中植物和动物(生长藻类、海洋动物)的侵蚀。			

表 B.4 环境条件指南—取决于化学和机械活性物质的条件

决取决于化学和机械活性物质的条件[a] 按 IEC 60721-3-6	化学活性物质 空气中的盐雾/(mg/m^3)		其他各分组[c]			水中[d]海盐[e]/(kg/m^3)	要求的最低环境条件等级按 IEC 60721-3-6	机械活性物质 空气中的沙/(g/m^3)		灰尘沉积量/(mg/m^2h)	烟灰沉积	油滴,油雾/(mg/m^3)		要求的最低环境条件等级按 IEC 60721-3-6
运行场所[b]	3	10	Ⅰ	Ⅱ	Ⅲ	30		0.1	10	3		3	20	
1 完全不受天气影响的场所														
1.1 一般			×				6C1							6S1
1.2 无防盐雾	×		×				6C2							6S1
1.3 暴露于微粒、灰尘的场所			×				6C1	×		×				6S2
1.4 机器处所														
1.4.1 一般			×				6C1					×		6S1[f]
1.4.2 柴油机附近			×				6C1						×	6S1[f]
2 不完全不受天气影响的场所														
2.1 限于在内陆水路区域运行														
2.1.1 一般			×				6C1							6S1
2.1.2 暴露于工矿企业的排出物中					×		6C2							6S1
2.2 在全世界运行														
2.2.1 一般		×	×			×	6C3							6S1
2.2.2 暴露于附近的工矿企业的排放物中		×			×	×	6C3							6S1
2.2.3 靠近沙漠的区域		×	×			×	6C3		×					6S3
2.3 暴露于发动机排气中				×		×	6C3							6S1

表 B.4(续)

决取决于化学和机械活性物质的条件[a]按 IEC 60721-3-6	化学活性物质						要求的最低环境条件等级按 IEC 60721-3-6	机械活性物质						要求的最低环境条件等级按 IEC 60721-3-6
	空气中的盐雾/(mg/m³)		其他各分组[c]			水中[d]海盐[e]/(kg/m³)		空气中的沙/(g/m³)		灰尘沉积量/(mg/m² h)	烟灰沉积	油滴,油雾/(mg/m³)		
运行场所[b]	3	10	Ⅰ	Ⅱ	Ⅲ	30		0.1	10	3		3	20	
2.4 暴露于锅炉排烟中				×		×	6C3				×			6S3

a 由于运行的范围和持续时间,以及所装载的货物,可能出现不同于所列的那些严酷度和物质。对油耗,参见 IEC 60092-502。

b 严酷度可以仅是周期性的,随运行的范围而定。

c 按照 IEC 60721-3-6 中分级,在空气和气体中的物质:

	单 位	Ⅰ组	Ⅱ组	Ⅲ组
二氧化硫	mg/m³	0.1	1.0	1.0
硫化氢	mg/m³	0.01	0.01	0.5
氧化氮(用二氧化氮的当量值表示)	mg/m³	0.1	1.0	1.0
臭氧	mg/m³	0.01	0.01	0.1
氢氯化物	mg/m³	0.1	0.1	0.5
氢氟化物	mg/m³	0.003	0.003	0.03
氨	mg/m³	0.3	0.3	3.0

d 除了海盐以外,水中其他物质这里不包括,因为已考虑到它们在电气设备上的影响很小。

e 在某些情况下,低浓度的海盐可能比较高浓度的海盐产生更严重的腐蚀。

f IEC 60721-3-6 表Ⅳ中给出的机械活性物质分类,作为必须遵循的参数,不包括小油滴或油雾。当机舱涉及到等级 6S1 时,应包括表中作为给出参数和严酷度的说明的注。

表 B.5 环境条件指南—机械条件

按 IEC 60721-3-6 的机械条件	稳态振动 正弦[a,b,c] mm Hz / m/s² Hz			非稳态振动 冲击响应 频谱型式[d]/(m/s²)					倾斜和摇摆[e]					稳态轴向加速度/(m/s²)			要求的最低环境条件等级按 IEC 60721-3-6
									稳态倾斜角度+或−[f]/(°)		动态摇摆角度+或−/(°),Hz						
场 所	1.5 2~13 10 13~100	1.5 2~28 20 8~200	1.5 2~28 50 28~200	Ⅰ 50	 100	Ⅱ 100	 300	Ⅲ 500	X 15	Y[g] 10	X 22.5 0.14	Y[g] 10 0.2	Z 4 0.05	X 5	Y 6	Z[h] 10	
1 超过大约 500 总吨船上的场所																	
1.1 一般	×			×		×			×	×	×	×	×	×	×	×	6M2
1.2 艏部	×				×		×		×	×	×	×	×	×	×	×	6M2
1.3 穿越冰区的船上[i]	×				×		×		×	×	×	×	×	×	×	×	6M2

表 B.5（续）

按 IEC 60721-3-6 的机械条件	稳态振动 正弦[a,b,c] mm Hz m/s² Hz			非稳态振动 冲击响应 频谱型式[d]/ (m/s²)					倾斜和摇摆[e]					稳态轴向 加速度/ (m/s²)			要求的最低环境条件等级按 IEC 60721-3-6
									稳态倾斜角度 +或−[f]/(°)		动态摇摆角度 +或−/(°), Hz						
场　所	1.5 2～13 10 13～100	1.5 2～28 20 8～200	1.5 2～28 50 28～200	Ⅰ 50	Ⅰ 100	Ⅱ 100	Ⅱ 300	Ⅲ 500	*X* 15	*Y*[g] 10	*X* 22.5 0.14	*Y*[g] 10 0.2	*Z* 4 0.05	*X* 5	*Y* 6	*Z*[h] 10	
1.4　船尾部包括舵机室，总吨小于等于 10 000 吨的船		×		×		×			×	×	×	×	×	×	×	×	6M3
1.5　起货系统上，如集装箱导轨，起重机[j]		×			×		×	×	×	×	×	×	×	×	×	×	6M3
1.6　往复机上[k]			×	×		×			×	×	×	×	×	×	×	×	6M4

a 一般用主机所产生的振动，主要是低频分量突出的正弦振动。然而在破冰船上也会出现频率高至 2 000 Hz，强度高至 50 m/s² 的高频振动。船体或螺旋桨和水相互作用所产生的力也会引起随机振动。但其振级一般较低，故在此不予考虑。

b 位移和加速度值是振幅值。

c 在小船上，依赖它们的设计和推进，可产生比规定高的振动。

d 冲击响应谱(冲击谱)的概念在 IEC 60068-2-27 附录 A“冲击谱及脉冲波形的其他特性”中有详细说明（见图 B.1 冲击的单位是峰值加速度 a)有关三种典型波谱的分类表示是：

Ⅰ——冲击脉冲持续时间较长、冲击峰值加速度较低时的典型冲击谱。

Ⅱ——冲击脉冲持续时间中等、冲击峰值加速度中等时的典型冲击谱。

Ⅲ——冲击脉冲持续时间较短、冲击峰值加速度较高时的典型冲击谱。

e 相对于船体的三个正交坐标轴为：

X 轴——沿船的首尾方向；

Y 轴——沿船的横向；

Z 轴——沿船的垂向。

f 对于长/宽比小于或等于 3 的船，例如近海移动平台，是把 *Y* 轴的稳态值看作与 *X* 轴的相同。

g 对船长大于 150 m 的船，严酷度减至 5°。

h 长度长于大约 150 m 的船，严酷度可减至 6 m/s²。

i 凡直接安装在船体上的产品，冲击级可视当地经验，高于表上所列数值。

j 在桅杆上，低频范围内的振幅可能超过所示值。

k 可能存在很特殊的情况，如安装在减振器上的柴油发电机的排气管。此数值可向有关的柴油机制造厂索取。

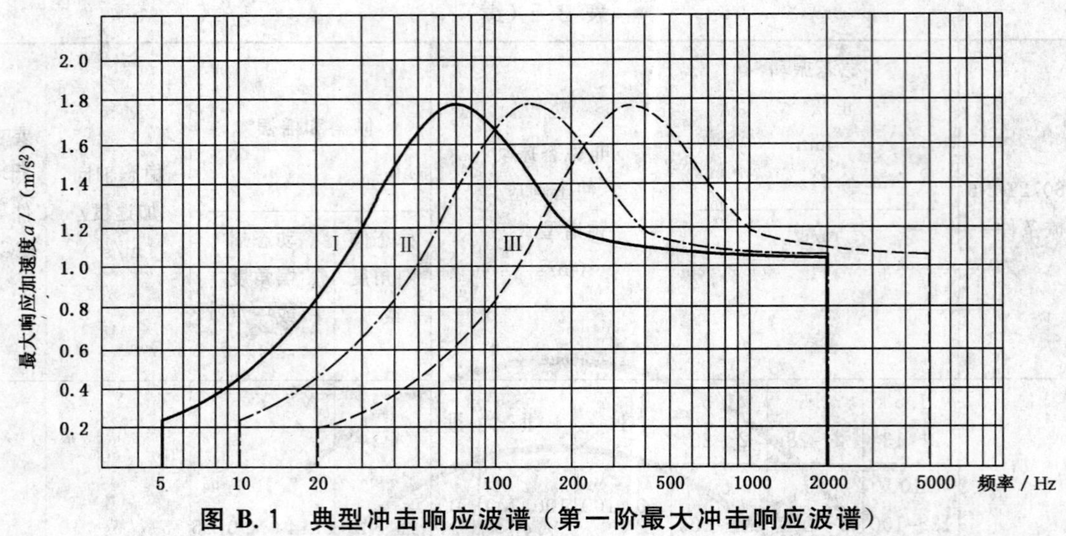

图 B.1 典型冲击响应波谱（第一阶最大冲击响应波谱）

B.2 参考文件

IEC 60068-2-27:1987 环境试验 第 2-27 部分：试验 Ea 和指南：冲击

IEC 60721-2-1:1982 环境条件分类 第 2-1 部分：自然界出现的环境条件 温度和湿度 第一号修正案（1987）

IEC 60721-3-6:1987 环境条件分类 第 3-6 部分：环境参数组及其严酷程度的分类分级 船舶环境 第一号修正案（1991）

附　录　C
（资料性附录）
电线或电缆束在着火条件下的试验

注释

希望在船舶上的电缆和电缆装置的燃烧性能获得某些改进。最初，为了这个较远的目标，已经设计了试验方案，其目的是保证发生在成束电缆中的火灾不过分蔓延。

目前，不指定这些试验是必须遵循的，但试验的种类和方法应该遵守，以便积累经验，并收集到标准中去。

关于燃烧性能的其他重要方面的进一步试验，诸如烟雾散发物和酸性物的析出，在积极考虑之中，并正在着手这方面的试验，以得出进一步结论。

其他详细要求见 IEC 60092-352 (1979) 及其修正案 1 (1987)。

ICS 83.040.20
G 49

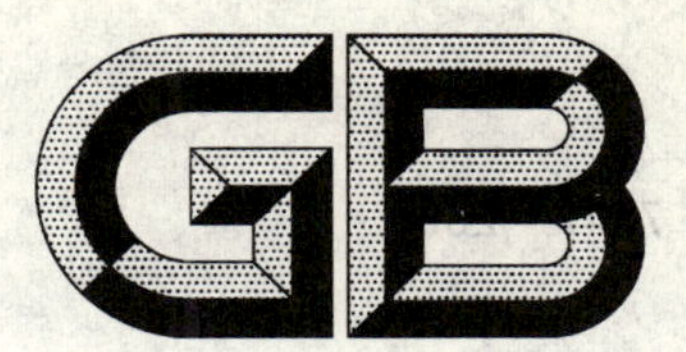

中华人民共和国国家标准

GB/T 7047—2006
代替 GB/T 7047—1993

色素炭黑 挥发分含量的测定

Colour black—Determination of volatile content

2006-08-01 发布　　2007-01-01 实施

中华人民共和国国家质量监督检验检疫总局
中国国家标准化管理委员会　发布

前　言

本标准代替 GB/T 7047—1993《色素炭黑挥发分含量的测定》。

本标准与 GB/T 7047—1993 相比的主要变化如下：

a) 增加了规范性引用文件(见第 2 章)；

b) “真空干燥器”代替“干燥器”(见 3.5)；

c) 烘箱增加了重力对流型和可控温度(125±2)℃(见 3.6)；

d) 增加了空坩埚从高温炉内取出应置于工作台上的石棉网上冷却 2 min～3 min(见 5.2)；

e) 对试样装入坩埚的操作步骤进行了更加详细的描述(见 5.3)。

本标准由中国石油和化学工业协会提出。

本标准由全国橡胶与橡胶制品标准化技术委员会炭黑分技术委员会(SAC/TC 35/SC 5)归口。

本标准负责起草单位:中橡集团炭黑工业研究设计院。

本标准参加起草单位:武汉葛化集团炭黑厂。

本标准主要起草人:聂素青、张铭霖、韦子明。

本标准所代替标准的历次版本发布情况：

——GB/T 7047—1986、GB/T 7047—1993。

色素炭黑　挥发分含量的测定

警告——使用本标准的人员应有正规实验室工作的实践经验。本标准并未指出所有可能的安全问题。使用者有责任采取适当的安全和健康措施，并保证符合国家有关法规规定的条件。

1　范围

本标准规定了色素炭黑挥发分含量测定的方法。

本标准适用于色素炭黑挥发分含量的测定。

2　规范性引用文件

下列文件中的条款通过本标准的引用而成为本标准的条款。凡是注日期的引用文件，其随后所有的修改单(不包括勘误的内容)或修订版均不适用于本标准，然而，鼓励根据本标准达成协议的各方研究是否可使用这些文件的最新版本。凡是不注日期的引用文件，其最新版本适用于本标准。

GB/T 7044　色素炭黑

GB/T 8170　数值修约规则

3　仪器

3.1　高温炉，温度可控制在(950±20)℃。

3.2　坩埚，容积 30 cm^3，带盖。

3.3　秒表，精度 0.2 s。

3.4　分析天平，精度为 0.1 mg。

3.5　真空干燥器，装有有效干燥剂。

3.6　烘箱，重力对流型，可控温度为(105±2)℃或(125±2)℃。

4　采样

按 GB/T 7044 的规定进行。

5　分析步骤

5.1　将足够的试样置于(105±2)℃或(125±2)℃烘箱(3.6)中干燥 1 h，取出移至真空干燥器(3.5)中冷却至室温备用。

5.2　在(950±20)℃高温炉(3.1)中，灼烧空坩埚(3.2)约 0.5 h，取出，置于工作台上的石棉网上冷却 2 min～3 min 后，移入干燥器中冷却至室温并称量，精确到 0.1 mg。

5.3　将干燥过的试样置于已称量过的坩埚中，将坩埚在一坚固且平坦的平板上轻轻蹾击，使试样平铺坩埚内，装至离坩埚边沿约 2 mm 处，把坩埚盖盖严，称量试样和坩埚的总量，称准至 0.1 mg。

5.4　将已称量过装有试样的坩埚置于镍铬丝架上，然后迅速放入(950±20)℃的高温炉，立即用秒表计时，准确地灼烧 7 min。

5.5　取出，置于工作台上的石棉网上冷却 2 min～3 min，移入干燥器中冷却至室温并称量，精确到 0.1 mg。

6　结果计算

6.1　挥发分含量以质量分数(w_m)计，数值以 10^{-2} 或%表示，按下列公式计算：

$$w_m = \frac{m_1 - m_2}{m_1 - m_0} \times 100$$

式中：

m_0——空坩埚的质量的数值，单位为克(g)；

m_1——灼烧前坩埚和样品的质量的数值，单位为克(g)；

m_2——灼烧后坩埚和样品的质量的数值，单位为克(g)。

6.2 计算结果比 GB/T 7044 中规定的有效位数增加一位，如有多次测量结果，取其平均值，然后按 GB/T 8170进行数值修约。

7 精密度

允许差：两次测定结果之差不超过 0.8%。

8 试验报告

试验报告应包括以下内容：

a) 试样的名称及标识；

b) 本试验依据的标准编号；

c) 试样的质量；

d) 试验结果(均值或中位数、测试次数)；

e) 所有试验步骤与基本步骤的差异；

f) 在试验中观察到的异常现象；

g) 试验日期。

ICS 03.100.50
F 01

中华人民共和国国家标准

GB/T 7119—2006
代替 GB/T 7119—1993

节水型企业评价导则

Evaluating guide for water saving enterprises

2006-07-18 发布　　　　2006-12-01 实施

中华人民共和国国家质量监督检验检疫总局
中国国家标准化管理委员会　发布

前　言

本标准代替 GB/T 7119—1993《评价企业合理用水技术通则》。

本标准与 GB/T 7119—1993 相比，主要变化如下：

——适用范围修订为：适用于工业企业的节水评价工作，其他企业节水评价工作可参照本标准(第1章)；

——修改了规范性引用文件(第2章)；

——术语和定义修订为：删除了原版术语，添加了10个术语(第3章)；

——修订原版第5章的内容，改为评价指标计算方法，增加了废水回用率，非常规水资源替代率、用水综合漏失率、水表计量率等指标的计算方法(附录A)；

——删除了原版第4章，修订为评价指标体系建立的原则(第4章)；

——增加了评价指标体系(第5章)、考核要求(第6章)；评价程序(附录B)；

——删除了原版第6、7章。

本标准的附录A为规范性附录，附录B为资料性附录。

本标准由国家发展和改革委员会环境和资源综合利用司提出。

本标准由全国能源基础与管理标准化技术委员会归口。

本标准负责起草单位：中国标准化研究院、国家发展和改革委员会环境和资源综合利用司、北京市节约用水管理中心、中国石化水处理技术服务中心、中国城镇供水协会、南京水利科学研究院。

本标准主要起草人：金明红、李爱仙、杨尚宝、彭妍妍、刘红、祁鲁粱、孙文章、秦福兴。

节水型企业评价导则

1 范围

本标准规定节水型企业的相关术语和定义、计算方法、评价指标体系建立的原则、评价指标体系、考核要求和评价程序。

本标准适用于工业企业的节水评价工作，其他企业节水评价工作可参照本标准。

2 规范性引用文件

下列文件中的条款通过本标准的引用而成为本标准的条款。凡是注日期的引用文件，其随后所有的修改单(不包括勘误的内容)或修订版均不适用于本标准，然而，鼓励根据本标准达成协议的各方研究是否可使用这些文件的最新版本。凡是不注日期的引用文件，其最新版本适用于本标准。

GB/T 4754 国民经济行业分类

GB 8978 污水综合排放标准

GB/T 12452 企业水平衡与测试通则

GB/T 18820 工业企业产品取水定额编制通则

GB/T 18916(所有部分) 取水定额

3 术语和定义

GB/T 18820 确立的以及下列术语和定义适用于本标准。

3.1

节水型企业 water saving enterprises

采用先进适用的管理措施和节水技术，经评价用水效率达到国内同行业先进水平的企业。

3.2

节水技术 water saving techniques

可以提高水利用效率和效益，减少用水损失，能替代常规水资源等技术，包括直接节水技术和间接节水技术。

3.3

节水型设备 water saving equipment

在使用中与同类设备或完成相同功能的设备相比，具备可提高水的利用效率、或防止水漏失、或能替代常规水资源等特性的设备(包括产品、器具、材料和仪器仪表等)。

注：节水型设备应符合有关节水的技术标准或被列入国家相关节水产品鼓励目录。

3.4

取水量 quantity of water intake

企业从各种水源提取的水量。

注：取水量，包括取自地表水(以净水厂供水计量)、地下水、城镇供水工程，以及企业从市场购得的其他水或水的产品(如蒸汽、热水、地热水等)，不包括企业自取的海水和苦咸水等以及企业为外供给市场的水的产品(如蒸汽、热水、地热水等)而取用的水量。

3.5

用水量 quantity of water usage

企业的生产过程中所使用的各种水量的总和，用水量为取水量和重复利用水量之和。

注：企业生产的用水量，包括主要生产用水、辅助生产(包括机修、运输、空压站等)用水和附属生产(包括绿化、浴室、食堂、厕所、保健站等)用水。

3.6

重复利用水量　quantity of recycled water

企业内部用水中，所有未经处理或经处理后重复使用的水量的总和。

3.7

冷却水循环量　recycling volume of cooling water

冷却水中，循环利用的水量，为直接冷却水循环量和间接水循环量之和。

3.8

蒸汽冷凝水回用量　reused volume of condensed steam

蒸汽冷凝水回用于企业用水单元(设备)的水量。

3.9

漏失水量　quantity of water leak and loss

企业内供水及用水管网和用水设备漏失的水量。

3.10

非常规水资源 unconventional water resources

地表水和地下水之外的其他水资源，包括海水、苦咸水、矿井水和城镇污水再生水等。

4　评价指标体系建立的原则

4.1　节水型企业评价指标体系应该能够科学、有效的考核企业用水、节水情况。包括：

——是否符合国家供水、取水、用水、排水方面的法律法规、政策和技术标准；

——是否符合资源合理配置、环境保护和可持续发展的基本要求；

——是否具备完备、适用的用水管理制度和措施；

——是否采用先进的节水工艺、技术、设备和器具；

——用水效率和效益的高低；

——开发和使用非常规水资源的状况。

4.2　考虑不同行业、不同产品生产用水特点，以及地区各种水资源的禀赋差异。

4.3　对不同类型企业应具有一定的通用性，同行业的企业之间应具有较好的可比性。

4.4　应具有可操作性，统计计量方便，便于考核。

5　评价指标体系

5.1　节水型企业评价指标体系包括基本要求、管理考核指标和技术考核指标。

5.2　基本要求见6.1。

5.3　管理考核指标主要考核企业的用水管理和计量管理等，包括管理制度、管理人员、供水管网和用水设备管理、水计量管理和计量设备等。节水型企业管理考核指标见表1。表1中各项指标为必考指标。

5.4　技术考核指标主要考核企业取水、用水、排水以及利用非常规水资源等4个方面。依据不同行业取水、用水、节水的特点，选择不同的考核内容和技术指标，见表2。

5.5　节水型企业技术考核指标的计算方法见附录A。

表1　节水型企业的管理考核指标及要求

考核内容	考核指标及要求
管理制度	有节约用水的具体管理制度； 管理制度系统、科学、适用、有效； 计量统计制度健全、有效
管理人员	有负责用水、节水管理的人员，岗位职责明确

表 1（续）

考核内容	考核指标及要求
管网(设备)管理	有近期完整的管网图，定期对用水管道、设备等进行检修
水计量管理	具备依据 GB/T 12452 要求进行水平衡测试的能力或定期开展水平衡测试； 原始记录和统计台账完整，按照规范完成统计报表
计量设备	企业总取水，以及非常规水资源的水表计量率为 100%； 企业内主要单元的水表计量率≥90%； 重点设备或者各重复利用用水系统的水表计量率≥85%； 水表的精确度不低于±2.5%

表 2　节水型企业的技术考核指标

考核内容	技术指标
取水量	单位产品取水量
	万元增加值取水量
重复利用	重复利用率
	直接冷却水循环率
	间接冷却水循环率
	冷凝水回用率
	废水回用率
用水漏损	用水综合漏失率
排水	达标排放率
非常规水资源利用	非常规水资源替代率

6　考核要求

6.1　节水型企业必须满足以下基本要求：

a)　企业在新建、改建和扩建项目时应实施节水的“三同时、四到位”制度。“三同时”即工业节水设施必须与工业主体工程同时设计、同时施工、同时投入运行；“四到位”即工业企业要做到用水计划到位、节水目标到位、管水制度到位、节水措施到位；

b)　严格执行国家相关取水许可制度，开采城市地下水应符合相关规定；

c)　生活用水和生产用水分开计量，生活用水没有包费制；

d)　蒸汽冷凝水进行回用，间接冷却水和直接冷却水应重复使用；

e)　具有完善的水平衡测试系统，水计量装置完备；

f)　企业排水实行清污分流，排水符合 GB 8978 的规定，不对含有重金属和生物难以降解的有机工业废水进行稀释排放；

g)　没有使用国家明令淘汰的用水设备和器具的。

6.2　管理考核指标应满足表 1 所列的要求。

6.3　技术考核指标的考核要求应满足以下要求：

a)　单位产品取水量应达到本行业先进水平，并达到 GB/T 18916 所有部分的要求；

b)　重复利用、用水漏损、排水等方面的技术考核指标应达到本行业先进水平；非常规水资源替代率应根据行业先进水平和不同地区水资源的禀赋差异具体确定；

c)　技术考核指标的行业先进水平，应根据行业内用水效率和节水潜力等具体确定。

6.4　节水型企业的评价程序可参考附录 B。

附 录 A
（规范性附录）
节水型企业技术评价指标的计算方法

A.1 单位产品取水量

单位产品取水量按式（A.1）计算：

$$V_{ui}=\frac{V_i}{Q} \qquad \cdots\cdots\cdots\cdots\cdots\cdots\cdots\cdots\cdots\cdots（A.1）$$

式中：

V_{ui}——单位产品取水量，单位为立方米每单位产品；

V_i——在一定的计量时间内，企业的取水量，单位为立方米（m^3）；

Q——在一定计量时间内的产品产量。

A.2 万元工业增加值取水量

万元工业增加值取水量按式（A.2）计算：

$$V_{vai}=\frac{V_i}{VA} \qquad \cdots\cdots\cdots\cdots\cdots\cdots\cdots\cdots\cdots\cdots（A.2）$$

式中：

V_{vai}——万元工业增加值取水量，单位为立方米每万元；

V_i——在一定的计量时间内，企业的取水量，单位为立方米（m^3）；

VA——在一定计量时间内的工业增加值，单位为万元。

A.3 重复利用率

重复利用率按式（A.3）计算：

$$R=\frac{V_r}{V_i+V_r}\times 100 \qquad \cdots\cdots\cdots\cdots\cdots\cdots\cdots\cdots\cdots\cdots（A.3）$$

式中：

R——重复利用率，%；

V_r——在一定的计量时间内，企业的重复利用水量，单位为立方米（m^3）；

V_i——在一定的计量时间内，企业的取水量，单位为立方米（m^3）。

A.4 直接冷却水循环率

直接冷却水循环率按式（A.4）计算：

$$R_d=\frac{V_{dr}}{V_{dr}+V_{df}}\times 100 \qquad \cdots\cdots\cdots\cdots\cdots\cdots\cdots\cdots\cdots\cdots（A.4）$$

式中：

R_d——直接冷却水循环率，%；

V_{dr}——直接冷却水循环量，单位为立方米每小时（m^3/h）；

V_{df}——直接冷却水循环系统补充水量，单位为立方米每小时（m^3/h）。

A.5 间接冷却水循环率

间接冷却水循环率按式（A.5）计算：

$$R_c = \frac{V_{cr}}{V_{cr} + V_{cf}} \times 100 \qquad \cdots\cdots\cdots\cdots (A.5)$$

式中：

R_c——间接冷却水循环率，%；

V_{cr}——间接冷却水循环量，单位为立方米每小时(m^3/h)；

V_{cf}——间接冷却水循环系统补充水量，单位为立方米每小时(m^3/h)。

A.6 蒸汽冷凝水回用率

蒸汽冷凝水回用率按式(A.6)计算：

$$R_b = \frac{V_{br}}{D} \times \rho \times 100 \qquad \cdots\cdots\cdots\cdots (A.6)$$

式中：

R_b——蒸汽冷凝水回用率，%；

V_{br}——蒸汽冷凝水回用量，单位为立方米每小时(m^3/h)；

D——产汽设备的产汽量，单位为吨每小时(t/h)；

ρ——蒸汽体积质量，单位为吨每立方米(t/m^3)。

注：V_{br}、ρ 均指在标准状态下。

A.7 废水回用率

废水回用率按式(A.7)计算：

$$K_w = \frac{V_w}{V_d + V_w} \times 100 \qquad \cdots\cdots\cdots\cdots (A.7)$$

式中：

K_w——废水回用率，%；

V_w——在一定的计量时间内，企业对外排废水自行处理后的回用水量，单位为立方米(m^3)；

V_d——在一定的计量时间内，企业向外排放的废水量，单位为立方米(m^3)。

A.8 非常规水资源替代率

非常规水资源替代率按式(A.8)计算：

$$K_h = \frac{V_{ih}}{V_i + V_{ih}} \times 100 \qquad \cdots\cdots\cdots\cdots (A.8)$$

式中：

K_h——非常规水资源替代率，%；

V_{ih}——在一定的计量时间内，非常规水资源所替代的取水量，单位为立方米(m^3)；

V_i——在一定的计量时间内，企业的取水量，单位为立方米(m^3)。

A.9 用水综合漏失率

用水综合漏失率按式(A.9)计算：

$$K_l = \frac{V_l}{V_i} \times 100 \qquad \cdots\cdots\cdots\cdots (A.9)$$

式中：

K_l——用水综合漏失率，%；

V_l——在一定的计量时间内，企业的漏失水量，单位为立方米(m^3)；

V_i——在一定的计量时间内，企业的取水量，单位为立方米(m^3)。

A.10 达标排放率

达标排放率按式(A.10)计算：

$$K_p = \frac{V_{p'}}{V_p} \times 100 \quad \cdots\cdots\cdots\cdots (A.10)$$

式中：

K_p——达标排放率，%；

$V_{p'}$——在一定的计量时间内，企业的达到排放标准的排水量，单位为立方米(m^3)；

V_p——在一定的计量时间内，企业的排水量，单位为立方米(m^3)。

A.11 水表计量率

水表计量率按式(A.11)计算：

$$K_m = \frac{V_{mi}}{V_i} \times 100 \quad \cdots\cdots\cdots\cdots (A.11)$$

式中：

K_m——水表计量率，%；

V_{mi}——在一定的计量时间内，企业或企业内各层次用水单元的水表计量的用(或取)水量，单位为立方米(m^3)；

V_i——在一定的计量时间内，企业或企业内各层次用水单元的用(或取)水量，单位为立方米(m^3)。

注：一般应计算以下取水、用水的水表计量率：入厂的取水量、非常规水资源用水量、企业内主要用水单元以及重点用水设备或系统的用水量、特别是循环用水系统、串联用水系统、外排废水回用系统的用水量。

附　录　B
（资料性附录）
节水型企业的评价程序

B.1　建立专家评审小组，负责开展节水型企业的评价工作。

B.2　工业企业按行业进行节水型评价工作；对工业企业的行业分类依据 GB/T 4754。

B.3　根据各行业不同特点，依据本标准第 5、6 章，确定各行业的技术考核指标及其要求。

B.4　查看报告文件、统计报表、原始记录；根据实际情况，开展对相关人员的座谈、实地调查、抽样调查等工作，确保数据完整和准确。

B.5　对资料进行分析，考核企业是否满足以下要求：

a)　基本要求；

b)　管理考核指标要求；

c)　技术考核指标要求。

B.6　对企业是否满足考核指标要求应进行综合评审。如企业满足所有考核要求，企业可被认定为节水型企业。

ICS 03.220.30
S 90

中华人民共和国国家标准

GB/T 7178.1—2006
代替 GB/T 7178.1—1996

铁路调车作业 第1部分：基本规定

The operating for railway shunting—
Part 1: Basic regulations

2006-08-22 发布　　2007-01-01 实施

中华人民共和国国家质量监督检验检疫总局
中国国家标准化管理委员会　发布

前　言

GB/T 7178《铁路调车作业》原为9个部分，本次修订增加了第10部分，共分为10个部分：

——第1部分：基本规定；

——第2部分：准备作业；

——第3部分：半自动化驼峰作业；

——第4部分：简易驼峰作业；

——第5部分：平面牵出线作业；

——第6部分：编组列车作业；

——第7部分：列车摘挂作业；

——第8部分：取送车辆作业；

——第9部分：停留车作业；

——第10部分：自动化驼峰作业。

本部分为GB/T 7178的第1部分，本部分代替GB/T 7178.1—1996《铁路调车作业标准　铁路调车作业标准基本规定》。

本标准与GB/T 7178—1996相比主要变化如下：

——范围中增加了合资铁路；

——"核对车列"改为"确认正确"；

——"风管"改为"制动软管"；

——"缓行器"改为"减速器"；

——"手闸"改为"手制动机"；

——"电气集中"改为"集中连锁"；

——"简易放风制动阀"改为"简易紧急制动阀"；

——增加了第10部分：自动化驼峰作业。

本部分与GB/T 7178.1—1996相比主要变化如下：

——增加了对"140产品"的车辆调车作业方法；

——增加了使用无线调车灯显设备的规定；

——增加了调车听觉信号的规定。

本部分由铁道部标准计量研究所提出并归口。

本部分起草单位：铁道部运输局、铁道部标准计量研究所。

本部分主要起草人：姜长汉、梁衍民、李树亭、于柏涛、赵春雷、胡金仲、张锦。

本部分所代替标准的历次版本发布情况为：

——GB/T 7178.1—1987、GB/T 7178.1—1996。

铁路调车作业
第1部分:基本规定

1 范围

GB/T 7178的本部分给出了铁路调车作业的基本要求、技术要求、调车信号机显示规定、使用无线调车灯显设备的规定、手信号显示的规定、调车听觉信号的规定和铁路平面无线调车系统调车指令表。

本部分适用于国家铁路、合资铁路、地方铁路、专用铁道的调车作业。

2 规范性引用文件

下列文件中的条款通过GB/T 7178的本部分的引用而成为本部分的条款。凡是注日期的引用文件,其随后所有的修改单(不包括勘误的内容)或修订版均不适用于本部分,然而,鼓励根据本部分达成协议的各方研究是否可使用这些文件的最新版本。凡是不注日期的引用文件,其最新版本适用于本部分。

铁路技术管理规程　1999年12月第9版

3 铁路调车作业标准体系图(见图1)

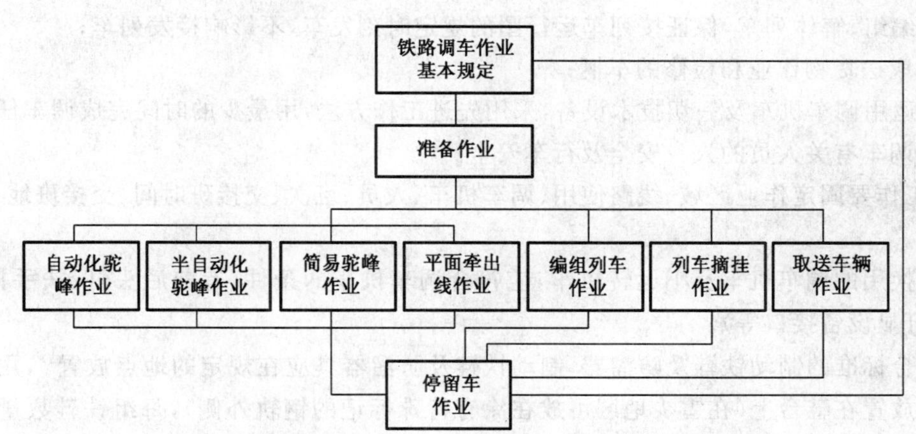

图1　铁路调车作业标准体系图

4 铁路调车作业基本规定与各项调车作业标准关联图(见图2)

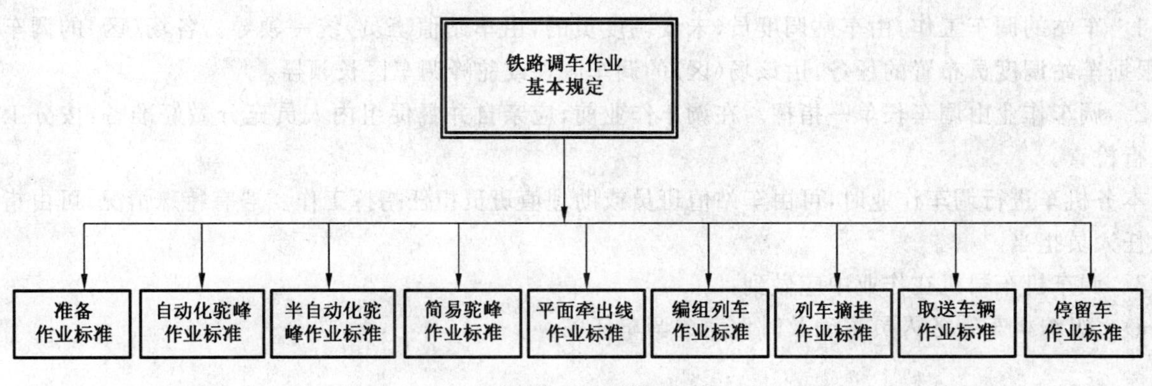

图2　关联图

5 基本规定

5.1 执行标准的基本要求

5.1.1 所有参加铁路调车作业人员，应根据车站的技术设备条件和作业性质，执行相应的调车作业标准。

5.1.2 由于劳动组织、作业性质、技术设备、技术要求等的不同，可补充规定相应部分的铁路调车作业标准；合资铁路、地方铁路和专用铁道的某些作业未纳入标准或因特殊要求执行本标准有困难的，可按本企业标准执行，但国家铁路机车进入合资铁路、地方铁路、专用铁道或合资铁路、地方铁路、专用铁道机车进入国家铁路调车作业，应执行本标准的相应部分。

5.1.3 由于作业组织方法和作业人员的职名不同，岗位作业标准中的作业人员分工，可按岗位责任制的规定执行，但不应简化标准中的技术要求。

5.2 调车作业人员一班工作制度的基本要求

5.2.1 休息、着装制。应保证班前充分休息，班中按规定着装。

5.2.2 点名预想制。按时参加班前点名，开好预想会。

5.2.3 包线检查制。按作业分工认真执行包线检查，实行对号交接。

5.2.4 交班总结制。实现站规定交班条件，做好班后工作总结。

5.3 调车作业的基本要求

5.3.1 车站的调车工作，应按本标准和车站的技术作业过程及调车作业计划进行。参加调车作业的人员应做到：

a) 及时编组、解体列车，保证按列车运行图的规定时刻发车，不影响接发列车；

b) 及时取送货物作业和检修的车辆；

c) 充分运用调车机车及一切技术设备，采用先进工作方法，用最少的时间完成调车任务；

d) 保证调车有关人员的人身安全及行车安全。

5.3.2 调车工作要固定作业区域、线路使用、调车机车、人员、班次、交接班时间、交接班地点、工具数量及其存放地点。

作固定替换用的调车机车及小运转机车，应符合调车机车的条件（有前后头灯、扶手把、防滑脚踏板、无线调车灯显设备接口等）。

应使用符合标准的制动铁鞋及防溜器，制动铁鞋及防溜器具应在规定的地点放置[1)]，用后归位。制动铁鞋应成组放置在鞋台上（在雪少地区可放在涂有特殊标记的钢轨外侧），每组铁鞋数量及组距由车站规定。

5.3.3 调车工作繁忙、配线较多的车站，可划分为几个调车区。没有做好联系和防护，不允许放行越区车或转场车；越区作业的联系和防护办法，应在《站细》内规定。

5.4 调车作业的领导及指挥

5.4.1 车站的调车工作，由车站调度员（未设调度员的，由车站值班员）统一领导。各场（区）的调车工作，根据车站调度员布置的任务，由该场（区）的调车区长或驼峰调车区长领导。

5.4.2 调车作业由调车长单一指挥。在调车作业前，应亲自并督促组内人员充分做好准备，按分工认真进行检查。

本务机车进行调车作业时，可由车站值班员或助理值班员担任指挥工作。遇有特殊情况，可由指定的胜任人员担当。

5.4.3 调车机车司机在作业中应做到：

a) 组织机车乘务人员正确及时地完成调车任务；

---

1) 规定地点见《车站行车工作细则》（以下简称《站细》）。

b) 负责操纵调车机车，做好整备，保证机车质量良好；

c) 时刻注意确认信号，不间断地进行瞭望，认真执行呼唤应答制度，正确及时地执行信号显示的要求；没有信号不允许动车，信号不清立即停车；

d) 负责调车作业的安全。

5.5 调车作业的技术要求

5.5.1 调车作业时，调车人员应正确及时地显示信号；机车乘务人员要认真确认信号，并鸣笛回示。

连挂车辆或尽头线取送车辆时，要显示十、五、三车的距离信号(单机除外)，没有显示十、五、三车距离信号，不允许挂车，没有司机回示，应立即显示停车信号。窄轨铁路及执行十、五、三车的距离信号有困难的国家铁路除外的其他企业，可自行规定距离信号。

当调车指挥人确认停留车位置有困难时，应派人显示停留车位置信号。

5.5.2 在调车作业中，调车有关人员要认真执行要道还道制度。

单机运行或牵引车辆运行时，前方进路的确认由机车司机负责；推进车辆运行时，前方进路的确认由调车指挥人负责，如调车指挥人所在位置确认前方进路有困难时，可指派调车组其他人员确认。

司机没有看到调车指挥人的起动信号，不允许动车，但单机返岔或机车出入段时，可根据扳道人员显示的道岔开通信号或调车信号机显示的进行信号动车。无扳道人员和调车信号机时，调车指挥人确认道岔开通位置正确(如为集中操纵的道岔，还需与操纵人员联系)后，向司机显示起动信号。

扳道员之间的要道还道办法，在《站细》内规定。

非集中区去集中区，集中区去非集中区的联系办法，按《站细》规定办理。

连续溜放和驼峰解散车辆时，第一钩应实行要道还道制度(集中联锁设备除外)，从第二钩起，按调车作业通知单的要求扳动道岔，不显示道岔开通信号。

推送车辆时，要先试拉。车列前部应有人进行瞭望，及时显示信号。

5.5.3 准备调车进路时，执行下列规定：

在扳动道岔、操纵调车信号时，要执行“一看、二扳(按)、三确认、四显示”制度。扳动道岔准备调车进路时，先确认道岔开通位置，再扳向所需位置。确认分管区域内调车进路上的道岔开通位置正确后，执行要道还道制度。

扳道员在显示道岔开通信号时，要先显示股道号码信号(有股道号码表示器装置除外)。

作业中，扳道人员要按调车作业通知单的作业钩序进行扳道；扳道员、信号员、驼峰作业员在每钩调车作业计划完成后，应立即抹消。

5.5.4 调车作业要准确掌握速度，不准许超过下列速度：

a) 在空线上牵引运行时，40 km/h；推进运行时，30 km/h；

b) 调动乘坐旅客或装载爆炸品、压缩气体、液化气体、超限货物的车辆时，15 km/h；

c) 距停留车位置十、五、三车时，速度分别为 17 km/h、12 km/h、7 km/h，接近被连挂的车辆时 5 km/h。

遇天气不良等非正常情况，应适当降低速度。

在尽头线上调车时，距线路终端应有 10m 的安全距离；遇特殊情况，必须近于 10 m 时，要严格控制速度。

推上驼峰解散车辆时的速度，在《站细》内规定。经过道岔侧向运行的速度，由工务部门根据道岔具体条件规定，并纳入《站细》。

5.5.5 禁止溜放的车辆、线路及其他限制：

a) 装有禁止溜放货物的车辆；

b) 非工作机车、动车、轨道起重机、大型养路机械、机械冷藏车、大型凹型车、落下孔车、客车和特种用途车；

c) 超过 2.5‰坡度的线路(为溜放调车而设的驼峰和牵出线除外)；

d) 停有正在进行技术检查、修理、装卸作业、乘坐旅客的车辆及无人看守道口的线路；

e) 停有装载爆炸品、压缩气体、液化气体车辆的线路；

f) 停留车辆距警冲标的长度，容纳不下溜放车辆（应附加安全制动距离）的线路；

g) 调车组不足 3 人时，不允许溜放作业。

原则上不允许采用牵引溜放法调车，因设备条件限制，确需施行牵引溜放法调车时，应有安全措施，并由铁路局批准。

5.5.6 注有△W、“140 产品”的车辆调车作业方法及要求：

a) 注有△W、“140 产品”的车辆调车作业时不允许溜放，设有调车指导的车站应在调车指导监督下进行作业，未设有调车指导的车站应派业务熟练的干部监督作业。

b) 编组和编挂注有△W的车辆时，机车与编挂的车辆应连接制动软管，接制动软管的车数与所牵车数的比例不少于 1∶5，即 5 辆车内至少有 1 辆接制动软管。

c) 在接近、连挂注有△W的车辆以及带有这种车辆连挂其他车辆时，要在十车处一度停车后，再行连挂作业。

d) 其他车辆向停有△W车辆的线路溜放或送车时，应与△W车辆（组）留有 10 m 安全距离，不允许溜放连挂。

5.5.7 在超过 2.5‰坡度的线路上进行调车作业时，应有安全措施。摘车时，应停妥，采取好防溜措施，方可摘开车钩；挂车时，没有连挂妥当，不应撤除防溜措施。转场及在超过 2.5‰坡度的线路（驼峰和牵出线作业除外）上调车时，10 辆及以下是否需要连结制动软管及连结制动软管的数量，11 辆及以上应连结制动软管的数量，由车站和机务段根据具体情况，共同确定，并纳入《站细》。

5.5.8 接发客运列车时，能进入接发列车进路的线路没有隔开设备或脱轨器，不允许调车，但遇下列情况可以调车：

a) 发出客运列车时，与列车相反方向；

b) 能进入接发列车进路的线路的本务机车在停留线路内摘挂、上水，列车拉道口、对货位。

有特殊困难的车站，确需调车时，制定安全措施，由铁路局审核批准。

5.5.9 越出站界调车时，双线区间正方向，应区间（自动闭塞区间为第一闭塞分区）空闲；单线自动闭塞区间，闭塞系统应在发车位置，第一闭塞分区空闲，经车站值班员口头准许并通知司机后，方可出站调车。

单线半自动闭塞区间和双线反方向出站调车时，应有停止基本闭塞法的调度命令，与邻站办理闭塞手续，并发给司机出站调车通知书（见《铁路技术管理规程》附件五）。

5.5.10 跟踪出站调车，只允许在单线区间及双线正方向线路上办理，并应经列车调度员口头准许，邻站值班员同意，发给司机跟踪调车通知书。在先发列车尾部越过预告信号机（或靠近车站的第一个预告标）或《站细》规定的间隔时间后，方可跟踪出站调车，但最远不应越过站界 500 m。

遇下列情况，不允许跟踪出站调车：

a) 出站方向区间内有瞭望不良的地形或有连续长大上坡道（站名表由各铁路局公布）；

b) 先发列车需由区间返回，或挂有由区间返回的后部补机；

c) 一切电话中断；

d) 降雾、暴风雨雪时。

列车虽已到达邻站，但跟踪调车通知书尚未收回时，不允许办理区间开通手续。

5.5.11 车站值班员要认真掌握机车出入段的经路。

有固定机车走行线时，出入段机车应走固定走行线。机车固定走行线不允许停留机车车辆。

没有固定走行线或临时变更走行线时，应通知司机经路（集中联锁的车站除外），司机按固定信号或扳道员显示的进行信号运行。

5.6 调车信号机显示的规定

5.6.1 调车色灯信号机显示下列信号：

a) 一个月白色灯光——准许越过该信号机调车；

b) 一个月白色闪光灯光——装有平面溜放调车集中联锁设备时，准许溜放调车；

c) 一个蓝色灯光——不准许越过该信号机调车。

不办理闭塞的站内岔线，在岔线入口处设置的调车信号机，可用红色灯光代替蓝色灯光。

在尽头式到发线上，设置的起阻挡列车运行作业用的调车信号机，应采用矮型三显示机构，用红色灯光代替蓝色灯光。当该信号机的红色灯光熄灭、显示不明或显示不正确时，应视为调车的停车信号。

5.6.2 驼峰色灯信号机显示下列信号：

a) 一个绿色灯光——准许机车车辆按规定速度向驼峰推进；

b) 一个绿色闪光灯光——指示机车车辆加速向驼峰推进；

c) 一个黄色闪光灯光——指示机车车辆减速向驼峰推进；

d) 一个红色灯光——不准许机车车辆越过该信号机或指示机车车辆停止作业；

e) 一个红色闪光灯光——指示机车车辆自驼峰退回；

f) 一个月白色灯光——指示机车到峰下；

g) 一个月白色闪光灯光——指示机车车辆去禁溜线。

5.6.3 驼峰色灯辅助信号机及驼峰色灯复示信号机显示下列信号：

a) 一个黄色灯光——指示机车车辆向驼峰预先推送；

b) 当办理驼峰推送进路后，其灯光显示与驼峰色灯信号机显示相同；

c) 到达场的驼峰色灯辅助信号机平时显示红色灯光，对到达列车起停车信号作用；

d) 驼峰色灯复示信号机，灯光排列为黄、绿、红、白，平时无显示，当办理驼峰推送或预先推送进路后，其显示方式与驼峰色灯辅助信号机相同。

5.6.4 调车色灯复示信号机显示下列信号：

a) 一个月白色灯光——表示调车信号机在开放状态；

b) 无显示——表示调车信号机在关闭状态。

驼峰及调车色灯复示信号机均采用方形背板，以区别于一般信号机。

5.6.5 调车表示器的显示方式如下：

a) 向调车区方向显示一个白色灯光——准许机车车辆自调车区向牵出线运行；

b) 向牵出线方向显示一个白色灯光——准许机车车辆自牵出线向调车区运行；

c) 向牵出线方向显示两个白色灯光——准许机车车辆自牵出线向调车区溜放。

5.7 使用无线调车灯显设备的规定

5.7.1 使用无线调车灯显作业时，取消手信号显示。调车人员应正确及时发出信号指令和用语，做到用语标准、吐字清晰（作业用语由铁路局规定）。遇无线调车灯显设备故障时，应及时采用调车手信号或听觉信号作业。

5.7.2 使用无线调车灯显指挥调车作业时，应执行单一指挥的原则，指挥机车的调车信令和用语，只能由调车长发出。当发现危及人身和行车安全时，其他调车人员应及时发出停车信号或用语，司机接收到停车信令后应立即停车。

5.7.3 使用无线调车灯显调车作业时，不允许发出与调车作业无关的用语；其他无关人员不允许使用；不允许私自变更频率；调车长不允许向连结（制动）员放权使用；调车作业人员不到位，不允许指挥动车或作业；不允许简化调车作业程序。

5.7.4 调车长于交接班或作业前要认真组织调车人员、司机对无线调车灯显设备检查试机。

试机通话用语及要求：

——调车长呼调车组:“调车组试机”,并依次呼叫1号、2号等;

——调车长呼司机:“(×调)司机试机”;

调车长、连结(制动)员操纵灯显按键,依次试验按钮指令信号;

——连结(制动)员接到调车长指令后,应答“1号好、2号好”;

——司机:应答“(×调)司机明白;

每次收到信令确认正确后,应答“信号显示好”;

——调车长:全部试验完了,呼“试机完毕”。

5.7.5 调车作业中,需进入车挡或车下进行摘接制动软管、调整钩位等作业前,连结(制动)员应使用无线调车灯显及时向调车长汇报,得到同意后按下紧急停车按钮,方可进行作业。

作业人员发现危及行车和人身安全时,应使用紧急停车按钮,及时向司机发出停车指令。

作业完毕或于紧急停车原因消除后,发出停车指令的人员应及时“解锁”。

5.7.6 机车控制器安装,由车务段(站)与机务段商定,机车控制器的保管和安装由机车乘务员负责。调车机大、中修或返回时,由机务段提前24 h通知车站,根据双方协议派人拆除或安装。

5.7.7 未安装机车控制器的机车,担当调车作业时可使用便携机车控制器。作业开始前由调车人员将便携机车控制器送上机车,安置在适当位置,作业完了由调车人员取回。在作业中需要变更机车运行方向时,由机车乘务员将便携机车控制器移置需要位置。

5.7.8 无固定调车机的车站,应配备两台同一频率的便携机车控制器,一台使用,一台备用。

5.7.9 使用部门应成立无线调车灯显设备维修机构并配备维修设备及人员,加强使用、维修和管理工作。

5.8 手信号显示的规定

5.8.1 显示

位置适当,正确及时,横平竖直,灯正圈圆,角度准确,段落清晰。

5.8.2 持旗作业

5.8.2.1 在显示手信号时,凡昼间持有手信号旗的人员,应将信号旗拢起,左手持红旗,右手持绿旗(扳道员右手持黄旗),不持信号旗的人员徒手按规定方式显示信号。

5.8.2.2 调车指挥人登乘机车车辆,一手扶把手,一手显示展开的绿色信号旗时,应将拢起的红色信号旗置于绿色信号旗对向司机方向的前面,以便能随时展开红色信号旗。

5.8.3 调车手信号的显示

调车手信号显示方式如下:

a) 停车信号

昼间——展开的红色信号旗;夜间——红色灯光。

昼间无红色信号旗时,两臂高举头上向两侧急剧摇动;夜间无红色灯光时,用白色灯光上下急剧摇动。

b) 减速信号

昼间——展开的绿色信号旗下压数次;夜间——绿色灯光下压数次。

c) 指挥机车向显示人方向来的信号

昼间——展开的绿色信号旗在下部左右摇动;夜间——绿色灯光在下部左右摇动。

d) 指挥机车向显示人方向稍行移动的信号

昼间——拢起的红色信号旗直立平举,再用展开的绿色信号旗左右小动;夜间——绿色灯光下压数次后,再左右小动。

e) 指挥机车向显示人反方向去的信号

昼间——展开的绿色信号旗上下摇动;夜间——绿色灯光上下摇动。

f) 指挥机车向显示人反方向稍行移动信号

昼间——拢起的红色信号旗直立平举,再用展开的绿色旗上下小动;

夜间——绿色灯光上下小动。

对显示本条 b)、c)、d)、e)、f)项信号时,昼间可用单臂,夜间可用白色灯光依式中转。

5.8.4 联系用的手信号的显示

联系用的手信号的显示方式如下:

a) 道岔开通信号:表示进路道岔准备妥当。

昼间——拢起的黄色信号旗高举头上左右摇动;夜间——白色灯光高举头上。

机车出入段进路道岔准备妥当后,显示如下道岔开通信号:

昼间——展开的黄色信号旗高举头上左右摇动;夜间——黄色灯光高举头上左右摇动。

b) 股道号码信号:要道或回示股道开通号码。

一道:昼间——两臂左右平伸;夜间——白色灯光左右摇动;

二道:昼间——右臂向上直伸,左臂下垂;夜间——白色灯光左右摇动后,从左下方向右上方高举;

三道:昼间——两臂向上直伸;夜间——白色灯光上下摇动;

四道:昼间——右臂向右上方,左臂向左下方各斜伸 45°;夜间——白色灯光高举头上左右小动;

五道:昼间——两臂交叉于头上;夜间——白色灯光作圆形转动;

六道:昼间——左臂向左下方,右臂向右下方各斜伸 45°;夜间——白色灯光作圆形转动后,再左右摇动;

七道:昼间——右臂向上直伸,左臂向左平伸;夜间——白色灯光作圆形转动后,左右摇动,然后再从左下方向右上方高举;

八道:昼间——右臂向右平伸,左臂下垂;夜间——白色灯光作圆形转动后,再上下摇动;

九道:昼间——右臂向右平伸,左臂向右下斜 45°;夜间——白色灯光作圆形转动后,再高举头上左右小动;

十道:昼间——左臂向左上方,右臂向右上方各斜伸 45°;夜间——白色灯光左右摇动后,再上下摇动做成十字形;

十一道至十九道,应先显示十道股道号码,再显示所要股道号码的个位数信号;

二十道及其以上的股道号码,各站根据需要自行规定,并纳入《站细》。

c) 连结信号:表示连挂作业。

昼间——两臂高举头上,使拢起的手信号旗杆成水平,末端相接;夜间——红、绿色灯光(无绿色灯光的人员,用白色灯光)交互显示数次。

d) 溜放信号:表示溜放作业。

昼间——拢起的手信号旗两臂高举头上交叉后,急向左右摇动数次;夜间——红色灯光作圆形转动。

e) 停留车位置信号:表示车辆停留地点。

夜间——白色灯光左右小摇动。

f) 十、五、三车距离信号:表示推进车辆的前端距被连挂车辆的距离。

昼间展开的绿色信号旗单臂平伸,夜间绿色灯光,在距离停留车十车(约 110 m)时连续下压 3 次,五车(约 55 m)时连续下压 2 次,三车(约 33 m)时下压 1 次。

g) 取消信号:通知将前发信号取消。

昼间——拢起的手信号旗,两臂于前下方交叉后,急向左右摇动数次;夜间——红色灯光作圆形转动后,上下摇动。

h) 要求再度显示信号:前发信号不明,要求重新显示。

昼间——拢起的手信号旗右臂向右方上下摇动;夜间——红色灯光上下摇动。

i) 告知显示错误的信号:告知对方信号显示错误。

昼间——拢起的手信号旗两臂左右平伸同时上下摇动数次；夜间——红色灯光左右摇动。

j) 联络信号：要求显示信号。

昼间——拢起的手信号旗或徒手单臂向上高举；夜间——白色灯光向上高举。

k) 试闸良好（钩已提开）信号：表示手制动机已经试验良好或车钩已经提开。

昼间及夜间显示方式均同联络信号。

l) 指示司机鸣笛信号：指示司机按规定鸣笛。

昼间——拢起的手信号旗或徒手小臂向上直立上下小动；夜间——绿色或白色灯光上下小动。

m) 好了信号：通知此项作业已按规定正确完成。

昼间——拢起手信号旗或徒手上弧线向车辆方面作圆形转动；夜间——白色灯光上弧线向车辆方面作圆形转动。

n) 试拉信号：要求对车组（列）进行全部拉动试验。

昼间——拢起的红色信号旗直立平举，展开的绿色信号旗上下摇动。徒手时，左小臂直立高举，右臂上下摇动；夜间——绿色或白色灯光上下小动。

o) 推进信号：表示前方进路可以运行。

昼间——展开的绿色信号旗平伸。前部的调车人员负责瞭望，正常情况下可不显示信号；夜间——绿色或白色灯光。

p) 指示司机加速信号：指示司机加速运行。

昼间——展开的绿色信号旗或单臂平伸左右迅速摇动；夜间——绿色或白色灯光左右迅速摇动。

5.9 调车听觉信号的规定

5.9.1 调车作业中使用听觉信号时，鸣示音响长声为 3 s、短声为 1 s，音响间隔为 1 s；重复鸣示时，应间隔 5 s 以上。在天气不良的情况下，无线调车灯显设备发生故障且又无法确认手信号联系作业时，调车作业人员方能使用听觉信号作业。

5.9.2 调车机车、轨道车鸣笛鸣示方式，见表 1。

表 1

名　称	鸣示方式	用途及时机
起动注意信号	一长声　—	机车车辆开始前进时
退行信号	二长声　——	机车车辆开始退行时
召集信号	三长声　———	要求防护人员撤回时
呼唤信号	二短一长声　··—	1. 机车要求出入段时； 2. 在车站要求显示信号时
警报信号	一长三短声　—···	1. 发现线路有危及行车安全的不良处所时； 2. 发生重大、大事故及其他需要救援情况时
试验自动制动机及复示信号	一短声　·	1. 试验制动机开始减压时； 2. 接到试验制动结束的手信号，回答试风人员时； 3. 调车作业中，表示已接受调车长所发出的手信号时
缓解及溜放信号	二短声　··	1. 试验制动机缓解时； 2. 要求缓解手制动机时； 3. 复示溜放调车信号时
拧紧手制动机信号	三短声　···	要求就地制动时
紧急停车信号	连续短声　·····	司机发出（或接到通知）邻线发生障碍，向邻线司机发出紧急停车信号时。邻线司机听到此种信号后，应紧急停车

5.9.3 调车扳道人员使用口笛、号角的鸣示方式，见表2。

表2

鸣示方式	用途及时机	
一长声 —	指示机车向显示人反方向移动	
一短一长声 ·—	指示机车向显示人方向移动	
一短声 ·	试验制动机减压	
二短声 ··	试验制动机缓解	
一短一长二短声 ·—··	试验制动机完了及安全信号	
一短声 ·	一道	
二短声 ··	二道	
三短声 ···	三道	
四短声 ····	四道	
五短声 ·····	五道	
一长一短声 —·	六道	
一长二短声 —··	七道	
一长三短声 —···	八道	
一长四短声 —····	九道	
二长声 ——	十道	
二短二长声 ··——	二十道	
三短声 ···	十、五、三车距离信号	十车
二短声 ··		五车
一短声 ·		三车
一长一短一长声 —·—	连结及停留车位置	
连续短声 ······	停 车	
二长三短声 ——···	要求司机鸣笛	
一短声 ·	试 拉	
连续二短声 ··	减 速	
三长声 ———	溜 放	
二长一短声 ——·	取 消	
二长二短声 ——··	再显示	
二长声 ——	列车接近通报信号	上行
一长声 —		下行

5.10 铁路平面无线调车系统调车指令表

5.10.1 铁路平面无线调车系统调车指令（A型），见表3。

表 3

内容操作员	按钮指令	辅助语音	信令显示	注　　释
调车长	红	停车	一个红灯	操作过程中,任何时候按下红键 1.5 s 或听到提示音后马上松开按键都能发停车信号
	绿(2 s)	起动	绿灯闪数次后熄灭	牵出,单机起动信号
	绿绿、	推进	一个绿灯	行进信号
	黄(1.5 s)	减速	黄灯闪后绿灯长亮	减速信号
	黄黄黄	十车	黄灯长亮	十、五、三车可以在任何时候发出
	黄黄绿	五车	黄灯长亮	
	黄绿	三车	黄灯长亮	
	绿红	连结	绿、红灯交替后绿灯长亮	
	绿黄	溜放	绿、黄灯交替后绿灯长亮	
	黄黄红	546 Hz 音频呼叫区长		
制动员 连结员	红键	紧急停车×号×号	二个红灯	二个红灯亮后封锁调车员的一切指令
	绿键	×号解锁	先二个红灯后熄灭一个红灯	谁发的紧急停车,只能由同一个人解锁,其他人不能解锁
注:其他调车信号及联系均通过通话对讲联系,通话标准由各使用单位制定。				

5.10.2　铁路平面无线调车系统调车指令(B型),见表 4。

表 4

内容操作员	按钮指令	辅助语音	信令显示	注　　释
调车长	红	停车	一个红灯	操作过程中,任何时候按下红键 1.5 s 或听到提示音后马上松开按键都能发停车信号
	绿(2 s)	起动	绿灯闪数次后熄灭	牵出,单机起动信号
	绿绿	推进	一个绿灯	行进信号
	黄	减速	黄灯闪后绿灯长亮	减速信号
	黄(1.5 s)	十车	黄灯长亮	十、五、三车可以在任何时候发出
	黄(0.5 s)	五车	黄灯长亮	直接发五车时用“黄绿”
	黄(0.5 s)	三车	黄灯长亮	直接发三车时用“黄红”
	绿红	连结	绿、红灯交替后绿灯长亮	
	绿黄	溜放	绿、黄灯交替后绿灯长亮	
	黄(1.5 s)	546 Hz 音频呼叫区长		只能在无测机信号时发送
制动员 连结员	红键	紧急停车×号×号	二个红灯	二个红灯亮后封锁调车员的一切指令
	黄键	×号解锁	先二个红灯后熄灭一个红灯	谁发的紧急停车,只能由同一个人解锁,其他人不能解锁
注:其他调车信号及联系均通过通话对讲联系,通话标准由各使用单位制定。